Mittheilungen

aus den

Königlichen technischen Versuchsanstalten

zu

Berlin.

Herausgegeben

im Auftrage

der Königlichen Aufsichts-Kommission.

Redacteur: Geheimer Bergrath Dr. H. Wedding,
Mitglied der Königl. Aufsichts-Kommission.

———————

Sechster Jahrgang:

1888.

Springer-Verlag Berlin Heidelberg GmbH
1888.

Additional material to this book can be downloaded from http://extras.springer.com

ISBN 978-3-662-42844-3   ISBN 978-3-662-43127-6 (eBook)
DOI 10.1007/978-3-662-43127-6
Softcover reprint of the hardcover 1st edition 1888

Inhalts-Verzeichniß.

Hierzu sind 5 Ergänzungshefte erschienen, enthaltend:

Mittheilungen

aus den

Königlichen technischen Versuchsanstalten

zu Berlin.

Herausgegeben im Auftrage

der Königlichen Aufsichts-Kommission.

Redacteur: Geheimer Bergrath Dr. Wedding,
Mitglied der Königl. Aufsichts-Kommission.

VI. Jahrgang.   **1888.**   **Erstes Heft.**

I. Mittheilungen der Königlichen Aufsichts-Kommission.

1. Reglements.

I. Auszug*) aus dem Reglement für die Königliche Kommission zur Beaufsichtigung
    a) der mechanisch-technischen Versuchsanstalt,
    b) der chemisch-technischen Versuchsanstalt,
    c) der Prüfungsstation für Baumaterialien
zu Berlin.

§ 1.

Da die mit der Königlichen technischen Hochschule zu Berlin verbundenen Anstalten, die mechanisch-technische Versuchsanstalt und die Prüfungsstation für Baumaterialien, sowie die mit der Königlichen Bergakademie zu Berlin verbundene chemisch-technische Versuchsanstalt verwandte und ineinandergreifende Aufgaben verfolgen, so ist eine Kommission niedergesetzt, um die Beziehungen zwischen den genannten Anstalten in zweckmäßiger Weise zu vermitteln und die Einheit in der Thätigkeit derselben aufrecht zu erhalten.

§ 2.

Die Kommission ist zusammengesetzt aus Vertretern des Ministeriums für Handel und Gewerbe, des Ministeriums der öffentlichen Arbeiten und des Ministeriums der geistlichen, Unterrichts- und Medizinal-Angelegenheiten**).

---

*) Die nachstehenden Auszüge I und II, sowie die Vorschriften für die Benutzung der technischen Versuchsanstalten umfassen nur diejenigen Bestimmungen, welche für das mit den Versuchsanstalten verkehrende Publikum von Interesse sind.

**) Diese Kommission besteht gegenwärtig aus dem Ministerial-Direktor, Wirklichen Geheimen Ober-Regierungsrath Schultz als Vorsitzenden, dem Geheimen Ober-Baurath Schwedler und dem Geheimen Bergrath Dr. Wedding, Vertretern des Ministeriums der öffentlichen Arbeiten, dem Geheimen Ober-Regierungsrath Dr. Wehrenpfennig, Vertreter des Ministeriums der geistlichen, Unterrichts- und Medizinal-Angelegenheiten, dem Geheimen Ober-Regierungsrath Mosler, Vertreter des Ministeriums für Handel und Gewerbe.

§ 3.

Die Aufgaben der Kommission sind, für den Zusammenhang in der Thätigkeit der Anstalten Sorge zu tragen, die Versuchsarbeiten einer jeden und die dabei zu verfolgenden wissenschaftlichen und technischen Zwecke zu überwachen, die auf Grund dieser Ueberwachung erforderlich scheinenden Anordnungen bezüglich der Handhabung der Versuchsarbeiten und der Geschäfte zu treffen, und diejenigen Aufträge, welche von Staatsbehörden an die Versuchsstellen gehen, denselben zu vermitteln bezw. die Prüfungsresultate den Behörden zuzustellen.

§ 4.

Um die Thätigkeit der Versuchsanstalten in lebendiger Beziehung mit dem praktischen Leben zu erhalten, wird die Kommission von Zeit zu Zeit eine Konferenz von Sachverständigen aus den Kreisen der Industriellen und Techniker berufen und in Gemeinschaft mit denselben berathen, in wie weit die Anstalten nach ihren bisherigen Leistungen den gestellten Aufgaben genügen oder welche Wege zur vollständigen Lösung derselben einzuschlagen sind.

§ 5.

Die Tarife sowie die Vorschriften für die Benutzung der Königlichen technischen Versuchsanstalten stellt die Kommission fest.

§ 6.

Aufträge, welche von Reichs= oder Staatsbehörden den Versuchsanstalten zugehen sollen, sind mit Ausnahme jedoch derjenigen, welche sich auf die Streitigkeiten über die Qualität der gelieferten Cemente beziehen, und welche dem Vorsteher der Prüfungsstation für Baumaterialien mit dem Vermerke „schleunige Sache" direkt einzuschicken sind, an die Adresse der Kommission zu richten.*)

Die Kommission übermittelt an die Vorsteher die Aufträge und läßt nach Erledigung derselben die Resultate der stattgehabten Prüfung den betreffenden Behörden zugehen. Auf besonderen Wunsch von Behörden können mit Genehmigung der Aufsichtskommission fortlaufende gleichartige Anträge unmittelbar an die Vorsteher der Versuchsanstalten gerichtet werden. Die zu den Aufträgen gehörigen Prüfungsgegenstände sind in der Regel direkt an die betreffende Versuchsanstalt abzusenden.

§ 7.

Solche von Privaten ausgehende Anträge, welche ausschließlich Versuche im allgemeinen wissenschaftlichen und technischen Interesse bezwecken, sind ebenfalls an die Kommission zu richten, welche über deren Behandlung Beschluß zu fassen hat.

Berlin, den 27. Dezember 1887.

Der Minister der öffentlichen Arbeiten.   Der Minister der geistlichen, Unterrichts=
Maybach.   und Medizinal=Angelegenheiten.
von Goßler.

Der Minister für Handel und Gewerbe.
In Vertretung: Magdeburg.

---

*) Die Adresse der Aufsichts-Kommission ist: Berlin W., Wilhelmstraße 80.

II. Auszug aus den Reglements für die Königliche mechanisch-technische Versuchsanstalt, die Königliche chemisch-technische Versuchsanstalt und die Königliche Prüfungsstation für Baumaterialien zu Berlin.

§ 1.

Die Königliche mechanisch-technische Versuchsanstalt zur Prüfung der Festigkeitseigenschaften von Metallen und anderen Stoffen, mit Ausnahme der Baumaterialien, ist mit der technischen Hochschule zu Berlin verbunden und dem die letztere beaufsichtigenden Minister unterstellt.

Sie hat die Aufgabe, Versuche im allgemein wissenschaftlichen und öffentlichen Interesse anzustellen und auf Grund von Aufträgen der Behörden und Privaten Materialprüfungen auszuführen. Mit der mechanisch-technischen Versuchsanstalt ist eine Abtheilung für Papierprüfungen verbunden.

Die Königliche chemisch-technische Versuchsanstalt zur Untersuchung von Eisen, anderen Metallen und Materialien ist mit der Bergakademie in Berlin verbunden und dem die letztere beaufsichtigenden Minister unterstellt.

Sie hat die Aufgabe, Versuche im allgemein wissenschaftlichen und öffentlichen Interesse anzustellen und auf Grund von Aufträgen der Behörden und Privaten chemische Prüfungen auszuführen.

Mit der chemisch-technischen Versuchsanstalt ist eine Abtheilung für Tintenprüfung und eine zweite Abtheilung zur Herstellung von Schliffen für mikroskopische Untersuchungen verbunden.

Die Königliche Prüfungsstation für Baumaterialien zur Untersuchung der Festigkeit und anderer Eigenschaften von gebrannten und ungebrannten künstlichen Steinen, sowie Bruchsteinen, Cementen, Kalken, Gypsen, Röhren und anderen Baumaterialien ist mit der technischen Hochschule zu Berlin verbunden und dem die letztere beaufsichtigenden Minister unterstellt.

Sie hat die Aufgabe, Prüfungen in Bezug auf Festigkeit und sonstige Eigenschaften der Baumaterialien auf Grund von Aufträgen der Behörden und Privaten auszuführen und Versuche im allgemeinen wissenschaftlichen und öffentlichen Interesse anzustellen.

§ 2.

Die an der Spitze der mechanisch-technischen Versuchsanstalt und der Prüfungsstation für Baumaterialien stehenden Vorsteher werden von dem die technische Hochschule beaufsichtigenden Minister ernannt.

Der an der Spitze der chemisch-technischen Versuchsanstalt stehende Vorsteher wird von dem die Bergakademie beaufsichtigenden Minister ernannt.*)

§ 3.

Alle Aufträge, welche von Reichs- oder Staatsbehörden zur Anstellung von Untersuchungen für eine der Anstalten ergehen, mit Ausnahme jedoch derjenigen, welche sich auf die Streitigkeiten über die Qualität der gelieferten Cemente beziehen und welche dem Vorsteher der Prüfungsstation für Baumaterialien mit dem Vermerk „schleunige

---

*) Gegenwärtig ist Vorsteher der mechanisch-technischen Versuchsanstalt Ingenieur A. Martens, der Prüfungsstation für Baumaterialien Dr. Böhme, der chemisch-technischen Versuchsanstalt Professor Dr. Finkener.

Sache" direkt einzuschicken sind, sollen durch die Vermittelung der Kommission an den Vorsteher der Anstalt gerichtet werden. Sind sie irrthümlich an ihn direkt adressirt, so hat er dieselben zunächst der Kommission vorzulegen, ohne jedoch in schleunigen Fällen den Anfang der Prüfungen hinauszuschieben.

Die zu den Aufträgen gehörigen Prüfungsgegenstände sind in der Regel direkt an die betreffende Versuchsanstalt abzusenden.

§ 4.

Alle von Privaten ausgehenden Aufträge sind an den Vorsteher der betreffenden Anstalt direkt zu richten.*)

§ 5.

Sind die an den Vorsteher der mechanisch=technischen Versuchsanstalt bezw. den Vorsteher der Prüfungsstation für Baumaterialien gelangenden Aufträge der Art, daß durch dieselben sowohl eine mechanische als eine chemische Untersuchung verlangt wird, so ist der Vorsteher verpflichtet, dem Vorstand der chemisch=technischen Versuchsanstalt den der letzteren zugehörigen Theil des Auftrags unter Beifügung der betreffenden Prüfungsstücke sofort zugehen zu lassen.

Desgleichen ist der Vorsteher der chemisch=technischen Versuchsanstalt, wenn die an ihn gelangenden Aufträge der Art sind, daß durch dieselben sowohl eine mechanische als eine chemische Untersuchung verlangt wird, verpflichtet, dem Vorstand der mechanisch= technischen Versuchsanstalt bezw. der Prüfungsstation für Baumaterialien den den letz= teren zugehörigen Theil des Auftrags unter Beifügung der betreffenden Prüfungsstücke sofort zugehen zu lassen.

§ 6.

Die Vorsteher sind verpflichtet, soweit es sich ohne erhebliche Betriebsstörung er= reichen läßt, die von Reichs= oder Staatsbehörden gegebenen Aufträge vor den Privat= aufträgen zu erledigen und die Ausführung der letzteren in geordneter Reihenfolge vor= zunehmen, so daß der ältere Auftrag dem jüngeren möglichst voraufgeht. Sollte die Innehaltung vorstehender Vorschrift erhebliche Abweichungen erleiden müssen, so ist hierüber der Kommission sofort Bericht zu erstatten und von deren Entscheidung dem Antragsteller Mittheilung zu machen.

§ 7.

Die Vorsteher führen die Korrespondenz mit den privaten Auftraggebern. Mit den Reichs= und Staatsbehörden, von welchen ihnen Aufträge durch die Kommission zugegangen sind, dürfen dieselben zur Abkürzung des Geschäfsganges insoweit direkt korrespondiren, als noch Zwischenverständigungen zur Erledigung der gestellten Auf= gaben erforderlich sein sollten. Sie stellen die Zeugnisse über die vollzogenen Prüfungen aus und übergeben dieselben sammt der Gebührenrechnung, wenn die Auftraggeber Reichs= oder Staatsbehörden sind, an die Kommission zur weiteren Beförderung. Die Reichs= und Staatsbehörden werden bei Zusendung des Zeugnisses und der Gebühren=

---

*) Die Adresse des Vorstehers der Königlichen mechanisch-technischen Versuchsanstalt und des Vor= stehers der Königlichen Prüfungsstation für Baumaterialien ist:

„Charlottenburg, Technische Hochschule",

diejenige des Vorstehers der Königlichen chemisch-technischen Versuchsanstalt:

Berlin N., Invalidenstraße Nr. 44.

rechnung von der Kommission aufgefordert, den Kostenbetrag an die betreffende Kasse zu zahlen.

Aufträge von Reichs- oder Staatsbehörden, welche sich auf die Streitigkeiten über die Qualität der gelieferten Cemente beziehen, sind dem Vorsteher der Prüfungsstation für Baumaterialien mit dem Vermerke „schleunige Sache" direkt einzusenden und demnächst von dem letzteren auch direkt zu erledigen.

Privaten Auftraggebern werden die Prüfungszeugnisse direkt zugesendet. Die Gebühren werden in der Regel von der Versuchsanstalt eingezogen und nur bei kleineren Beträgen unter Nachnahme erhoben. Die Beträge sind portofrei an die Kasse der Königlichen technischen Hochschule in Charlottenburg, bezw. bezüglich der Königlichen chemisch-technischen Versuchsanstalt an die Kasse der Königlichen Bergakademie zu Berlin N., Invalidenstraße Nr. 44, einzusenden.

§ 8.

Die Vorsteher führen jeder ein Dienstsiegel und einen Dienststempel; beide haben in der Mitte den preußischen Adler und in der Peripherie die Umschrift:

„Mechanisch-technische Versuchsanstalt, Königliche technische Hochschule Berlin"

bezw.

„Chemisch-technische Versuchsanstalt, Königliche Bergakademie Berlin"

und

„Prüfungsstation für Baumaterialien, Königliche technische Hochschule Berlin".

Die an die Reichs- und Staatsbehörden gehenden Prüfungszeugnisse werden mit dem Dienstsiegel versehen, die übrigen Zeugnisse und Urkunden werden abgestempelt. Dienstbriefe werden mit Marken, die mit dem Dienstsiegel gepreßt sind, verschlossen.

§ 9.

Bei den von Privaten ausgehenden Aufträgen haben sich die von den Vorstehern auszufertigenden Prüfungszeugnisse auf Angabe der wissenschaftlichen Resultate zu beschränken, welche sich bei der Untersuchung ergeben haben. Ueber jene Resultate hinaus dürfen ohne besondere Genehmigung der Königlichen Aufsichtskommission keinerlei Aeußerungen über die Brauchbarkeit des Prüfungsgegenstandes für bestimmte praktische Zwecke hinzugefügt werden. Den Vorstehern ist es untersagt, sonstige Gutachten auf Antrag von Privaten zu erstatten.

§ 10.

Der Vorsteher jeder Anstalt hat die ausschließliche Leitung der in derselben vorzunehmenden Arbeiten. Er bestimmt die Reihenfolge der Versuche, sowie die Maschinen und Apparate, welche zu denselben benutzt werden sollen. Er ist dafür verantwortlich, daß zur Sicherung der in der Anstalt beschäftigten oder zuschauenden Personen die erforderlichen Schutzmaßregeln getroffen werden.

§ 11.

Die Vorsteher haben das Dienstgeheimniß zu wahren und dürfen weder mündlich noch schriftlich über die angestellten Versuche und ihre Resultate an Unberufene Mittheilung machen.

§ 12.

Den Assistenten und bezw. den Chemikern ist es untersagt, in den Räumen der Versuchsanstalt ohne Auftrag des Vorstehers Versuche anzustellen.

Die für die Veröffentlichung geeigneten Ergebnisse der Versuchsanstalten werden vorbehaltlich der Genehmigung der Auftraggeber in dem amtlichen Organe der Königlichen Aufsichtskommission, den „Mittheilungen aus den Königlichen Versuchsanstalten zu Berlin"*) veröffentlicht.

Die Assistenten und Chemiker bedürfen zur Abfassung von Berichten, Zeichnungen und Mittheilungen über die Versuchsanstalten oder zur Abhaltung von öffentlichen Vorträgen über dieselben der Genehmigung des Vorstehers.

§ 13.

Die von Privaten und Behörden zu zahlenden Gebühren werden nach Maßgabe der aufgewendeten Zeit, der verbrauchten Materialien und der Abnutzung der Apparate berechnet. — Die Tarife, sowie die Vorschriften für die Benutzung der Königlichen technischen Versuchsanstalten werden durch die Kommission festgestellt.

Für umfangreiche Prüfungen können gegen den Tarif ermäßigte Sätze mit Genehmigung der Aufsichtskommission vereinbart werden.

Berlin, den 27. Dezember 1887.

Der Minister der öffentlichen Arbeiten. Der Minister der geistlichen, Unterrichts-

Maybach.   und Medizinal-Angelegenheiten.

            von Goßler.

Der Minister für Handel und Gewerbe.

In Vertretung: Magdeburg.

---

2. Vorschriften für die Benutzung der Königlichen Versuchsanstalten.

Im Anschluß an die vorstehend abgedruckten Reglements für die Königlichen technischen Versuchsanstalten zu Berlin werden nachstehend diejenigen Bestimmungen mitgetheilt, welche für die öffentliche Benutzung der Königlichen technischen Versuchsanstalten maßgebend sind.

I. Vorschriften für die Benutzung der Königlichen mechanisch-technischen Versuchsanstalt.

1. Leitung.

Die mechanisch-technische Versuchsanstalt steht unter der Leitung des Ingenieurs A. Martens. Sie befindet sich in Charlottenburg (Technische Hochschule).

2. Hülfsmittel.

Die Versuchsanstalt besitzt die nöthigen Vorrichtungen, um besonders hergerichtete Probestäbe, sowie ganze Konstruktionstheile auf Zug-, Druck-, Knickungs-, Biegungs-, Dreh- und Scheerfestigkeit zu untersuchen, Riemen und Seile auf Zugfestigkeit, Wellen-

---

*) Die „Mittheilungen" erscheinen unter der Redaktion des Geheimen Bergrath Dr. Wedding (Berlin W., Genthinerstraße 13, Villa C.) bei Julius Springer in Berlin N., Monbijouplatz 3, in jährlich 4—8 regelmäßigen und einer nach dem Bedürfniß sich richtenden Zahl von Ergänzungsheften seit dem Jahre 1883.

bleche und Buckelplatten auf ihre Widerstandsfähigkeit und Drähte auf Biegungs= und Verwindungsfähigkeit zu prüfen, ferner die Vorrichtungen zur Untersuchung und Herstellung von Normalkupferkörpern behufs Aichung von Fallwerken, zur Untersuchung von Festigkeitsprüfungsmaschinen, Schmierölen und Papieren. Hierzu stehen folgende Hülfsmittel zur Verfügung.

A. Mechanisch-technische Abtheilung.

Festigkeitsuntersuchungen an Metallen, Hölzern, Seilen, Riemen, Ketten, und anderen Materialien für den Maschinenbau.

1. Selbstthätiger hydraulischer Accumulator, von der städtischen Wasserleitung getrieben, erzeugt Druckwasser bis zu 300 Atmosphären und speist die Maschinen unter 2 und 3.

2. Festigkeitsprüfungsmaschine für Kraftleistungen bis zu 100 000 kg, Konstr. Werder, eingerichtet für Zug=, Druck=, Knickungs=, Biegungs=, Dreh= und Scheerversuche; mit Feinmeßapparaten von Bauschinger und Martens.

3. Festigkeitsprüfungsmaschine für Kraftleistungen bis zu 50 000 kg, Konstr. Martens, lediglich zum Zerreißen von Normalrundstäben und kleinen Proben. Selbstthätig wirkende stehende Maschine mit Antrieb durch hydraulische Presse; Kraftmessung durch Hebelwaage mit einmaliger Uebersetzung von 1:250; mit Feinmeßapparaten von Martens.

4. Festigkeitsprüfungsmaschine für Kraftleistungen bis zu 40 000 kg, Konstr. Wedding, für Zug=, Druck= und Biegungsversuche. Mit Schraubenantrieb, Laufgewicht und doppelter Hebelübersetzung; mit Feinmeßapparaten.

5. Festigkeitsprüfungsmaschine für Kraftleistungen bis zu 1000 kg, Konstr. Rudeloff, für Zug= und Biegungsversuche. Mechanischer Schraubenantrieb, Kraftmessung durch Feder= und Gewichtswaage; mit Schaulinienapparat von Martens zum Verzeichnen mikroskopischer Schaulinien auf Glas.

6. Kleine Drehfestigkeitsmaschine, Konstr. Rudeloff; zur Prüfung von Drähten bis zu 10 mm Durchmesser.

7. Kleines Fallwerk, Konstr. Martens; mit mehreren Bären bis zu 50 kg Gewicht und 4,5 m Fallhöhe arbeitend. Eingerichtet für Stauchungs=, Biegungs= und Zugversuche unter Fallwirkung.

8. Großes Fallwerk, Konstr. Cramer; mit einem Bär von 600 kg und 10 m Fallhöhe arbeitend. Eisengewicht der Schabotte 10 000 kg. Hauptsächlich zur Prüfung von Schienen, Radreifen und Achsen eingerichtet; mit Meßapparaten von Martens.

9. Einspannvorrichtungen und Meßapparate.

10. Glühofen zum Ausglühen von Probestücken bis zu 1,5 m Länge, 0,3 m Breite und 0,13 m Höhe.

11. Tiegelofen zum Glühen von Probestücken und zur Herstellung von Legirungen und Güssen.

12. Schmiede zur Herstellung von Schweißproben.

B. Abtheilung zur Ausführung von Dauerversuchen.

1. Aeltere Maschinen von Wöhler.

a) 2 Maschinen für oft wiederholte Zugwirkung für die gleichzeitige Prüfung von je 4 Stäben eingerichtet.

b) 2 Maschinen für oft wiederholte Biegungswirkung in stetig wechselnder Ebene, für die gleichzeitige Prüfung von je 8 Stäben eingerichtet.

c) 3 Maschinen für oft wiederholte Biegungswirkung, für die gleichzeitige Prüfung von je 6 Stäben eingerichtet.

d) 3 Maschinen für oft wiederholte Drehwirkung, für die gleichzeitige Prüfung von je einem Stabe eingerichtet.

2. Neue Maschinen von Martens.

a) 1 Maschine für oft wiederholte Biegungswirkung in stetig wechselnder Ebene für die gleichzeitige Prüfung von 6 Stäben eingerichtet.

b) In Aussicht genommen ist die Aufstellung mehrerer Maschinen für Dauer= versuche mit Schlagwirkung.

C. Abtheilung für Schmierölprüfung.

1. Oelprobirapparat, Konstr. Herrmann, einfacher Apparat zur Bestimmung von Reibungskoeffizienten bei geringem Druck und geringen Geschwindigkeiten.

2. Oelprobirmaschine, Konstr. Martens mit selbstwirkender Geschwindigkeits= regulirung und selbstthätiger Aufzeichnung des Reibungswiderstandes.

3. Eine Reihe von Viscosimetern und Apparaten zur physikalischen und chemischen Untersuchung von Schmierölen.

D. Abtheilung für Papierprüfung.

1. 4 Festigkeitsprüfungsmaschinen, System Hartig=Reusch, mit Kraft= leistung bis 18 kg, mit Schaulinienapparaten.

2. 3 Festigkeitsprüfungsmaschinen, System Wendler, mit Kraftleistung bis zu 20 kg.

3. 1 Prüfungsapparat, System Rehse, kleiner Handapparat.

4. Eine Reihe von Apparaten zur physikalischen und chemischen Untersuchung von Papier.

E. Photographische Einrichtung.

Photographische Einrichtung für die Aufnahme von Bruchflächen, Ober= flächenerscheinungen, Mikrophotographien von Faserstoffen, mit Instrumenten von Carl Zeiß in Jena.

F. Mechanische Werkstatt.

Zur Herstellung von Probekörpern; zugleich Reparatur= und Lehrwerkstatt der technischen Hochschule.

3. Zahl und Form der einzusendenden Proben.

Es empfiehlt sich, zu den Festigkeitsuntersuchungen mit Konstruktionsmaterialien für den Maschinenbau unter Beifügung möglichst erschöpfender Angaben über den Ur=

sprung und über die Bearbeitung des Materials mindestens 5 vollkommen gleich=
artige Probestäbe einzusenden, da aus einem einzelnen Versuch der durchschnittliche
Werth des Materials nicht zuverlässig ermittelt werden kann. Zur Ausführung um=
fangreicher Untersuchungen über den Einfluß des Fabrikationsprozesses oder zur Ent=
scheidung über die Erfüllung vorgeschriebener Bedingungen an Stücken aus mehreren
Lieferungen (s. g. Abnahmeprüfungen) empfiehlt es sich, vor Entnahme der einzelnen
Proben ein besonderes Programm mit der Anstalt zu vereinbaren.

Die Probestücke von den nachstehend angegebenen Formen sind stets durch schnei=
dende Werkzeuge aus dem Vollen herzustellen und nicht durch Stauchen oder Strecken
herauszubilden. Zum Zwecke des Abdrehens sind die Körnermarken vorzubohren und
sorgfältig zu erhalten. Sind die vorgeschriebenen Abmessungen nicht innegehalten, so
übernimmt die Versuchsanstalt die Nachbearbeitung auf Kosten der Antragsteller. Ueber=
haupt empfiehlt es sich, da alle Probestäbe zur Vermeidung einer Beeinflussung der
Ergebnisse mit äußerster Sorgfalt hergestellt sein müssen und die Versuchsanstalt über
die nöthigen Sondermaschinen verfügt, die Bearbeitung in der Anstalt ausführen zu
lassen, wofür nur die baaren Auslagen in Rechnung gestellt werden. Die Bearbeitungs=
kosten für einen Normalrund= oder Flachstab aus Material von 30—40 mm Durch=
messer, beziehentlich von 60 — 70 mm Breite pflegen sich auf etwa 2,00 — 4,00 M. zu
stellen.

Form der Probestücke.

1. Für Zugversuche mit Rund= und Flachstäben geben Fig. 1 und 2 die Normal=
stabformen. Die Feststellung der Proportionalitätsgrenze (Elastizitätsgrenze) und

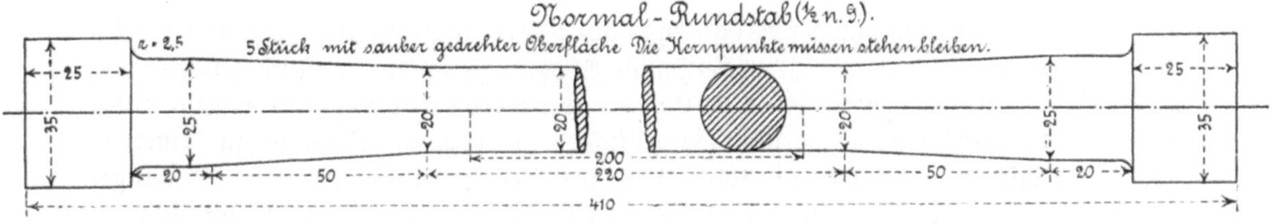

Figur 1.

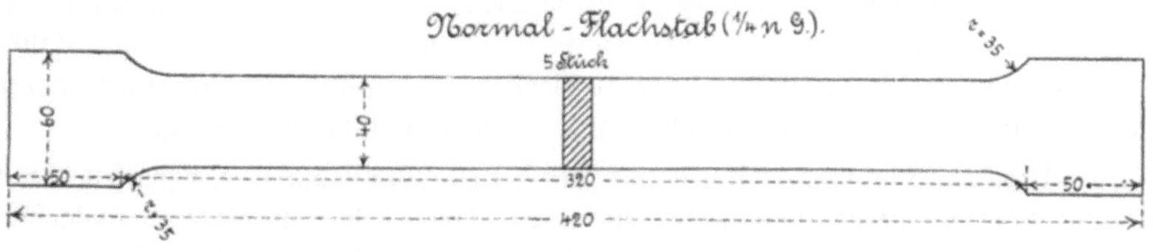

Figur 2.

des Elastizitätsmoduls kann nur an Normalstäben erfolgen. Für andere Stabformen
müßten besondere Vorkehrungen getroffen werden, wofür die Kosten dem Antragsteller
zur Last fallen würden.

Genügt das vorhandene Material zur Herstellung der Normalstabformen nicht, so können für Rundstäbe auch die in Fig. 3—5 und für Flachstäbe die in Fig. 6 dargestellten Formen zur Anwendung kommen; jedoch ist es zweckmäßig, in derartigen Fällen stets besondere Vereinbarungen mit der Versuchsanstalt zu treffen.

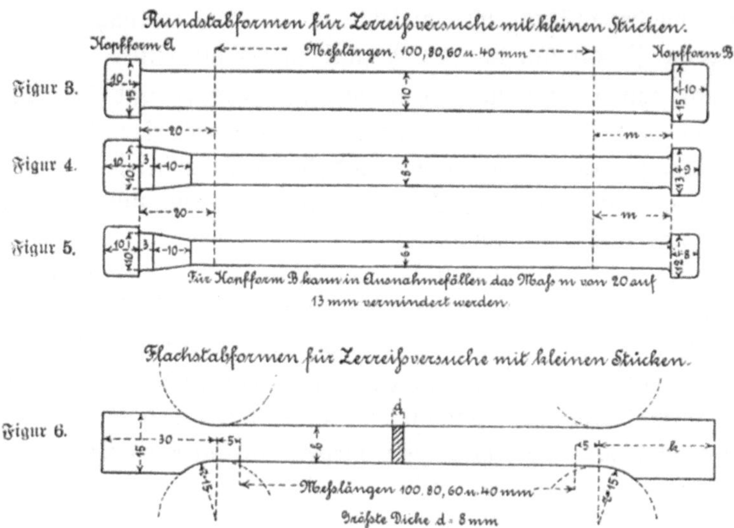

2. Zu Druckversuchen sind Cylinder oder Würfel von 30 mm Durchmesser bezw. Quadratseite und 30 mm Höhe zu verwenden, wenn nicht die besonderen Eigenschaften des Materials andere Abmessungen wünschenswerth erscheinen lassen.

3. Der zur Bestimmung der Biegungs- oder relativen Festigkeit von Schienen, Röhren, Trägern, Cylindern u. s. w. bestimmte Apparat gestattet eine Auflagerweite von 0,80—3,30 m bei freien, oder bis zu 2,70 m bei außerhalb der Stützpunkte eingespannten Enden. Der Querschnitt der Prüfungsgegenstände ist beliebig, jedoch ist zu bemerken, daß nur Kraftleistungen bis zu 100 000 kg zur Verfügung stehen. Für Biegungsversuche mit besonders hergerichteten Proben aus Gußeisen empfiehlt es sich mit Rücksicht auf die bisher beobachtete Versuchsweise, Stäbe von 1,100 m Länge und quadratischem Querschnitt von 30 mm Kantenlänge zu verwenden. Dieselben sind thunlichst liegend in getrockneten Sandformen und unter einem Druck von 15 cm Gußeisensäule sauber zu gießen und an der Oberfläche nicht zu bearbeiten. Wenn die Probestücke anders gegossen wurden, so sind Angaben über die näheren Umstände nothwendig.

4. Knickungsversuche können mit Eisensäulen, Metallröhren, Holzbalken u. s. w. bei einer Probenlänge bis 7,66 m und einem Durchmesser bis zu 300 mm ausgeführt werden; die größte zur Verfügung stehende Kraftäußerung beträgt 100 000 kg.

5. Die zu Dreh-(Torsions-)Versuchen bestimmten Cylinder dürfen einen Durchmesser von 60—140 mm und eine Länge bis zu 1,50 m haben, jedoch darf die Festigkeit 50 000 kg Belastung nicht übersteigen*).

*) Wegen der Form dieser Probestücke empfiehlt es sich in jedem einzelnen Falle, mit der Versuchsanstalt zu verhandeln.

6 Versuchsstücke für Scheerfestigkeit dürfen bis 220 mm breit und 60 mm dick sein, vorausgesetzt, daß zur Abscheerung nicht mehr als 100 000 kg erforderlich sind.

7. Für Zugversuche mit Hanf= und Drahtseilen muß die Länge jeder Probe mindestens 2,5 m betragen, so daß für jede vollständige Untersuchung (5 Einzelversuche) 12,5 lfd. Meter Seil einzureichen sind.

8. Für Zugversuche mit Riemen aus Leder und Faserstoff sind zu einer voll= ständigen Untersuchung (5 Einzelversuche) 7,5 lfd. Meter Riemen einzusenden.

Für Oeluntersuchungen sind von jeder Oelsorte mindestens 3 Liter in gut verschlossenen Glasgefäßen einzusenden.

Für vollständige Papieruntersuchungen, welche nach den Vorschriften des Königlichen Staatsministeriums die Prüfungen

1. auf Zerreißungsfestigkeit und Dehnung nach zwei Richtungen,
2. auf Widerstandsfähigkeit gegen Zerknittern und Reiben,
3. auf Bestimmung des Aschengehalts nach Gewicht,
7. auf qualitative Untersuchung auf Holzschliff,
9. auf mikroskopische Untersuchung der im Papier enthaltenen Fasern und anderen Stoffe,
10. auf Leimung und Gehalt an freier Säure

umfassen müssen, sind nicht weniger als 5 Bogen, mindestens von der Größe des Kanzleipapiers (33 cm Länge, 21 cm Breite) einzusenden, welche **unbeschrieben und frei von schadhaften Stellen, Rissen und Kniffen** sein müssen. Es wird zur Vermeidung von Verzögerungen im eigenen Interesse der Antragsteller dringend empfohlen, **die Papierproben zwischen zwei steifen Pappdeckeln zu versenden,** damit sie beim Transport durch Poststempel u. s. w. nicht leiden.

Nur bei Papieren, deren Verwendung in kleinerem Formate üblich ist, wird eine von den erwähnten Maßen abweichende Größe zur Prüfung auf Festigkeit zugelassen, doch ist in diesem Falle eine entsprechend große Anzahl Bogen einzusenden. Für Prüfungen ohne Ermittelung der Zerreißungsfestigkeit reichen im Nothfalle geringere Probemengen (30 g), welche die Herstellung von mindestens 5 Blättchen zu je 4 qdm gestatten, aus, doch wird empfohlen, auch hier gleichfalls 5 Probebogen zur Vorlage zu bringen.

4. Gebührenordnung.

Zur Vermeidung von Verzögerungen ist es dringend zu empfehlen, in den schrift= lich zu stellenden Anträgen genau die einzelnen Nummern dieser Gebühren= ordnung zu bezeichnen, nach welchen die Prüfungen erfolgen sollen. Die unter den Absätzen a aufgeführten Kosten gelten für die Ausführung einzelner Versuche. Die unter den Absätzen b aufgeführten Kosten kommen bei umfangreicheren, daselbst näher bezeichneten Anträgen zur Anrechnung. Für Untersuchungen nach b Nr. 25 bis 27 kommen bei Ausführung von Einzelversuchen die zwei= bis dreifachen Sätze zur Berechnung.

A. Festigkeitsversuche im Allgemeinen.

a) Einzelne Versuche.

1. Festigkeitsproben mit Metallen.

1. Vollständiger Zugversuch mit einem Rundstab bis zu 40 mm Durch=
messer, umfassend die Bestimmung der Proportionalitätsgrenze (Elasti=
zitätsgrenze), des Elastizitätsmoduls, der Bruchbelastung, der Längen=
ausdehnung nach dem Bruch und der Querschnittsverminderung . M. 8—16

2. Zugversuch wie unter Nr. 1, jedoch ohne Bestimmung der Elastizitäts=
konstanten . . . . M. 4—14

3. Zugversuch mit einem Rundstab von mehr als 40 mm Durchmesser
unter der Voraussetzung, daß dessen beide Enden mit Schraubengewinde
und Muttern versehen sind . . . . M. 10—20

4. Vollständiger Zugversuch mit einem flachen Stab von weniger als
106 mm Breite, umfassend die Bestimmung von Proportionalitäts=
(Elastizitäts=) grenze und Elastizitätsmodul, von Bruchbelastung,
Dehnung und Querschnittsverminderung . . . . M. 8—16

5. Zugversuch wie unter Nr. 4, jedoch ohne Bestimmung der Elastizi=
tätskonstanten . . . . M. 4—14

6. Vollständiger Druckversuch mit Bestimmung der Elastizitäts= und
Festigkeitskonstanten, je nach dem Querschnitt und Material . . M. 10—20

7. Vollständiger Biegungsversuch mit I Trägern, Schienen und sonstigen
Barren von 1,0 bis 4,0 m Länge mit genauer Angabe der Elastizitäts=
grenze u. s. w. je nach den Querschnittsdimensionen . . . . . M. 10—25

8. Biegungsversuch mit Stäben von 400 bis 1100 mm Länge und nicht
allzugroßem Querschnitt . . . . M. 4—14

9. Drehfestigkeitsversuch mit Rundstäben bis zu 24 mm Durchmesser M. 8—16

10. Vollständiger Drehfestigkeitsversuch mit Lokomotiv= und Wagenachsen M. 30—40

11. Vollständiger Knickungsversuch je nach der Länge und dem Durch=
messer der Säulen . . . . M. 10—50

12. Prüfung von Buckelplatten, Wellenblechen u. s. w. . . . . . M. 15—20

13. Prüfung der Scheerfestigkeit . . . . M. 3—10

14. Härteversuch mit je 2 Einschnitten an 4 Stellen des Versuchsstabes M. 3— 5

15. Bestimmung des spezifischen Gewichts von Stäben mit einem Gewicht
von nicht mehr als 5 kg . . . . M. 3— 5

2. Für nicht metallische Versuchsstücke,

als Hölzer, Treibriemen, stärkere Taue, Hanfseile u. s. w. stellen sich die Prüfungs=
kosten auf 30 bis 60 % der unter a) 1 Nr. 1 bis 15 aufgeführten Tarifsätze.

b) Umfangreiche Untersuchungen.

Die vorstehenden Gebührensätze können bis auf die nachstehenden Sätze ermäßigt
werden:

a) bei Aufträgen auf ausgedehnte, zusammenhängende Untersuchungen mit
mindestens 5 Einzelversuchen der gleichen Art;

b) wenn bei Aufträgen auf gleichartige, im Laufe eines Kalenderjahres aus=
zuführende Einzelverſuche, die nach den ermäßigten Sätzen berechneten vor=
auszuzahlenden Koſten mindeſtens 100 M. betragen;

c) die Gebührenſätze können um fernere 20 % ermäßigt werden, wenn die
Koſten mindeſtens 500 M. betragen.

Die Anträge zu b und c ſind an den Vorſteher der Anſtalt zu richten, welcher
die Genehmigung der Königlichen Kommiſſion zur Beaufſichtigung der techniſchen Ver=
ſuchsanſtalten einholen wird.

1. Feſtigkeitsproben mit Metallen.

16. Zerreißverſuche mit Normalrundſtäben, Normalflachſtäben und
Stäben kleiner Form nach Fig. 3 — 6, einſchließlich Beſtimmung des
elaſtiſchen Verhaltens. ſtatt 8—16 M. (Nr. 1 und 4) . . . . . je M.   4,50

17. Zerreißverſuche mit Normalrundſtäben, Normalflachſtäben und
Stäben kleiner Form nach Fig. 3—6, ohne Beſtimmung des elaſtiſchen
Verhaltens, ſtatt 4—14 M. (Nr. 2 und 5) . . . . je M.   3,50

18. Druckverſuche mit Normalkörpern von 30 mm Höhe, beziehentlich
30 mm Durchmeſſer oder Würfelſeiten=Länge, ohne Beſtimmung des
elaſtiſchen Verhaltens, ſtatt 10—20 M. (Nr. 6) . . . . . je M.   3,50

    Für die Anſätze 16, 17 und 18 tritt bei abweichenden Formen der
Probeſtäbe ein Zuſchlag von M. 0,50 für jeden Verſuch ein.

19. Biegeproben (kalt und warm) mit je drei Proben nach jeder Walz=
richtung an Streifen von 150 mm Länge und 30—50 mm Breite je M.   1,00

20. Zugverſuche mit Drahtſeilen, einſchließlich Vorbereitung der Proben
je M.   4,50

21. Zugverſuche mit Seil= und Telegraphendrähten . . . . . je M.   2,00

22. Beſtimmung der Verwindungszahl von Drähten auf je 150 mm Länge
je M.   1,00

23. Beſtimmung der Biegbarkeit von Drähten . . . . je M.   0,70

24. Für eine vollſtändige Prüfung von Gußeiſen, gegoſſenen
Legirungen u. ſ. w., umfaſſend:

a) 3 Biegeverſuche mit Stäben von 1100 $\times$ 30 $\times$ 30 mm,

b) Zerreißverſuche mit Normalrundſtäben, je 2 aus jeder Biegeprobe
gedreht, ohne Beſtimmung des elaſtiſchen Verhaltens,

c) 6 Druckverſuche mit Würfeln von 30 mm Seite, je 2 aus jeder
Biegeprobe ohne Beſtimmung des elaſtiſchen Verhaltens,

Geſammtkoſten M. 57,00

Verſuche mit dem kleinen Fallwerk.

25. Fall=Stauch=Verſuche mit Normalkörpern von 15 mm Höhe und
15 mm Durchmeſſer . . . . je M.   2,00

26. Fall=Zerreißverſuche mit Normalrundſtäben . . . . . . je M. 3—5,00

27. Fall=Biegeversuche bis zu 200 mkg Arbeitsleistung für einen Schlag
je M. 2—4,00

2. Festigkeitsproben mit nicht metallischen Versuchsstücken.

28. Zerreißversuche mit Hanftauen in üblicher Ausführung und bis zu
50 mm Durchmesser einschließlich Vorbereitung der Proben . je M. 3,50
29. Zerreißversuche mit Flachseilen und Riemen bis 200 mm Breite je M. 3,50

B. Schmieröluntersuchungen.

a) Einzelversuche.

1. Bestimmung des spezifischen Gewichts . . . . M. 1,00
2. Angabe der äußeren Beschaffenheit (Farbe, Durchsicht, Fluorescenz,
Geschmack, Geruch) . . . . M. 1,00
3. Bestimmung des Flüssigkeitsgrades im Vergleich zu reinem Rüböl.
Mittel aus drei Versuchen (die Versuche werden nach Wunsch entweder
mit dem Apparat von Engler oder von Traube ausgeführt).
   a) Bestimmung bei 20° C. . . . . M. 1,50
   b) Bestimmung bei einem höheren Wärmegrade . . . . je M. 2,00
   c) vollständige Bestimmung des Flüssigkeitsgrades zwischen 20 und
     150° C. aus mindestens 10 Versuchen . . . . . . M. 10,00
4. Bestimmung der inneren Reibung des Oeles, Mittel aus mehreren
Versuchen mit dem Apparat von Traube, bei Zimmerwärme oder
einem beliebigen Wärmegrade bis zu 150° C. . . . . . . M. 3,00
5. Bestimmung von Schmierfähigkeits=Reibungskoeffizient und Erwärmung
der Lagerflächen bei 0,5, 1,0 und 2,0 m/sec Umfangsgeschwindigkeit der
reibenden Zapfenfläche und 10 und 25 kg Druck für 1 qcm Lager=
fläche . . . . M. 15,00
Für weiter ausgedehnte Versuche sind besondere Vereinbarungen zu treffen.
6. Beifügung einer Pause von der Selbstaufzeichnung der Reibungsschau=
linien durch die Maschine . . . . M. 5,00
7. Feststellung des Erstarrungspunktes . . . . M. 1,50
8. Feststellung des Entflammungspunktes . . . . M. 1,00
9. Feststellung des Entzündungspunktes . . . . M. 1,00
10. Feststellung der bis 320° in Abstufungen von je 50° überdestillirenden
Mengen mit Bestimmung des Siedepunktes und des Rückstandes
   a) in Volumprozenten . . . . M. 3,00
   b) in Gewichtsprozenten . . . . M. 5,00
11. Bestimmungen des Säuregehaltes qualitativ oder quantitativ . M. 1,50
12. Einfache qualitative chemische Untersuchungen sogen. „Abnahmeproben"
je nach Umfang . . . . M. 1—5,00
Alle Anträge auf nur quantitative chemische Untersuchung sind an die chemisch=tech=
nische Versuchs=Anstalt zu richten.

b) Umfangreiche Untersuchungen.

13. Für die vollständige Untersuchung eines Oeles
    a) nach den Sätzen Nr. 1, 2, 3c, 5, 7, 8, 9, 11 und 12 . . . . M. 25,00
    b) nach den Sätzen Nr. 1, 2, 3c, 5, 7, 8, 9, 10, 11 und 12 . . M. 27,00

14. Für die gleichzeitige Ausführung einer vollständigen Untersuchung von mindestens fünf Oelproben nach Nr. 13 a oder b . . . . . je M. 18,00

15. Bei Aufträgen auf im Laufe eines Kalenderjahres auszuführende Untersuchungen können, bei Vorauszahlung eines Betrages von 200 M., für Einzeluntersuchungen die Sätze Nr. 1—12 um 20 % ermäßigt und für vollständige Untersuchungen kann der Satz Nr. 14 angewendet werden.

C. Papierprüfungen.

a) Einzeluntersuchungen.

1. Prüfung der Zerreißungsfestigkeit und der Dehnung nach zwei Richtungen in je 5 Proben . . . . M. 10

2. Prüfung auf Widerstand gegen Zerknittern und Reiben . . . . „ 2

3. Bestimmung des Aschengehaltes nach Gewicht . . . . „ 3

4. Desgleichen mit Prüfung der qualitativen Zusammensetzung der Asche . . . . M. 10

5. Desgleichen mit Prüfung der quantitativen Zusammensetzung . „ 50

6. Messung der Dicke des Papiers und Bestimmung des Gewichts für das Quadratmeter . . . . M. 2

7. Qualitative Untersuchung auf Holzschliff . . . . „ 1

8. Quantitative Untersuchung auf Holzschliff . . . . „ 30

9. Mikroskopische Untersuchung der im Papier enthaltenen Fasern und anderen Stoffe . . . . M. 5

10. Chemische Untersuchung des Papiers auf Farbstoff, Leimung, Gehalt an freier Säure, Chlor u. s. w. je nach dem Umfange der verlangten Untersuchung . . . . M. 5— 50

11. Desgleichen quantitave . . . . „ 10—100

b) Umfangreiche Untersuchungen.

12. Die vollständige Untersuchung eines Papiers auf Zerreißungsfestigkeit, Dehnung, Widerstand gegen Zerknittern und Reiben, Bestimmung des Aschengehaltes, die mikroskopische Untersuchung der im Papier enthaltenen Fasern und anderen Stoffe und die chemische Untersuchung auf Leimung und freie Säure (also die Gesammtuntersuchung nach C. Nr. 1, 2, 3, 7, 9 und 10) kostet 20 M.

    Bei Vorausbezahlung der nachgenannten Gesammtgebühren und unter der Voraussetzung, daß mindestens die angeführte Zahl von Papierprüfungen innerhalb eines Kalenderjahres ausgeführt werden soll, werden die Gebühren:

13. für die vollständige Untersuchung von 25 Papieren nach dem Umfange der vorhergehenden Tarifnummer (C. 12) auf
$$25 \times 15 = 375 \text{ M.,}$$

14. für die vollständige Untersuchung von 50 Papieren nach dem Umfange der=
selben Tarifnummer (C. 12) auf

$$50 \times 10 = 500 \text{ M.},$$

15. für die Untersuchung von 25 Papieren auf Zerreißungsfestigkeit, Dehnung
sowie Widerstand gegen Zerknittern und Reiben, also im Umfange der Tarif=
nummern C. 1 und 2 auf

$$25 \times 9 = 225 \text{ M.},$$

16. für die Untersuchung von 50 Papieren im Umfange derselben Tarifnummern
(C. 1 und 2) auf

$$50 \times 6 = 300 \text{ M.}$$

festgesetzt.

D. Untersuchungen von Materialprüfungsmaschinen.

1. Maschinen zur Prüfung der Festigkeit von Metallen.

Die Versuchs=Anstalt nimmt Untersuchungen von Maschinen zur Prüfung der
Festigkeit von Metallen vor. Die Untersuchungen können auf die Prüfung
ganzer Maschinen, auf die Nachprüfung der wesentlichen Theile bereits geprüfter
Maschinen (Wägevorrichtung, Ueberſetzungsverhältniß der Hebel, Längenmaßvorrich=
tung u. ſ. w.), sowie auf die erſte Prüfung einzelner Maschinenbestandtheile (Waage,
Meßvorrichtung u. ſ. w.) erstreckt werden. Die dafür zu zahlenden Kosten bleiben vor=
läufig jedesmaliger Vereinbarung vorbehalten.

2. Abgabe von Normalkupferkörpern zur Prüfung von Fallwerken.

Zur Feststellung der Wirkungsgröße eines Fallwerkes und namentlich zum Zwecke
des Vergleiches der Wirksamkeit verschiedener Fallwerke können Kupfercylinder benutzt
werden, deren Stauchung maßgebend ist. Die Versuchs = Anstalt hält hierzu
geeignete Normalkupferkörper (Cylinder, deren Höhe gleich dem Durchmesser ist) vor=
räthig und giebt dieselben nebst Abschriften der Prüfungsbescheinigungen zu den
nachfolgenden Bedingungen ab:

1. je einen Normalkupferkörper von 53,5 mm Durchmesser nebst Abschrift der
Prüfungsbescheinigung für . . . . M. 30
2. bei Entnahme von gleichzeitig mehr als 4 Körpern, jeden Körper von
53,5 mm Durchmesser für . . . . M. 20
3. je einen Normalkupferkörper von 15,0 mm Durchmesser nebst Abschrift
der Prüfungsbescheinigung für . . . . M. 6
4. bei Entnahme von gleichzeitig mehr als 4 Körpern, jeden Körper von
15,0 mm Durchmesser für . . . . M. 4

3. Untersuchung von Papierprüfungs=Apparaten.

Die Untersuchungen können auf die Prüfung vollständiger Apparate, auf die
Nachprüfung der wesentlichen Theile bereits geprüfter Apparate (Federn, Maß=
stäbe u. ſ. w.), sowie auf die erste Prüfung einzelner Apparattheile (Federn, Maß=
stäbe u. ſ. w.) erstreckt werden.

Die Gebühren betragen:

1. für die vollständige Prüfung eines Apparates . . . . M. 20—120

2. für die Nachprüfung einzelner Theile eines bereits geprüften Apparates . . . . M. 10— 20

3. für die Prüfung einzelner Theile eines noch nicht im Ganzen geprüften Apparates . . . . M. 20— 60

Für größere Versuchsreihen, namentlich wenn sie mehrere Versuchsanstalten oder mehrere Abtheilungen derselben Versuchsanstalt beschäftigen oder sich über eine längere Reihe von Jahren erstrecken, können mit Genehmigung der Königlichen Kommission zur Beaufsichtigung der technischen Versuchsanstalten erheblichere Preis= ermäßigungen vereinbart werden, wenn ein bindender Arbeitsplan vorgelegt werden kann.

Die Gebühren werden in der Regel von der Versuchsanstalt eingezogen und nur bei kleineren Beträgen unter Nachnahme erhoben. **Alle Zahlungen sind an die Kasse der Königlichen technischen Hochschule in Charlottenburg zu leisten.** An die Versuchs= anstalt gerichtete Beträge müssen zurückgewiesen werden.

Verlangt eine Untersuchung die Betheiligung einer zweiten Versuchsanstalt, so wird der betreffende Auftrag vom Vorsteher unmittelbar der anderen Anstalt übersendet und hiervon dem Auftraggeber Nachricht gegeben.

Berlin, den 3. Februar 1888.

Königliche Kommission
zur Beaufsichtigung der technischen Versuchsanstalt.
Schultz.

II. Vorschriften für die Benutzung der Königlichen chemisch-technischen Versuchsanstalt.

1. Leitung.

Die chemisch = technische Versuchsanstalt steht unter der Leitung des Professors Dr. Finkener. Sie befindet sich in Berlin N., Invalidenstraße 44.

2. Hülfsmittel.

Die chemisch=technische Versuchsanstalt besitzt die erforderlichen Apparate und Hülfsmittel, um Analysen von anorganischen Substanzen, sowie von Brennstoffen und einzelnen anderen organischen Stoffen, namentlich Oelen und Fetten auszuführen.

Eine besondere Abtheilung ist für die Untersuchung von „Tinte" bestimmt. In dieser Abtheilung werden die chemischen und physikalischen Eigenschaften der Tinte für sich und in Verbindung mit bestimmten Papiersorten, namentlich auch die Wider= standsfähigkeit der hergestellten Schrift gegen Wasser, Säuren, Chlor oder andere zu benennende Stoffe untersucht.

Eine andere Abtheilung dient zur Herstellung von Metallschliffen für mikroskopische Untersuchungen. In dieser Abtheilung werden Metalle durch Schleifen, Poliren, Aetzen und Anlassen mit einer ebenen Fläche versehen, welche zur mikroskopischen Untersuchung geeignet ist.

Auf besonderen Antrag wird von dem durch das Mikroskop erhaltenen Bilde eine einfarbige oder mehrfarbige Zeichnung oder eine photographische Abbildung in beliebigem zulässigen Vergrößerungsmaßstabe hergestellt.

3. Form und Beschaffenheit der einzusendenden Proben.

Die für die chemisch-technische Versuchsanstalt bestimmten Proben fester Substanzen sind, wenn damit nicht gleichzeitig physikalische Untersuchungen vorgenommen werden sollen, im gepulverten Zustande, indessen unter Beifügung eines größeren Stückes in dem Zustande vor der Zerkleinerung, einzusenden.

Bei der Herstellung von Bohrproben 2c. aus harten Stoffen (Stahl, Spiegeleisen 2c.) ist dafür Sorge zu tragen, daß keine Theile des Zerkleinerungsinstruments in die Probe gerathen.

Die Menge der einzusendenden Substanz soll der Regel nach nicht unter 20 g in Pulverform bei festen, nicht unter 1 l bei flüssigen, nicht unter 5 l bei gasförmigen Substanzen betragen.

Es ist nöthig, daß die Einsender genau die Art angeben, nach welcher die Probe entnommen wurde, sowie den Zweck, welcher durch die Analyse erreicht werden soll, da eine vollständige Analyse oft nicht erforderlich, dabei zeitraubend und kostspielig ist, während bei Bekanntschaft mit dem Zwecke der Untersuchung die Bestimmung eines oder einiger Stoffe genügen kann.

Tinte ist in Mengen von mindestens 0,5 l in luftdicht verschlossenen, genau etikettirten Flaschen einzusenden. Die Herstellungsweise ist genau anzugeben. Für die Prüfung des Verhaltens gegen bestimmte Papiersorten sind von letzteren je 20 Proben von mindestens 100 qcm Fläche einzuliefern.

Die Proben für die mikroskopische Untersuchung sind im Allgemeinen in Form von Platten mit zwei annähernd parallelen Flächen von ungefähr 2 cm Seite in einer Stärke von nicht mehr als 15 mm einzuliefern.

Flächen wie Kanten können rauh sein. Erwünscht ist es, wenn wenigstens eine Fläche den natürlichen Bruch zeigt.

Anders geformte, namentlich größere und stärkere Stücke werden, soweit die Hülfsmittel der Anstalt (Drehbänke, Hobel- und Schleifmaschinen) reichen, in derselben formatisirt.

Sollen größere Flächen, als solche von 4 qcm, namentlich ganze Querschnitte von Schienen, Axen, Panzerplatten u. s. w., für die mikroskopische Untersuchung vorbereitet werden, so sind diesen Flächen entsprechende Platten von höchstens 2 cm Stärke einzuliefern.

Sollen an größeren Flächen nur einzelne Stellen untersucht werden, so sind die die letzteren umgebenden Theile abzuarbeiten, damit die betreffenden Stellen als Erhöhungen für die Schleifung bereit stehen.

4. Kosten der Proben.

Die Kosten für die in der chemisch=technischen Versuchsanstalt ausgeführten Analysen und Proben werden in den einzelnen Fällen nach Maßgabe der aufgewendeten Zeit, der verbrauchten Materialien und der Abnutzung der Apparate berechnet.

Die Bestimmung eines einzelnen Stoffes kostet der Regel nach 5—15 M., eine vollständige Eisen= oder Steinkohlenanalyse 40 M., eine vollständige Erz= oder Schlacken=analyse 10—50 M. Bei schiedsrichterlichen Analysen werden stets doppelte Unter=suchungen ausgeführt, für welche daher auch doppelte Kosten in Ansatz gebracht werden müssen.

Tintenprüfungen.

1. Prüfung der Durchschlagsfähigkeit der Tinte mit einer Stufenreihe von Papieren, welche dazu von der Versuchsanstalt geliefert werden . M. 5
2. Desgleichen mit je 5 von dem Einsender gelieferten Papieren . . . „ 15
3. Prüfung auf Verwaschen durch Wasser, Säuren, Chlor 2c., je nach dem Umfange der Untersuchung . . . . M. 5—30
4. Bestimmung des Flüssigkeitsgrades . . . . „ 3
5. Ermittelung des Eisengehaltes . . . . „ 5
6. Ermittelung des Gerbsäuregehaltes bis auf 4 % . . . . „ 10
7. Weitere chemische Untersuchungen, je nach dem Umfange . . . . . „ 10—100

Herstellung von Schliffen und Zeichnungen.

a) Schliffe.

1. Herstellung eines polirten, geätzten und angelassenen mikroskopischen Schliffes von nicht über 4 qcm Oberfläche aus vorgearbeitetem mäßig harten Material . . . . M. 3
2. Dergleichen aus vorgearbeitetem sehr harten Material, wie Spiegel=eisen, Weißstrahleisen, Hartguß, gehärtetem Stahl . . . . . „ 5
3. Vorarbeitung der unter 1 aufgeführten Proben aus größeren Stücken von sprödem Material . . . . „ 1
4. Dergleichen von zähem Material . . . . „ 2
5. Vorarbeitung der unter 2 aufgeführten Proben aus größeren Stücken „ 3—5
6. Schleifung einzelner hervortretend gearbeiteter Stellen an größeren Stücken auf je 1 qcm . . . . „ 3—5
7. Schleifung größerer Flächen nach Maßgabe der aufgewendeten Zeit und der Beschaffenheit des Materials für je 1 qcm . . . . . . 50 Pf. bis 5 M.

b) Zeichnungen.

8. Herstellung einer das mikroskopische Gesichtsfeld nicht überschreitenden Zeichnung im Maßstabe von 50 : 1, nur schraffirt . . . . . . M. 20
9. Dieselbe farbig . . . . „ 25—30
10. Ein Photogramm (aufgezogenes Positiv) . . . . „ 3—5
11. Dasselbe farbig . . . . „ 25—30

Für größere Versuchsreihen, namentlich wenn sie mehrere Versuchsanstalten oder mehrere Abtheilungen derselben Versuchsanstalt beschäftigen oder sich über eine längere Reihe von Jahren erstrecken, können mit Genehmigung der Kommission Preisermäßigungen vereinbart werden, wenn ein bindender Arbeitsplan vorgelegt werden kann.

Die Gebühren werden in der Regel von der Versuchsanstalt vor Beginn der Untersuchung eingezogen. Als Zahlungsstelle fungirt die Kasse der Königlichen Bergakademie zu Berlin N., Invalidenstraße 44.

Verlangt eine Untersuchung die Betheiligung einer zweiten Versuchsanstalt, so wird der betreffende Auftrag vom Vorsteher unmittelbar der andern Anstalt übersendet und hiervon dem Auftraggeber Nachricht gegeben.

Berlin, 3. Februar 1888.

Königliche Kommission
zur Beaufsichtigung der technischen Versuchsanstalt.
Schultz.

III. Vorschriften für die Benutzung der Königlichen Prüfungsstation für Baumaterialien.

1. Leitung.

Die Prüfungsstation für Baumaterialien steht unter der Leitung des Ingenieurs Dr. Böhme. Sie befindet sich in Charlottenburg (technische Hochschule).

2. Hülfsmittel.

Die Prüfungsstation für Baumaterialien besitzt die Vorrichtungen zur Untersuchung der Festigkeit und anderer physikalischen Eigenschaften von gebrannten und ungebrannten künstlichen Steinen, sowie Bruchsteinen, Cementen, Kalken, Gipsen, Thonröhren und anderen Baumaterialien.

Die hydraulische Presse der Station gestattet bei einer Kraftäußerung von 140 000 kg die Prüfung von Stücken (auch Mauerpfeilern und Bruchsteinpfeilern) von 1 m Höhe und 55 × 55 cm im Querschnitt auf Druck.

Es können sowohl Prüfungen der Bruchfestigkeit von Platten, als auch Ermittelungen der Festigkeit gemauerter Fugen und Versuche auf Abscheeren ausgeführt werden.

Ferner sind die Vorrichtungen zur Bestimmung des spezifischen Gewichts von Baumaterialien vorhanden.

Zur Prüfung der Bruchfestigkeit stabförmiger Körper dient ein Hebelapparat mit 20facher Uebersetzung, zu den Versuchen mit Dachpappen auf Zugfestigkeit und Dehnbarkeit ein Hebelapparat mit 30facher Uebersetzung.

Prüfungen von Thonröhren auf inneren Druck werden auf einer horizontalen Presse ausgeführt, welche 20—30 Atmosphären Pressung bei 360 mm innerem Rohrdurchmesser gestattet. Die Versuche auf Abnutzbarkeit der Pflasterungsmaterialien erfolgen auf einer Maschine mit horizontal laufender Schleifscheibe von 22 Umgängen pro Minute. Die aufzuwendende Arbeit für die Abnutzungsproben wird durch ein entsprechendes Zählwerk gemessen. Auch sind Einrichtungen zur Ausführung von Frostversuchen mit Baumaterialien vorhanden. — Die Herrichtung der Proben zu den Druckversuchen an natürlichen Gesteinen erfolgt durch eine Steinsäge mit Kraftbetrieb, die Justirung derselben auf einer Hobelmaschine mit Doppel-Support und Diamant-Stichel.

Der Betrieb der maschinellen Einrichtungen der Station erfolgt durch eine zweipferdige Gaskraftmaschine.

Die Cement-Untersuchungen werden sowohl nach den durch das Königliche Ministerium der öffentlichen Arbeiten unterm 28. Juli 1887 vorgeschriebenen nachstehend abgedruckten Normen zur einheitlichen Lieferung und Prüfung von Portland-Cement, als auch in umfangreicherer Weise ausgeführt.

Zur Ermittelung der Zugfestigkeit der Cemente und der verschiedenen Cementmörtel dient ein Normal-Hebelapparat mit 50facher Uebersetzung für Probestücke mit 5 qcm Querschnitt an der Zerreißungsstelle; für Druck- und Bruchversuche werden die hydraulische Presse, der Hebelapparat mit 20facher Uebersetzung oder der Schickert'sche Hebelapparat mit 500facher Uebersetzung benutzt.

Zur Prüfung der Feinheit der Mahlung dienen Siebvorrichtungen mit Sieben von 600, 900, 2500 und 5000 Maschen pro Quadratcentimeter, zu den Versuchen auf Mörtelergiebigkeit ein Mörtelvolumeter mit den erforderlichen Hülfsutensilien. Die Einrichtungen zur Prüfung der Mörtel auf Adhäsion sind ebenfalls vorhanden. — Zu sämmtlichen Cement- auch Kalkprüfungen wird nur der eingeführte preußische Normalsand verwendet. Vergleichende Versuche mit den bei der Bauausführung zur Verwendung kommenden Sandarten sind zulässig und zu empfehlen.

Zur Herstellung der Probekörper für Zug- und Druckfestigkeitsprüfungen der Bindemittel sind drei Hammer-Apparate nach Dr. Böhme in Betrieb. — Die Prüfungsstation ist ferner versehen mit den zur Ausführung kleinerer Reparaturen erforderlichen Einrichtungen und Werkzeugen; sie enthält außerdem eine Baumaterialiensammlung, welche die aus dem laufenden Dienst sich ergebenden Belagproben der untersuchten Materialien — nach dem Stoffe geordnet — aufweist.

3. Form und Beschaffenheit der einzusendenden Proben.

Die Prüfungsstation für Baumaterialien stellt an die zu den verschiedenen Versuchen einzusendenden Probestücke folgende Anforderungen:

1. Für Prüfungen von Steinen, Thonröhren und Dachpappen.

Zur Prüfung	Erforderlich für die Ziegel oder andere künstliche Steine	für Bruchsteine
	von jeder Steingattung	
a. der Druckfestigkeit	15—20 Stück Proben, in den Abmessungen, wie sie zur Verwendung kommen sollen	8—10 Stück geschnittene, nicht behauene, auf zwei Lagerflächen genau parallel und eben bearbeitete Proben*) Dieselben müssen haben: α. für die Würfelform 1. bei leichten Gesteinsarten $= 7{,}1 \cdot 7{,}1 \cdot 7{,}1$ cm, 2. bei mittelfesten Gesteinsarten $= 6 \cdot 6 \cdot 6$ cm, 3. bei sehr festen Gesteinsarten $= 5 \cdot 5 \cdot 5$ cm, β. für die Plattenform 1. bei leichten Gesteinsarten $= 10 \cdot 10 \cdot 6$ cm, 2. bei mittelfesten Gesteinsarten $= 6 \cdot 6 \cdot 3{,}6$ cm, 3. bei sehr festen Gesteinsarten $= 5 \cdot 5 \cdot 3$ cm, γ. für die Pfeilerform $10 \cdot 10 \cdot 40$ cm. (Die unter β und γ angegebenen Formen kommen nur für Bruchsteine, die zu Hochbauzwecken Verwendung finden sollen, außer der Würfelform zur Anwendung)
b. des Wasseraufnahme-bestrebens	10 Stück Proben wie vorstehend	10 Stück Würfel wie unter α angegeben
c. der Wasseraufnahme, Cohäsionsbeschaffenheit, Wetterbeständigkeit und d. des spezifischen Gewichts- und Härtegrades	12 Stück Proben wie vorstehend, ein geformter, ungebrannter Stein und 1 kg Rohmaterial	12 Stück Würfel wie unter α angegeben und zwei Bruchstücke von je 1,5—2 kg Gewicht
e. der Bruchfestigkeit	10 Stück Proben wie vorstehend	10 Stäbe von $36 \cdot 5 \cdot 5$ cm auf zwei gegenüberliegenden Flächen von $36 \cdot 5$ cm, parallel und eben bearbeitet
f. der Feuerbeständigkeit und hierauf der Druckfestigkeit	12 Stück Proben wie vorstehend	12 Würfel wie oben sub α angegeben
g. von Bruchsteinen in Bezug auf ihre Verwendbarkeit als Baumaterial in umfangreicherer Ausführung		Die Dimensionen können erst auf besondere Anfrage angegeben werden, sobald die Art des Materials bekannt

*) Die Herstellung der Probekörper erfolgt im Laboratorium der Station durch eine Steinsäge, die Justirung derselben auf der Diamant-Hobelmaschine.

Zur Prüfung	Erforderlich	
	für die Ziegel oder andere künstliche Steine	für Bruchsteine
	von jeder Steingattung	
h. der Thonröhren auf inneren Druck oder auf Dichtheit der Kittfuge, sowie auf Bruchfestigkeit	Von jeder Rohrstärke 5 Proberöhren, die an den Stirnseiten eben zu schleifen sind. Die Röhren können einen inneren Durchmesser b. zu 360 mm, gedichtete Rohre 4 m Länge haben.	
i. der Dachpappen auf Zugfestigkeit und Dehnbarkeit, sowie auf Wasseraufnahmebestreben	4 Probestücke auf Zug, 4 Probestücke auf Dehnbarkeit, 10 Probestücke auf Wasseraufnahme	} von je 60 cm Länge und 15 cm Breite bei einer Dicke, welche der laufenden Fabrikation entspricht } von je 25 cm Länge und 12 cm Breite
k. der Abnutzbarkeit	2 Proben von je 50 qcm Fläche	2 Würfel mit 7,1 cm Seite, wie oben sub α bearbeitet

Es empfiehlt sich, daß bei Ziegel= oder anderen künstlichen Steinen, Thonröhren und Dachpappen der Fabrikant, bei Bruchsteinen der Steinbruch, dem sie entnommen, angegeben, und daß die Einsendung der Proben — wenn die Antragsteller Private sind — von einem amtlichen Ursprungszeugniß begleitet werde, zu dessen Ausstellung der Ortsvorstand, oder ein anderer ein Dienstsiegel führender Beamter sich eignet.

Es empfiehlt sich ferner, in jedem besonderen Falle bei der Station über die beste Art der Anordnung der Prüfung anzufragen, worauf sofort eingehender schriftlicher Bescheid unter Angabe aller Verhaltungsmaßregeln ertheilt werden wird.

2. Für Cementprüfungen.

Zu den unter Position 2a des nachstehenden Tarifs angegebenen umfangreichen Cement=Untersuchungen, welche sich namentlich als erste Prüfungen eines Cements empfehlen, sind 2 Tonnen Cement einzusenden; dagegen genügen zu den unter Position 2b des Tarifs angegebenen Cementprüfungen je nach der Anzahl der Mörtelmischungen und Altersklassen 5—10 kg des betreffenden Cements.

Unter dem 28. Juli 1887 hat der Herr Minister der öffentlichen Arbeiten die aus der Revision der Normen vom 12. November 1878 hervorgegangenen neuen Normen zur einheitlichen Lieferung und Prüfung von Portland=Cement den sämmtlichen Königlichen Regierungen, Landdrosteien, Baubehörden u. s. w. zur Beachtung zugehen lassen. Diese neuen Normen, welche jetzt die Grundlage für alle Cementprüfungen in der Königlichen Prüfungsstation für Baumaterialien bilden, sind am Schlusse abgedruckt.

Unter dem 16. August 1880 hat der Herr Minister der öffentlichen Arbeiten durch Cirkular=Erlaß an sämmtliche Königlichen Regierungen, Landdrosteien, Strombau=

Direktionen, Ober-Bergämter und Baubehörden die Königliche Prüfungsstation für Baumaterialien zu Berlin als diejenige Instanz bestimmt, welche Streitigkeiten zwischen Baubeamten und Cementfabrikanten über die Güte gelieferter Cemente entscheiden soll. Dieser Vorschrift hat sich unter dem 25. September 1880 auch der Herr Minister der geistlichen, Unterrichts- und Medizinal-Angelegenheiten bezüglich der seinem Ressort unterstehenden Behörden angeschlossen.

3. Für Kalkprüfungen.

Umfangreichere Kalkuntersuchungen nach dem unter Position **3a** des nachstehenden Tarifs angegebenen Muster erfordern 250 kg Kalk, die unter Position **3b** angegebenen kürzeren Prüfungen 30—50 kg Kalk.

4. Kosten der Proben.

Die Prüfungsstation für Baumaterialien berechnet die für die Versuche zu entrichtenden Gebühren nach folgendem Tarif:

1. Untersuchung der Festigkeit und anderer Eigenschaften von gebrannten und ungebrannten künstlichen Steinen und Röhren, sowie von Bruchsteinen.

a) Prüfung der Druckfestigkeit:

für Ziegel und andere künstliche Steine in 15—20 Versuchen oder Bruchsteine in 8—10 Versuchen } einer Gattung 18 M.,

für eine 2te durch denselben Antrag aufgegebene Prüfung . . . . 15 „

für eine 3te durch denselben Antrag aufgegebene Prüfung . . . . 15 „

für eine 4te durch denselben Antrag aufgegebene Prüfung . . . . 12 „

jede weitere durch denselben Antrag aufgegebene Prüfung . . . . 12 „

b) Prüfung auf Wasseraufnahmebestreben in 10 Versuchen einer Gattung 18 „

c) Prüfungen auf Wasseraufnahmebestreben, Cohäsionsbeschaffenheit und Wetterbeständigkeit eines Materials in 10 Versuchen einer Gattung . 30 „

d) Bestimmung des spezifischen Gewichts oder des Härtegrades in 3 Versuchen 6 „

e) Prüfungen auf Bruchfestigkeit in 10 Versuchen einer Gattung . . . 30 „

f) Prüfungen auf Feuerbeständigkeit und auch hiernach auf Druckfestigkeit 30 „

g) Umfangreichere Untersuchungen von Bruchsteinen in Bezug auf ihre Verwendbarkeit als Baumaterial, also die Ermittelung der Druckfestigkeit für verschieden gestaltete Platten, Würfel und Pfeiler, der Bruchfestigkeit für die Stabformen, der Zugfestigkeit, sowie Proben auf Feuerbeständigkeit, Schmelzbarkeit, Wasseraufnahmebestreben, Cohäsionsbeschaffenheit, Wetter- und Frostbeständigkeit, Politurfähigkeit, spezifisches Gewicht und Härtegrad berechnen sich mit Benutzung der Positionen **a—f** unter 1,

h) Prüfungen von Thonröhren auf inneren Druck an 5 Proberöhren, von denen jede 4—5 verschiedenen Pressungen ausgesetzt wird . . . . . 36 „

i) Prüfungen mit Dachpappen auf Zugfestigkeit und Dehnbarkeit in zu=
sammen 8 Versuchen . . . . 33 M.,

k) Prüfung von Pflasterungsmaterialien auf Abnutzbarkeit in 8 Versuchen 12 „

l) Herstellung der Bruchsteinwürfel für Druckproben aus Granit, Grau=
werke, Basalt, Porphyr und ähnlichen Gesteinen bei Würfeln von
4 cm je 2,50 M.; 5 cm 3,00 M.; 6 cm 4,50 M.; 7,1 cm 8,50 M.
aus Sandstein bei Würfeln von 6 cm je 3,00 M.; 7,1 cm 7,00 M.

m) Justirung der Bruchsteinwürfel für Druckproben auf der Diamant=
Hobelmaschine pro Würfel je nach dem Härtegrade des Materials
(vgl. C. 1 a. α. 1, 2, 3) . . . . 0,50; 0,75;   1 M.,

2. Cement=Untersuchungen.

a) Umfangreiche Prüfungen, von denen je nach Wahl und Bedürfniß des
Antragstellers entweder die Prüfungen eines, auch zweier der nachstehenden Ab=
schnitte I, II, III für die dafür ausgeworfenen Gebühren, oder auch sämmtliche unter
I—III angegebenen Prüfungen für den Gebührenbetrag von 900 M. ausgeführt werden
können.

Es sind somit zu entrichten:

I. Für die quantitative Analyse, Abbinde= und Erhärtungsversuche über Volumen=
beständigkeit und Temperaturerhöhung, Siebversuche . . . . 110 M.,

II. Für die Prüfung der Festigkeit gegen Zug=, Druck= und Bruch=Bean=
spruchung für Proben aus reinem Cement und für solchen mit 1 Theil
bis 4 Theilen Sandzusatz auf 1 Theil Cement, an 7, 28, 60 und 90 Tage
alten Versuchsstücken, die

    1. nur an der Luft,

    2. den ersten Tag an der Luft und dann unter Wasser erhärteten,
einschließlich der Kosten für die Herstellung der Versuchskörper . . 562 „

III. Versuche über Festigkeit der Fugen in 5 verschiedenen Mörtelmischungen
nach 28, 60 und 90 Tagen Erhärtungszeit; Putzversuche und Prüfung
der Wasserdichtigkeit; einschließlich der Kosten für die Herstellung der
Versuchskörper . . . . 228 „

                            Summa 900 M.

b) Kürzere Prüfungen.

I. Für verschiedene vom Antragsteller nach seinem Ermessen zu bestimmende Mörtel=
mischungen und Altersklassen, sowie die Prüfung nach den Normen berechnen
sich die Gebühren pro Mörtelmischung und pro Altersklasse zu je
10 Versuchen einschl. der Herstellung der Versuchskörper mit . . . . 18 M.

    Diesen Prüfungen sind indeß die Versuche auf Abbindezeit,
Temperaturerhöhung des reinen Cements beim Anmachen, Volumen=
beständigkeit und Feinheit der Mahlung, sowie die Bestimmung des
Cements= und des Normal=Sand=Gewichts pro Liter im eingerüttelten
und eingelaufenen Zustande hinzuzufügen. Gebühren . . . . . . 18 „

II. Prüfungen eines Cements auf Mörtelergiebigkeit in 3 Versuchen mit
Angabe der Abbindezeit und Feinheit der Mahlung . . . . . 18 „

3. Kalkunterfuchungen.

a) Umfangreiche Prüfungen, von denen je nach Wahl und Bedürfniß des Antrag=
ftellers entweder die Prüfungen eines, auch mehrerer der nachftehenden Abfchnitte I, II,
III, IV für die dafür ausgeworfenen Gebühren, oder auch fämmtliche unter I—IV an=
gegebenen Prüfungen für den Gebührenbetrag von 1200 M. ausgeführt werden können.

Es find fomit zu entrichten:

I. Für die quantitative Analyfe, Ablöfchverfuche, Verfuche über die Temperatur=
erhöhung und Ergiebigfeit . . . . 60 M.,

II. Verfuche über die Herftellung von zum Gebrauch geeigneten Bau=
mörteln, die Fugenbehandlung, Putzverfuche . . . . 200 „

III. Prüfung der Feftigfeit von Mörteln aus

Kalkbrei und Sand

gegen Zug= und Druckbeanfpruchung für 1, 3, 6 und 9 Monate alte
Proben aus 2 Theilen bis 6 Theilen Sand auf 1 Theil Kalkbrei, ein=
fchließlich der Koften für die Herftellung der Verfuchskörper . . . 470 „

IV. Prüfung der Feftigfeit von Mörteln aus

pulverförmigem Kalkhydrat und Sand

gegen Zug= und Druckbeanfpruchung für 1, 3, 6 und 9 Monate alte
Proben aus 2 bis 6 Theilen Sand auf 1 Theil pulverförmigen
Kalkhydrats, einfchließlich der Koften für die Herftellung der Ver=
fuchskörper . . . . 470 „
                                                  Summa 1200 M.

b) Kürzere Prüfungen.

Die Gebühren berechnen fich, wie bei den unter 2b angegebenen Cementprüfungen
für jede Mörtelmifchung und Altersklaffe zu je 10 Verfuchen einfchl. Herftellung der
Verfuchskörper mit . . . . 24 M.

Für größere Verfuchsreihen, namentlich wenn fie mehrere Verfuchsanftalten oder
mehrere Abtheilungen derfelben Verfuchsanftalt befchäftigen oder fich über eine längere
Reihe von Jahren erftrecken, können mit Genehmigung der Kommiffion erhebliche
Preisermäßigungen vereinbart werden, wenn ein bindender Arbeitsplan vorgelegt
werden kann.

Die Gebühren werden in der Regel durch die Verfuchsanftalt eingezogen und nur
bei kleineren Beträgen unter Nachnahme erhoben. Als Zahlungsftelle fungirt allein
die Kaffe der Königlichen technifchen Hochfchule in Charlottenburg.

Verlangt eine Unterfuchung die Betheiligung einer zweiten Verfuchsanftalt, fo
wird der betreffende Auftrag vom Vorfteher unmittelbar der anderen Anftalt überfendet
und hiervon dem Auftraggeber Nachricht gegeben.

Normen

für einheitliche Lieferung und Prüfung von Portland=Cement.

Begriffserklärung von Portland=Cement.

Portland=Cement ist ein Produkt, entstanden durch Brennen einer innigen Mischung von kalk= und thonhaltigen Materialien als wesentlichsten Bestandtheilen bis zur Sinterung und darauf folgender Zerkleinerung bis zur Mehlfeinheit.

I. Verpackung und Gewicht.

In der Regel soll Portland=Cement in Normalfässern von 180 kg brutto und ca. 170 kg netto und in halben Normalfässern von 90 kg brutto und ca. 83 kg netto verpackt werden. Das Brutto=Gewicht soll auf den Fässern verzeichnet sein.

Wird der Cement in Fässern von anderem Gewicht oder in Säcken verlangt, so muß das Brutto=Gewicht auf diesen Verpackungen ebenfalls durch deutliche Aufschrift kenntlich gemacht werden.

Streuverlust, sowie etwaige Schwankungen im Einzelgewicht können bis zu 2 % nicht beanstandet werden.

Die Fässer und Säcke sollen außer der Gewichtsangabe auch die Firma oder die Fabrikmarke der betreffenden Fabrik mit deutlicher Schrift tragen.

Begründung zu I.

Im Interesse der Käufer und des sicheren Geschäfts ist die Durchführung eines einheitlichen Gewichts dringend geboten. Hierzu ist das weitaus gebräuchlichste und im Weltverkehr fast ausschließlich geltende Gewicht von 180 kg brutto = ca. 400 Pfd. englisch gewährt worden.

II. Bindezeit.

Je nach der Art der Verwendung kann Portland=Cement **langsam** oder **rasch** bindend verlangt werden.

Als langsam bindend sind solche Cemente zu bezeichnen, welche erst in zwei Stunden oder in längerer Zeit abbinden.

Erläuterungen zu II.

Um die Bindezeit eines Cements zu ermitteln, rühre man den reinen langsam bindenden Cement 3 Minuten, den rasch bindenden 1 Minute lang mit Wasser zu einem steifen Brei an und bilde auf einer Glasplatte durch nur einmaliges Aufgeben einen etwa 1,5 cm dicken, nach den Rändern hin dünn auslaufenden Kuchen. Die zur Herstellung dieses Kuchens erforderliche Dickflüssigkeit des Cementbreies soll so beschaffen sein, daß der mit einem Spatel auf die Glasplatte gebrachte Brei erst durch mehr= maliges Aufstoßen der Glasplatte nach den Rändern hin ausläuft, wozu in den meisten Fällen 27—30 % Anmachwasser genügen. Sobald der Kuchen soweit erstarrt ist, daß derselbe einem leichten Druck mit dem Fingernagel widersteht, ist der Cement als ab= gebunden zu betrachten.

Für genaue Ermittelung der Bindezeit und zur Feststellung des Beginns des Ab=
bindens, welche (da der Cement vor dem Beginn des Abbindens verarbeitet sein muß),
bei raschbindenden Cementen von Wichtigkeit ist, bedient man sich einer Normalnadel
von 300 g Gewicht, welche einen cylindrischen Querschnitt von 1 qmm Fläche hat und
senkrecht zur Achse abgeschnitten ist. Man füllt einen auf eine Glasplatte gesetzten
Metallring von 4 cm Höhe und 8 cm lichtem Durchmesser mit dem Cementbrei von
der oben angegebenen Dickflüssigkeit und bringt denselben unter die Nadel. Der Zeit=
punkt, in welchem die Normalnadel den Cementkuchen nicht mehr gänzlich zu durch=
dringen vermag, gilt als der „Beginn des Abbindens". Die Zeit, welche verfließt, bis
die Normalnadel auf dem erstarrten Kuchen keinen merklichen Eindruck mehr hinter=
läßt, ist die „Bindezeit". Da das Abbinden von Cement durch die Temperatur der
Luft und des zur Verwendung gelangenden Wassers beeinflußt wird, insofern hohe
Temperatur dasselbe beschleunigt, niedrige Temperatur es dagegen verzögert, so empfiehlt
es sich, die Versuche, um zu übereinstimmenden Ergebnissen zu gelangen, bei einer mitt=
leren Temperatur des Wassers und der Luft von 15—18° Celsius vorzunehmen.

Während des Abbindens darf langsam bindender Cement sich nicht wesentlich er=
wärmen, wohingegen rasch bindende Cemente eine merkliche Wärmeerhöhung aufweisen
können.

Portland=Cement wird durch längeres Lagern langsamer bindend und gewinnt bei
trockener zugfreier Aufbewahrung an Bindekraft. Die noch vielfach herrschende Mei=
nung, daß Portland=Cement bei längerem Lagern an Güte verliere, ist daher eine irrige
und es sollten Vertragsbestimmungen, welche nur frische Waare vorschreiben, in Wegfall
kommen.

III. Volumbeständigkeit.

Portland=Cement soll volumbeständig sein. Als entscheidende Probe
soll gelten, daß ein auf einer Glasplatte hergestellter und vor Austrocknung
geschützter Kuchen aus reinem Cement, nach 24 Stunden unter Wasser gelegt,
auch nach längerer Beobachtungszeit durchaus keine Verkrümmungen oder
Kantenrisse zeigen darf.

Erläuterungen zu III.

Zur Ausführung der Probe wird der zu Bestimmung der Bindezeit angefertigte
Kuchen bei langsam bindendem Cement nach 24 Stunden, jedenfalls aber erst nach
erfolgtem Abbinden, unter Wasser gelegt. Bei rasch bindendem Cement kann dies schon
nach kürzerer Frist geschehen. Die Kuchen, namentlich von langsam bindendem Cement,
müssen bis nach erfolgtem Abbinden vor Zugluft und Sonnenschein geschützt werden,
am besten durch Aufbewahren in einem bedeckten Kasten oder auch unter nassen Tüchern
Es wird hierdurch die Entstehung von Schwindrissen vermieden, welche in der Regel
in der Mitte des Kuchens entstehen und von Unkundigen für Treibrisse gehalten werden
können.

Zeigen sich bei der Erhärtung unter Wasser Verkrümmungen oder Kantenrisse, so
deutet dies unzweifelhaft „Treiben" des Cements an, d. h. es findet in Folge einer
Volumvermehrung ein Zerklüften des Cements unter allmählicher Lockerung des zuerst

gewonnenen Zusammenhanges statt, welches bis zu gänzlichem Zerfallen des Cements führen kann.

Die Erscheinungen des Treibens zeigen sich an den Kuchen in der Regel bereits nach 3 Tagen; jedenfalls genügt eine Beobachtung bis zu 28 Tagen.

IV. Feinheit der Mahlung.

Portland=Cement soll so fein gemahlen sein, daß eine Probe desselben auf einem Sieb von 900 Maschen pro Quadratcentimeter höchstens 10°/₀ Rückstand hinterläßt. Die Drahtstärke des Siebes soll die Hälfte der Maschenweite betragen.

Begründung und Erläuterungen zu IV.

Zu jeder einzelnen Siebprobe sind 100 g Cement zu verwenden.

Da Cement fast nur mit Sand, in vielen Fällen sogar mit hohem Sandzusatz verarbeitet wird, die Festigkeit eines Mörtels aber um so größer ist, je feiner der dazu verwendete Cement gemahlen war (weil dann mehr Theile des Cements zur Wirkung kommen), so ist die feine Mahlung des Cementes von nicht zu unterschätzendem Werthe. Es scheint daher angezeigt, die Feinheit des Korns durch ein feines Sieb von obiger Maschenweite einheitlich zu prüfen.

Es wäre indessen irrig, wollte man aus der feinen Mahlung allein auf die Güte eines Cements schließen, da geringe, weiche Cemente weit eher sehr fein gemahlen vorkommen, als gute, scharf gebrannte. Letztere aber werden selbst bei gröberer Mahlung doch in der Regel eine höhere Bindekraft aufweisen, als die ersteren. Soll der Cement mit Kalk gemischt verarbeitet werden, so empfiehlt es sich, hart gebrannte Cemente von einer sehr feinen Mahlung zu verwenden, deren höhere Herstellungskosten durch wesentliche Verbesserung des Mörtels ausgeglichen werden.

V. Festigkeitsproben.

Die Bindekraft von Portland=Cement soll durch Prüfung einer Mischung von Cement und Sand ermittelt werden. Die Prüfung soll auf Zug= und Druckfestigkeit nach einheitlicher Methode geschehen und zwar mittelst Probekörper von gleicher Gestalt und gleichem Querschnitt und mit gleichen Apparaten.

Daneben empfiehlt es sich, auch die Festigkeit des reinen Cements festzustellen.

Die Zerreißungsproben sind an Probekörpern von 5 qcm Querschnitt der Bruchfläche, die Druckproben an Würfeln von 50 qcm Fläche vorzunehmen.

Begründung zu V.

Da man erfahrungsgemäß aus den mit Cement ohne Sandzusatz gewonnenen Festigkeits=Ergebnissen nicht einheitlich auf die Bindefähigkeit zu Sand schließen kann, namentlich wenn es sich um Vergleichung von Portland=Cementen aus verschiedenen

Fabriken handelt, so ist es geboten, die Prüfung von Portland-Cement auf Bindekraft mittelst Sandzusatz vorzunehmen.

Die Prüfung des Cements ohne Sandzusatz empfiehlt sich namentlich dann, wenn es sich um den Vergleich von Portland-Cementen mit gemischten Cementen und anderen hydraulischen Bindemitteln handelt, weil durch die Selbstfestigkeit die höhere Güte bezw. die besonderen Eigenschaften des Portland-Cementes, welche den übrigen hydraulischen Bindemitteln abgehen, besser zum Ausdruck gelangen, als durch die Probe mit Sand.

Obgleich das Verhältniß der Druckfestigkeit zur Zugfestigkeit bei den hydraulischen Bindemitteln ein verschiedenes ist, so wird doch vielfach nur die Zugfestigkeit als Werthmesser für verschiedene hydraulische Bindemittel benutzt. Dies führt jedoch zu einer unrichtigen Beurtheilung der letzteren. Da ferner die Mörtel in der Praxis in erster Linie auf Druckfestigkeit in Anspruch genommen werden, so kann die maßgebende Festigkeitsprobe nur die Druckprobe sein.

Um die erforderliche Einheitlichkeit bei den Prüfungen zu wahren, wird empfohlen, derartige Apparate und Geräthe zu benutzen, wie sie bei der Königlichen Prüfungs-station in Charlottenburg-Berlin in Gebrauch sind.

VI. Zug- und Druckfestigkeit.

Langsam bindender Portland-Cement soll bei der Probe mit 3 Gewichts-theilen Normalsand auf ein Gewichtstheil Cement nach 28 Tagen Erhärtung — 1 Tag an der Luft und 27 Tage unter Wasser — eine Minimal-Zugfestig-keit von 16 kg pro Quadratcentimeter haben. Die Druckfestigkeit soll min-destens 160 kg pro Quadratcentimeter betragen.

Bei schnell bindenden Portland-Cementen ist die Festigkeit nach 28 Tagen im allgemeinen eine geringere, als die oben angegebene. Es soll deshalb bei Nennung von Festigkeitszahlen stets auch die Bindezeit aufgeführt werden.

Begründung und Erläuterungen.

Da verschiedene Cemente hinsichtlich ihrer Bindekraft zu Sand, worauf es bei ihrer Verwendung vorzugsweise ankommt, sich sehr verschieden verhalten können, so ist insbesondere beim Vergleich mehrerer Cemente eine Prüfung mit hohem Sandzusatz unbedingt erforderlich. Als geeignetes Verhältniß wird angenommen:

3 Gewichtstheile Sand auf 1 Gewichtstheil Cement, da mit 3 Theilen Sand der Grad der Bindefähigkeit bei verschiedenen Cementen in hinreichendem Maße zum Aus-druck gelangt.

Cement, welcher eine höhere Zugfestigkeit bezw. Druckfestigkeit zeigt, gestattet in vielen Fällen einen größeren Sandzusatz und hat, aus diesem Gesichtspunkte betrachtet, sowie oft schon wegen seiner größeren Festigkeit bei gleichem Sandzusatz, Anrecht auf einen entsprechend höheren Preis.

Die maßgebende Festigkeitsprobe ist die Druckprobe nach 28 Tagen, weil in kürzerer Zeit, beim Vergleich verschiedener Cemente, die Bindekraft nicht genügend zu erkennen ist. So können z. B. die Festigkeitsergebnisse verschiedener Cemente bei der 28 = Tageprobe einander gleich sein, während sich bei einer Prüfung nach 7 Tagen noch wesentliche Unterschiede zeigen.

Als Prüfungsprobe für die abgelieferte Waare dient die Zugprobe nach 28 Tagen. Will man jedoch die Prüfung schon nach 7 Tagen vornehmen, so kann dies durch eine Vorprobe geschehen, wenn man das Verhältniß der Zugfestigkeit nach 7 Tagen zur 28 = Tagefestigkeit an dem betreffenden Cement ermittelt hat. Auch kann diese Vorprobe mit reinem Cement ausgeführt werden, wenn man das Verhältniß der Festigkeit des reinen Cements zur 28=Tagefestigkeit bei 3 Theilen Sand festgestellt hat.

Es empfiehlt sich, überall da, wo dies zu ermöglichen ist, die Festigkeitsproben an zu diesem Zwecke vorräthig angefertigten Probekörpern auf längere Zeit auszudehnen, um das Verhalten verschiedener Cemente auch bei längerer Erhärtungsdauer kennen zu lernen.

Um zu übereinstimmenden Ergebnissen zu gelangen, muß überall Sand von gleicher Korngröße und gleicher Beschaffenheit benutzt werden. Dieser Normalsand wird dadurch gewonnen, daß man möglichst reinen Quarzsand wäscht, trocknet, durch ein Sieb von 60 Maschen pro Quadratcentimeter siebt, dadurch die gröbsten Theile aus= scheidet und aus dem so erhaltenen Sand mittelst eines Siebes von 120 Maschen pro Quadratcentimeter noch die feinsten Theile entfernt. Die Drahtstärke der Siebe soll 0,38 mm bezw. 0,32 mm betragen.

Da nicht alle Quarzsande bei der gleichen Behandlungsweise die gleiche Festigkeit ergeben, so hat man sich zu überzeugen, ob der zur Verfügung stehende Normalsand mit dem unter der Prüfung des Vorstandes des Deutschen Cementfabrikanten=Vereins gelieferten Normalsand, welcher auch von der Königlichen Prüfungsstation in Char= lottenburg=Berlin benutzt wird, übereinstimmende Festigkeits=Ergebnisse giebt.

Beschreibung der Proben zur Ermittelung der Zug= und Druckfestigkeit.

Da es darauf ankommt, daß bei Prüfung desselben Cements an verschiedenen Orten übereinstimmende Ergebnisse erzielt werden, so ist auf die genaue Einhaltung der im Nachstehenden gegebenen Regeln ganz besonders zu achten.

Zur Erzielung richtiger Durchschnittszahlen sind für jede Prüfung mindestens 10 Probekörper anzufertigen.

Anfertigung der Cement=Sand=Proben.

Zugproben.

Die Zugprobekörper können entweder durch Handarbeit oder durch maschinelle Vorrichtungen hergestellt werden.

a) **Handarbeit.** Man legt auf eine zur Anfertigung der Proben dienende Metall= oder starke Glasplatte 5 mit Wasser getränkte Blättchen Fließpapier und setzt auf diese 5 mit Wasser angenetzte Formen. Man wägt 250 g Cement und 750 g trockenen Normalsand ab und mischt beides in einer Schüssel gut durcheinander. Hierauf bringt man 100 ccm = 100 g reines süßes Wasser hinzu und arbeitet die ganze Masse

5 Minuten lang tüchtig durch. Mit dem so erhaltenen Mörtel werden die Formen unter Eindrücken auf einmal so hoch angefüllt, daß sie stark gewölbt voll werden. Man schlägt nun mittelst eines eisernen Spatens von 5 auf 8 cm Fläche, 35 cm Länge und im Gewicht von ca. 250 g den überstehenden Mörtel anfangs schwach und von der Seite her, dann immer stärker, so lange in die Formen ein, bis derselbe elastisch wird und an seiner Oberfläche sich Wasser zeigt. Ein bis zu diesem Zeitpunkt fortgesetztes Einschlagen von etwa 1 Minute pro Form ist unbedingt erforderlich. Ein nachträgliches Aufbringen und Einschlagen von Mörtel ist nicht statthaft, weil die Probekörper aus demselben Cement an verschiedenen Versuchsstellen gleiche Dichten erhalten sollen. — Man streicht nun das die Form Ueberragende mit einem Messer ab und glättet mit demselben die Oberfläche. Man löst die Form vorsichtig ab und setzt die Probekörper in einen mit Zink ausgeschlagenen Kasten, der mit einem Deckel zu bedecken ist, um ungleichmäßiges Austrocknen der Proben bei verschiedenen Wärmegraden zu verhindern. 24 Stunden nach der Anfertigung werden die Probekörper unter Wasser gebracht, und man hat nur darauf zu achten, daß dieselben während der ganzen Erhärtungsdauer vom Wasser bedeckt bleiben.

b) Maschinenmäßige Anfertigung. Nachdem die mit dem Füllkasten versehene Form auf der Unterlagsplatte durch die beiden Stellschrauben festgeschraubt ist, werden für jede Probe 180 g des wie in a hergestellten Mörtels in die Form gebracht und wird der eiserne Formkern eingesetzt. Man giebt nun mittelst des Schlagapparates von Dr. Böhme mit dem Hammer von 2 kg 150 Schläge auf den Kern.

Nach Entfernung des Füllkastens und des Kerns wird der Probekörper abgestrichen und geglättet, sammt der Form von der Unterlagsplatte abgezogen und im übrigen behandelt wie unter a.

Bei genauer Einhaltung der angegebenen Vorschriften geben Handarbeit und maschinenmäßige Anfertigung gut übereinstimmende Ergebnisse. In streitigen Fällen ist jedoch die maschinenmäßige Anfertigung die maßgebende.

Druckproben.

Um bei Druckproben an verschiedenen Versuchsstellen zu übereinstimmenden Ergebnissen zu gelangen, ist maschinenmäßige Anfertigung erforderlich.

Man wiegt 400 g Cement und 1200 g trockenen Normalsand ab, mischt beides in einer Schüssel gut durcheinander, bringt 160 ccm = 160 g Wasser hinzu und arbeitet den Mörtel 5 Minuten lang tüchtig durch. Von diesem Mörtel füllt man 860 g in die mit Füllkasten versehene und auf die Unterlagsplatte aufgeschraubte Würfelform. Man setzt den eisernen Kern in die Form ein und giebt auf denselben mittelst des Schlagapparats von Dr. Böhme mit dem Hammer von 2 kg 150 Schläge.

Nach Entfernung des Füllkastens und des Kerns wird der Probekörper abgestrichen und geglättet, mit der Form von der Unterlagsplatte abgezogen und im Uebrigen behandelt wie unter a.

Anfertigung der Proben aus reinem Cement.

Man ölt die Formen auf der Innenseite etwas ein und setzt dieselben auf eine Metall- oder Glasplatte (ohne Fließpapier unterzulegen). Man wiegt nun 1000 g Cement ab, bringt 200 g = 200 ccm Wasser hinzu und arbeitet die Masse (am besten mit einem Pistill) 5 Minuten lang durch, füllt die Formen stark gewölbt voll und verfährt wie unter a. Die Formen kann man jedoch erst dann ablösen, wenn der Cement genügend erhärtet ist.

Da beim Einschlagen des reinen Cements Probekörper von gleicher Festigkeit erzielt werden sollen, so ist bei sehr feinem oder bei rasch bindendem Cement der Wasserzusatz entsprechend zu erhöhen.

Der angewandte Wasserzusatz ist bei Nennung der Festigkeitszahlen stets anzugeben.

Behandlung der Proben bei der Prüfung.

Alle Proben werden sofort bei der Entnahme aus dem Wasser geprüft. Da die Zerreißungsdauer von Einfluß auf das Resultat ist, so soll bei der Prüfung auf Zug die Zunahme der Belastung während des Zerreißens 100 g pro Sekunde betragen. Das Mittel aus den 10 Zugproben soll als die maßgebende Zugfestigkeit gelten.

Bei der Prüfung der Druckproben soll, um einheitliche Ergebnisse zu erhalten, der Druck stets auf 2 Seitenflächen der Würfel ausgeübt werden, nicht aber auf die Bodenfläche und die bearbeitete obere Fläche. Das Mittel aus den 10 Proben soll als die maßgebende Druckfestigkeit gelten.

Berlin, 3. Februar 1888.

Königliche Kommission
zur Beaufsichtigung der technischen Versuchs-Anstalten.
Schultz.

3. Papierprüfung.

Da nach den in der Königlichen mechanisch-technischen Versuchsanstalt vorgenommenen Untersuchungen die Reißlänge des Papiers durch wechselnden Feuchtigkeitsgehalt nicht unwesentlich beeinflußt werden kann, so wird in Zukunft das Trockengewicht bei Berechnung der Reißlänge zu Grunde gelegt werden.

Berlin, den 16. Januar 1888.

Königliche Kommission
zur Beaufsichtigung der technischen Versuchsanstalten.
Schultz.

4. Untersuchung von Maschinen zur Prüfung der Festigkeit von Metallen und von Apparaten zur Prüfung von Papier.

Die Königlich mechanisch=technische Versuchsanstalt ist von uns ermächtigt worden, auf Antrag von Behörden und Privaten die Untersuchung von Maschinen zur Prüfung der Festigkeit von Metallen und von Apparaten zur Prüfung von Papier auszuführen und über den Befund amtliche Bescheinigungen auszustellen.

Diese Untersuchungen haben den Zweck, die Richtigkeit und Zuverlässigkeit oder die Fehler und Mängel der gebrauchten Maschinen und Vorrichtungen, sowie der für die Messungen benutzten einzelnen Theile, soweit von denselben die Ergebnisse der Materialprüfung abhängig sind, festzustellen.

Den Antragstellern soll hierdurch Gelegenheit gegeben werden, sich von dem Grade der Richtigkeit und Zuverlässigkeit ihrer Maschinen bei sachgemäßer Behandlung zu überzeugen.

Die Untersuchungen können auf die Prüfung ganzer Maschinen, auf die Nach= prüfung der wesentlichen Theile bereits geprüfter Maschinen, sowie auf die erste Prüfung einzelner Maschinenbestandtheile erstreckt werden.

Dem Prüfungsantrage ist eine Beschreibung und Zeichnung der Maschine bei= zufügen, auf Grund deren ein Prüfungsplan festgestellt werden kann. Im Antrage sind diejenigen Punkte zu bezeichnen, auf deren Untersuchung der Hauptwerth ge= legt wird.

Soweit die Grundlagen solcher Prüfungen und die dafür zu zahlenden Kosten nicht in den (vorstehend abgedruckten) Vorschriften für die Benutzung der mechanisch= technischen Versuchsanstalt enthalten sind, müssen dieselben in jedem einzelnen Fall mit dem Vorsteher der Versuchsanstalt vereinbart werden.

Berlin, den 2. Februar 1888.

Königliche Kommission
zur Beaufsichtigung der technischen Versuchsanstalt.

Schultz.

---

5. Abgabe von Normalkupferkörpern zur Prüfung von Fallwerken.

Die Königlich mechanisch=technischen Versuchsanstalt ist von uns ermächtigt worden, auf Antrag von Behörden und Privaten Normalkupferkörper herzustellen und ab= zugeben, welche zur Feststellung des Wirkungsgrades eines Fallwerkes dienen können.

Die hierfür zu zahlenden Gebühren sind in den (vorstehend abgedruckten) Vor= schriften für die Benutzung der mechanisch=technischen Versuchsanstalt angegeben.

Berlin, den 2. Februar 1888.

Königliche Kommission
zur Beaufsichtigung der technischen Versuchsanstalt.

Schultz.

II. Mittheilungen aus der mechanisch-technischen Versuchsanstalt.

1. Bestimmung der Reißlänge des Papiers aus dem Trockengewicht der Papierstreifen.

Vom Vorsteher A. Martens.

Bei den Arbeiten der Versuchs-Anstalt wurde mehrfach festgestellt,*) daß die Luft= feuchtigkeit von bemerkbarem Einfluß auf die Ergebnisse der Zerreißversuche ist. Dieser Einfluß ist zweierlei Art. Erstens nimmt das allezeit hygroskopische Papier, je nach dem relativen Feuchtigkeitsgehalt der Luft, verschiedene Mengen Wasser in sich auf und ändert hierdurch sein Gewicht; zweitens ändert das aufgenommene Wasser die Festigkeit und Dehnbarkeit des Papiers an sich. Sowohl durch die Gewichtsänderung als auch durch die Festigkeitsänderung wird die Reißlänge beeinflußt. Den ersten Theil dieser Beeinflussung kann man unschädlich machen, indem man die Berechnung der Reißlänge auf einen ganz bestimmten Feuchtigkeitszustand des Papiers begründet und zwar am einfachsten auf denjenigen, welchen es hat, wenn man es in Luft von 100° C. solange erwärmt, bis die benutzten Proben bei zwei aufeinander folgenden Wägungen keine Gewichtsänderungen mehr zeigen. Diesen Zustand kann man kurz als „Trockenzustand" bezeichnen. Der andere Theil des Feuchtigkeitseinflusses kann auf einfache Weise nicht unschädlich gemacht werden, weil derselbe noch unbekannt ist und erst durch eine in Aussicht genommene umfangreiche Untersuchung festgestellt werden muß.

Durch Verfügung der Königlichen Aufsichtskommission (siehe Seite 33 dieses Heftes) ist bestimmt worden, daß von jetzt ab die Reißlänge nach dem Gewicht im Trockenzustande berechnet werden soll. Man wird also in Zukunft die zerrissenen Probestreifen in einem Trockenschränkchen**) bei 100° C. trocknen und in einem geschlossenen Gefäß (Uhrglas, Wiegefläschchen u. s. w.) wägen müssen. Die mit Hülfe dieses Trocken= gewichtes berechnete Reißlänge stellt sich nach den bisherigen Erfahrungen der Versuchs= Anstalt um etwa 5—7°/₀ höher, als die nach dem alten Verfahren ermittelte. Die diesbezüglich gesammelten Beobachtungsergebnisse werden später ausführlich mitgetheilt werden.

---

*) „Mittheilungen" 1887. Ergänzungsheft III. S. 40.
**) Diese Einrichtungen sind in jeder Handlung chemischer Apparate zu erhalten.

2. Ueber die Aichung von Fallwerken durch Normal=Kupferkörper.

Vom Vorsteher A. Martens.

Die Wirkung der Fallwerke auf einen Probekörper ist in hohem Maße von der Konstruktion der Vorrichtung beeinflußt und zwar sowohl durch die in den Gleit= schienen des Bären entstehende Reibung, als auch durch die Art und die Massen des Unterbaues. Den Einfluß der Reibung kann man angenähert bestimmen, wenn man zwischen Bär und Auslösevorrichtung eine Waage (Feder) einschaltet und nun sowohl bei langsamem Aufziehen als auch beim Sinkenlassen die durch die Reibung entstehen= den Gewichts=Zu= und Abnahmen feststellt. Die Wirkung der Ambos= und Hammer= stockmassen (Schabotte) kann nicht dem absoluten Maße nach festgestellt werden. Es verbleibt nur die Möglichkeit, einzelne Fallwerke durch Ausführung von Versuchen mit völlig gleichartigen Probestücken zu vergleichen. Dies geschieht am einfachsten und sichersten durch Stauchversuche und zwar mit gleichen Körpern aus einer und derselben Kupferstange.

Die mechanisch=technische Versuchs=Anstalt ist angewiesen, zur Aichung von Schlag= werken im obigen Sinne Normalkupferkörper herzustellen und nebst den Abschriften der Prüfungsbescheinigungen zu den im Tarif unter Abtheilung D b vorgesehenen Gebührensätzen an Antragsteller abzugeben. Die Herrichtung und Prüfung dieser Körper soll nach folgenden Gesichtspunkten geschehen.

Aus einer Walzstange sollen Normalkupferkörper (Cylinder, deren Höhe gleich dem Durchmesser ist) von 53,5 mm Durchmesser hergestellt werden. Neun solcher Körper aus verschiedenen Theilen einer Stange werden alsdann unter dem großen Fallwerk der Versuchs=Anstalt auf Stauchen geprüft, nachdem dasselbe zuvor einer sorgfältigen Unter= suchung und Berichtigung unterworfen worden ist. Dieses Fallwerk *) arbeitet mit einem Bären von nahezu 600 kg Gewicht, dessen Schwerpunkt möglichst nach unten verlegt ist. Das Verhältniß der Länge der Bärführung zur Weite derselben ist gleich 3,1. Die Auslösung ist derartig, daß sie möglichst wenig seitlichen Einfluß auf den Bären ausübt. Der Hammerstock ist eine einzige Gußeisenmasse von 10 000 kg Gewicht, welche auf einen Mauerklotz von 20 cbm gelagert ist; der Baugrund ist reiner Sandboden.

Die Prüfungen der Normalkupferkörper werden mit Schlägen von je 2,5; 10 und 40 $\frac{\text{mkg}}{\text{ccm}}$ Leistung ausgeführt. Nach Maßgabe früherer Versuche kann hierbei nach dem ersten Schlage etwa eine Höhe h_1 von 90, 70 und 35 % der ursprünglichen Höhe h erwartet werden. Um bei einem Körper $d = h = 5{,}35$ cm oder $J = 120$ ccm diese Leistungen zu erzielen, würden mit Bären von 600 kg wirksamen Gewicht (nach Abzug der Reibungswiderstände) Fallhöhen von 0,5, 2 und 8 m, oder Schlagleistungen von 300, 1200 und 4800 mkg erforderlich sein. Mit jeder der drei angegebenen Fallhöhen werden je drei Körper geprüft, die Formänderungen für jeden Schlag festgestellt und in der Bescheinigung aufgeführt. Die Mittel aus je drei gleichwerthigen Zahlen ergeben die Reihe für die mittleren Formänderungen unter einer bestimmten Fallhöhe.

---

*) Die Konstruktionseinzelheiten werden in einem späteren Hefte der Mittheilungen veröffent= licht werden.

Die Aichung der verschiedenen Fallwerke kann zweckmäßig in der Weise vorgenommen werden, daß man zunächst einen der von der Versuchs-Anstalt bezogenen Normalkupferkörper mit einem Schlage von 1200 mkg prüft. Sind alle Verhältnisse des Schlagwerkes genau dieselben, wie bei dem Charlottenburger Fallwerk, so muß die Formänderung genau der hier erhaltenen Reihe entsprechen. Sind die Fundamentirungen, Hammerstockgewichte und Reibungswiderstände andere, so wird man abweichende Ergebnisse haben und wird in diesem Falle zunächst mit demselben Körper diejenige Schlagarbeit aufsuchen, die man mit dem zu aichenden Fallwerk ausführen muß, um dieselbe Formänderung zu erzielen, wie in Charlottenburg. Man wird also, wenn beim ersten Schlage die Höhenverminderung eine zu geringe war, beim zweiten Schlage eine größere Fallhöhe anzuwenden haben u. s. f., bis die Formänderungen genau der Charlottenburger Reihe entsprechen. Hat man auf diese Weise angenähert das Verhältniß der aufzuwendenden Schlagarbeiten ermittelt, so empfiehlt es sich nunmehr, mindestens mit je einem Normalkupferkörper die Versuchsreihen mit 2,5, 10 und $40 \frac{mkg}{ccm}$, d. h. mit 300, 1200 und 4800 mkg Netto-Schlagleistung sehr sorgfältig durchzuführen, um sich von der Zuverlässigkeit des Fallwerkes zu überzeugen. In den meisten Fällen wird man allerdings zuvor den Vorversuch wiederholen müssen, um das Verhältniß beider Schlagwerke thunlichst genau zu finden. Es ergiebt sich also, daß man in der Regel zur ersten Prüfung eines Schlagwerkes fünf Normalkupferkörper gebrauchen wird. Die späteren Kontrolprüfungen können dann mit einem einzigen Körper jederzeit ausgeführt werden.

Es ist übrigens darauf aufmerksam zu machen, daß die Prüfung und Aichung von Fallwerken auch von der Versuchs-Anstalt auf Grund eines Antrages nach Abth. D. a des Tarifs ausgeführt werden kann.

Um die Stauchungsversuche vornehmen zu können, werden die meisten Fallwerke, wie dasjenige der Versuchs-Anstalt, mit einem besonderen Ambosaufsatze versehen werden müssen, dessen Gewicht man zweckmäßig nicht unter 100 kg bemessen sollte und welcher mit dem Hammerstock sehr fest verschraubt werden muß. Der an dem diesseitigen Fallwerk anzubringende Ambosaufsatz wird aus gegossenem Stahl mit einer harten Einlage hergestellt werden.

---

3. Beitrag zum Studium des Fließens insbesondere beim Eisen und Stahl.

Im Auftrage bearbeitet vom Assistenten Bernhard Kirsch.

(Fortsetzung von Seite 84, Jahrg. 1887.)

Die Untersuchungen der Gefügeverhältnisse des Eisens und Stahls an Bruchflächen bildet schon seit Jahren ein umfangreiches und interessantes Forschungsgebiet, insbesondere seitdem man das Mikroskop zu Hülfe genommen und die Trennungsflächen fein geschliffen und geätzt beobachtet. Die hervorragendsten Forscher auf diesem Gebiete, Sorby, Martens u. A., sind bei ihren Untersuchungen zunächst von dem Gedanken ausgegangen, daß es für eine Erklärung des mechanischen Verhaltens auf Grund der hüttenmännischen Vorgänge bei der Herstellung, die zweifellos mit jenem im Zusammenhang stehen müssen, durchaus nicht genügt, über die inneren Veränderungen der Gefügeverhältnisse während der Fabrikation nur Hypothesen aufzustellen, sondern daß der wissenschaftliche Weg zur Ergründung dieses wichtigen Zusammenhanges die unmittelbare Beobachtung des Gefüges in Bruch- und Schlifflächen sei.

Im Abschnitt A. dieser Abhandlung wurde unter Anderem erwähnt, daß die mechanischen Eigenschaften auch davon abhängig sind, ob und wieviel das Material „geflossen" ist. Es wäre demnach für die mikroskopischen Untersuchungen des Kleingefüges von Bedeutung, Anhaltspunkte darüber zu gewinnen, welche Gefügeveränderungen etwa während eines Fließprocesses vor sich gehen, um bei Untersuchung solcher Bruchflächen, die nach vorhergegangenem Fließen entstanden sind, diese Wirkung des Fließens auf das Gefüge in Abzug bringen zu können und dann den Einfluß der hüttenmännischen Operationen richtig zu beurtheilen; sonst könnte es vorkommen, daß Erscheinungen an Bruchflächen bezw. Schliffen derselben auf Vorgänge bei der Herstellung des Materials zurückgeführt werden, die in Wirklichkeit erst bei der Bildung der Bruchfläche unmittelbar vorher während des Fließens entstanden sind.

Solche Anhaltspunkte sind auf zwei Arten zu erreichen, entweder man nimmt Schliffe aus verschiedenen Perioden des geflossenen Materials oder sucht aus der Veränderung der Oberfläche während des Fließens auf die inneren Aenderungen zu schließen. Der letztere Weg scheint der einfachere zu sein; doch müßten für Zwecke der Gefügeuntersuchungen auch die Beobachtungen der Oberflächenveränderungen eigentlich mit Zuziehung des Mikroskopes ausgeführt werden. Dies ist leider bei Ausführung von Zerreißversuchen nicht ohne Weiteres möglich, da hier in der Regel die Zeit eine beschränkte ist und der Versuch nicht unterbrochen werden darf; aber schon die Beobachtungen ohne Mikroskop sind von hohem Interesse und bieten ein umfangreiches Material.

Der hier angeführte Grund, warum eine aufmerksame Beobachtung der Oberflächenveränderungen von Wichtigkeit ist, darf aber nicht als der alleinige angesehen werden, denn diese Veränderungen sind schon an und für sich zum Studium des Fließens von Werth. Im Folgenden soll also kurz das in der Versuchsanstalt darüber Beobachtete mitgetheilt werden; wenn auch das eine oder andere bereits bekannt ist, so ist es der Vollständigkeit wegen doch mit aufgenommen worden. Wir fassen den Stoff entsprechend der im ersten Theile der Arbeit gegebenen Anordnung zusammen unter:

B.

Ueber die beim Fließen auftretenden Veränderungen der Oberfläche.

I. Bei unbearbeiteter Oberfläche macht sich das Eintreten des Fließens als Beginn der inneren Verschiebungen durch ein Abspringen des Zunders bemerklich und zwar bei Zerreißversuchen nicht über der ganzen Staboberfläche zugleich, sondern fortschreitend meist von den Köpfen nach der Mitte unter einer schrägen, etwa 45° gegen die Axe des Stabes geneigten Fortschreitungsgrenze.

Höchst lehrreich sind in dieser Beziehung auch Biegungsversuche mit ganzen Schienen, welche im Dezember 1886 in der Versuchsanstalt ausgeführt wurden. Es zeigten sich nämlich mit der Vergrößerung des Biegungsmomentes jenseits der Bieggrenze (Beginn des Fließens) zwei sich stetig erweiternde Segmente, in denen der Zunder abgesprungen war. Als dann mit dem Weiterbiegen aufgehört wurde, hatten sie die in Taf. I Fig. 1 wiedergegebene Form, wobei allerdings hinzugefügt werden muß, daß diese beiden Fließbereiche, die durch die neutrale Faser getrennt sind und deutlich das Fließen auf der Zug- und Druckseite anzeigen, nicht direct nach dem Versuch so deutlich sichtbar waren, wie es hier in der photographischen Nachbildung der Fall ist, sondern daß die betreffende Schiene nach dem Versuch im Freien gelegen und die Figuren durch Anrosten der vom Zunder entblößten gefloßenen Stellen erst so deutlich geworden sind. An der Form dieser Fließbereiche muß sofort die Aehnlichkeit der Begrenzung mit den aus der Biegungstheorie bekannten Schubcurven auffallen, besonders der Ansatz in den äußersten Fasern unter 45° und der tangentiale Verlauf in der neutralen Faser. Allerdings überschneiden sich die beiden Segmente in der Mitte, doch ist dies dadurch erklärlich, daß mit fortschreitendem Fließen der Mittelquerschnitt der Schiene seine Form ändert, also der Schwerpunkt des Querschnittes höher rückt; mit dieser Verschiebung der neutralen Faser muß eine Erweiterung des Fließbereiches auf der Zugseite nicht blos nach den Auflagern hin, sondern auch nach oben verbunden sein und zwar müssen sich die beiden Segmente um etwa soviel überschneiden als der Verschiebung des Schwerpunktes entspricht. Die noch weiter außerhalb der Segmente vorhandenen Strahlen müssen zweifellos gleichfalls Schubcurven darstellen, in denen die Hauptschubspannungen, welche senkrecht zu einander immer gleich groß sind, die τ-Festigkeit (vergl. Abschn. A.) erreicht haben. In Taf. I Fig. 2 erkennt man deutlich die sich senkrecht durchkreuzenden Schubcurven außerhalb der Segmente. Warum sich die Linien in Abständen von einander ausgebildet haben, ist theoretisch nicht recht erklärlich. Wir begegnen jedoch dieser Erscheinung, daß das Fließen mit Unterbrechungen vorschreitet, noch bei anderen Gelegenheiten; hier seien vorläufig noch zwei weitere Beispiele solcher Schubcurven angeführt, die durch Rosten deutlich geworden sind, nämlich erstens beim Durchstanzen des Steges eines I-Trägers, Taf. I Fig. 5, und zweitens die Oberfläche eines Flachstabes für einen Zerreißversuch, Taf. I Fig. 10, der aus einem Winkel herausgearbeitet war, welcher zweifellos vorher irgend einer ähnlichen Manipulation ausgesetzt wurde, so daß die Linienzüge besonders mit den senkrechten Durchkreuzungen sehr schön deutlich entstanden sind. Dieser Stab zeigte diese Linien vor Beginn des

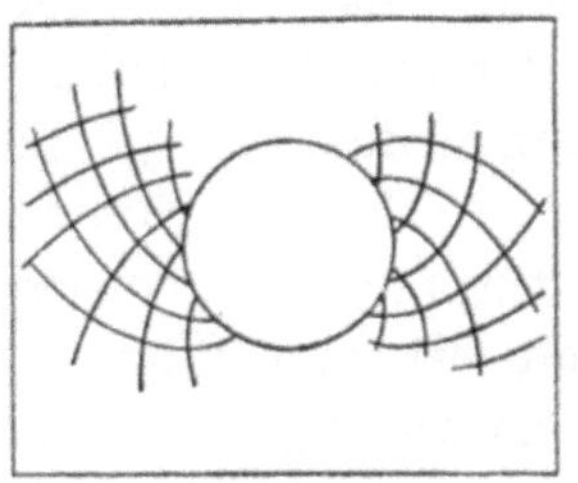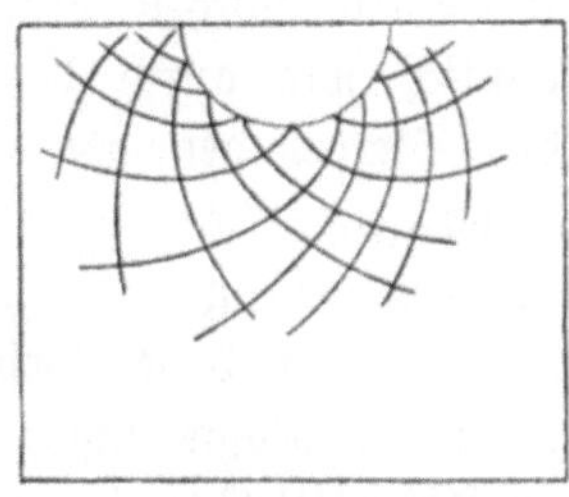

Figur 1. Figur 2.

Zerreißversuchs, und während desselben ging das Fließen, unbekümmert um diese Kurven, ganz nach der Regel unter der schrägen Grenze von 45° über den Stab hinweg. Solche Spannungslinien sind auch von anderen Beobachtern bemerkt worden, z. B. erwähnt Tetmajer in seinem „Bericht über die vergleichende Werthbestimmung einer Reihe deutscher Normalprofile in Fluß- und Schweißeisen (1885)", daß bei den Proben auf

Lochbarkeit die Oberfläche der gestanzten, nicht ausgeglühten Probestäbe in einigen Fällen eine merkwürdige Zeichnung gehabt hätten; „man sah scharf ausgeprägt zwei Systeme gekrümmter Linienzüge, die vom Lochumfang ausgehend, auf der Staboberfläche allmählig verliefen und die oft mit mehr oder weniger auffallender Regelmäßigkeit, insbesondere in der Nähe des Loches, sich unter einem Winkel von c. 90° schnitten". Die beigefügten Skizzen (Fig. 1 und 2 nach Tetmajer entworfen) zeigen auch den Ansatz dieser Linien unter 45° an dem Lochumfang. Beim Stanzen müssen radial zum Lochmittelpunkt, also senkrecht zum Lochumfang verlaufende Zugtrajectorien entstehen, also sind die in Fig. 1 und 2 verzeichneten und die in Fig. 5 Taf. I sichtbaren wegen der rechteckigen Ausstanzung zwar etwas anders, aber im Grunde genommen ähnlich verlaufenden Schubtrajectorien recht wohl verständlich, wenn man nur beachtet, daß die Zug- (bezw. Druck-) Trajectorien diejenigen für Schub immer unter 45° schneiden müssen.

Später beim Zerreißversuch der gelochten Stäbe beobachtete Tetmajer auch noch die Schubtrajectorien, wie sie durch einen Zerreißversuch entstehen müssen*). Weiter unten wird hierauf nochmals zurückzukommen sein. Es möge schließlich noch erwähnt werden, daß auch bei Schlagversuchen die gleichen Erscheinungen auftreten. Die beiden in Folge eines Schlagversuchs entstandenen Fließfiguren sind auf Taf. I Fig. 3 und 4 abgebildet.

Anmerkung:

Eine Bestätigung der durch Theorie entwickelten Spannungsgesetze, wie sie das Sichtbarwerden der Schubkurven bei den Schienenbiegungsversuchen liefert, wurde schon vor Jahren bei der Untersuchung der Gefügeverhältnisse im Bau der Knochen gefunden; man bemerkte nämlich, daß die Knochenzellen der auf Zerknickung, also auch auf Biegung, beanspruchten Hauptknochen, beim ebenen Durchschnitt in der Längsrichtung genau nach den Spannungstrajectorien gefügt sind.

· II. Um die Verschiebungen während des Fließens auch bei bearbeiteter, fein geschlichteter Oberfläche zu verfolgen, wurden mehrfach Versuche angestellt, durch feine mit der Theilmaschine aufgerissene Liniennetze (etwa Quadratmillimeter) die Verschiebungen sichtbar zu machen. Ein Normalflachstab wurde auf der einen Breitseite vollständig mit einem solchen Liniennetz überzogen. Während des Fließbeginnes zeigte sich (ähnlich wie durch den abspringenden Zunder) eine schräge unter 45° gegen die Axe des Stabes geneigte Fortschreitungsgrenze, sichtbar durch einen schwachen Knick der aufgerissenen Transversalen. Sobald die Fortschreitungsgrenze über die ganze Länge des Stabes gelangt war, hatten auch die Transversalen wieder geradlinigen Verlauf und blieben in dieser Gestalt bis zum Bruch, mit Ausnahme derjenigen, die nahe genug am Kopfe lagen und derjenigen, bei welchen sich die Einschnürung bildete. Im Abschnitt C wird auf den Verlauf dieser Transversalen am Kopf und der Einschnürung noch eingegangen werden. An den Liniennetzen, die auf gelochte Stäbe aufgerissen worden waren, konnte aus den Knickstellen der Fließbereich zu beiden Seiten des Loches ziemlich genau angegeben werden, abgesehen davon, daß auch durch die weiter unten beschriebenen Oberflächenveränderungen der Fließbereich sichtbar wurde

---

*) Tetmajer. Vergleichende Werthbestimmung 2c. S. 71 und Taf. IV.

(Taf. I Fig. 6). In ähnlicher Weise hat Prof. Winkler*) die Formänderungen studirt. Er nahm Kautschuckmodelle mit geriffelter Oberfläche und bildete nach eingetretener Formänderung Abdrücke der Riffelung. Ein unmittelbarer Vergleich der Winkler'schen Versuche mit den hier besprochenen ist jedoch deshalb nicht zulässig, weil die beobachteten Verschiebungen im Stahl zum größeren Theil bleibend sind als beim Kautschuck.

a) Unter den Veränderungen im Aussehen der Oberfläche soll die Erscheinung vorangestellt werden, welche in der Versuchsanstalt, als „Krispelung" bezeichnet wird. Es ist eine allmählich mit dem Vorschreiten des Fließens immer deutlicher werdende Rauhheit, die jedenfalls mit dem Fließen beginnt, im Anfang aber zu fein ist, um sofort sichtbar sein zu können. Unter dem Mikroskop zeigen sich lauter kleine Höcker, wo vorher vollkommene Glätte vorhanden war. Im Allgemeinen sind sie vollständig regellos gelagert, und je nach dem Material verschieden groß. Zur Kennzeichnung der Erscheinung, die wahrscheinlich mit dem Materialgefüge (Krystall, Korn, Sehne) zusammenhängt, sind zwei Abbildungen beigegeben**). Die erste Figur (Taf. I Fig. 11) zeigt einen sehr krispeligen Rundstab (Bruchstelle), die zweite (Taf. I Fig. 17), einen Flachstab (gleichfalls Bruchstelle). Bisweilen glaubt man eine Anordnung der Krispelung in kurzen unter etwa 45° gegen die Stabaxe geneigten Wellen zu bemerken. Wegen der Feinheit dieser Wellung muß man das Mikroskop zu Hülfe nehmen. Bei ungefähr zehnfacher Vergrößerung sieht man (Taf. I Fig. 12) die von der Schlichtung

Figur 3.

zurückgebliebenen Riefen parallel der Stabaxe und diese Riefen durchbrechend unter 45° geneigt dazu die obengenannten Wellen. Der Zeitpunkt des Krispeligwerdens ist abhängig von der Höhe der Fließgrenze; er tritt bei weichem Material unter geringerer specifischer Belastung ein als bei hartem. War dem Probestabe durch eingeschlagene oder eingewalzte Zeichen örtlich eine andere Dehnbarkeit verliehen, so kommen diese Zeichen während des Fließens durch geringe Unterschiede in der Krispelung auch dann wieder zum Vorschein, wenn sie bei der Bearbeitung vollständig entfernt waren.

Zur Erklärung des Krispeligwerdens darf die gewiß nahe liegende Annahme gemacht werden, daß das Flußeisen aus Körpertheilchen besteht, die beim Beginn des Fließens sich in ihren gegenseitigen Berührungsflächen verschieben. Besondere Annahmen über spezielle Konstitution dieser Theilchen, wie sie etwa Osmond und Werth***) gemacht haben, sind für den hier vorliegenden Zweck unnöthig; nur das Eine muß angenommen werden, daß zwischen den einzelnen Partikeln ein weniger widerstandsfähiges Material lagert, etwa wie bei frischem Mauerwerk der noch nicht erhärtete

---

*) „Civilingenieur" 1878. Deformationsversuche mit Kautschuckmodellen.

**) Ein sehr guter Beweis für das Zutreffen dieser Ansicht ist durch das Aussehen der zerrissenen Probestäbe mancher Broncearten gegeben, auf deren Oberfläche man das Gefüge großer Krystallanhäufungen zu erkennen glaubt; eine derartige Oberfläche wird in der Versuchs-Anstalt als „zerknittert" bezeichnet (vergl. Fig. 3).

***) Annales des mines 1885.

Mörtel. Bei solchem Gefüge*) muß für eine ganz bestimmte, der Widerstandsfähigkeit des Zwischenmaterials entsprechende Kraftwirkung Bewegung eintreten, und zwar wird bei Zugwirkung das beweglichere Bindemittel schneller in das Innere des Stabes vordringen als die festen Theilchen, die ja erst dann nach der Axe des Stabes hin weiter einsinken können, wenn die darunter liegenden eine bestimmte Entfernung erfahren haben. Dadurch muß aber an der Staboberfläche das Gefüge nach einzelnen Partikeln immer mehr und mehr mit fortschreitendem Fließprozeß sichtbar werden, was bekanntlich auch der Fall ist. Im Bruchmoment ist die Oberfläche am meisten krispelig.

b) In diesem Absatze sollen die Erscheinungen besprochen werden, die gleichartiger Natur sind, obwohl sie sehr vielgestaltig auftreten; sie werden in der Versuchs-Anstalt als Streckfiguren bezeichnet. Sie sind immer höher als die Oberfläche und treten bisweilen förmlich reliefartig heraus. In Wirklichkeit sind sie natürlich durch ein Zurücksinken des umgebenden Materials hervorgerufen und an den erhaben erscheinenden Stellen blieb die Masse mehr oder weniger unverändert; sie floß bei der gleichen Belastung nicht so viel als das umgebende Material. Oft bleiben, wenn solche Stellen gegenüber den Querschnittsabmessungen groß genug sind, die ursprüngliche Breite und Dicke fast unverändert, so daß sich eine Art Wulst oder Knoten bildet, der also ein weniger dehnbares (fließfähiges) Material enthält. Man muß festhalten, daß die Beobachtung nur dazu führt, an solchen Stellen weniger dehnungsfähiges Material anzunehmen und daß es zur Erklärung dieser Erscheinungen ganz unnöthig ist, über die Aenderung der Dichtigkeit, d. h. des specifischen Gewichtes irgend welche Annahmen zu machen. Im Abschnitt A wurde bereits gezeigt, daß ein Material, wenn man es bei einem Zerreißversuch um irgend einen Betrag zum Fließen gebracht hat, dadurch aus dem spannungslosen Anfangszustand in einen Spannungszustand versetzt wird, der nach Entlastung zurückbleibt und daß man aus diesem Grunde wieder bis zur höchst-erreichten Belastung des Stabes vorgehen muß, ehe das Weiter-Dehnen oder -Fließen wieder anfängt. Dasselbe gilt auch für andere Kraftwirkungen und damit verbundene bleibende Formänderungen durch Fließen, nicht bloß für Zug. Wenn nun der Fall eintritt, daß das Material eines Zerreißstabes sich stellenweise bereits in einem Spannungszustande befindet, so wird die Spannung an diesen Stellen sich während des ganzen Zerreißversuchs aus der anfänglichen und der durch den Zerreißversuch entstehenden zusammensetzen; es wird demnach, wenn der anfängliche Spannungszustand gegensätzlicher Natur ist, als der durch den Zerreißversuch entstehende, das Material an solchen Stellen viel später oder überhaupt nicht an die Fließgrenze geführt, als die übrigen spannungslosen Theile des Stabes. Solche Stellen werden auch im Verlaufe des ganzen Zerreißversuchs der Höhe des anfänglichen Spannungszustandes entsprechend mit dem Fließen hinter den übrigen Theilen des Stabes zurückbleiben müssen. Beobachtet man also verschiedene Dehnbarkeit, so kann man nur auf das Vorhandensein eines Spannungszustandes schließen, was durchaus nicht mit einer Veränderung der Dichtigkeit verbunden sein muß.

Die Figuren 9 und 13 bis 16 (einschließlich) auf Taf. I zeigen einige der wesentlichsten Formen, in denen solche Streckfiguren auftreten. In einigen Fällen war es möglich, die direkte Ursache derselben ausfindig zu machen. In Fig. 14 und 15 sind diejenigen

---

*) Wedding unterscheidet bekanntlich 2 Theile, Krystalleisen und Homogeneisen.

Stellen an Zerreißstäben dargestellt, an denen die Eisenbahnschienen, aus deren Füßen die Stäbe herausgearbeitet wurden, bei früher stattgefundenen Biegungsversuchen ihr Auflager gehabt hatten. An diesen Stellen waren zweifellos die Schienen während des Biegungsversuches nicht über die Elasticitätsgrenze auf Zug beansprucht worden, also war im Sinne der Beanspruchung beim Zugversuch der Flachstab als spannungslos beim Beginn des späteren Zerreißversuchs anzusehen; hingegen war durch die seitliche Druckwirkung ein Spannungszustand in den Stab gebracht worden, mit dem eine Verminderung der Formänderungsfähigkeit für Zug, d. h. der Dehnbarkeit verbunden sein mußte.

In Fig. 16 zeigen sich auf der dargestellten Breitseite eines Zerreißstabes mehrere kleine körnige, regelmäßig angeordnete Erhöhungen, die von der Riffelung der Schraubstockbacken herrühren, da die Flachstäbe bei der Bearbeitung, besonders beim Schlichten der Oberflächen fest eingeklemmt werden. Es ist übrigens längst bekannt, daß Hammerschläge oder eingeschlagene Zahlen, trotz sorgfältiger Glättung und Abarbeitung der Oberflächen vor dem Versuch, während des Fließens wieder zum Vorschein kommen*); letzteres ist in ganz derselben Weise zu erklären, wie die Erscheinungen in den Fig. 14 und 15. Es sind noch zwei weitere Fälle hinzugefügt, um zu zeigen, daß die Figuren sich durch die ganze Stabdicke hindurcherstrecken können, wie in Abbildung 13 an der Schmalseite eines Stabes zu sehen ist, der auf beiden Breitseiten Knotenbildungen zeigte, oder daß sie unter Umständen mit großer Regelmäßigkeit angeordnet sind, wie die schräg zur Stabachse verlaufenden Linien der Fig. 9. Die theilweise nahezu senkrechte Durchkreuzung der Linienbildungen kann nur darauf zurückgeführt werden, daß die Hauptschubspannungen immer senkrecht zu einander stehen. Bei der Erzeugung der Spannungszustände, welche die Ursache der Knotenbildungen beim nachfolgenden Zerreißversuch sind, müssen ja zweifellos bleibende Formänderungen, d. h. Schiebungen stattgefunden haben, und diese werden nach Lage der Hauptschubspannungen vor sich gegangen sein. Hierher gehört auch die Oberflächenbeschaffenheit, wie sie auf Taf. II Fig. 31 sichtbar ist. Sie dient besonders als Beweis dafür, daß die Unterschiede in der Dehnbarkeit nicht immer durch die ganze Stabdicke auftreten müssen.

Die Ursachen der Knotenbildungen, welche offenbar die Ergebnisse der Zerreißversuche beeinflussen müssen, da für gleichmäßige Dehnbarkeit am Stab die Versuchslänge verkleinert wird, können außerordentlich mannigfaltig sein; es sei nur an die Einflüsse des Richtens erinnert und bei Untersuchungen von Schienen und Radreifen aus dem Betriebe muß berücksichtigt werden, daß an den Stellen, wo die Schienen auf Querschwellen aus Eisen, resp. auf Steinwürfeln und Unterlagsplatten liegen, oder wo die Radreifen der Speichenräder über die Speichen hinweggehen, das Material viel höher beansprucht sein kann. Auch die Vorgänge beim Fließen während des Walzprozesses müssen hier von Einfluß sein. Unter den Walzen erhält das Material nicht am ganzen Profilumfang die gleiche Pressung; es fließt also nicht bloß in der Walzrichtung. Die hierdurch bedingten verschiedenen Spannungszustände, oft rein örtlicher Natur, können Erscheinungen veranlassen, wie sie beispielsweise in Figur 9 dargestellt sind.

---

*) Tetmajer, Vergleichende Werthbestimmung 2c. S. 67.

Brauns, Vortrag über den Werth der Zerreißproben, Stahl und Eisen 1883 nebst anschließender Debatte.

c) An das Vorbesprochene schließt sich eng eine Erscheinung an, die auch mit dem Fließen deutlicher wird. Sie ist bedeutend schwieriger zu beobachten und nur unter besonders günstigen Beleuchtungen der Staboberfläche sichtbar. Bei manchen Stäben bildet sich, wenn das Fließen bereits etwas weiter vorgeschritten ist, ein Muster, ähnlich den Figuren auf Moiréestoff, wie auf Taf. II Fig. 17 und 18. Obwohl diese in der Versuchs-Anstalt kurz als Moirée bezeichnete Erscheinung in der Regel mit dem Fließen deutlicher wird, so kommt es doch vor, daß sie gegen das Ende des Versuches dem Auge fast entschwindet, weil der Stab auch immer krispeliger wird. Die Formen im Speziellen sind von ziemlich großer Mannigfaltigkeit. Man findet es großfleckig oder mehr streifig parallel zur Stabachse; im letzteren Falle sind die Streifen bei verschiedenen Stäben wieder sehr verschieden lang. Wegen der auch bei guter Schlichtung immer noch sichtbaren Feilstriche ist das streifige Moirée schwer zu sehen. Kennzeichnend für die ganze Erscheinung dürfte es sein, daß sie auf der ganzen Stabfläche zugleich, jedoch sehr allmählich entsteht.

Zur Erklärung des Moirées dürfte man wohl ebenfalls auf den Walzvorgang zurückgreifen müssen. Es sind besonders zwei Umstände, welche hier berücksichtigt werden müssen; d. i. der Spannungs- und der Hitzezustand. Wie bereits oben angedeutet wurde, muß beim Uebergang des Walzgutes aus einem Kaliber in das nächste das Material wegen des nothwendig verschiedenen Oberflächendruckes nicht allein in der Walzrichtung, sondern auch sonst in mannigfaltigster Weise innerhalb des Querschnittes fließen, was besonders durch den stets wesentlich verschiedenen Hitzegrad verschiedener Theile des Profils befördert wird. Die mannigfach gekrümmten Flächen gleichen Spannungszustandes müssen nun gemäß dem Vorentwickelten beim Fließen in der Zerreißprobe an der Staboberfläche Erhabenheiten bilden, die allerdings nur äußerst wenig sich aus der Fläche erheben.

Neben allen diesen mechanischen Einwirkungen, welche Streckfiguren veranlassen, kann auch die hüttenmännische Darstellung des Materials Ursache zu ähnlichen Erscheinungen werden, wenn das Metallbad ungleichmäßig gemischt wird und harte Stellen sich innerhalb des Materiales bilden.

Liegen mehrere derartige Stellen geringerer Dehnbarkeit im Innern des Materials verstreut, so entstehen einzelne Knoten oder große Wellen auf der Oberfläche, wie Taf. II Fig. 25 deutlich zeigt, und zwar ohne scharfe Umgrenzung. Sind diese Einlagerungen durch das Walzen langgestreckt im Innern des Stabes vorhanden, so entstehen Längsriefeln an der Oberfläche. Liegen die Hartadern direkt an der Oberfläche, so entstehen die in der Versuchs-Anstalt als Längsnähte (vergl. Taf. I Fig. 8) bezeichneten Erscheinungen, welche sich häufig als eine lange Reihe kurzer Querrisse in einem etwas erhabenen blanken Streifen darstellen. Ob überhaupt bei Einlagerungen von Theilen geringerer Dehnbarkeit Querrisse eintreten, hängt davon ab, wie groß der Querschnitt der Einlagerung f_1 im Vergleich zum übrigen Querschnitt f_2 ist, dann aber auch von dem Unterschiede der Dehnbarkeit in f_1 und f_2. Das weniger dehnbare Material erreicht zwar unter allen Umständen seine Bruchdehnung während der Dehnung des ganzen Stabes eher als das dehnbarere; wenn aber in dem Moment, wo f_1 zum Bruch kommt, die Gesammtbelastung schon gleich oder größer ist, als der Tragfähigkeit von f_2 entspricht, so muß mit f_1 der ganze Querschnitt zugleich reißen; es kann also überhaupt sich kein Querriß vor Erreichung des Stabbruches zeigen. Ist σ_1 und σ_2 die specifische Bruchfestigkeit in f_1 und f_2, und σ die specifische Spannung des Materiales in f_2 für die Bruchdehnung desjenigen in f_1, so ist die Bedingung für das Eintreten eines Querrisses

$$f_1\,\sigma_1 + f_2\,\sigma < f_2 \cdot \sigma_2$$

denn die linke Seite der Ungleichung ist die Gesammtlast bei einer Dehnung des Stabes von der Größe der Bruchdehnung in f_1; d. h. also

$$\frac{f_1}{f_2} < \frac{\sigma_2 - \sigma}{\sigma_1}$$

Ist nun $\dfrac{f_1}{f_2}$ hinreichend kleiner als $\dfrac{\sigma_2 - \sigma}{\sigma_1}$, so wird der erste Querriß in f_1 auch hin=
reichend früh vor Erreichung des ganzen Stabbruches eintreten, um weitere Querrisse im Gefolge nach sich zu ziehen. Von da ab wird f_1 überhaupt nicht mehr tragen, der Streifen f_1 will sich herausziehen, wenn der Theil f_2 weiter dehnt; dies verhindert die specifische innere Reibung τ am Umfang u des Streifens und somit wird im Abstand l vom ersten Querriß beiderseits ein neuer Riß in f_1 entstehen müssen, wenn der Wider=
stand gegen Herausziehen $\mu \cdot \tau \cdot l$ die Festigkeit $f_1 \cdot \sigma_1$ erreicht. Demnach müssen die Abstände der Querrißchen einer Längsnaht immer gleich

$$l = \frac{f_1 \cdot \sigma_1}{u \cdot \tau}$$

sein. Die Risse müssen sich auch, vom ersten ausgehend, nach beiden Seiten hin fort=
pflanzend bilden. Die Naht muß um so enger sein, je größer die innere Reibung τ oder der Umfang u des eingelagerten Streifens ist. Auf Taf. I in Fig. 8 ist eine solche Längsnaht auf einem Rundstab, in Fig. 24 (Taf. II) auf einem sehr krispeligen Flachstab in photographischer Nachbildung wiedergegeben.

d) Schließlich sei hier noch eine sehr häufig auftretende Erscheinung erwähnt; das ist eine Querstreifung, die fast immer genau in der Mitte des Stabes sichtbar wird und in den verschiedensten Formen, doch immer als wenig erhabene Linienbildung auf=
tritt. Meist sind es dünne Schlangenlinien, die sich über die Breitseite des Stabes senkrecht zur Stabachse ziehen, häufig auch gerade Linien wie auf Taf. II Fig. 22, bis=
weilen nur kleine Wellen, wie Fig. 15 Taf. I, die aber gleichfalls deutlich senkrecht zur Stabachse liegen. Die Erscheinung erstreckt sich auf etwa 25 bis 30 mm in der Stabachse gemessen über die ganze Breitseite und ist in der Regel auf beiden Seiten zu sehen.

e) Die interessanteste unter den Oberflächenerscheinungen ist die Netzbildung (Taf. II Fig. 19, bis 23, 26 bis 30). Sie ist wie das Moirée nicht leicht zu sehen, besonders muß erwähnt werden, daß man diese Erscheinung niemals auf der ganzen Staboberfläche zugleich übersehen kann, wie das in der Regel bei allen anderen Ober=
flächenerscheinungen der Fall ist; man sieht vielmehr immer nur eine kurze Strecke und gewinnt erst dann einen Ueberblick über den ganzen Verlauf der Figuren, wenn man den Versuch unterbricht, den Stab aus der Maschine nimmt und dann während des Beobachtens langsam bewegt, oder indem man den Stab in der Maschine beläßt und die Beleuchtung durch einen kleinen Spiegel wechseln läßt. Die Tiefe der Einsenkungen,

durch welche die Erscheinungen sichtbar werden, ist außerordentlich gering, so daß es kaum möglich ist, sie durch das Gefühl oder durch das Auge ohne besondere Hülfsmittel festzustellen.

Die Bezeichnung Netzbildung ist aus dem Grunde gewählt worden, weil diese Mulden sich thatsächlich netzartig durchdringen; man vergleiche besonders Fig. 26 auf Taf. II, eine Form, die sehr häufig auftritt.

Die Erscheinung beginnt mit dem Fließen des Stahles und zwar, genau wie bereits der Fließbeginn oben für unbearbeitete Stäbe geschildert wurde, am Kopf und von dort allmählig sich über den Stab ausbreitend. Der Augenblick, in welchem im Spiegelapparat die ersten Anzeichen einer Störung des inneren Gleichgewichtes bemerkbar werden, fällt mit dem Erscheinen der ersten Spuren von Netzbildung zusammen. Die Voraussetzungen, welche über den Verlauf des Fließbeginnes im Abschnitt A zur Erklärung des regellosen Verhaltens des Spiegelapparates gemacht wurden, decken sich vollkommen mit der Netzbildung; z. B. ist im Spiegelapparat erst dann vollständiges Fließen, d. h. unaufhaltsames Vorwärtsbewegen der Skalenbilder zu bemerken, wenn an irgend einer Stelle die Netzbildung sich mit ihrer schrägen Fortschreitungsgrenze in die Meßlänge hineinerstreckt. Daß die ersten Spuren der Netzbildung in der Mitte oder überhaupt innerhalb der Meßlänge auftreten, ist selten; soviel scheint aber nach diesen Beobachtungen festzustehen, daß die Bildung eines solchen Netzes als der sichtbare Ausdruck des Fließens aufzufassen ist und daß somit die Anschauungsweise, als käme das Stabmaterial auf der ganzen Länge des Stabes gleichzeitig und gleichmäßig ins Fließen, eine irrige ist. Es muß hier gleich darauf mit aufmerksam gemacht werden, daß auch die Querschnittsabnahme an den netzigen Stellen bemerkbar und meßbar ist, während an den übrigen Theilen des Stabes noch keine Aenderungen beobachtet zu werden pflegen. Die etwa eintretenden Veränderungen dürften nur mit Hülfe von Feinmeßwerkzeugen nachweisbar sein.

Die ersten Spuren sind gewöhnlich an den Hohlkehlen sichtbar, als ob gleichsam ein Einreißen stattfände; es macht den Eindruck, wie wenn sich eine Flamme vom Rand aus in das innere des Stabes züngelte; diese Randflammen, wie sie in den Protokollen kurz vermerkt wurden, zeigen sich sehr viel früher, bevor der ganze Stab zum Fließen kommt, und zwar meist nur von einer Seite ausgehend. Dies wird jedenfalls daher kommen, daß die Stäbe nie ganz geometrisch genau gearbeitet sein können, auch wohl etwas gekrümmt oder nicht zentrisch eingespannt sind, so daß die Spannungsverhältnisse nicht ganz symmetrisch auftreten können. Die weitere Bildung und Ausbreitung ist äußerst mannigfaltig. Man vergleiche zunächst Fig. 29 auf Taf. II mit derartigen Flammen am Kopf. Häufig verlängern sich diese letzteren bis zur andern Seite hinüber (vergl. Taf. II Fig. 20 und 20a). Das regelrechte Auftreten zeigt Fig. 21 (Taf. II).

Bei dem Fortschreiten vom Kopf aus nach der Mitte hin ist das Bildungsgesetz wieder verschieden, meist wie in Fig. 19, wo sich die Zwischenstreifen zuerst bildeten und erst dann, wenn diese mit ihren Spitzen weit genug vorgedrungen waren, ein Hauptstreifen die einzelnen Spitzen mit einander verbindend über die ganze Breite schräg herüberlief. Der ganze Vorgang kann mit dem Wachsen von Eisblumen am Fenster verglichen werden, wo auch einzelne Strahlen vorausschießen. Die Schnelligkeit, mit der sich das Netz über die Staboberfläche verbreitet, ist verschieden, zum Theil davon abhängig, wie schnell der Stab gedehnt wird. Die bekannte Erscheinung, daß sich beim Beginn des Fließens im Diagramm ein Knickpunkt bildet, wo die Kurve sich häufig nicht bloß parallel zur Dehnungsachse hält, sondern sogar ihr nähert, muß darauf zurückgeführt werden, daß die regelrechte und gleichmäßige Dehnung des ganzen Stabes unterbrochen wird und der Fließprozeß sich von einem Stabkopf zum anderen fortpflanzt, daß also eine Steigerung der Belastung erst eintreten kann, wenn die Netz= bildung zum Abschluß gekommen ist. Diese Thatsache scheint theoretisch besser verständ= lich zu sein, wenn man annimmt, daß das Material chemisch durch das Fließen ver= ändert werde.

Während der kurzen Zeit (vielleicht eine halbe Minute), die dazu nöthig ist, daß sich das Netz von einem Kopf zum andern erstreckt, hört man im Stab, falls es im Versuchsraum still genug ist, deutliches feines Knistern, welches sofort verstummt, wenn das Netz am andern Kopf anlangt.

Die Netze sind sehr verschieden, nicht bloß in der Form, sondern auch in der Deutlichkeit. Abgesehen von den Fällen, wo das Material wegen der Herstellungsweise nicht gleichmäßig oder von der mechanischen Behandlung vor dem Versuch nicht spannungslos ist, kann die Netzform engmaschig (Taf. II Fig. 27 und 28) oder weit= maschig (Taf. II Fig. 26) mit allen Zwischenstufen sein. Häufig sind die Maschen so eng, daß man sie mit den gewöhnlichen Hülfsmitteln nicht mehr einzeln sehen kann. Auch unter dem Mikroskop war es dann meistens unmöglich, das Netz zu sehen, und nur mit Hülfe der Bespiegelung konnte mühselig bei großer Aufmerksamkeit die Fort= schreitungsgrenze wie ein über den Stab laufender Hauch verfolgt werden. Eine weitere Unterscheidung war durch die Breite der Streifen gegeben.

Nun ist es für die Erkennung dieser Erscheinung von Wichtigkeit, daß nicht jedes Material zur Netzbildung neigt. In welchem Zusammenhange aber die Möglich= keit, ein Netz zu bilden, mit der chemischen Zusammensetzung oder den physikalischen Eigenschaften steht, bleibt weiteren Untersuchungen vorbehalten. Die Widerstands= fähigkeit scheint ohne Einfluß auf diese Verhältnisse zu sein, denn es sind sowohl sehr feste als auch sehr wenig feste Materiale ohne Netz geblieben, wenigstens nur mit dem oben genannten Ueberlaufen eines Hauches beobachtet worden. Daß sehr spröde Materiale keine Netze bildeten, ist insofern begreiflich, als hier nur sehr geringes Fließen stattfindet und zwar deshalb, weil die Sprödigkeit meistens mit geringer Dehnbarkeit vereinigt auftritt.

Besonders auffällig war es, daß bisweilen von zwei Materialen gleicher Dehn= barkeit, Fließgrenze und gleichem Bruchwiderstand das eine ein Netz bildete, das andere nicht. Zur vorläufigen flüchtigen Untersuchung dieser Verhältnisse wurde ein Stab, der ein schönes Netz gebildet hatte, vor Erreichung des Bruches herausgenommen und noch= mals geschlichtet und geprüft. Dieser Stab zeigte beim Erreichen der jetzt natürlich höher gelegenen Fließgrenze auch nicht die geringste Spur eines Netzes. Bevor aus diesem Verhalten weitere Schlüsse gezogen werden, ist eine Bestätigung durch wieder= holte Versuche abzuwarten. Es muß noch erwähnt werden, daß ein an der Fließ= grenze gebildetes Netz fast ohne Ausnahme im Verlaufe des weiteren Fließens mehr oder weniger schnell, wieder verschwindet. Meistens sind die Hauptstreifen länger sichtbar, wie die Zwischenstreifen, und da dieselben schräg zur Stabachse liegen, so werden sie in der Versuchs-Anstalt kurz als Diagonalstreifung bezeichnet.

An Rundstäben sind Netzbildungen nicht gesehen worden. Dies ist erklärlich, da die krumme Oberfläche nur einen ganz schmalen Längsstreifen zur Beobachtung solcher Spiegelungsunterschiede besitzt.

Nachträglich möge hier noch erwähnt werden, daß auch an gelochten Stäben zu beiden Seiten des Loches Netzbildungen beobachtet wurden; dieselben reichten segment-artig genau bis an die Grenze, welche an aufgezeichneten Liniennetzen als Grenze des Fließbereiches sichtbar wurde, indem die sonst geraden Linien an dieser Grenze einen Knick bildeten. Aehnliche Figuren wie bei der Netzbildung waren auch an quadratischen Stäben auf der Druckseite bei Schlagbiegversuchen zu sehen, während sich auf der Zug-seite regelrechte Netzbildung entwickelte. Auf Taf. II Fig. 30 ist ein solcher Stab, von der Seite gesehen, dargestellt und zeigt die beiden Fließbereiche segmentförmig oberhalb und unterhalb der neutralen Faser. Die Figuren waren hier gleich nach dem ersten Schlag sichtbar, was ganz erklärlich ist, da sofort bleibende Durchbiegung eingetreten war, also zweifellos Fließen stattgefunden hatte.

Die Netzbildung wurde bereits früher von anderen Beobachtern bemerkt. Bau-schinger*) erwähnt gelegentlich Folgendes darüber:

„Schließlich muß ich noch einer eigenthümlichen Erscheinung gedenken, die, jedoch nur bei den weicheren Stahlsorten, vor Erreichung der Elasticitätsgrenze schon auftritt und bis über dieselbe hinaus anhält. Sie besteht in baumförmig verästelten und ver-zweigten Zeichnungen, die auf den blank gefeilten Seitenflächen der Prismen sehr deut-lich sichtbar sind und, wie das Gefühl zeigt, durch wellenförmige Erhöhungen gebildet werden. Später bei mehr und mehr anwachsender Belastung verschwinden sie wieder."

Auch Pohlmeyer hat sich sehr eingehend mit dem Studium der Netzbildung be-schäftigt und brachte sie speziell in ihrem Verlaufe am Stabkopf auf sehr sinnreiche Weise zur Anschauung. Er überzog den Stab vor dem Versuch durch Erhitzung im Flammofen mit einer feinen Schicht von Hammerschlag, welche beim Fließen nur an den Stellen abspringt, an denen das darunter liegende Material in Bewegung gerieth. Auf diese Weise sind die einzelnen Netzstrahlen vollkommen scharf abgegrenzt sichtbar geworden. Die betreffenden Stäbe befinden sich in der Sammlung der Versuchs-Anstalt; sie haben aber leider durch Rosten so stark gelitten, daß sie nicht mehr photographirt werden konnten.

---

*) Mittheilungen aus d. mech.-techn. Labor. a. d. Hochsch. i. München H. 3. S. 7.

IV. Mittheilungen aus der Prüfungs-Station für Baumaterialien.

Ergebnisse der Untersuchungen von Baumaterialien für den Neubau der Domthürme zu Halberstadt,

ausgeführt im Auftrage des Herrn Ministers der geistlichen, Unterrichts- und Medizinal-Angelegenheiten für die Königliche Kreisbauinspektion zu Halberstadt.

Vom Vorsteher Dr. Böhme.

A. Ergebnisse der Untersuchung von sieben Kalksteinsorten.

Die nachstehenden Tabellen enthalten eine Reihe von Versuchen, welche mit fünf zum Umbau des Halberstädter Domes Verwendung findenden Kalksteinsorten, sowie mit zwei Sorten Muschelkalk aus altem Material des Domes angestellt worden sind.

1. Der Huy-Neinstedter Kalkstein wird aus einem mehreren Besitzern gehörigen Steinbruche nordwestlich von Halberstadt, nördlich vom Huy-Walde bei Huy-Neinstedt gebrochen. Die Mächtigkeit des ganzen Lagers beträgt 10 m, die einzelnen Schichten stehen 1 m hoch an, und werden eine nach der anderen abgebaut. Abraum ist wenig vorhanden, die Bearbeitung des Steines leicht. Derselbe wird für Bauzwecke jeder Art und zur Zuckerfabrikation verwendet, wobei der Transport auf der Axe bis zur nächsten Bahnstation bezw. direkt nach Halberstadt erfolgt. Der Tagelohn der Steinbrucharbeiter beträgt 2,50 M.

2. Der Kalkstein des Rittergutes Veltheim wird unmittelbar an der Chaussee Veltheim-Hornburg an der zum Rittergute gehörenden „Steinmühle" 1¼ Stunde von der Braunschweig-Halberstädter Heerstraße gebrochen. Die Schichten lagern in 1—2 m mächtigem festen Gesteine; als Abraum ist 30—50 cm Boden, dann 1—1,20 m Steinschutt vorhanden. Der Felsen wird mit Pulver gesprengt und mit Keilen weiter zertheilt. Der Bruch liefert jährlich bis zu 2000 cbm Baustein, der sich hauptsächlich zu Quader-Arbeiten und zum Fundamentbau eignet. Der Transport erfolgt auf der Axe bis Halberstadt (29—30 km), oder bis Station Mattierzoll (Jerxheim-Börßum) 6,5—7 km. Die gewöhnlichen Brucharbeiter erhalten einen Tagelohn von 2,20—3,00 M., die Steinhauer 3—3,50 M.

3. Der Croppenstedter Kalksteinbruch liegt an der Chaussee von Croppenstedt nach Heteborn an der Dalldorfer Feldmarksgrenze. Die 45—65 cm stark zu Tage liegenden Schichten gehen, an Stärke zunehmend, schräg nach unten und sind in der Tiefe noch nicht erreicht. Der Boden über dem auf 40 Morgen hinanstehenden Gesteine wird abgeräumt und zur Zufüllung des Loches wieder benutzt. Der Stein läßt sich gut bearbeiten und findet zu Bauzwecken, zur Zuckerfabrikation und zum Kalkbrennen Verwendung.

Der Transport erfolgt auf der Axe nach Halberstadt.

Die Steinbrecher erhalten pro Tag 2—2,50 M.

4. Der Rodersdorfer Kalkstein wird nördlich von der Chaussee, zwischen Rodersdorf und Hedersleben, gegen Heteborn hin, gebrochen, wo er in Schichten von 26 bis

40 cm unter Thon lagert. Der Abbau erfolgt mit Brecheisen und Keilen in winkel=rechten Stücken, die zu Quader= und Fundamentbau verwendet, und von denen täglich etwa 5 cbm gewonnen werden. Die Steinmetzen erhalten 4 M., die Arbeitsleute 2,50 M. Tagelohn.

5. Der Kalkstein des bei Benzingerode, 8—10 Minuten südlich der Wernigerode=Blankenburger Chaussee gelegenen Bruches zieht in 4 Schichten (Gängen) von W. nach O. und steht in spitzem Winkel an. Die erste Schicht ist 2—3,5 m breit, die zweite 3 m, die dritte und vierte 2 m. Die Gewinnung des Steins erfolgt mit Hacken, Brech=stangen und Keilen, an einzelnen Stellen durch Pulversprengung, so daß pro Woche 100—150 cbm gefördert werden. Er wird zu Bauzwecken jeder Art, sowie zur Zucker=fabrikation verwendet. Die Förderung aus dem Bruche geschieht mit Karren, bei größeren Stücken mit Flaschenzug, der Weitertransport mittelst Axe direkt oder auf der Bahn bis zu dem 1 Stunde entfernten Bahnhofe Wernigerode.

Unter gewöhnlichen Verhältnissen erhalten die Arbeiter 2 M. Tagelohn, bei den Steinbrechern kommen aber Akkordsätze in Anwendung, so daß der Arbeiter 2,50 bis 3 M. pro Tag erzielt.

1. Huy=Reinstedter Kalkstein.

Druckfestigkeit: Würfel 6 . 6 . 6 cm Seitenlänge, 36 qcm gedrückte Fläche

Beanspruchung — Kilogramm pro Quadratcentimeter

Laufende Nr.	luft-trocken	Nr.	wasser-satt	Nr.	ausgefroren*) — 6° C. bis — 9° C. an der Luft	Nr.	ausgefroren*) — 6° C. bis — 9° C. unter Wasser	Nr.	nach 6stündiger Einwirkung von Feuer**)
26	403,0	36	373,6	1	350,3			46	279,0
27	395,2	37	378,2	2	358,0			47	283,6
28	406,1	38	370,4	3	353,4			48	274,3
29	412,3	39	381,3	4	345,6			49	286,7
30	398,3	40	373,6	5	342,5			50	275,9
31	401,4	41	379,7			6	361,1	51	269,7
32	409,2	42	375,1			7	353,4	52	280,5
33	399,9	43	381,3			8	364,2	53	283,6
34	413,8	44	372,0			9	359,6	54	277,4
35	406,1	45	384,4			10	359,6	55	285,2
Sa.	4 045,3		3 769,6		1 749,8		1 797,9		2 795,9
Mittel	**405**		**377**		**350**		**360**		**280**
eig. Gew. einer Probe im Mittel	0,438		0,456		0,444		0,452		0,428

Druckfestigkeit: Platten: 7,1 . 7,1 . 4 cm 50 qcm gedr. Fläche / Pfeiler: 10 . 10 . 50 cm 100 qcm gedr. Fläche

Beanspruchung — Kilogramm pro Quadrat-centimeter

Laufende Nr.	luft-trocken	Nr.	luft-trocken
11	523,6	21	311,9
12	512,4	22	317,5
13	534,7	23	289,6
14	518,0	24	284,1
15	501,3	25	300,8
16	512,4		
17	520,8		
18	526,4		
19	523,6		
20	537,5		
Sa.	5 210,7		1 503,9
Mittel	**521**		**301**
eig. Gew. einer Probe im Mittel	0,395		9,900

Das Material zeigte in den Bruchflächen ein feinkörniges, sehr gleichförmiges und ziemlich dichtes Gefüge. Die Wasseraufnahme betrug 4,6 %, das spec. Gewicht 1,974. Härtegrad drei (Kalkspath). Wetterbestän=digkeit vorhanden.

---

*) Je zehn für die Frostversuche bestimmte Proben wurden zunächst 12 Stunden in Wasser gelegt; darauf wurden fünf von ihnen bei einer Temperatur von —6° C. bis —9° C. 25 Stunden dem Frost an der Luft, die übrigen fünf bei derselben Temperatur 25 Stunden dem Frost unter Wasser ausgesetzt.

**) Die Beanspruchung auf Druck nach Einwirkung von Feuer geschah nach sechsstündigem Aufenthalt der Proben in Holz= und Torffeuer, und hierauf erfolgter langsamer Abkühlung im Ofen.

2. Kalkstein aus dem Bruche des Rittergutes Veltheim.

Druckfestigkeit: Würfel 6.6.6 cm Seitenlänge, 36 qcm gedrückte Fläche — Beanspruchung, Kilogramm pro Quadratcentimeter. | **Druckfestigkeit:** Platten: $7_{,1}.7_{,1}.4$ cm, 50 qcm gedr. Fläche; Pfeiler: 10.10.50 cm, 100 qcm gedr. Fläche — Beanspruchung, Kilogramm pro Quadratcentimeter.

Laufende Nr.	luft-trocken	Nr.	wasser-satt	Nr.	ausgefroren — 6° C. bis — 9° C. an der Luft	Nr.	ausgefroren — 6° C. bis — 9° C. unter Wasser	Nr.	nach 6stündiger Einwirkung von Feuer	Laufende Nr.	luft-trocken	Nr.	luft-trocken
26	589,0	36	565,8	1	511,5			46	210,8	11	868,9	21	456,7
27	604,5	37	589,0	2	527,0			47	204,6	12	857,8	22	473,5
28	620,0	38	558,0	3	519,3			48	213,9	13	880,1	23	445,6
29	573,5	39	596,8	4	542,5			49	201,5	14	846,6	24	467,9
30	589,0	40	604,5	5	527,0			50	—	15	880,1	25	449,8
31	608,4	41	581,3			6	542,5	51	207,7	16	874,5		
32	604,5	42	591,0			7	558,0	52	—	17	868,9		
33	578,4	43	573,5			8	550,3	53	198,4	18	891,2		
34	589,0	44	596,8			9	560,0	54	195,3	19	860,3		
35	581,3	45	581,3			10	546,4	55	204,6	20	863,4		
Sa.	5 937,6		5 838,0		2 627,3		2 757,2		1 636,8	Sa.	8 691,8		2 293,5
Mittel	**594**		**584**		**525**		**551**		**205**	**Mittel**	**869**		**459**
eig. Gew. einer Probe im Mittel	0,457		0,498		0,472		0,478		0,448		0,449		10,908

Das Material zeigte bei poröser Außenseite in den Bruchflächen ein theils feinkörnig dichtes, theils grobkörnig löcheriges Gefüge, durchzogen von schuppigen porösen Nestern mit schwammigem Aussehen.

Die Wasseraufnahme betrug 3,8%, das spec. Gewicht 2,282. Härtegrad 8 (Topas). Wetterbeständigkeit noch vorhanden.

3. Kalkstein aus dem Bruche Croppenstedt an der Dalldorfer Feldmarksgrenze.

Druckfestigkeit: Würfel 6.6.6 cm Seitenlänge, 36 qcm gedrückte Fläche — Beanspruchung, Kilogramm pro Quadratcentimeter. | **Druckfestigkeit:** Platten: $7_{,1}.7_{,1}.4$ cm, 50 qcm gedr. Fläche; Pfeiler: 10.10.50 cm, 100 qcm gedr. Fläche — Beanspruchung, Kilogramm pro Quadratcentimeter.

Laufende Nr.	luft-trocken	Nr.	wasser-satt	Nr.	ausgefroren — 6° C. bis — 9° C. an der Luft	Nr.	ausgefroren — 6° C. bis — 9° C. unter Wasser	Nr.	nach 6stündiger Einwirkung von Feuer	Laufende Nr.	luft-trocken	Nr.	luft-trocken
21	390,6	31	341,0	1	288,3			41	248,0	11	490,2		
22	379,7	32	325,5	2	282,1			42	240,2	12	501,3		
23	385,9	33	334,8	3	291,4			43	251,1	13	479,0		
24	389,0	34	333,0	4	297,6			44	237,1	14	479,0		
25	381,3	35	339,4	5	277,4			45	243,3	15	498,6		
26	398,3	36	345,6			6	320,8	46	254,2	16	493,0		
27	372,0	37	337,9			7	306,9	47	235,6	17	512,4		
28	385,9	38	333,2			8	313,1	48	244,9	18	484,6		
29	395,2	39	336,3			9	325,5	49	255,7	19	490,2		
30	375,1	40	330,1			10	300,7	50	235,6	20	476,3		
Sa.	3 853,0		3 356,8		1 436,8		1 567,0		2 445,7	Sa.	4 904,6		
Mittel	**385**		**336**		**287**		**313**		**245**	**Mittel**	**490**		
eig. Gew. einer Probe im Mittel	0,458		0,479		0,465		0,481		0,445		0,429		

Das Material zeigte bei etwas löcheriger Oberfläche der Proben in den Bruchflächen ein ziemlich gleichförmiges, feinkörniges und schuppiges Gefüge, durchzogen von einzelnen kleinen Löchern und Quarzpartikelchen.

Die Wasseraufnahme betrug 5,3 %, das spec. Gewicht 2,324. Härtegrad 4 (Flußspath). Wetterbeständigkeit vorhanden.

4. Kalkstein aus dem Bruche Rodersdorf bei Wegeleben.

Druckfestigkeit: Würfel 6.6.6 cm Seitenlänge, 36 qcm gedrückte Fläche — Druckfestigkeit: Platten: 7,1.7,1.4 cm, 50 qcm gedr. Fläche; Pfeiler: 10.10.50 cm, 100 qcm gedr. Fläche

Beanspruchung Kilogramm pro Quadratcentimeter

Laufende Nr.	luft-trocken	Nr.	wasser-satt	Nr.	ausgefroren — 6° C. bis — 9° C. an der Luft	Nr.	ausgefroren — 6° C. bis — 9° C. unter Wasser	Nr.	nach 6stündiger Einwirkung von Feuer	Laufende Nr.	luft-trocken (Platten)	Nr.	luft-trocken (Pfeiler)
26	511,5	36	489,8	1	451,0			46	415,4	11	657,3	21	395,5
27	480,5	37	502,2	2	457,2			47	410,7	12	679,5	22	401,1
28	527,0	38	491,4	3	438,6			48	421,6	13	668,4	23	389,9
29	519,3	39	485,1	4	449,5			49	398,3	14	646,1	24	406,6
30	496,0	40	510,0	5	454,1			50	401,4	15	679,5	25	384,3
31	527,0	41	494,5			6	480,5	51	392,1	16	657,3		
32	511,5	42	497,6			7	468,9	52	403,0	17	690,7		
33	511,5	43	485,1			8	474,8	53	423,1	18	660,1		
34	527,0	44	505,3			9	496,0	54	430,9	19	676,8		
35	503,8	45	496,0			10	454,1	55	438,6	20	668,4		
Sa.	5 115,1		4 957,0		2 250,4		2 374,3		4 135,1	Sa.	6 684,1		1 977,4
Mittel	**512**		**496**		**450**		**475**		**414**	Mittel	**668**		**395**
eig. Gew. einer Probe im Mittel	0,515		0,527		0,524		0,532		0,506	eig. Gew. einer Probe im Mittel	0,472		11,784

Das Material zeigte bei fein poröser Außenfläche in den Bruchflächen ein grobkörniges und schuppiges Gefüge, durchzogen von schwammartig aussehenden Nestern.

Die Wasseraufnahme betrug 3,2 %, das spec. Gewicht 2,439. Härtegrad fünf (Apatit). Wetterbeständigkeit vorhanden.

5. Kalkstein aus dem Bruche Benzingerode bei Wernigerode.

Druckfestigkeit: Würfel 6.6.6 cm Seitenlänge, 36 qcm gedrückte Fläche — Druckfestigkeit: Platten. 7,1.7,1.4 cm, 50 qcm gedr. Fläche; Pfeiler: 10.10.50 cm, 100 qcm gedr. Fläche

Beanspruchung Kilogramm pro Quadratcentimeter

Laufende Nr.	luft-trocken	Nr.	wasser-satt	Nr.	ausgefroren — 6° C. bis — 9° C. an der Luft	Nr.	ausgefroren — 6° C. bis — 9° C. unter Wasser	Nr	nach 6stündiger Einwirkung von Feuer	Laufende Nr.	luft-trocken (Platten)	Nr.	luft-trocken (Pfeiler)
26	471,2	36	452,6	1	420,0			46	403,0	11	668,4	21	373,2
27	489,8	37	447,9	2	432,4			47	396,8	12	713,0	22	350,9
28	480,5	38	440,2	3	426,2			48	409,2	13	679,5	23	362,1
29	480,5	39	460,3	4	418,5			49	401,4	14	690,7	24	378,8
30	494,5	40	435,5	5	435,5			50	418,5	15	685,1	25	345,3
31	465,0	41	465,0			6	460,3	51	393,7	16	701,8		
32	483,6	42	444,8			7	452,6	52	404,5	17	679,5		
33	477,4	43	457,2			8	466,5	53	390,6	18	690,7		
34	469,5	44	441,7			9	444,8	54	415,4	19	668,4		
35	491,4	45	458,8			10	455,7	55	406,1	20	713,0		
Sa.	4 803,4		4 504,0		2 132,6		2 279,9		4 039,2	Sa.	6 890,1		1 810,3
Mittel	**480**		**450**		**427**		**456**		**404**	Mittel	**689**		**362**
eig. Gew. einer Probe im Mittel	0,476		0,501		0,492		0,498		0,466	eig. Gew. einer Probe im Mittel	0,451		10,824

Das Material zeigte bei dichter Oberfläche der Proben in den Bruchflächen ein sehr gleichförmiges, ziemlich feinkörniges und dichtes Gefüge mit vereinzelt eingesprengten Feldspathpünktchen.

Die Wasseraufnahme betrug 4,2 %, das spec. Gewicht 2,188. Härtegrad vier (Flußspath). Wetterbeständigkeit vorhanden.

6. Feiner Muschelkalk aus altem Material vom Dom zu Halberstadt.

Druckfestigkeit: Würfel 6.6.6 cm Seitenlänge, 36 qcm gedrückte Fläche									Zugfestigkeit: Proben 5 qcm Zerreißungsquerschnitt				
Laufende Nr.	**Beanspruchung Kilogramm pro Quadratcentimeter**								**Laufende Nr.**	**Beanspruchung Kilogramm pro Quadratcentimeter**			
	lufttrocken	Nr.	wassersatt		ausgefroren — 6° C. bis — 9° C.			nach 6stündiger Einwirkung von Feuer			ausgefroren — 6° C. bis — 9° C.		
				Nr.	an der Luft	Nr.	unter Wasser	Nr.			an der Luft	Nr.	unter Wasser
21	420,0	31	348,7	11	350,3			41	251,1	1	38,06		
22	416,9	32	339,4	12	356,5			42	261,9	2	40,00		
23	430,9	33	361,1	13	342,5			43	255,7	3	36,15		
24	406,1	34	350,3	14	364,2			44	268,1	4	42,36		
25	418,5	35	364,2	15	353,4			45	254,2	5	39,43		
26	426,2	36	334,8			16	342,5	46	241,8			6	38,00
27	410,7	37	351,8			17	345,6	47	257,3			7	44,26
28	420,0	38	356,5			18	351,8	48	265,0			8	41,20
29	427,8	39	342,5			19	339,4	49	235,6			9	37,00
30	409,2	40	353,4			20	347,2	50	272,8			10	45,06
Sa.	4 186,3		3 502,7		1 766,9		1 726,5		2 563,5	Sa.	196,00		205,52
Mittel	**419**		**350**		**353**		**345**		**256**	**Mittel**	**39,2**		**41,1**
eig. Gew. einer Probe im Mittel	0,461		0,460		0,460		0,468		0,455	eig. Gew. einer Probe im Mittel	0,160		0,167

Das Material zeigte bei leicht poröser Oberfläche der Proben in den Bruchflächen ein sehr gleichförmiges, nahezu feinkörniges Gefüge mit schuppigem Anfluge, durchzogen von punktartigen löcherigen Stellen. Die Wasseraufnahme betrug 4,1%, das spec. Gewicht 2,010. Härtegrad vier (Flußspath). Wetterbeständigkeit noch vorhanden.

7. Grober Muschelkalk aus altem Material vom Dom zu Halberstadt.

Druckfestigkeit: Würfel 6.6.6 cm Seitenlänge, 36 qcm gedrückte Fläche									Zugfestigkeit: Proben 5 qcm Zerreißungsquerschnitt				
Laufende Nr.	**Beanspruchung Kilogramm pro Quadratcentimeter**								**Laufende Nr.**	**Beanspruchung Kilogramm pro Quadratcentimeter**			
	lufttrocken	Nr.	wassersatt		ausgefroren — 6° C. bis — 9° C.			nach 6stündiger Einwirkung von Feuer			ausgefroren — 6° C. bis — 9° C.		
				Nr.	an der Luft	Nr.	unter Wasser	Nr.			an der Luft	Nr.	unter Wasser
21	310,0	31	280,5	11	241,8			41	210,8	1	30,55		
22	294,5	32	296,0	12	252,6			42	204,6	2	24,62		
23	302,2	33	288,3	13	238,7			43	187,5	3	27,50		
24	317,7	34	269,7	14	227,8			44	227,8	4	29,43		
25	286,7	35	265,0	15	243,3			45	204,6	5	25,25		
26	305,3	36	306,9			16	291,4	46	213,9			6	34,65
27	322,4	37	310,0			17	277,4	47	190,6			7	26,40
28	280,5	38	289,8			18	283,6	48	224,7			8	30,50
29	292,9	39	274,3			19	300,7	49	201,5			9	28,75
30	313,1	40	303,8			20	269,7	50	213,9			10	32,50
Sa.	3 025,3		2 884,3		1 204,2		1 422,8		2 079,9	Sa.	137,35		152,80
Mittel	**303**		**288**		**241**		**284**		**208**	**Mittel**	**27,5**		**30,6**
eig. Gew. einer Probe im Mittel	0,451		0,474		0,472		0,491		0,448	eig. Gew. einer Probe im Mittel	0,140		0,143

Das Material zeigte bei sehr porösen Außenflächen der Proben in den Bruchflächen ein grobkörniges, schuppiges und poröses Gefüge mit schwammartig aussehenden, Feldsteinpartikelchen enthaltenden Nestern. Die Wasseraufnahme betrug 5,6%, das spezifische Gewicht 2,072. Härtegrad vier (Flußspath). Wetterbeständigkeit nicht vorhanden.

B. Ergebnisse der Untersuchungen zweier Kalke.

Die Königliche Kreis-Bauinspektion in Halberstadt beantragte am 3. Juli 1884 die Untersuchung zweier Stückkalke, welche am 7. Juli 1884 unter der Bezeichnung:

I. „Gewöhnlicher Halberstädter Kalk von Körber",

II. „Graukalk aus Langenweddingen von F. A. Kärsten & Söhne"

an die Prüfungsstation eingereicht wurden.

Die Untersuchungen sind für I am 12. August, für II am 1. August 1884 unter den Aktenzeichen Spec. XIV. Nr. 2872—2873 und Spec. XIV. Nr. 2874—2875 eingeleitet worden.

Hierbei wurde der eingereichte Stückkalk I zunächst in pulverförmiges Kalkhydrat abgelöscht. Zu diesem Zwecke wurden verschiedene gewogene Quantitäten des Stückkalkes in eiserne Drahtkörbe gelegt, mit diesen so lange in ebenfalls gewogenes Wasser gehalten, bis die beim Einsenken des Kalkes bekanntlich sich bildenden Blasen verschwunden waren, dann in eine Tonne gebracht und zugedeckt.

Der Löschprozeß, welcher vier Minuten nach erfolgter Anfeuchtung des Kalkes begann, war dreißig Minuten darauf beendet, beanspruchte 37 % Wasser und ging gut und ohne Hinterlassung nennenswerther steiniger Rückstände vor sich.

Es ergaben 2 kg Stückkalk I 7 Liter pulverförmiges, aus 12 cm Höhe eingefülltes Kalkhydrat von klarer, gelblich weißer Farbe.

Der eingereichte pulverförmige Kalk II von gelblich klarer Farbe wurde zur Ausscheidung etwa vorhandener steiniger Partikel durch ein Sieb mit 20 Maschen pro Quadratcentimeter abgesiebt.

Es wog im Mittel aus je drei Versuchen und im eingerüttelten Zustande

1 Liter des pulverförmigen Kalkhydrates I	0,602 kg
1 „ „ „ Kalkes II	0,820 „
1 „ „ für die Mörtelproben eingereichten Quenstedter Mauersandes	1,700 „
1 „ „ zu einigen Kalk-Cement-Mörteln eingereichten Vorwohler Cementes	1,736 „
1 „ „ zu demselben Zweck eingereichten Cementes von F. A. Kärsten Söhne in Langenweddingen .	1,842 „

welche Gewichte zur Herstellung der Mörtel nach Volumentheilen benutzt wurden.

Der eingereichte Quenstedter Mauersand ergab auf einem Siebe

mit 60 Maschen per Quadratcentimeter 35 % Rückstand,
„ 120 „ „ „ 75 % „

Die zur Feststellung der Korngrößen der benutzten Cemente und der auf 20 Maschen per Quadratcentimeter abgesiebten pulverförmigen Kalke ausgeführten Siebversuche ergaben im Mittel aus je drei Versuchen

		für Kalf I	Kalf II	Cement Kärsten	Cement Vorwohle
für 5000 Maschen pro qcm		4,0 %	10,0 %	28,0 %	17,0 %
„ 900 „ „ „		1,2 %	7,7 %	4,5 %	1,5 %
„ 600 „ „ „		0,4 %	6,6 %	1,8 %	0,2 %
„ 324 „ „ „		0,2 %	6,0 %	1,0 %	0,0 %
„ 240 „ „ „		0,1 %	5,3 %	—	—
„ 180 „ „ „		0,0 %	4,6 %	0,3 %	—
„ 120 „ „ „		—	3,5 %	0,0 %	—
„ 60 „ „ „		—	1,6 %	—	—

Der Cement Kärsten band mit 32% Wasser auf Glasplatten angemacht bei einer Temperatur der Luft von 22,2° C. und 3,8° C. Temperatur-Erhöhung in einer Stunde, der Vorwohler Cement mit 39% Wasser bei 21—22° C. und 1,2° C. Temperatur-Erhöhung in acht Stunden ab. Beide Cemente waren absolut volumenbeständig.

Mit der Herstellung der Probekörper zu den Prüfungen auf Zugfestigkeit, Druck-festigkeit und Adhäsion wurde am 16. bezw. 4. August 1884 begonnen.

Hierbei betrug im Durchschnitt bei Verarbeitung von Kalf I Kalf II

die Temperatur der Luft . . . . 21,3° C. 21,8° C.

„ „ des Wassers . . . 17,1° C. 17,4° C.

„ Feuchtigkeit der Luft 68% 68%

Die in Anwendung gebrachten Mörtel wurden nach angemessenem Durcharbeiten der trockenen Mischungen so angefeuchtet, daß sie sich in der Hand ballen und sicher in die Formen schlagen ließen, wobei den Zugproben und Druckproben ein gleicher Feuchtigkeitsgehalt gegeben wurde. Der Feuchtigkeitsgehalt dieser Mörtel der Ein-schlage-Konsistenz, sowie der von Mörteln derselben Zusammensetzungen für syrupartige Gebrauchskonsistenz, wurde durch Abdampfung der Mörtel bestimmt, wobei sich in Prozenten des Gewichtes der nach Volumentheilen hergestellten Trockensub-stanzen ergab

Kalf I	Quenstedter Sand	Vorwohler Cement	das Wasserquantum	
			in den Festig-keitsproben	für Mörtel-konsistenz
für die Luftmörtel				
1	: 2	: 0	12,0 %	24,0 %
1	: 3	: 0	10,0 %	21,5 %
1	: 4	: 0	8,5 %	20,0 %
für die Wassermörtel				
2	: 6	: 1	10,5 %	20,5 %
2	: 9	: 1	9,5 %	19,5 %
2	: 12	: 1	8,0 %	18,0 %
3	: 9	: 1	10,5 %	20,5 %
3	: 12	: 1	9,0 %	19,0 %

Kalk II		Quenstedter Sand		Cement Kärsten		Cement Vorwohle	das Wasserquantum in den Festigkeitsproben	für Mörtelkonsistenz
			für die Luftmörtel					
1	:	2	:	0	:	0	12,0 %	24,0 %
1	:	3	:	0	:	0	10,0 %	21,5 %
1	:	4	:	0	:	0	8,5 %	20,0 %
			für die Wassermörtel					
2	:	6	:	1	:	0	9,5 %	19,0 %
2	:	9	:	1	:	0	8,5 %	18,0 %
2	:	6	:	0	:	1	10,5 %	20,5 %
2	:	9	:	0	:	1	9,5 %	19,5 %
2	:	12	:	0	:	1	8,0 %	18,0 %
3	:	9	:	0	:	1	10,5 %	20,5 %
3	:	12	:	0	:	1	9,0 %	19,0 %

Die zu den Proben auf Volumenbeständigkeit und auf das Haften am Steine für jede Mörtelmischung hergestellten fünf Stück Kuchen — mit je drei Prozent Wasser weniger angemacht als die Mörtelkonsistenz beanspruchte — auf Glasplatten und Dachziegeln ausgegossen, nach dem Außenrande hin dünn auslaufend gehalten, welche die ersten vier Tage an der Luft, die übrige Zeit unter Wasser von durchschnittlich 15° C. erhärteten, blieben vollkommen eben, scharfkantig, rißfrei und haftend. Eine Volumenveränderung fand also nicht statt.

Bei der Herstellung der Probekörper zu den Festigkeitsprüfungen wurde besonderer Werth auf die Erlangung von Probekörpern mit nahezu gleicher Dichte (G : V) gelegt.

Die Proben erhärteten für die Wassermörtel die ersten zwei Tage an der Luft, die übrige Zeit unter Wasser von durchschnittlich 15° C.; sie ergaben, unmittelbar nach der Entnahme aus dem Wasser geprüft, die in der nachstehenden Tabelle angegebenen Resultate.

Mörtelmischungen nach Vol. Thl. (Kalk : Sand : Norm.-Cem. : Kärsten-Cem.)	Zugproben mit 5 qcm Zerreißungsquerschnitt									Druckproben. Würfel mit 36 qcm Fläche								Abhäsion der Mörtel	
	Wasserquantum in Gew.-Prozenten für Mörtelkonsistenz %	Wasserquantum in Gew.-Prozenten für Festigkeitsproben %	Volumen der Probe V. ccm	Gewicht der Proben G. g	Dichte G./V.	Wasseraufnahme der Mörtel %	Zugfestigkeit kg pro qcm für 28 Tage	Zugfestigkeit kg pro qcm für 90 Tage	Wasser in den Festigkeitsproben %	Volumen der Probe V. ccm	Gewicht der Probe G. g	Dichte der Probe G./V.	Druckfestigkeit kg pro qcm für 28 Tage	Druckfestigkeit kg pro qcm für 90 Tage	Verhältniß Zug : Druck nach 28 Tagen	Verhältniß Zug : Druck nach 90 Tagen	Abhäsion bei 144 qcm Haftfläche der Fugen in kg pro qcm 28 Tage	Abhäsion bei 144 qcm Haftfläche der Fugen in kg pro qcm 90 Tage
Halberstädter Kalk von Körber. Luft-Mörtel.																		
1 : 2 : 0 : 0	24	12	71	154,5	2,176	10,0	3,96	7,22	12	216	470	2,176	17,83	35,34	1/4,502	1/4,895	0,629	0,887
1 : 3 : 0 : 0	21,5	10	71	156	2,197	9,0	3,04	6,17	10	216	475	2,199	13,95	31,62	1/4,589	1/5,125	0,623	0,894
1 : 4 : 0 : 0	20,0	8,5	71	158	2,225	8,3	2,73	4,56	8,5	216	480	2,222	10,85	24,49	1/3,974	1/5,371	0,690	1,063
Wasser-Mörtel.																		
2 : 6 : 1 : 0	20,5	10,5	71	157	2,211	8,8	6,17	12,95	10,5	216	477	2,208	53,32	79,67	1/8,642	1/6,152	—	—
2 : 9 : 1 : 0	19,5	9,5	71	160	2,254	8,8	5,77	9,03	9,5	216	485	2,245	39,99	57,04	1/6,981	1/6,317	—	—
2 : 12 : 1 : 0	18,0	8,0	71	160	2,254	8,7	4,13	7,37	8,0	216	486	2,250	25,73	47,12	1/6,290	1/6,393	—	—
3 : 9 : 1 : 0	20,5	10,5	71	161	2,268	9,7	4,56	8,52	10,5	216	488	2,259	31,93	55,49	1/7,002	1/6,513	—	—
3 : 12 : 1 : 0	19,0	9,0	71	161,5	2,275	9,4	3,22	6,58	9,0	216	490	2,269	23,87	45,57	1/7,413	1/6,926	—	—
Graukalk aus Langenweddingen von F. A. Kärsten & Söhne. Luft-Mörtel.																		
1 : 2 : 0 : 0	24	12	71	155	2,183	9,2	4,14	9,93	12	216	470	2,176	20,46	42,85	1/4,942	1/4,315	0,433	0,659
1 : 3 : 0 : 0	21,5	10	71	158	2,225	9,6	3,68	6,65	10	216	481	2,227	16,74	30,69	1/4,549	1/4,615	0,616	0,747
1 : 4 : 0 : 0	20,0	8,5	71	160	2,254	8,8	2,57	5,01	8,5	216	486	2,250	13,02	26,66	1/5,066	1/5,321	0,677	0,974
Wasser-Mörtel.																		
2 : 6 : 0 : 1	19,0	9,5	71	160	2,254	10,4	8,30	12,78	9,5	216	486	2,250	53,32	77,90	1/6,424	1/6,095	—	—
2 : 9 : 0 : 1	18,0	8,5	71	161	2,268	8,6	6,92	9,02	8,5	216	489	2,264	33,79	60,14	1/8,883	1/6,667	—	—
2 : 6 : 1 : 0	20,5	10,5	71	157	2,218	9,6	7,27	10,98	10,5	216	480	2,222	46,50	88,66	1/6,396	1/8,075	—	—
2 : 9 : 1 : 0	19,5	9,5	71	161	2,268	9,5	5,84·	8,23	9,5	216	488	2,260	38,44	77,19	1/6,582	1/9,379	—	—
2 : 12 : 1 : 0	18,0	8,0	71	157	2,211	8,8	4,26	6,73	8,0	216	478	2,213	27,28	52,08	1/6,404	1/7,738	—	—
3 : 9 : 1 : 0	20,5	10,5	71	158	2,225	8,9	5,01	8,85	10,5	216	480	2,222	34,41	62,93	1/6,868	1/7,111	—	—
3 : 12 : 1 : 0	19,0	9,0	71	159	2,239	8,8	4,12	8,31	9,0	216	484	2,241	30,07	59,52	1/7,299	1/7,162	—	—

C. Ergebnisse der Untersuchungen zweier Cemente.

Die Königl. Kreis-Bauinspektion in Halberstadt beantragte am 3. Juli 1884 die Untersuchung zweier Cemente, welche am 7. Juli 1884 unter den Bezeichnungen:

A. „Cement von F. A. Kärsten u. Söhne in Langenweddingen",

B. „Portland-Cement aus Vorwohle"

an die Prüfungsstation eingereicht wurden.

Die Untersuchungen sind für A am 1., für B. am 3. August 1884 unter den Aktenzeichen Spez. XIV. Nr. 2876 und 2877 eingeleitet worden.

Es wog im Mittel aus 3 Versuchen und im eingerüttelten Zustande ein Liter des Cementes A = 1,842 kg, B = 1,736 kg, 1 l des für die Mörtelproben eingereichten Quenstedter Mauersandes 1,700 kg, 1 l des für einige Kontrollversuche benutzten Normalsandes 1,540 kg.

<table>
<tr><td>Der Normalsand giebt für das</td><td>60 Maschensieb</td><td>0 %</td><td>Rückstand</td></tr>
<tr><td>„   „   „   „   „</td><td>120   „</td><td>100 %</td><td>„.</td></tr>
<tr><td>Der eingereichte Quenstedter Mauersand ergab für das</td><td>60 Maschensieb</td><td>35 %</td><td>Rückstand</td></tr>
<tr><td>„   „   „   „   „   „   „</td><td>120   „</td><td>75 %</td><td>„</td></tr>
</table>

Zur Hergabe eines Mörtels von angemessener syrupartiger Konsistenz beanspruchte reiner Cement

<table>
<tr><td></td><td>A</td><td>B</td><td></td></tr>
<tr><td></td><td>35 %</td><td>39 %</td><td>Wasser,</td></tr>
<tr><td>ergab, für 500 g etwas steifer mit</td><td>32 %</td><td>36 %</td><td>„</td></tr>
</table>

von gleicher Temperatur, wie der trockene auf die Temperatur der Luft im Laboratorium gebrachte Cement sie hatte, angemacht, eine Temperaturerhöhung von A 3,8° C., B 1,2° C. und band, auf Glasplatten ausgegossen, bei einer Temperatur der Luft von durchschnittlich 21—22° C. in 1 bezw. 8 Stunden ab.

Bei den angestellten Siebversuchen ergab im Mittel aus je drei Versuchen der Cement

<table>
<tr><td></td><td></td><td></td><td></td><td>A</td><td>B</td><td></td></tr>
<tr><td>für 5000 Maschen per qcm</td><td></td><td></td><td></td><td>28,0</td><td>17,0 %</td><td>Rückstand</td></tr>
<tr><td>„   900   „</td><td>„</td><td>„</td><td></td><td>4,5</td><td>1,5 %</td><td>„</td></tr>
<tr><td>„   600   „</td><td>„</td><td>„</td><td></td><td>1,8</td><td>0,2 %</td><td>„</td></tr>
<tr><td>„   324   „</td><td>„</td><td>„</td><td></td><td>1,0</td><td>0,0 %</td><td>„</td></tr>
<tr><td>„   180   „</td><td>„</td><td>„</td><td></td><td>0,3</td><td>— %</td><td>„</td></tr>
</table>

Die zu den Proben auf Volumenbeständigkeit hergestellten 10 Stück Kuchen aus reinem Cement mit A 32 %, B 36 % Wasser angemacht, auf Glasplatten und Dachziegeln ausgegossen, nach dem Außenrande hin dünn auslaufend gehalten, welche die ersten 4 bezw. 11 Stunden an der Luft, die übrige Zeit unter Wasser erhärteten, blieben vollkommen eben, scharfkantig, rißfrei und haftend.

Ein Treiben fand also nicht statt und die Cementplatten zeigten im Bruch
bei A ein gleichförmig feinkörniges, dichtes und scharfes Gefüge,
„ B ein gleichförmiges, sehr   „   „   „   „   „

Mit der Herstellung der Probekörper zu den Prüfungen auf Zugfestigkeit und Druckfestigkeit wurde am 2. August bezw. 4. August 1884 begonnen.

Hierbei wurde

                                                 A   B

a) reiner Cement mit angemacht, $19\frac{1}{2}$ 21 % Wasser

b) die Mörtelproben aus $\dfrac{1\ \text{Gew. Thl. Cement}}{3\ \text{Gew. Thl. Quenstedter Mauersand}}$ mit $9\frac{1}{2}$ 10 % „

c) „   „   „ $\dfrac{1\ \text{Gew. Thl. Cement}}{3\ \text{Gew. Thl. Normalsand}}$ „ 10 10 % „

angemacht und in die auf Metallplatten gelegten Formen nach den Normen eingeschlagen.

Es betrug bei   A   B

      die Temperatur der Luft   22,2° C.   21,8° C.

      „   „   des Wassers 17,6° C.   17,4° C.

      „ Feuchtigkeit der Luft   68 %   68 %

Die Proben erhärteten den ersten Tag, behufs Vermeidung zu schneller Verdunstung mit Schreibpapier zugedeckt, an der Luft die übrige Zeit unter Wasser; sie ergaben, unmittelbar nach der Entnahme aus dem Wasser geprüft, nachstehende Resultate.

| | Zugfestigkeit Kilogramm pro Quadratcentimeter 5 qcm Zerreißungsquerschnitt | | | | Druckfestigkeit Kilogramm pro Quadratcentimeter 50 qcm gedrückte Fläche | | | | Bemerkungen | Verhältniß Zug : Druck | |
	7 Tage	28 Tage	Dichte 7 Tage	Dichte 28 Tage	7 Tage	28 Tage	Dichte 7 Tage	Dichte 28 Tage		7 Tage	28 Tage
Reiner Cement von F. A. Kärsten u. Söhne in Langenweddingen.											
Maximum . .	31,00	34,50			209,4	246,4				1 : 6,838	1 : 7,267
Minimum . .	28,20	31,60	2,211	2,197	192,6	235,2	2,208	2,197	$19\frac{1}{2}$ % Wasser		
Mittel	29,32	33,19			200,5	241,2					
1 Gewichtstheil Kärsten-Cement + 3 Gewichtstheile Quenstedter Mauersand.											
Maximum . .	13,46	17,08			121,0	157,9				1 : 9,565	1 : 9,503
Minimum . .	11,38	15,00	2,310	2,324	110,9	147,8	2,307	2,318	$9\frac{1}{2}$ % Wasser		
Mittel	12,18	16,09			116,5	152,9					
1 Gewichtstheil Kärsten-Cement + 3 Gewichtstheile Normalsand.											
Maximum . .	15,50	18,50			—	—	—	—		—	—
Minimum . .	14,00	16,00	—	—	—	—	—	—	10 % Wasser		
Mittel	14,95	17,11			—	—	—	—			
Reiner Cement der Portland-Cement-Fabrik Vorwohle.											
Maximum . .	41,00	50,80			230,7	310,2				1 : 5,982	1 : 6,216
Minimum . .	36,50	45,30	2,239	2,254	218,4	281,1	2,228	2,334	21 % Wasser		
Mittel	39,17	48,07			224,3	298,8					

Bemerkungen: Die Proben wurden auf Metallplatten eingeschlagen und erhärteten den ersten Tag an der Luft, die übrige Zeit unter Wasser.

	Zugfestigkeit Kilogramm pro Quadratcentimeter 5 qcm Zerreißungsquerschnitt				Druckfestigkeit Kilogramm pro Quadratcentimeter 50 qcm gedrückte Fläche				Bemerkungen	Verhältniß Zug : Druck	
	7 Tage	28 Tage	Dichte 7 Tage	Dichte 28 Tage	7 Tage	28 Tage	Dichte 7 Tage	Dichte 28 Tage		7 Tage	28 Tage
1 Gewichtstheil Vorwohle-Cement + 3 Gewichtstheile Quenstedter Mauersand.									10% Wasser. Die Proben wurden auf Metallplatten eingeschlagen und erhärteten den ersten Tag an der Luft, die übrige Zeit unter Wasser.		
Maximum . .	15,00	20,00	2,338	2,324	128,8	171,3	2,324	2,327		1 : 9,015	1 : 8,836
Minimum . .	13,00	17,60			115,4	156,8					
Mittel . . .	13,83	18,55			124,7	163,9					
1 Gewichtstheil Vorwohle-Cement + 3 Gewichtstheile Normalsand.											
Maximum . .	16,12	21,00	—	—	—	—	—	—		—	—
Minimum . .	14,06	16,50									
Mittel . . .	15,08	18,65									

D. Ergebnisse der Untersuchung eines Gipses.

Die Königliche Kreisbauinspektion in Halberstadt beantragte am 3. Juli 1884 die Untersuchung eines Gipses, welcher am 7. Juli 1884 unter der Bezeichnung:

„Gips aus dem Huy"

— Brennerei von Uehr, Dingelstedt —

an die Prüfungsstation eingereicht wurde.

Die Untersuchungen sind am 21. August 1884 unter dem Aktenzeichen Spec. XIV Nr. 2878 eingeleitet worden.

Der Gips wog im Mittel aus drei Versuchen und im eingerüttelten Zustande 1,509 kg.

Zur Hergabe eines Mörtels von angemessener syruppartiger Konsistenz beanspruchte reiner Gips $42\frac{1}{2}$ % Wasser, ergab für 500 g — etwas steifer — mit 39 % Wasser von gleicher Temperatur wie der trockene auf die Temperatur der Luft im Laboratorium gebrachte Gips sie hatte, angemacht, eine Temperaturerhöhung von 3° C. und band — auf Glasplatten ausgebreitet — bei einer Temperatur der Luft von durchschnittlich 20° C. in 20 Stunden ab.

Bei den angestellten Siebversuchen ergab der Gips im Mittel aus je drei Versuchen

für 900 Maschen pro qcm 35 % Rückstand
„ 600 „ „ „ 29,4 % „
„ 324 „ „ „ 24,8 % „
„ 240 „ „ „ 22,8 % „
„ 180 „ „ „ 18,2 % „
„ 120 „ „ „ 15,4 % „
„ 60 „ „ „ 8,2 % „
„ 20 „ „ „ 1,2 % „

Die zu den Proben auf Volumenbeständigkeit hergestellten fünf Stück Kuchen aus reinem Gips mit 39 % Wasser angemacht, auf Glasplatten und Dachziegeln ausgebreitet, nach dem Außenrande hin dünn auslaufend gehalten, welche an der Luft erhärteten, blieben vollkommen eben, scharfkantig, rißfrei und haftend. Ein Treiben fand also nicht statt und die Gipsplatten zeigten im Bruch ein gleichförmiges und grobkörniges Gefüge.

Mit der Herstellung der Probekörper zu den Prüfungen auf Zugfestigkeit und Druckfestigkeit wurde am 21. August 1884 begonnen.

Hierbei wurde der reine Gips mit $42^1/_2$ % Wasser angemacht und in die auf Gipsplatten gelegten Formen eingegossen.

Es betrug die Temperatur der Luft 20,5° C
die Temperatur des Wassers 17,8° C.
die Feuchtigkeit der Luft 68 %.

Die Proben erhärteten an der Luft und ergaben folgende Resultate:

	Zugproben:			Druckproben (Würfel)			Verhältniß Zug : Druck für	
	Dichte nach dem Einschlagen.	Zugfestigkeit nach		Dichte nach dem Einschlagen	Druckfestigkeit nach		7 Tage	28 Tage
		7 Tagen	28 Tagen		7 Tagen	28 Tagen		
		Kilogramm pro Quadratcentimeter			Kilogramm pro Quadratcentimeter			
Maximum		7,75	12,00		46,5	68,2		
Minimum		6,50	10,30		35,6	58,9		
Mittel	1,634	7,10	11,37	1,634	42,1	62,9	$\frac{1}{5,930}$	$\frac{1}{5,532}$

E. Ergebnisse der chemischen Analysen verschiedener Proben des dem alten Mauerwerk des Domes zu Halberstadt entnommenen Gips- bezw. Kalkgipsmörtels,

ausgeführt in der Königlichen chemisch-technischen Versuchsanstalt.

Es gelangten zur Untersuchung:

a) alter weißer und fast reiner Gipsmörtel;
b) desgl. Kalkgipsmörtel aus dem III. Geschosse;
c) alter Kalkgipsmörtel aus dem   II.   „
d)   „   „   „   „   I.   „
e)   „   „   „   „   Sockelmauerwerk;
f) Kalkgipsmörtel der Restaurationsperiode aus dem II. und III. Geschosse.

	a.	b.	c.	d.	e.	f.
	%	%	%	%	%	%
Die Analysen ergaben für Wasser	18,89	18,20	2,71	4,78	2,14	15,34
in Salzsäure unlösl. { Kieselsäure	1,02	4,80	55,87	31,14	38,92	21,25
in Flußsäure unlöslich	Spuren	Spuren	8,70	4,48	4,93	2,72
Kalk	33,18	32,60	14,99	29,73	27,61	24,59
Magnesia	0,39	0,30	0,89	0,69	0,66	2,01
Thonerde, Eisenoxyd	Spuren	Spuren	4,96	2,70	3,01	2,27
wasserfreie Schwefelsäure	45,84	41,70	0,61	6,21	0,15	28,79
Kohlensäure	0,76	2,45	10,93	19,01	21,64	3,07
Alkalien	0,37	0,51	0,94	1,25	1,01	0,61

Die Umrechnung vorstehender Resultate von Kalk, Magnesia, Schwefelsäure und Kohlensäure auf den Gehalt der Proben an Gips, kohlensaurem Kalk und kohlensaurer Magnesia ergiebt:

	%	%	%	%	%	%
Gips (wasserfrei)	77,93	70,91	1,04	10,56	0,26	48,94
Kohlensaurer Kalk	0,75	4,82	22,61	41,48	47,52	1,95
Kohlensaure Magnesia	0,82	0,63	1,87	1,45	1,39	4,22
Es restirt demnach Kalk, der weder an Schwefelsäure noch Kohlensäure gebunden }	0,67	0,70	1,90	2,15	0,89	3,35

Mittheilungen

aus den

Königlichen technischen Versuchsanstalten

zu Berlin.

Herausgegeben im Auftrage

der Königlichen Aufsichts-Kommission.

Redacteur: Geheimer Bergrath Dr. Wedding,

Mitglied der Königl. Aufsichts-Kommission.

| VI. Jahrgang. | 1888. | Zweites Heft. |

I. Mittheilungen der Königlichen Aufsichts-Kommission.

Berichtigung und Erläuterung zu den Normen für einheitliche Lieferung und Prüfung von Portland-Cement (Erstes Heft).

1. S. 27 Z. 6 von oben muß es statt „folgender" „folgende" heißen.

2. S. 33 Z. 4 von oben ist das Wort „Festigkeit" in Uebersetzung des Fremdwortes „Konsistenz" gebraucht. Es ergiebt sich wohl für jeden Sachverständigen aus dem Zusammenhange, daß hier Zug- oder Druck-Festigkeit nicht gemeint sein kann.

Berlin, den 23. März 1888.

Königliche Kommission
zur Beaufsichtigung der technischen Versuchsanstalt.

Schultz.

II. Mittheilungen aus der mechanisch-technischen Versuchsanstalt.

1. Versuche über die Festigkeitseigenschaften von kaltgezogenen, sog. „komprimirten" Wellen.

Vom Vorsteher A. Martens.

Auf Antrag der Gebrüder Reimbold in Mettmann, Rheinpreußen, wurden Zug- und Drehfestigkeitsversuche mit kaltgezogenen, unter dem Namen „komprimirte Wellen" im Handel bekannten Eisenwellen ausgeführt, über deren Ergebnisse in Nachfolgendem berichtet werden wird.

A. Das Probematerial.

Zur Untersuchung wurden je 5 Wellen von 15,7; 22,3; 31,9 und 35,0 mm ursprünglichem Durchmesser für Zugversuche und weitere je 5 Wellen von 15,7; 22,3; 35,0 und 44,0 mm ursprünglichem Durchmesser für Verdrehungsversuche verwendet. Die Wellen wurden für jede Versuchsart nach wachsendem Durchmesser mit A bis D und die zusammengehörigen Stücke außerdem laufend mit 1—5 gezeichnet.

1. Zerreißproben. Die Stäbe C und D wurden auf die Form der Normal-Rundstäbe mit 20 mm Schaftdurchmesser, die Stäbe A auf die Form der kleinen Rundstäbe mit 10 mm Schaft und die Stäbe B auf etwa 14 mm Durchmesser abgedreht. Die Einspannung in die Zerreißmaschine erfolgte mittelst Kugellager.

2. Verwindungsproben. Die Stäbe A wurden nach Fig. 1 bearbeitet, die Stäbe C und D an den Enden mit zwei schrägen Flächen, Fig. 2, versehen, welche sich zwischen zwei in die Einspannvorrichtung der Werder-Maschine eingepreßte Eisen-

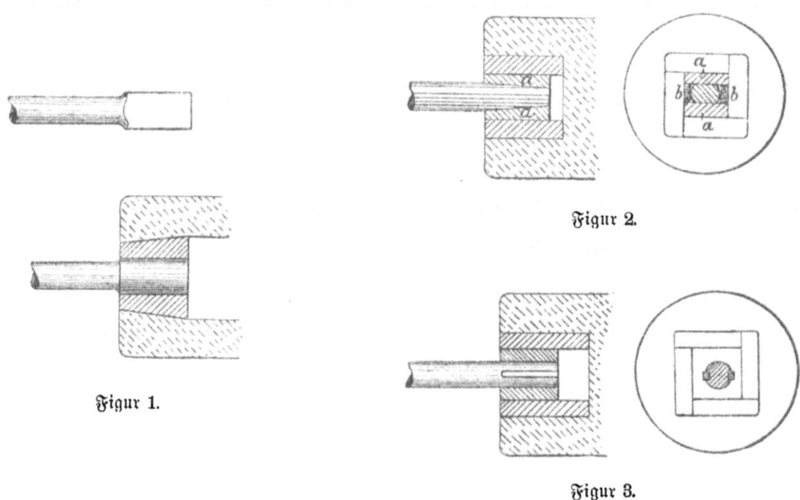

Figur 1.   Figur 2.   Figur 3.

keile aa legten. Damit der Probestab genau in die Mittellage kam, waren die beiden Holzkeile bb eingetrieben. Die Stäbe B sind auf Wunsch der Antragsteller mit Nut und Keil nach Art der Fig. 3 eingespannt worden.

B. Die Versuchsausführung.

1. Zugversuche. Die Versuche wurden auf der 50 t-Maschine (Konstr. Martens) ausgeführt. Die Proben waren durch kurze Theilstriche auf 200 mm Länge in dem abgedrehten Theil mit Centimetertheilung versehen. Die Feinmessung zur Bestimmung des elastischen Verhaltens wurde mit Hülfe der Martens'schen Spiegel-Apparate ausgeführt; nach Erreichung der Streckgrenze wurden die Dehnungen mit Hülfe eines gewöhnlichen Anlegemaßstabes ermittelt und die Belastungen bei A in Stufen von 100 kg, bei B in Stufen von 250 kg und bei C und D in Stufen von 500 kg gesteigert. Als Bruchlast ist die letzte vom Probestabe getragene Belastung angegeben.

2. Die Verdrehungsversuche mit den Stäben der Gruppen B, C und D wurden mit der Werder-Maschine, die der Gruppe A mit Hülfe der kleinen Rudeloff-schen Drehfestigkeitsmaschine ausgeführt. Bei der Werder-Maschine wirkt die Kraft P durch einen Wagen, dessen Reibungswiderstand zu 50 kg ermittelt war, auf das Ende

eines einarmigen Hebels von 50 mm Länge. Die Drehachse dieses Hebels ist gegen das Maschinen=Gestell unverrückbar wagerecht gelagert und in dieselbe das eine Ende des Probestabes in der vorbeschriebenen Weise eingespannt. Das andere Ende ist in gleicher Weise in die Achse eines festgestellten Sperrrades eingelassen, welches jedesmal um einige Zähne nachgedreht werden muß, sobald eine Verdrehung der Probe um etwa 30° statt= gefunden hat, damit der Hebelarm für den Kraftangriff annähernd konstant bleibt*).

Bei der kleinen Drehfestigkeitsmaschine wurden die Enden der Probe nach Maß= gabe von Fig. 3 in Hülsen festgelegt, von denen die eine mittelst eines Rädervorgeleges von Hand gedreht wird. Die Verwindung wird durch den Probestab auf die zweite Hülse übertragen, welche mit ihrer rückwärtigen schaftähnlichen Verlängerung axial auf zwei Schneiden ruht und einen wagerechten Hebel trägt, durch dessen Belastung das Drehmoment des Stabes ausgemessen wird. Bei den Versuchen auf der Werder= Maschine wurden die Verwindungen bis zum Beginn des Fließens mit Hülfe der Martens'schen Spiegel=Apparate ermittelt, welche mit ihren Trägern nach Fig. 4 an den beiden Endmarken, zwischen denen die Verwindung gemessen werden sollte, ange=

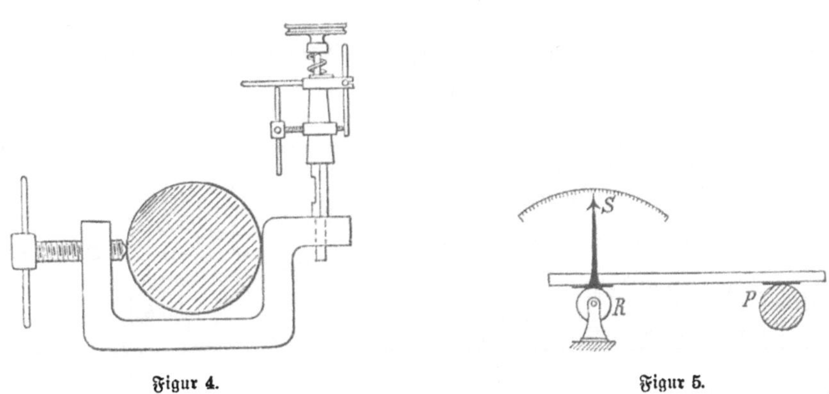

Figur 4.Figur 5.

schraubt waren. Um eine genaue Abgrenzung der Meßlänge zu erzielen, ohne die Stab= oberfläche zu beschädigen, wurde ein dünner Stahldraht (Kratzendraht) um die Welle geschlungen und hierüber der Spannbügel angelegt. Den Spiegeln gegenüber waren Skalen aufgestellt, deren Spiegelbilder durch Fernrohre abgelesen wurden. Durch die excentrische Aufstellung der Spiegel und Anwendung einer geraden Skala sind mit der Meßmethode kleine Fehler verbunden, welche indessen für praktische Zwecke bei der Be= rechnung des Drehwinkels vernachlässigt werden können, zumal sie sich zum Theil gegen= seitig aufheben und die Fehler im Belastungsapparat eine sehr große Genauigkeit ohne= hin nicht erreichen lassen.

Die Verwindungen wurden bis zum Beginn des Fließens bei der kleinen Maschine mit Hülfe der Bauschinger'schen Fühlhebel=Apparate mit Rollen ermittelt. Dieselben wurden in der Weise benutzt, daß zwei Holzlatten quer über den Probestab P Fig. 5

---

*) Eine genauere Beschreibung und Zeichnung der Drehfestigkeitsvorrichtung der Werder= Maschine findet sich im Heft I der Bauschinger'schen „Mittheilungen aus dem mechanisch=technischen Laboratorium" München, Th. Ackermann.

9*

und die Rollen R des Apparates gelegt wurden. Zur Erhöhung der Reibung waren die Latten an den Auflagerstellen mit feinem Schmirgelpapier belegt und mit Gewichten genügend belastet. Die gegenseitige Entfernung der Lattenauflager auf dem Probestab betrug 200 mm. Das Uebersetzungsverhältniß in dem Rollenapparat beträgt 1 : 50; demnach entspricht 1 cm der Ablesung an der Skala S = 0,02 cm der Torsions=bogenlänge.

Da die Zeigerapparate in der gewählten Aufstellung*) für Erschütterungen sehr empfindlich waren, so darf auf eine größere Genauigkeit der Ablesungen als auf $\pm$ 0,05 cm nicht gerechnet werden.

Von den Ergebnissen sollen hier nur die erhaltenen Mittelwerthe angegeben und den anderweitig mit ähnlichen Materialien erhaltenen Werthen kurz gegenüber=gestellt werden. Auf eine eingehendere Besprechung der letzteren wird verzichtet, da der sich näher interessirende Leser weitere Einsicht leicht in den nachgenannten älteren Ar=beiten gewinnen kann**).

Tabelle 1.

Zugversuche mit kaltgezogenen, sog. komprimirten Wellen von Gebrüder Reimbold
in Mettmann.

Zahl der Versuche und Zeichen	Ursprünglicher Durchmesser			Proportionalitätsgrenze		Elastizitätsmodul	Streckgrenze	Bruchgrenze	Dehnung auf je 100 mm vom Bruch in %	Querschnittsverminderung in %	Bemerkungen.
	der Welle Zoll	der Probe mm	Flächenverhältniß zur Probe d. Welle	kg/qmm	Verhältniß zur Bruchgrenze	kg/qmm	kg/qmm	kg/qmm			
A 4 = 1	5/8	7,6	0,23	49,6	0,75	—	60,6	66,1	8,6	47,2	*) Mittel aus je 3 Versuchen. Die Bruchbeschreibung läßt sich allgemein zusammenfassen: Mattgrau, krystallinisch glän=zend mit Ansatz zur Kernbil=dung und radialen Bruch=linien. Die Oberfläche zeigt vielfach feine Längsnähte.
A 1—3 u. 5 = 4	5/8	9,3	0,34	52,2	0,89*)	20900*)	58,5*)	65,9	9,3*)	46,8*)	
B 2 = 1	7/8	13,8	0,39	36,7	0,61	21100	50,0	60,0	12,5	56,0	
B 1 u. 3—5 = 4	7/8	14,3	0,42	34,2	0,58	21100	47,2	59,4	12,5	56,5	
C 1—5 = 5	1¼	20,2	0,41	29,9	0,52	20800	42,4	57,5	16,3	45,9	
D 1—5 = 5	1³/₈	20,3	0,34	32,3	0,54	20700	46,6	59,6	15,3	47,1	

*) Sie mußten auf einen besonderen gegen das Maschinenbett allerdings abgesteiften Tisch befestigt werden. Bei sicherer Aufstellung der Rollenapparate ist die Methode recht bequem und namentlich für praktische Untersuchungszwecke sehr zu empfehlen.

**) Report on Cold-Rolled Iron and Steel. Rob. H. Thurston. Pittsburgh Stevenson, Forster & Co. 1878.

Revue universelle des Mines etc. Tome XVIII Nr. 2 und Stahl und Eisen 1886 Nr. 2 S. 91. Hier wird darauf aufmerksam gemacht, daß es wissenswerth sein würde, ob das kalt bearbeitete Eisen nicht auf die Dauer von den künstlich erlangten Eigenschaften einbüßen würde. Da innere Spannungen die nothwendige Folge der kalten Bearbeitung sind, so würde es in der That von Werth sein, mit dem Material auch noch Dauerversuche anzustellen.

Diese Zahlen sind im Schaubilde Fig. 6 dargestellt. Man erkennt aus demselben das deutliche Fallen der Bruch=, Streck= und Proportionalitäts= grenze mit wachsendem Wellen= durchmesser. Die Dehnung nimmt zu, während bezüglich der Querschnittsverminderung ein bestimmtes Gesetz nicht erkenn= bar ist. Das Verhältniß zwischen Bruch= und Propor= tionalitätsgrenze nimmt ab. Leider konnten die Wellen nicht im ganzen ungeschwächten Quer= schnitt geprüft werden. Das Schwächungsverhältniß bei der stattgehabten Bearbeitung der Probestäbe ist ein nahezu kon= stantes gewesen.

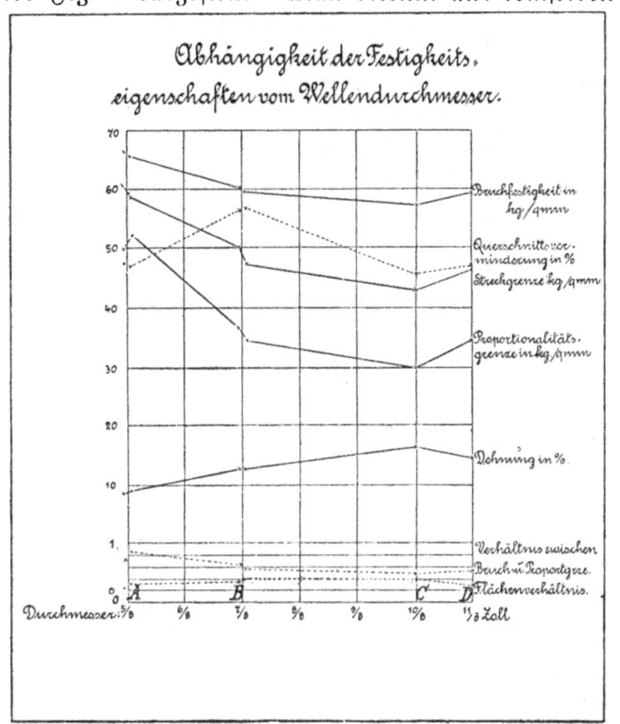

Figur 6.

Tabelle 2.
Zugversuche mit kalt gewalztem Eisen.

(Nach R. H. Thurston, Report on Cold Rolled Iron and Steel 1878 S. 82 u. f.)

Nr.	Zahl der Ver-suche	Ursprüng-licher Durch-messer		Flächen-verhält-niß der Probe zur Welle	Elastizitäts-grenze		Bruch-grenze	Bruch-deh-nung	Quer-schnitts-Vermin-derung	Bemerkungen.
		der Welle Zoll	der Probe Zoll		kg/qmm	Verhält-niß zur Bruch-grenze	kg/qmm	%	%	
1	3	$2^7/_{16}$	$2^7/_{16}$	1,00	42,4 210 *)	91	46,5 142	2,8	7,8	A. kalt gewalztes Eisen. *) aus 2 Versuchen.
2	3	2	2	1,00	40,5 204	86	47,0 138	—	24,8	
3	3	$1^5/_{16}$	$1^5/_{16}$	1,00	40,5 236	85	47,6 134	6,6*)	17,8	*) aus 2 Versuchen.
4	3	1	1	1,00	42,4 218	88	48,0 144	8,1*)	32,8	*) aus 1 Versuch. (Die klein gedruckten Verhältnißzahlen be-ziehen sich auf B = 100.)
5	3	$^5/_8$	$^5/_8$	1,00	44,8 218	87	51,7 152	4,5	26,2	
1	3	$2^9/_{16}$	$2^9/_{16}$	1,00	20,2	61	32,8	26,3	33,8	B. heiß gewalztes Eisen.
2	3	$2^1/_{16}$	$2^1/_{16}$	1,00	19,8*)	55	34,1	24,0*)	34,7*)	*) aus 2 Versuchen.
3	3	$1^3/_8$	$1^3/_8$	1,00	17,1	48	35,4	—	38,4	
4	3	$1^1/_{16}$	$1^1/_{16}$	1,00	19,4	58	33,3	—	40,5	
5	3	$^{43}/_{64}$	$^{43}/_{64}$	1,00	20,5	60	33,9	19,4*)	35,3	*) aus 1 Versuch.

Nr.	Zahl der Versuche	Ursprünglicher Durchmesser der Welle (Zoll)	Ursprünglicher Durchmesser der Probe (Zoll)	Flächenverhältniß der Probe zur Welle	Elastizitätsgrenze kg/qmm	Elastizitätsgrenze Verhältniß zur Bruchgrenze	Bruchgrenze kg/qmm	Bruchdehnung %	Querschnittsverminderung %	Bemerkungen.
1	1	$2\frac{7}{16}$	$2\frac{7}{16}$	1,00	22,0 52	68	32,3 71	(14,3)	38,8	**C. kalt gewalzt und ausgeglüht.**
2	1	2	2	1,00	22,4 35	64	34,9 74	(12,5)	36,8	(Die klein gedruckten Verhältnißzahlen beziehen sich auf **A** 1—5 = 100.)
3	1	$1\frac{5}{16}$	$1\frac{5}{16}$	1,00	22,2 55	64	34,8 73	9,5	43,1	
4	1	1	1	1,00	23,0 54	64	35,7 74	12,7	32,8	
5	1	$\frac{5}{8}$	$\frac{5}{8}$	1,00	23,7 53	69	34,2 66	(15,8)	36,0	
1	1	2	$1\frac{3}{4}$	0,77	44,9 111	95	47,0 100	(6,0)	29,4	**D. kalt gewalzt (abgedreht).**
2	1	2	$1\frac{1}{2}$	0,56	39,7 98	82	48,2 108	7,7	28,3	(Die klein gedruckten Verhältnißzahlen beziehen sich auf **A** 2 = 100.)
3	1	2	1	0,25	39,8 98	83	47,6 101	6,6	31,1	
4	1	2	$\frac{7}{8}$	0,19	38,5 95	83	46,3 99	11,1	31,4	**F. kalt gewalztes Eisen (abgedreht).**
5	2	2	$\frac{3}{4}$	0,14	39,8 98	87	46,0 98	9,0	29,7	(Die klein gedruckten Verhältnißzahlen beziehen sich auf **A** 2 = 100)
6	3	2	$\frac{5}{8}$	0,10	38,9 96	83	46,8 100	9,2	26,5	
7	4	2	$\frac{1}{2}$	0,06	39,4 97	85	40,5 100	8,1	27,8	
8	1	2	$\frac{3}{8}$	0,04	38,2 94	86	44,5 95	7,3	28,9	
9	1	2	$\frac{1}{4}$	0,02	35,7 88	79	45,4 97	3,4	29,6	
1	1	2	$1\frac{3}{4}$	0,77	21,7 110	63	34,3 100	30,0	41,4	**E. heiß gewalztes Eisen (abgedreht).**
2	1	2	$1\frac{1}{2}$	0,56	23,6 120	68	34,8 102	25,7	40,2	(Die klein gedruckten Verhältnißzahlen beziehen sich auf **B** 2 = 100.)
3	1	2	1	0,25	18,3 93	54	33,7 99	21,3	39,1	
4	1	2	$\frac{7}{8}$	0,19	16,4 83	—	41,2*) —	26,3	34,5	**G. heiß gewalztes Eisen (abgedreht).** *) das Probestück war vorher überanstrengt.
5	1	2	$\frac{3}{4}$	0,14	16,7 84	48	34,6 102	21,6	37,9	
6	1	2	$\frac{5}{8}$	0,10	16,9 85	·48	35,5 104	24,6	43,9	
7	1	2	$\frac{1}{2}$	0,06	16,8 85	47	35,8 105	18,6	40,4	
8	1	2	$\frac{3}{8}$	0,04	14,6 74	39	37,0 108	20,6	46,2	
9	1	2	$\frac{1}{4}$	0,02	15,6 79	51	30,3 89	16,9	47,3	

Versuche von J. E. Howard (Iron 1883 S. 54).

Nr.	Zahl der Versuche	Ursprünglicher Durchmesser der Welle (Zoll)	Ursprünglicher Durchmesser der Probe (Zoll)	Flächenverhältniß der Probe zur Welle	Elastizitätsgrenze kg/qmm	Elastizitätsgrenze Verhältniß zur Bruchgrenze	Bruchgrenze kg/qmm	Bruchdehnung %	Querschnittsverminderung %	Bemerkungen.
1	1	2,03	2,03	1,0	18,7		39,0	23,9	42,9	Ursprünglicher Zustand.
2 bezogen auf 2 = 100	1	1,94	1,94	1,0	43,0		49,5	2,70	33,5	kalt gezogen „komprimirt".
3	1	1,81	1,81	1,0	42,3		57,6	0,8	16,7	kalt gezogen „komprimirt".

Aus den kleiner gedruckten Verhältnißzahlen der Tab. 2 gewinnt man ohne Weiteres einen Ueberblick über die Abhängigkeit der Festigkeitseigenschaften von dem ursprünglichen Wellendurchmesser und über den Einfluß der kalten Bearbeitung sowohl auf die Eigenschaften des Rohmaterials als auch auf die Festigkeitsänderungen in verschiedenen Tiefenschichten der Welle.

Die in der Versuchs-Anstalt ausgeführten Torsionsversuche haben folgende Ergebnisse geliefert.

Tabelle 3.

Drehfestigkeitsprüfungen mit kalt gezogenen sog. „komprimirten" Wellen von Gebrüder Reimbold in Mettmann.

Zahl der Versuche und Zeichen.	Ursprünglicher Durchmesser der Welle angeblich (Zoll)	der Probe (mm)	Flächenverhältniß der Probe zur Welle	Mittlerer Elastizitätsmodul	Streckgrenze kg/qmm	Bruchgrenze kg/qmm	Verwindungen bis zum Bruch	Bemerkungen.
A 1—5 5	$^5/_8$	10,2	0,65	8223	40,0	52,9	6,6	Der Bruch erfolgte in der Einspannung bei 41,0 **kg/qmm**.
B 1—5 5	$^7/_8$	22,1	1	7115	40,8	nicht bestimmbar		*) 1 Versuch.
D 1—5 5	$1^5/_8$	44,4	1	5471	30,5	41,3*)	3,8*)	

Bei D ist nur 1 Stab zum Bruch gebracht, weil die Versuche einen unverhältnißmäßigen Zeitaufwand erfordert haben würden, wenn auch die übrigen Stäbe hätten zum Bruch gebracht werden müssen.

Ein Stab C_1, welcher in Tab. 2 nicht aufgeführt worden ist, zeigte einen erheblichen Längsriß an einem Ende, welcher Veranlassung war, daß der Stab bei 48,1 kg/qmm zu Bruche ging.

2. Ueber die Ergebnisse der Untersuchung von 49 dänischen Papiersorten.

Von W. Herzberg, erstem Assistenten der Abtheilung für Papierpüfung.

Das Vorgehen der preußischen Staatsregierung, den Papierverbrauch ihrer Behörden dauernd einer auf Grund wissenschaftlicher Prüfung beruhenden Kontrole zu unterwerfen, hat auch in anderen Staaten die Aufmerksamkeit der maßgebenden Körperschaften auf diese Angelegenheit gelenkt. Zunächst wurde in Oesterreich eine mit dem Gewerbe-Museum in Wien verbundene Papierprüfungsanstalt nach dem Muster der hiesigen gegründet. Allerdings sind in Oesterreich amtliche Prüfungsvorschriften noch nicht erlassen, ebenso sind bestimmte Anforderungen an die Güte der zu verwendenden Papiere bisher nicht aufgestellt worden.

Auch in Finnland hat sich die Regierung im Laufe des vergangenen Jahres mit der Papierverbrauchsfrage beschäftigt und einen Dozenten der Dorpater Hochschule in die Versuchsanstalt zu Charlottenburg entsendet, um den zeitigen Standpunkt der Papierprüfung und die mit Bezug hierauf erlassenen Bestimmungen eingehend kennen zu lernen. Ob diese Vorgänge in Finnland bereits ein praktisches Resultat geliefert haben, ist noch nicht in die Oeffentlichkeit gedrungen.

In Dänemark ist im Laufe des vergangenen Jahres die Papierprüfungsfrage ebenfalls in Fluß gerathen. Das dänische Kultusministerium ernannte eine Kommission zur Ermittelung von Bestimmungen für den Papierverbrauch der Staatsbehörden, welche zu Anfang dieses Jahres ihre Arbeiten beendigt hatte und die Ergebnisse derselben in einer besonderen Druckschrift „Betaenkning afgiven den 13 December 1887 til Ministeriet for Kirke- og Undervisningsvaesenet" niedergelegt hat.

Bei ihren Arbeiten nahm die erwähnte Kommission die Hülfe der hiesigen Abtheilung für Papierprüfung in Anspruch, beantragte die vollständige Prüfung von 49 Papiersorten und gab auf Grund der Versuchsergebnisse ihre Vorschläge ab.

Da diese Untersuchungsergebnisse auch für die deutsche Papierindustrie von Interesse sein dürften, so wurde bei dem Vorsitzenden der Kommission, Herrn Dr. jur. Secher, die Erlaubniß erwirkt, die gewonnenen Ergebnisse auch in den Mittheilungen aus den technischen Versuchsanstalten veröffentlichen zu dürfen.

Die nachstehende Tabelle enthält die Ergebnisse der Untersuchung.

Die geprüften Papierproben geben eine Uebersicht über die Schreib-, Konzept- und Druckpapierqualitäten*) von drei dänischen und einer schwedischen Papierfabrik.

Die Papiere Nr. 4 und Nr. 9 sind Fabrikate der Fabrik von Strandmoellen aus den Beständen des Kopenhagener Staatsarchivs, dem 18. Jahrhundert angehörig; sie befanden sich noch in einem sehr guten Zustande.

Zum Verständniß einiger Ausdrücke sei noch bemerkt, daß die dänischen Fabriken ihre Papiersorten nach einer gleichen Skala bezeichnen, nämlich Nr. 1-Masse, A-Masse, C-Masse 2c., jedoch ohne daß dieselbe Stufenbezeichnung in den verschiedenen Fabriken dieselbe Stoffmasse bezeichnet. Beim näheren Eingehen auf die in der Tabelle niedergelegten Ergebnisse ist zunächst bezüglich der zur Stoffklasse I gehörigen Papiere ersichtlich, daß 8 Papiere oder 16,3% von sämmtlichen in diese Klasse fallen. Bemerkenswerth ist hierbei, daß keins dieser Papiere zur Festigkeitsklasse 1. oder 2. gehört, somit auf Grund der preußischen Normalien nicht zu wichtigen Urkunden, Standesamtsregistern, Geschäftsbüchern 2c. Verwendung finden dürfte, für welche außer der Stoffklasse I die Festigkeitsklasse 1 oder mindestens 2 verlangt wird. Sie gehören vielmehr auf Grund der Mittelwerthe für Reißlänge und Bruchdehnung sämmtlich zur Festigkeitsklasse 3., wobei nicht zu übersehen ist, daß nur die Papiere Nr. 1, 4, 7 und 8 auch zu gleicher Zeit den Ansprüchen genügen, welche bezüglich des Widerstandes gegen Zerknittern an

---

*) Obwohl die preußischen Normalien eigentlich nur für Schreibpapiere bestimmt sind, so wurden dieselben, wie früher, so auch in diesem Falle zur Ordnung der Druckpapiere benutzt, lediglich um die Uebersichtlichkeit zu wahren.

dieſelben geſtellt werden. Beſonders auffällig iſt es, daß das Papier No. 5 bei einer mittleren Reißlänge von 4,27 km und einer mittleren Bruchdehnung von 3,7% nur einen geringen Widerſtand gegen Zerknittern aufweiſt.

Zur Stoffklaſſe II gehören 2 oder 4,1% der unterſuchten Papiere, von dem das eine zur Feſtigkeitsklaſſe 3, das andere zur Feſtigkeitsklaſſe 6 zählt. Bei dem erſteren, Nr. 9 der Tabelle, welches den Akten des Staatsarchivs in Kopenhagen entnommen iſt und aus dem Ende des vorigen Jahrhunderts ſtammt, iſt der Aſchengehalt von 4% ein ſehr auffallender. Da zu jener Zeit die Verwendung mineraliſcher Füllſtoffe noch nicht üblich war, ſo können die mineraliſchen Rückſtände nur den zum Leimen ver= wendeten Materialien beziehungsweiſe den zur Herſtellung des Papiers verwendeten Lumpen herrühren.

Zur Stoffklaſſe III gehören 16 Papiere oder 32,7% aller unterſuchten, und dieſelben vertheilen ſich bezüglich der Feſtigkeit ſo, daß 7 zur Feſtigkeitsklaſſe 4., 8 zu 5. und 1 zu 6. gehören. Jedoch erfüllt nur ein einziges Papier, nämlich Nr. 11 der Tabelle, bei allen zu dieſer Stoffklaſſe gehörigen die Bedingungen bezüglich des Widerſtandes gegen Zerknittern.

Zur Stoffklaſſe IV gehören 23 Papiere oder 46,9 aller unterſuchten, von denen 2 zur Feſtigkeitsklaſſe 4., 15 zu 5., 6 zu 6. gehören. Bemerkenswerth iſt auch hier der außerordentlich geringe Widerſtand, den die Papiere durchgängig dem Zerknittern entgegenſetzten.

Auf die Feſtigkeitsklaſſen ohne Rückſicht auf die Stoffklaſſen vertheilen ſich die 49 Papiere wie folgt:

Feſtigkeits- klaſſen.	Anzahl der Papiere.	Anzahl in Prozent.
3.	9	18,4
4.	9	18,4
5.	23	46,9
6.	8	16,3

Die Ergebniſſe der Unterſuchung laſſen darauf ſchließen, daß eine Reform der Papierverbrauchsfrage dauernd nicht von der Hand zu weiſen ſein wird.

Ergebnisse der Untersuchungen von

Laufende Nr.	Bezeichnung des Papiers durch den Antragsteller	Beschreibung des Papiers			Ergebnisse der Festigkeits-Untersuchungen						Widerstand gegen Zerknittern
					parallel zum Maschinenlauf		senkrecht		Mittelwerthe		
		Farbe	Glanz	Durchsicht	Reißlänge	Dehnung	Reißlänge	Dehnung	Reißlänge	Dehnung	

Stoffklasse I. Papiere, nur aus Hadern,

Festigkeitsklasse 3: mittlere Reißlänge mindestens 4000 m; mittlere Dehnung

Laufende Nr.	Bezeichnung des Papiers durch den Antragsteller	Farbe	Glanz	Durchsicht	Reißlänge (par.)	Dehnung (par.)	Reißlänge (senkr.)	Dehnung (senkr.)	Reißlänge (Mittel)	Dehnung (Mittel)	Widerstand
1	Nr. 3, Bienenkorb I, prima, Gewicht pr. Ries 8,9 kg.	weiß	satinirt	gerippt wolkig	4,69	6,0	4,19	5,6	4,44	5,8	5
2	Nr. 10 Postpapier, Gewicht pr. Ries (960 Bg.) 10,2 kg.	"	"	wolkig	5,37	2,9	3,36	4,4	4,37	3,7	3
3	Kgl. dänisches Stempelpapier, Wasserzeichen: Schild mit 3 Löwen von Herzen umgeben und das Wort Stempelpapier, Gewicht per 500 Bogen 8 kg.	"	"	gerippt schwach wolkig	4,58	4,4	4,12	4,7	4,35	4,6	4
4	Conceptpapier, Wasserzeichen: J D & SON und Namensziffer König Christian des VII.	grünlich gelb	nicht satinirt	gerippt wolkig	4,79	4,0	3,78	5,2	4,29	4,6	6
5	Nr. 22 Bücherpapier I Bienenkorb, Gewicht pr. Ries 8½ kg.	weiß	satinirt	schwach wolkig	5,21	2,9	3,33	4,4	4,27	3,7	1
6	Nr. 24 Glattes Schreibpapier, Gewicht pr. Ries 6,8 kg.	"	"	"	4,96	2,9	3,39	4,8	4,18	3,9	2
7	Nr. 5 Bienenkorb II, prima, Gewicht pr. Ries 8,1 kg.	"	"	gerippt wolkig	4,65	5,3	3,69	5,9	4,17	5,6	5
8	Nr. 400 Masse, kleines Median, Gewicht pr. Ries 12 kg.	"	"	wolkig	4,65	3,2	3,64	4,6	4,15	3,9	5

Stoffklasse II. Papiere aus Hadern, mit Zusatz von Cellulose, Stroh

Festigkeitsklasse 3: mittlere Reißlänge mindestens 4000 m; mittlere

| 9 | Kgl. dänisches Stempelpapier, Wasserzeichen J D & SON und Namensziffer Christian des VII. | gelblich | satinirt | gerippt schwach wolkig | 4,99 | 4,0 | 3,74 | 4,4 | 4,37 | 4,2 | 6 |

Festigkeitsklasse 6: mittlere Reißlänge mindestens 1000 m; mittlere Dehnung

| 10 | Druckpapier, Nr. 2 Masse. | weiß | maschinenglatt | schwach wolkig | 2,57 | 1,6 | 1,52 | 2,2 | 2,05 | 1,9 | 0 |

Stoffklasse III. Papiere von beliebiger Zusammensetzung,

Festigkeitsklasse 4: mittlere Reißlänge mindestens 3000 m; mittlere

11	Nr. 400 Masse, großes Median, Gewicht pr. Ries 13 kg.	weiß	satinirt	wolkig	4,45	2,3	3,13	4,3	3,79	3,3	4
12	Gelbe Conceptmasse, Concept Nr. 1, Gewicht pr. Ries 6½ kg.	gelblich	"	schwach wolkig	4,32	2,2	2,73	3,7	3,53	3,0	0
13	Documentpapier Bienenkorb, Gewicht pr. Ries 8 kg.	"	"	"	4,13	2,1	2,92	3,6	3,53	2,9	3
14	A.-Masse, Bienenkorb, Gewicht pr. Ries 8 kg.	weiß	"	"	4,13	2,9	2,32	5,7	3,23	4,3	0
15	Nr. 1 Masse, superfeiner Bienenkorb, Gewicht pr. Ries 8 kg.	"	"	"	4,14	2,4	2,00	5,3	3,07	3,9	3

49 Papieren aus dänischen Fabriken.

Befund der mikroskopischen Untersuchung	Untersuchung auf Holzschliff	Aschengehalt %	Untersuchung auf		Versuchsbedingungen	
			Leimung	freie Säure	Zimmertemperatur Grad C.	Feuchtigkeit %

mit nicht mehr als 2% Asche.

mindestens 3%; Widerstand gegen Zerknittern mindestens 5.

Befund der mikroskopischen Untersuchung	Untersuchung auf Holzschliff	Aschengehalt %	Leimung	freie Säure	Zimmertemperatur	Feuchtigkeit %
Leinenfasern, geringe Mengen, Baumwollfasern.	Holzschliff ist nicht vorhanden	0,75	leimfest	säurefrei	18,6	80
Leinenfasern mit Zusatz von Baumwollfasern.	"	0,75	"	"	19,3	69
Leinenfasern mit Zusatz von Baumwollfasern.	"	1,75	"	"	18,4	64
Leinenfasern.	"	1,75	"	"	17,3	64
Leinenfasern mit Zusatz von Baumwollfasern.	"	0,75	"	"	20,8	69
Leinenfasern mit Zusatz von Baumwollfasern.	"	0,75	"	"	20,5	65
Leinen- und Baumwollfasern.	"	0,75	"	"	20,4	80
Leinenfasern mit geringem Zusatz von Baumwollfasern.	"	1,50	"	"	18,1	72

stoff, Esparto, aber frei von Holzschliff mit nicht mehr als 5% Asche.

Dehnung mindestens 3%; Widerstand gegen Zerknittern mindestens 5.

Befund der mikroskopischen Untersuchung	Untersuchung auf Holzschliff	Aschengehalt %	Leimung	freie Säure	Zimmertemperatur	Feuchtigkeit %
Leinenfasern.	Holzschliff ist nicht vorhanden	4,00	leimfest	säurefrei	18,0	63

mindestens 1,5%; Widerstand gegen Zerknittern mindestens 1.

Befund der mikroskopischen Untersuchung	Untersuchung auf Holzschliff	Aschengehalt %	Leimung	freie Säure	Zimmertemperatur	Feuchtigkeit %
Leinen und Baumwolle.	Holzschliff ist nicht vorhanden	4,25	nicht leimfest	säurefrei	21,3	64

jedoch ohne Zusatz von Holzschliff, mit weniger als 15% Asche.

Dehnung mindestens 2,5%; Widerstand gegen Zerknittern mindestens 4.

Befund der mikroskopischen Untersuchung	Untersuchung auf Holzschliff	Aschengehalt %	Leimung	freie Säure	Zimmertemperatur	Feuchtigkeit %
Leinenfasern und Strohcellulose, geringe Mengen Baumwollfasern.	Holzschliff ist nicht vorhanden	1,75	leimfest	säurefrei	20,2	64
Stroh- und Holzcellulose mit Zusatz von Leinenfasern.	"	12,00	"	"	17,2	53
Leinenfasern und Strohcellulose mit Zusatz von Baumwollfasern.	"	4,00	"	"	18,9	65
Strohcellulose mit Zusatz von Holzcellulose, geringe Mengen Leinen- und Baumwollfasern.	"	14,75	"	"	16,5	79
Strohcellulose und Leinenfasern.	"	11,00	"	"	21,3	78

Laufende Nr.	Bezeichnung des Papiers durch den Antragsteller	Beschreibung des Papiers			Ergebnisse der Festigkeits-Untersuchungen						Widerstand gegen Zerknittern
					parallel zum Maschinenlauf		senkrecht		Mittelwerthe		
		Farbe	Glanz	Durchsicht	Reißlänge	Dehnung	Reißlänge	Dehnung	Reißlänge	Dehnung	
16	Nr. 600 Masse, Bienenkorb, Gewicht pr. Ries 8 kg.	weiß	satinirt	wolfig	3,45	2,7	2,69	3,9	3,07	3,3	1
17	Nr. 600 Masse, Bienenkorb, Gewicht pr. Ries 9 kg.	„	„	„	3,78	2,2	2,29	3,5	3,04	2,9	3

Festigkeitsklasse 5: mittlere Reißlänge mindestens 2000 m; mittlere Dehnung

Laufende Nr.	Bezeichnung des Papiers durch den Antragsteller	Farbe	Glanz	Durchsicht	Reißlänge	Dehnung	Reißlänge	Dehnung	Reißlänge	Dehnung	Widerstand
18	Kronenpapier, gelbes Concept, Wasserzeichen eine Krone und die Buchstaben M D & S.	gelblich	satinirt	schwach wolfig	4,42	1,5	2,83	3,9	3,63	2,7	1
19	Kronenpapier, blaues Concept, Wasserzeichen wie oben.	blau	„	wolfig	4,20	1,8	2,78	3,7	3,49	2,8	0
20	Kronenpapier, Bienenkorb, Wasserzeichen wie oben.	weiß	„	schwach wolfig	3,77	2,3	2,55	3,4	3,16	2,9	1
21	Nr. 1 Masse, Bienenkorb superfin, Gewicht pr. Ries 8 kg.	„	„	„	3,66	2,8	2,26	5,0	2,96	3,9	1
22	C.-Masse, Propatria 1012, Gewicht pr. Ries 6 kg.	„	„	wolfig	3,80	2,1	1,97	3,4	2,89	2,8	0
23	Sogenanntes Gesuchpapier (Ansoningspapir) vom Kgl. dänischen Stempelamt emittirt, Gewicht pr. 500 Bg. 8 kg.	„	„	schwach wolfig	3,48	2,6	2,23	3,1	2,86	2,9	0
24	Nr. 1 Masse, Propatria Nr. 1, Gewicht pr. Ries 6½ kg.	„	„	wolfig	3,25	2,2	2,38	3,4	2,82	2,8	0
25	Druckpapier, Nr. 1 Masse.	„	maschinenglatt	schwach wolfig	2,44	2,3	1,55	3,5	2,00	2,9	0

Festigkeitsklasse 6: mittlere Reißlänge mindestens 1000 m; mittlere Dehnung

Laufende Nr.	Bezeichnung des Papiers durch den Antragsteller	Farbe	Glanz	Durchsicht	Reißlänge	Dehnung	Reißlänge	Dehnung	Reißlänge	Dehnung	Widerstand
26	Druckpapier, Nr 1 Masse.	weiß	maschinenglatt	stark wolfig	2,21	1,0	1,34	1,2	1,78	1,1	0

Stoffklasse IV. Papiere von beliebiger Stoff

Festigkeitsklasse 4: mittlere Reißlänge mindestens 3000 m; mittlere Dehnung

Laufende Nr.	Bezeichnung des Papiers durch den Antragsteller	Farbe	Glanz	Durchsicht	Reißlänge	Dehnung	Reißlänge	Dehnung	Reißlänge	Dehnung	Widerstand
27	Nr. 31 Großes Hanfpapier, Gewicht pr. Ries 4,7 kg.	gelblich	satinirt	wolfig	5,14	2,6	2,85	2,8	4,00	2,7	3
28	Extrafeines gelbes Concept, Gewicht pr. Ries 5½ kg.	gelb	„	„	4,60	2,4	2,78	4,5	3,69	3,5	4

Festigkeitsklasse 5: mittlere Reißlänge mindestens 2000 m; mittlere Dehnung

Laufende Nr.	Bezeichnung des Papiers durch den Antragsteller	Farbe	Glanz	Durchsicht	Reißlänge	Dehnung	Reißlänge	Dehnung	Reißlänge	Dehnung	Widerstand
29	Druckpapier, Nr. 2 Masse.	weiß	maschinenglatt	stark wolfig	4,19	2,2	3,03	1,7	3,61	2,0	0
30	Blaue Conceptmasse, Concept Nr. 1, Gewicht pr. Ries 6½ kg.	blau	satinirt	wolfig	3,65	1,9	2,37	3,4	3,01	2,7	0
31	Blaue Conceptmasse, Concept, Gewicht pr. Ries 5½ kg.	„	„	„	3,90	1,4	2,06	2,6	2,98	2,0	0

Befund der mikroskopischen Untersuchung	Untersuchung auf Holzschliff	Aschengehalt %	Untersuchung auf		Versuchsbedingungen	
			Leimung	freie Säure	Zimmertemperatur Grad C.	Feuchtigkeit %
Holz- und Strohcellulose, Leinenfasern und geringe Mengen Baumwollfasern	Holzschliff ist nicht vorhanden	1,25	leimfest	säurefrei	18,0	77
Leinenfasern und Strohcellulose mit geringem Zusatz von Baumwollfasern.	"	11,75	"	"	21,6	68

mindestens 2 %; Widerstand gegen Zerknittern mindestens 3.

Stroh- und Holzcellulose und Leinenfasern.	Holzschliff ist nicht vorhanden	2,75	leimfest	säurefrei	21,6	75
Strohcellulose, Holzcellulose und Leinenfasern mit Zusatz von Baumwollfasern.	"	2,75	"	"	21,2	66
Leinenfasern und Strohcellulose mit Zusatz von Baumwollfasern.	"	2,00	"	"	18,0	70
Strohcellulose und Leinenfasern, geringe Mengen Holzcellulose.	"	10,25	"	"	18,0	81
Strohcellulose mit Zusatz von Leinen- und Baumwollfasern.	"	14,75	"	"	16,8	64
Strohcellulose mit Zusatz von Baumwoll- und Leinenfasern.	"	10,75	"	"	19,2	61
Strohcellulose mit Zusatz von Leinenfasern.	"	·10,00	"	"	18,0	69
Leinen und Baumwolle, Holz- und Strohcellulose.	"	11,50	nicht leimfest	"	21,4	69

mindestens 1,5 %; Widerstand gegen Zerknittern mindestens 1.

Holz- und Strohcellulose, Leinen- und Baumwolle.	Holzschliff ist nicht vorhanden	14,00	nicht leimfest	säurefrei	21,2	56

zusammensetzung und mit beliebigem Aschengehalt.

mindestens 2,5 %; Widerstand gegen Zerknittern mindestens 4.

Holzschliff mit Zusatz von Leinen- und Baumwollfasern.	Holzschliff ist vorhanden	1,75	nicht leimfest	säurefrei	20,6	64
Leinenfasern und Strohcellulose mit Zusatz von Holzschliff.	"	12,00	leimfest	"	17,7	66

mindestens 2 %; Widerstand gegen Zerknittern mindestens 3

Strohcellulose und Holzschliff, Leinen und Baumwolle.	Holzschliff ist vorhanden	16,75	nicht leimfest	säurefrei	20,9	66
Strohcellulose, Holzcellulose und Holzschliff.	"	20,00	leimfest	"	16,0	75
Holzschliff und Strohcellulose mit Zusatz von Leinenfasern und Holzcellulose.	"	17,50	"	"	20,1	64

Laufende Nr.	Bezeichnung des Papiers durch den Antragsteller	Beschreibung des Papiers			Ergebnisse der Festigkeits-Untersuchungen						Widerstand gegen Zerknittern
		Farbe	Glanz	Durchsicht	parallel zum Maschinenlauf		senkrecht zum Maschinenlauf		Mittelwerthe		
					Reißlänge	Dehnung	Reißlänge	Dehnung	Reißlänge	Dehnung	
32	Weiße Conceptmasse, Concept, Gewicht pr. Ries 8 kg.	weiß	satinirt	wolfig	3,69	1,7	2,01	2,5	2,85	2,1	1
33	Druckpapier, Nr. 1 Masse.	„	maschinenglatt	schwach wolfig	3,64	2,2	2,03	2,8	2,84	2,5	0
34	C.-Masse, Bienenkorb Nr. 4, Gewicht pr. Ries 8 kg.	„	satinirt	wolfig	3,55	1,6	2,01	2,9	2,78	2,3	0
35	Blaue Conceptmasse, Concept Nr 1, Gewicht pr. Ries 6½ kg.	blau	„	„	3,43	1,9	1,91	3,0	2,67	2,5	1
36	A.-Masse, Bienenkorb, Gewicht pr. Ries 8 kg.	weiß	„	gerippt wolfig	3,44	2,8	1,85	5,3	2,65	4,1	2
37	Kronenpapier, Concept, Gewicht pr. Ries 6½ kg, Wasserzeichen: eine Krone u. die Buchstaben S M.	blau	„	wolfig	3,32	2,2	1,84	3,0	2,58	2,6	0
38	Gelbe Conceptmasse, Concept Nr. 1, Gewicht pr. Ries 6½ kg.	gelblich	„	schwach wolfig	3,23	1,8	1,83	2,8	2,53	2,3	0
39	G.-Masse, Bienenkorb 04, Gewicht pr. Ries 8 kg.	weiß	„	wolfig	3,03	1,9	1,92	3,6	2,48	2,8	0
40	Weiße Conceptmasse, weißes Concept, Gewicht pr. Ries 8 kg.	„	„	„	3,06	1,6	1,84	2,7	2,45	2,2	0
41	G.-Masse, Bienenkorb, Gewicht pr. Ries 8 kg.	„	„	„	3,13	2,0	1,76	3,3	2,45	2,7	1
42	C.-Masse, Bienenkorb, Gewicht pr. Ries 8 kg.	„	„	gerippt wolfig	3,17	2,4	1,65	3,8	2,41	3,1	1
43	Kronenpapier, Bienenkorb, Gewicht pr. Ries 8 kg, Wasserzeichen: eine Krone und die Buchstaben S M.	„	„	wolfig	3,11	2,0	1,68	2,9	2,40	2,5	0
Festigkeitsklasse 6: mittlere Reißlänge mindestens 1000 m; mittlere Dehnung											
44	Gelbe Conceptmasse, Concept, Gewicht pr. Ries 5½ kg.	gelblich	satinirt	schwach wolfig	3,58	1,4	1,87	2,3	2,73	1,9	1
45	G.-Masse, Propatria G, Gewicht pr. Ries 5 kg.	weiß	„	wolfig	3,25	1,3	1,92	2,4	2,59	1,9	0
46	A.-Masse, Propatria Nr. 2, Gewicht pr. Ries 6½ kg.	„	„	„	3,17	1,6	1,96	2,0	2,57	1,8	0
47	Druckpapier, Nr. 3 Masse.	„	maschinenglatt	schwach wolfig	2,97	1,6	1,83	2,0	2,40	1,8	0
48	Druckpapier, Nr. 2 Masse.	„	„	stark wolfig	3,08	1,6	1,64	1,8	2,36	1,7	0
49	Druckpapier, Nr. 2 Masse.	„	„	wolfig	2,99	1,5	1,67	1,9	2,33	1,7	0

Befund der mikroskopischen Untersuchung	Untersuchung auf Holzschliff	Aschengehalt %	Untersuchung auf		Versuchsbedingungen	
			Leimung	freie Säure	Zimmertemperatur Grad C.	Feuchtigkeit %
Holzschliff und Strohcellulose mit Zusatz von Leinenfasern.	Holzschliff ist vorhanden	19,75	leimfest	säurefrei	18,0	65
Leinen, Baumwolle und Strohcellulose, geringe Mengen Holzschliff.	"	15,25	nicht leimfest	"	22,0	61
Strohcellulose mit Zusatz von Holzcellulose und Holzschliff, geringe Mengen Leinen- und Baumwollfasern.	"	20,5	leimfest	"	16,4	64
Holz- und Strohcellulose und Holzschliff mit Zusatz von Leinen- und Baumwollfasern.	"	16,25	"	"	17,5	65
Strohcellulose mit Zusatz von Leinen- und Baumwollfasern und Holzschliff.	"	17,50	"	"	21,7	79
Strohcellulose und Holzschliff mit Zusatz von Holzcellulose und Leinenfasern.	"	18,00	"	"	18,2	69
Strohcellulose und Holzschliff mit Zusatz von Holzcellulose und Leinenfasern.	"	17,25	"	"	16,8	63
Strohcellulose und Holzschliff mit Zusatz von Holzcellulose.	"	17,75	"	"	16,7	73
Holzschliff und Strohcellulose.	"	19,25	"	"	18,4	57
Holzschliff und Strohcellulose mit Zusatz von Leinenfasern.	"	17,75	"	"	22,6	77
Strohcellulose, Holzschliff und Holzcellulose mit Zusatz von Leinen- und Baumwollfasern.	"	16,25	"	"	21,8	79
Strohcellulose und Leinenfasern, geringe Menge Baumwollfasern und Holzschliff.	"	21,75	"	"	17,8	67

mindestens 1,5 %; Widerstand gegen Zerknittern mindestens 1.

Befund der mikroskopischen Untersuchung	Untersuchung auf Holzschliff	Aschengehalt %	Leimung	freie Säure	Zimmertemperatur Grad C.	Feuchtigkeit %
Holzschliff und Strohcellulose mit Zusatz von Leinenfasern.	Holzschliff ist vorhanden	15,25	leimfest	säurefrei	20,5	60
Holz- und Strohcellulose und Holzschliff mit Zusatz von Leinen- und Baumwollfasern.	"	13,25	"	"	17,1	63
Strohcellulose mit Zusatz von Leinen und Baumwollfasern.	Holzschliff ist nicht vorhanden	16,00	"	"	18,0	64
Leinen, Baumwolle und Holzschliff.	Holzschliff ist vorhanden	3,25	nicht leimfest	"	22,3	64
Leinen und Baumwolle, Stroh- und Holzcellulose und Holzschliff.	"	16,25	"	"	21,1	63
Strohcellulose, Leinen und Baumwolle mit Zusatz von Holzschliff.	"	15,00	leimfest	"	21,6	56

3. Ueber Abweichungen der Werthe für Reißlänge und Bruchdehnung bei Versuchsstreifen aus demselben Bogen.

Von W. Herzberg, erstem Assistenten der Abtheilung für Papierprüfung.

A. Martens hat im Ergänzungsheft III der „Mittheilungen" 1887 Seite 36 verschiedene Ursachen angegeben, welche bei Prüfung derselben Papiersorte an verschiedenen Orten Abweichungen in den gewonnenen Prüfungsergebnissen bezüglich der Reißlänge und Bruchdehnung veranlassen können. Es mag hier kurz wiederholt werden, daß zunächst in der Anwendung nicht geprüfter und nicht sorgfältig justirter Apparate, ferner in der mehr oder minder genauen Handhabung derselben und endlich in manchen äußeren Umständen, wie verschiedene Wärme und Feuchtigkeit des Versuchsraumes, Quellen für die Abweichungen in den Festigkeitswerthen gesucht werden müssen.

Außer den vorgenannten Ursachen giebt auch die thatsächlich vorhandene Ungleichmäßigkeit des Papiers Veranlassung zu jenen Abweichungen in den Versuchsergebnissen.

Es braucht kaum erwähnt zu werden, daß vollkommen gleiche Bedingungen während des ganzen Fabrikationsprozesses unmöglich innegehalten werden können.

Schon in dem Sammelbottich kann eine in allen Theilen gleichmäßige Mischung der vorhandenen Faserstoffe schwer erreicht werden; namentlich dann, wenn dem Papierbrei Füllstoffe beigegeben sind. Letztere haben das Bestreben, wegen ihrer großen Schwere schnell zu Boden zu sinken und auf der Maschine durch die Siebe zu gehen; hierbei ist jede örtliche Geschwindigkeitsänderung des Wasserstromes von Wirksamkeit auf die Menge der in das Papier übertragenen Füllstoffe und es wird deshalb in den meisten Fällen ein Theil der Fertigung eines beschwerten Papiers verhältnißmäßig mehr von den verwendeten Füllstoffen enthalten als ein anderer. Ja schon innerhalb eines Bogens können an verschiedenen Stellen desselben bei stark beschwerten Papieren recht auffallende Abweichungen bezüglich des Füllstoffgehaltes auftreten; so ergab beispielsweise ein in der Versuchs-Anstalt geprüftes Kupferdruckpapier an verschiedenen Stellen ein und desselben Bogens einen wechselnden Aschengehalt von 13,65 bis 14,71 %.

Auch geringe Abweichungen in der Dicke der Papierbahn sind selbst bei sorgfältiger Führung der Papiermaschine nicht zu vermeiden, jedoch fällt dieser Umstand bezüglich der Werthe, welche die Festigkeitsprüfungen ergeben, weniger ins Gewicht, weil geringe Schwankungen in der Dicke einer Papiersorte auf Reißlänge und Dehnung ohne nennenswerthen Einfluß sind. Auch die Art und der Gleichförmigkeitsgrad des Trocknens sind von Einfluß auf die Gleichwerthigkeit der Festigkeitseigenschaften im Papier.

Man wird aus diesen wenigen hier angeführten Fällen schon ermessen können, daß es geradezu unmöglich erscheinen muß, ein Papier herzustellen, welches durch seine

ganze Masse hindurch als völlig gleichartig bezeichnet werden könnte. Daß man einer=
seits unter diesen Umständen eine Gleichmäßigkeit in den Festigkeitseigenschaften eines
Bogens nicht erwarten kann, ist klar; ebenso, daß die vorhandenen Ungleichmäßigkeiten
in verschiedenen Papiersorten mehr oder minder stark hervortreten (langgemahlene Stoffe
dürften die größten Abweichungen zeigen). Daß aber in der Regel die nachweisbaren
Verschiedenheiten keinen sehr erheblichen Betrag erreichen, erhellt andererseits aus den
nachfolgend mitgetheilten Prüfungsergebnissen. Diese Versuche sollen gelegentlich er=

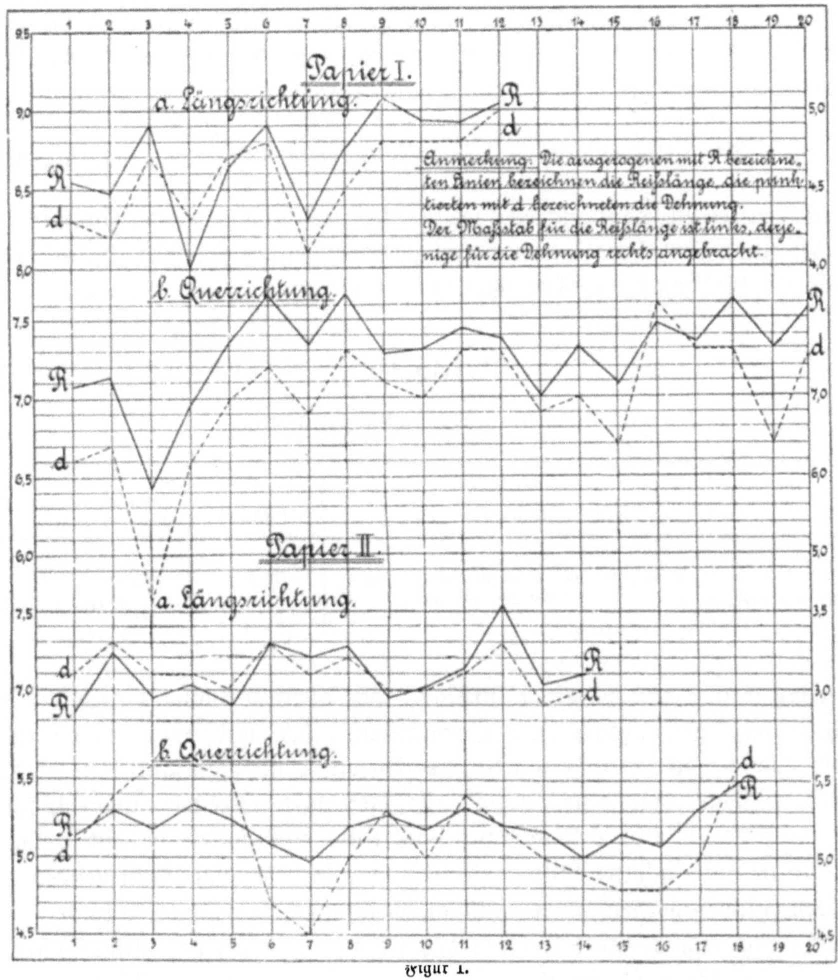

Figur 1.

weitert und namentlich durch eine Zusammenstellung über die bei den amtlichen Prü=
fungen sich ergebenden Abweichungen der Einzelwerthe von den Mittelwerthen ergänzt
werden.

Die Versuche sind mit zwei verschiedenen Arten Urkundenpapier ausgeführt, welche
seiner Zeit von der Firma Leinhaas in Berlin zur Verfügung gestellt wurden. Zur
Verwendung gelangte in beiden Fällen je ein Bogen in Reichsformat, dessen eine Hälfte

in der Querrichtung und dessen andere in der Längsrichtung in Streifen von 15 mm Breite zerlegt wurde. Die Streifen wurden in der Reihenfolge mit laufenden Zahlen bezeichnet, wie sie aus dem Bogen herausgeschnitten wurden. Die Versuche sind von dem zu seiner Ausbildung als Freiwilliger in der Versuchs-Anstalt beschäftigt gewesenen Herrn Linke ausgeführt worden.

Die Versuchsergebnisse sind in den nachfolgenden Tabellen und in den Schaubildern (Fig. 1) in der Reihenfolge zusammengestellt, in welcher die Streifen aus dem Bogen entnommen sind. Für die Beurtheilung muß hier vorausgeschickt werden, daß die Abweichungen vom Mittel in den Spalten 5, 7 und 9 jedes Mal in Procenten vom jeweiligen Mittelwerth ausgedrückt sind. Aus diesen Abweichungen sind die Quadrate gebildet und die Summe der letzteren ist an den Fuß der einzelnen Tabellen gesetzt. Diese Summen wurden wie folgt vereinigt und ergaben nach der bekannten Formel

$$f = \sqrt{\frac{\Sigma \Delta^2}{n-1}} \text{ die mittlere Abweichung und aus } W = 0{,}674 \sqrt{\frac{\Sigma \Delta^2}{n-1}} \text{ die wahrscheinliche Ab-}$$

weichung einer einzelnen Bestimmung, welche beiden Zahlen einen Maaßstab für die Größe der bei einer ähnlichen Untersuchung zu erwartenden Fehlerhaftigkeit der Beobachtung und die Gleichmäßigkeit des Materials abgeben. (Vergl. Tab. 2.)

Tabelle 2.

Ermittelung der Abweichungen.

		Feinheits-nummer	Reißlänge	Dehnung
mittlere Abweichung	einer Bestimmung in Procenten bezogen auf den Mittelwerth	± 1,21	± 3,20	± 5,71
wahrscheinliche Abweichung		± 0,82	± 2,16	± 3,85

Zu beachten ist, daß bei einer Prüfung des gleichen Papiers nach den bei den amtlichen Untersuchungen beobachteten Vorschriften (aber mit der gleichen Zahl von Probestreifen, wie sie hier benutzt wurde) die Ergebnisse gleichmäßiger ausgefallen sein würden, weil alsdann von dem Versuch alle diejenigen Streifen ausgeschlossen sein würden, welche eine sichtbare Beschädigung oder Unregelmäßigkeit gezeigt hätten. Bei der gegenwärtigen Untersuchung sollten planmäßig alle nebeneinanderliegenden Streifen geprüft werden, und deswegen ist es nicht ausgeschlossen, daß auch Streifen zerrissen wurden, welche mit rein örtlichen Fehlern behaftet waren. Dieser Umstand dürfte allerdings nicht in erheblichem Grade gewirkt haben, weil der sehr gewissenhafte und umsichtige Beobachter eine augenfällige örtliche Ungleichmäßigkeit sicher bemerkt und aufgeschrieben haben würde; daß aber die genannte Ursache nichtsdestoweniger vorhanden gewesen ist, erkennt man aus dem Umstande, daß die Zahl der positiven Fehler durchweg größer ist, als diejenige der negativen, und daß dementsprechend die negativen Fehler dem Werthe nach größer sind als die positiven. (Vergl. Tab. 3.) Auch aus Fig. 1 dürfte sich ergeben, daß einige besonders niedrige Werthe zufälligen örtlichen Schwächen ihr Dasein verdanken. Nach dem Ausschluß derselben erkennt man, daß eine ausgesprochene Gesetzmäßigkeit in der Vertheilung der Festigkeitseigenschaften im Bogen nicht vorhanden ist. Die Schwankungen sind zufälliger Natur.

Tabelle 3.

Zusammenstellung über die Zahl und Größe der vorkommenden Abweichungen.

Feinheitsnummer Abweichungen von bis %	Zahl
mehr als — 5	1
— 4 bis — 5	—
— 3 „ — 4	—
— 2,5 „ — 3	2
— 2,0 „ — 2,5	1
— 1,5 „ 2,0	—
— 1,0 „ — 1,5	3
— 0,5 „ — 1,0	7
— 0 „ — 0,5	11
Summe	25
+ 0 bis + 0,5	16
+ 0,5 „ + 1,0	15
+ 1,0 „ + 1,5	3
+ 1,5 „ + 2,0	4
+ 2,0 „ + 2,5	1
+ 2,5 „ + 3	—
+ 3 „ + 4	—
+ 4 „ + 5	—
mehr als + 5	—
Summe	39

Abweichungen von bis %	Reißlänge Zahl	Dehnung Zahl
mehr als — 10	1	3
— 9 bis — 10	—	—
— 8 „ — 9	1	1
— 7 „ — 8	—	1
— 6 „ — 7	—	3
— 5 „ — 6	—	4
— 4 „ — 5	3	—
— 3 „ — 4	3	7
— 2 „ — 3	8	1
— 1 „ — 2	5	4
— 0 „ — 1	9	6
Summe	30	30
+ 0 bis + 1	9	5
+ 1 „ + 2	6	2
+ 2 „ + 3	10	3
+ 3 „ + 4	2	3
+ 4 „ + 5	5	10
+ 5 „ + 6	2	2
+ 6 „ + 7	—	3
+ 7 „ + 8	—	1
+ 8 „ + 9	—	2
+ 9 „ + 10	—	3
mehr als + 10	—	—
Summe	34	34

Die mittleren Abweichungen von den Mittelwerthen können für sehr feste und langfaserige Papiere wie die beiden vorliegenden nach Tab. 2 für die Reißlänge auf etwa 3 und für die Dehnung auf etwa 6 Procent der Mittelwerthe geschätzt werden. Für feiner gemahlene Papiere dürften die gleichen Werthe noch geringer ausfallen und ein Gleiches kann nach den anderweitigen Erfahrungen der Versuchs-Anstalt für weniger feste Papiere erwartet werden.

Tabelle 4.

I. Bestimmung der Reißlänge und Bruchdehnung eines thierisch geleimten Urkundenpapiers.

a) Längsrichtung.

NB. Die 12 Streifen haben im Bogen neben einander gelegen und sind der Reihe nach numerirt worden.

Nummer der Streifen	Streifengewicht in g	Bruchbelastung in kg	Feinheitsnummer g/m	Abweichungen vom Mittel in %	Reißlänge km	Abweichungen vom Mittel in %	Bruchdehnung %	Abweichungen vom Mittel in %	Sonstige Bemerkungen
1	0,2780	13,20	0,647	— 3,00	8,54	— 1,9	4,3	— 6,5	
2	0,2765	13,02	0,651	— 2,40	8,48	— 2,6	4,2	— 8,7	
3	0,2782	13,80	0,647	— 3,00	8,93	+ 2,5	4,7	+ 2,2	An der Klemme gerissen
4	0,2710	12,40	0,664	— 0,30	7,99	— 8,3	4,3	— 6,5	
5	0,2710	13,40	0,664	— 0,30	8,63	— 0,9	4,7	+ 2,2	
6	0,2670	13,20	0,674	+ 1,05	8,90	+ 2,2	4,8	+ 4,4	
7	0,2655	12,25	0,678	+ 1,65	8,31	— 4,6	4,1	—10,9	
8	0,2675	13,00	0,673	+ 0,90	8,75	+ 0,5	4,5	+ 2,2	
9	0,2660	13,40	0,677	+ 1,50	9,07	+ 4,1	4,8	+ 4,4	
10	0,2642	13,10	0,682	+ 2,25	8,93	+ 2,5	4,8	+ 4,4	
11	0,2655	13,15	0,678	+ 1,65	8,92	+ 2,4	4,8	+ 4,4	
12	0,2690	13,50	0,669	+ 0,30	9,03	+ 3,7	5,0	+ 8,7	
Summe	3,2394	158,42	8,004		104,48		55,0		
Mittel	0,2699	13,20	0,667		8,71		4,6		

Summe der Fehlerquadrate 155,08   446,65

Die Versuche wurden hintereinander bei einer Zimmerwärme von 19,2° C. und einer Luftfeuchtigkeit von 56,5 % ausgeführt.

b) Querrichtung.

NB. Die 20 Streifen haben im Bogen neben einander gelegen und sind der Reihe nach numerirt worden.

Nummer der Streifen	Streifengewicht in g	Bruchbelastung in kg	Feinheitsnummer g/m	Abweichungen vom Mittel in %	Reißlänge km	Abweichungen vom Mittel in %	Bruchdehnung %	Abweichungen vom Mittel in %	Sonstige Bemerkungen
1	0,2795	11,00	0,644	+ 0,37	7,08	— 1,9	6,6	— 5,3	
2	0,2812	11,14	0,641	± 0,00	7,14	— 2,1	6,7	— 3,9	
3	0,2805	10,00	0,642	+ 0,16	6,42	—12,0	5,7	—18,2	
4	0,2840	11,03	0,634	— 1,09	6,99	— 4,2	6,6	— 5,3	
5	0,2835	11,60	0,635	— 0,94	7,37	+ 1,1	7,0	+ 0,4	
6	0,2812	11,95	0,641	± 0,00	7,66	+ 5,0	7,2	+ 3,3	
7	0,2810	11,45	0,641	± 0,00	7,34	+ 0,6	6,9	— 1,0	
8	0,2830	12,05	0,636	— 0,37	7,66	+ 5,0	7,3	+ 4,7	
9	0,2830	11,45	0,636	— 0,37	7,28	— 0,2	7,1	+ 1,9	
10	0,2810	11,40	0,641	± 0,00	7,31	+ 0,2	7,0	+ 0,4	
11	0,2805	11,60	0,642	+ 0,16	7,45	+ 2,2	7,3	+ 4,7	
12	0,2780	11,40	0,647	+ 0,94	7,38	+ 1,2	7,3	+ 4,7	An der Klemme gerissen.
13	0,2800	10,90	0,643	+ 0,21	7,01	— 3,9	6,9	— 1,0	
14	0,2800	11,40	0,643	+ 0,21	7,33	+ 0,5	7,0	+ 0,4	
15	0,2782	10,95	0,647	+ 0,94	7,08	— 2,9	6,7	— 3,9	
16	0,2805	11,65	0,642	+ 0,16	7,48	+ 2,6	7,6	+ 9,0	
17	0,2792	11,40	0,645	+ 0,42	7,35	+ 0,8	7,3	+ 4,7	
18	0,2825	12,00	0,637	— 0,42	7,64	+ 4,8	7,3	+ 4,7	
19	0,2785	11,30	0,646	+ 0,73	7,30	+ 0,1	6,7	— 3,9	
20	0,2800	11,80	0,643	+ 0,21	7,59	+ 4,1	7,3	+ 4,7	
Summe	5,6153	227,47	12,826		145,86		139,5		
Mittel	0,28076	11,374	0,6413		7,293		6,97		

Summe der Fehlerquadrate 298,72   663,57

Die Versuche wurden hintereinander bei einer Zimmerwärme 17,8° C. und einer Luftfeuchtigkeit von 57 % ausgeführt.

II. Bestimmung der Reißlänge und Bruchdehnung eines mit Harzleim geleimten Urkundenpapiers.

a) Längsrichtung.

NB. Die Entnahme der Probestreifen erfolgte wie in I.

Nummer der Streifen	Streifengewicht in g	Bruchbelastung in kg	Feinheitsnummer g/m	Abweichungen vom Mittel in %	Reißlänge km	Abweichungen vom Mittel in %	Bruchdehnung %	Abweichungen vom Mittel in %	Sonstige Bemerkungen
1	0,2745	10,45	0,656	− 0,15	6,86	− 3,5	3,1	± 0,0	
2	0,2715	10,90	0,663	+ 0,91	7,23	+ 1,7	3,3	+ 6,4	
3	0,2720	10,50	0,662	+ 0,76	6,95	− 2,3	3,1	± 0	
4	0,2715	10,60	0,663	+ 0,91	7,03	− 1,1	3,1	± 0	
5	0,2745	10,50	0,656	− 0,15	6,89	− 3,3	3,0	− 3,2	
6	0,2720	11,00	0,662	+ 0,76	7,28	+ 2,4	3,3	+ 6,4	
7	0,2722	10,90	0,662	+ 0,76	7,22	+ 1,5	3,1	± 0	
8	0,2725	11,00	0,661	+ 0,61	7,27	+ 2,2	3,2	+ 3,2	
9	0,2720	10,50	0,662	+ 0,76	6,95	− 2,3	3,0	− 3,2	
10	0,2745	10,70	0,656	− 0,15	7,02	− 1,3	3,0	− 3,2	
11	0,2725	10,80	0,661	+ 0,61	7,14	+ 0,4	3,1	± 0,0	
12	0,2705	11,30	0,666	+ 1,37	7,53	+ 5,9	3,3	+ 6,4	
13	0,2760	10,80	0,652	− 0,76	7,04	− 1,0	2,9	− 6,5	
14	0,2895	11,40	0,622	− 5,33	7,09	− 0,3	3,0	− 3,2	
Summe	3,8357	151,35	8,404		99,50		43,5		
Mittel	0,2739	10,81	0,657		7,11		3,1		

Summe der Fehlerquadrate 88,42   216,33

Die Versuche wurden hintereinander bei einer Zimmerwärme von 18,5° C. und einer Luftfeuchtigkeit von 55 % ausgeführt.

b) Querrichtung.

NB. Die Entnahme der Probestreifen erfolgte wie in I.

Nummer der Streifen	Streifengewicht in g	Bruchbelastung in kg	Feinheitsnummer g/m	Abweichungen vom Mittel in %	Reißlänge km	Abweichungen vom Mittel in %	Bruchdehnung %	Abweichungen vom Mittel in %	Sonstige Bemerkungen
1	0,2727	7,80	0,659	+ 0,15	5,14	− 1,2	5,1	± 0,0	
2	0,2730	8,05	0,659	+ 0,15	5,30	+ 1,9	5,4	+ 5,9	
3	0,2695	7,75	0,668	+ 1,52	5,18	− 0,4	5,6	+ 9,8	
4	0,2730	8,11	0,659	+ 0,15	5,34	+ 2,7	5,6	+ 9,8	
5	0,2720	7,91	0,662	+ 0,61	5,24	+ 0,8	5,5	+ 7,8	
6	0,2710	7,65	0,664	+ 0,91	5,08	− 2,3	4,7	− 7,9	
7	0,2732	7,57	0,659	+ 0,15	4,99	− 4,0	4,5	− 11,8	
8	0,2755	7,95	0,654	− 0,60	5,20	± 0,0	5,0	− 2,0	
9	0,2775	8,10	0,649	− 1,36	5,26	+ 1,2	5,3	+ 3,9	
10	0,2755	8,00	0,649	− 1,36	5,19	− 0,2	5,0	− 2,0	
11	0,2735	8,10	0,658	± 0,00	5,33	+ 2,5	5,4	+ 5,9	
12	0,2725	7,88	0,661	+ 0,45	5,21	+ 0,2	5,2	+ 2,0	
13	0,2745	7,90	0,656	− 0,30	5,18	− 0,4	5,0	− 2,0	
14	0,2755	7,60	0,654	− 0,61	4,97	− 4,4	4,9	− 2,4	
15	0,2760	7,90	0,652	− 0,91	5,15	− 1,0	4,8	− 5,9	
16	0,2750	7,75	0,655	− 0,45	5,08	− 2,4	4,8	− 5,9	
17	0,2695	7,95	0,668	+ 1,52	5,31	+ 2,1	5,0	− 2,0	
18	0,2714	8,25	0,664	+ 0,91	5,48	+ 5,4	5,6	+ 9,8	
Summe	4,9208	142,22	11,850		93,63		92,4		
Mittel	0,2733	7,90	0,658		5,20		5,1		

Summe der Fehlerquadrate 102,05   730,82

Die Versuche wurden hintereinander bei einer Zimmerwärme von 18,5° C. und einer Luftfeuchtigkeit von 55 % ausgeführt.

III. Mittheilungen aus der chemisch-technischen Versuchsanstalt.

1. Anwendung des Zirkonlichtes bei der Aufnahme von Negativen durch das Mikroskop.

Vom Redakteur.

Die bereits im 1. Ergänzungshefte dieses Jahrganges der Mittheilungen erwähnte Beleuchtungsart der durch das Mikroskop zu photographirenden Eisenschliffe ist mit gutem Erfolge an dem dort beschriebenen Apparate angebracht worden. Die Einrichtung ist von Franz Schmidt & Haensch getroffen worden.

Die Gesammtanordnung ist durch die beiden folgenden Figuren 1 und 2 in Auf= und Grundriß dargestellt.

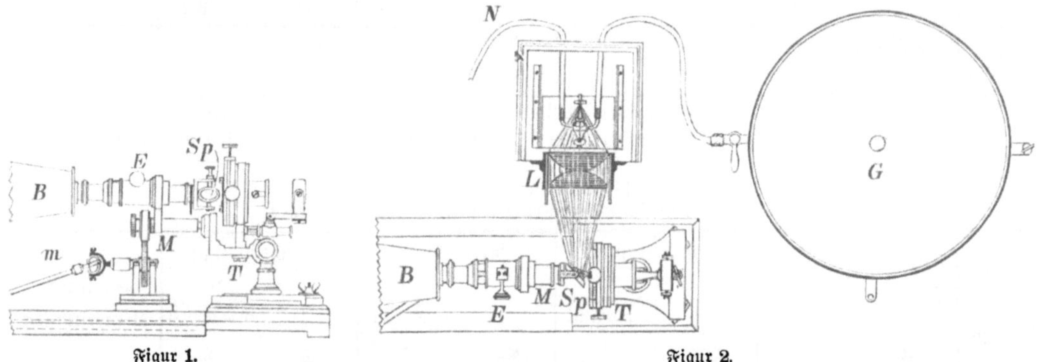

Figur 1.   Figur 2.

B ist das Verbindungsstück zwischen Camera und Mikroskop M; an die Stelle des letzteren kann auch direkt das Objektiv=Linsensystem treten, eine Einrichtung, welche sich bei wiederholten Aufnahmen ähnlicher Gegenstände besonders empfiehlt. Mit E ist die grobe, vom Assistenten zu handhabende, mit m die feine, vom Beobachter zu leitende Einstellungsvorrichtung bezeichnet.

L ist der eiserne Lampenkasten, in welchem sich vorn die Beleuchtungslinse, innen der Zirkonbrenner befindet, der Leuchtgas durch den Schlauch N und Sauerstoff aus dem Gasometer G erhält.

Sp ist der Spiegel. Dieser besteht aus einem unbelegten planparallelen Glase, welches unter einem Winkel von 45° sowohl zur Ebene des Eisenschliffs, als zur Mikroskopaxe geneigt ist.

Die Einstellung ist stets schwierig und erfordert vielfache Beugungen des Objektes, selbst wenn der Lichtkegel die richtige Stellung hat, weil es (der Herstellungs= kosten wegen) unthunlich ist, die Eisenschliffe stets mit zwei genau parallelen Flächen herzustellen. Schon geringfügige Abweichungen von der richtigen Lage geben aber schlecht beleuchtete Bilder.

Ich habe deshalb einen Ständer konstruirt, welcher eine vertikal herabhängende planparallele Glasplatte trägt, auf deren Rückseite ein schwaches mit deutlichen Schrift=

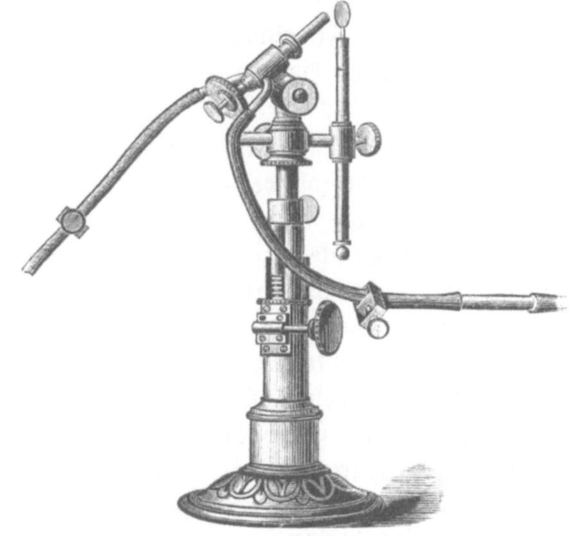

Figur 3.

zeichen versehenes Papierstückchen angeklebt ist.　Zuerst wird diese Glasplatte an Stelle

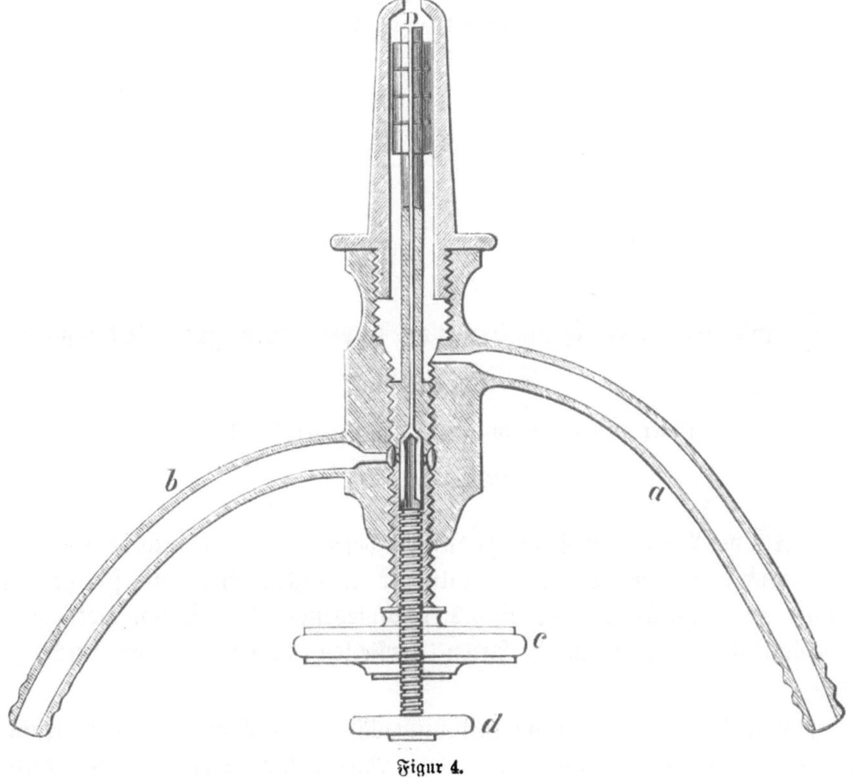

Figur 4.

des Objekts eingestellt, was sehr leicht ist; sodann erst wird durch die in dem oben genannten Aufsatze beschriebenen Stellvorrichtungen die zu beobachtende Seite des Eisen=

schliffs thunlichst genau gegen die Außenseite der Glasplatte angestellt. Wird jetzt letztere entfernt, so bedarf es der Regel nach nur noch ganz geringfügiger Nachstellungen, um ein klares, gut beleuchtetes Bild auf der matten Glasplatte zu erhalten.

Das nach Prof. Linnemann von Fr. Schmidt & Haensch konstruirte Zirkonlicht ist in den vorstehenden Figuren 3 und 4 in Ansicht und Durchschnitt dargestellt; Fig. 5 zeigt die Skizze der ganzen Lampe.

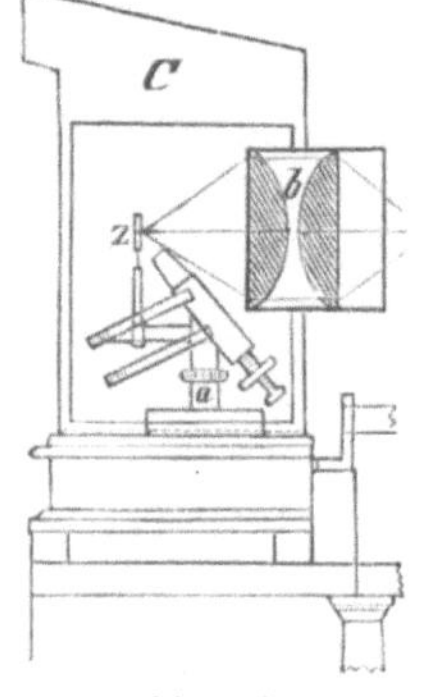

Figur 5.

In a (Fig. 4) strömt Leuchtgas ein, tritt in den hohlen Raum der Düse, umkreist den Cylinder, welcher durch die Schraube c verstellbar ist und tritt aus der Düse aus. In b tritt Sauerstoff unter vielmal höherem Drucke, wie das Leuchtgas, durch vier Löcher in das Innere der Schraube und entweicht aus der kapillaren Durchbohrung D dieser Schraube. Mittelst c läßt sich die Leuchtgas-, mittelst d die Sauerstoffmenge regeln.

Das in Platin gefaßte Plättchen z (Fig. 5), dessen Glühen die Beleuchtung hervorruft, besteht aus Zirkonerde, die mit etwas Magnesia plastischer und haltbarer gemacht ist.

Wichtig ist noch die richtige Einstellung der Lampe in der Art, daß der Lichtkegel, welcher von dem Spiegel und dem Eisenschliffe reflektirt wird, mit seiner Spitze in das Linsensystem des Mikroskops fällt, nicht aber auf die Objektoberfläche.

Für sehr bedeutende Vergrößerungen, bei welchen die Einschaltung des Spiegels zwischen Linsensystem und Objekt unmöglich ist, wird der Spiegel in ersteres hineinverlegt.

2. Rohes und geglühtes Flußeisen von hohem Mangan-, Phosphor- und Siliciumgehalt.

Unter Benutzung amtlicher Quellen vom Redakteur.

Hierzu Tafel III.

Der Direktor der Bergischen Stahl-Industrie-Gesellschaft in Remscheid, Herr M. Böker, hat in der chemisch-technischen Versuchsanstalt zur mikroskopischen Untersuchung geeignete Schliffe einiger zum Zwecke des Studiums verschiedener Fabrikationsmethoden hergestellten Tiegelgußstahl- (Flußeisen-) Arten herstellen lassen, welche auch analysirt worden sind.

Das vorzügliche, deutliche, schon mit unbewaffnetem Auge auf der geschliffenen, geätzten und angelassenen Oberfläche erkennbare Kleingefüge dieser Proben dürfte von weitergehendem Interesse sein, und es wird daher die freundlichst gegebene Erlaubniß zur Veröffentlichung der Mikrophotogramme hiermit benutzt.

Das Material für die Proben war durch Schmelzung theils im Thontiegel, theils im Grafittiegel hergestellt. Das erstere hatte nach in Remscheid ausgeführten Analysen:

0,363 % Kohlenstoff   das letztere 0,310 % Kohlenstoff
0,492 % Mangan   „   0,396 % Mangan
0,296 % Silicium,   „   0,208 % Silicium.

Beide Eisensorten wurden dann unter Zufügung von Siliciummangan nochmals im Tiegel geschmolzen, in Stabform gegossen und, ohne überschmiedet zu sein, in je einer Probe roh gelassen, in der anderen geglüht.

Die in der Versuchsanstalt ausgeführten Analysen der Produkte ergeben in Prozenten:

	Thontiegelstahl		Grafittiegelstahl	
	roh	geglüht	roh	geglüht
Gesammtkohlenstoff . . .	0,28	0,35	0,29	0,27
Grafit	0,04	0,02	0,05	0,04
Mangan	0,70	0,81	0,95	0,87
Phosphor	0,114	0,120	0,114	0,107
Silicium	0,74	0,75	0,59	0,60
Schwefel	0,07	0,08	0,05	0,05
Kupfer	0,12	0,03	0,09	0,06

Ein erheblicher Unterschied in der Zusammensetzung der rohen Proben findet sich im Mangan- und Siliciumgehalt. Die Zunahme ist im

Thontiegelstahl 0,308 Mangan auf 0,444 Silicium
Grafittiegelstahl 0,554   „   „   0,382   „

Da das Mangansilicium das Gleiche war, so muß auf einen ungleichmäßigen Verlust beim Schmelzen durch Verschlackung geschlossen werden.

Ein Vergleich der zusammengehörigen rohen und geglühten Proben zeigt bei dem Thontiegelstahl eine Zunahme vom Gesammtkohlenstoff in Höhe von 0,07^{00}, eine Abnahme von Grafit um 0,02^{00}, beides ließe sich durch die Einwirkung der Holzkohle beim Glühen erklären. Nicht so erklärlich ist die Zunahme des Mangangehalts um 0,11^{00}, die Abnahme des Kupfergehalts um 0,09^{00}. Auch beim Grafittiegelstahl zeigen sich einige, wenn auch unerheblichere Unterschiede, welche durch den Glühprozeß, bei dem der Aggregatzustand des Eisens nicht verändert wurde, nicht erklärt werden können.

Man muß hieraus schließen, daß das Eisen, dessen rohe und geglühte Proben den gleichen Stücken entstammen, nicht in allen Theilen gleichmäßig zusammengesetzt war, ein Wink zur Vorsicht für die Beurtheilung der anderen Theile eines Gusses aus der Analyse eines einzelnen Stücks.

Die Schliffe, welche nach Aetzung mit verdünnter Salzsäure (0,5 auf 1000 ccm Wasser) und Anlassen bei 210 bis 220° C. mikroskopisch untersucht wurden, sind in den auf Tafel III abgebildeten 8 Figuren in fünfzigfacher Vergrößerung dargestellt und zwar sind Fig. 1—4 die Schliffe des Thontiegel-, Fig. 5—8 diejenigen des Grafittiegelstahls. Fig. 1 und 2, 5 und 6 zeigen den rohen, Fig. 3 und 4, 7 und 8 den geglühten Stahl. Fig. 1, 3, 5 und 7 sind Photogramme vom Rande des cylindrischen Gußstückes, Fig. 2, 4, 6 und 8 von der Mitte des gleichen Schliffs.

Die beiden rohen Proben sind sich sehr ähnlich; sie zeigen zahllose kleine Blasenräume in den zwischen den deutlichen Krystallen eingelagerten Gefügelementen, ohne doch im Allgemeinen einen undichten Eindruck zu machen. Die beiden geglühten Proben dagegen erscheinen von weit lockerem Gefüge; die Krystalle sind deutlicher abgegrenzt, die dazwischen liegende Grundmasse ist beim Aetzen weit verschiedenartiger angegriffen. Drei Gefügeelemente sind deutlich erkennbar: Große flache Krystalle, tannenbaumartige Verzweigungen und unkrystallisirte Grundmasse, in der die Blasenräume liegen.

Die Anordnung der Krystalle ohne Parallelität bestätigt den Einfluß der gleichzeitigen Anwesenheit von Phosphor und Mangan (ohne Rücksicht auf den Siliciumgehalt) auf die Krystallisation des kohlenstoffhaltigen Eisens (vgl. Ergänzungsheft I, 1888 der Mittheilungen und Bericht über die Sitzung des elektrotechnischen Vereins vom 27. März 1888, Elektrot. Zeitschr. Heft VII S. 172).

Qualitativer Nachweis von Harzöl in vegetabilischen und mineralischen Oelen.

Von Dr. Holde, Assistent der Abtheilung für Oelprüfung.

In Nr. 32 des Chemischen Repertoriums der Chemikerzeitung S. 252 beschreibt L. Storch einen qualitativen Nachweis von Harzöl in Mineralöl. Verfasser behandelt hiernach das zu prüfende Oel mit Essigsäureanhydrid, fügt zu dem letzteren, nachdem er es abpipettirt hat, konzentrirte Schwefelsäure und erhält bei Gegenwart von Harzöl eine violette Färbung. Für vegetabilische Oele ist diese Reaktion nicht zu benutzen, weil in ihnen oft Cholesterin enthalten ist, welches mit obigen Reagentien behandelt eine ähnliche Reaktion giebt. Verschiedene mineralische und vegetabilische Oele, wie raffinirtes und rohes Rüböl, Senfsamenöl und russische Mineralöle versetzte ich nun mit wenigen Tropfen Harzöl und schüttelte sie alsdann, ohne vorherige Behandlung mit Essigsäureanhydrid mit Schwefelsäure vom spez. Gewicht 1,530. Es setzte sich in jedem Falle die Säure mit schön violetter Farbe ab, während sie bei Abwesenheit von Harzöl gar nicht oder nur schwach gelblich gefärbt wurde. Da Cholesterin von dieser Säure nicht angegriffen wird, so ist die Reaktion auch für vegetabilische und animalische Oele zu benutzen. Selbst bei rohem Rüböl, welches mit der Säure eine Grünfärbung und dunkle Ausscheidungen giebt, ist die Reaktion auf Harzöl gut zu beobachten. Die gewöhnliche im Laboratorium benutzte verdünnte Schwefelsäure giebt die Reaktion nicht, konzentrirte Schwefelsäure vom spez. Gewicht 1,83 ist ebenfalls nicht zu gebrauchen, weil sie die Oele unter anfänglicher Röthung und späterer Schwärzung zersetzt. Es giebt jedoch einige Mineralöle, welche, ursprünglich von heller Farbe, durch Schwefelsäure vom spez. Gewicht 1,53 ganz dunkel gefärbt werden, während die Säure tief gebräunt wird. In solchen Fällen kann man, um die Reaktion dennoch leicht beobachten zu können, das zu untersuchende Oel mit Alkohol schütteln und die abgegossene alkoholische Lösung mit der Säure versetzen. Bei Gegenwart von Harzöl tritt sofort die violette Färbung auf, bei Abwesenheit derselben ist nur eine weiße Emulsion vorhanden.

Verantwortlicher Redacteur: Dr. Hermann Wedding. — Verlag von Julius Springer in Berlin.

Additional material from *Mitthelungen aus den Königlichen Technischen Dersuchsanstalten zu Berlin,*

ISBN 978-3-662-42844-3 (978-3-662-42844-3_OSFO2),
is available at http://extras.springer.com

Mittheilungen

aus den

Königlichen technischen Versuchsanstalten

zu Berlin.

Herausgegeben im Auftrage

der Königlichen Aufsichts-Kommission.

Redacteur: Geheimer Bergrath Dr. Wedding,
Mitglied der Königl. Aufsichts-Kommission.

VI. Jahrgang.   **1888.**   Drittes Heft.

II. Mittheilungen aus der mechanisch-technischen Versuchsanstalt.

—•+•—

1. Ueber die maßgebenden Dehnungen bei Körpern, welche nach mehreren Richtungen zugleich beansprucht werden.

Von Wehage, Dozent an der Kgl. techn. Hochschule zu Berlin.

Bei der Untersuchung der Festigkeit von Gefäßwänden und anderen Körpern, welche in den einzelnen Punkten nach mehreren Richtungen zugleich beansprucht werden, ist es üblich, die größte positive oder negative Dehnung in einem Punkte, d. h. also diejenige der 3 Hauptdehnungen, welche den größten Absolutwerth hat, als maßgebend für die Inanspruchnahme des Körpers in dem betreffenden Punkte anzusehen, die beiden andern Hauptdehnungen aber nicht mitzuberücksichtigen. Diese Anschauung führt zu recht bedenklichen Schlüssen. Nach derselben müßte z. B. bei einer Platte, welche in einer Richtung gezogen wird, die Inanspruchnahme vermindert werden, wenn sie außerdem in der dazu senkrechten Richtung einem (etwas geringeren) Zuge, und vermehrt werden, wenn sie in letzterer Richtung einem Drucke unterworfen wird; denn im ersten Falle würde die vorhandene Dehnung vermindert, im letzten Falle würde sie vermehrt werden. Das Verfahren des Drahtziehens zeigt aber, daß ein stabförmiger Körper eine viel größere Dehnung in seiner Längsrichtung ohne Verminderung seiner Festigkeit aushalten kann, wenn er gleichzeitig in den Querrichtungen einen Druck (im Zieheisen) erhält, als wenn letzteres nicht der Fall ist. Es ist hiernach wohl anzunehmen, daß die Inanspruchnahme eines Körpers nicht nur von der Verrückung der kleinsten Theilchen nach einer einzigen Richtung abhängen kann, sondern daß auch die Verrückungen nach den dazu senkrechten Richtungen mit in Betracht zu ziehen sind.

Um einige sichere Anhaltspunkte in dieser Sache zu gewinnen, wurde von dem Verfasser bei der Königl. Kommission zur Beaufsichtigung der technischen Versuchsanstalten beantragt, Biegungsversuche mit kreisrunden, schmiedeisernen Platten ausführen zu lassen und dabei sowohl in radialer wie in tangentialer Richtung die Dehnungen, bei welchen die Elastizitätsgrenze, und diejenigen, bei welchen die Bruch= grenze erreicht wird, direkt mit Hülfe des Mikroskops zu messen. Nach Befürwortung durch den Vorsteher der Anstalt wurde die kostenfreie Ausführung der Versuche bereit= willigst gewährt. Ueber die bis jetzt erhaltenen Ergebnisse soll im Folgenden berichtet werden.

Ein Vorversuch wurde hauptsächlich zu dem Zwecke ausgeführt, verschiedene Meßmethoden zu prüfen. Es ergab sich, daß es zur Feststellung der (bleibenden) Dehnung beim Bruch genügt, auf der Platte kleine Quadrate, bezw. Rechtecke, von solcher Größe (etwa 1 bis 1,5 mm Seite) zu verzeichnen, daß die Seitenlängen nach der Bruchdehnung noch unmittelbar unter dem Mikroskop mittels eines Okularmikro= meters gemessen werden konnten. Mehr Schwierigkeiten bot die Messung der Dehnung an der Elastizitätsgrenze. Unter „Elastizitätsgrenze" ist hier immer diejenige Grenze verstanden, bei welcher die Proportionalität zwischen Spannungen und Dehnungen aufhört. Bei dem Vorversuch schien das folgende Verfahren hinreichend genaue An= gaben zu liefern. An einigen passenden Stellen wurden feine Löcher in die Platte gebohrt und von diesen aus mit einem Zirkel von etwa 30 mm Oeffnung Kreise geschlagen, einmal bei einer Belastung der Platte, bei welcher an den betreffenden Stellen der Oberfläche die ersten sogen. Fließ= oder Streckfiguren auftraten, und dann nach der Entlastung. Aus dem unter dem Mikroskop meßbaren Abstand der Kreise in irgend einer Richtung ließ sich dann ein Mittelwerth für die jener Belastung ent= sprechende spezifische Dehnung ableiten. Der Zirkel bestand aus einem mit Handgriff versehenen Messingklötzchen, in welchem einerseits eine sorgfältig hergestellte, kegel= förmige Stahlspitze, andererseits ein Diamant befestigt war. Leider bewährte sich dies Verfahren schon bei dem ersten Hauptversuche nicht, wahrscheinlich, weil zur Vermei= dung einer örtlichen Verschwächung der Platte die Bohrungen fortgelassen und nur mittels einer Reißnadel kleine Vertiefungen zum Einsetzen der Zirkelspitze eingeschlagen waren.

Bei der zweiten Platte wurde dann nachstehendes Verfahren (welches, wie das vorbeschriebene, von Herrn Martens angegeben war) mit Erfolg verwendet: Mittels eines gut geführten Doppelreißers wurden auf der belasteten Platte nach dem Ein= treten der Streckfiguren zwei Linien a und b in etwa 23,5 mm Abstand aufgerissen. Nach der Entlastung wurde darauf mit demselben Doppelreißer ein zweites Linien=

paar a¹ und b¹ so dicht daneben verzeichnet, daß die Abstände aa¹ und bb¹ unter dem Mikroskop bequem meßbar waren. Der Unterschied zwischen beiden Strecken lieferte dann die elastische Dehnung auf der Strecke a b. Bei der Benutzung dieses, wie auch des vorigen Verfahrens bleibt allerdings noch zu ermitteln, wie weit die Elastizitäts= grenze in den äußeren Schichten bei dem Eintreten der Streckfiguren bereits über= schritten ist.

Zu den Hauptversuchen wurde Flußeisen von Fr. Krupp in Essen verwendet, und zwar wurden 3 kreisförmige Scheiben von 420 mm Durchmesser aus den Mitten dreier quadratischer Platten von etwa 10 mm Dicke nach Fig. 1 herausgeschnitten, während aus den Seitentheilen Stäbe (1 bis 4) für Zug- und Biegungsversuche hergestellt wurden. Die Stäbe 1 und 2 wurden auf Zug bis zum Bruch untersucht, um die Grundlagen für den Vergleich der Dehnungen bei einfacher und bei mehrfacher Inanspruchnahme zu gewinnen. Mit den Stäben 3 und 4 wurden Biegungsversuche hauptsächlich zu dem Zweck ausgeführt, zu untersuchen, ob die Bruchdehnung bei der Biegung dieselbe sei, wie die beim Zerreißen der Stäbe sich ergebende. Das Material war jedoch so vorzüglich, daß es auch durch Umbiegen um volle 180° nicht gelang, an der Außenfläche einen Riß herbeizuführen. Von den 3 Platten wurden bisher 2 untersucht, indem dieselben in der Werder'schen Maschine einerseits gegen einen zu ihrem Rande konzentrischen Ring von 323 mm Durchmesser gestützt und andererseits in der Mitte mittels eines Stempels gedrückt wurden. Die Platten waren beiderseits polirt. Jede einzelne Messung wurde in der Regel 4 mal ausgeführt, und aus den 4 Ablesungen wurde das Mittel genommen. Die Ergebnisse dieser Versuche sind nun folgende:

Erste Platte.

Dem Druckstempel wurde für diese Platte eine ebene Fläche von 100 mm Durchmesser gegeben, so daß nach eingetretener Durchbiegung der Platte eine schmale ringförmige Druckfläche vorhanden war. Dies geschah, um für den von jener Druckfläche

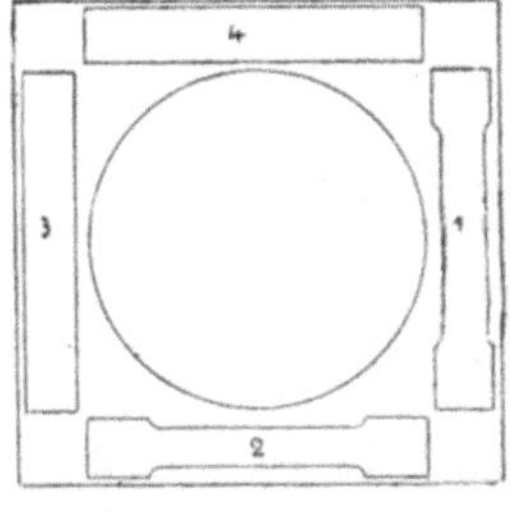

Figur 1.

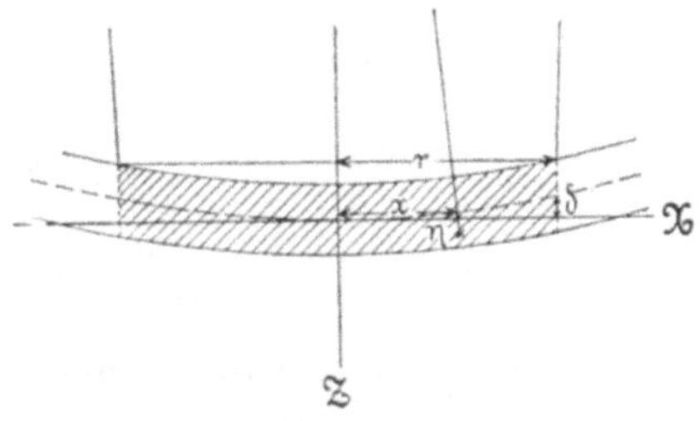

Figur 2.

umschlossenen mittleren Theil der Platte die Dehnungen sowohl in radialer wie in tangentialer Richtung, wenigstens bis zum Eintreten der Streckfiguren in der Oberflächenschicht, gleich groß zu erhalten, da in diesem Falle eine wesentlich genauere Messung der spezifischen Dehnungen möglich ist, als wenn dieselben sich mit dem Radius ändern.

Die Messung der in beschriebener Weise geschlagenen Kreise ergab leider, wie bereits erwähnt, kein brauchbares Resultat. Dagegen konnte die elastische Dehnung in diesem Falle aus der Durchbiegung des mittleren Theiles von 100 mm Durchmesser, welche mittels eines Bauschinger'schen Zeigerapparates möglichst genau gemessen war, bestimmt werden. Die Verzeichnung der Durchbiegungskurve ergab, daß die Durchbiegung bis zu einem Werthe von 0,27 mm proportional der Belastung wuchs, weiterhin aber verhältnißmäßig stärker zunahm. Hiernach ist anzunehmen, daß bei jener Durchbiegung von 0,27 mm jedenfalls in den äußeren Schichten die Elastizitätsgrenze überschritten wurde, bezw. schon etwas überschritten war.

Bezieht man nun in der in Fig. 2 angedeuteten Weise den mittleren Theil der belasteten Platte auf ein rechtwinkliges Axensystem XYZ (die Y-Axe ist senkrecht zur Zeichenfläche zu denken), so kann man bei geringen Biegungen in einem beliebigen

Punkte der Mittelfläche, welcher, in der XZ-Ebene liegend, den Abstand x von der Plattenmitte hat, den Krümmungsradius für den radialen (Meridianschnitt)

$$- \frac{d^2z}{dx^2}$$

und für den dazu senkrechten Schnitt

$$- \frac{1}{x}\frac{dz}{dx}$$

setzen (vergl. Grashof. Theorie der Elastizität und Festigkeit S. 330). In einem Punkte, welcher den Abstand η von der Mittelfläche hat, werden damit, wenn letztere als neutrale Fläche angesehen werden kann, die spezifischen Dehnungen in radialer und tangentialer Richtung

$$\varepsilon_x = -\,\eta\,\frac{d^2z}{dx^2} \text{ und } \varepsilon_y = -\,\frac{\eta}{x}\frac{dz}{dx}.$$

Nach den allgemeinen Beziehungen zwischen Spannungen σ und Dehnungen ε ist ferner, da die Spannungen in der Richtung der Z-Axe hier Null sind,

$$\sigma_x = \frac{m}{m^2-1}\,E\,(m\,\varepsilon_x + \varepsilon_y)$$

und

$$\sigma_y = \frac{m}{m^2-1}\,E\,(\varepsilon_x + m\,\varepsilon_y),$$

folglich mit den obigen Werthen von ε_x und ε_y:

$$\sigma_x = -\,\frac{m}{m^2-1}\,E\,\eta\left(m\,\frac{d^2z}{dx^2} + \frac{1}{x}\,\frac{dz}{dx}\right) \quad \ldots \ldots \ldots \quad 1)$$

$$\text{und } \sigma_y = \frac{m}{m^2-1}\,E\,\eta\left(\frac{d^2z}{dx^2} + \frac{m}{x}\,\frac{dz}{dx}\right) \quad \ldots \ldots \ldots \quad 2)$$

Hierin bezeichnet σ_x die Spannung in radialer Richtung, σ_y die in tangentialer Richtung, E den Elastizitätsmodul und m das Verhältniß der in der Richtung eines Zuges oder Druckes hervorgerufenen Dehnung, bezw. Verkürzung zu der gleichzeitig in der Querrichtung eintretenden Verkürzung bezw. Dehnung.

Ferner ergeben die Gleichgewichtsbedingungen für ein unendlich kleines Körpertheilchen, welches von zwei durch die Z-Axe gehenden, den Winkel $d\varphi$ einschließenden Ebenen, zwei zur Z-Axe konzentrischen Cylinderflächen mit dem Abstande dx und von zwei zur Mittelfläche der Platte parallelen Flächen mit dem Abstande $d\eta$ begrenzt wird, die folgende Beziehung zwischen σ_x und σ_y[1])

$$\frac{\partial(x\,\sigma_x)}{\partial x} = \sigma_y \quad \ldots \ldots \ldots \ldots \ldots \quad 3)$$

---

[1]) Da Schubspannungen in dem mittleren Plattenstück nicht vorhanden sind, so muß an dem betrachteten Körpertheilchen der Ueberschuß der Normalspannungen in der äußern Cylinderfläche f_1, Fig. 3, über die Normalspannungen in der innern Fläche f gleich sein den zu jenen parallelen Componenten der Normalspannungen in den beiden Seitenflächen f_2. Da nun

$$f = x\,d\varphi\,d\eta,\; f_1 = (x+dx)\,d\varphi\,d\eta \text{ und } f_2 = dx\,d\eta,$$

so folgt

$$\left(\sigma_x + \frac{\partial\sigma_x}{\partial x}\,dx\right)(x+dx)\,d\varphi\,d\eta - \sigma_x\,x\,d\varphi\,d\eta = 2\,\sigma_y\,\sin\frac{d\varphi}{2}\,dx\,d\eta.$$

Die beiden Glieder $+$ und $-\,\sigma_x\,x\,d\varphi\,d\eta$, welche unendlich klein zweiter Ordnung sind, heben sich gegenseitig auf. Die Gleichung ist mithin auf unendlich kleine Größen dritter Ordnung zu beschränken

Nach 1) ist aber

$$\mathrm{x}\sigma_{\mathrm{x}} = -\,\frac{\mathrm{m}}{\mathrm{m}^2-1}\,\mathrm{E}\eta\left(\mathrm{m}\,\mathrm{x}\,\frac{\mathrm{d}^2\mathrm{z}}{\mathrm{d}\mathrm{x}^2} + \frac{\mathrm{d}\mathrm{z}}{\mathrm{d}\mathrm{x}}\right),$$

also der partielle Differentialquotient

$$\frac{\partial(\mathrm{x}\sigma_{\mathrm{x}})}{\partial\mathrm{x}} = -\,\frac{\mathrm{m}}{\mathrm{m}^2-1}\,\mathrm{E}\eta\left(\mathrm{m}\,\mathrm{x}\,\frac{\mathrm{d}^3\mathrm{z}}{\mathrm{d}\mathrm{x}^3} + (\mathrm{m}+1)\,\frac{\mathrm{d}^2\mathrm{z}}{\mathrm{d}\mathrm{x}^2}\right).$$

Setzt man vorstehenden Werth von $\dfrac{\partial(\mathrm{x}\sigma_{\mathrm{x}})}{\partial\mathrm{x}}$, sowie den Werth von σ_y aus 2) in 3) ein, so erhält man:

$$\mathrm{m}\,\mathrm{x}\,\frac{\mathrm{d}^3\mathrm{z}}{\mathrm{d}\mathrm{x}^3} + (\mathrm{m}+1)\,\frac{\mathrm{d}^2\mathrm{z}}{\mathrm{d}\mathrm{x}^2} = \frac{\mathrm{d}^2\mathrm{z}}{\mathrm{d}\mathrm{x}^2} + \frac{\mathrm{m}}{\mathrm{x}}\,\frac{\mathrm{d}\mathrm{z}}{\mathrm{d}\mathrm{x}},$$

woraus sich durch dreimalige Integration mit Rücksicht auf die angenommene Lage des Axensystems ergiebt[1]):

$$\mathrm{z} = \frac{1}{4}\,\mathrm{c}\mathrm{x}^2,$$

$$\frac{\mathrm{d}\mathrm{z}}{\mathrm{d}\mathrm{x}} = \frac{1}{2}\,\mathrm{c}\mathrm{x}$$

$$\text{und}\quad \frac{\mathrm{d}^2\mathrm{z}}{\mathrm{d}\mathrm{x}^2} = \frac{1}{2}\,\mathrm{c},$$

unter c eine noch zu bestimmende Constante verstanden.

---

wonach dann auch $\dfrac{\mathrm{d}\varphi}{2}$ für $\sin\dfrac{\mathrm{d}\varphi}{2}$ gesetzt werden kann. Hiernach ergiebt sich

$$\mathrm{x}\,\frac{\partial\sigma_{\mathrm{x}}}{\partial\mathrm{x}}\,\mathrm{d}\mathrm{x}\,\mathrm{d}\varphi\,\mathrm{d}\eta + \sigma_{\mathrm{x}}\,\mathrm{d}\mathrm{x}\,\mathrm{d}\varphi\,\mathrm{d}\eta = \sigma_y\,\mathrm{d}\mathrm{x}\,\mathrm{d}\varphi\,\mathrm{d}\eta$$

und nach Division mit $\mathrm{d}\mathrm{x}\,\mathrm{d}\varphi\,\mathrm{d}\eta$

$$\mathrm{x}\,\frac{\partial\sigma_{\mathrm{x}}}{\partial\mathrm{x}} + \sigma_{\mathrm{x}} = \sigma_y$$

$$\text{oder}\quad \frac{\partial(\mathrm{x}\sigma_{\mathrm{x}})}{\partial\mathrm{x}} = \sigma_y\,.$$

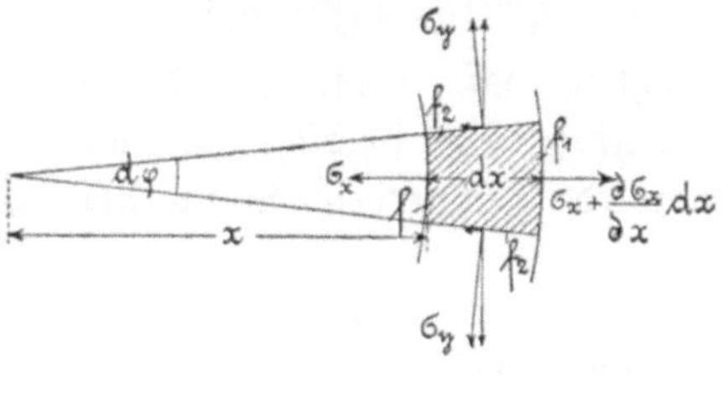

Figur 3.

[1]) Aus

$$\mathrm{m}\,\mathrm{x}\,\frac{\mathrm{d}^3\mathrm{z}}{\mathrm{d}\mathrm{x}^3} + (\mathrm{m}+1)\,\frac{\mathrm{d}^2\mathrm{z}}{\mathrm{d}\mathrm{x}^2} = \frac{\mathrm{d}^2\mathrm{z}}{\mathrm{d}\mathrm{x}^2} + \frac{\mathrm{m}}{\mathrm{x}}\,\frac{\mathrm{d}\mathrm{z}}{\mathrm{d}\mathrm{x}}$$

folgt

$$\mathrm{m}\,\mathrm{x}\,\frac{\mathrm{d}^3\mathrm{z}}{\mathrm{d}\mathrm{x}^3} + \mathrm{m}\,\frac{\mathrm{d}^2\mathrm{z}}{\mathrm{d}\mathrm{x}^2} - \frac{\mathrm{m}}{\mathrm{x}}\,\frac{\mathrm{d}\mathrm{z}}{\mathrm{d}\mathrm{x}} = 0$$

$$\frac{\mathrm{d}^3\mathrm{z}}{\mathrm{d}\mathrm{x}^3} + \frac{1}{\mathrm{x}}\,\frac{\mathrm{d}^2\mathrm{z}}{\mathrm{d}\mathrm{x}^2} - \frac{1}{\mathrm{x}}\,\frac{\mathrm{d}\mathrm{z}}{\mathrm{d}\mathrm{x}} = 0$$

$$\frac{\mathrm{d}^3\mathrm{z}}{\mathrm{d}\mathrm{x}^3} + \frac{\mathrm{d}}{\mathrm{d}\mathrm{x}}\left(\frac{1}{\mathrm{x}}\,\frac{\mathrm{d}\mathrm{z}}{\mathrm{d}\mathrm{x}}\right) = 0$$

und hieraus durch Integration

$$\frac{\mathrm{d}^2\mathrm{z}}{\mathrm{d}\mathrm{x}^2} + \frac{1}{\mathrm{x}}\,\frac{\mathrm{d}\mathrm{z}}{\mathrm{d}\mathrm{x}} = \mathrm{c}$$

(Forts. umstehend.)

Aus dem Ausdruck für z folgt, wenn man die Durchbiegung des betrachteten Plattenstücks in der Mitte, das ist auch die negative z-Ordinate des Randes in dem gezeichneten Axensystem, mit δ, und den Radius des Stückes, d. i. den Radius des Druckstempels mit r bezeichnet,

$$-\delta = \frac{1}{4}\, c r^2,$$

$$\text{mithin } c = -\frac{4\delta}{r^2}.$$

Wird hierin $r = 50$ mm und für δ die gemessene Durchbiegung ($= 0{,}27$ mm), bis zu welcher die Biegung proportional der Belastung zu wachsen schien, eingesetzt, so erhält man für diese bestimmte Biegung:

$$c = -\frac{4 \cdot 0{,}27}{2500} = -0{,}00043,$$

mithin

$$\frac{1}{x}\frac{dz}{dz} = \frac{d^2z}{dx^2} = \frac{1}{2}\, c = -0{,}000215,$$

und die Dehnungen:

$$\varepsilon_x = \varepsilon_y = 0{,}000215\,\eta.$$

Die Platte hatte eine Dicke von 10,2 mm. Da der Druckstempel gut eingeölt war, so wird bei der in Betracht gezogenen Belastung die Reibung an der Druckfläche noch keinen merkbaren Einfluß auf die Biegung gehabt haben, so daß die Mittelfläche der Platte als neutrale Fläche anzusehen war. Die Dehnung betrug demnach in den äußeren Flächen mit $\eta = \pm 5{,}1$

$$\varepsilon_x = \varepsilon_y \pm 0{,}000215 \cdot 5{,}1 = \pm\, \mathbf{0{,}0011}.$$

Dieselbe war also für das ganze Plattenstück nach allen Richtungen gleich groß. Die Dehnung an der Elastizitätsgrenze, welche sich bei den Zugversuchen mit den zur Platte gehörigen Stäben ergeben hatte, und welche ebenfalls nach den verzeichneten Dehnungskurven bestimmt war, betrug

$$\varepsilon = \mathbf{0{,}00135} \text{ bezw. } \mathbf{0{,}0014}.$$

Nun ist jedoch zu beachten, daß, wenn bei der Biegung einer Platte in den äußersten Schichten die Elastizitätsgrenze überschritten wird, dies nicht sogleich an der Durchbiegung merkbar sein wird. Außerdem konnte diese Durchbiegung nur mittels

------

oder

$$x\frac{d^2z}{dx^2} + \frac{dz}{dx} = \frac{d\left(x\dfrac{dz}{dx}\right)}{dx} = c\,x,$$

also weiter

$$x\frac{dz}{dx} = \frac{1}{2}\, c x^2 + c_1$$

$$\frac{dz}{dx} = \frac{1}{2}\, c x + \frac{c_1}{x}$$

$$z = \frac{1}{4}\, c x^2 + c_1 l_n x + c_2.$$

Die beiden Constanten c_1 und c_2 ergeben sich $= 0$ aus der Bedingung, daß für $x = 0$ auch $\frac{dz}{dx} = 0$ und $z = 0$ ist; folglich wird $z = \frac{1}{4}\, c x^2.$

eines Hebelapparates gemessen werden, während bei den Stäben Spiegelapparate benutzt waren. Es ist daher anzunehmen, daß die Elastizitätsgrenze, wie sie bei den Stäben festgestellt werden konnte, an der Platte bei jener Durchbiegung von 0,27 mm, bei welcher zuerst eine Abweichung von der Proportionalität erkannt wurde, sowohl auf der Zug= wie auf der Druckseite bereits überschritten war, daß also die ermittelte Dehnung von 0,0011 schon jenseits der Elastizitätsgrenze liegt. Das Ergebniß ist folgendes:

Wenn ein schmiedeiserner Körper zugleich nach zwei zu einander senkrechten Richtungen gleich stark auf Zug oder Druck beansprucht wird, so wird die Elastizitätsgrenze schon bei einer Dehnung erreicht, welche **kleiner** ist, als

$$\frac{0,0011}{0,0014} = 0,78$$

von derjenigen Dehnung, welche der Elastizitätsgrenze im Falle eines einfachen Zuges entspricht.

Die Zerstörung der Platte trat in der Weise ein, daß sich an der Druckstelle eine ringförmige Einschnürung bildete und schließlich das Mittelstück aus der Platte heraus= gescheert wurde (Fig. 4.) Die spezifische bleibende Dehnung an dieser Stelle in tan=

Figur 4.

gentialer Richtung, bestimmt aus der Aenderung des betreffenden Kreisdurchmessers, betrug auf der Zugseite 0,04, auf der Druckseite (wegen der Reibung) 0,00, in der Mittelfläche also etwa 0,02 Das ausgescheerte Stück hatte am Rande, senkrecht zur Oberfläche gemessen, eine Dicke von 6,7 mm. Der Ringschnitt von $\pi . 100 . 10,2$ qmm war also auf $\pi . 102 . 6,7$ qmm, d. i. auf 0,67 der ursprünglichen Größe zurückgegangen. Macht man nun (nach Kick) die Voraussetzung, daß bei jeder Gestaltsänderung, welche über die Elastizitätsgrenze hinausgeht, die Volumenänderung im Vergleich mit den Aenderungen der einzelnen Längen vernachlässigt, das Volumen also konstant gesetzt werden kann, so entspricht jener Querschnittsverminderung eine Dehnung in radialer Richtung von im Mittel

$$\varepsilon = \frac{1}{0,67} - 1 = \mathbf{0,49.}$$

Der Bruchquerschnitt der zerrissenen Stäbe betrug 0,509 bezw. 0,583 des ursprüng= lichen Querschnitts, woraus sich für die Stäbe eine Bruchdehnung von

$$\varepsilon = \mathbf{0,96} \text{ bezw. } \mathbf{0,72}$$

berechnet. Die Bruchdehnung bei der Platte betrug mithin in radialer Richtung nur reichlich die Hälfte, in tangentialer Richtung nur etwa 5 pCt. der Bruchdehnung der Stäbe. Ein Vergleich ist jedoch hier nicht gut zulässig, weil bei der Platte nicht ein reines Zerreißen, sondern hauptsächlich ein Abscheeren in dem Bruchquerschnitt stattfand.

Zweite Platte.

Bei der zweiten Platte wurde, um die Zerstörung möglichst in der Mitte, und zwar durch reines Zerreißen herbeizuführen, ein Druckstempel verwendet, welcher nach einer Kugelfläche von 30 mm Radius abgerundet war. (Für die dritte Platte soll der Stempel eine paraboloidische oder ellipsoidische Druckfläche erhalten, so daß der Krümmungsradius von der Mitte aus stetig zunimmt.) Sofort nach dem Erscheinen der Fließfiguren in dem mittleren Theil der Platte, sowie später nach der Entlastung wurden in der oben erwähnten Weise mittels eines Doppelreißers Linien aufgerissen, wie in Fig. 5 angedeutet ist. Die Ausmessungen ergaben eine mittlere spezifische elastische Dehnung von

0,00083   0,00109   0,00103 und 0,00085,

im Mittel **0,00095**

in radialer Richtung, und

0,00117   0,00113   0,00108   —,

im Mittel **0,00113**

in tangentialer Richtung.

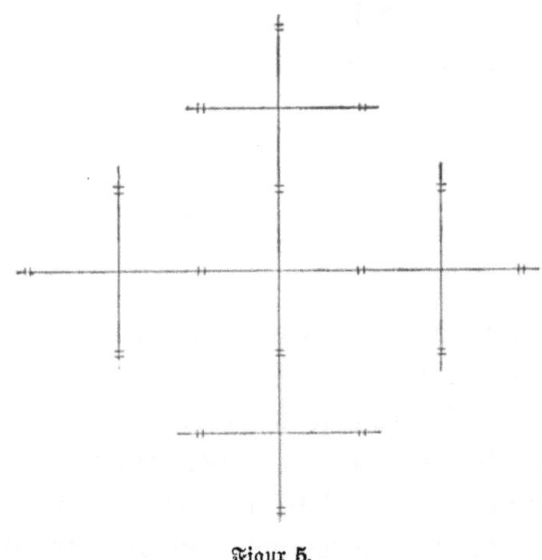

Figur 5.

Bei den Zugversuchen mit den zugehörigen Stäben betrug die Dehnung an der Elastizitätsgrenze

0,0010,

also ungefähr ebenso viel, wie beim Eintreten der Fließfiguren auf der Platte. Wie weit nun hierbei die Elastizitätsgrenze überschritten ist, wird genau schwer zu bestimmen sein. Einigen Anhalt zur Beurtheilung dieser Frage geben die Biegungsversuche mit den Stäben. Durch Rechnung läßt sich leicht finden, daß bei der gewählten Belastung der Stäbe auf Biegung die aus den Zugversuchen ermittelte Elastizitätsgrenze in den äußern Fasern erreicht wurde bei einer Belastung von **255 kg.** Die Fließfiguren traten jedoch erst bei einer Belastung von **525** bezw. **500 kg** ein. Da die elastischen Dehnungen (und diese waren auf der Platte ja nur gemessen worden) auch nach dem Ueberschreiten der Elastizitätsgrenze ungefähr proportional der Belastung wachsen, so mußten beim Eintritt der Fließfiguren die Dehnungen schon nahezu doppelt so groß sein, als an der Elastizitätsgrenze. Ist nun bei der Biegung einer Platte das Verhältniß der

Dehnung beim Eintritt der Fließfiguren zu derjenigen an der Elastizitätsgrenze dasselbe, wie bei der Biegung von Stäben (was doch sehr wahrscheinlich sein dürfte), so ist bei der Inanspruchnahme des Mittelstücks einer gebogenen Platte die Dehnung an der Elastizitätsgrenze nur etwa halb so groß, wie bei einem einfachen Zuge.

Die werthvollsten der bisher erlangten Resultate ergaben die Ausmessungen der auf dem mittleren Plattentheil verzeichneten kleinen Quadrate vor der Belastung und nach dem Bruch der Platte. Es waren im Ganzen 8 Quadrate, zu je zweien auf einem Radius in den Abständen von 6 und 16,5 mm vom Mittelpunkt liegend, auf= gerissen und vor der Belastung der Platte einzeln genau ausgemessen. Bei zunehmender Durchbiegung der Platte wurde gegen Ende des Versuchs der ganze mittlere Theil, soweit er sich um den gut geölten kugelförmigen Druckstempel herumlegte, allseitig so stark ausgedehnt, daß er auf der Zugseite ein krispeliges Aussehen annahm, wie es bei einem einfachen Zuge an der Einschnürungsstelle auftritt. Schließlich bildete sich ein halbkreisförmiger, zum Plattenmittelpunkt konzentrischer Riß dicht neben den äußern Quadraten (bei a, Fig. 6).

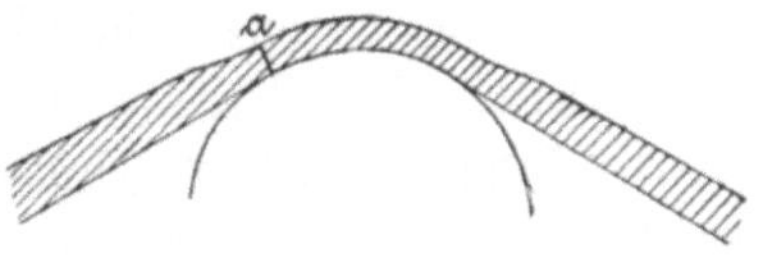

Figur 6.

Die 4 dem Mittelpunkt zunächst liegenden Quadrate zeigten nun eine Dehnung von

0,347 0,412 0,372 0,386,

im Mittel 0,379 in radialer Richtung, und

0,352 0,343 0,293 0,340

im Mittel 0,332 in tangentialer Richtung

und die 4 äußeren Quadrate ergaben eine Dehnung von

0,484 0,426 — 0,506

im Mittel 0,472 in radialer Richtung und

0,283 0,349 0,288 0,350

im Mittel 0,318 in tangentialer Richtung.

Das eine der letzteren Quadrate, welches eine radiale Dehnung von 0,506 und eine tangentiale Dehnung von 0,350 erfuhr, liegt so dicht neben dem Riß, daß die eigentlichen Bruchdehnungen an dem Risse selbst nur wenig größer sein können, als obige Werthe; für die Bruchdehnung in tangentialer Richtung, welche ja proportional der Zunahme des Halbmessers ist, wird man sogar den obigen Werth 0,350 ohne weiteres setzen können.

Die Bruchdehnung der zugehörigen Stäbe (aus dem Bruchquerschnitt ermittelt) betrug

1,02 und 1,28, im Mittel also 1,15.

Mag nun auch die radiale Dehnung auf der Platte unmittelbar am Riß vielleicht noch etwas größer als halb so groß (0,57) gewesen sein, was kaum wahrscheinlich ist,

14

die tangentiale Dehnung betrug nach Vorstehendem nur etwa ein Drittel davon.   Man darf daher wohl annehmen, daß, wenn der Riß genau in der Mitte eingetreten wäre, wo die Dehnung nach allen Richtungen gleich groß ist, diese nicht größer als **0,57**, d. h. halb so groß als beim Zerreißen der Stäbe gewesen wäre.   Hieraus folgt also:

Wenn ein schmiedeiserner plattenförmiger Körper an einer Stelle (wie die untersuchten Platten in der Mitte) zugleich nach zwei zu einander senkrechten Richtungen (mithin auch nach allen andern Richtungen) gleich stark beansprucht wird, so tritt der Bruch schon bei einer Dehnung ein, welche nach jeder der beiden Richtungen etwa halb so groß ist, als die Bruchdehnung im Fall eines einfachen Zuges.

Wahrscheinlich dürfte es sein, daß bei der erstgenannten Inanspruchnahme auch die Dehnung an der Elastizitätsgrenze nur etwa halb so groß ist, als im Falle eines einfachen Zuges.   Wenn auch die etwas mangelhaften Ergebnisse bezüglich dieser Dehnungen nicht genügen, um den vorstehenden Satz zu beweisen, so wird derselbe doch durch die betreffenden Messungen an der zweiten Platte bestätigt, und die an der ersten Platte stehen nicht im Widerspruch damit.

Was von den Dehnungen im engeren Sinne gilt, wird beim Schmiedeisen auch von den Zusammendrückungen gelten, da das Schmiedeisen sich bekanntlich gegen Zug und Druck ungefähr gleich verhält.   Die Verrückung der kleinsten Theilchen gegen einander bleibt in beiden Fällen so lange rückgehbar (elastisch) als die Reibung zwischen den einzelnen Blättchen, zu welchen die ursprünglich krystallinisch-körnigen Körperchen durch das Walzen übergeführt sind, nicht überwunden wird.   Sobald aber der Zug oder Druck größer wird, als diese Reibung zwischen den Blättchen, zwischen welchen der Zusammenhang ein weniger fester ist, als zwischen den Theilchen innerhalb eines Blättchens, so tritt das „Fließen", d. h. in einem Falle ein Auseinanderschieben, im andern Falle ein Ineinanderschieben der Blättchen ein, welches die bleibende Ver= längerung oder Verkürzung ergiebt, bis endlich der Zusammenhang bei Verschiebungen, die in beiden Fällen erfahrungsgemäß ungefähr gleich groß sind, vollständig aufhört.

Als feststehend wird nach diesen Untersuchungen anzusehen sein, daß die bisher übliche Beurtheilung der Inanspruchnahme eines zugleich nach zwei Richtungen gezogenen oder gedrückten Körpers nach der größten positiven oder negativen Dehnung allein nicht zulässig ist.   Die Inanspruchnahme auf Zug, welche eine cylindrische Wand in tangentialer Richtung durch den Druck einer gepreßten Flüssigkeit auf die Innenfläche erleidet, wird also durch einen gleichzeitig ausgeübten axialen Zug nicht vermindert, wie es nach der üblichen Annahme sein müßte, sondern vermehrt.

Ist bei einer gleich starken Inanspruchnahme nach z w e i zu einander senkrechten Richtungen die Bruchdehnung (und daher auch wohl die zulässige Dehnung) nur h a l b so groß, wie bei einem einfachen Zuge, so liegt die Vermuthung nahe, daß bei einer gleich starken Inanspruchnahme nach d r e i zu einander senkrechten Richtungen die Bruchdehnung nur etwa ein Drittel von der Bruchdehnung beim einfachen Zuge beträgt, und sind die Inanspruchnahmen nach den verschiedenen Richtungen nicht gleich, so wird die algebraische Summe der Dehnungen maßgebend sein.   Doch sind jedenfalls noch weitere Versuche zur Klarlegung dieses Verhaltens erforderlich.

2. Ueber Ausstellungen, welche gegen die amtlichen in der Königlichen mechanisch-technischen Versuchsanstalt ausgeführten Papierprüfungen erhoben worden sind.

Vom Vorsteher, Ingenieur A. Martens.

Gegen die amtlichen Papierprüfungen sind vielfach sowohl direkt bei der Versuchs=anstalt Beschwerden eingelaufen, als auch in der „Papierzeitung" und an anderen Orten Ausstellungen erhoben worden. Da es nothwendig ist, daß Zweifel an der Zuverlässigkeit und Gewissenhaftigkeit der Geschäftsleitung der Versuchsanstalt nicht auf=kommen oder gar Boden gewinnen können, so bin ich von der Königlichen Kommission zur Beaufsichtigung der technischen Versuchsanstalten beauftragt worden, über die ein=gelaufenen Beschwerden und Ausstellungen hier öffentlich zu berichten. Ich komme diesem Auftrage mit dem Bewußtsein nach, daß nichts mehr als eine öffentliche Be=sprechung der angewendeten Prüfungsverfahren und ihrer Fehlerquellen dazu beitragen kann, die amtlichen Prüfungen sicher und vertrauenswürdig zu machen.

Bevor zu der Mittheilung der einzelnen Fälle übergegangen wird, ist über den Geschäftsgang, welcher bei Ausstellungen gegen die Prüfungsergebnisse eingeschlagen wird, Folgendes zu berichten.

In jedem Falle wird aus dem in der Versuchsanstalt aufbewahrten Probenrest das für eine Nachprüfung erforderliche Material entnommen und mit besonderen Be=zeichnungen versehen, so daß die Zugehörigkeit von den ausführenden Beamten nicht mehr erkannt werden kann. Diese Proben gehen in die Papierprüfungsabtheilung und werden daselbst auf alle oder auf die beanstandeten Eigenschaften nochmals untersucht, und zwar ohne daß die betreffenden Beamten Kenntniß von dem besonderen Zweck der Kontrolprüfung, dem Ursprung der Proben und dem Inhalt der Beschwerde haben. Zugleich werden alle Aufzeichnungen und Bücher einer Nachprüfung unterzogen. Ueber diese Vorgänge wird dem Beschwerdeschreiben ein Protokoll beigefügt, und beides kommt zu den Beschwerdeakten. Dieses Aktenstück wird seit dem 1. Juli 1886 geführt.

Da bei der Nennung der Namen der Antragsteller und der sonst betheiligten Firmen unnöthiger Weise Geschäftsinteressen verletzt werden könnten, so werden im Nachstehenden nur die Buchungsnummern mitgetheilt, unter welchen die einzelnen Fälle im Hauptbuch der Papierprüfungsabtheilung verzeichnet sind.

I. Ausstellungen, welche bei der Versuchsanstalt eingingen.
a) Ausstellungen, welche als berechtigt anerkannt wurden.

1. Gegen die Ergebnisse der Festigkeitsprüfungen sind gerichtet:

Nr. 859. Antragsteller schickt das Attest zurück, weil ihm das Mittel der Reiß=länge nicht erklärlich ist. Ein Schreibfehler ist vorhanden und beim Ver=gleichen übersehen worden.

Nr. 905. Die Zahlen für die Reißlänge sind falsch, weil die Schaulinien nicht mit dem der benutzten Feder entsprechenden Kraftmaßstabe ausgemessen wurden.

2. Gegen die Ergebnisse der mikroskopischen Untersuchung sind gerichtet:

Nr. 743.   Das Standesamtspapier sollte nach der ersten Prüfung aus Leinen-, Hanf- und Baumwollfasern bestehen; der Antragsteller behauptet, daß letztere nur als Spuren vorhanden sein können.   Die Kontroluntersuchung ergiebt die Richtigkeit dieser Behauptung.

Nr 731.   In dem Zeichenpapier waren bei der ersten Prüfung Leinen- und geringe Mengen Hanffasern gefunden.   Der Antragsteller sagt aus, daß er 20 % Baumwolle zugesetzt habe.   Die Nachprüfung bestätigt dies.

Nr. 745.   In dem Urkundenpapier war Leinen- mit Zusatz von Baumwolle und Holzzellulose gefunden worden.   Der Antragsteller hat nur reine weiße Leinenabfälle verarbeitet und bestreitet die Anwesenheit von Holzzellulose. Die Nachprüfung ergiebt so außerordentlich geringe Mengen der letzteren, daß der erste Befund nicht aufrecht erhalten werden kann.

Nr. 598.   Antragsteller behauptet, dem Papier 10—12 % Zellulose zugesetzt zu haben, während im Attest Zellulose nicht aufgeführt war.   Bei der ersten Untersuchung war in der That Zellulose im Papier bemerkt worden, man hatte aber die Menge derselben für so gering erachtet, daß von der Auf- zählung im Atteste Abstand genommen wurde.   Da man der Meinung war, einen Zusatz von 10—12 % Zellulose durch das Mikroskop deutlicher erkennen zu können, als es in der Probe der Fall war, so wurde der Fabrikant um Aeußerung darüber gebeten, ob nach seiner Erfahrung eine unvollkommene Mischung im Holländer möglich sei, und ob er sich verbürgen könne, daß von seinen Arbeitern thatsächlich 10—12 % Zellulose zugesetzt seien.   Die weiter eingesandten Proben aus der gleichen Fertigung ergaben dasselbe mikroskopische Bild.   Auf Wunsch des Antragstellers wurde das Vorhanden- sein von Zellulose nachträglich bescheinigt.

Nr. 494.   Bei der ersten Untersuchung war Alfastoff gefunden worden.   Bei der Kontroluntersuchung lautete das Urtheil auf sehr geringe Mengen Alfa. Da inzwischen die Erkennung von Alfa eine wesentlich zuverlässigere geworden ist, so wurde bei Gelegenheit dieser Veröffentlichung der Fall nochmals geprüft und hierbei Alfa nicht gefunden.   Das Attest war schon auf Grund der Kontrolprüfung berichtigt worden.

3.   Gegen die chemischen Prüfungen sind gerichtet:

Nr. 733.   Durch Versehen der Kanzlei war in der Bescheinigung über die Prüfung auf freie Säure das Wort „nicht" in — freie Säure ist „n i c h t" vorhanden — ausgelassen.

Nr. 561.   Die Bescheinigung über die Leimung fehlte und wurde nachträglich ausgefüllt.

Hierzu muß noch bemerkt werden, daß in den ersten Betriebsjahren 1884 und 1885 ebenfalls einige Ausstellungen vorgekommen sind.   Jedoch können sie ihrem Inhalte nach nicht mehr alle festgestellt werden, da die Fälle erst seit dem 1. Juli 1886 gesammelt wurden.   Im allgemeinen hat mit wachsender Erfahrung die Zahl der berechtigten Ausstellungen abgenommen, und es ist immer mehr Sorge getragen worden, durch die Art der Betriebsorganisation das Vorkommen von Irrthümern und Fehlern auf ein möglichst geringes Maaß zurück zu führen.

b) Ausstellungen, welche als unberechtigt haben zurückgewiesen werden müssen.

1. Gegen die Festigkeitsprüfungen waren gerichtet:

Nr. 822a, 867, 874 und 879, 990 und 991, 967a.

Bei dem Papier 990 wollte der Fabrikant bei eigener Prüfung ein wesentlich besseres (Zahlen sind nicht mitgetheilt) Ergebniß gefunden haben. Bei Papier 822a und bei 967a und 991 waren die Lieferungsbedingungen nicht erfüllt. Die Lieferanten sprachen alsdann Zweifel an der Richtigkeit der Ergebnisse aus. 822a, 867, 874 und 879 sollen die gleichen Papiere gewesen sein, und man beklagt sich über die Verschiedenheit der Ergebnisse, indem man auf ein ganz altes Attest (Nummer ist nicht genannt) Bezug nimmt, welches bessere Werthe enthalten soll. Daß der Zweifel nicht gerechtfertigt ist, ergiebt sich aus den Zahlen der Tabelle 1.

Tabelle 1.

Nr.	Untersuchung	Reißlänge km	Dehnung %
822a	alte	3,31	3,2
	neue	3,41	2,8
867	alte	3,46	3,2
	neue	3,33	3,0
874	alte	4,10	3,0
	neue	3,72	3,1
879	alte	3,07	3,0
	neue	2,96	2,9
990	alte	4,63	3,5
	neue	4,94	3,3
967a	alte	4,56	3,3
	neue	4,56	3,0
991 gleiche Lieferung		4,52	3,2

Die Aschengehalte bei den zu dieser Prüfung eingesandten Papiere sind: 3 Bogen mit 1,75 und 5 Bogen mit 3,0—3,25%, also schon hier dürften Papiere aus verschiedenen Fertigungen vorgelegen haben.

Nr. 605be und 150bc. Man verwundert sich, daß die Dehnungen verschieden ausfallen. Die Dehnungen von Papieren, die aus angeblich gleichem Stoff in Zeitabschnitten von mehr als einem Jahr Spielraum hergestellt sind, können erhebliche Verschiedenheiten zeigen. Im vorliegenden Falle war sogar die Papiermaschine inzwischen verändert worden. Nr. 688 und 860. Die Prüfungen der Fabrikanten hatten größere Dehnungen ergeben, als diejenigen der Versuchsanstalt; man bezweifelte die Richtigkeit der Apparate der letzteren. Unzuverlässigkeit der Apparate kann, wenn die Kraftmessung richtig ist, nur eine zu große Dehnung geben. Die Apparate der Versuchsanstalt werden regelmäßig geprüft, was gebucht wird (Vergl. „Mittheilungen" 1885 S. 4.). Die Nachprüfungen ergaben die Richtigkeit der ersten Werthe.

Ueber die Fehlergrenzen der Festigkeitsprüfungen, über die Umstände, welche auf die Festigkeitseigenschaften des Papiers verändernden Einfluß ausüben können, sowie über die Maßnahmen, welche ergriffen worden sind, um diesen Einflüssen zu begegnen, wolle man vergleichen: „Mittheilungen" 1885 und „Ergänzungsheft" IV 1887.

2. Gegen die Bestimmungen des Widerstandes gegen Zerknittern sind vorwiegend in den ersten Jahren Beschwerden erhoben worden. Nachdem von der Versuchs-anstalt auf die Zweckmäßigkeit einer Vorprüfung seitens der Interessenten aufmerksam gemacht wurde und man in neuerer Zeit den Papierstoff überhaupt sorgfältiger zu mahlen pflegt, sind die Klagen verschwunden. Seit dem ersten Juli 1886 ist nur ein Fall, Nr. 539, notirt; über die in der Versuchsanstalt getroffenen Maßnahmen zur Erzielung einer gleichmäßigen Beurtheilung des Widerstandes gegen Zerknittern vergl. „Papier-Zeitung" 1887 S. 914.

3. Am zahlreichsten laufen die Beschwerden gegen den Befund der mikroskopischen Untersuchungen ein. Das ist aus mehrfachen Gründen erklärlich. Einerseits bildet die mikroskopische Untersuchung in der That den schwierigsten Theil der Prüfungen, und das Personal der Anstalt muß deswegen gut geschult sein. Andererseits sind aber auch die Fabrikanten nicht immer in der Lage, die Stoffzusammensetzung ihrer Papiere genau zu verbürgen. Sie kennen den Inhalt der verwendeten Lumpen und den Grad der Reinheit der zugesetzten Abfallstoffe (Papierspähne) wohl nur in wenigen Fällen. Die Thatsache der Erfüllung der über die Stoffmischung gegebenen Vorschriften ist in einer großen Fabrik, wo der Stoff durch viele Hände geht und in denselben Geräthen hinter-einander weg Papiere verschiedener Stoffzusammensetzung bearbeitet werden, nicht leicht festzustellen. Die Erfahrungen der Versuchsanstalt zwingen sie daher, selbst in den Fällen, wo ihr die Richtigkeit einer Stoffzusammensetzung feierlich verbürgt wird, die Versicherung auch ihr als achtungswerth bekannter Männer nur dann anzuerkennen, wenn ihre eigenen Untersuchungsmethoden sie im Stich lassen. Es würde hier zu weit führen, wollte man alle Fälle einzeln besprechen, vielmehr sollen, um ihre Zahl wenigstens bekannt zu geben, kurz die Papiernummern mitgetheilt werden, welche zu Beanstandungen Anlaß gaben; im übrigen werden nur die wichtigeren Fälle ausführ-licher mitgetheilt.

a) Auf die Verkennung von Lumpenfasern (Hanf, Leinen, Baumwolle) be-ziehen sich:

  Nr. 788a soll Hanf enthalten. Nr. 892 soll keine Baumwolle enthalten. Nr. 599 soll keine Baumwolle, wohl aber Hanf enthalten. Das Attest lautet: Leinen und geringe Mengen Baumwollfasern. Der Fabrikant sendete die Lumpenproben ein. Die Probe, welche 80 % des Stoffgemisches bilden soll, besteht im Schußfaden aus Baumwolle, es ist also ein erheblicher Zusatz von Baumwolle vorhanden. Wie schwer es ist, in den Lumpen das Vorhandensein von Baumwolle beim Sortiren zu erkennen, möge aus dem Umstande erhellen, daß der Versuchsanstalt neue Gespinnstfäden, die angeblich und dem Anschein nach aus Baumwolle bestanden, vorgelegen haben, welchen Leinenfasern beigemischt waren. Nr. 965 ergiebt trotz gegentheiliger Behauptung des Fabrikanten ebenso wie das gleiche später unter Nr. 992 geprüfte Papier keine Lumpenfasern.

b) Auf die Verkennungen von Zellulose beziehen sich:

Nr. 973. (Vergl. „Die Druckpapiere der Gegenwart". Ergänzungsheft IV 1887 der Mittheilungen) Der Fabrikant eines der Papiere bestritt entschieden, daß das Papier aus Holz= und Strohzellulose mit Zusatz von Lumpenfasern hergestellt sei; letztere sollten nach seiner Meinung die Hauptmasse bilden und Strohzellulose nicht vorhanden sein. Da dieser Fabrikant als in jeder Hinsicht zuverlässig bekannt war, so wurde die Untersuchung mehrmals besonders peinlich wiederholt, auch neu eingesendete Papiere angeblich gleicher Fertigung wurden geprüft und immer wieder wurde das gleiche Ergebniß gefunden. Der Fabrikant gab der Versuchsanstalt später die Genugthuung, daß er ihr als das Ergebniß sorgfältiger Untersuchung einen in der Fabrik vorgekommenen Irrthum anzeigte und den Prüfungsbefund als richtig anerkannte.

c) Auf die Verkennung von Holzschliff beziehen sich:

Nr. 788, 813, 949 und 970, 1046. Holzschliff wird trotz den gegentheiligen Behauptungen bestimmt nachgewiesen. Der Fall 949 war der in der „Papierzeitung" 1888 S. 28 u. f. unter „Normalpapiere" behandelte. Die Haltlosigkeit der gegen die Versuchsergebnisse erhobenen Beschwerde geht aus jenen Verhandlungen hervor.

Mit Bezug auf die letztgenannten Fälle ist zu bemerken, daß in der Versuchsanstalt bislang alle von Hölzern entstammenden Fasern, ganz gleichgültig, ob sie auf mechanischem Wege durch „Schleifen" oder durch chemische Zubereitung gewonnen worden sind, als „Holzschliff" bezeichnet werden, wenn sie mit alkoholischer salzsaurer Phlorogluzinlösung die bekannte Holzschliffreaktion geben. Das Vorhandensein des Holzschliffs wird aber auch noch mikroskopisch festgestellt. Der Fall 892 gab wegen der Hartnäckigkeit, mit welcher von Seiten des Fabrikanten die Behauptung aufrecht erhalten wurde, daß in dem Papier keine Baumwolle enthalten sei, Veranlassung, die Sache bis zur völlig unzweifelhaften Feststellung zu verfolgen, worüber im Anschluß an diesen Bericht die eingeforderten Gutachten mitgetheilt werden sollen.

Nr. 1046. Es waren bei einem ungemein festen Papier geringe Mengen Holzschliff und Holzzellulose gefunden worden. Der Fabrikant will solche nicht zugesetzt haben und legt dar, daß deren Anwesenheit nur in Folge schlechtgewaschener Rohrleitungen ꝛc. erklärlich sei und daher höchstens der erste Theil der Fertigung diese Surrogate enthalten könnte. Es war bereits im Voraus in den Akten ein Vermerk gemacht worden, daß in diesem Falle voraussichtlich eine Reklamation einlaufen würde. Ein später eingesendeter, angeblich aus der Mitte der Fertigung entnommener Bogen enthielt keinen Holzschliff, war aber nicht ganz frei von Holzzellulose.

Nr. 1066. Das Schreibpapier soll nach der Behauptung des Antragstellers „aus reinen Hadern", „ohne jeden Erdezusatz" gearbeitet sein. Obwohl der Wortlaut des Attestes — Leinen, Baumwolle und Holzzellulose, Aschengehalt 17,5% — einen so großen Irrthum seitens der Anstalt ohne weiteres als ausgeschlossen erscheinen ließ und die Protokolle die Unmöglichkeit eines Irrthums ergaben, wurde durch Kontrolprüfung der erste Befund voll bestätigt. Hierbei wurde der Zusatz an Zellulose auf etwa 20% geschätzt. Der Antragsteller hält seine Behauptung aufrecht.

4. Gegen die Bestimmung des Aschengehaltes sind folgende Beschwerden gerichtet:

Nr. 701, 822, 973 (vergl.: „Ueber die Druckpapiere der Gegenwart"), 1024.

Nr. 973. Das Druckpapier hatte bei der ersten Prüfung 26,5% Asche ergeben. Der Fabrikant nahm Veranlassung, 6 Proben des gleichen Papiers prüfen zu lassen, welche einen Aschengehalt von 15,6—20,9 ergaben. In Gegenwart des Vertreters des Antragstellers wurde hierauf ein noch vorhandener schmaler Streifen von dem ersten Probematerial untersucht, man erhielt 16,98% Asche. Ein Irrthum schien also nicht ausgeschlossen zu sein. In der Königlichen Bibliothek, von welcher die Proben eingesendet waren, wurde festgestellt, daß dieselben aus verschiedenen Bögen des betreffenden Bandes stammten. Vom Verleger wurden 2 Hefte der Zeitschrift erstanden, deren einzelne Bögen die Aschengehalte 17,9, 18,0, 19,2, 20,2, 22,4, 22,6, 25,0 und 26,6 ergaben. Die erste Prüfung mußte also als richtig anerkannt werden. Nr. 1024 betrifft einen Fall, der in der „Papierzeitung" 1888 S. 326 ausführlich mitgetheilt ist. Obwohl nur reine Hadern verwendet waren, stellte sich der Aschengehalt auf über 3%. In einem ähnlichen früheren Falle konnte durch Untersuchung der Lumpen nachgewiesen werden, daß dieselben zum Schutz gegen Wasser oder Feuer imprägnirt waren und dies die Ursache des hohen Aschengehaltes war. Nach Aussage des Fabrikanten soll dies bei dem fraglichen Papier nicht der Fall gewesen sein. Proben von den verwendeten Lumpen waren nicht mehr vorhanden und konnten deswegen nicht vorgelegt werden.

II. Ausstellungen, welche in der Papierzeitung erhoben wurden.

Der Vorschlag, den die Versuchsanstalt einer Behörde gemacht hatte, bei Ausschreibung von Aktendeckeln eine Reißlänge von 4000 m auszubedingen, gab Herrn Keferstein Veranlassung (Papierzeitung 1888 S. 6) auszusprechen, daß es bei starken Aktendeckeln überhaupt unmöglich sei, eine Reißlänge von 4000 m zu erreichen. Professor Hartig fordert in seinen „Normalien" für thierisch geleimte Aktendeckel eine Reißlänge von 5500 m und eine Bruchdehnung von 4,5%. Hiernach schien die Forderung von 4000 m keine übermäßig hohe zu sein, obwohl der größte Werth für die bei den amtlichen Prüfungen von Aktendeckeln gefundenen Reißlängen sich auf 3740 m belief, während die Bruchdehnung 4,4 % betrug, denn alle untersuchten Akten=deckel waren mit wenigen Ausnahmen aus Surrogaten gefertigt und augenscheinlich geringwerthige Waare. Die Versuchsanstalt nahm Veranlassung, bei Herrn Professor Hartig Nachfrage zu halten. Derselbe theilte mit, daß die von ihm veröffentlichten Qualitätsnormen nicht in demjenigen Sinne als Erfahrungszahlen aufzufassen seien, daß für jede Angabe nothwendig Beobachtungszahlen vorgelegen hätten, welche die angegebenen Zahlen überstiegen. Die Zahlen stellen vielmehr diejenigen Forderungen dar, welche nach Hartigs Ansicht die Konsumenten nach Lage der Sache zu stellen berechtigt sind, und er glaubt auf Grund seiner Erfahrung, daß die technische Möglich=keit, seine Zahlen inne zu halten, nicht bestritten werden könne. Es ist nunmehr von Seiten der Versuchsanstalt eine eingehende Untersuchung alter, gut bewährter Akten=deckel in Angriff genommen worden, um auch ihrerseits einen Anhalt darüber zu gewinnen, welche Anforderungen man in der Folge an Aktendeckel werde stellen können.

Die Ausstellungen, welche Dr. Wurster in der „Papierzeitung" 1888 S. 288 gegen die Bestimmung von Chlor und freier Säure erhob, müssen als berechtigt aner=kannt werden, da sowohl freies Chlor als auch freie Säure in ganz kurzer Zeit nicht mehr nachweisbar sein werden. Die Mineralsäuren können wegen der Fabrikations=verhältnisse ursprünglich überhaupt nur in Spuren vorhanden gewesen sein, welche voraussichtlich in fertigem Papiere in kurzer Zeit gebunden werden. Man war früher anderer Ansicht und dies ist der Grund gewesen, welcher die bei der Begründung der Abtheilung für Papierprüfung betheiligten Sachverständigen veranlaßte, die betreffende Tarifbestimmung in Vorschlag zu bringen. Trotz der Offenkundigkeit der Gründe für die Unwahrscheinlichkeit des Vorhandenseins an freier Säure gab das Papier Nr. 985 Veranlassung zu Meinungsverschiedenheiten zwischen Antragsteller und Versuchsanstalt, weil ein städtisches Untersuchungsamt mit anscheinend unzulänglichen Methoden freie Säure und zwar 0,26 % (bezogen auf wasserfreie Schwefelsäure) nachgewiesen hatte, während in der Versuchsanstalt keine Säure gefunden war. Es wird von der Versuchs=anstalt der Fortfall der Forderung einer Prüfung auf freie Säure in Anregung gebracht werden. Die Prüfung auf freies Chlor findet bereits seit Juli 1886 nicht mehr statt, was in den „Grundsätzen für die amtliche Papierprüfung" („Mittheilungen aus den technischen Versuchsanstalten" 1886, „Papierzeitung" 1886 S. 1030) ausdrücklich ausgesprochen worden ist.

In der „Papierzeitung" 1888 S. 327 befürwortet Herr Hoesch die Erhöhung des zulässigen Aschengehaltes für die Stoffklasse I. Hierzu ist zu bemerken, daß es irrig sein würde, auf Grund eines einzelnen, noch dazu nicht völlig aufgeklärten Falles die Erhöhung des Aschengehaltes zu verlangen. Wenn auch zugegeben werden muß, daß durch einen Aschengehalt von 3 bis 5 % die Festigkeit und Dauerhaftigkeit des Papiers nicht wesentlich beeinträchtigt werden wird, so ist doch zu bedenken, daß zur Erlangung eines Aschengehaltes von nur 2 % die Fabrikation eine wesentlich sorgfältigere sein muß, als bei Gestaltung eines höheren Aschengehaltes. Eine möglichst sorgfältige Herstellung der Papiere kommt jedenfalls ihrem Gebrauchswerthe zu gut, und sie wurde deswegen für Stoffklasse I als besonders erstrebenswerth erachtet.

„Papierzeitung" 1888 Nr. 36 S. 708. Herr Alfred Beckh spricht die Vermuthung aus, daß bei der in der Anstalt üblichen Form der Aschenbestimmung dadurch Fehler entstehen könnten, daß die Asche beim Abkühlen an freier Luft Wasser anziehe. Die nachfolgende Tabelle zeigt die Unhaltbarkeit dieser Vermuthung. Herr Dr. Müller glaubt, daß erhebliche Fehler bei der Aschenbestimmung mittelst der Reimann'schen Wage entstehen könnten („Papierzeitung" Nr. 32 S. 627). Diese Wage giebt bei voller Belastung einen Ausschlag von 2 Skalentheile für 0,01 g. Da sicher 0,25 Skalentheile geschätzt werden und stets 1 g Papier zur Aschenbestimmung benutzt wird, so ist die durch die Empfindlichkeit der Wage bedingte Fehlergrenze geringer als 0,25 %. Jede Aschenbestimmung wird mindestens zweimal von verschiedenen Beamten ausgeführt, so daß Gewähr für die Vermeidung von Irrthümern gegeben ist.

Feuchtigkeitsaufnahme der Papierasche unter verschiedenen Umständen.

Papierbezeichnung	Probemenge (bei 100° getrocknet)	Asche im Exsikkator abgekühlt	Nach n-stündigem Stehen in der freien Luft			Im absolut feuchten Raum
			½ Stunde	1 Stunde	18 Stunden	1 Stunde
1. **Kupferdruckpapier:** Leinen, Baumwolle und Strohzellulose	1,366 g	0,2394 g 17,52 %	0,2400 g 17,57 %	0,2400 g 17,57 %	0,2402 g 17,58 %	0,2412 g 17,66 %
2. **Konzeptpapier:** Holz und Strohzellulose	1,25 g	0,1130 g 9,04 %	0,1135 g 9,08 %	0,1135 g 9,08 %	0,1135 g 9,08 %	0,1151 g 9,21 %
3. **Kanzleipapier:** Leinen und Baumwolle	1,15 g	0,0276 g 2,40 %	0,0276 g 2,40 %	0,0276 g 2,40 %	— —	0,0285 g 2,48 %

3. Bericht über einen Streitfall, betreffend die mikroskopische Untersuchung von Papier.

Vom Vorsteher, Ingenieur A. Martens.

Gegen den Befund der mikroskopischen Untersuchung eines Standesamtspapieres (T. Nr. 889) wurde Beschwerde erhoben, weil dasselbe auf das Vorhandensein von „geringen Mengen Baumwollfasern" lautete. Der Antragsteller behauptete, daß die mikroskopische Untersuchung des Papiers eine irrthümliche sein müßte, da bei der Herstellung desselben baumwollene Stoffe nicht Verwendung gefunden hätten. Bei der Kontrolprüfung kamen vier Beamte der Versuchsanstalt unabhängig von einander und ohne Kenntniß des Zweckes der Untersuchung zu dem Ergebniß der ersten Prüfung. Das Urtheil lautete: „Leinen- und geringe Mengen Baumwollfasern." Dieses

Ergebniß wurde nunmehr dem Antragsteller mitgetheilt. Derselbe setzte jedoch auch jetzt noch Zweifel in die Prüfung und erklärte, „daß er seinen Geschäftsfreunden auf Ehrenwort versichern würde, daß er keine Baumwolle zu dem Papier verarbeitet hätte." Die Versuchsanstalt nahm Veranlassung, Proben des Papiers ohne weitere auf den Vorfall bezügliche Erklärungen zunächst an die Herren

Prof. Hartig in Dresden,

„ Hoyer in München,

„ Wiesner in Wien,

„ Wittmack in Berlin

und später auf Veranlassung der Herren Hartig und Wiesner noch an Herrn Prof. Drude in Dresden zu senden. Zu diesem Vorgehen war man umsomehr gezwungen, als die Möglichkeit der Fehlerhaftigkeit der zur Anwendung gebrachten Methoden ja nicht ausgeschlossen war und es im Interesse des Ansehens der Anstalt lag, sich entweder von dem Begründetsein dieser Vermuthung zu überzeugen, oder die Zuverlässigkeit der Methoden für Jedermann klar zu erweisen. Die abgegebenen Gutachten sind nachfolgend im Auszuge zusammengestellt.

Gutachten des Herrn Prof. Hartig.

„Ich bin zu der Ueberzeugung gelangt, daß hier ein Papier vorliegt, das aus Stoff von leinenen Hadern erzeugt ist. Ganz vereinzelte Spuren von Baumwollfasern, die ich bei einem der Präparate erkannt habe, vermögen mich von dieser Ueberzeugung nicht zurückzubringen, denn solche sind nach Beschaffenheit des Rohmaterials (wegen der schweren Erkennbarkeit gewisser Halbleinen) kaum zu vermeiden."

Gutachten des Herrn Prof. Hoyer.

„Die genannte Probe ist aus reinem Hadernstoff (Leinen) fabrizirt. Einige (stets vorkommende) Faserfetzen, welche sich jeder Bestimmung entziehen, können ihrer geringen Menge wegen*) nicht in Betracht kommen, selbst wenn sie anderen Ursprungs sein sollten, was zu bezweifeln ist."

Gutachten des Herrn Prof. Wiesner.

1. „In dem Papiere ist nur Hadernmaterial nachweisbar; es konnte in diesem Papiere namentlich keine Spur von Stroh= oder Holzfaser aufgefunden werden, trotz der sehr genauen mikroskopischen zum Nachweise dieser Surrogate dienlichen Kriterien."

2. „Das Papier enthält sowohl Leinen= als Baumwollfasern. Da aber die Faser dieses Papiers mechanisch außerordentlich stark angegriffen ist, so ließ sich das Mengenverhältniß beider auch nicht einmal annähernd bestimmen."

Gutachten des Herrn Prof. Wittmack.

„Es schien, als ob dieses Papier außer Leinenfasern auch Baumwollfasern enthalte. Trotzdem der Anschein für einen Zusatz von Baumwollfasern spricht, muß ich auf Grund meiner eingehenden Untersuchungen das in Zweifel ziehen und halte dafür, daß das Papier aus reinen Leinenhadern hergestellt ist."

---

*) Anmerkung. In diesem Papier ist jedoch die Menge vollständig zertrümmerter Fasern sehr groß; siehe hierüber auch Wiesner's und Drude's Gutachten.

Nachdem diese 4 Gutachten eingelaufen waren, wurde den vier erwähnten Herren der ganze Sachverhalt und die an den verschiedenen Stellen gefundenen Prüfungsergebnisse zur Kenntnißnahme mitgetheilt, mit der Bitte, in Anbetracht der grundsätzlichen Bedeutung dieser Frage die Untersuchung auf Grund der kundgegebenen Thatsachen noch einmal einer Durchsicht zu unterziehen.

Prof. Hoyer theilte daraufhin mit, daß eine wiederholte Untersuchung das von ihm zuerst abgegebene Urtheil bestätigt hätte. Prof. Wiesner theilte mit, daß er im Verein mit seinem Assistenten Herrn Dr. Mollisch noch einmal eine sehr große Anzahl Präparate des fraglichen Papiers durchmustert und beide in jedem derselben unzweifelhaft Baumwolle erkannt hätten.

Prof. Hartig erklärte gelegentlich eines Besuches in der Versuchsanstalt, als mit ihm gemeinsam das fragliche Papier nochmals einer mikroskopischen Prüfung unterworfen wurde, daß Baumwolle in größerer Menge vorhanden sei, als er auf Grund seiner ersten Untersuchung angenommen habe.

Um auch mit Prof. Wittmack in Uebereinstimmung zu kommen, oder wenigstens die einzelnen Punkte der Meinungsverschiedenheiten möglichst genau festzustellen, arbeitete der erste Assistent der Abtheilung für Papierprüfung, Herr Herzberg, mit ersterem gemeinsam. Er stellte solche Fasern im Mikroskop ein, welche in der Versuchsanstalt für Baumwolle gehalten wurden.

Herr Prof. Wittmack konnte diese nicht unzweifelhaft als solche anerkennen; die Gründe, welche er gegen die Baumwollnatur der eingestellten Fasern anführte, waren indessen nicht derart, daß Herr Herzberg die vorliegenden Fasern hätte für Bastfasern des Flachses halten können. Gelegentlich einer weiteren Unterredung, welche der Vorsteher der Versuchsanstalt mit Herrn Prof. Wittmack hatte, erwähnte der Letztere, daß auch Hanf, wenn er mechanisch stark bearbeitet wird, ein baumwollartiges Aussehen annehme.

Herr Prof. Wittmack stellte Proben des gleichen Hanfes, mit welchem er gearbeitet hatte, zur Verfügung. Die hiermit in der Versuchsanstalt ausgeführten Versuche konnten die obige Meinung nicht bestätigen. Auch Prof. Wiesner, welchem nunmehr Proben des fraglichen Hanfes übersendet wurden, sprach sich dahin aus, daß die Formänderungen des Hanfes in Folge mechanischer Bearbeitung diesem wohl zuweilen ein baumwollartiges Aussehen geben, daß aber eine Verwechselung mit Baumwolle trotzdem ausgeschlossen sei.

Gleichzeitig wurde von Herrn Prof. Wittmack der Umstand geltend gemacht, daß auch in dem Papier gewisser Kassenscheine, welches als aus reinem Hanf bestehend angenommen wurde, ganz ähnliche Fasern vorkommen, wie diejenigen, welche von der Versuchsanstalt in dem streitigen Papier als Baumwollfasern angesprochen wurden. Darauf richtete die Versuchsanstalt an die zuständige Behörde eine Anfrage bezüglich des Stoffgehaltes der erwähnten Scheine und erhielt die Nachricht, daß dieselben thatsächlich Baumwolle enthielten.

Auf den Vorschlag der Herren Prof. Hartig und Wiesner wurde auch Herr Prof. Drude in Dresden noch um ein Gutachten in der fraglichen Angelegenheit gebeten, welches im Auszuge wie folgt lautet:

Gutachten des Herrn Prof. Drude.

„In dem fraglichen Papier konnte ich mit Sicherheit nachweisen: Der Hauptmasse nach Bastfasern von Leinen und Hanf, in einem geringen Bruchtheil etwa 5% Baumwollhaare und in gelegentlichen Spuren Nadelholzzellulose. Nach Abscheidung derjenigen Elemente, deren organische Erhaltung bei dem sehr angegriffenen Faserzustande in der untersuchten Sorte eine sichere oder ziemlich sichere Bestimmung unter dem Mikroskope nach dreifacher Methode zuläßt, bleibt noch ein großer Rest zerfaserter, zerstoßener und zerstückter Elemente, welcher für sich allein keine sichere Bestimmung zulassen würde. Im Vergleich aber mit den gut erhaltenen Fasern läßt sich mit ziemlicher Sicherheit aussprechen, daß auch diese zerfaserten Massen hauptsächlich aus Bastfasern bestehen, jedenfalls nicht aus Holzzellulose oder aus einem anderen Surrogat für gutes Hadernmaterial."

„Der Prozentsatz an Baumwolle im Papier ist gering; nach Abzählung einer großen Menge von Proben, bei schwacher Vergrößerung im polarisirten Gesichtsfelde neben einander durchmustert, kann ich etwa $1/_{20}$ als wahrscheinliches Beigemisch angeben, da ich — unter alleiniger Berücksichtigung der sicher erkennbaren Bestandtheile — im Durchschnitt auf 20 Leinen= oder Hanffasern 1 Baumwollhaar fand."

„Die Auffindung der Nadelholzzellulose, für welche ich nöthigenfalls ein Dauerpräparat als Beleg vorweisen kann, erwähne ich nur aus prinzipiellen Rücksichten, um zu zeigen, wie in Spuren sehr verschiedenartige Beimischungen auch bei gutem verwendeten Material vorkommen; unter sehr vielen durchmusterten Präparaten habe ich nur drei Mal einzelne oder zu Bündeln verbundene Tüpfeltracheïden der Nadelholzzellulose gefunden."

Die Methoden der Untersuchung.

„In kritischen Fällen, wie in dem vorliegenden, halte ich es für durchaus ungenügend, sich auf eine einzige Methode zu verlassen. Es sind im Gegentheil drei verschiedene, sich gegenseitig ergänzende Methoden anzuwenden.

a) Betrachtung der — am besten in Kanadabalsam eingelegten und als Dauerpräparate aufzubewahrenden — Papierfasern im polarisirten Gesichtsfelde;

b) Herstellung von Tinctions=Präparaten zur bequemen Durchmusterung einer großen Reihe einzelner Proben, welche mindestens während der Dauer der Untersuchung durch intensive Farbe leicht vergleichbar bleiben;

c) Anwendung mikrochemischer Reagentien, und zwar von der in Herzberg's Schrift genannten Jodkalium=Jodlösung oder einer anderen Jodtinktur, von Wiesner's Chromsäure=Schwefelsäure, von Kupferoxyd=Ammoniak, und den bekannten Holzreagentien: Phlorogluzin und Anilinsulfat."

Nachdem Herr Prof. Drude diese drei Methoden im einzelnen näher besprochen hat, worauf noch zurückzukommen sein wird, fährt er fort:

„Auch bei Anwendung dieser dreifachen Methode, wie ich sie hier dargelegt habe, ist in stark zerfaserten und dann auch noch auf Gemische zu prüfenden Papierstoffen eine absolute Sicherheit der Entscheidung nicht für jede einzelne, im Gesichtsfeld des Mikroskopes liegende Zelle möglich. Gesetzt den Fall, wie es bei der fraglichen Standes=

amtspapier-Untersuchung ungefähr zutrifft, es seien von den in einfachster Weise untersuchten Papierfasern 10% kritisch, das heißt der feineren Prüfung mit Polarisation,
Tinktionen und Macerationen bedürftig, so werden von diesen 10% vielleicht die Hälfte
recht sicher gelöst, von der anderen Hälfte aber noch manche Fasern kritisch bleiben, so
daß einige (2—4) Prozente ungelöst, einige andere (3—1%) fraglich, aber mit wahrscheinlich richtiger Bestimmung, der Rest (95%) aber als richtig anatomisch bestimmt
erscheint."

„Die feineren Untersuchungsmethoden können also nur den Zweck haben, unter
erhöhter Sicherheit für die Gesammtuntersuchung den kritischen Rest in Gemischen auf
ein möglichstes Minimum herabzusetzen. Auf Null sinkt derselbe auch so nicht, vorausgesetzt, daß es sich um schwieriger unterscheidbare Substanzen handelt."

„Es ist sehr wichtig, daß man die garantirte Sicherheit der Untersuchung nicht
übertreibt, also auch die Untersuchungsmethoden nicht für leichter anwendbar in kritischen
Fällen ausgiebt, als sie es sind."

„Die Untersuchung des vorliegenden Standesamtspapiers enthält die Bestätigung
dieser Bemerkung; denn das Ergebniß meiner langwierigen Untersuchung ist doch
schließlich nur das gewesen, was die Beamten der Königlichen Papierprüfungs-Abtheilung
für sich mit einfacheren Mitteln auch schon erreicht hatten: ‚Leinen (ich füge hinzu:
‚nebst Hanf‘) und geringe Mengen Baumwollfasern‘. Diese ‚geringen Mengen‘
habe ich in Prozenten der gezählten Fasern ungefähr zu bestimmen versucht und glaube
dabei, in die Analyse des fraglichen Papierstoffes und in die Sicherheit der Entscheidung
für die meisten schwieriger erkennbaren Bestandtheile desselben viel tiefer eingedrungen
zu sein; aber dennoch bleibt auch für meine Untersuchungsmethoden noch ein kritischer,
wenn auch unbeträchtlicher Rest, der nach dem übrigen sicher erkannten Stoffgemenge
beurtheilt werden darf."

„Die Urtheile von Professor Hartig und Wiesner weichen nur quantativ von
dem meinigen ab, in sofern als der erstere die Baumwolle nur in Spuren, der letztere
in einem unbestimmbaren Mengenverhältniß, jedenfalls also doch nicht unbeträchtlich
wenig, angiebt. Ich glaube, daß es in diesem Punkte wesentlich auf die zur Untersuchung beziehentlich Zählung angewendete Zeit und Mühe ankommt. Das Urtheil
von Professor Wittmack zeigt, daß zugesetzte Baumwolle im Gemisch von Bastfasern
schwieriger nachweisbar ist, und wahrscheinlich würde die Anwendung des polarisirten
Gesichtsfeldes und der Chromsäure-Mazeration dies Urtheil wieder zur Anerkennung
der Richtigkeit des ersten Anblicks unter dem Mikroskop umwandeln, von welchem
auch Professor Wittmack die Auffälligkeit eines Baumwollbeigemischs angegeben hat."

Obwohl aus diesem Gutachten die Richtigkeit des ersten von der Versuchsanstalt
erzielten Prüfungsergebnisses unzweifelhaft hervorzugehen schien, so war es wegen der
anderweitigen aus der Praxis heraus erhobenen Einwendungen und Zweifel an der
Zuverlässigkeit der mikroskopischen Untersuchung nothwendig, den Nachweis zu führen,
daß die in der Versuchsanstalt angewandten Methoden dem gegenwärtigen Standpunkte
der mikroskopischen Forschung entsprechen, und festzustellen, in welchem Maße sie als
zuverlässig erachtet oder verbessert werden können.

Demgemäß wurde den erwähnten Herren zur Begutachtung je ein Exemplar des Ergänzungsheftes III der „Mittheilungen aus den technischen Versuchsanstalten 1887" übersandt, welches eine Arbeit des Assistenten Herzberg über die in der Versuchsanstalt angewendeten Methode der mikroskopischen Papierprüfung enthält. Die hierüber eingegangenen Urtheile und Ausstellungen sind nachfolgend ebenfalls in kurzem Auszuge wiedergegeben.

Herr Herzberg wurde beauftragt, die wichtigsten Einwendungen entsprechend zu erläutern und diejenigen Maßnahmen zu bezeichnen, welche auf Grund der eingelaufenen Gutachten zu treffen sein werden. Diese Bemerkungen sind in den Text eingeschaltet, aber kleiner gedruckt.

Urtheile über die Methode von Herzberg zur mikroskopischen Untersuchung von Papier.

Prof. Drude. „Darauf hin habe ich nach der darin (Heft III der „Mittheilungen) angegebenen sehr zweckmäßigen Methode*) welche ich jedoch in schwierigen Fällen allein nicht ausreichend finde, die Untersuchung wiederholt und jetzt bin ich damit beschäftigt, die von Prof. Wiesner in seiner neuesten Abhandlung „die mikroskopische Untersuchung des Papiers" bekannt gemachte Mazerationsmethode anzuwenden, um keine der verschiedenen Arbeitsmethoden unversucht zu lassen. Was ich von eigenen, hier in meinem Praktikum angewendeten Methoden mikroskopischer Technik etwa hinzuzufügen habe, werde ich später mittheilen."

In seinem weiter oben bereits theilweise mitgetheilten Gutachten geht Herr Professor Drude bei der Besprechung der von ihm unter a—c S. 109 genannten Methoden auch auf die von Herrn Herzberg beschriebenen Verfahren ausführlich ein.

Er sagt:

„a) Polarisations-Präparate.

Die Anwendung polarisirten Lichtes ist bisher in der Literatur für Papierfaser-Untersuchungen nirgends angeführt, erleichtert dieselben aber sehr. Schon in Wasser, Gummi oder Glyceringelatine liegend zeigen die Fasern Charakterbilder; ich lege aber in wichtigeren, durch Dauerpräparate zu bewahrenden Untersuchungsfällen die gekochten 2c. Fasern in 90% Alkohol, dann in zweimal gewechselten absoluten Alkohol, darauf in Gemische von absolutem Alkohol, Nelkenöl und Balsam, endlich in käuflichen Kanadabalsam für mikroskopische Zwecke. Die Farbenerscheinungen, zu denen die Fasern bei gekreuzten Nikols des Polarisationsmikroskopes führen, mache ich gleichmäßiger und deutlicher durch ein mit dem Objekt untergelegtes Gypsplättchen Roth II. oder

---

*) Dieselbe ist nur auf die amtliche Papierprüfung und nicht auf die rein pflanzlich-anatomische Untersuchung zugeschnitten, und ist namentlich auch für Papierinteressenten geschrieben.

Mit Rücksicht hierauf wurde gesagt (Heft III S. 1):

„Der Verfasser ist von dem Gesichtspunkte ausgegangen, das Ziel der mikroskopischen Prüfung auf die möglichst einfache Weise und unter Benutzung der denkbar geringsten Hilfsmittel zu erreichen, damit auch Interessenten, welche nicht wissenschaftlich gebildet sind, in dieser Arbeit einen Anhalt zur Prüfung finden mögen."

In der Versuchsanstalt wird beim Prüfen oft zu Hülfsmitteln gegriffen, die in der Abhandlung garnicht erwähnt sind (Anwendung von Kupferoxyd-Ammoniak, Anfertigung von Faserquerschnitten 2c.).

IV. Ordnung. Im polarisirten Gesichtsfelde (Vergr. 80/1 bis 250/1) treten sogleich die Tüpfel der Nadelholzzellulose, welche für die gewöhnliche Betrachtung vielfach sehr undeutlich geworden sind, mit schwarzem Polarisationskreuze auf: die Bastfasern vom Lein und Hanf zeigen leuchtende Querrisse durch die ganze Faser hin, ohne sichtbares Zelllumen; die Baumwollhaare zeigen am häufigsten (zumal bei schwächerer 50/1 bis 100/1 reichender Vergrößerung) einen hellen Glanz ohne deutliche Sprunglinien, oder bei stärkerer Vergrößerung matte, diagonal gekreuzte, dicht gehäufte Rißlinien, welche jedoch nicht die Zelle überqueren, sondern in den Seitenwänden, bis zum deutlich sichtbar bleibenden Lumen beiderseits getrennt sich hatten.

b) Tinctions-Präparate.

Obgleich ganz mit Recht in Herzberg's Schrift die geringe Dauerhaftigkeit der meisten Färbemittel für Faserstoffe in Dauerpräparaten hervorgehoben ist, so lassen sich doch einige Färbungen erzielen, welche nach vorliegenden Beweisen wenigstens ein bis wenige Jahre haltbar bleiben; ob nicht noch länger, bleibt abzuwarten.

Selbst wenn sie nur monatelang haltbar sind, ist ihre einfache Herstellung zu Durchmusterungspräparaten sehr empfehlenswerth, da sie durch Farbenintensitäts-Unterschiede verholzte Zellen von unverholzter Zellulose (das heißt also von Leinen und und Hanfbastzellen, Baumwolle, und aus Hölzern hergestellter, sehr gut entholzter „Zellulose") bequem abheben, überhaupt sehr deutliche Farbenbilder zur Untersuchung gewähren.

Ich verwende folgende wässerige Tinkturen:

Pikrin-Nigrosin, conc. (färbt gewisse Fasern nur sehr blaß); Vesuvin-Braun, conc. (färbt Bakterien auffällig braun und erzeugt dauerhafte, der Jodtinkturfärbung ähnliche Bilder).

Safranin, dünnere Lösung.   Methylviolett, dünnere Lösung.

Die bekannten knotigen Auftreibungen mit Querlinien in den Bastfasern vom Leinen und Hanf treten beispielsweise in solchen Färbungspräparaten viel schärfer und übersichtlicher hervor.

Zum Zweck dauernder Konservirung werden die gefärbten Fasern mit sogenannter Hoyer'scher Gummilösung für Anilindauerpräparate einfach überdeckt und unter Deckglas gebracht.

c) Mikrochemische Reagentien.

Da die Anwendung der Holzreaktionen und des Kupferoxydammoniaks allgemein bekannt ist, gehe ich hier nur auf die Anwendung der Jodkalium-Jodlösung, sowie auf Chromsäure ein.

Die in Herzberg's Schrift angeführte Jodlösung, welche ich in gleichem Konzentrationsgrade hergestellt und durchprobirt habe, ist ja unstreitig ein sehr gutes und bequemes Reagens; aber ich kann ihm nur eine ausreichende Schärfe zur Unterscheidung verholzter und unverholzter Faserstoffe zuerkennen. Die ersteren färben sich in der Lösung in schwachen Lamellen gelb, in dickeren Stücken stärker gelbbraun bis zum tiefbraunen Ton ansteigend, die letzteren dagegen sanft braun mit reinem, auch bei intensiver Färbung in das Violette spielendem Grundton. Nadelholzzellulose (Laubholzzellulose habe ich nicht untersucht) der Königsteiner Fabrik, nach dem Natronverfahren hergestellt, lieferte stets sanftbraune, von der der Bastfasern und Baumwolle nur sehr schwach verschiedene Färbung; es ist auch vom rein pflanzenanatomischen Standpunkte aus schwer annehmbar, daß gebleichte Bastfasern und Haarzellen und entholzte Zellulose von Bäumen spezifisch verschieden sich in ihrer Jodreaktion verhalten sollten. Ich habe die Reaktion in meinem Praktikum durcharbeiten lassen, und alle Praktikanten würden nach Herzberg's Schrift die Nadelholz=Tüpfelzellen wegen ihrer braunen Farbe unter Baumwolle, Leinen und Hanf zu suchen begonnen haben, wenn sie nicht eben getüpfelt gewesen wären. Und so möchte ich bei dieser Gelegenheit die Bemerkung einschalten, daß jede Eintheilung der Papierfasern, ob zu wissenschaftlichen oder praktischen Unter=suchungszwecken, welche die anatomische Herkunft und Erscheinungsweise nicht in erste Linie der Merkmale stellt und alle weiteren, vielfältiger Veränderung unterworfenen Färbungen, Lösungen 2c. daran anknüpft, mir auf einem in der Grundlage schwachen Boden zu stehen scheint. Der Zellbau ist das einzig bleibende und das einzig funda=mental charakterisirende; so sind z. B. Holzschliff und Holzzellulose dieselben anato=mischen Gebilde und ihre mikroskopischen Charaktere liegen zunächst in ihrem unverändert bleibenden Aufbau; ob sie chemisch in dieser oder jener Weise umgeändert sind, ist eine hochwichtige, aber erst an die als solche erkannten Holzfasern anzuknüpfende Frage."

S. 1, 6 und 9 (Heft III der „Mittheilungen" 1887) habe ich darauf hingewiesen, daß Lumpen=fasern unter gewissen Umständen farblos, S. 9, und Zellulosefasern in Folge nicht vollkommener Auf=schließung gefärbt erscheinen können, S. 6 (vergl. Bemerkung zu Wiesner's Gutachten). S. 1. „Eine sichere Kenntniß des Aufbaues der Fasern ist ein unbedingtes Erforderniß zur Bestimmung derselben."

„Es existiren ja auch zahlreiche Uebergänge zwischen einfachem „Holzschliff" und bester, vollständig entholzter „Holzzellulose".

Die Anwendung von Chromsäure zur Unterscheidung von Bastfasern des Leinen und Hanf von der Baumwolle, für welche die Farbreaktion mit Jodtinktur gar keinen Anhalt gewährt, ist von Wiesner neuerdings in seiner Abhandlung: „die mikro=skopische Untersuchung des Papiers", Wien 1887, S. 37, nachdrücklich hervor=gehoben. Ich kann die schönen gewonnenen Resultate bestätigen und finde in diesem Reagens ein werthvolles Unterscheidungsmittel, indem es bei Leinen= und Hanfbastzellen einerseits und Baumwollhaaren andererseits ganz verschiedene Auflösungsbilder herbei=führt; von diesen habe ich die wichtigsten Unterschiede in der beigefügten Zeichnung (Fig. 1 s. S. 114) dargestellt.

Die Wirkung wird bei Stubentemperatur und mit konzentrirter Lösung bei halb= bis etwa dreistündiger Dauer gesteigert und endet mit Auflösung der allmählich immer undeutlicher und blasser erscheinenden Fasern, beziehentlich Haarzellen.

Die beiden Bastfasersorten zerfallen in starke Parallelstreifen, durchsetzt von senkrecht oder etwas gegen die Längsaxe der Zellen geneigt eintretenden Querrissen; der Ausdruck Wiesner's, daß der Zerfall dieser Bastfasern an Zersägen und Kleinspalten von Rund=hölzern zu Brennholz erinnere, giebt eine klare Vorstellung.

Leinen und Hanf geben dabei sehr ähnliche Bilder und sind oft in der einzelnen Faser nicht unterscheidbar; jedoch ist ihr Aussehen in Hinsicht auf kleinere Unterschiede in der Art der Quellung und des Zerfalls nicht ganz gleich und gestattet, ohne die Mengenverhältnisse zu entscheiden, ein Urtheil über ihr Vorkommen überhaupt.

Die Baumwolle behält bis zum Zerfall in ein unregelmäßiges fadiges Gewirr von Fragmenten ihr Lumen deutlich bei; jede der beiden Seitenwände und die bei scharfer Einstellung sichtbar werdende Vorder- und Hinterwand zeigt ein diagonal-gekreuztes feinstreifiges System, hier und da von einem stärkeren Diagonalriß unterbrochen. Ein quer laufendes „Zersägen" dieser Haarzellen findet nicht statt; doch giebt es immerhin Zellen, deren Auflösungsprozeß nicht ganz dem geschilderten Haupttypus entspricht; in reinen Faserstoffen wird man solche, etwas abweichende Bilder leicht ver-

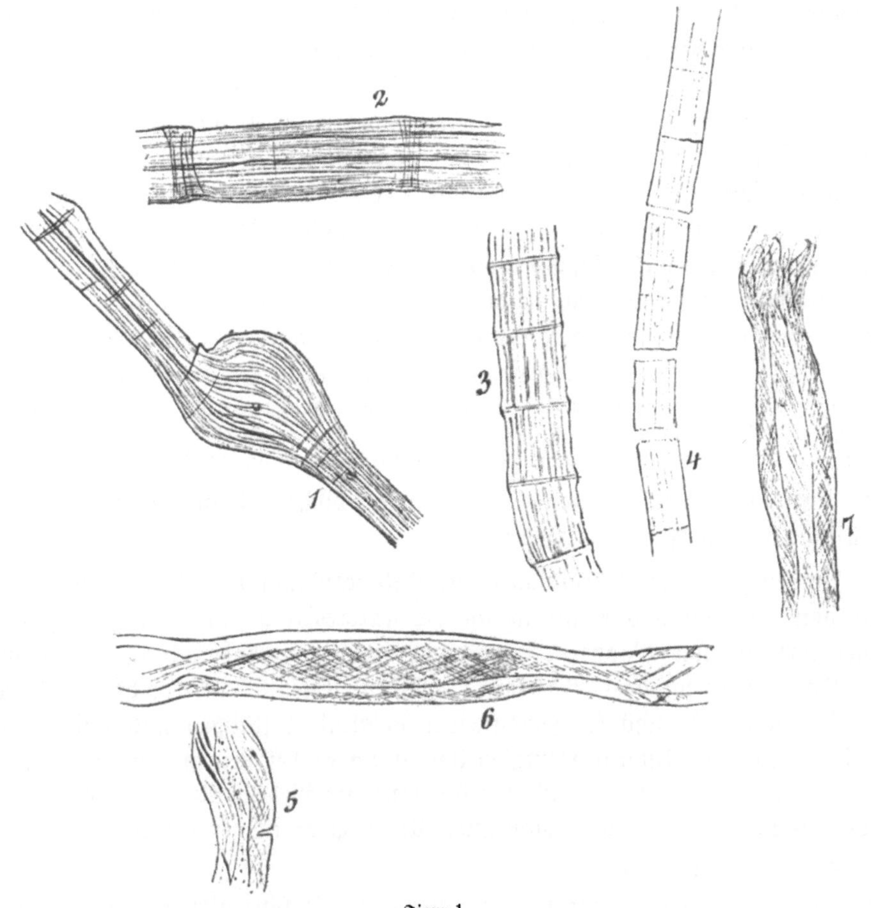

Figur 1.

Charakteristische Macerationsbilder in Chromsäure:

1. 2 von Hanfbast, kürzere Einwirkung.
3. 4. von Leinenbast, längere Einwirkung, in Nr. 4 der wirkliche Zerfall der Faser in blasse Querstücke.
5. 6. 7. von Baumwolle, 6 längere, 7 kürzere Einwirkung.

stehen, in Fasergemischen werden sie dagegen hier und da eine sichere Entscheidung ausschließen, zumal bei stark angegriffenen und schon mechanisch zerfaserten Rohstoffen.

Ich stelle die Mazerationsflüssigkeit her durch Lösung von Chromsäure-Krystallen in Wasser, so viel, daß eine der Jodkalium-Jodtinktur an gelbbrauner Farbe gleichende Konzentration entsteht; in diese werden die Faserstoffe in geringer Portion gebracht, nachdem für jeden Objektträger ein Tropfen einer im Verhältniß von 1:3 verdünnten

Schwefelsäure zugefügt ist, mit Deckglas von 16 mm im Quadrat zugedeckt und bei etwa $^{250}/_1$ Vergrößerung beobachtet.

Prof. Wiesner: 1. Die Vorbehandlung der mikroskopisch zu prüfenden Papiere durch Kochen in 1—2prozentiger Natronlauge ist recht zweckmäßig, wenn es sich um stark geleimte Papiere handelt. In allen anderen Fällen erhält man schon nach einfachem Befeuchten des Papiers mit Wasser und Zerfasern eines Fragmentes in einem Wassertropfen mittelst der gewöhnlichen Präparirnadeln die erwünschten Präparate.

2. Die Trennung der Fasern in drei Gruppen durch Jod-Jodkaliumlösung u. s. w.
    I. Holzschliff und Jute (Gelbfärbung),
    II. Holz-, Stroh- und Espartozellulose (bleiben ungefärbt),
    III. Baumwolle, Hanf, Leinen (Braunfärbung),
bieten richtig angewendet, manchen Vortheil, doch muß ich dazu Folgendes bemerken.

Wenn ich genau nach der Vorschrift (l. c. S. 3) vorgehe, selbstverständlich auch die Dosirung der Lösung strenge nach Angabe vornehme, so erscheinen mir die Fasern aller drei Gruppen braun, wenn auch nicht in vollkommen gleichem Grade. Erst wenn ich vom Rande des Deckglases so lange destillirtes Wasser zufließen lasse, bis die unter dem Deckglas befindliche Flüssigkeit farblos erscheint, finde ich Unterschiede in den Färbungen der Fasern, und zwar beobachtete ich:
    Gruppe I. gelb,
       „   II. anfangs gelblich dann gewöhnlich bläulich oder violett, schließlich Entfärbung,
       „ III. braun (Baumwolle indeß nicht selten kupferroth oder schmuzig braunviolett).

Ich halte dafür, daß die Anwendung des von mir als Holzsubstanz- (Vanillin-) Reagens eingeführten Phloroglucins zweckmäßig ist, um die Fasern der Gruppe I (überhaupt alle verholzten Fasern) von den übrigen zu unterscheiden. Durch Phloroglucin und Salzsäure werden Holzschliff und Jute (überhaupt alle verholzten Fasern) tief roth violett, die übrigen bleiben farblos, oder werden nur in dem Verhältniß rothviolett gefärbt, als sie noch verholzt sind. Unvollständig gereinigte Holzzellulose wird dementsprechend etwas röthlich violett gefärbt, giebt sich aber durch die isolirte Faser gegenüber dem aus zerrissenen Holzgewebe bestehenden Holzschliff sofort zu erkennen. Durch Anwendung des Phloroglucins hat man nicht nur den Vortheil, durch eine bestimmte Färbung die verholzte Faser von der unverholzten unterscheiden zu können, man ist durch dieses Reagens auch in den Stand gesetzt, die gute beziehungsweise geringe Qualität der Holzzellulose sofort zu erkennen.

3. Die p. 9—12 angeführte Unterscheidung der Baumwollen- von der Leinen- und Hanffaser wird in vielen Fällen ausreichen. Sehr stark vermahlene Fasern werden nach den dort angegebenen Kennzeichen nicht mehr sicher unterschieden werden können, desgleichen nicht Fasern, welche von Baumwollesorten herrühren, die von der typischen stark abweichen. (Vergl. Wiesner, „Rohstoffe" p. 335—350.)

Unzureichend und vom histologischen Standpunkte aus veraltet ist die Unterscheidung zwischen Leinen- und Hanffaser. Mit den S. 11 angegebenen Unterscheidungsmerkmalen läßt sich, wenn es sich um Papier handelt, nichts erweisen.

Welche morphologischen und mikroskopischen Charaktere heranzuziehen sind, um, so weit dies überhaupt möglich ist, Hanffasern von Leinenfasern zu unterscheiden, ferner um in stark vermahlener Papiermasse und überhaupt in schwierigen Fällen die Baumwolle im Papier zu erkennen, habe ich in meiner Abhandlung: „Die mikroskopische Untersuchung des Papiers . . . . ." (Wien, k. k. Hof- und Staatsdruckerei 1887) ausgeführt, auf welche nunmehr allgemein zugängliche Schrift ich mir diesbezüglich zu verweisen erlaube.

4. Bezüglich der Erkennung der Espartopapiere (von Stipa tenacissima) sei noch folgende Bemerkung gestattet. Ich habe schon vor mehr als zwanzig Jahren (s. d. Zitate in meiner „Techn. Mikroskopie") gezeigt, daß sowohl die Länge der Bastzellen als auch die Dimensionen, und ich füge hinzu auch die Form der Oberhautzellen die Espartofasern von dem gemeinen Stroh (und Maisstroh) unterscheiden.

Herr Herzberg acceptirt bloß den erstgenannten, die Bastzellen betreffenden Unterschied, läßt aber den bezüglich der Oberhautzellen angegebenen nicht gelten. Dieser letztere Unterschied ist aber auch ein recht auffälliger, weshalb es sich doch empfehlen dürfte, diese Unterscheidungsmerkmale an verläßlichem Materiale neuerdings zu prüfen.

Zu 1. Das Kochen und weitere Behandeln der Faser macht dieselbe in allen Fällen für mikroskopische Beobachtungen weit klarer als es bei der bisher üblichen Behandlung mit Nadel und Wasser möglich war.

Zu 2. Bei der Angabe der Herstellung der Jodlösung ist leider der Zusatz von Glycerin, der die Präparate aufhellt, im Ergänzungsheft III der „Mittheilungen 1887" vergessen worden, in meinem „Leitfaden für Papierprüfung" S. 44 ist darauf hingewiesen.

Zu 3. Leinen und Hanf sind nach neueren Ansichten (Prof. Cramer) im Papier überhaupt nicht mit Sicherheit zu unterscheiden.

Den Unterschied zwischen Stroh und Esparto will Herr Prof. Wiesner auf Grund von Größenunterschieden in den Epidermiszellen aufbauen; dies ist ohne umfangreiche Messungen nicht wohl durchführbar und würde die praktische Prüfung langwierig machen.

Ich habe darauf hingewiesen, daß jede der beiden erwähnten Arten eine Art Zelle enthält, die der anderen fehlt (Zähnchen beim Esparto, Parenchymzellen beim Stroh).

Die Unterscheidung hiernach ist, da es in der Regel nicht auf die Feststellung des Mengenverhältnisses ankommt, leichter als die Unterscheidung auf Grund von Messungen.

Prof. Wittmack. Der Aufsatz „Mikroskopische Untersuchung des Papiers von Herrn W. Herzberg in den ‚Mittheilungen aus den Königl. technischen Versuchsanstalten zu Berlin', Ergänzungsheft III 1887" ist eine sehr wichtige, auf mehrjähriger Erfahrung beruhende Arbeit, und man muß dem Herrn Verfasser für den Fleiß, den er darauf verwendet hat, für die klare, präzise Darstellung, sowie namentlich auch für die Beigabe der 2 Tafeln sehr dankbar sein.

Die darin geschilderte Methode des Aufschließens und Färbens der Faser zum Zwecke der mikroskopischen Untersuchung, also die Methode, wie sie in der Versuchsanstalt gebräuchlich ist, halte ich im Allgemeinen für die praktische amtliche Papierprüfung für ausreichend, namentlich läßt sie (vergl. S. 4) drei Gruppen deutlich unterscheiden. I. Gelb gefärbte Fasern: 1 Holzschliff und 2 Jute. II. Blaß violette, bei verdünnter Jodlösung fast farblose Fasern: 1 Holz-, 2 Stroh-, 3 Espartozellulose. III. Braungefärbte Fasern: 1 Baumwolle, 2 Leinen, 3 Hanf.

Die Jodlösung ist aber meiner Meinung nach zu stark angegeben; wenn man sie so anwendet wie vorgeschrieben, so werden Holz-, Stroh- und Espartozellulose nicht

farblos, wie S. 4 gefagt, fondern violett, die Oberhautzellen der Gräfer fogar tief
fchwarzblau; nimmt man fie aber nur halb fo ftark, alfo 40 Theile Waffer zu 2 g
Jodkalium und 1,15 g Jod, fo hat man das richtige Maß. Dann wird Zellulofeftoff
blaß violett; ganz farblos wird er nur, wenn die Löfung noch verdünnter ift, wo dann
aber die Leinen-, Hanf- und Baumwollfafern fich auch nicht mehr ftark färben.

Leider giebt diefe Färbung mit Jod uns kein Mittel an die Hand, um Baumwolle, Leinen und Hanf zu unterfcheiden, namentlich erftere. Jch habe mir viele Mühe
gegeben, theils die alten früher empfohlenen Färbungen zur Unterfcheidung von Baumwolle und Leinen, theils neuere auf anderen Gebieten übliche Färbungsmethoden zu
benutzen, leider aber bis jetzt ohne großen Erfolg.

Die empfohlene 300fache Vergrößerung ift für die meiften Fälle auch ausreichend,
nur in kritifchen Lagen muß man auch ftärkere anwenden. Jn folchen zweifelhaften
Fällen halte ich es auch für abfolut nothwendig, daß man das Papier nicht mit den
Händen wafchend reibe und mit verdünnter Natronlöfung koche, fondern daß man
daffelbe einfach auf dem Objektträger in einem Tropfen Waffer zerfafern (mit der
Nadel). Auch ift es gut dann keine Färbung anzuwenden, da einzelne Details dann
nicht fo gut hervortreten.

Die Hauptfache bleibt wie bei Allem die Uebung, und wer noch nicht viel mikro-
fkopirt hat, wird erft längere Zeit arbeiten müffen, ehe er fich z. B. bei der Frage, ob
Baumwolle vorhanden oder nicht, ein Urtheil zutrauen darf.

Ein Jeder wird aber die Herzberg'fche Anleitung mit Dank benutzen, auch der
geübte Botaniker.

Liegen Gründe vor, die Veranlaffung fein könnten, von dem jetzt
angewandten Verfahren zur mikrofkopifchen Unterfuchung
abzugehen?

Gegen die Vorbereitung des Papiers durch Kochen mit verdünnter Natronlauge
und Schütteln mit Granaten ift von keiner Seite ein grundfätzlicher Einfpruch erhoben
worden; und hat man einmal zwei Präparate nebeneinander gefehen, von denen eins
nach diefer Methode, das andere durch Zerfafern des Papiers in einem Tropfen Waffer
erhalten wurde, fo wird der große Unterfchied in der Klarheit der Bilder für die Auf-
fchließungsmethode fprechen. Bezüglich der Unterfuchung felbft könnte nur in Frage
kommen, ob man dabei bleiben will, die Fafern durch eine Jod-Jodkaliumlöfung zu
färben, beziehungsweife gruppenweife zu fcheiden, oder ob man zu dem alten Verfahren
zurückkehren und in Glycerin präpariren will, wie Profeffor Wittmack für fubtilere
Unterfuchungen vorfchlägt. Dies müßte mit Bezug auf die befonderen Zwecke der
Verfuchsanftalt als ein Rückfchritt in der Entwickelung der mikrofkopifchen Papierprüfung
betrachtet werden.

Profeffor Wittmack fagt, durch die Jodlöfung gehen gewiffe Feinheiten des
Baues verloren. Sie treten aber nach den Erfahrungen der Verfuchsanftalt im Gegentheil deutlicher hervor, wie auch Profeffor Drude in feinem Gutachten ausdrücklich
hervorhebt. Die Anwendung von Chromfäure zur Trennung von Leinen und Baumwolle kann wohl in Streitfällen mit in die Beobachtung gezogen werden, eine ftetige

Benutzung ist zu zeitraubend; auch tritt die Reaktion nicht an allen gleichen Fasern gleich auf. Zudem sind die Fälle, wo man Baumwolle mit Leinen verwechseln könnte, verhältnißmäßig selten und für die amtliche Papierprüfung in der Regel deswegen von geringer Bedeutung, weil beide zur Gruppe der Lumpen gehören.

Die Anwendung des Kupferoxyd-Ammoniaks zur Erkennung der Baumwolle hat nur geringe Vortheile, weil die Cutikula der Baumwolle in Papier sehr selten noch vorhanden ist.

Die Zweckmäßigkeit der Anwendung des polarisirten Lichtes für die Unterscheidung der einzelnen Faserarten wird durch eine eingehende Prüfung studirt werden.

Für die praktische Papierprüfung kommt es zumeist nur darauf an nachzuweisen, ob irgend eine Faserart in solchem Mengenverhältniß vorhanden ist, daß eine geringfügige zufällige Verunreinigung ausgeschlossen erscheint. Das Urtheil der Sachverständigen erkennt den Nutzen der angewendeten Aufschließung und Färbung für diese Fälle an. In schwierigen Fällen ist seitens der Versuchsanstalt auch früher schon zur Anwendung feinerer Hülfsmittel gegriffen worden, und die von den Sachverständigen gegebenen Winke werden in ausgiebigster Weise beachtet werden.

Professor Drude sagt zum Schluß seines Gutachtens:

> „Es ist sehr wichtig, daß man die garantirte Sicherheit der Untersuchung nicht übertreibt. Die Untersuchung des vorliegenden Standesamtpapieres bestätigt diese Bemerkung; denn das Ergebniß meiner langwierigen Untersuchung ist doch schließlich nur das gewesen, was die Beamten der Papierprüfungsanstalt für sich mit einfacheren Mitteln auch schon erreicht hatten: Leinen und geringe Mengen Baumwolle."

Verantwortlicher Redacteur: Dr. Hermann Wedding. — Verlag von Julius Springer in Berlin.

Mittheilungen

aus den

Königlichen technischen Versuchsanstalten

zu Berlin.

Herausgegeben im Auftrage

der Königlichen Aufsichts-Kommission.

Redacteur: Geheimer Bergrath Dr. Wedding,

Mitglied der Königl. Aufsichts-Kommission.

<table>
<tr><td>VI. Jahrgang.</td><td>1888.</td><td>Viertes Heft.</td></tr>
</table>

I. Mittheilungen der Königlichen Aufsichts-Kommission.

1. Grundsätze für amtliche Tinten-Prüfung.

Die folgenden Grundsätze für amtliche Tintenprüfung wurden von den Herren Ministern für Handel und Gewerbe, der öffentlichen Arbeiten und der geistlichen, Unterrichts- und Medizinalangelegenheiten mit dem Bemerken zur Veröffentlichung bestimmt, daß die Behörden wegen Anwendung derselben mit Anweisung versehen worden seien.

Der Vorsteher der chemisch-technischen Versuchsanstalt ist zur Fortsetzung seiner auf die Auffindung einfacher und billiger Tinten-Prüfungsmethoden gerichteten Bemühungen veranlaßt worden. Die Veröffentlichung der Ergebnisse davon wird in den Mittheilungen stattfinden, sobald ein günstiges Resultat erzielt ist.

Klassifizirung der Tinten.

Klasse I: Eisengallustinte, eine nach dem Trocknen schwarze Schrift liefernde Flüssigkeit, welche mindestens 30 g Gerb- und Gallussäure, die lediglich Galläpfeln entstammt, und 4 g metallisches Eisen im Liter enthält.

Klasse II: Tinte, welche schwarze Schriftzüge liefert, die nach achttägigem Trocknen durch Alkohol und Wasser nicht ausgezogen werden können.

Jede Tinte muß leicht fließen und darf selbst unmittelbar nach dem Trocknen nicht klebrig sein.

Verwendungsart der Tinten.

Klasse I, Eisengallustinte, findet bei Schriften auf Papier Verwendung, welches nach der Stoffklasse I (vergl. Grundsätze für amtliche Papier-Prüfungen vom 5. Juli 1886, Mittheilungen aus den Königlichen technischen Versuchsanstalten 1886, S. 89) nur aus Hadern besteht und nicht mehr als 2 Prozent Asche giebt, oder nach der Stoffklasse II aus Hadern mit Zusatz von Zellulose, Strohstoff, Esparto besteht, aber frei von Holzschliff ist und nicht mehr als 5 Prozent Asche giebt.

Klasse II findet bei Schriften auf Papier Verwendung, welches nach Stoffklasse III oder IV beliebige Stoffzusammensetzung enthält,

Eine dieser beiden Tintenklassen findet für alle amtlichen Schriftstücke Anwendung, welche nicht durch Umdruck vervielfältigt werden sollen.

Prüfung der gelieferten Tinten.

Die Behörden sind befugt, die zum Dienstgebrauch bestimmten Tinten in der Königlichen chemisch-technischen Versuchsanstalt zu Berlin (N., Invalidenstraße 44) einer Prüfung unterwerfen zu lassen.

Ergiebt sich hierbei, daß die Lieferungsbedingungen nicht innegehalten sind, oder ergiebt sich auf andere Weise, daß der Fabrikant bei Tintenklasse I die Gerb- und Gallussäure nicht lediglich aus Galläpfeln gewonnen hat, so trägt derselbe, abgesehen von etwa festgesetzten Konventionalstrafen, die Kosten der Untersuchung. Sind derartige Ausstellungen nicht zu erheben, so werden die Kosten von der Behörde getragen, welche die Prüfung veranlaßt hat.

Kosten der Tintenprüfung.

Die Kosten der Prüfung einer Tinte der Klasse I auf Gerb- und Gallussäure, sowie auf Eisen betragen 20 Mk., diejenigen der Prüfung einer Tinte der Klasse II auf Verlöschbarkeit 10 Mk.

Die übrigen Untersuchungen finden nach Maßgabe der Vorschriften für die Benutzung der Abtheilung für Tintenprüfung vom 1. September 1884 (vergl. Mittheilungen aus den Königlichen technischen Versuchsanstalten 1884 S. 92 — Nr. 208 des Reichs- und Staats-Anzeigers vom 4. September 1884) statt. Eine gesammte Tintenprüfung auf Erfüllung der Lieferungsbedingungen der Klasse I kostet 50 Mk., der Klasse II 40 Mk.

Vorschriften bei Ausschreibungen.

Bei Ausschreibungen von Tinten-Lieferungen wird außer der Klasse auch noch der Flüssigkeitsgrad und der Farbenton, welchen die Tinte beim Ausfließen aus der Feder haben soll, der aber stets nach dem Trocknen in tiefes Schwarz übergehen muß, vorgeschrieben.

Der Regel nach wird auch vorzuschreiben sein, daß nur frisch bereitete Tinte geliefert werden darf und daß deshalb die Ablieferung größerer Mengen in einzelnen Posten erfolgen muß, welche auf höchstens je ein Vierteljahr berechnet sind.

Berlin, den 1. August 1888.

Königliche Kommission
zur Beaufsichtigung der technischen Versuchsanstalt.
Schultz.

2. Bericht über die Thätigkeit der Königlichen technischen Versuchs=anstalten im Etatsjahre 1887/88.*)

A. Mechanisch-technische Versuchsanstalt.

Die Kgl. Ministerien haben, wie seit mehreren Jahren, auch in dem Etatsjahr 1887/88 der Anstalt namhafte Beträge für große und wichtige Untersuchungen zur Verfügung gestellt, und ähnliche umfangreiche Untersuchungen stehen in Aussicht.

In erfreulicher Weise hat auch in diesem Jahre wieder von der durch Ministerial=Erlaß vom 7. Januar 1886 ertheilten Befugniß zur Anstellung freiwilliger technischer Hülfsarbeiter Gebrauch gemacht werden können. In der mechanisch=technischen Abtheilung wurden zwei Ingenieuroffiziere, ein Marineingenieur und ein zur hiesigen Hochschule abkommandirter russischer Offizier aufgenommen. In der Abtheilung für Papier=prüfung wurden gleichfalls vier Bewerber ausgebildet.

Eine wesentliche Erweiterung erfuhr die Anstalt bezüglich ihres Wirkungskreises. In erster Reihe ist die Eröffnung einer besonderen Abtheilung für Oeluntersuchungen zu nennen. Nachdem schon früher Anfragen wegen Prüfung von Oelen auf deren Schmierwerth eingelaufen waren, hatte sich durch eine längere Versuchsreihe ergeben, daß die bisher angewendeten Apparate zu zuverlässigen Werthen nicht führten. Eine erneute Anregung bot sich indessen durch den Auftrag des Herrn Ministers für Handel und Gewerbe wegen Prüfung der handelsüblichen Schmieröle und deren Gemische und aus dem hieraus sich entwickelnden Verkehr mit dem Verbande deutscher Müller. Zuförderst wurden umfangreiche Voruntersuchungen angestellt. Der Bericht über diese Voruntersuchungen ist auszugsweise in den „Mittheilungen", Sonderheft Nr. III 1888, veröffentlicht. Nachdem eine neue geeignete Maschine beschafft war, konnten auch Oeluntersuchungen im Auftrage von Behörden und Privaten übernommen werden.

Im verflossenen Betriebsjahre wurde der Anstalt auch die Befugniß ertheilt, auf Antrag von Behörden und Privaten Untersuchungen von Festigkeitsprobirmaschinen vornehmen und Normalkupferkörper zur Aichung von Schlagwerken abgeben zu dürfen.

Die Vermehrung der Hülfsmittel fand in den Grenzen der bewilligten Mittel in folgendem Maße statt: Vermehrte Ausrüstung der Abtheilung für Oelprüfung durch 1 Flüssigkeitsgradmesser nach Traube, 1 chemische Waage, 1 Chronograph, 1 Digestorium, 1 Mohr'sche Waage für spezifische Gewichtsbestimmungen, 2 Aräometer, 2 Flüssigkeits=gradmesser nach Engler, 1 Flüssigkeitsgradmesser nach Stahl.

In der mechanisch=technischen Abtheilung erforderte die Durchführung der Unter=suchungen mit erhitztem Eisen die Anfertigung eines geeigneten transportablen Glüh=ofens und besonderer Vorrichtungen zur Ermittelung der elastischen Formänderungen der Probestäbe beim Versuch. Ferner mußten Gebläse eingerichtet werden, um die erforder=lichen Versuchswärmen zu erzielen. Von dem Mechaniker der Versuchsanstalt wurden ferner gefertigt: 1 Vorrichtung zur Anzeige der Kolbengeschwindigkeit für Maschine G. 2 Dehnungsmesser mit Nonienablesung für Drähte und Flachstäbe. 2 Kontaktvor=richtungen zur Anzeige des Gleichgewichtszustandes für die Maschinen A und G.

---

*) Vom 1. April 1887 bis 31. März 1888; vgl. Jahrgang 1887. S. 97.

1 Apparat für mikrophotographische Aufnahmen. 1 Apparat zur Bestimmung der Schichtendicke von Oel. 1 Umdrehungszählwerk zur Oelprobirmaschine. Ein Spiegelapparat zur Maschine G nebst mehreren Federn. 1 Apparat zum Ausmessen der Schneiden an den Spiegelapparaten. 1 Normalschneide hierzu. 1 Normalcylinder zum Dickenmesser (Konstr. Klebe). 1 Luftthermometer. 15 Kraftmaßstäbe für Papierprüfungsapparate. 3 Maßstäbe für die Oelprobirmaschine. Für die Papierprüfung wurden die mikroskopischen Einrichtungen erweitert und ein kleiner Streifenschneider, sowie 3 Haarhygrometer nach Koppe beschafft. Endlich trat eine nennenswerthe Vermehrung der Bibliothek ein, um den Beamten der Anstalt die Möglichkeit zu verschaffen, sich über die einschlägigen neueren literarischen Arbeiten zu unterrichten.

Die Thätigkeit der mechanisch-technischen Abtheilung erstreckte sich auf folgende Untersuchungen:

1. Zu den durch den Herrn Minister der öffentlichen Arbeiten angeordneten Untersuchungen mit Eisenbahnmaterial wurden die Ergebnisse aus den Versuchen mit denjenigen Schienen und Radreifen, welche von der Kommission zur Beaufsichtigung der Versuche mit Eisenbahnmaterial den Gruppen Ia, I, Ia u. II zugewiesen waren, nach verschiedenen Gesichtspunkten geordnet zusammengestellt, den Mitgliedern der genannten Kommission übersandt, und von denselben in der Sitzung am 3. Dezember u. s. durchberathen, um dem Herrn Minister der öffentlichen Arbeiten nebst Bericht vorgelegt zu werden. An Versuchen wurden inzwischen die Prüfungen mit dem von den Hüttenwerken gelieferten Dauerversuchsmaterial auf Zugfestigkeit durchgeführt. Hierbei ergab sich, daß von den verfügbaren 41 Blöcken 17 Stück mit erheblichen Materialfehlern behaftet waren. Dieselben mußten daher von den weiteren programmmäßigen Untersuchungen ausgeschlossen werden; auch das ausgeschlossene Material dürfte indessen noch zu anderweitigen Untersuchungen eine werthvolle Unterlage geben; es ist aus diesem Grunde aufbewahrt worden. Die Fortführung der Versuche mit den Achsstücken und dem der Gruppe III zugeschriebenen Material wurde nach zeitweiliger Unterbrechung wieder aufgenommen, nachdem der Herr Minister der öffentlichen Arbeiten durch Erlaß vom 27. Dezember 1887 gemeinsam mit den Hüttenwerken einen weiteren Zuschuß von 3000 Mark für diese Versuche bewilligt hatte.*)

2. Die Holzuntersuchungen, mit welchen der Herr Minister für Landwirthschaft, Domänen und Forsten die Anstalt beauftragt hatte, mußten, nachdem die verfügbaren Mittel erschöpft waren, abgebrochen werden. Die Zusammenstellung der bis dahin erhaltenen Ergebnisse ist vom Assistenten Rudeloff bewirkt worden.

3. Die Untersuchung von Drahtseilen mit gelötheten Drähten, welche im Anschluß an den Seilbruch auf der Zeche „Hardenberg"**) zur Ausführung gelangte, wurde zum Abschluß gebracht, über die Ergebnisse berichtet und gleichzeitig

4. ein abgekürztes neues Programm für die Untersuchungen über den Einfluß der Konstruktionsverhältnisse auf die Festigkeit von Förderseilen vorgelegt. Da zur Durchführung dieser Untersuchungen eine Zerreißmaschine von größerer Kraftleistung

---

*) Für Ausführung von Dauerversuchen sind ferner 3000 Mk. jährlich von dem Herrn Minister der öffentlichen Arbeiten inzwischen bewilligt worden.

**) Vergl. Mittheilungen 1884, S. 2.

nöthig ist, wurde deren Beschaffung eingeleitet. Zur einstweiligen Fortführung der Versuche bewilligte der Herr Minister der öffentlichen Arbeiten 11 500 Mark.

5. Der Auftrag des Herrn Ministers für Handel und Gewerbe betreffend die Untersuchung von Seilverbindungen ist, soweit derselbe sich auf die Ausführung von Zugversuchen unter ruhiger Belastung erstreckt, erledigt. Die Untersuchung umfaßte die Prüfungen von 10 konstruktiv verschiedenen Verbindungen unter Verwendung von 18-Millimeter-Drahtseilen in drei verschiedenen Härten. Die Ergebnisse sind im Sonderheft V der Mittheilungen 1888 veröffentlicht. Die Ausführung der gleichzeitig angeordneten Schlagversuche ist in das laufende Etatsjahr verschoben worden.

6. Die Versuche mit erwärmtem Eisen auf Antrag des Vereins zur Beförderung des Gewerbfleißes und des Vereins deutscher Eisenhüttenleute verursachten erhebliche Schwierigkeiten, da es an zuverlässigen Hilfsmitteln zur Bestimmung der hohen Wärmegrade der erhitzten Proben fehlte. Auch hat sich die Beschaffung eines neuen Glühofens erforderlich gezeigt, da bei Anwendung des ursprünglich in Aussicht genommenen Ofens die Messung der elastischen Dehnungen umständlich und unzuverlässig war. Der neue Ofen ist in der Werkstatt der technischen Hochschule hergestellt und so eingerichtet, daß die Probestäbe und die Meßapparate während des Versuches unmittelbar von einem Wärmbade aus Paraffin oder Metalllegirungen umgeben sind. Hierdurch ist es erreicht, daß die erforderliche Wärme durch geeignete Einstellung des Gebläses während des ganzen Versuches auf derselben Höhe erhalten bleibt. Durch Aenderung des Ofens war auch durch eine andere Form der Probestäbe bedingt. Nachdem dieselbe festgelegt war, wurde mit der Fertigstellung der Stäbe und den Versuchen begonnen.

7. Zum Antrage des Lehrers der Königlichen technischen Hochschule Wehage auf Prüfung von kreisförmigen Platten wurden zunächst Vorversuche durchgeführt und dann 2 Versuche an den Platten selber vorgenommen. Die Ergebnisse sind im Heft III der Mittheilungen 1888 veröffentlicht.

8. Die seitens Privater an die Versuchsanstalt gerichteten Aufträge lassen sowohl durch ihre Zahl als auch durch den Gegenstand der Prüfung erkennen, daß ein größeres Interesse für das Versuchswesen unter den Gewerbtreibenden Platz gegriffen hat, indem die Anstalt nicht nur dann in Anspruch genommen, wenn es galt, die Eigenschaften gelieferter Materialien zu erproben, sondern auch dann angerufen wurde, wenn der Fabrikant zur Besserung seiner Erzeugnisse über den Einfluß der Herstellungsweisen und des verwendeten Materiales auf das Fabrikat unterrichtet sein wollte. Hiermit ist der Weg zum vornehmlichsten Ziele der Anstalt betreten.

Im Ganzen gelangten 65 Aufträge auf Festigkeitsprüfungen zur Ausführung, von denen 16 auf Behörden und 49 auf Private entfallen. Diese Aufträge umfassen 315 Zugversuche mit Metallen, Riemen, Seilen, Ketten und Gurten; 23 Druck- und Knickversuche mit Magnesium, Blei und Doppelwandblechen; 25 Biegungsversuche mit Magnesium, Dachplatten, Stahlguß und Doppelwandblechen; 29 Torsionsversuche mit Drähten und Wellen; 38 Biegeproben mit Blechstreifen und 95 Stauchversuche mit Normalcylindern — demnach insgesammt 525 Versuche. Ferner wurde die Anstalt in einem Falle angerufen, ein Gutachten über die Ursache des Bruches eines Kettengliedes abzugeben. Die Anträge auf Prüfung des Leitungswiderstandes von Drähten, welche zusammen 46 Versuche umfaßten, wurden dem Kgl. Professor Paalzow an der technischen Hochschule zur Erledigung überwiesen. Festigkeitsprobirmaschinen zur Papierprüfung wurden im Ganzen 4 zur Untersuchung eingereicht. Die Inanspruchnahme der Abtheilung für Papierprüfung blieb anfänglich weit hinter den Erwartungen zurück, stieg aber später wieder wesentlich, nachdem die Behörden auf die bestehenden Bestimmungen über Prüfung der amtlichen Papiere von Neuem aufmerksam gemacht worden waren.

An wissenschaftlichen Arbeiten sind außer den für die mechanisch-technische Abtheilung oben besprochenen Untersuchungen für die Abtheilung für Papierprüfung folgende zu erwähnen: 1. Untersuchungen über den Einfluß wiederholter Leimung auf die Festigkeitseigenschaften des Papiers. 2. Ergebnisse der Prüfungen von Apparaten zur Untersuchung der Festigkeitseigenschaften von Papier. 3. Untersuchung der Druckpapiere der Gegenwart.

Im Vergleich zu den früheren Jahren stellt sich die Inanspruchnahme der Anstalt, deren Einnahmen 13 670,90 Mark betrugen, wie folgt:

Abtheilung	Anzahl und Betrag	1883/84	1884/85	1885/86	1886/87	1887/88
Mechanisch-technische	Aufträge	39	48	36	60	70
	Versuche	551	239	371	463	530
	Gebühren	4 678,00	3 567,75	3 087,88	4 679,76	4 360,90
für Papierprüfung	Aufträge	—	136	288	311	275
	Papiere	—	696	876	643	693
	Gebühren	—	4 902,00	10 722,65	11 288,75	9 310,00

Die Abtheilung für Oelprüfung hatte sogleich nach ihrer Eröffnung einen sehr lebhaften Zuspruch zu verzeichnen, sodaß schon in der kurzen Zeit ihres Bestehens vom 27. Dezember 1887 bis 31. März 1888 6 Aufträge zur Erledigung gelangten. Dieselben umfaßten die vollständige Untersuchung von 25 Oelen mit einem Gesammtgebührenbetrage von 668,00 Mark.

B. Chemisch-technische Versuchsanstalt.

In dem Zeitraume des Etatsjahres 1887/88 wurde die Thätigkeit der Chemiker durch folgende umfangreiche Untersuchungen in Anspruch genommen.

1. Versuche über den Nachweis geringer Mengen von Kieselsäure in Stahl. Diese Versuche haben kein zufriedenstellendes Resultat ergeben.
2. Prüfung eines neuen Viscosimeters für Oele (von Stahl in Nürnberg).
3. Versuche zur Ermittelung einer zuverlässigen Methode der Bestimmung des Erstarrungspunktes von Fetten und Fettsäuren.
4. Trennung des Antimons vom Kupfer.
5. Prüfung der Hampe'schen Methode der Manganbestimmung bei Eisenanalysen.
6. Untersuchungen über die Spannungsverhältnisse verschiedener beim Schiffbau Verwendung findender Metalle und Legirungen.

7. Untersuchungen von nach Mannesmann'schem Patentverfahren hergestellten eisernen Röhren auf Gaseinschlüsse.

8. Untersuchungen über das Verhalten verschiedener fetten Oele zu Lösungsmitteln.

9. Untersuchungen über die Einwirkung schwacher Aetzmittel auf Eisen= und Stahlrohre.

Außer diesen Versuchen wurden in dem genannten Etats=Jahre 311 Analysen erledigt. Von diesen entfielen auf Reichsbehörden 60, auf Staatsbehörden 173, auf Private 78, und zwar klassifiziren sich dieselben nach Art der Materie wie folgt:

A. Anorganische Materien.

Von 137 Prüfungen: Metalle und Legirungen 172, Kalk, Cement und Mörtel 20, Thon 1, Schlacken 2, Erze 17, Salz 1, Wasser 8, Farbstoffe (mineralische) 7, verschiedene technische Produkte 9.

Von den 172 Untersuchungen von Metallen und Legirungen entfallen noch 102 auf vollständige Analysen von Eisen und Stahlproben im Auftrage der Königlichen Kommission zur Beaufsichtigung der technischen Versuchsanstalten, nämlich Analysen von Eisenbahnmaterialien 68, Analysen von Leitungsdrähten 25, Analysen von im Bleibade geglühten Eisendrähten 9. Der Rest der Metalluntersuchungen vertheilt sich wie folgt: Eisen und Stahl 17, Kupfer 15, Zink 2, Zinn 2, Bronze 19, Messing 15.

B. Organische Materien.

Von 57 Prüfungen: Oele und Fette 39, Kohlen, Darrsteine und Koks 14, Seifen 2, Gerberlohe 1, Kindermehl 1.

C. Gemischte Materien.

Von 17 Untersuchungen: Tinten 7, Papiere 6, Oelfarben 4.

Außer diesen aufgeführten 311 Analysen wurden in der Abtheilung für Herstellung und mikroskopische Untersuchung von Metall=Schliffen 60 Proben von Stahl und Eisen für die mikroskopische Untersuchung vorbereitet.

Was die finanziellen Resultate der Anstalt im vergangenen Etatsjahre betrifft, so betrugen die Einnahmen: 1. von Reichsbehörden 1327, 2. von Staatsbehörden 5781, 3. von Privaten 2349 Mk., zusammen 9457 Mk. gegen 10 014 Mk. im Vorjahre.

C. Prüfungsstation für Baumaterialien.

Im Etatsjahre 1887/88 sind 931 Prüfungs=Anträge in zusammen 21887 Versuchen zur Ausführung gelangt. Im Betriebsjahre 1886/87 (vergl. Jahrgang 1887, S. 101) waren 898 Anträge in 17 178 Versuchen bearbeitet worden.

Nach dem Stoffe geordnet ergeben die bearbeiteten Prüfungs=Anträge folgende Zusammenstellung:

Zu 741 Anträgen mit 7002 Versuchen wurden die fertigen Prüfungsobjekte durch die Antragsteller eingeliefert und in der Station richtig gestellt, während für die übrigen Versuche die erforderlichen Prüfungsobjekte und Präparate in der Station hergestellt wurden.

Von den bearbeiteten Prüfungsanträgen entfallen 417 Anträge mit 11 175 Versuchen auf Behörden und 514 Anträge mit 10 712 Versuchen auf Private.

Im Etatsjahre 1887/88 betrugen die vereinnahmten Prüfungsgebühren 32 589 Mk.

Tabellarische Zusammenstellung

der im Betriebsjahre 1887/88 in der Königlichen Prüfungs-Station für Baumaterialien ausgeführten Untersuchungen.

	Anzahl der	
	An- träge	Ver- suche
I. Untersuchung der Eigenschaften von gebrannten und ungebrannten Steinen, sowie von Bruchsteinen, Filzplatten, Dachpappen, Theer-Concretplatten, künstlichem Holz und Rabitz-Patent-Putz.		
a. Prüfungen auf Druckfestigkeit:		
α) für Ziegel und andere künstliche Steine	235	2053
β) „ Bruchsteine	148	1126
γ) „ imprägnirte Filzplatten	3	30
δ) „ Theer-Concret-Platten	12	130
ε) „ Xylolith- (künstliches Holz) Würfel	16	160
c. Prüfungen auf Wasseraufnahme, Cohäsionsbeschaffenheit, Wetterbeständigkeit:		
α) für Ziegel und andere künstliche Steine	58	1131
β) „ Bruchsteine	89	1058
d. Bestimmung des specifischen Gewichtes und des Härtegrades:		
α) für Ziegel und andere künstliche Steine	49	306
β) „ Bruchsteine	37	236
e. Prüfungen auf Bruchfestigkeit:		
α) für Ziegel und andere künstliche Steine	26	190
β) „ Bruchsteine	2	20
f. Prüfungen auf Feuerbeständigkeit:		
α) für Ziegel	2	20
β) „ Rabitz-Patent-Putz	10	100
i. Prüfungen von Dachpappen auf Zugfestigkeit, Dehnbarkeit und Wasseraufnahme	4	34
k. Prüfungen auf Abnutzbarkeit:		
α) für Ziegel und andere künstliche Steine	11	88
β) „ Bruchsteine	49	320
II. Cement-Untersuchungen auf Frostbeständigkeit, Abnutzung, Gewicht, Mahlung, Temperaturerhöhung, Abbindezeit, Volumenbeständigkeit, Zugfestigkeit, Adhäsionsvermögen und Druckfestigkeit	138	11986
III. Traß-Untersuchungen: Wie bei den Cementen behandelt	4	830
IV. Kalk-Untersuchungen: Wie bei den Cementen behandelt	14	1805
V. Untersuchungen von Rabitz-Patent-Material auf Zug-, Druck- und Biegungsfestigkeit, Wasseraufnahme, Frostbeständigkeit ꝛc.	34	264
Zusammen . .	941	21887

II. Mittheilungen aus der mechanisch-technischen Versuchsanstalt.

Ueber Druckpapiere der Gegenwart.

Vom Vorsteher A. Martens.

Angeregt durch die Veröffentlichung der Ergebnisse einer Untersuchung über „Druckpapiere der Gegenwart", welche in den „Mittheilungen — Ergänzungsheft IV. 1887" bekannt gegeben worden sind, sandte die Bibliothekverwaltung des Kgl. Ministeriums der öffentlichen Arbeiten 26 Druckschriften zur Untersuchung ein. Die Ergebnisse dieser Prüfungen sind nachstehend mitgetheilt. Sie bestätigen die Ansicht, daß ein großer Theil der geistigen Erzeugnisse unserer Zeit der Gefahr baldiger Vernichtung ausgesetzt ist. Es wird nicht nothwendig sein, die angegebenen Zahlen weiter zu erläutern; sie sprechen für sich selbst.

Da die Normalstreifenlänge von 18 cm bei den Festigkeitsprüfungen wegen des geknifften Zustandes des Probenmaterials nicht Verwendung finden konnte, so ist zu bemerken, daß die für die Dehnung gefundenen Werthe durchschnittlich zu hohe sind;*) auf die Reißlänge hat die Verwendung kurzer Streifen wenig Einfluß. Die Anordnung der Versuchsergebnisse ist derjenigen in dem Aufsatz „Ueber Druckpapiere der Gegenwart" ähnlich. Bei der Einordnung der Papiere in die Festigkeitsklassen ist auf den Widerstand gegen Zerknittern keine Rücksicht genommen worden, weil die für denselben gültige Skala nur für Schreibpapiere aufgestellt ist.

Laufende Nr.	Bezeichnung der Druckschrift	Des Probestreifens		Mittlere Reißlänge km	Mittlere Dehnung %	Widerstand gegen Zerknittern	Aschengehalt in %	Mikroskopische Untersuchung.	Temp. und Feuchtigkeit
		Länge mm	Breite mm						

Stoffklasse III. Papiere von beliebiger Stoffzusammensetzung, jedoch ohne Holzschliff, mit weniger als 15 % Asche.

Festigkeitsklasse 4. Mittlere Reißlänge mindestens 3000 m; mittlere Dehnung mindestens 2,5 %.

Laufende Nr.	Bezeichnung der Druckschrift	Länge mm	Breite mm	Reißlänge km	Dehnung %	Zerknittern	Aschengehalt %	Mikroskopische Untersuchung.	Temp. und Feuchtigkeit
1	Amts-Blatt des Reichs-Postamts	90	15	3,58	3,4	4	14,8	Strohzellulose, Holzzellulose, Leinen, geringe Mengen Baumwolle	18,8° 56 %
2	Archiv für Post und Telegraphie	90	15	3,32	3,1	4	12,3	Holzzellulose, Strohzellulose, Zusatz Baumwolle und Leinen	20,4° 60 %
3	Die Französische Kolonie	90	15	3,06	3,7	3	13,5	Holzzellulose, Strohzellulose, Zusatz Leinen und Baumwolle	19,2° 75 %

Festigkeitsklasse 5. Mittlere Reißlänge mindestens 2000 m; mittlere Dehnung mindestens 2 %.

Laufende Nr.	Bezeichnung der Druckschrift	Länge mm	Breite mm	Reißlänge km	Dehnung %	Zerknittern	Aschengehalt %	Mikroskopische Untersuchung.	Temp. und Feuchtigkeit
4	Beilage zu „Mittheilungen des Vereins für die Geschichte Berlins"	90	15	2,88	3,3	4	12,1	Holzzellulose, Strohzellulose, geringe Mengen Leinen.	21,4° 70 %
5	Zeitschrift des Verbandes der Dampfkessel-Ueberwachungsvereine	90	15	2,89	2,8	4	9,6	Strohzellulose, Baumwolle, Leinen	21,0° 70 %

Festigkeitsklasse 6. Mittlere Reißlänge mindestens 1000 m; mittlere Dehnung mindestens 1,5 %.

Laufende Nr.	Bezeichnung der Druckschrift	Länge mm	Breite mm	Reißlänge km	Dehnung %	Zerknittern	Aschengehalt %	Mikroskopische Untersuchung.	Temp. und Feuchtigkeit
6	Protokoll der IV. Vorstandsversammlung d. C.B. d. Preuß. D. Ueberwachungsvereine	90	15	2,73	1,7	1	13,8	Holzzellulose, Strohzellulose, Leinen, geringe Mengen Baumwolle	18,7° 55 %

*) A. Martens. Ueber den Einfluß der Länge und Breite der Probestreifen auf die Ergebnisse der Festigkeits-Untersuchungen von Papier. Mittheilungen aus den Königlichen technischen Versuchs-Anstalten zu Berlin. 1885. Heft I. Papier-Zeitung 1885, S. 548.

Laufende Nr.	Bezeichnung der Druckschrift	Des Probestreifens		Mittlere Reißlänge	Mittlere Dehnung	Widerstand gegen Zerknittern	Aschengehalt in	Mikroskopische Untersuchung	Temp. und Feuchtigkeit
		Länge mm	Breite mm	km	%		%		
10										

Papiere mit weniger als 1,5 % Dehnung.

Laufende Nr.	Bezeichnung der Druckschrift	Länge mm	Breite mm	Reißlänge km	Dehnung %	Widerstand	Aschengehalt %	Mikroskopische Untersuchung	Temp. und Feuchtigkeit
7	Bradstreets	60	15	3,12	1,3	1	6,5	Holzzellulose, Zusatz Baumwolle, geringe Mengen Leinen	19,5° 58 %

Stoffklasse IV. Papiere von beliebiger Stoffzusammensetzung und beliebigem Aschengehalt.

Festigkeitsklasse 4. Mittlere Reißlänge mindestens 3000 m; mittlere Dehnung mindestens 2,5 %.

Laufende Nr.	Bezeichnung der Druckschrift	Länge mm	Breite mm	Reißlänge km	Dehnung %	Widerstand	Aschengehalt %	Mikroskopische Untersuchung	Temp. und Feuchtigkeit
8	Zeitschrift für Handel und Gewerbe	90	15	3,53	2,7	3	15,1	Stroh- und Holzzellulose, Baumwolle, geringe Mengen Leinen	19,4° 57 %

Festigkeitsklasse 5. Mittlere Reißlänge mindestens 2000 m; mittlere Dehnung mindestens 2 %.

Laufende Nr.	Bezeichnung der Druckschrift	Länge mm	Breite mm	Reißlänge km	Dehnung %	Widerstand	Aschengehalt %	Mikroskopische Untersuchung	Temp. und Feuchtigkeit
9	Deutsche Rechts-Zeitung	90	15	3,29	2,4	4	15,0	Holzzellulose, Strohzellulose, sehr geringe Mengen Leinen und Baumwolle	19,2° 57 %
10	Entscheidungen des Ober-Seeamts	90	15	2,08	2,5	1	24,5	Strohzellulose, Leinen, Baumwolle, Holzzellulose, und Holzschliff	16,3° 65 %
11	The Economist	90	15	2,21	2,5	1	16,5	Esparto, geringe Mengen Leinen	18,6° 65 %
12	Mittheilungen d. Kaiserl. Aichungs-Kommission	90	15	2,26	2,4	2	17,5	Holzzellulose, Strohzellulose, Baumwolle, geringe Mengen Leinen	18,8° 65 %
13	Armee-Verordnungsblatt	90	15	2,75	3,6	3	15,8	Stroh- und Holzzellulose, Zusatz Baumwolle	15,4° 61 %
14	Deutsches Wochenblatt	90	15	2,61	2,3	1	23,3	Holzzellulose, Holzschliff, Zusatz Leinen und Baumwolle	18,0° 60 %
15	Bayerische Handelszeitung	90	15	3,16	2,0	2	6,4	Holz- und Strohzellulose, Holzschliff, geringe Mengen Baumwolle und Leinen	18,3° 55 %
16	Korrespondenzblatt des Gesammtvereins der Geschichts- und Alterthums-vereine	90	15	2,08	2,9	3	19,0	Strohzellulose, Baumwolle, geringe Mengen Leinen	18,5° 72 %
17	Zeitschrift des Königlichen Bayr. Statist. Büreau	90	15	2,70	2,0	2	1,0	Holzzellulose, Holzschliff, Zusatz Baumwolle	19,0° 56 %

Laufende Nr.	Bezeichnung der Druckschrift	Des Probestreifens		Mittlere Reißlänge	Mittlere Dehnung	Widerstand gegen Zerknittern	Aschengehalt in	Mikroskopische Untersuchung	Temp. und Feuchtigkeit
		Länge mm	Breite mm	km	%		%		
18	Hannoversches Gewerbebl.	60	15	4,81	1,7	3	16,1	Holz- und Strohzellulose, Baumwolle, Leinen, Holzschliff	19,4° 58 %
19	Amtsblatt der Königlichen Regierung Posen	90	15	2,41	1,7	·1	8,9	Holzzellulose und Holzschliff	16,6° 56 %
20	Amtsblatt der Königlichen Regierung Magdeburg	90	15	1,47	1,7	2	6,0	Holzschliff, Leinen, Baumwolle	21,2° 61 %
21	Amtsblatt der Königlichen Regierung Marienwerder	90	15	1,68	1,5	1	9,6	Holzschliff, Leinen, Holzzellulose, Jute	22,5° 60 %
22	Amtsblatt der Königlichen Regierung Kassel	90	15	2,20	1,8	2	13,0	Holzzellulose, Holzschliff, geringe Mengen Jute	24,4° 55 %
23	Deutsche Post	90	15	3,06	1,9	2	20,9	Holzzellulose und Holzschliff	19,1° 60 %
24	Börsenblatt für den deutschen Buchhandel	90	15	2,11	1,5	2	21,5	Holzzellulose, Holzschliff, Zusatz Baumwolle, geringe Mengen Leinen	19,0° 57 %

Festigkeitsklasse 6. Mittlere Reißlänge mindestens 1000 m; mittlere Dehnung mindestens 1,5 %.

Papiere mit weniger als 1,5 % Dehnung.

Laufende Nr.	Bezeichnung der Druckschrift	Länge mm	Breite mm	Mittlere Reißlänge km	Mittlere Dehnung %	Widerstand gegen Zerknittern	Aschengehalt in %	Mikroskopische Untersuchung	Temp. und Feuchtigkeit
25	Deutsche Versicherungs-Zeitung	90	15	1,60	1,4	1	21,25	Holzzellulose, Holzschliff, Zusatz Stroh und Baumwolle, geringe Mengen Leinen	18,1° 65 %
26	Amtsblatt der Königlichen Regierung Frankfurt a. O.	90	15	1,87	1,4	1	12,6	Holzschliff, Leinen, Baumwolle, geringe Mengen Jute	20,4° 57 %

III. Mittheilungen aus der chemisch-technischen Versuchsanstalt.

Rebenholzkohlenfarbe.

Vom Vorsteher Prof. Dr. Finkener.

Die Firma Gebrüder Bahl & Co., Ultramarin-, Lack- und Schwärze-Fabrik bei Montabaur (Nassau) stellt als Spezialität eine Reben-Holzkohlenfarbe für rostwiderstehende Eisen- und sonstige Metallanstriche her. Diese Farbe ist im Auftrage des Herrn Ministers der öffentlichen Arbeiten von der chemisch-technischen Versuchsanstalt namentlich mit Rücksicht auf die Frage, ob es wahrscheinlich ist, daß das Eisen durch den Anstrich mit der beregten Farbe besser als durch den bisher üblichen Anstrich mit Mennige gegen Rosten geschützt werde, geprüft worden und hat folgende Ergebnisse geliefert:

Die Beantwortung der Frage, welcher Oelanstrich, ob der mit Mennige, oder der mit Rebkohle oder der mit Kienruß Eisen vollständiger und dauernder gegen Rosten unter bestimmten Verhältnissen schützt, wird wohl nur nach direkten vergleichenden Versuchen gegeben werden können.

Die chemischen Eigenschaften der Anstrichfarben scheinen bei dem Vorgange keine Rolle zu spielen, ändert sich doch ein Mennige-Anstrich in seiner Färbung mit der Zeit meines Wissens nach nicht merklich. Ein etwa 5 Jahre alter Mennige-Anstrich auf Eisen, welcher mit einem andern dunklen Anstrich bedeckt war, zeigte beim Zerschneiden auch in unmittelbarer Nähe des Eisens die eigenthümliche rothe Färbung. Zur Annahme einer chemischen Einwirkung der Kohle auf das Oel oder das Eisen fehlt jede Veranlassung. Die kleinsten Farbenstückchen werden in dem aus dem Oel entstehenden Harze unverändert eingelagert bleiben. Der entstehende Ueberzug ist nicht als undurchdringlich für Gase zu betrachten, geht doch in Folge der Aufnahme von Sauerstoff die Verharzung und mit dieser die Erhärtung bis in die untersten Schichten vor sich. Wenn aber demungeachtet ein Rosten des Eisens unter dem Anstrich nicht stattfindet, so wird das dem Umstande zuzuschreiben sein, daß der Ueberzug kein flüssiges Wasser durchläßt.

Bei dieser Sachlage konnten nur über das Verhalten der frischen Anstriche Versuche angestellt werden. Mennige, Rebkohle, Kienruß und Barytweiß wurden in solcher Menge mit einem gemessenen Volumen reinen Leinöl-Firnisses verrieben, daß die Farben die passend scheinende Konsistenz hatten. Mit diesen Farben, sowie mit dem Firniß ohne irgend welchen Zusatz, wurden dünne gewogene Eisenbleche von 200 qcm Größe auf einer Seite gestrichen und nach 1½ Stunden zum ersten Mal gewogen. Die in der folgenden Zeit stattfindenden Gewichtsänderungen sind in der folgenden Tabelle zusammengestellt. Die Gewichtsänderung unmittelbar nach dem Anstrich geht bei reinem Firniß in den ersten Stunden gleichmäßig vor sich, wie durch einen besondern Versuch festgestellt ist.

Zeit verflossen nach der ersten Wägung	Gewichtszunahme nach der ersten Wägung für				
	0,266 g Firniß	0,56 g Firniß 4,41 g Mennige	0,89 g Firniß 0,24 g Kienruß	1,50 g Firniß 1,10 g Rebkohle	0,50 g Firniß 2,67 g Barytweiß
1,5 Stunden . .	2,4 mg	10,8 mg	—0,4 mg	7,7 mg	3,0 mg
7,5 „ . . .	24,4 „	37,4 „	+1,0 „	63,9 „	25,1 „
21,5 „ . . .	29,8 „	41,9 „	71,0 „	93,3 „	67,2 „
24,5 „ . . .	29,8 „	42,9 „	85,5 „	95,7 „	70,4 „
45 „ . . .	28,2 „	45,5 „	106,3 „	106,9 „	77,3 „
3 Tage	27,1 „	47,0 „	110,3 „	119,1 „	79,3 „
4 „ . . .	25,8 „	48,1 „	109,6 „	128,9 „	79,7 „
5 „ . . .	25,6 „	49,4 „	110,1 „	139,2 „	79,9 „
11 „ . . .	20,9 „	45,3 „	95,1 „	135,5 „	70,8 „
23 „ . . .	19,0 „	45,2 „	84,6 „	147,9 „	64,6 „
32 „ . . .	14,8 „	41,7 „	74,6 „	128,1 „	56,5 „

Der Zusatz von Farbe zum Firniß hat den Erfolg, daß sich durch einmaligen Anstrich eine dickere Schicht gleichmäßig auftragen läßt. Mit der Menge des Firnisses steigt die Zeit, während welcher eine Gewichtszunahme stattfindet; weiterhin ist das Gewicht des entstehenden und verdunstenden Wassers größer, als das des in derselben Zeit aufgenommenen Sauerstoffes. Die größte Gewichtszunahme steigt ungefähr proportional mit der Menge des aufgetragenen Firnisses.

An andern gleichzeitig gestrichenen Platten ist die Beschaffenheit des Ueberzugs dann und wann untersucht worden, ohne daß indeß eine Wahrnehmung gemacht wurde, die auf eine zu bevorzugende Eigenschaft eines der Anstriche hindeutete.

Sollte auch bei der handwerksmäßigen Ausführung von Anstrichen ein größerer Verbrauch von Firniß stattfinden bei Anwendung von Rebkohle, als bei Anwendung von Mennige, so würde die erstere die Vermuthung der größeren Dauerhaftigkeit für sich haben.

IV. Mittheilungen aus der Prüfungs-Station für Baumaterialien.

1. Untersuchung von Isolirplatten und Dachpappen.

Vom Vorsteher Dr. Böhme.

Die Untersuchung der Isolirplatten und Dachpappen auf deren elastische Eigenschaften und Festigkeitswerthe erfolgte zuerst im Jahre 1879 auf Veranlassung der Königlichen General-Inspektion der Festungen in Berlin.

Bei der vielfachen Verwendung, welche diese Materialien zum Abdecken von Gewölben, Brücken, Tunnels, Kellereien, sowie zum Isoliren der Fundamentmauern u. s. w. finden, mußte es darauf ankommen, deren Eigenschaften durch entsprechende Versuche zu ermitteln, um mit Hülfe der Ergebnisse derselben die Beurtheilung des Werthes der verschiedenen Fabrikate für die in Frage kommenden Verwendungszwecke bewirken zu können.

Behufs Erlangung vergleichbarer Resultate erfolgte daher die Ausführung der Versuche in durchaus einheitlicher Anordnung, bei einer Temperatur der Luft von 16°—18° C., für soweit als möglich erreichbare gleiche Abmessungen und Anordnung der Probestücke und gleiche Beobachtungslängen mit beweglichen Einspannvorrichtungen, auf einem Hebelapparat mit 30facher Uebersetzung, dessen Belastung auf das vertikal gespannte Versuchsstück durch eine kontinuirlich wachsende Belastung gegeben wurde.

Es gelangten in sämmtlichen Fällen die Versuche an Probestücken zur Ausführung, deren Stärke der laufenden Fabrikation der verschiedenen Fabriken entspricht, und zwar:

 für sogenannte einfache Platten,
  „ Platten in doppelter Stärke,
  „ Platten in einfacher Stärke mit einem Verbindungsstoß.

Die Ergebnisse dieser mit zehn verschiedenen Fabrikaten ausgeführten Versuche sind durch die nachstehenden Tabellen I—X zusammengefaßt.

I. Ergebnisse der Untersuchungen von Asphalt-Filzplatten

ausgeführt im Jahre 1879 für die Königliche General-Inspektion

Zugfestigkeit.

Einfache Asphaltfilzplatten.

Versuch Nr.	Maße lang	breit	dick	Fläche des Querschnitts	Länge zwischen den Klemmen	Total-Zug-Beanspruch. bei der Zerstörung	Zugfestigkeit pro qcm	Verlängerung bei der Zerstörung		Querschnitt an der Reißstelle	Querschnitts-Verminderung		Abstand der Reißstelle von der nächsten Klemme
	cm			qcm	cm	kg	kg	cm	%	qcm	qcm	%	cm
1	59	14	1,5	21	50	272	13,00	12,5	25,0	13,50	7,50	35,71	10
2	59	14	1,5	21	50	225	10,70	10,2	20,4	15,30	5,70	27,14	4
3	59	14	1,5	21	50	383	18,30	8,0	16,0	15,00	6,00	28,57	19
4	59	14	1,5	21	50	374	17,80	9,3	18,6	17,25	3,75	17,86	5
Sa.							59,80	40,0	80,0		22,95	109,28	
Mittel							14,95	10,0	20,0		5,74	27,32	

Desgleichen mit zwei Verbindungsstößen.

Versuch Nr.	Maße lang	breit	dick	Fläche des Querschnitts	Länge zwischen den Klemmen	Total-Zug-Beanspruch. bei der Zerstörung	Zugfestigkeit pro qcm	Verlängerung bei der Zerstörung		Querschnitt an der Reißstelle	Querschnitts-Verminderung		Abstand der Reißstelle von der nächsten Klemme
1	58	14	1,3	18,2	50	403	21,60	7,00	14,0	13,80	4,40	24,2	8
2	58	13,5	1,4	18,9	50	379	20,00	5,10	10,20	16,80	2,10	11,1	5
3	58	13,6	1,5	20,4	50	403	19,80	5,20	10,40	18,75	1,65	8,1	4
4	58,5	13,3	1,4	18,62	50	413	22,20	6,00	12,0	16,10	2,25	12,1	5

Nr.	1	2	3	4			Zugfestigkeit	Verlängerung			Querschnitts-Verm.	
Dicke in den Stößen	1,6	1,6	1,9	1,7	Sa.		83,60	23,30	46,60		10,40	55,5
Fläche in den Stößen	22,40	21,60	25,84	22,61	Mittel		20,90	5,82	11,64		2,60	13,9

Doppelt geklebte Asphaltfilzplatten.

Versuch Nr.	Maße lang	breit	dick	Fläche des Querschnitts	Länge zwischen den Klemmen	Total-Zug-Beanspruch. bei der Zerstörung	Zugfestigkeit pro qcm	Verlängerung bei der Zerstörung		Querschnitt an der Reißstelle	Querschnitts-Verminderung		Abstand der Reißstelle von der nächsten Klemme
1	58	13,5	1,5	20,25	50	398	19,65	7,50	15,0	15,0	5,25	25,9	22,0
2	57,5	13	1,4	18,20	50	438	24,07	5,60	11,2	15,4	2,80	15,4	25,5
3	58	13	1,5	19,50	50	410	21,03	5,50	11,0	16,5	3,00	15,3	10,0
4	57	13	1,5	19,50	50	430	22,05	6,30	12,6	13,8	5,70	29,2	26,0
Sa.							86,80	24,90	49,8		16,75	85,8	
Mittel							21,70	6,22	12,45		4,19	21,5	

aus der Fabrik von Büßcher & Hoffmann in Eberswalde,

der Festungen in Berlin bei einer Temperatur der Luft von 16°—18° C.

Dehnbarkeit.

Versuch	Maße			Fläche des Querschnitts	Länge zwischen den Klemmen	Angewendete Belastung	Zugspannung pro qcm	Ausreckung der Probe		Bemerkungen über das Verhalten des Probestückes.
	lang	breit	dick							
Nr.	cm			qcm	cm	kg	kg	cm	%	

Einfache Asphaltfilzplatten.

Versuch	lang	breit	dick	Fläche qcm	Länge cm	Belastung kg	Spannung kg	cm	%	Bemerkungen
5	59	13	1,3	16,9	50	210	12,43	4,0	8,0	Unverändert und vollkommen intakt.
6	60	14	1,5	21	50	280	13,33	5,0	10,0	In der Mitte um 1 cm eingezogen. Sonst intakt erhalten.
7	59	14	1,3	18,2	50	245	13,44	4,2	8,4	Vollkommen intakt und 13 cm von der Klemme um 0,75 cm eingezogen.
8	60	13,5	1,2	16,2	50	280	17,28	5,0	10,0	Vollkommen intakt und 5 cm von der Klemme um 2,2 cm eingezogen.

Desgleichen mit zwei Verbindungsstößen.

Versuch	lang	breit	dick	Fläche qcm	Länge cm	Belastung kg	Spannung kg	cm	%	Bemerkungen
5	59	14	1,3	18,2	50	318	17,47	3,2	6,4	Vollkommen intakt, aber kurz vor dem Stoß um 0,5 cm von der Breite eingezogen.
6	58,5	13,5	1,4	18,9	50	315	16,67	3,0	6,0	Vollkommen intakt und im Abstand 7 cm von der Klemme um 1,2 cm der Breite eingezogen.
7	59	13	1,3	16,9	50	280	16,56	2,1	4,2	Vollkommen intakt, ohne Veränderung.
8	59,5	14	1,5	21,0	50	280	13,33	1,5	3,0	Kurz vor der Klemme in einer dünnen Stelle abgerissen; sonst vollkommen intakt.

Nr.	1	2	3	4
Dicke } in den Stößen	1,7	1,8	1,6	1,7
Fläche }	23,8	24,3	20,8	23,8

Doppelt geklebte Asphaltfilzplatten.

Versuch	lang	breit	dick	Fläche qcm	Länge cm	Belastung kg	Spannung kg	cm	%	Bemerkungen
5	57	13,5	1,6	21,60	50	357	16,60	2,5	5,0	Vollkommen unverändert und intakt, aber unmittelbar an der einen Klemme abgerissen.
6	57,5	13,5	1,5	20,25	50	372	18,34	2,7	5,4	Vollkommen intakt. Im Abstand 4 cm von der Klemme um 0,5 cm eingezogen.
7	56,5	13	1,5	19,50	48	290	14,90	2,4	5,0	Vollkommen intakt. Im Abstand 16,5 cm von der Klemme um 0,4 cm eingezogen.
8	57,5	13	1,4	18,20	50	306	16,89	2,6	5,2	Vollkommen unverändert und intakt.

II. Ergebnisse der Untersuchungen von Asphaltplatten mit
ausgeführt im Jahre 1879 für die General-Inspektion der
Zugfestigkeit.

Versuch Nr.	Maße lang	breit	dick	Fläche des Querschnitts	Länge zwischen den Klemmen	Total-Zug-Beanspruch. bei der Zerstörung	Zug-festigkeit pro qcm	Verlängerung bei der Zerstörung		Querschnitt an der Reißstelle	Querschnitts-Verminderung		Abstand der Reißstelle von der nächsten Klemme
	cm			qcm	cm	kg	kg	cm	%	qcm	qcm	%	cm
Einfache Asphaltplatten mit Pappeinlage.													
1	55	15	0,7	10,5	50	140	13,33	1,5	3,0	10,15	0,35	3,33	2
2	55	15	0,7	10,5	50	175	16,67	1,7	3,4	10,15	0,35	3,33	4
3	55	15	0,7	10,5	50	160	15,23	1,6	3,2	10,30	0,20	1,90	2,6
4	55	15	0,7	10,5	50	154	14,67	1,8	3,6	10,22	0,28	2,66	4,5
						Sa.	59,90	6,6	13,2		1,18	11,22	
						Mittel	14,97	1,65	3,3		0,29	2,81	

Desgleichen mit 2 Verbindungsstößen.

Versuch Nr.	Maße lang	breit	dick	Fläche des Querschnitts	Länge zwischen den Klemmen	Total-Zug-Beanspruch. bei der Zerstörung	Zug-festigkeit pro qcm	Verlängerung bei der Zerstörung		Querschnitt an der Reißstelle	Querschnitts-Verminderung		Abstand der Reißstelle von der nächsten Klemme
1	55	15	0,7	10,5	50	185	17,62	0,3	0,6	unver-ändert	0,0	0,0	15 vom Stoß abgeglitten
2	55	15	0,7	10,5	50	198	10,15 in der Stoßfläche	0,5	1,0	19,00	0,5	4,8	15 im Stoß gerissen
3	55	15	0,7	10,5	50	175	16,66	0,5	1,0	unver-ändert	0,0	0,0	15 im Stoß abgeglitten
4	55	15	0,7	10,5	50	189	18,00	0,2	0,4	desgl.	0,0	0,0	desgl.
Dicke in den Stößen 1,3 cm						Sa.	62,43	1,5	3,0		0,5	4,8	
Fläche in den Stößen 19,5 cm						Mittel	15,61	0,37	0,8		0,1	1,2	

Doppelt geklebte Asphaltplatten mit Pappeinlage.

Versuch Nr.	Maße lang	breit	dick	Fläche des Querschnitts	Länge zwischen den Klemmen	Total-Zug-Beanspruch. bei der Zerstörung	Zug-festigkeit pro qcm	Verlängerung bei der Zerstörung		Querschnitt an der Reißstelle	Querschnitts-Verminderung		Abstand der Reißstelle von der nächsten Klemme
1	54	15	1,4	21,4	48	306	18,04	2,2	4,58	20,30	1,10	5,14	5,5
2	54	15	1,4	21,4	48	364	17,01	2,0	4,17	20,44	0,96	4,49	9,5
3	54	15	1,4	21,4	48	406	19,00	1,6	3,33	20,30	1,10	5,14	4,0
4	55	15	1,4	21,4	50	434	20,28	1,4	2,80	20,85	0,55	2,57	23,5
						Sa.	74,33	7,2	14,88		3,71	17,34	
						Mittel	18,33	1,8	3,72		0,93	4,34	

Pappeinlage aus der Fabrik von Joh. Jeserich, Berlin,

Festungen in Berlin bei einer Temperatur der Luft von 16—18° C.

Dehnbarkeit.

Versuch Nr.	Maße lang cm	breit cm	dick cm	Fläche des Querschnitts qcm	Länge zwischen den Klemmen cm	Angewendete Belastung kg	Zugspannung pro qcm kg	Ausreckung der Probe cm	%	Bemerkungen über das Verhalten des Probestückes.

Einfache Asphaltplatten mit Pappeinlage.

Versuch Nr.	lang cm	breit cm	dick cm	Fläche qcm	Länge cm	Belastung kg	Zugspannung kg	Ausreckung cm	%	Bemerkungen
5	55	15	0,7	10,5	48	105	10,00	1,4	2,92	Vollkommen intakt und unverändert.
6	55	15	0,7	10,5	48	140	13,33	1,5	3,13	Vollkommen intakt und im Abstand 10 cm von der Klemme um 0,4 cm von der Breite eingezogen.
7	55	15	0,7	10,5	48	119	11,33	1,4	2,92	Vollkommen intakt und unverändert.
8	55	15	0,7	10,5	48	124	11,81	1,3	2,71	Vollkommen intakt, aber im Abstand 8 cm von der Klemme um 0,6 cm von der Breite eingezogen.

Desgleichen mit 2 Verbindungsstößen.

Versuch Nr.	lang cm	breit cm	dick cm	Fläche qcm	Länge cm	Belastung kg	Zugspannung kg	Ausreckung cm	%	Bemerkungen
5	55	15	0,7	10,5	48	105	10,00	2,0	4,08	Im Abstand 15 cm von der Klemme im Stoß gereckt, sonst vollkommen intakt.
6	55	15	0,7	10,5	48	115	11,01	2,0	4,08	Desgl., aber nahe am Stoß um 0,4 cm von der Breite eingezogen.
7	55	15	0,7	10,5	48	126	12,01	1,8	3,75	Im Abstand 15 cm von der Klemme im Stoß gereckt sonst unverändert.
8	55	15	0,7	10,5	48	105	10,00	1,5	3,13	Vollkommen intakt und unverändert

Dicke in den Stößen 1,3 cm; Fläche in denselben 19,5 qcm.

Doppelt geklebte Asphaltplatten mit Pappeinlage.

Versuch Nr.	lang cm	breit cm	dick cm	Fläche qcm	Länge cm	Belastung kg	Zugspannung kg	Ausreckung cm	%	Bemerkungen
5	55	15	1,4	21,4	48	270	12,61	1,2	2,50	Vollkommen intakt und unverändert.
6	54	15	1,4	21,4	48	252	11,78	1,2	2,50	Vollkommen intakt, aber im Abstand 16 cm von der Klemme um 0,4 cm von der Breite eingezogen.
7	53,5	15	1,4	21,4	48	292	13,65	1,3	2,71	Vollkommen intakt und unverändert.
8	54,5	15	1,4	21,4	50	287	12,94	1,4	2,80	Vollkommen intakt, aber 18 cm von der Klemme um 0,3 cm von der Breite eingezogen.

III. Ergebnisse der Untersuchungen von Isolirplatten

ausgeführt im Jahre 1882. Während der Ausführung

Zugfestigkeit.

Versuch Nr.	Maße lang (cm)	Maße breit (cm)	Maße dick (cm)	Fläche des Querschnitts (qcm)	Länge zwischen den Klemmen (cm)	Total-Zugbeaufpruch. bei der Zerstörung (kg)	Zugfestigkeit pro qcm (kg)	Verlängerung bei der Zerstörung (cm)	Verlängerung bei der Zerstörung (%)	Querschnitt an der Reißstelle (qcm)	Querschnitts-Verminderung (qcm)	Querschnitts-Verminderung (%)	Abstand der Reißstelle von der nächsten Klemme (cm)
						Einfache Isolirplatten.							
1	60	15	0,7	10,50	45	472,5	45,00	2,8	6,22	8,40	2,10	20	21,5
2	60	15	0,7	10,50	45	461,6	43,95	3,0	6,67	8,40	2,10	20	8,5
3	60	15	0,7	10,50	45	394,5	39,48	1,9	4,22	8,70	1,80	17,1	8,5
4	60	14,5	0,7	10,15	45	415,5	40,94	2,1	4,67	8,58	1,87	18,42	9,2
Sa.						169,37	9,8	21,78	34,08	7,87	75,52		
Mittel						42,34	2,45	5,44	8,52	1,97	18,88		
						Doppelte Isolirplatten.							
1	60	15	1,2	18	45	735,0	40,83	3,8	8,44	14,00	4,00	22,22	5,2
2	60	15	1,2	18	45	765,0	42,50	5,0	11,11	13,72	4,28	23,78	9,0
3	60	15	1,2	18	45	840,0	46,67	5,4	12,00	13,30	4,70	26,11	3,4
4	60	15	1,2	18	45	805,0	44,72	6,0	13,33	12,69	5,31	29,50	19,0
Sa.						174,72	20,2	44,88	53,71	18,29	101,61		
Mittel						43,68	5,05	11,22	13,43	4,57	25,40		

aus der Fabrik von L. Haurwitz & Cie. in Berlin,

betrug die Temperatur der Luft 17—18° C.

Dehnbarkeit.

Versuch Nr.	Maße lang	breit	dick	Fläche des Querschnitts	Länge zwischen den Klemmen	Angewendete Belastung	Zugspannung pro qcm	Ausreckung der Probe cm	%	Bemerkungen über das Verhalten des Probestückes.
	cm			qcm	cm	kg	kg	cm	%	

Einfache Isolirplatten.

Versuch Nr.	lang	breit	dick	Fläche	Länge	Belastung	Zugspannung	cm	%	Bemerkungen
5	60	14,5	0,7	10,15	45	292,50	28,82	1,5	3,33	Im Abstand 15 cm von der Klemme eine lebhafte Einschnürung; sonst erhalten.
6	60	15,0	0,7	10,50	45	337,50	32,14	1,7	3,78	Im Abstand 9 cm von der Klemme eine Einschnürung mit Rissen; sonst erhalten.
7	60	14,7	0,7	10,29	45	352,50	34,26	2,0	4,44	Im Abstand 20 cm von der Klemme der Anfang der Zerstörung; sonst erhalten.
8	60	14,5	0,7	10,15	45	330,00	32,51	1,4	3,11	Im Abstand 18 cm von der Klemme eine starke Einschnürung mit Rissen; sonst erhalten.

Doppelte Isolirplatten.

Versuch Nr.	lang	breit	dick	Fläche	Länge	Belastung	Zugspannung	cm	%	Bemerkungen
5	60	14,5	1,2	17,40	45	555	31,90	2,4	5,33	Im Abstand 12,5 cm von der Klemme eine starke Einschnürung; sonst erhalten.
6	60	15	1,2	18	45	609	33,83	3,9	8,66	An der oberen Klemme einige Querrisse; sonst erhalten.
7	60	14,6	1,2	17,52	45	586,5	33,48	3,5	7,78	Im Abstand 8 cm von der Klemme eine starke Einschnürung mit Rißanfängen.
8	60	15	1,2	18	45	645	35,83	4,0	8,89	Im Abstand 17 cm von der Klemme bei starker Einschnürung ein Anfang der Zerstörung durch einige starke Risse.

III. Ergebnisse der Untersuchungen von Isolirplatten aus der Fabrik von L. Haurwitz & Cie. in Berlin.

Einfache Isolirplatten mit zwei Verbindungsstößen.

Nr.	Maße			Fläche des Quer- schnitts	Dicke in den Stößen	Fläche des Quer- schnitts in den Stößen	Länge zwischen den Klem- men	Ge- sammte Zugbe- lastung für die Stoß- zer- störung	Zug- span- nung in dem ein- fachen Probe- stück pro qcm	Bemerkungen über das Verhalten der Probestücke.
	lang	breit	dick							
	cm			qcm	cm	qcm	cm	kg	kg	

a) Bis zur Zerstörung der Stöße bewirkte Zugproben.

Nr.	lang	breit	dick	Fläche Querschnitts	Dicke Stößen	Fläche Querschnitts Stößen	Länge Klemmen	Zugbelastung	Zugspannung	Bemerkungen
1	60	15	0,7	10,50	1,10	16,50	45	210,5	20,05	Die Platten waren voll- ständig erhalten; die Zer- störung erfolgte im Stoß und zwar durch Abgleiten der Verbandstücke.
2	60	14,5	0,7	10,15	1,10	15,95	45	240,0	23,66	
3	60	14,5	0,7	10,36	1,10	16,28	45	228,0	22,09	
4	60	14,6	0,7	10,22	1,10	16,06	45	243,0	23,78	Die Probe war an einem Stoße eingerissen.
								Sa.	89,58	
								Mittel	22,39	

b) Zugproben, welche nicht bis zur Zerstörung gebracht wurden.

Nr.	lang	breit	dick	Fläche Querschnitts	Dicke Stößen	Fläche Querschnitts Stößen	Länge Klemmen	Zugbelastung	Zugspannung	Bemerkungen
1	60	15	0,7	10,50	1,10	16,50	45	210,5	20,05	Beide Stöße fingen an nach- zugeben.
2	60	15	0,7	10,50	1,10	16,50	45	195,6	18,63	Der eine Stoß zeigte Spuren vom Anfange des Abgleitens.
3	60	14,5	0,7	10,15	1,10	15,95	45	205,0	20,20	In einem der Stöße abge- rissen; sonst vollkommen erhalten.
4	60	14,6	0,7	10,22	1,10	16,06	45	190,5	18,64	Beide Stöße fingen an nach- zugeben.

IV. Ergebnisse der Untersuchungen von Asphaltfilzplatten aus der Fabrik von F. Schlesing Nachf. in Berlin.

Einfache, einen Verbindungsstoß enthaltende Asphaltfilzplatten.

a) Bis zur Zerstörung der Platten bewirkte Zugproben.

Nr.	Maße lang	breit	dick	Fläche des Querschnitts	Dicke in den Stößen	Fläche des Querschnitts in den Stößen	Länge zwischen den Klemmen	Gesammt-Zugbelastung für die Stoßzerstörung	Zugspannung in dem einfachen Probestück pro qcm	Bemerkungen über das Verhalten der Probestücke
	cm			qcm	cm	qcm	cm	kg	kg	
1	60	15	1,0	15,0	1,35	20,25	44	540	36,00	Im Abstande 4 cm vom Stoß gerissen; der Stoß war erhalten.
2	60	15	1,0	15,0	1,35	20,25	44	445	29,67	Im Abstande 2 cm vom Stoß gerissen; Stoß erhalten; die Platte zeigte einige leichte Querrisse.
3	60	15	1,0	15,0	1,30	19,50	44	492	32,80	Im Abstande 5 resp. 3 cm vom Stoß gerissen.
4	60	15	1,0	15,0	1,30	19,50	44	505	33,67	Bei beiden Platten war der Stoß um 1,5 cm geglitten, aber nicht zerstört.
								Sa.	132,14	
								Mittel	33,04	

b) Zugproben, welche nicht bis zur Zerstörung gebracht wurden.

Nr.	Maße lang	breit	dick	Fläche des Querschnitts	Dicke in den Stößen	Fläche des Querschnitts in den Stößen	Länge zwischen den Klemmen	Gesammt-Zugbelastung für die Stoßzerstörung	Zugspannung in dem einfachen Probestück pro qcm	Bemerkungen über das Verhalten der Probestücke
1	60	15	1,0	15,0	1,35	20,25	44	420	28,00	Platte und Stoß erhalten; die Platte zeigte in der Nähe der oberen Klemme einen Querriß.
2	60	15	1,0	15,0	1,35	20,25	44	430	28,67	
3	60	15	1,0	15,0	1,30	19,50	44	406	27,07	Der Stoß zeigte am oberen Ende Spuren vom Anfang des Gleitens.
4	60	15	1,0	15,0	1,30	19,50	44	426	28,40	Platte und Stoß vollständig erhalten.

IV. Ergebnisse der Untersuchungen von Asphaltfilzplatten aus der Fabrik

ausgeführt im Jahre 1884. Während der Ausführung der

Zugfestigkeit.

Versuch	Maße			Fläche des Querschnitts	Länge zwischen den Klemmen	Total-Zugbeanspruch, bei der Zerstörung	Zugfestigkeit pro qcm	Verlängerung bei der Zerstörung		Querschnitt an der Reißstelle	Querschnittsverminderung		Abstand der Reißstelle von der nächsten Klemme
Nr.	lang	breit	dick										
	cm			qcm	cm	kg	kg	cm	%	qcm	qcm	%	cm
Einfache Asphaltfilzplatten													
1	60	15	1,1	16,5	44	520	31,52	2,2	5,00	14,0	2,5	15,15	22
2	60	15	1,1	16,5	44	586	35,52	2,3	5,23	13,7	2,8	17,00	12,5
3	60	15	1,0	15,0	44	504	33,60	1,8	4,09	11,6	2,4	16,00	8,4
4	60	15	1,0	15,0	44	518	34,53	2,2	5,00	11,6	2,4	16,00	14,5
Sa.							135,17	8,5	19,32		10,1	64,15	
Mittel							33,79	2,12	4,83		2,52	16,04	
Doppelte Asphaltfilzplatten													
1	60	14,5	1,4	20,3	44	600	29,55	2,2	5,00	17,1	3,2	15,80	8,3
2	60	14,5	1,4	20,3	44	648	31,92	2,4	5,45	16,5	3,8	18,72	5,9
3	60	15,0	1,4	21,0	44	675	32,14	2,5	5,70	16,9	4,1	19,52	21,0
4	60	14,0	1,4	19,6	44	612	31,22	2,2	5,00	16,1	3,5	17,86	16,5
Sa.							124,83	11,3	21,15		14,6	71,90	
Mittel							31,61	2,82	5,23		3,65	17,98	

von F. Schlesing Nachf. (C. Grosse & G. Erdmann), Berlin,

Versuche betrug die Temperatur der Luft 16°—18° C.

Dehnbarkeit.

Versuch Nr.	Maße			Fläche des Querschnitts	Länge zwischen den Klemmen	Angewendete Belastung	Zugspannung pro qcm	Ausreckung der Probe		Bemerkungen über das Verhalten des Probestückes
	lang	breit	dick							
	cm			qcm	cm	kg	kg	cm	%	
Einfache Asphaltfilzplatten.										
5	60	15	1,1	16,5	44	469	28,42	1,7	3,86	Probestück erhalten; 9 cm von der Klemme eine lebhafte Einschnürung.
6	60	15	1,1	16,5	44	480	29,10	1,8	4,09	6, 8 u. 9 cm von der Klemme Querrisse; sonst erhalten.
7	60	15	1,0	15,0	44	500	33,33	1,8	4,09	12 cm von der Klemme einige Risse; sonst erhalten.
8	60	15	1,0	15,0	44	469	31,27	1,9	4,32	Im Abstande 13 cm von der Klemme Spuren der beginnenden Zerstörung sichtbar.
Doppelte Asphaltfilzplatten.										
5	60	14,5	1,4	20,3	44	540	26,60	1,8	4,09	Im Abstand 6 cm von der Klemme Anfänge der Zerstörung; sonst erhalten.
6	60	14,5	1,4	20,3	44	489	24,09	1,8	4,09	Im Abstande 12 cm von der Klemme eine Einschnürung; sonst erhalten.
7	60	15,0	1,4	21,0	44	590	28,10	2,2	5,00	Im Abstand 14 cm von der Klemme Querrisse; beim Herausnehmen zerriß die Probe.
8	60	15,0	1,4	21,0	44	590	28,10	2,1	4,77	Gut erhalten. 16 cm von der Klemme eine Einschnürung und ein kleiner Querriß.

V. Ergebnisse der Untersuchungen von Asphalt-Isolir-

ausgeführt im Jahre 1884. Während der Ausführung

Zugfestigkeit.

Versuch Nr.	Maße			Fläche des Querschnitts	Länge zwischen den Klemmen	Total-Zug-Beanspruch. bei der Zerstörung	Zugfestigkeit pro qcm	Verlängerung bei der Zerstörung		Querschnitt an der Reißstelle	Querschnitts-Verminderung		Abstand der Reißstelle von der nächsten Klemme
	lang	breit	dick										
	cm			qcm	cm	kg	kg	cm	%	qcm	qcm	%	cm
Einfache Asphalt-Isolirplatten.													
1	60	15	1,0	15,0	44	574	38,30	2,4	5.45	12,5	2,5	16,67	20
2	60	15	1,1	16,5	44	632	38,30	3,2	7,27	13,2	3,3	20,00	22,5
3	60	15	1,2	18,0	44	723	40,17	4,8	10,91	14,0	4,0	22,22	18,4
4	60	15	1,1	16,5	44	710	43,07	4,6	10,46	13,6	2,9	17,58	14,5
Sa.						159,84	15,0	34,09			12,7	76,47	
Mittel						39,96	3,75	8,52			3,2	19,12	
Doppelte Asphalt-Isolirplatten.													
1	60	15	1,4	21	44	1134	54,00	5,0	11,36	17,8	3,2	15,24	18,0
2	60	15	1,4	21	44	1020	48,57	6,5	14,77	17,2	3,8	18,10	12,4
3	60	15	1,4	21	44	1080	51,43	8,5	19,32	16,5	4,5	21,43	16,5
4	60	15	1,4	21	44	1233	58,71	10,0	22,73	13,0	8,0	38,10	20,5
Sa.						212,71	30,0	68,18			19,5	92,87	
Mittel						53,18	7,50	17,65			4,7	23,22	

platten aus der Fabrik von C. F. Weber in Leipzig,

der Versuche betrug die Temperatur der Luft 16°—18° C.

Dehnbarkeit.

Versuch Nr.	Maße lang	breit	dick	Fläche des Querschnitts	Länge zwischen den Klemmen	Angewendete Belastung	Zugspannung pro qcm	Ausreckung der Probe		Bemerkungen über das Verhalten des Probestückes.
	cm			qcm	cm	kg	kg	cm	%	

Einfache Asphalt-Isolirplatten.

Versuch Nr.	lang	breit	dick	Fläche des Querschnitts	Länge zwischen den Klemmen	Angewendete Belastung	Zugspannung pro qcm	Ausreckung cm	Ausreckung %	Bemerkungen
5	60	15	1,1	16,5	44	590	35,76	1,9	4,32	Im Abstand 9, 11, 16 cm von der oberen Klemme lebhafte Einschnürungen und Risse; sonst erhalten.
6	60	15	1,1	16,5	44	612	37,09	2,2	5,00	Im Abstand 4, 8, 13 cm von der oberen Klemme Querrisse.
7	60	15	1,0	15,0	44	560	37,33	1,7	3,91	Im Abstand 8 cm von der Klemme einige Risse und eine Einschnürung; sonst erhalten.
8	60	15	1,1	16,5	44	612	37,19	2,5	5,64	Im Abstand 5, 12, 18 cm von der oberen Klemme Spuren der beginnenden Zerstörung durch Risse und Einschnürungen.

Doppelte Asphalt-Isolirplatten.

Versuch Nr.	lang	breit	dick	Fläche des Querschnitts	Länge zwischen den Klemmen	Angewendete Belastung	Zugspannung pro qcm	Ausreckung cm	Ausreckung %	Bemerkungen
5	60	15	1,4	21	44	930	44,30	4,8	10,91	Im Abstand 8 cm von der Klemme eine Einschnürung bis auf 10 cm Breite.
6	60	15	1,4	21	44	1000	47,62	4,5	10,23	Im Abstand 15 cm von der Klemme eine Einschnürung und die Spuren eines Querrisses.
7	60	15	1,4	21	44	930	44,30	5,0	11,41	Im Abstand 10 und 16 cm von der Klemme Querrisse und Einschnürungen. Beim Herausnehmen zerriß die Probe.
8	60	15	1,4	21	44	1000	47,62	4,8	10,91	26 cm von der Klemme eine starke Einschnürung. Oberhalb und unterhalb derselben Anfänge der Zerstörung.

V. Ergebnisse der Untersuchungen von Asphalt-Isolirplatten aus der Fabrik von C. F. Weber in Leipzig.

Einfache Asphalt-Isolirplatten mit Verbindungsstoß.

Versuch	Maße			Fläche des Querschnitts	Dicke in dem Stoß	Fläche des Querschnitts in dem Stoß	Länge zwischen den Klemmen	Gesamt-Zugbelastung für die Stoßzerstörung	Zugspannung in dem einfachen Probestück pro qcm	Bemerkungen über das Verhalten der Probestücke.
	lang	breit	dick							
Nr.	cm			qcm	cm	qcm	cm	kg	kg	

a) Bis zur Zerstörung der Platten bewirkte Zugproben.

Versuch	lang	breit	dick	Fläche Quer	Dicke Stoß	Fläche Stoß	Länge	Gesamt	Zugspannung	Bemerkungen
1	60	15	1,0	15	1,40	21,00	44	560	37,33	Im Stoß gerissen; 5 cm von der oberen Klemme ein Querriß.
2	60	15	1,0	15	1,40	21,00	44	609	40,60	Im Abstand 3 cm vom Stoß gerissen. Stoß erhalten; Platte zeigte einige starke Querrisse.
3	60	15	1,0	15	1,35	20,25	44	526	35,07	
4	60	15	1,0	15	1,35	20,25	44	583	38,87	Wie bei 2. Im Abstand 4 cm vom Stoß gerissen. 2 cm von der oberen Klemme ein leichter Querriß.
								Sa.	151,87	
								Mittel	37,97	

b) Zugproben, welche nicht bis zur Zerstörung gebracht wurden.

Versuch	lang	breit	dick	Fläche Quer	Dicke Stoß	Fläche Stoß	Länge	Gesamt	Zugspannung	Bemerkungen
5	60	15	1,0	15	1,40	21,00	44	510	34,00	Im Abstand 5 cm von den Klemmen leichte Risse, der Stoß war um 1,6 cm geglitten.
6	60	15	1,0	15	1,40	21,00	44	602	40,13	
7	60	15	1,0	15	1,35	20,25	44	512	34,13	Platte und Stoß in der Hauptsache erhalten. Stoß am unteren Ende Spuren des Gleitens.
8	60	15	1,0	15	1,35	20,25	44	567	37,80	Im überdeckten Theile der Platte einige Risse; sonst ebenso wie der Stoß gut erhalten.

VI. Ergebnisse der Untersuchungen von Asphalt-Isolirplatten aus der Fabrik von Heinrich Karsten (C. A. Westphal & Co. Nachfolger) zu Hamburg.

Einfache Asphalt-Isolirplatten mit Verbindungsstoß.

Versuch Nr.	Maße			Fläche des Quer-schnitts	Dicke in dem Stoß	Fläche des Quer-schnitts in dem Stoß	Länge zwischen den Klem-men	Ge-sammte Zugbe-lastung für die Stoß-zer-störung	Zug-span-nung in dem ein-fachen Probe-stück pro qcm	Bemerkungen über das Verhalten der Probestücke.
	lang	breit	dick							
	cm			qcm	cm	qcm	cm	kg	kg	

a) Bis zur Zerstörung der Platten bewirkte Zugproben.

Versuch Nr.	lang	breit	dick	Fläche des Quer-schnitts	Dicke in dem Stoß	Fläche in dem Stoß	Länge zwischen Klemmen	Zugbelastung	Zugspannung	Bemerkungen
1	60	15	1,0	15,0	1,5	22,5	46	108,3	7,2	Im Abstande 20 cm vom Stoß gerissen. Der Stoß war erhalten.
2	60	15	1,0	15,0	1,5	22,5	46	106,7	7,1	Im Abstande 20 cm vom Stoß gerissen. Der Stoß war erhalten; dicht am Stoße ein Querriß.
3	60	15	1,0	15,0	1,5	22,5	46	113,0	7,5	Im Abstande 15 cm vom Stoß gerissen. Spuren der be-ginnenden Zerstörung sichtbar.
4	60	15	1,0	15,0	1,5	22,5	46	113,0	7,5	10 cm vom Stoßende zerrissen. Stoß und Platte gut erhalten.
								Sa.	29,3	
								Mittel	7,3	

b) Zugproben, welche nicht bis zur Zerstörung gebracht wurden.

Versuch Nr.	lang	breit	dick	Fläche des Quer-schnitts	Dicke in dem Stoß	Fläche in dem Stoß	Länge zwischen Klemmen	Zugbelastung	Zugspannung	Bemerkungen
1	60	15	1,0	15,0	1,5	22,5	46	85,6	5,7	Platte und Stoß erhalten. Oberhalb und unterhalb des Stoßes symmetrische Ein-schnürungen. 8 cm Dehnung.
2	60	15	1,0	15,0	1,5	22,5	46	90,0	6,0	Stoß erhalten; oberhalb und unterhalb leichte Einschnür-ungen. Querriß in der ein-einfachen Platte 5 cm von der nächsten Klemme. Deh-nung 10 cm.
3	60	15	1,0	15,0	1,5	22,5	46	90,0	6,0	Der Stoß war um 0,8 cm geglitten, aber noch intakt. Außerdem 9 cm Verlängerung und deutliche Einschnürungen.
4	60	15	1,0	15,0	1,5	22,5	46	90,0	6,0	Wie bei Nr. 2. Die Dehnung betrug aber 10,5 cm.

VI. Ergebnisse der Untersuchungen von Asphalt-Isolirplatten aus der Fabrik

ausgeführt im Jahre 1885. Während der Ausführung

Zugfestigkeit.

Versuch Nr.	Maße lang	breit	dick	Fläche des Querschnitts	Länge zwischen den Klemmen	Total-Zug-Beanspruch, bei der Zerstörung	Zugfestigkeit pro qcm	Verlängerung bei der Zerstörung		Querschnitt an der Reißstelle	Querschnitts-Verminderung		Abstand der Reißstelle von der nächsten Klemme
	cm			qcm	cm	kg	kg	cm	%	qcm	qcm	%	cm
Einfache Asphalt-Isolirplatten.													
1	60	15	1,0	15	46	106,4	7,1	14,0	30,4	7,8	7,2	48,0	12,0
2	60	15	1,0	15	46	103,0	6,9	16,0	34,8	8,0	7,0	46,7	5,5
3	60	15	1,0	15	46	94,5	6,3	14,5	32,5	9,0	6,0	40,0	7,4
4	60	15	1,0	15	46	109,2	7,3	13,0	28,3	7,8	7,2	48,0	6,5
						Sa.	27,6	57,5	126,0		27,4	182,7	
						Mittel	6,9	14,4	31,5		6,8	45,7	
Doppelte Asphalt-Isolirplatten.													
1	60	15	1,4	21	46	294	14,0	19,0	41,3	14,2	5,8	27,6	20,0
2	60	15	1,4	21	46	298	14,2	16,5	34,8	16,0	5,0	23,8	6,4
3	60	15	1,4	21	46	290	13,8	17,0	37,0	14,7	6,3	30,0	2,5
4	60	15	1,4	21	46	298	14,2	18,0	39,1	14,0	7,0	33,3	3,0
						Sa.	56,2	70,5	152,2		24,1	114,7	
						Mittel	14,0	17,6	38,0		6,0	28,7	

von Heinrich Karsten (C. A. Westphal & Co. Nachfolger) zu Hamburg,

der Versuche betrug die Temperatur der Luft 16—17° C.

Dehnbarkeit.

Versuch Nr.	Maße lang	breit	dick	Fläche des Querschnitts	Länge zwischen den Klemmen	Angewendete Belastung	Zugspannung pro qcm	Ausreckung der Probe		Bemerkungen über das Verhalten des Probestücks.
	cm	cm	cm	qcm	cm	kg	kg	cm	%	
Einfache Asphalt-Isolirplatten.										
5	60	15	0,9	13,5	46	86,5	6,4	14,0	30,4	Im Abstande 10 cm von der nächsten Klemme eine lebhafte Einschnürung; sonst erhalten.
6	60	15	1,0	15,0	46	90,5	6,0	13,5	29,3	7 cm von der nächsten Klemme 2 Querrisse; sonst erhalten.
7	60	15	1,0	15,0	46	90,5	6,0	12,8	28,0	3 cm von der nächsten Klemme einige Risse. 6 cm davon starke Einschnürung und Spuren der beginnenden Zerstörung.
8	60	15	1,0	15,0	46	85,0	5,7	13,0	28,3	11 cm von der nächsten Klemme ein Querriß und eine starke Einschnürung.
Doppelte Asphalt-Isolirplatten.										
5	60	15	1,4	21,0	46	264	12,6	17,5	38,0	7 cm von der nächsten Klemme zeigte ein starker Querriß den Anfang der Zerstörung.
6	60	15	1,4	21,0	46	264	12,6	15,8	34,3	4 cm von der nächsten Klemme eine starke Einschnürung; sonst erhalten.
7	60	15	1,4	21,0	46	260	12,4	14,0	30,0	10 cm von der nächsten Klemme Querrisse und Spuren des Zerstörungs-Anfangs.
8	60	15	1,4	21,0	46	260	12,4	16,2	35,2	Gut erhalten. 8 cm von der nächsten Klemme eine lebhafte Einschnürung.

Untersuchung auf Wasseraufnahme von einfachen Asphalt-Isolirplatten.

Abmessungen 25 · 12 · 1 cm.

Gewicht der Probestücke					Wasseraufnahme			
beim Eintreffen	24 Stunden auf Eisenplatten bei 12° C.	12	$6 \cdot 24 = 144$	$9 \cdot 24 = 216$	pro Versuchsstück	pro 1 kg Gewicht	in Prozenten des Gewichts	
		Stunden im Wasser gelegen. 12° C.					nach 12 Stunden	nach 216 Stunden
Kilogramm								
0,365	0,362	0,379	0,416	0,416	0,054	0,151	3,04 %	15,1 %

VII Ergebnisse der Untersuchungen von Asphalt-Steindachpappen

ausgeführt im Jahre 1886. Während der Ausführung

Zugfestigkeit.

Versuch Nr.	Maße lang	breit	dick	Fläche des Querschnitts	Länge zwischen den Klemmen	Total-Zugbeanspruch. bei der Zerstörung	Zugfestigkeit pro qcm	Verlängerung bei der Zerstörung (cm)	(%)	Querschnitt an der Reißstelle	Querschnittsverminderung (qcm)	(%)	Abstand der Reißstelle von der nächsten Klemme
	cm			qcm	cm	kg	kg	cm	%	qcm	qcm	%	cm
Einfache Asphalt-Steindachpappen.													
1	60	15	0,3	4,5	46	214,4	47,6	0,7	1,5	4,2	0,3	6,7	10,0
2	60	15	0,3	4,5	46	197,4	43,9	0,5	1,1	4,2	0,3	6,7	2,5
3	60	15	0,3	4,5	46	168,9	37,5	0,5	1,1	4,3	0,2	4,4	4,4
4	60	15	0,3	4,5	46	183,6	40,8	0,9	2,0	4,3	0,2	4,4	1,5
Sa.						169,8	2,6	5,7		17,0	1,0	22,2	
Mittel						42,5	0,7	1,4		4,25	0,25	5,6	
Doppelte Asphalt-Steindachpappen.													
1	60	15	0,7	10,5	46	355,8	33,9	0,5	1,1	10,3	0,2	1,9	20,0
2	60	15	0,7	10,5	46	396,3	37,7	1,0	2,2	10,4	0,1	0,95	3,0
3	60	15	0,7	10,5	46	323,7	30,8	0,8	1,7	10,2	0,3	2,85	3,5
4	60	15	0,7	10,5	46	378,3	36,0	1,0	2,2	10,4	0,1	0,95	2,0
Sa.						138,4	3,3	7,2		41,3	0,7	6,65	
Mittel						34,6	0,8	1,8		10,3	0,2	1,66	

aus der Fabrik von Schatz & Hübner in Hamburg,

der Versuche betrug die Temperatur der Luft 16—17° C.

Dehnbarkeit.

Versuch Nr.	Maße lang	breit	dick	Fläche des Querschnitts	Länge zwischen den Klemmen	Angewendete Belastung	Zugspannung pro qcm	Ausreckung der Probe		Bemerkungen über das Verhalten des Probestückes
	cm			qcm	cm	kg	kg	cm	%	

Einfache Asphalt-Steindachpappen.

Nr.	lang	breit	dick	Fläche	Länge	Belastung	Zugspann.	cm	%	Bemerkungen
5	60	15	0,3	4,5	46	136,5	30,3	1,0	2,2	gerissen.
6	60	15	0,3	4,5	46	135,0	30,0	0,5	1,1	gerissen.
7	60	15	0,3	4,5	46	135,0	30,0	0,5	1,1	gerissen.
8	60	15	0,3	4,5	46	136,5	30,3	1,0	2,2	gerissen.

Doppelte Asphalt-Steindachpappen.

Nr.	lang	breit	dick	Fläche	Länge	Belastung	Zugspann.	cm	%	Bemerkungen
5	60	15	0,7	10,5	46	300	28,6	1,0	2,2	22 cm von der nächsten Klemme zeigte ein starker Querriß den Anfang der Zerstörung.
6	60	15	0,7	10,5	46	300	28,6	1,1	2,4	3 cm von der nächsten Klemme zeigte ein starker Querriß den Anfang der Zerstörung; sonst erhalten.
7	60	15	0,7	10,5	46	315	30,0	1,2	2,6	18 cm } von der nächsten Klemme Querrisse und Spuren des Zerstörungsanfanges.
8	60	15	0,7	10,5	46	300	28,6	1,0	2,2	4 cm }

Untersuchung auf Wasseraufnahme von einfachen Asphalt-Steindachpappen.

Gewicht der Probestücke					Wasseraufnahme			
beim Eintreffen	24 Stunden auf Eisenplatten bei 12° C.	12	$6 \cdot 24 = 144$	$9 \cdot 24 = 216$	pro Versuchsstück	pro 1 kg Gewicht	in Prozenten des Gewichts	
		Stunden im Wasser gelegen bei 12° C.					nach 12 Stunden	nach 216 Stunden
Kilogramm								
0,123	0,122	0,134	0,148	0,150	0,029	0,235	10,1	23,5

VII. Ergebnisse der Untersuchungen von Asphalt-Steindachpappen aus der Fabrik von Schatz & Hübner in Hamburg.

Einfache Asphalt-Steindachpappen mit Verbindungsstoß.

Nr.	Maße			Fläche des Querschnitts	Dicke in dem Stoß	Fläche des Querschnitts in dem Stoß	Länge zwischen den Klemmen	Gesammtzugbelastung für die Stoßzerstörung	Zugspannung in dem einfachen Probestück pro qcm	Bemerkungen über das Verhalten der Probestücke
	lang	breit	dick							
	cm			qcm	cm	qcm	cm	kg	kg	

a) Bis zur Zerstörung der Platten bewirkte Zugproben.

Nr.	lang	breit	dick	Fläche des Querschnitts	Dicke in dem Stoß	Fläche des Querschnitts in dem Stoß	Länge zwischen den Klemmen	Gesammtzugbelastung	Zugspannung	Bemerkungen
1	60	15	0,3	4,5	0,8	12,0	46	244,5	54,3	Im Abstande 6 cm vom Stoß gerissen. Der Stoß war erhalten, aber um 1 cm geglitten.
2	60	15	0,3	4,5	0,8	12,0	46	227,4	50,5	Im Abstande 3 cm vom Stoß gerissen. Der Stoß war erhalten und 0,5 cm geglitten.
3	60	15	0,3	4,5	0,8	12,0	46	202,5	45,0	Im Abstande 2 cm vom Stoß gerissen. Der Stoß war erhalten und nicht geglitten.
4	60	15	0,3	4,5	0,8	12,0	46	225,6	50,1	4 cm vom Stoßende zerrissen. Stoß gut erhalten, aber um 0,5 cm geglitten.
								Sa.	199,9	
								Mittel	50,0	

b) Zugproben, welche nicht bis zur Zerstörung gebracht wurden.

Nr.	lang	breit	dick	Fläche des Querschnitts	Dicke in dem Stoß	Fläche des Querschnitts in dem Stoß	Länge zwischen den Klemmen	Gesammtzugbelastung	Zugspannung	Bemerkungen
1	60	15	0,3	4,5	0,8	12,0	46	180	40,0	Platte und Stoß erhalten; oberhalb des Stoßes schwache Risse in der Platte.
2	60	15	0,3	4,5	0,8	12,0	46	180	40,0	Stoß erhalten; oberhalb und unterhalb leichte Querrisse in der einfachen Platte; 0,4 cm Gleitung im Stoß.
3	60	15	0,3	4,5	0,8	12,0	46	180	40,0	Der Stoß war intakt und die einfache Platte war 3 cm vom Stoßende gerissen.
4	60	15	0,3	4,5	0,8	12,0	46	180	40,0	Wie bei Nr. 1.

VIII. Ergebnisse der Untersuchungen von Asphaltfilzplatten aus der Fabrik von Fr. Wachsmuth in Bremen.

Einfache Asphaltfilzplatten mit Verbindungsstoß.

Nr.	Maße			Fläche des Querschnitts	Dicke in dem Stoß	Fläche des Querschnitts in dem Stoß	Länge zwischen den Klemmen	Gesammtzugbelastung für die Stoßzerstörung	Zugspannung in dem einfachen Probestück pro qcm	Bemerkungen über das Verhalten der Probestücke.
	lang	breit	dick							
	cm			qcm	cm	qcm	cm	kg	kg	

a) Bis zur Zerstörung der Platten bewirkte Zugproben.

Nr.	lang	breit	dick	Fläche des Querschnitts	Dicke in dem Stoß	Fläche des Querschnitts in dem Stoß	Länge zwischen den Klemmen	Gesammtzugbelastung für die Stoßzerstörung	Zugspannung pro qcm	Bemerkungen
1	60	15,5	1,0	15,5	1,3	20,2	46	551	35,6	Im Abstande 20 cm vom Stoß gerissen. Stoß erhalten; zeigte 1,5 cm Gleitung.
2	60	15,5	1,0	15,5	1,3	20,2	46	556	35,9	Im Abstande 12 cm vom Stoß gerissen. Der Stoß erhalten. Gleitung 2 cm.
3	60	15,5	1,0	15,5	1,3	20,2	46	609	39,3	5 cm vom Stoß gerissen, Stoß erhalten; Gleitung 1 cm.
4	60	15,5	1,0	15,5	1,3	20,2	46	609	39,3	8 cm vom Stoßende gerissen. Stoßgleitung = 1 cm. Stoß und Platte gut erhalten. Letztere hatte 1,5 cm Einschnürung.
								Sa.	150,1	
								Mittel	37,5	

b) Zugproben, welche nicht bis zur Zerstörung gebracht wurden.

Nr.	lang	breit	dick	Fläche des Querschnitts	Dicke in dem Stoß	Fläche des Querschnitts in dem Stoß	Länge zwischen den Klemmen	Gesammtzugbelastung für die Stoßzerstörung	Zugspannung pro qcm	Bemerkungen
5	60	15,5	1,0	15,5	1,3	20,2	46	564	36,4	Oberhalb und unterhalb des erhaltenen Stoßes symmetrische Einschnürungen von 1 cm Dehnung = 6 cm.
6	60	15,5	1,0	15,5	1,3	20,2	46	536	34,6	Stoß erhalten. Oberhalb und unterhalb desselben 1,5 cm starke Einschnürungen. Stoßgleitung 1 cm. Dehnung 5,2 cm.
7	60	15,5	1,0	15,5	1,3	20,2	46	592	38,2	Der Stoß war 0,5 cm geglitten, aber intakt. Außerdem 4 cm Dehnung und deutliche Einschnürungen von 1 cm.
8	60	15,5	1,0	15,5	1,3	20,2	46	536	34,6	Stoßgleitung 1 cm bei sonst intaktem Stoß. Außerdem 15 cm vom Stoß. Spuren der beginnenden Zerstörung.

VIII. Ergebnisse der Untersuchungen von Asphaltfilzplatten

ausgeführt im Jahre 1886. Während der Ausführung

Zugfestigkeit.

Versuch Nr.	Maße lang	breit	dick	Fläche des Querschnitts	Länge zwischen den Klemmen	Total-Zugbeanspruch. bei der Zerstörung	Zugfestigkeit pro qcm	Verlängerung bei der Zerstörung cm	%	Querschnitt an der Reißstelle	Querschnittsverminderung qcm	%	Abstand der Reißstelle von der nächsten Klemme
	cm			qcm	cm	kg	kg	cm	%	qcm	qcm	%	cm
Einfache Asphaltfilzplatten.													
1	60	15,5	1,0	15,5	46	505	32,6	9,0	19,5	13,0	2,5	16,1	24,0
2	60	15,5	1,0	15,5	46	502	32,4	10,0	21,7	12,0	3,5	22,6	15,5
3	60	15,5	1,0	15,5	46	478	30,8	8,5	18,5	12,5	3,0	19,4	23,0
4	60	15,5	1,0	15,5	46	532	34,3	10,0	21,7	13,0	2,5	16,1	22,5
Sa.							130,1	37,5	81,4	50,5	11,5	74,2	
Mittel							32,5	9,4	20,4	12,6	2,3	18,6	
Doppelte Asphaltfilzplatten.													
1	60	15,5	1,4	21,7	46	913	42,1	12,5	27,2	16,1	5,6	25,8	15,0
2	60	15,5	1,4	21,7	46	980	45,2	15,5	33,7	15,4	6,3	29,0	20,5
3	60	15,5	1,4	21,7	46	1023	47,1	12,5	27,2	16,8	4,9	22,6	12,0
4	60	15,5	1,4	21,7	46	969	44,7	18,0	39,1	16,1	5,6	25,8	10,0
Sa.							179,1	58,5	127,2	64,4	22,4	103,2	
Mittel							44,8	14,6	31,8	16,1	5,6	25,8	

aus der Fabrik von Fr. Wachsmuth in Bremen,

der Versuche betrug die Temperatur der Luft 17—18° C.

Dehnbarkeit.

Versuch Nr.	Maße lang cm	breit cm	dick cm	Fläche des Querschnitts qcm	Länge zwischen den Klemmen cm	Angewendete Belastung kg	Zugspannung pro qcm kg	Ausreckung der Probe cm	%	Bemerkungen über das Verhalten des Probestückes.
					Einfache Asphaltplatten.					
5	60	15,5	1,0	15,5	46	432	27,9	11,0	23,9	Im Abstande 20 cm von der nächsten Klemme eine lebhafte Einschnürung von 3 cm. Sonst erhalten.
6	60	15,5	1,0	15,5	46	524	33,8	12,5	27,2	15 cm von der nächsten Klemme einen starken Querriß; sowie in den Abständen 5 cm und 25 cm von derselben Klemme je eine starke Einschnürung von 3,5 cm.
7	60	15,5	1,0	15,5	46	475	30,6	11,5	25,9	5 cm von der nächsten Klemme eine Einschnürung von 4,5 cm; sonst gut erhalten.
8	60	15,5	1,0	15,5	46	432	27,9	11,0	23,9	12 cm von der nächsten Klemme ein Querriß und eine Einschnürung von 2,5 cm.
					Doppelte Asphaltfilzplatten.					
5	60	15,5	1,4	21,7	46	913	42,1	17,5	38,0	10 cm von der nächsten Klemme zeigte ein Querriß den Anfang der Zerstörung. Einschnürung = 4,5 cm.
6	60	15,5	1,4	21,7	46	913	42,1	17,0	37,0	6 cm von der nächsten Klemme eine 3 cm starke Einschnürung; sonst gut erhalten.
7	60	15,5	1,4	21,7	46	910	41,9	14,5	31,5	5 cm von der nächsten Klemme ein starker Querriß und Spuren des Zerstörungsanfanges. Einschnürung = 3,5 cm.
8	60	15,5	1,4	21,7	46	910	41,9	12,0	26,1	Gut erhalten. 11 cm von der nächsten Klemme eine lebhafte Einschnürung von 4,2 cm.

Untersuchung auf Wasseraufnahme von einfachen Asphaltfilzplatten.

Abmessungen 25 · 12 · 1,0 cm.

Gewicht der Probestücke					Wasseraufnahme			
beim Eintreffen	24 Stunden auf Eisenplatten bei 17° C.	12	6·24 = 144	9·24 = 216	pro Versuchsstück	pro 1 kg Gewicht	in Prozenten des Gewichts	
		Stunden im Wasser gelegen 16° C.					nach 12 Stunden	nach 216 Stunden
Kilogramm								
0,442	0,441	0,451	0,480	0,480	0,039	0,089	2,27	8,9

IX. Ergebnisse der Untersuchungen

Journ.-Nr.

Ausgeführt im Jahre 1886. Während der Ausführung

Zugfestigkeit.

Versuch Nr.	Maße lang	breit	dick	Fläche des Querschnitts	Länge zwischen den Klemmen	Total-Zugbeanspruch. bei der Zerstörung	Zugfestigkeit pro qcm	Verlängerung bei der Zerstörung		Querschnitt an der Reißstelle	Querschnittsverminderung		Abstand der Reißstelle von der nächsten Klemme
	cm			qcm	cm	kg	kg	cm	%	qcm	qcm	%	cm
Einfache Asphaltfilzplatten.													
1	64	15	1,2	18,0	46	528,2	29,3	3,0	6,5	16,8	1,2	6,7	13,0
2	64	15	1,2	18,0	46	506,5	28,1	3,0	6,5	16,8	1,2	6,7	20,0
3	64	15	1,2	18,0	46	550,0	30,5	3,8	8,3	16,0	2,0	11,1	7,0
4	64	15	1,2	18,0	46	480,5	26,7	2,4	5,2	16,0	2,0	11,1	6,5
Sa.							114,6	12,2	26,5	65,6	6,4	35,6	
Mittel							28,7	3,1	6,6	16,4	1,6	8,9	
Doppelte Asphaltfilzplatten.													
1	60	15	1,5	22,5	46	798	35,5	3,0	6,5	20,3	2,2	9,8	20,0
2	60	15	1,5	22,5	46	886	39,4	5,0	10,9	21,0	1,5	6,7	2,0
3	60	15	1,5	22,5	46	820	36,4	2,5	5,4	22,0	0,5	2,2	10,0
4	60	15	1,5	22,5	46	925	41,1	4,5	9,8	21,0	1,5	6,7	2,0
Sa.							152,4	15,0	32,6	84,3	5,7	25,4	
Mittel							38,1	3,8	8,2	21,1	1,4	6,6	

von Asphaltfilzplatten.

4092—4095.

der Versuche betrug die Temperatur der Luft 16—17° C.

Dehnbarkeit.

Versuch	Maße			Fläche des Querschnitts	Länge zwischen den Klemmen	Angewendete Belastung	Zugspannung pro qcm	Ausreckung der Probe		Bemerkungen über das Verhalten des Probestückes.
	lang	breit	dick							
Nr.	cm			qcm	cm	kg	kg	cm	%	

Einfache Asphaltfilzplatten.

Versuch	Maße			Fläche des Querschnitts	Länge zwischen den Klemmen	Angewendete Belastung	Zugspannung pro qcm	Ausreckung der Probe		Bemerkungen über das Verhalten des Probestückes.
5	60	15	1,2	18,0	46	501,0	27,8	4,0	8,7	6 cm von der nächsten Klemme ein Querriß.
6	60	15	1,2	18,0	46	501,0	27,8	4,0	8,7	10 cm von der nächsten Klemme Querrisse und eine Einschnürung von 1,5 cm.
7	60	15	1,2	18,0	46	402,0	22,3	4,0	8,7	Das sonst erhaltene Probestück zeigte 10 cm von der nächsten Klemme einige Risse.
8	60	15	1,2	18,0	46	501,0	27,8	4,5	9,8	Im Abstande 20 cm von der nächsten Klemme Spuren der beginnenden Zerstörung.

Doppelte Asphaltfilzplatten.

Versuch	Maße			Fläche des Querschnitts	Länge zwischen den Klemmen	Angewendete Belastung	Zugspannung pro qcm	Ausreckung der Probe		Bemerkungen über das Verhalten des Probestückes.
5	60	15	1,5	22,5	46	702	31,2	3,0	6,5	20 cm von der nächsten Klemme Querrisse. Sonst erhalten.
6	60	15	1,5	22,5	46	702	31,2	2,5	5,4	Im Abstande 23 cm von der nächsten Klemme Querrisse. Sonst erhalten.
7	60	15	1,5	22,5	46	702	31,2	4,5	9,8	3 cm von der nächsten Klemme Querrisse. Sonst erhalten.
8	60	15	1,5	22,5	46	702	31,2	4,5	9,8	10, 25 und 36 cm von der oberen Klemme Querrisse sichtbar. Zerstörung nahe.

Untersuchung auf Wasseraufnahme von einfachen Asphaltfilzplatten.

Abmessungen 25 · 12 · 1,2 cm.

Gewicht der Probestücke					Wasseraufnahme			
beim Eintreffen	24 Stunden auf Eisenplatten bei 12° C.	12	6·24 = 144	9·24 = 216	pro Versuchsstück	pro 1 kg Gewicht	In Prozenten des Gewichts nach	
		Stunden in Wasser gelegen 12° C.					12 Stunden	216 Stunden
	Kilogramm							
0,345	0,343	0,372	0,428	0,430	0,087	0,255	8,7	25,5

IX. Ergebnisse der Untersuchungen von Asphaltfilzplatten.

Journ.-Nr. 4092—4095.

Einfache Asphaltfilz-Platten mit Verbindungsstoß.

a) Bis zur Zerstörung der Platten bewirkte Zugproben.

Nr.	Maße lang	breit	dick	Fläche des Querschnitts	Dicke in dem Stoß	Fläche des Querschnitts in dem Stoß	Länge zwischen den Klemmen	Gesammtzugbelastung für die Stoßzerstörung	Zugspannung in dem einfachen Probestück pro qcm	Bemerkungen über das Verhalten der Probestücke.
	cm			qcm	cm	qcm	cm	kg	kg	
1	60	15	0,8*)	12,0	1,1	16,5	46	432	36,0	Im Abstande 16 cm vom Stoß gerissen; der Stoß war erhalten.
2	60	15	0,8	12,0	1,1	16,5	46	475	39,6	Im Abstande 14 cm vom Stoß gerissen; Stoß erhalten, Platte frei von Rissen.
3	60	15	0,8	12,0	1,1	16,5	46	518	43,2	Im Abstande 6 cm gerissen; der Stoß zeigte Spuren vom Anfang des Gleitens.
4	60	15	0,8	12,0	1,1	16,5	46	512	42,7	Im Abstande 8 cm vom Stoß gerissen; Stoß und Platte gut erhalten.
								Sa.	161,5	
								Mittel	40,4	

*) Die Theile der gestoßenen Platten waren dünner als die eingereichten einfachen Platten.

b) Zugproben, welche nicht bis zur Zerstörung gebracht wurden.

Nr.	lang	breit	dick	Fläche des Querschnitts	Dicke in dem Stoß	Fläche des Querschnitts in dem Stoß	Länge zwischen den Klemmen	Gesammtzugbelastung für die Stoßzerstörung	Zugspannung in dem einfachen Probestück pro qcm	Bemerkungen über das Verhalten der Probestücke.
1	60	15	0,8	12,0	1,1	16,5	46	455	37,9	Platte und Stoß waren erhalten; die Platte zeigte 12 cm vom Stoß einen Querriß. Der Stoß war um 0,5 cm geglitten.
2	60	15	0,8	12,0	1,1	16,5	46	455	37,9	Stoß erhalten, Platte dicht am Stoß einen starken Querriß.
3	60	15	0,8	12,0	1,1	16,5	46	416	34,7	Platte und Stoß in der Hauptsache erhalten. Der Stoß zeigte am oberen Ende Spuren vom Anfange des Gleitens. Die Platte 13 cm vom Stoß zwei große Querrisse.
4	60	15	0,8	12,0	1,1	16,5	46	416	34,7	Stoß vollständig erhalten. Die Platte zeigte 10 cm vom Stoß einige leichte Querrisse.

X. Ergebnisse der Untersuchungen von Asphaltfilzplatten aus der Fabrik von Herm. Consbruch in Hamburg.

Einfache Asphaltfilzplatten mit Verbindungsstoß.

a) Bis zur Zerstörung der Platten bewirkte Zugproben.

Nr.	Maße			Fläche des Querschnitts	Dicke in dem Stoß	Fläche des Querschnitts in dem Stoß	Länge zwischen den Klemmen	Gesammtzugbelastung für die Stoßzerstörung	Zugspannung in dem einfachen Probestück pro qcm	Bemerkungen über das Verhalten der Probestücke
	lang	breit	dick							
	cm	cm	cm	qcm	cm	qcm	cm	kg	kg	
1	62	15	0,9	13,5	1,5	22,5	46	326	25,6	Im Abstande 12 cm vom Stoß gerissen; der Stoß war erhalten.
2	62	15	0,9	13,5	1,5	22,5	46	320	23,7	Im Abstande 15 cm vom Stoß gerissen; der Stoß war 0,5 cm geglitten.
3	62	15	0,9	13,5	1,5	22,5	46	280	20,7	Im Abstande 5 cm von der Klemme gerissen. Der Stoß war nicht geglitten.
4	62	15	0,9	13,5	1,5	22,5	46	300	22,2	Dicht an der Klemme gerissen. Stoß erhalten.
								Sa.	92,2	
								Mittel	23,0	

b) Zugproben, welche nicht bis zur Zerstörung gebracht wurden.

Nr.	Maße			Fläche des Querschnitts	Dicke in dem Stoß	Fläche des Querschnitts in dem Stoß	Länge zwischen den Klemmen	Gesammtzugbelastung für die Stoßzerstörung	Zugspannung in dem einfachen Probestück pro qcm	Bemerkungen über das Verhalten der Probestücke
1	62	15	0,9	13,5	1,5	22,5	46	290	21,5	Platte und Stoß erhalten. Der Stoß war um 0,6 cm geglitten; die Platte zeigte 0,8 cm vom Stoß den Rißanfang.
2	62	15	0,9	13,5	1,5	22,5	46	290	21,5	Der Stoß war erhalten, aber um 1,2 cm geglitten. Die Platte zeigte 2 cm vom Stoß eine lebhafte Einschnürung.
3	62	15	0,9	13,5	1,5	22,5	46	260	19,3	Der Stoß war um 8 cm geglitten; sonst rißfrei.
4	62	15	0,9	13,5	1,5	22,5	46	260	19,3	Stoß und Plattenenden gut erhalten. Stoßgleitung = 2 cm.

X. Ergebnisse der Untersuchungen von Asphaltfilzplatten aus der

ausgeführt im Jahre 1886. Während der Ausführung

Zugfestigkeit.

Versuch	Maße			Fläche des Quer-schnitts	Länge zwischen den Klem-men	Total-Zugbe-anspruch. bei der Zer-störung	Zug-festig-keit **pro** qcm	Verlängerung bei der Zerstörung		Quer-schnitt an der Reiß-stelle	Querschnitts-ver-minderung		Abstand der Reiß-stelle von der nächsten Klemme
Nr.	lang	breit	dick										
	cm			qcm	cm	kg	kg	cm	%	qcm	qcm	%	cm
Einfache Asphaltfilzplatten.													
1	62	15	0,9	13,5	46	382,5	28,3	4,0	8,7	12,6	0,9	6,7	4,0
2	62	15	0,9	13,5	46	362,0	26,8	3,0	6,5	11,2	2,3	17,0	3,2
3	62	15	0,9	13,5	46	346,0	25,6	8,0	17,4	10,8	2,7	20,0	8,5
4	62	15	0,9	13,5	46	350,0	25,9	8,5	18,5	10,8	2,7	20,0	6,5
						Sa.	106,6	23,5	51,1	45,4	8,6	63,7	
						Mittel	26,7	5,7	12,8	11,4	2,15	15,9	
Doppelte Asphaltfilzplatten.													
1	62	15	1,5	22,5	46	536	23,8	8,5	18,5	19,5	3,0	13,3	15,5
2	62	15	1,5	22,5	46	520	23,1	9,0	19,6	19,0	3,5	15,6	5,8
3	62	15	1,5	22,5	46	495	22,0	13,5	29,4	16,1	6,4	28,4	23,0
4	62	15	1,5	22,5	46	535	24,0	10,0	21,7	19,5	3,0	13,3	6,0
						Sa.	92,9	41,0	89,2	74,1	15,9	70,6	
						Mittel	23,2	10,2	22,3	18,5	4,0	14,1	

Fabrik von Herm. Consbruch (vorm. R. B. Green) in Hamburg,

der Versuche betrug die Temperatur der Luft 16—17° C.

Dehnbarkeit.

Versuch	Maße			Fläche des Quer- schnitts	Länge zwischen den Klem- men	Ange- wendete Be- lastung	Zug- span- nung pro qcm	Ausreckung der Probe		Bemerkungen über das Verhalten des Probestückes.
	lang	breit	dick							
Nr.	cm			qcm	cm	kg	kg	cm	%	

Einfache Asphaltfilzplatten.

Versuch	lang	breit	dick	Fläche	Länge	Belastung	Zug	cm	%	Bemerkungen
5	62	15	0,9	13,5	46	268,0	19,8	5,0	10,9	10 cm von der nächsten Klemme ein Querriß mit Ein- schnürung.
6	62	15	0,9	13,5	46	268,0	19,8	5,5	11,9	6 cm von der nächsten Klemme Querrisse und Einschnürungen von 1 cm.
7	62	15	0,9	13,5	46	300,0	22,2	8,5	18,5	8 cm von der nächsten Klemme eine Einschnürung von 2 cm. Im Uebrigen einige Querrisse. Probe sonst erhalten; Zer- störungsanfang aber sichtbar.
8	62	15	0,9	13,5	46	300,0	22,2	6,5	14,1	12 cm von der nächsten Klemme eine Einschnürung von 1 cm und einige schwache Riß- andeutungen.

Doppelte Asphaltfilzplatten.

Versuch	lang	breit	dick	Fläche	Länge	Belastung	Zug	cm	%	Bemerkungen
5	62	15	1,5	22,5	46	450	20,0	9,0	19,6	15 cm von der Klemme ein starker Querriß und eine Ein- schnürung von 3 cm.
6	62	15	1,5	22,5	46	450	20,0	8,5	18,5	20 cm von der nächsten Klemme ein Querriß und 1½ cm Einschnürung.
7	62	15	1,5	22,5	46	500	22,2	9,0	19,6	Die noch intakte Probe hatte einige Oberflächenrisse im Ab- stande 8 cm von der Klemme, sowie eine Einschnürung von 3 cm im Abstande 6 cm von der Klemme.
8	62	15	1,5	22,5	46	500	22,2	11,0	23,9	6 cm von der nächsten End- klemme zeigte sich eine 3 cm starke Einschnürung, 4 cm weiter einige Oberflächenrisse.

2. Ueber Treiberscheinungen stark magnesiahaltiger Cemente.

Im Auftrage des Herrn Ministers der öffentlichen Arbeiten
vom Vorsteher Dr. Böhme.

Hierzu Tafel IV.

Aus Anlaß der zerstörenden Wirkungen, welche der bei den Bauten des Justiz=gebäudes und der großen Kirche zu Kassel verwendete Cement nach der Vollendung dieser Gebäude an dem Mauerwerk derselben ausgeübt hat, wurde durch den Herrn Minister der öffentlichen Arbeiten verfügt, über die mit solchen, angeblich stark magnesia=haltigen Cementen bisher gemachten Erfahrungen unter Zugrundelegung von Versuchs=ergebnissen zu berichten.

In Deutschland waren bis zu dem Kasseler Fall Treiberscheinungen in Folge stark magnesiahaltiger Cemente nicht beobachtet worden; dagegen hatte man im Auslande schon vor Jahren die Erfahrung gemacht, daß ein starker Magnesiagehalt nach längerer Zeit ein Treiben des Cementes bedinge.

In den Comptes rendues de l'Académie des Sciences vom Jahre 1886 (cfr: Keramik Nr. 16, August 1886) berichtet M. G. Lechartier über die Erfahrungen, die er nach achtjährigem Studium mit stark magnesiahaltigen Cementen an einer großen Anzahl von Bauten, an Bewurf von Reservoiren und Bassins ꝛc. gemacht habe, unter dem ausdrücklichen Hinweis darauf, daß die verwendeten Cemente keinen schwefelsauren Kalk in schädlicher Menge enthielten, eine große Festigkeit hatten, vor dem Gebrauch der Luft genügend ausgesetzt waren und mit gutem Sande unter Beobachtung aller Vorsichts=maßregeln von Fachleuten verarbeitet wurden.

Der Magnesiagehalt der Cemente wechselte von 21,2% bis 34,72%, und diesem Umstande schreibt Lechartier, gestützt auf die Versuche von Henri Sainte=Claire, die Ursachen der Zerstörungen zu, welche sich bei zwanzig verschiedenen, mit den erwähnten Cementen hergestellten Bauten gezeigt hatten.

Es ist erwiesen, daß reine Magnesia in Verbindung mit Wasser ein Hydrat von großer Konsistenz und Härte zu bilden vermag und dieses Hydratisiren von einer be=trächtlichen Volumenzunahme begleitet ist, daß dasselbe aber erst nach längerer Zeit eintritt, wenn die Cemente bezw. die Magnesia bei sehr hoher Temperatur gebrannt waren.

Als Beweis dafür soll gelten, daß die Veränderung der Mörtel um so schneller eintrat, als das Wasser direkt auf sie einwirken und leichter in die Masse eindringen konnte.

In allen Fällen aber zeigte sich eine bedeutende Ausdehnung des Mörtels und, durch sie hervorgerufen, Zerstörung der mit demselben hergestellten Bauten. Bei einer Belagplatte von 1 m Länge hat man eine Volumenzunahme durch Verlängerung von 0,04 m konstatirt.

Der durch Volumenvergrößerung des Cementes erzeugte Druck war hinreichend, Granitsteine von großen Dimensionen bersten zu machen und bedeutende Bewegungen und Veränderungen an Mauerwerken zu bewirken. So weit Lechartier. —

Aehnliche Erscheinungen hat man in Frankreich auch an anderen Orten beobachtet, wie die Annales des ponts et des chaussées berichten.*)

Versuche, die man im Laboratorium de l'Ecole des ponts et chaussées mit Cementen angestellt hat, welche vorzugsweise zu drei im westlichen Frankreich ausgeführten Eisenbahnbrücken verwendet worden waren, haben unzweifelhaft nachgewiesen, daß die Zerstörung der Gewölbe dieser Brücken dem starken Magnesiagehalt der Cemente zuzuschreiben ist.

Weitere Beobachtungen haben gezeigt, daß derselbe Cement auch bei anderen Bauten zahlreiche Verheerungen angerichtet hatte, bei denen die Frist, innerhalb welcher das Treiben im Mauerwerk auftrat, wieder davon abhing, ob das Wasser mehr oder minder Zutritt hatte.

Angeregt durch die Mittheilungen Lechartiers hat auch der Ingenieur Hayter in London**) Versuche mit Cementen angestellt, welche im Baue nach längerer Zeit Treibbestrebungen zeigten und bei der Analyse größere Mengen von Magnesia aufwiesen. Er beobachtete, daß eine Betonmauer von 35 Fuß Höhe sich nach einiger Zeit $2\frac{1}{2}$ Zoll und eine andere von 16 Fuß Dicke sich um $\frac{1}{2}$ bis $1\frac{1}{4}$ Zoll gehoben hatte. Der Analytiker äußerte sich dahin, es scheine ein dolomitischer Kalk als Rohmaterial benutzt worden zu sein, so stark sei der Gehalt an Magnesia gewesen.

In Deutschland ist die Frage des Treibens stark magnesiahaltiger Cemente zuerst in der General-Versammlung des Vereins deutscher Cement-Fabrikanten vom 25. und 26. Februar 1887 zur Sprache gekommen, wo Herr Rudolf Dyckerhoff aus Amöneburg in einem Vortrage über das Treiben solcher Cemente sich äußerte und die Analysen der zum Bau des Justizgebäudes und der großen Kirche in Kassel verwendeten Cemente vorlegte.

Im Jahre darauf, am 24. und 25. Februar 1888 berichtete Herr Dyckerhoff weiter über Versuche, die er über das Treiben von Cementen angestellt hatte, welche bis zu 28% Magnesia im gesinterten Cement enthielten.***)

Diese Versuche bestätigen, soweit bis jetzt ein Urtheil zulässig ist, die Erfahrung, daß ein sehr hoher Magnesiagehalt in solchen Cementen, welche bis zur Sinterung gebrannt sind, Treiberscheinungen nach längerer Zeit hervorruft.

Die von Herrn Dyckerhoff veröffentlichten Analysen der Mörtel aus dem Kasseler Justizgebäude und der großen Kirche daselbst sind von Herrn Geh. Hofrath Professor Dr. R. Fresenius in Wiesbaden ausgeführt worden und haben folgende Ergebnisse gehabt:

------

*) cfr. Thonindustrie-Zeitung Nr. 44, Jahrgang 10. 1886.

**) cfr. Institution of Civil-Engineers, London (eigener Verlag des Vereins, Great George Street, Westminster S. W.) S. 101 u. 71.

***) cfr. Protokoll der Verhandlungen des Vereins deutscher Cement-Fabrikanten am 24. und 25. Februar 1888. S. 30 ff.

	a) Justizgebäude,	b) Große Kirche.
Gesammte Kieselsäure . . .	19,75 %	14,87 %
Eisenoxyd und Thonerde . .	7,39 %	8,61 %
Kalk	32,05 %	31,90 %
Magnesia	22,00 %	22,03 %
Glühverlust	18,72 %	22,36 %
Zusammen	99,91 %	99,77 %

Diese Analysen bekunden einen gegen den Magnesiagehalt normaler Portland-Cemente sehr hohen Gehalt an Magnesia.

Bei den in der Prüfungs-Station bearbeiteten umfangreichen Cementprüfungen, zu welchen in den meisten Fällen die Analysen gefordert und in früherer Zeit im organischen Laboratorium der Gewerbe-Akademie, seit 1880 in der Königlichen chemisch-technischen Versuchs-Anstalt ausgeführt wurden, ist noch nie ein Portland-Cement mit einem so hohen Magnesiagehalt, als vorstehend angegeben, vorgekommen.

Eine Zusammenstellung der Analysen von 32 verschiedenen Portland-Cementen befindet sich in den Mittheilungen aus den Königlichen Technischen Versuchs-Anstalten zu Berlin, Jahrgang 1885, Heft II, S. 91. Hier schwankt der Magnesiagehalt der Cemente zwischen 0,47 % und 2,89 %.

Um die mechanischen und physikalischen Eigenschaften bis zur Sinterung gebrannter, stark magnesiahaltiger Cemente durch Analysen und Festigkeitsversuche kennen zu lernen, wäre die direkte Herstellung eines solchen Cementes aus dolomitischem Kalk eigens zu diesem Zweck unbedingt erforderlich gewesen, da aus dem Handel derselbe nicht zu beziehen ist.

Von der Herstellung mußte aber einerseits wegen der Schwierigkeit der Beschaffung passender Rohmaterialien, andererseits bei der geringen zu Gebote stehenden Zeit wegen der äußerst zeitraubenden Verarbeitung des Cementes zu den erforderlichen Probekörpern und der nothwendigerweise sehr langen Dauer der Prüfung selbst abgesehen werden.

Es mußte sich daher die Untersuchung auf eine nochmalige, amtliche Bestätigung des Befundes, welcher an den dem Justizgebäude in Kassel durch einen Privatmann entnommenen Proben durch die Analyse des Herrn Professor Fresenius bereits konstatirt wurde, erstrecken.

Wenn auch die Identität der untersuchten Proben mit den Mörtelmaterialien des Justizgebäudes nicht bezweifelt werden konnte, so bestand doch ein amtlicher Nachweis über dieselbe nicht, und es wurden deshalb auf diesseitigen Antrag mit Genehmigung der Königlichen Regierung in Kassel durch Herrn Bauinspektor Rüppel daselbst von verschiedenen Theilen des Justizgebäudes einige Proben der verwendeten Mörtel der Prüfungs-Station unter der Bedingung zur Verfügung gestellt, das Ergebniß der Untersuchung s. Z. der Königlichen Regierung in Kassel bekannt zu geben. Diese Proben sind auf der beigegebenen Tafel nach photographischen Aufnahmen des Assistenten der Prüfungs-Station M. Gary abgebildet. Herr Bauinspektor Rüppel bemerkt zu den Proben:

„Der gesammte Cementbedarf für den Neubau des Justiz= und Regierungs=
gebäudes ist in der Zeit von Ende September 1879 bis Ende October 1880
ausschließlich aus den Trubenhäuser Fabriken des Herrn L. Laukhardt jun.
bezogen; die Bautheile, von denen die Proben entnommen wurden, sind, wie
aktenmäßig feststeht, in der vorberegten Zeit zur Ausführung gekommen; die
Proben selbst sind von mir persönlich entnommen, so daß ich die amtliche Ver=
sicherung geben kann, daß zu den fr. Proben ausschließlich Laukhardt'scher
Cement aus den Jahren 1879/80 zur Verwendung gelangt ist." —

Die hierdurch amtlich beglaubigten Mörtelproben wurden nun am 19. Januar 1888
der Königlichen chemisch=technischen Versuchs=Anstalt zur Ausführung der Analysen
überwiesen.

Probe I ist der Lagerfuge einer Brandmauer=Abdeckungsplatte entnommen.

Probe II bildete die Abwässerung von 2 cm breiten Ziegelsteinvorsprüngen bei
Schornsteinen.

Probe III ist der Fuge einer Schornsteinkrönung entnommen.

Probe IV ist einem Mauerpfeiler entnommen, welcher in drei Ziegelschichten frei
auf der Dachfläche aufgeführt ist, um als Träger für die Blitzableitung zu dienen.

Die chemischen Analysen ergaben folgende Resultate:

	Probe I.	Probe II.	Probe III.	Probe IV.	Der Cement, sandfrei gedacht, enthält bezw.:	Probe I.	Probe II.	Probe III.	Probe IV.
Sand	3,34%	12,07%	4,65%	45,90%		—	—	—	—
Chemisch gebun= dene Kieselsäure	11,41 „	11,14 „	13,15 „	7,12 „		11,75%	12,67%	13,83%	13,39%
Kalk	32,00 „	29,67 „	30,43 „	15,59 „		32,97 „	33,75 „	32,02 „	29,33 „
Magnesia	21,96 „	19,56 „	21,38 „	10,80 „		22,62 „	22,24 „	22,49 „	20,31 „
Thonerde	4,79 „	4,40 „	4,43 „	2,18 „		4,94 „	5,00 „	4,66 „	4,09 „
Eisenoxyd	1,90 „	1,82 „	1,48 „	0,73 „		1,96 „	2,07 „	1,56 „	1,37 „
Alkalien	0,45 „	0,47 „	0,76 „	0,73 „		0,46 „	0,53 „	0,80 „	1,37 „
Kohlensäure	7,30 „	6,55 „	6,07 „	6,74 „		7,52 „	7,44 „	6,38 „	12,68 „
Schwefelsäure (Anhydrit)	0,98 „	1,17 „	0,93 „	0,66 „		1,01 „	1,33 „	0,99 „	1,24 „
Wasser	16,28 „	13,17 „	16,42 „	8,62 „		16,77 „	14,97 „	12,27 „	16,22 „

Die Proben haben demnach sämmtlich einen so hohen Magnesiagehalt gehabt,
daß der zu denselben verwendete Cement nach den oben ausgeführten Beobachtungen
nicht als ein normaler Portland=Cement angesehen werden kann.

3. Ergebnisse der Untersuchungen von Xylolithproben aus der in Zaukeroda bei Pottschappel-Dresden gelegenen Fabrik des Herrn Ingenieur S. G. Cohnfeld in Dresden.

Vom Vorsteher Dr. Böhme.

Hierzu Tafel V nach photographischen Aufnahmen des Assistenten M. Gary.

Herr Ingenieur S. G. Cohnfeld in Dresden beantragte am 25. Februar 1888 die Prüfung eines Materials, welches am 28. Februar 1888 in sachgemäß bearbeiteten Proben unter der Bezeichnung: „Xylolith aus der eigenen Fabrik in Zaukeroda bei Pottschappel-Dresden" mit amtlichem Ursprungszeugniß an die Prüfungsstation eingereicht wurde.

Die Veröffentlichung der Prüfungsresultate ist bereitwilligst gestattet worden.

Das Material, Xylolith (Steinholz), ist eine unter besonders hohem Druck hergestellte Verbindung von Sägespähnen (Sägemehl) zu einem zähen und festen Material in theils holz-, theils steinartiger Natur, welches im Wasser nicht löslich ist und Feuer nicht überträgt.

Die Herstellung erfolgt in Form von Platten und zwar in Größe bis zu einem Meter im Quadrat und in Stärke von 6 mm aufwärts.

Die Produktionsmöglichkeit ist in der in Pottschappel bestehenden Fabrik etwa 150 qm von 13 mm Stärke täglich, bei geringerer Stärke mehr, bei größerer Stärke weniger. Nach einer Mittheilung des Herrn Cohnfeld ist in Bodenbach a. Elbe eine Fabrik im Bau begriffen, in welcher vom 1. April k. J. ab circa 400 qm täglich angefertigt werden sollen.

Resultate der Untersuchungen von Xylolith-Proben aus der in Zaukeroda bei Pott-

a. **Bruchfestigkeit** $l = 20$ cm Abmessungen $25 . 12 . 3$ cm.		$W = \dfrac{b\,h^2}{6} = \dfrac{12 . 3^2}{6} = 18$				b. **Zug-** 5 qcm	
	lufttrocken			wassersatt		Mit Leinölfirniß gesättigt und frisch aus dem Firnißbade entnommen	
Nr.	Belastung P in der Mitte	Bruch bei $k = \dfrac{Pl}{4\,W}$	Nr.	Belastung P in der Mitte	Bruch bei $k = \dfrac{Pl}{4\,W}$	Nr.	Zerstörung bei
	kg	kg pro qcm		kg	kg pro qcm		kg pro qcm
1	2116,6	588,0				11	273,0
2	1448,2	402,3				12	286,0
3	1503,9	417,7				13	264,0
4	1448,2	402,3				14	256,0
5	1392,5	386,8				15	244,0
			6	1336,8	371,3		
			7	1559,6	433,2		
			8	1476,0	410,0		
			9	1448,2	402,3		
			10	1587,4	440,9		
Sa.	7909,4	2197,1	Sa.	7408,0	2057,7	Sa.	1323,0
Mittel	**1581,9**	**439**	**Mittel**	**1481,6**	**412**	**Mittel**	**265**
eigenes Gewicht	1,510 kg		eigenes Gewicht	1,543 kg		eigenes Gewicht	0,124 kg

*) Die getrockneten Proben hatten bei der Imprägnirung bis zur Sättigung 3,4 % ihres

**) Die zehn für die Frostversuche bestimmten Zugproben wurden zunächst 12 Stunden in Wasser dem Frost an der Luft, die übrigen fünf bei derselben Temperatur 25 Stunden dem Frost

Das Steinholz ist bereits vielfach als Fußboden und Wandbekleidung angewendet worden, wozu es sich besonders in solchen Räumen eignet, bei welchen man im Hinblick auf eine starke Nässe, Abnutzung oder Feuersgefahr von der Verwendung von Brettern absehen möchte, bei denen man andererseits aber auch von Steinbelag — weil zu kalt und zu wenig elastisch — absehen muß.

Die Königliche Badedirection zu Bad Elster, bei welcher das Material seit 4 Jahren in Anwendung ist, spricht sich sehr günstig über das Verhalten der Xylolithplatten gegen Nässe und Witterungseinflüsse aus. Größere Ausführungen sind außerdem theils im Bau begriffen, theils vollendet in Hamburg für eine öffentliche Speiseanstalt und für eine Concerthalle, in Worms für Schule und Krankensäle, in Heidelberg von der Großherzogl. Bezirks=Bauinspektion für Krankenhausfußböden und für die anatomische Anstalt.

Auch für elektrische Zwecke und für Instrumentenfabrikation ist Xylolith zu ver= werthen, weil es ein schlechter Wärmeleiter ist, sich durch Feuchtigkeit nicht verzieht oder wirft und durch Trockenheit nicht reißt.

Weitere Aufklärungen über die Verwendbarkeit des Steinholzes, Kosten desselben 2c. sind in dem von den Herren Cohnfeld & Co. in Pottschappel=Dresden herausgegebenen Prospekt vom April 1888 enthalten.

Die Resultate der in der Prüfungsstation für Baumaterialien mit dem Xylolith ausgeführten Versuche sind nachstehend zusammengefaßt.

...schappel=Dresden gelegenen Fabrik des Herrn Ingenieur S. G. Cohnfeld in Dresden.

Festigkeit
Zerreißungsquerschnitt

Mit Leinölfirniß gesättigt*) und getrocknet		lufttrocken		wassersatt		ausgefroren**) an der Luft		unter Wasser	
Nr.	Zerstörung bei kg pro qcm	Nr.	Zerstörung bei kg pro qcm	Nr.	Zerstörung bei kg pro qcm	Nr.	Zerstörung bei kg pro qcm	Nr.	Zerstörung bei kg pro qcm
		21	282,0	31	131,3	41	179,8		
		22	292,2	32	146,4	42	225,6		
		23	276,6	33	133,8	43	202,4		
		24	238,8	34	183,4	44	182,8		
		25	253,0	35	159,6	45	176,4		
16	277,8	26	251,6	36	155,2			46	149,4
17	248,6	27	267,0	37	190,4			47	187,8
18	274,1	28	223,2	38	197,4			48	186,6
19	277,3	29	217,7	39	139,8			49	168,2
20	303,6	30	205,6	40	182,6			50	222,0
Sa.	1381,4	Sa.	2507,7	Sa.	1619,9	Sa.	967,0	Sa.	914,0
Mittel	276	Mittel	251	Mittel	162	Mittel	193	Mittel	183
eigenes Gewicht	0,122 kg	eigenes Gewicht	0,122 kg	eigenes Gewicht	0,129 kg	eigenes Gewicht	0,124 kg	eigenes Gewicht	0,127 kg

*) ... Gewichtes an Leinölfirniß aufgenommen.
**) ... gelegt; darauf wurden fünf von ihnen bei einer Temperatur von — 12° C. bis — 15° C, 25 Stunden unter Wasser ausgesetzt.

c. Im Mittel aus 5 Versuchen

Das Gewicht der Platten von 25 . 12 . 3 cm:

beim Eintreffen	25 Stunden auf heißen Eisenplatten getrocknet	12	168 Stunden im Wasser
1,505	1,487	1,517	1,543

d. Das **specifische Gewicht** ergab

e. Der **Härtegrad** ist nach der

f. Die Versuche auf **Cohäsionsbeschaffenheit** ergaben ein durchaus

g. Druckfestigkeit
Gedrückte Fläche = 50 qcm.

Mit Leinölfirniß getr. und frisch aus dem Firnißbade entnommen.		Mit Leinölfirniß gesättigt und getrocknet*)		lufttrocken		wassersatt		ausgefroren**)			
								an der Luft		unter Wasser	
Nr.	Zerstörung bei	Nr.	Zerstörung bei	Nr.	Zerstörung bei	Nr.	Zerstörung bei	Nr.	Zerstörung bei	Nr.	Zerstörung bei
	kg proqcm		kg proqcm		kg proqcm		kg proqcm		kg proqcm		kg proqcm
				61	1047,4	71	757,5				
				62	1069,7	72	802,1				
				63	802,1	73	779,5				
				64	1002,6	74	891,2				
				65	749,8	75	958,0				
51	835,5	56	891,2	66	791,0	76	713,0	81	690,7	86	891,2
52	891,2	57	868,9	67	813,2	77	690,7	82	713,0	87	768,7
53	857,8	58	924,6	68	757,5	78	612,7	83	668,4	88	679,5
54	880,1	59	902,3	69	724,1	79	623,8	84	924,6	89	846,6
55	958,0	60	924,6	70	779,7	80	657,3	85	880,1	90	624,6
Sa.	4422,6	Sa.	4511,6	Sa.	8537,1	Sa.	7485,8	Sa.	3876,8	Sa.	3810,6
Mittel	885	Mittel	902	Mittel	854	Mittel	749	Mittel	775	Mittel	762
eigenes Gew.	0,558 kg	eigenes Gew.	0,556 kg	eigenes Gew.	0,565 kg	eigenes Gew.	0,580 kg	eigenes Gew.	0,574 kg	eigenes Gew.	0,577 kg

h. Im Mittel aus 10 Versuchen betrug in Kilogrammen ausgedrückt:

das Gewicht der Probestücke — die Wasseraufnahme

beim Eintreffen	25 Stunden auf heißen Eisenplatten getrocknet	12	168	216 Stunden im Wasser gelegen	pro Versuchsstück nach 216 Stunden	pro 1 kg Steingew	in % des Gewichts nach 12 Stund.	in % des Gewichts nach 216 Stb.
0,564	0,556	0,570	0,580	0,580	0,025	0,045	2,5	4,5

i. Die Versuche auf **Abnutzbarkeit** ergaben für 30 kg Belastung des Probestückes von 50 qcm Schleiffläche 450 Umgänge der Schleifscheibe (unter Anwendung von 20 g Naxos-Smirgel Nr. 3 auf je 22 Scheibenumgänge) für den Schleifradius von 22 cm und dem Eigengewicht der beiden Probestücke von I : 568,9 g, II : 566,2 g mit dem spezifischen Gewicht 1,553.

Die Abnutzung für den Versuch I : $2,8 + 2,9 + 3,0 + 3,0 = 11,7$ g oder $\frac{11,7}{1,553}$ ccm $= 7,5$ ccm.

„   „   „   „   „   II : $3,0 + 3,0 + 3,0 + 3,1 = 12,1$ g oder $\frac{12,1}{1,553}$ ccm $= 7,8$ ccm.

*) Die getrockneten Proben hatten bei der Imprägnirung bis zur Sättigung 2,95% ihres Gewichtes an Leinölfirniß aufgenommen.

**) Die zehn für die Frostversuche bestimmten Würfel wurden zunächst 12 Stunden in Wasser gelegt; darauf wurden 5 von ihnen bei einer Temperatur von — 12° C. bis — 15° C. 25 Stunden dem Frost an der Luft, die übrigen 5 bei derselben Temperatur dieselbe Zeit dem Frost unter Wasser ausgesetzt.

betrug in Kilogrammen ausgedrückt:

216	pro Versuchsstück	pro 1 Kilogramm Plattengewicht	in Prozenten des Gewichts	
gelegen	nach 216 Stunden		nach 12 Stunden	nach 216 Stunden
1,543	0,056	0,038	2,07	3,8

Die **Wasseraufnahme** der Platten:

sich im Mittel aus drei Versuchen auf 1,553.

Mohs'schen Scala 6 — 7 (Feldspath-Quarz).*)

gleichförmiges, sehr dichtes, körniges und schuppiges Gefüge in gelblicher Färbung.

k. Wetterbeständigkeit.

Zur Untersuchung der Wetterbeständigkeit des Materials wurden sechs Proben:

1. im Wasserbade allmählich bis auf Siedehitze gebracht, einige Zeit auf dieser Temperatur erhalten und durch Einwerfen in kaltes Wasser plötzlich abgekühlt;

2. eine Stunde mit 15 % Kochsalzlösung gekocht und in dieser Zeit öfter plötzlich abgekühlt; das Wasser blieb hierbei vollkommen klar;

3. eine halbe Stunde mit 5 % Natronlauge gekocht;

4. eine halbe Stunde in derselben Lösung unter Zusatz von 1 % Schwefelammonium gekocht;

5. eine halbe Stunde mit einer 2 % Eisenvitriol, 2 % Kupfervitriol und 10 % Kochsalz haltenden Lösung gekocht. Die Probestücke blieben bei diesen Operationen vollkommen intakt, ohne einen Gewichtsverlust und ohne eine Gefügeveränderung zu erleiden. Ebenso blieb ein während einer Stunde im Papin'schen Topfe gekochtes im gespannten Wasserdampfe frei aufgehängtes Plattenstück unverändert.

6. Es wurden ferner sechs andere Bruchstücke auf 75 Stunden in 2 % Salzsäure und weitere 50 Stunden in 3 % Salzsäure gelegt. Die Probestücke blieben auch hierbei intakt; der Gewichtsverlust ergab sich auf 2,3 %. Ein Einfluß der Säure war am Gefüge nicht wahrzunehmen.

7. Durch weitere vierstündige Behandlung der Bruchstücke dieses Materials mit reiner 4 % Salzsäure im Dampfbade entstand eine wasserklare Flüssigkeit, welche mit Barytsalzen geprüft, die Gegenwart schädlicher Auswitterungsprodukte nicht erkennen ließ.

Die Versuche auf Wetterbeständigkeit dieses Materials können daher als bestanden bezeichnet werden.

l. Feuerübertragungsfähigkeit.

Behufs Ermittelung der Feuer-Uebertragungsfähigkeit des eingereichten Materials wurden zwei Platten von je 12,5 . 12 . 3 cm auf drei Stunden der Einwirkung einer Gasflamme durch einen Bunsen'schen Brenner gegen die Plattenfläche 12,5 . 12 cm = 150 qcm ausgesetzt, ohne Entzündung oder Ausbröckelung zu erleiden. Die Platten blieben intakt, verkohlten jedoch an den von der Flamme direkt getroffenen Theilen, ohne die Gluth auf die übrigen Theile der Platte zu übertragen. Es wurden ferner drei Würfel von 7,1 . 7,1 . 7,1 cm fünf Stunden in der Heizungskammer eines Trocken-

---

*) Die Mohs'sche Scala lautet: 1. Talk, 2. Gyps, 3. Kalkspath, 4. Flußspath, 5. Apatit, 6. Feldspath, 7. Quarz, 8. Topas, 9. Smirgel, 10. Diamant.

ofens im Steinkohlenfeuer beansprucht, ohne in Brand zu gerathen. Obgleich die Würfel durch die genannte Beanspruchung rothglühend waren, trat eine Aufgabe des Zusammenhangens der Proben nicht ein; dieselben konnten vielmehr vollkommen zusammenhängend aus der Feuerung entfernt werden und zeigten hierbei nur eine leichte Abbröckelung der Würfelkanten durch Verkohlung, sowie die Möglichkeit des Zerschlagens der Würfel mit einem 2 kg Hammer. Hierbei ergab sich schließlich, daß die Außenflächen der Würfel mit dem Fingernagel abgekratzt werden konnten; während sich die Würfel im Innern erheblich fester und nicht abkratzbar zeigten.

m. Bearbeitungsmöglichkeit.

Die Versuche zur Feststellung der Bearbeitungsmöglichkeit des Materials ergaben, daß die Bohrung desselben mit dem Nagelbohrer und das Nageln selbst nicht ausführbar sind, daß dasselbe sich dagegen mit Säge, Hobel, Stemmeisen, Löffel- und Centrumbohrer, Raspel und Feile bearbeiten läßt.

---

4. Ergebnisse der Untersuchungen von hellgrauen, 90 Tage alten Gußsteinproben aus der internationalen Sandstein-Gießerei „Ischyrota" in Berlin.

Vom Vorsteher Dr. Böhme.

Herr Oscar Lehmann, Vertreter der internationalen Steingießerei „Ischyrota" in Berlin beantragte am 15. März 1887 die Prüfung eines Materials, aus welchem die

a. **Zugfestigkeit** 5 qcm Zerreißungsquerschnitt								Würfel mit 36			
lufttrocken		wassersatt		ausgefroren*) an der Luft		ausgefroren*) unter Wasser		lufttrocken		wassersatt	
Nr.	Zerstörung bei kg pro qcm	Nr.	Zerstörung bei kg pro qcm	Nr.	Zerstörung bei kg pro qcm	Nr.	Zerstörung bei kg pro qcm	Nr.	Zerstörung bei kg pro qcm	Nr.	Zerstörung bei kg pro qcm
1	44,50	1	29,50	1	22,25			1	395,3	1	311,5
2	45,25	2	30,75	2	27,00			2	361,2	2	341,0
3	50,50	3	30,00	3	25,50			3	368,9	3	330,2
4	43,50	4	30,50	4	23,50			4	372,0	4	344,1
5	45,00	5	29,75	5	24,00			5	361,2	5	348,8
6	45,00	6	33,50			6	25,00	6	373,6	6	302,3
7	50,25	7	29,75			7	28,25	7	364,3	7	316,2
8	48,00	8	32,00			8	27,50	8	398,4	8	308,5
9	47,25	9	30,25			9	29,00	9	345,7	9	320,9
10	49,50	10	32,50			10	28,50	10	403,0	10	310,0
Sa.	468,75	Sa.	308,50	Sa.	122,25	Sa.	138,25	Sa.	3743,6	Sa.	3233,5
Mittel	**47**	**Mittel**	**31**	**Mittel**	**24**	**Mittel**	**28**	**Mittel**	**374**	**Mittel**	**323**
eigenes Gew.	0,154 kg	eigenes Gew.	0,161 kg	eigenes Gew.	0,156 kg	eigenes Gew.	0,161 kg	eigenes Gew.	0,451 kg	eigenes Gew.	0,464 kg

*) Die zehn für die Frostversuche bestimmten Probestücke wurden zunächst 12 Stunden in Wasser, dem Frost an der Luft, die übrigen fünf bei derselben Temperatur 25 Stunden dem Frost unter Wasser
**) Die Mohs'sche Scala lautet: 1. Talk, 2. Gips, 3. Kalkspath, 4. Flußspath, 5. Apatit,

erforderlichen Probekörper am 16. Dezember 1886 in der Steingießerei „Jschyrota“ unter Aufsicht der Kgl. Prüfungs-Station hergestellt und am 24. März 1887 unter der Bezeichnung:

„Gußsteine eigener Fabrikation“

an die Prüfungs-Station eingereicht und daselbst vor der Prüfung justirt wurden.

Die Veröffentlichung der Prüfungs-Resultate ist bereitwilligst gestattet worden.

Der künstliche Sandstein der „Jschyrota“ wird unter Vacuum hergestellt und bildet ein gleichartiges, dichtes, hartes Gestein, dem jede beliebige Sandstein-Farbe gegeben werden kann.

Die Steinblöcke werden in jeder Größe in allen möglichen Formen und plastischen Bildungen mit scharfen Conturen gegossen und finden zu Ornamenten, Säulen, Figuren, Gliederungen ꝛc. Verwendung, wobei zu bemerken ist, daß sie eine gleiche Bearbeitung wie jeder natürliche Sandstein durch den Steinmetz vertragen, bez. erfahren, so daß letzterer eine etwaige Veränderung auf dem Bau vornehmen kann.

In Berlin ist der Kunstsandstein der „Jschyrota“ bereits mehrfach in Anwendung gekommen, so z. B. bei den Façaden der Häuser Neue Roßstraße 16, Architekt Puttendörfer; Friedrich- und Dorotheenstraßen-Ecke, Baumeister Debruyn; Friedrich- und Georgenstraßen-Ecke, Baumeister Rinke; Winterfeldt- und Potsdamerstraßen-Ecke, Architekt Griesebach u. a. m.

Die Resultate der mit dem Material in der Prüfungs-Station angestellten Versuche sind nachstehend zusammengefaßt.

b. Druckfestigkeit								**c. Bruchfestigkeit**		
qcm gedrückter Fläche,				Platten von 7,1.7,1.4 cm		Pfeiler von 10.10.50 cm		Pfeiler von 10.10.50 cm $l = 38$ cm $W = \dfrac{b\,h^2}{6} = 166{,}7$		
ausgefroren**)				lufttrocken				lufttrocken		
an der Luft		unter Wasser								
Nr.	Zerstörung bei kg pro qcm	Nr.	Zerstörung bei kg pro qcm	Nr.	Zerstörung bei kg pro qcm	Nr.	Zerstörung bei kg pro qcm	Nr.	Belastung P in der Mitte kg pro qcm	Bruch bei $k = \dfrac{Pl}{4\,W}$ kg pro qcm
1	279,0			1	445,6	1	256,2	1	595,0	33,9
2	317,8			2	423,3	2	259,0	2	671,6	38,3
3	362,7			3	445,6	3	250,7	3	769,4	43,8
4	311,5			4	456,7	4	261,8	4	541,2	30,9
5	347,2			5	445,6	5	267,4	5	720,5	41,1
		6	286,8	6	428,9					
		7	280,6	7	479,0					
		8	319,3	8	467,9					
		9	257,3	9	456,7					
		10	265,1	10	490,2					
Sa. 1618,2		Sa. 1409,1		Sa. 4539,5		Sa. 1295,1		Sa. 3297,7		188,0
Mittel 324		**Mittel** 282		**Mittel** 454		**Mittel** 259		**Mittel** 659,5		37,6
eigenes Gew.	0,460 kg	eigenes Gew.	0,468 kg	eigenes Gew.	0,432 kg	eigenes Gew.	10,93 kg	eigenes Gew.	10,96 kg	

gelegt; darauf wurden fünf von ihnen bei einer Temperatur von — 12⁰ C. bis — 15⁰ C. 25 Stunden ausgesetzt.
6. Feldspath, 7. Quarz, 8. Topas, 9. Smirgel, 10. Diamant.

d. Im Mittel aus 10 Versuchen

Das **Gewicht der Probestücke:**

beim Eintreffen	25 Stunden auf heißen Eisenplatten getrocknet	12	100	125
		Stunden im Wasser gelegen		
0,448	0,412	0,456	0,464	0,464

e. Das **specifische Gewicht** ergab

f. Der **Härtegrad** ist nach der

g. Die Versuche auf **Cohäsionsbeschaffenheit** ergaben ein durchaus gleichförmiges, ziemlich fein-

h. Die Versuche auf **Abnutzbarkeit** ergaben für 30 kg Belastung des Probestückes von 36 qcm Schleif-22 Scheibenumgänge) für den Schleifradius von 22 cm und dem Eigengewicht der beiden Probe-

Die **Abnutzung** für den Versuch I: $20{,}0 + 20{,}0 + 17{,}8 + 19{,}2 = 77{,}0$ g oder $\frac{77{,}0}{2{,}026} = 38{,}0$ ccm;

i. Wetterbeständigkeit.

Zur Untersuchung der Wetterbeständigkeit des Materials wurden sechs Proben:

1. im Wasserbade allmählich bis auf Siedehitze gebracht, einige Zeit auf dieser Temperatur erhalten und durch Einwerfen in kaltes Wasser plötzlich abgekühlt;

2. eine Stunde mit 15% Kochsalzlösung gekocht und in dieser Zeit öfter plötzlich abgekühlt; das Wasser blieb hierbei vollkommen klar;

3. eine halbe Stunde mit 5% Natronlauge gekocht;

4. eine halbe Stunde in derselben Lösung unter Zusatz von 1% Schwefelammonium gekocht;

5. eine halbe Stunde mit einer 2% Eisenvitriol, 2% Kupfervitriol und 10% Kochsalz haltenden Lösung gekocht. Die Probestücke blieben bei diesen Operationen vollkommen intakt, ohne einen Gewichtsverlust und ohne eine Gefüge-veränderung zu erleiden. Auch einige während einer Stunde im Papin'schen Topfe gekochte Proben blieben unverändert.

6. Es wurden ferner sechs andere Bruchstücke auf 75 Stunden in 3% Salzsäure und weitere 50 Stunden in 5% Salzsäure gelegt. Die Probestücke blieben auch hierbei intakt; der Gewichtsverlust ergab sich auf $2{,}2\%$. Ein Einfluß der Säure war am Gefüge nicht wahrzunehmen.

7. Durch weitere vierstündige Behandlung der Bruchstücke dieses Materials mit reiner 4% Salzsäure im Dampfbade entstand eine wasserklare Flüssigkeit, welche mit Barytsalzen geprüft, die Gegenwart schwefelsaurer Salze — die Ur-sache von Auswitterungsprodukten — nicht erkennen ließ.

Die Versuche auf Wetterbeständigkeit dieses Materials können daher als bestanden bezeichnet werden.

betrug in Kilogrammen ausgedrückt:

Die Wasseraufnahme:

pro Versuchsstück	pro 1 Kilogramm Steingewicht	in Procenten des Gewichts	
nach 125 Stunden		nach 12 Stunden	nach 125 Stunden
0,052	0,127	10,7	12,7

sich im Mittel aus drei Versuchen auf 2,026.

Mohs'schen Scala 4 (Flußspath).

körniges, schwach poröses Gefüge in grauer Farbe, durchzogen von parallel laufenden dunklen Stellen

fläche, 450 Umgänge der Schleifscheibe (unter Anwendung von 20 g Naxos-Smirgel No. 3 auf je stücke von I: 451,2 g, II: 446,6 g mit dem specifischen Gewicht 2,026.

für den Versuch II: $18,4 + 22,0 + 21,2 + 17,7 = 79,3$ g oder $\frac{79,3}{2,026} = 39,1$ ccm.

5. Untersuchung eines kleinen Gebäudes auf Feuerbeständigkeit, welches auf dem Grundstücke der Königlichen technischen Hochschule in Charlottenburg nach Rabitz-Patent errichtet wurde.

Vom Vorsteher Dr. Böhme.

Hierzu Tafel VI und VII.

Der Königliche Hof-Maurermeister Herr C. Rabitz in Berlin beantragte am 20. November 1887 die Errichtung eines nach Rabitz-Patent herzustellenden kleinen Gebäudes behufs Ausführung einer Feuerprobe mit demselben.

Die Arbeiten zur Aufführung des Gebäudes wurden am 23. November 1887 mit den vom Herrn Antragsteller dazu gelieferten Materialien auf dem Grundstücke der Königlichen Technischen Hochschule in Charlottenburg begonnen und während der ganzen Bauzeit durch die Prüfungsstation geleitet.

Am 7. December 1887 war das Drahtgewebe, welches die Richtungen und Gestaltungen für Wände, Decken und Ummantelungen bestimmt und als Träger der Mörtelmasse dient, fertig gestellt. (Fig. 1 u. 2 a. f. S.)

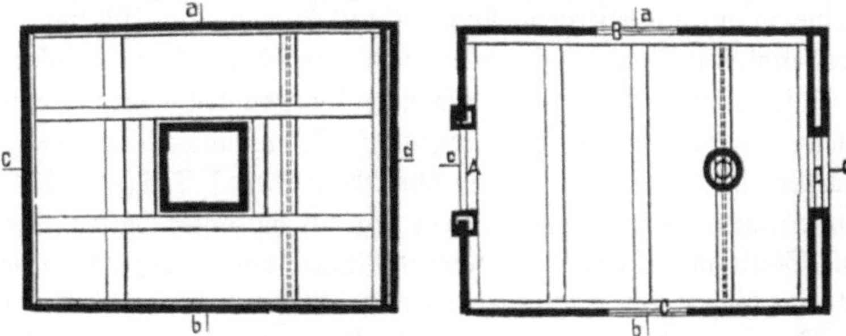

Fig. 1, Grundrisse.

Vom 8. December 1887 bis 20. Januar 1888 erfolgte trotz der nahezu beständigen Frostwitterung die Ausführung des Bewurfes wohlerwogenermaßen ohne Unterbrechung, um zu erproben, wie weit sich unter diesen ungünstigen Umständen die Anordnung des Rabitz=Patent bei sonst sorgfältiger Ausführung bewähren würde, wodurch gleichzeitig etwaigen Bedenken entgegengetreten werden sollte, welche gegen Versuchsobjekte bekanntlich stets dahin geltend gemacht werden, daß dieselben mit größerer Sorgfalt für den Ver=suchszweck hergestellt würden, als dies bei Ausführungen in der Praxis zu geschehen pflegt.

Das unter den vorerwähnten Verhältnissen hergestellte, 2,64 m tiefe, 2,05 m breite und 3 m hohe Gebäude, dessen Anordnung aus der Zeichnung auf Tafel VI Fig. 3

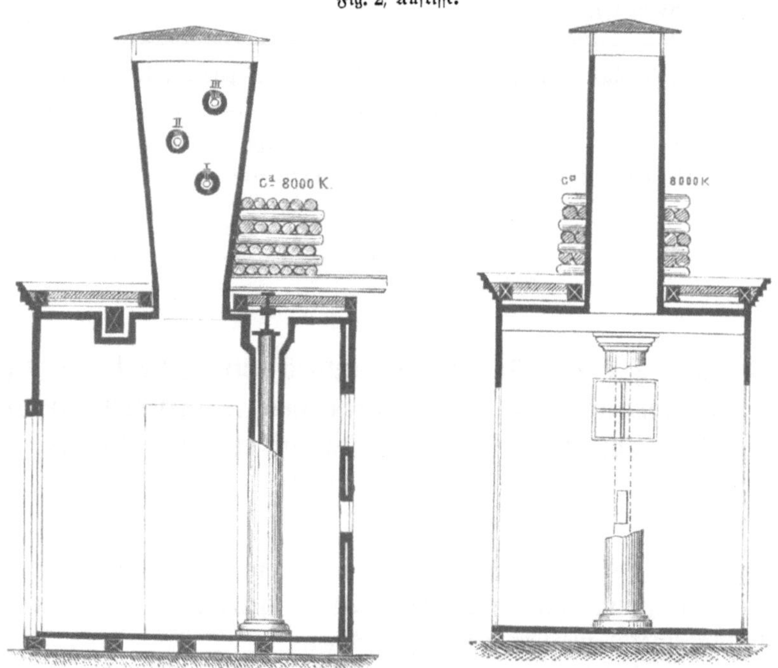

ersichtlich ist, welche nach photographischen Aufnahmen des Assistenten M. Gary ange=fertigt sind, wurde in Wänden, Decke und Fußboden nach Rabitz=Patent ausgeführt und mit einem Ventilationsschacht von 2 m Höhe und 0,50 m lichter unterer Weite nach demselben System versehen.

An der Ostseite befand sich eine zur Feuerung dienende Thüröffnung mit hölzerner durch Rabitz=Putz ummantelter Zarge. Nach Süden führte eine gewöhnliche eiserne Thür, nach Norden eine solche mit eisernem Rahmen mit Patent=Putz=Füllung, während die an der Westseite befindliche Wand — eine doppelte Putzwand mit 4 cm Zwischenraum — ein eisernes Fenster mit doppelter Verglasung und einen sogenannten hohlen Glasstein enthielt.

Im Innern des Hauses war eine gußeiserne Säule aufgestellt, welche einen als Unterzug dienenden, mit 8000 kg belasteten schmiedeeisernen I Träger in der Mitte seiner freien Länge unterstützte. Parallel mit diesem lag ein hölzerner Balken, welcher ebenso wie Träger und Säule mit einem 4 cm starken Mantel von Rabitz=Patent versehen war.

Der Abstand zwischen der Ummantelung und den Konstruktionstheilen war in allen Fällen 3 cm. Der Fußboden war über eine Balkenlage gespannt, die Decke als eine gewöhnliche Holzdecke mit Stakung und Lehmbewurf ausgeführt. Der Ventilationsschacht, welcher nach oben hin in einer Richtung sich erweiterte, trug im Innern drei ummantelte eiserne Gasrohre I, II, III, welche bezw. mit Wasser, Leuchtgas und Schießpulver gefüllt waren.

Der Deckel des Schachtes war aus Cement mit starken Eisendraht=Einlagen hergestellt.

Behufs Ermittelung der Temperaturen, welche bei der Beanspruchung des Gebäudes durch Feuer an den verschiedenen Stellen desselben sich ergeben würden, waren zunächst in der halben Höhe der eisernen Säule und auch am Capital derselben, zwischen Säule und Putzmantel, je ein Stück Pech und ein Stück Schwefel angebracht, von denen ab= gebrochene, genau passende Stücke in der Prüfungsstation asservirt blieben.

Zu gleichem Zwecke waren ferner in dem ganzen Raume des Versuchs=Hauses, vertheilt zwischen den Wänden, oberhalb der Decke und unterhalb des Fußbodens, folgende Metalle und Metalllegirungen angebracht:

Nr.	1. Schwefel	Schmelzpunkt	111° C.
„	2. Zinn	„	230° C.
„	3. Cadmium	„	315° C.
„	4. Zink	„	412° C.
„	5. Aluminium	„	620° C.
„	6. 800 Thl. Silber: 200 Thl. Kupfer . .	„	850° C.
„	7. 950 „ „ : 50 „ „ . . .	„	900° C.
„	8. 400 „ „ : 600 „ Gold . .	„	1020° C.
„	9. 950 „ Gold : 50 „ Platin . .	„	1100° C.
„	10. 750 „ „ : 250 „ „ . .	„	1220° C.
„	11. 600 „ „ : 400 „ „ . .	„	1320° C.

Die Ausführung der beantragten Feuerprobe erfolgte am 21. Januar 1888, also unmittelbar nach der Fertigstellung des Bewurfs.

Das Innere des Gebäudes wurde bis zu $^2/_3$ seiner Höhe mit gespaltenem Fichten= Scheitholz und Hobelspähnen gefüllt, beides stark mit Petroleum getränkt und um 11 Uhr 30 Minuten Vormittags entflammt. Das Holz brannte alsbald mit hellen Flammen, welche durch zeitweises Nachwerfen einzelner Scheite auf ihrer Höhe erhalten wurden.

11 Uhr 40 Minuten (10 Minuten Brennzeit) zersprang die äußere Scheibe des Fensters, und in dem äußeren Putz der Wände zeigten sich leichte Risse, welche sich aber im weiteren Verlaufe des Versuches wieder schlossen, wobei die Wände sich nur so schwach erwärmten, daß man die Hände an dieselben legen konnte. 11 Uhr 45 Minuten (15 Minuten Brennzeit) begannen die Flammen die eiserne Thür in Rothgluth zu ver= setzen, so daß um 12 Uhr (30 Minuten Brennzeit) einige gegen die Thür gelehnte Holz= stücke Feuer fingen und sogar auch ein 40 cm von derselben entfernt stehender starker Holzbalken in Brand gerieth. Die Thür dehnte sich dabei stark aus, klemmte sich in ihren Rahmen fest und erlitt Ausbauchungen und Verkrümmungen.

Während zu derselben Zeit das Glas des Fensters zu schmelzen begann, zeigte der Mantel der eisernen Säule größere Risse, die bis zu dem Drahtgewebe zu gehen schienen. Um 12 Uhr 10 Minuten (40 Minuten Brennzeit) sprang der Glasstein und 10 Minuten darauf gestattete die Wand neben der Rabitz=Thür wegen ihrer hohen Temperatur eine

Berührung mit der Hand nicht mehr, während die Thür selbst eine solche noch zuließ. Jetzt fielen auch geringe Theile der Träger= und Balken=Ummantelung ab und der Holz= balken, sowie die hölzerne Thürzarge begannen je an einer Stelle zu glimmen. In= zwischen wurde beständig nachgefeuert und hierdurch — wie nachher festgestellt — die Temperatur im Innern des Hauses bis auf 1000 ° C. gebracht.

Trotz dieser hohen Temperatur zeigten die Wände keinerlei Verkrümmungen und blieben auch außen an denselben angebrachte leicht entzündliche Gegenstände (Tüllgardinen und Schreibpapier) unversehrt.

Nach 55 Minuten Brennzeit (12 Uhr 25 Minuten) schlossen sich die vorerwähnten Wandrisse, zweifellos ein Beweis dafür, daß die Bildung dieser Risse nur eine Folge der Feuchtigkeit war, welche die erst kurz vor Beginn des Versuches fertig gestellten Wände in hohem Maaße enthielten und daß ferner das Schließen dieser Risse nur in Folge des durch die Erwärmung bewirkten Austritts der Feuchtigkeit sich vollzog.

Um 12 Uhr 40 Minuten (70 Minuten Brennzeit) wurden die Thüren des Gebäudes geöffnet, um das Feuer zu löschen, indem ein starker Wasserstrahl direkt in das Innere auf Wände und Ummantelungen gerichtet wurde, wobei von der Säulen=Ummantelung größere Stücke herabfielen.

Die nach vollständiger Löschung des Feuers und hiermit beendetem Versuch (1 Uhr) vorgenommene Untersuchung ergab:

1. Das Aeußere des Gebäudes hatte an Form und Aussehen eine Veränderung nicht erlitten (Fig. 4 auf Tafel VI);

2. Die Rabitz=Thür zeigte sich vollkommen erhalten, während die eiserne Thür sich stark geworfen und durch ihre Fugen dem Feuer Durchlaß gewährt hatte.

3. Das Glas des Fensters war vollständig geschmolzen und der Glasstein in un= zählige Stücke zersprungen.

4. Ein am 19. Januar 1888 (zwei Tage vor Ausführung des Versuches) in eine Außenwand des Hauses geschlagener und mit 132 kg belasteter eiserner Haken hatte sich nicht gelockert.

5. Der auf dem Hauptgesims lagernde Schnee war nicht geschmolzen.

6. Im Innern des Gebäudes waren von der Decke einige Stuckatur=Theile herab= gefallen.

7. Die Ummantelungen der Säule, des ⊥ Trägers, des hölzernen Balkens und der Thürzarge waren theilweise zerstört.

8. Der Balken und die Zarge waren an einzelnen Stellen an den Kanten angebrannt.

9. Der Fußboden des Innenraums war erhalten.

10. Der Ventilationsschacht und die Ummantelung der in demselben befindlichen Gasröhren, welche dem Frost nicht unmittelbar ausgesetzt waren, hatten sich beinahe rißfrei und vollständig intakt erhalten.

Das in dem einen Rohre befindliche Wasser hatte sich erwärmt und den Pfropfen herausgedrängt, wie auch das Leuchtgas im anderen Rohre infolge Erwärmung und Ausdehnung zum Theil entwichen war. Das Schießpulver war unversehrt geblieben.

11. Die im Innern des Gebäudes aufgestellten Metalle und Metall=Legirungen

waren bis Nr. 7 der oben angeführten Scala geschmolzen, sodaß also eine Temperatur zwischen 900 und 1020° C. geherrscht hatte.

12. Die Temperatur unterhalb der Holzdecke betrug etwa 100° C. mit Ausnahme der Stellen oberhalb des hölzernen Unterzuges — dessen Mantel etwas gelitten hatte — wonach die Temperatur dort bis auf 300° C. gestiegen war.

13. Die gleiche Höhe (304° C.), durch ein Maximum-Thermometer gemessen, erreichte die Temperatur in den oberen Theilen des Mantels der Säule da, wo dieselbe Risse erhalten.

14. In dem unteren und von dem unversehrten Mantel geschützten Theile hatte die Temperatur 100° C. noch nicht erreicht, denn das dort angebrachte Stück Schwefel war scharfkantig erhalten geblieben, während das neben demselben befestigt gewesene Stück Pech herabgeschmolzen war.

15. Unterhalb des Fußbodens war die Temperatur unter 100° C. geblieben.

16. Zwischen Holzdecke und Ummantelung, sowie unterhalb des Fußbodens niedergelegte Hobelspähne waren nur theilweise leicht gebräunt.

Zur Ermöglichung einer Messung der Festigkeits-Eigenschaften des Rabitz-Patents vor und nach dem Brande wurden bei der Herstellung des Versuchsgebäudes

    a) am 20. Januar 1888 einige Probekörper mit den Abmessungen 10 . 10 . 6 cm aus demselben Material angefertigt und außerdem nach Vollendung der Feuerprobe einige Probeplatten von denselben Abmessungen

    b) aus der Fensterwand im Innern,

    c) vom Bewurf der Thür mit Patent-Putz

herausgeschnitten und auf Druckfestigkeit untersucht.

Hierbei ergaben im Mittel aus drei Versuchen

    a) die dem Feuer nicht ausgesetzt gewesenen Platten 189 kg, und die dem Feuer während der ganzen Brandzeit ausgesetzt gewesenen Platten, welche

    b) aus der Fensterwand im Innern herausgeschnitten waren 73,8 kg,

    c) aus dem Bewurf der eisernen Thür entnommen wurden 63,8 kg Druckfestigkeit pro qcm.

Es erschien ferner bedingt, die Erhärtungs-Energie des Materials in den ersten Stadien nach dem Anmachen desselben zu untersuchen. Zu diesem Zwecke wurde eine Anzahl von 45 Zugprobekörpern aus dem in $1^3/_4$ Stunden abbindenden Material im Laboratorium bei einer Temperatur von durchschnittlich 18° C. hergestellt und auf Zugfestigkeit geprüft. Es ergaben sich im Mittel aus je fünf Versuchen für ein Alter von

1	2	3	6	24	Stunden nach dem Abbinden
7,10	8,30	9,45	10,60	15,95	kg pro qcm Zugfestigkeit

und nach 3	7	14	28	Tagen
16,60	17,10	22,50	25,68	kg pro qcm Zugfestigkeit.

Im Anschlusse an die vorstehende, im Amtswege ausgeführte Feuerprobe erfolgte die Ausführung der nachstehenden Untersuchungen mit Versuchskörpern von verschiedener Form, bei deren Herstellung die Zusammensetzung und Verarbeitungsart des Rabitz-Patents in durchaus gleicher Weise behandelt wurde, wie bei den Arbeiten zur Ausführung des Gebäudes für die Feuerprobe.

a. Zugfestigkeit (vgl. Fig. 6 u. 8 Tafel VII) — 5 qcm Zerreißungsquerschnitt   **b. Druck=** Platten von 10.10.4 cm

lufttrocken		wassersatt		ausgefroren *)				luft= ohne Drahtnetzeinlage	
				an der Luft		unter Wasser			
Nr.	Zerstörung bei	Nr.	Zerstörung bei	Nr.	Zerstörung bei	Nr.	Zerstörung bei	Nr.	Zerstörung bei
	kg pro qcm		kg pro qcm		kg pro qcm		kg pro qcm		kg pro qcm
1	26,25	11	10,50	21	17,50			31	211,7
2	22,50	12	11,50	22	17,25			32	211,7
3	25,00	13	10,50	23	21,00			33	217,1
4	25,50	14	12,00	24	15,00			34	206,1
5	31,00	15	10,00	25	16,00			35	200,1
6	25,00	16	8,00			26	11,75		
7	26,00	17	8,50			27	11,00		
8	26,00	18	9,50			28	11,00		
9	24,50	19	9,00			29	13,50		
10	25,00	20	9,00			30	10,50		
Sa.	256,75	Sa.	98,50	Sa.	86,75	Sa.	57,75	Sa.	1046,8
Mittel	**25,68**	**Mittel**	**9,85**	**Mittel**	**17,35**	**Mittel**	**11,55**	**Mittel**	**209**
eigenes Gewicht	0,112 kg	eigenes Gewicht	0,125 kg	eigenes Gewicht	0,108 kg	eigenes Gewicht	0,119 kg	eigenes Gewicht	0,606 kg

c. Im Mittel aus 10 Versuchen be- Das **Gewicht der Zugproben:**

| beim Eintreffen | 25 Stunden auf heißen Eisen= platten getrocknet | 12 | 100 | 125 |
		Stunden im Wasser gelegen		
0,109	0,105	0,123	0,125	0,125

d. Das **spezifische Gewicht** ergab

e. Die Versuche auf **Abnutzbarkeit** ergaben für 30 kg Belastung des Probestückes von 100 qcm 22 Scheibenumgänge) für den Schleifradius von 22 cm und dem Eigengewicht der beiden Probestücke

die **Abnutzung** für den Versuch I: $26,4 + 23,3 + 13,8 + 13,1 = 76,6$ g $= \dfrac{76,6}{1,439} = 53,2$ ccm;

*) Die zehn für die Frostversuche bestimmten Zugproben wurden zunächst 12 Stunden in Wasser dem Frost an der Luft, die übrigen fünf bei derselben Temperatur 25 Stunden dem Frost unter Wasser

festigkeit (vgl. Fig. 5, 6, 7 u. 8 Tafel VII)

mit 100 qcm gedrückter Fläche.

trocken mit Drahtnetzeinlage		Nach dreistündiger Einwirkung von Holzfeuer							
		ohne Drahtnetz-Einlage				mit Drahtnetz-Einlage			
		langsam an der Luft abgekühlt		plötzlich durch Einsenkung in Wasser abgekühlt		langsam an der Luft abgekühlt		plötzlich durch Einsenkung in Wasser abgekühlt	
Nr.	Zerstörung bei	Nr.	Zerstörung bei	Nr.	Zerstörung bei	Nr.	Zerstörung bei	Nr.	Zerstörung bei
	kg pro qcm		kg pro qcm		kg pro qcm		kg pro qcm		kg pro qcm
		41	144,8			51	167,1		
		42	139,3			52	183,8		
		43	156,0			53	172,7		
		44	150,4			54	161,5		
		45	156,0			55	183,8		
36	222,8			46	111,4			56	117,0
37	211,7			47	100,3			57	122,5
38	239,5			48	117,0			58	fehlerhafte Platte
39	250,7			49	122,5			59	128,1
40	267,4			50	105,4			60	133,7
Sa.	1192,1	Sa.	746,5	Sa.	556,6	Sa.	868,9	Sa.	501,3
Mittel	238	Mittel	149	Mittel	111	Mittel	174	Mittel	125
eigenes Gewicht	0,618 kg	eigenes Gewicht	0,522 kg	eigenes Gewicht	0,693 kg	eigenes Gewicht	0,528 kg	eigenes Gewicht	0,708 kg

trug in Kilogrammen ausgedrückt:

Die **Wasseraufnahme:**

pro Versuchsstück	pro 1 Kilogramm Probengewicht	in Prozenten des Gewichts	
nach 125 Stunden	nach 125 Stunden	nach 12 Stunden	nach 125 Stunden
0,020	0,197	17,6	19,7

sich im Mittel aus drei Versuchen auf 1,439.

Schleiffläche, 450 Umgänge der Schleifscheibe (unter Anwendung von 20 g Naxos-Smirgel Nr. 3 auf je von I: 615,2 g, II: 601,4 g mit dem specifischen Gewicht 1,439.

für den Versuch II: $18{,}0 + 15{,}2 + 14{,}8 + 16{,}9 = 64{,}9 \text{ g} = \dfrac{64{,}9}{1{,}439} = 45{,}1 \text{ ccm}$

gelegt; darauf wurden fünf von ihnen bei einer Temperatur von — 12° C. bis — 15° C. 25 Stunden ausgesetzt.

f. **Druckfestigkeit** (vgl. Fig. 6 u. 7 Tafel VII).

Würfel von 10 · 10 · 10 cm.   Gedrückte Fläche 100 qcm.

lufttrocken		wassersatt		ausgefroren*)				lufttrocken mit zwei Drahtnetz-Einlagen	
				an der Luft		unter Wasser			
Nr.	Zerstörung bei	Nr.	Zerstörung bei	Nr.	Zerstörung bei	Nr.	Zerstörung bei	Nr.	Zerstörung bei
	kg pro qcm		kg pro qcm		kg pro qcm		kg pro qcm		kg pro qcm
61	140,0	71	88,5	81	83,5			91	162,4
62	117,6	72	90,7	82	89,6			92	156,8
63	150,1	73	84,0	83	105,9			93	140,0
64	134,4	74	86,8	84	101,4			94	151,2
65	137,2	75	78,4	85	105,9			95	145,6
66	144,5	76	100,8			86	84,0	96	156,8
67	150,1	77	81,2			87	113,7	97	128,8
68	151,2	78	77,3			88	89,6	98	106,4
69	148,4	79	85,1			89	83,0	99	134,4
70	162,4	80	80,1			90	106,4	100	112,6
Sa.	1435,9	Sa.	852,9	Sa.	486,3	Sa.	476,7	Sa.	1395,0
Mittel	144	Mittel	85	Mittel	97	Mittel	95	Mittel	140
eigenes Gewicht	1,493 kg	eigenes Gewicht	1,690 kg	eigenes Gewicht	1,660 kg	eigenes Gewicht	1,666 kg	eigenes Gewicht	1,486 kg

h. Im Mittel aus 10 Versuchen

Das **Gewicht der Druckproben:**

| beim Eintreffen | 25 Stunden auf heißen Eisenplatten getrocknet. | 12 | 100 | 125 |
		Stunden im Wasser gelegen		
1,490	1,421	1,674	1,690	1,690

*) Die je zehn für die Frostversuche bestimmten Würfel und Stäbe wurden zunächst 12 Stunden 25 Stunden dem Frost an der Luft, die übrigen fünf bei derselben

g. **Bruchfestigkeit.** (Vergl. Fig. 8 Tafel VII.)

$l = 30$ cm

Stäbe von $36 \cdot 5 \cdot 5$ cm

$$W = \frac{b\,h^2}{6} = 20{,}83.$$

lufttrocken			wassersatt			ausgefroren †) an der Luft			ausgefroren †) unter Wasser		
Nr.	Belast. P in der Mitte (kg)	Bruch bei $k = \frac{Pl}{4\,W}$ (kg pro qcm)	Nr.	Belast. P in der Mitte (kg)	Bruch bei $k = \frac{Pl}{4\,W}$ (kg pro qcm)	Nr.	Belast. P in der Mitte (kg)	Bruch bei $k = \frac{Pl}{4\,W}$ (kg pro qcm)	Nr.	Belast. P in der Mitte (kg)	Bruch bei $k = \frac{Pl}{4\,W}$ (kg pro qcm)
101	128,3	46,19				111	81,4	29,16			
102	106,7	38,41				112	85,8	30,89			
103	106,7	38,41				113	88,0	31,68			
104	128,7	46,33				114	81,4	29,16			
105	123,2	44,35				115	83,6	30,10			
			106	63,8	22,97				116	72,6	26,13
			107	55,2	19,87				117	68,2	24,55
			108	58,2	20,95				118	81,4	29,16
			109	60,4	21,74				119	80,3	28,91
			110	55,2	19,87				120	66,0	21,56
Sa.	593,6	213,69	Sa.	292,8	105,40	Sa.	420,2	150,99	Sa.	368,5	130,31
Mittel	119	43	Mittel	59	21	Mittel	84	30	Mittel	74	26
eigen. Gewicht	1,379 kg		eigen. Gewicht	1,536 kg		eigen. Gewicht	1,524 kg		eigen. Gewicht	1,523 kg	

betrug in Kilogrammen ausgedrückt:

Die **Wasseraufnahme:**

pro Versuchsstück	pro 1 Kilogramm Würfelgewicht	in Procenten des Gewichts	
nach 125 Stunden	nach 125 Stunden	nach 12 Stunden	nach 125 Stunden
0,269	0,190	17,8	19,0

in Wasser gelegt; darauf wurden fünf von ihnen bei einer Temperatur von -12° C. bis -15° C. Temperatur 25 Stunden dem Frost unter Wasser ausgesetzt.

i. Bruchfestigkeit (Vergl. Fig. 8 Tafel VII) $W = \dfrac{b\,h^2}{6} = 18.$

$l = 20$ cm   Platten von 25 . 12 . 3 cm

	ohne Drahtnetz=Einlage			mit Drahtnetz=Einlage	
Nr.	Belastung P in der Mitte	Bruch bei $k = \dfrac{Pl}{4\,W}$	Nr.	Belastung P in der Mitte	Bruch bei $k = \dfrac{Pl}{4\,W}$
	kg	kg pro qcm		kg	kg pro qcm
121	167,9	46,6	131	195,6	54,3
122	185,8	51,6	132	180,9	50,3
123	205,4	57,1	133	174,4	48,4
124	205,4	57,1	134	211,9	58,9
125	187,4	52,1	135	180,9	50,3
126	167,9	46,6	136	167,9	46,6
127	154,8	43,0	137	167,9	46,6
128	197,2	54,8	138	146,7	40,8
129	195,6	54,3	139	179,3	49,8
130	194,0	53,9	140	180,9	50,3
Sa.	1861,4	517,1	Sa.	1786,4	496,3
Mittel	**186**	**52**	**Mittel**	**179**	**50**
eigenes Gew.	1,358 kg		eigenes Gew.	1,412 kg	

   Die zerstörten Versuchskörper sind nach photographischen Aufnahmen des Assistenten M. Gary auf Taf. VII abgebildet, und zwar sind in Fig. 5 gedrückte Würfel ohne Drahtnetzeinlage, in Fig. 6 zerrissene und zerdrückte Körper ohne Drahtnetzeinlage, in beiden Fällen in verschiedenen Stadien der Zerstörung, in Fig. 7 zerdrückte Würfel mit zwei Drahtnetzeinlagen, in Fig. 8 zerrissene und zerdrückte Platten und Stäbe mit und ohne Drahtnetzeinlage dargestellt.

Verantwortlicher Redacteur: Dr. Hermann Wedding. — Verlag von Julius Springer in Berlin.

Mittheilungen
aus den
Königlichen technischen Versuchsanstalten.
zu Berlin.
Herausgegeben im Auftrage der Königlichen Aufsichts-Kommission.

Redacteur: Geheimer Bergrath Dr. Wedding.
Mitglied der Königl. Aufsichts-Kommission.

Ergänzungsheft I. — **1888.**

Ergänzungen
zu den
im 2. Ergänzungshefte 1887 veröffentlichten
Untersuchungen über Festigkeitseigenschaften und Leitungsfähigkeit an deutschem und schwedischem Drahtmateriale.

Im Auftrage des Herrn Ministers für Handel und Gewerbe.

1) **Bestimmung des elektrischen Leitungswiderstandes von Metalldrähten.**

Von

A. Paalzow,
Königl. Professor an der technischen Hochschule zu Berlin.

Mit 1 Tafel.

2) **Zusammenhang**

zwischen der chemischen Zusammensetzung und dem Kleingefüge einerseits und der Leitungsgüte des Telegraphendrahtes andrerseits.

Unter Benutzung amtlicher Materialien
von
Dr. H. Wedding,
Königl. Geheimen Bergrath zu Berlin.

Mit 7 Tafeln.

Springer-Verlag Berlin Heidelberg GmbH

1888.

ISBN 978-3-662-42844-3   ISBN 978-3-662-43127-6 (eBook)
DOI 10.1007/978-3-662-43127-6
Softcover reprint of the hardcover 1st edition 1888

1) Bestimmung des elektrischen Leitungswiderstandes von Metalldrähten.

Im Auftrage des Herrn Ministers für Handel und Gewerbe von A. Paalzow, Kgl. Professor an der techn. Hochschule.

Hierzu Tafel 1.

Die in dem Ergänzungsheft II 1887 S. 14 erwähnten Messungen des elektrischen Widerstands von Metalldrähten habe ich nach den beiden folgenden Methoden ausgeführt

I. Nach dem Schema der Wheatstoneschen Brücke, welches Fig. 1 (Tafel 1) erläutert, bleibt die Galvanometernadel eines Multiplicators im Gleichgewicht, wenn bei Gleichheit von w_1 und w_2 auch w_3 gleich w_4 ist. Wird nun der Meßdraht der Brücke um ein Drahtstück 1 (Fig. 2) verlängert, so muß, damit die Nadel wieder auf Null stehen bleibt, der Klotz (d) des Brückendrahts von d bis d_1 verschoben werden, so daß der Widerstand zwischen a und d_1 (w_5) gleich dem zwischen d_1 und b_1 (w_6) geworden ist; w_1 und w_2 bleiben unverändert. Den Widerstand von 1 setze ich als bekannt voraus, er bildet den Normalwiderstand. Um nun den Widerstand eines beliebigen anderen Drahtes mit diesem Normaldraht zu vergleichen, wird zwischen b und b_1 eine solche Länge l_1 von demselben eingeschaltet, daß bei unveränderter Klotzstellung d_1 die Galvanometernadel wieder auf Null steht.

Man sieht, daß die Methode der Tarirmethode beim Wägen ganz entsprechend ist, und es werden auch bei ihr alle Fehler, welche die Instrumente haben könnten, eliminirt. Nur darauf ist bei dieser Methode zu achten, daß der Druck, mit welchem die Drähte zwischen b und b_1 eingeklemmt werden, immer derselbe ist.

Um nach diesem Plane die Messungen auszuführen, wurde eine Brücke benutzt, die in Fig. 3 und Fig. 4 dargestellt ist. Der Meßdraht konnte mit starken Schrauben zwischen a und b eingespannt werden. Der Normaldraht (1) kommt zwischen die starken Messingstücke b und b_1 und wird ebenfalls durch kräftige Schrauben festgehalten.

Es wurden nun folgende Versuche angestellt. Mit den Klemmen a und b werden mit Hülfe des Commutators die Polenden eines Daniell'schen Elements in Verbindung gebracht. Die beiden Messingklötze b und b_1 werden so nahe wie möglich an einander gerückt und der Normaldraht bei Maximaldruck zwischen ihnen eingeklemmt. Ob der Maximaldruck erreicht ist, davon überzeugt man sich leicht, indem bei weiterem Anziehen der Schrauben die Galvanometernadel sich nicht mehr bewegt. Der Klotz des Brückendrahtes wird bis zu der Stelle d gerückt, so daß die Galvanometernadel auf Null steht. Es wird nun der Klotz b_1 von b entfernt, eine bestimmte Länge des Normaldrahtes eingeschaltet und der Klotz des Brückendrahtes bis d_1 verschoben, so daß die Galvanometernadel auf Null steht. Diese Klotzstellungen d und d_1 werden notirt und von Zeit zu Zeit durch den Normaldraht wieder revidirt. Hierauf wird der

1*

Normaldraht durch den zu untersuchenden ersetzt, und man wird je nach dem Material und Durchmesser desselben eine andere Länge l_1 zwischen b und b_1 einschalten müssen. Diese Länge l_1 wird mit der größten Genauigkeit ausgemessen.

Die Berechnung des Widerstands des Drahtes pro Kilometer in Siemens'schen Einheiten ist einfach.

Wenn a der Widerstand des Normaldrahtes, l_1 die Länge des ihm gleichwerthigen Widerstands des zu untersuchenden Drahtes ist, dann ist x der Widerstand pro Kilometer

$$x = \frac{a}{l_1} 1000.$$

Um die Leitungsgüte des Materials zu berechnen, muß noch der mittlere Durch=messer des Drahtes bestimmt werden. Bei unverzinkten Eisendrähten kann dies leicht bis auf Hundertstel des Millimeters ausgeführt werden. Bei den verzinkten Drähten, wo der Durchmesser sehr variirt, muß er an vielen Stellen gemessen werden, um einen guten Mittelwerth zu erhalten.

Aus dem Durchmesser berechnet sich leicht der Querschnitt q, und es ist dann das specifische Leitungsvermögen s im Vergleich zu Quecksilber gemäß der Definition der Siemens'schen Einheit

$$s = \frac{l_1}{a \cdot q}.$$

Die Methode erfordert ein empfindliches Galvanometer. Das von mir benutzte ist ein aperiodisches Galvanometer von Siemens & Halske, welches bei 140 000 000 Siemens'schen Einheiten und Einschaltung eines Daniell'schen Elementes einen Ausschlag von 20 Skalentheilen giebt.

Der von mir benutzte Normaldraht ist ebenfalls von der Firma Siemens & Halske geliefert, ist von 32 zu 32 mm gemessen und hat im Mittel bei einer Länge von 120 mm einen Widerstand von 1 Tausendstel einer Siemens'schen Einheit.

Bemerkenswerth ist noch, daß der Klotz des Brückendrahts (d) aus einem starken Stück Messing mit eingelassener Stahlschneide besteht. Um auch Thermoströme beim Anfassen dieses Klotzes zu vermeiden, war derselbe mit einer Holzkappe umgeben.

Ein Zahlenbeispiel möge die Rechnungen erläutern.

$$a = 0{,}008 \text{ S. E.}$$
$$l_1 = 0{,}168 \text{ m,}$$

daher

$$x = 47{,}6 \text{ S. E.}$$

Der Durchmesser 1,98 mm, daher der Querschnitt 3,02 qmm, und somit

$$s = \frac{168}{8 \cdot 3{,}02} = 6{,}95;$$

d. h. das Material dieses Drahtes leitet 6,95 mal besser als Quecksilber, die wichtigste Zahl zur Prüfung der Qualität der Drähte.

II. Bei der ersten Methode ist es sehr zeitraubend, die Drähte in der geschilderten Weise einzuklemmen. Deßhalb bediene ich mich in neuerer Zeit einer anderen Methode, die zugleich gestattet, die Temperatur=Coefficienten für die Widerstände mit Leichtig=keit zu bestimmen. Es wäre gut, wenn auch die Fabrikanten dieser Zahl Werth bei=

legten; ich will nur beiſpielsweiſe erwähnen, daß die Phosphorbronce einen ſehr geringen Temperatur-Coefficienten beſitzt, ſo daß Drähte aus dieſem Material auch bei bedeutenden Temperaturwechſeln ziemlich gleichen Widerſtand behalten.

In den Schließungsbogen eines Daniell'ſchen Elements werden 3 Drähte eingeſpannt, wie es die Fig. 5 ſchematiſch erläutert. Zwiſchen A und B liegt ein beliebiger Draht, zwiſchen C und D der zu unterſuchende und zwiſchen E und F der Normaldraht. Durch zwei ſtarke Meſſingklötze A_1 B_1 (Fig. 6—8) wird der Strom zu der einen Windung eines Differentialgalvanometer geleitet und durch die Klötze C_1 und D_1 zu der zweiten Windung deſſelben. Der Abſtand der Klötze C_1 und D_1 wird ſo gewählt, daß zwiſchen ihnen der Widerſtand ein bekannter wird; ich bezeichne dieſen wieder mit a. Die beiden Klötze A_1 und B_1 werden nun ſo lange verſchoben, bis die Galvanometernadel eines empfind= lichen Differentialgalvanometers in Ruhe bleibt. Nun werden die Klötze C_1 und D_1 vom Normaldraht abgenommen, auf den zu unterſuchenden Draht CD geſetzt und ſo lange verſchoben, bis abermals die Nadel auf Null ſteht.

Dieſer Abſtand der Klötze heißt wieder l_1, und dann iſt auch der Widerſtand des zu unterſuchenden Drahtes pro Kilometer

$$x = \frac{a}{l_1} \cdot 1000 \text{ und}$$

$$s = \frac{l_1}{a \cdot q}.$$

Auch hier bleibt der Tarirmethode entſprechend an den Inſtrumenten Alles un= geändert, es wird nur der Normaldraht durch den zu unterſuchenden erſetzt. Der Druck, unter welchem die Klötze die Drähte berühren, iſt gleichgültig, man kann ihn vergrößern oder verkleinern, ohne daß ſich die Stellung der Galvanometernadel ändert. Außerdem iſt es leicht, die zu unterſuchenden Drähte an verſchiedenen Stellen auf ihren Widerſtand zu prüfen; dazu hat man nur beide Klötze auf dem Drahte zu verſchieben.

2) Zusammenhang zwischen der chemischen Zusammensetzung und dem Kleingefüge einerseits und der Leitungsgüte des Telegraphendrahtes andrerseits.

Im Auftrage des Herrn Ministers für Handel und Gewerbe, unter Benutzung amtlicher Materialien von Dr. H. Wedding, Kgl. Geh. Bergrath.

Hierzu Tafel 2 bis 8.

Bei der Darstellung der Untersuchungen über Festigkeitseigenschaften und Leitungsfähigkeit an deutschem und schwedischem Drahtmateriale (im zweiten Ergänzungshefte zu den „Mittheilungen aus den Kgl. technischen Versuchsanstalten 1887") ist zum Schlusse ausgeführt worden, daß eine gesetzmäßige Abhängigkeit der Leitungsgüte von dem Materialzustande, wie er durch Festigkeitsprüfungen ermittelt worden war, nicht erkennbar sei.

Dieser Mangel an Anhaltspunkten zur Beurtheilung derjenigen Eigenschaften, welche dem inländischen Material gegeben werden müßten, um ihm eine gleiche Leitungsfähigkeit wie dem schwedischen zu ertheilen, veranlaßte den Herrn Minister für Handel und Gewerbe eine fernere Untersuchung der geprüften Telegraphendrähte auf chemischem und mikroskopischem Wege anzuordnen.

Die mechanisch-technische Versuchsanstalt wurde in Folge dessen beauftragt, Proben der auf Leitungsfähigkeit geprüften Drähte an die chemisch-technische Versuchsanstalt zur chemischen Untersuchung und zur Herstellung von Schliffen für mikroskopische Untersuchung abzugeben. Diese Proben waren sorgfältig numerirt und außerdem mit den laufenden Ziffern der mechanisch-technischen Versuchsanstalt versehen, um jeden Irrthum auszuschließen.

Die mikroskopische Untersuchung selbst und die Herstellung der von den Schliffen genommenen Photogramme wurde von dem Verfasser ausgeführt.

A. Zusammenhang zwischen chemischer Zusammensetzung und Leitungsgüte.

Die in der chemisch-technischen Versuchsanstalt ausgeführten Analysen ergaben die in der folgenden Tabelle 5 zusammengestellten Resultate.

Tabelle 5.

Auf den Drähten befindliche Nr.	% Phosphor	% Kohlenstoff	% Mangan	% Schwefel	% Silicium
1	0,128	0,04	0,13	0,01	0,08
2	0,109	0,13	0,12	0,01	0,08
3	0,116	0,09	0,15	0,01	0,10
4	0,085	0,08	0,47	0,03	0,00
5	0,096	0,08	0,69	0,02	0,00
6	0,101	0,05	0,59	0,04	0,00
11	0,127	0,11	1,17	0,02	0,01
12	0,101	0,16	1,22	0,01	0,01
17	0,115	0,03	0,40	0,06	0,00
18	0,050	0,03	0,35	0,05	0,00
21	0,063	0,03	0,27	0,05	0,00
22	0,066	0,02	0,29	0,01	0,00
23	0,141	0,01	0,49	0,08	0,00
24	0,081	0,02	0,22	0,07	0,00
25	0,063	0,02	0,33	0,05	0,00
26	0,072	0,03	0,26	0,05	0,00
32	0,118	0,11	0,09	0,05	0,16
35	0,058	0,03	0,28	0,06	0,00
36	0,048	0,01	0,29	0,06	0,01
37	0,043	0,03	0,32	0,01	0,00
38	0,157	0,06	0,11	0,01	0,07
41	0,023	0,14	0,10	0,01	0,01
42	0,022	0,02	0,00	0,01	0,01
43	0,019	0,02	0,00	Spur	0,01
44	0,044	0,02	Spuren	Spur	0,00

Unter diesen Proben befinden sich nur vier in einem anderen, als dem angelieferten Zustande, d. h. ausgeglüht. Das sind die Nummern 18, 22, 24 und 26. Wäre derselbe Draht im angelieferten und ausgeglühten Zustande untersucht worden, so hätten die zusammengehörigen Analysen einen Schluß auf die chemische Aenderung, welche das Glühen hervorgerufen hatte, gestattet. Da indessen die Proben verschiedenen Drahtadern angehörten, so läßt sich eine solche Schlußfolgerung nicht ziehen. Die zusammengehörigen Analysen zeigen vielmehr eine so große Verschiedenheit, daß zu ihrer Erklärung auch eine verschiedene chemische Zusammensetzung des ursprünglichen Materials angenommen werden muß, wie die folgende Zusammenstellung beweist:

	Phosphor	Kohlenstoff	Mangan	Schwefel	Silicium
Nr. 23	0,141	0,01	0,49	0,08	0,00
„ 24	0,081	0,02	0,22	0,07	0,00
„ 21	0,063	0,03	0,27	0,05	0,00
„ 22	0,066	0,02	0,29	0,01	0,00

		Phosphor	Kohlenstoff	Mangan	Schwefel	Silicium
{	„ 25	0,063	0,02	0,33	0,05	0,00
{	„ 26	0,072	0,03	0,26	0,05	0,00
{	„ 17	0,115	0,03	0,40	0,06	0,00
{	„ 18	0,050	0,03	0,35	0,05	0,00

Namentlich ist es die Verschiedenheit des Phosphorgehalts in Nr. 23 und 24, 17 und 18, und die Verschiedenheit des Mangangehalts in Nr. 23 und 24, 25 und 26, welche gegen eine ursprüngliche Gleichheit des Materials spricht.

Schon diese Beispiele beweisen, wie unsicher Schlußfolgerungen sind, welche auf nur kleine Reihen von Untersuchungen gestützt werden. Andererseits wäre es auch nicht gerechtfertigt, derartige Schlußfolgerungen zurückzuhalten, weil sie eine werthvolle Grundlage für weitere Untersuchungen bilden, deren Aufgabe es sein wird, ergänzend oder berichtigend einzutreten.

Die Leitungsgüte war den Festigkeitseigenschaften in der Tabelle 4 auf Seite 23 des zweiten Ergänzungsheftes 1887 gegenüber gestellt. Zwar sind dort die in der vorstehenden Tabelle mit Nr. 11 und 12 bezeichneten Drähte nicht aufgenommen, weil dieselben wohl zu Kabeln benutzt werden, aber nicht als Leiter dienen; dennoch waren sie geprüft worden.

Um die Leitungsgüte auch mit der chemischen Zusammensetzung vergleichen zu können, ist die folgende Tabelle 6 zusammengetragen, in welcher die Drähte nach ihrer Leitungsgüte angeordnet sind. Gleichzeitig sind in der dritten und vierten Vertikalspalte die laufende Nummer der Tabelle 2 und die entsprechende Nummer der Tabellen 3 und 4 angeführt, so daß auch ein Vergleich der chemischen und mechanischen Eigenschaften der einzelnen Drähte ohne Schwierigkeit ausführbar ist.

Die in der ersten Vertikalspalte mit a bezeichneten Proben (5a, 7a, 8a, 16a) sind die vorerwähnten geglühten Drähte, Nr. 20 und 21 die Kabeldrähte.

Tabelle 6.

Laufende Nr.	Auf den Drähten befindliche Nr.	Festigkeits-Tabellen lauf. Nr. Tab. 2	Nr. Tabelle 3 und 4	Phosphor %	Kohlenstoff %	Mangan %	Schwefel %	Silicium %	Leitungsgüte im Verhältniß zu Quecksilber bei 0° C.
1	43	67	6	0,019	0,02	0,00	Spur	0,07	10,11
2	44	69	5	0,044	0,02	Spur	Spur	0,00	9,96
3	41	65	22	0,023	0,14	0,10	0,01	0,01	9,85
4	42	63	24	0,022	0,02	0,00	0,00	0,01	9,70
5	23	35	26	0,141	0,01	0,49	0,08	0,00	9,32
5a	24	50	26	0,081	0,02	0,22	0,07	0,00	—
6	37	39	23	0,043	0,03	0,32	0,00	0,00	9,23 *)
7	21	36	29	0,063	0,03	0,27	0,05	0,00	9,00
7a	22	51	29	0,066	0,02	0,29	0,01	0,00	—

*) Nach Schlußübersicht A 9,24.

Laufende Nr.	Auf den Drähten befindliche Nr.	Festigkeits-Tabellen lauf. Nr. Tab. 2	Nr. Tabelle 3 und 4	Phosphor %	Kohlenstoff %	Mangan %	Schwefel %	Silicium %	Leitungsgüte im Verhältniß zu Quecksilber bei 0° C.
8	25	41	33	0,063	0,02	0,33	0,05	0,00	8,96
8a	26	56	33	0,072	0,03	0,26	0,05	0,00	—
9	36	38	27	0,048	0,01	0,29	0,06	0,01	8,80
10	32	33	9	0,118	0,11	0,09	0,05	0,16	8,70
11	35	37	30	0,058	0,03	0,28	0,06	0,00	8,58
12	3	29	11	0,116	0,09	0,15	0,01	0,10	8,17
13	1	27	7	0,128	0,04	0,13	0,01	0,08	8,02
14	38	40	8	0,157	0,06	0,11	0,01	0,07	7,97
15	2	28	10	0,109	0,13	0,12	0,01	0,08	7,77
16	17	34	31	0,115	0,03	0,40	0,06	0,00	7,60
16a	18	49	31	0,050	0,03	0,35	0,05	0,00	—
17	6	31	28	0,101	0,05	0,59	0,04	0,00	7,05
18	5	32	32	0,096	0,08	0,69	0,02	0,00	6,57
19	4	30	25	0,085	0,08	0,47	0,03	0,00	6,46
20	12	13	21	0,101	0,16	1,22	0,01	0,01	5,63 *)
21	11	12	15	0,127	0,11	1,17	0,02	0,01	5,20 *)

Ein Vergleich der Leitungsgüten zeigt folgende Differenzen:

1	2	3	4	5	6	7	8	9	10	11	12	13	14	15	16	17	18	19	20	21
10,11	9,96	9,85	9,70	9,32	9,23	9,00	8,96	8,80	8,70	8,58	8,17	8,02	7,97	7,77	7,60	7,05	6,57	6,46	5,63	5,20

0,15 0,11 0,15 0,38 0,09 0,23 0,04 0,16 0,10 0,12 0,41 0,15 0,05 0,20 0,17 0,55 0,48 0,11 0,83 0,43

Der erſte erhebliche Sprung liegt zwiſchen dem vierten und fünften Draht, d. h. zwiſchen den ſchwediſchen und deutſchen Drähten. An derſelben Stelle tritt eine erhebliche Verſchiedenheit der chemiſchen Zuſammenſetzung hervor:

Die Differenz zwiſchen 4 und 5 (5—4) beträgt:

Phosphor	Kohlenſtoff	Mangan	Schwefel	Silicium
+ 0,119	— 0,01	+ 0,49	+ 0,08	— 0,01

Der zweite erhebliche Sprung zwiſchen Nr. 11 und 12 und der dritte zwiſchen 17 und 18 machen ſich nicht ebenſo bemerkbar in der chemiſchen Zuſammenſetzung.

Die Differenz zwiſchen 11 und 12 (12—11) beträgt:

Phosphor	Kohlenſtoff	Mangan	Schwefel	Silicium
+ 0,058	+ 0,06	— 0,13	— 0,05	+ 0,10

und diejenige zwiſchen 17 und 18 (18—17)

Phosphor	Kohlenſtoff	Mangan	Schwefel	Silicium
— 0,005	+ 0,03	+ 0,10	— 0,02	± 0,00

Endlich zeigen ſich bei den ganz niedrigen Leitungsgüten, d. h. zwiſchen 19 und 20 (20—19) und 20 und 21 (21—20) folgende Differenzen:

Phosphor	Kohlenſtoff	Mangan	Schwefel	Silicium
+ 0,016	+ 0,08	+ 0,75	— 0,02	+ 0,01
und + 0,026	— 0,05	— 0,05	+ 0,01	± 0,00

---

*) In Schlußüberſicht A nicht aufgenommen, vorausſichtlich, weil nicht zur Leitung beſtimmt.

welche ebenfalls ohne Weiteres einen Aufschluß über den Zusammenhang zwischen chemischer Konstitution und Leitungsgüte nicht gewähren.

Schon deutlicher zeigt sich eine gewisse Abhängigkeit, wenn die einzelnen Elemente verglichen werden.

Der Phosphorgehalt macht gleichzeitig mit der Leitungsgüte einen Sprung zwischen 4 und 5 und zwischen 11 und 12; andererseits liegt ein höherer Phosphor= gehalt als ihn Nr. 12 aufzuweisen hat, bereits bei Nr. 10.

Der Kohlenstoffgehalt scheint an sich keinen Einfluß zu üben. Unter den besten Leitungsdrähten findet sich 0,14 an Kohlenstoff, und der schlechteste Draht hat nur 0,11; Nr. 9 steht mit 0,01 unter dem besten Drahte, welcher 0,02 aufweist.

Anders verhält es sich mit dem Mangan. Die bestleitenden vier Drahtsorten zeigen höchstens 0,10 pCt., der Regel nach gar nichts oder nur Spuren; zwischen Nr. 4 und 5 findet ein Sprung von 0,49 statt. Andrerseits fehlt auch hier das charakteristische Merk= mal für den Sprung zwischen Nr. 11 und 12; ebenso ist das Steigen des Mangan= gehalts zwischen Nr. 17 und 18 nicht ausreichend zu der Erklärung des Sprunges der Leitungsgüte, und erst die zwei schlechtesten Drähte zeigen in dem Steigen des Mangan= gehalts über 1 pCt. hinaus wieder ein charakteristisches Merkmal.

Der Schwefelgehalt tritt bei keiner Drahtsorte bis in die erste Dezimalstelle und schwankt im Uebrigen sehr unregelmäßig.

Der meist sehr geringe Siliciumgehalt scheint ohne einen unmittelbaren Einfluß auf das Verhalten des Drahts als Leiter.

Es bleibt daher nur übrig, ein Zusammenwirken der fremden Elemente des Eisens anzunehmen. Einige Gruppirungen in diesem Sinne zeigt die Tabelle 7.

Tabelle 7.

Laufende Nr. der Tabelle 6	Summe aller fremden Elemente	Summe der fremden Elemente mit Ausnahme des Kohlenstoffs	Summe von Mangan und Phosphor	Leitungsgüte	Gruppe
	a	b	c		
1	0,109	0,089	0,019	10,11	I
2	0,064	0,044	0,044	9,96	"
3	0,283	0,143	0,123	9,85	"
4	0,052	0,032	0,022	9,70	"
5	0,721	0,711	0,631	9,32	II
6	0,393	0,363	0,363	9,23	"
7	0,413	0,383	0,333	9,00	"
8	0,463	0,443	0,393	8,96	"
9	0,418	0,408	0,318	8,80	"
10	0,428	0,318	0,208	8,70	"
11	0,428	0,398	0,338	8,58	"
12	0,466	0,376	0,266	8,17	"
13	0,388	0,348	0,258	8,02	"
14	0,407	0,347	0,267	7,97	"
15	0,449	0,319	0,229	7,77	"
16	0,605	0,575	0,515	7,60	III
17	0,781	0,731	0,691	7,05	"
18	0,886	0,806	0,786	6,57	"
19	0,665	0,585	0,555	6,46	"
20	1,501	1,341	1,321	5,63	IV
21	1,437	1,327	1,297	5,20	"

In dieser Tabelle zeigt behufs leichterer Orientirung die erste Spalte die laufenden Nummern der Tabelle 6, die zweite die Summe aller Elemente außer Eisen (a), die dritte die Summe aller Elemente außer Eisen und Kohlenstoff (b), die vierte die Summe von Mangan und Phosphor (c). Hiernach scheiden sich vier Gruppen der Drähte deutlich ab.

Gruppe I umfaßt die Drähte bester Leitungsgüte 10,11 bis 9,70. Sie ist gekennzeichnet dadurch, daß die Summe a unter 0,3, die Summe b unter 0,15, die Summe c unter 0,13 bleibt.

Gruppe II umfaßt die Drähte von der Leitungsgüte 9,32 bis 7,77. Sie ist gekennzeichnet dadurch, daß die Summe a über 0,3, aber unter 0,5, die Summe b über 0,15, aber unter 0,45, die Summe c über 0,13, aber unter 0,40 liegt. In dieser Gruppe macht Nr. 5 eine durch die Analyse nicht erklärliche Ausnahme.

Gruppe III umfaßt die Drähte von der Leitungsgüte 7,60 bis 6,46. Sie ist gekennzeichnet dadurch, daß die Summe a über 0,5, aber unter 1,0, die Summe b über 0,45, aber unter 0,9, die Summe c über 0,40, aber unter 0,8 liegt.

Die Gruppe IV umfaßt die schlechtestleitenden Drähte, bei denen Gruppe a, b und c über 1 liegen.

Weitere Untersuchungen werden möglicher Weise feststellen, daß es genügen wird, die Summe von Mangan und Phosphor zu ermitteln, um die Leitungsgüte, soweit sie von der chemischen Zusammensetzung überhaupt abhängig ist, zu bestimmen.

Diese Resultate stimmen im Wesentlichen mit den Ergebnissen der Prüfungen, welche Hughes angestellt hat*). Die von diesem untersuchten Drähte waren von der Firma Smith & Co. in Halifax geliefert worden. Die Resultate der chemischen Analyse sind dem Leitungswiderstande für gleiche Länge und gleichen Querschnitt in der folgenden Tabelle gegenüber gestellt.

Tabelle 8.

Laufende Nr.	Art des Eisens	Widerstand pro engl. Meile und bei 0,40 Qtr. Ohm	Kohlenstoff	Silicium	Schwefel	Phosphor	Mangan	Kupfer	Eisen
1	Schwed. Eisen 1. Qual.	191,52	0,09	Spur	Spur	0,012	0,06	Spur	99,69
2	„ „ 2. „	198,40	0,10	Spur	0,022	0,045	0,03	Spur	99,70
3	„ „ 3. „	199,62	0,15	0,018	0,019	0,058	0,234	Spur	99,44
4	„ „ Siemens-Martin	226,32	0,10	Spur	0,035	0,034	0,324	Spur	99,60
5	Puddeleisen 1. Qual.	259,92	0,10	0,09	0,03	0,218	0,234	0,015	99,11
6	Weiches Bessemereisen 1. Qual.	266,52	0,15	0,018	0,092	0,077	0,72	Spur	98,74
7	Hartes „ 1. „	312,69	0,44	0,028	0,126	0,103	1,296	Spur	98,20
8	Tiegelgußstahl	350,08	0,62	0,06	0,034	0,051	1,584	Spur	97,41

Auch hier spielt der Mangangehalt und bei annähernd gleicher Höhe desselben der Phosphorgehalt die Hauptrolle.

---

*) Ber. der Kgl. techn. Deput. f. Gewerbe.

B. Zusammenhang zwischen dem Kleingefüge und der Leitungsgüte des Drahtes.

So wenig Schwierigkeiten die Untersuchung und Beurtheilung des Kleingefüges von Roheisen und kohlenstoffreicherem Stahle bereitet, so großen Hindernissen begegnet die Mikroskopie des weichen schmiedbaren Eisens, zumal eines so reinen Materiales, wie es das zu Telegraphendrähten allein verwendbare ist.

Schon die Herstellung geeigneter Schliffe ist wegen der Weichheit des Eisens äußerst schwierig. Trotz der Anwendung so fein als möglich gepulverter, durch Schlemmung gereinigter und sorgfältig sortirter Polirmittel, gelingt die Herstellung vollkommen ebener und rißfreier Schliffe nur mit großer Geduld und Mühe.

Eine einzige zufällige Ungleichheit im Korne des Polirmittels, ein zugeflogenes Staubkörnchen harten Materials machen oft eine tagelange Arbeit vergeblich.

Die Entstehung von Schleifrissen wird durch einzelne Eisentheile, welche weicher als die Grundmasse sind, durch Blasenräume, Schlackeneinschlüsse u. s. w. wesentlich begünstigt. Dennoch ist es nöthig, auch bei ganz weichem Material eine vollkommen spiegelnde Oberfläche hervorzurufen, da die Feinheiten des Kleingefüges nur dann im reflektirten Lichte deutlich erkennbar sind.

Im vorliegenden Falle waren von den 25 Drähten je ein Längs= und ein Quer=schnitt genommen und polirt worden. Leider unterlagen die vorzüglich gelungenen Schliffe dem Einflusse der Atmosphäre und bedeckten sich mit Rostflecken, nachdem sie zwar bereits mikroskopisch untersucht, aber noch nicht abgebildet waren. Bei der in=zwischen wechselnden Person des Schleifers gelangen die neu hergestellten Schliffe keineswegs vollständig, wie bei den Abbildungen näher erläutert werden wird; indessen wurde aus der an sich so unangenehmen und zeitraubenden Nothwendigkeit, die Oberflächen nochmals abzuschleifen und zu poliren, doch eine sehr wichtige Gewißheit gewonnen; nämlich die, daß thatsächlich die frischen Bilder genau den vorher vorhanden gewesenen entsprachen, daß also das gewonnene mikroskopische Bild nicht etwa von äußeren Zufälligkeiten abhängig ist.

Die fertig polirten Schliffe bedürfen einer sehr sorgfältigen Reinigung von an=haftendem Polirmittel, Fett u. s. w., ehe sie zur Aetzung geeignet sind. Diese geschieht unter fortwährender Beobachtung durch die Lupe in verdünnter Salzsäure (0,5 ccm in 1000 ccm destillirtem, luftfreiem Wasser) 2 Minuten lang. Die nach dem Abspülen durch Wasser, Alkohol und Aether vollkommen getrocknete Oberfläche muß noch vollständig spiegelblank erscheinen. Nur fremde Bestandtheile, Schlacken u. s. w. sind ausgefressen und haben Hohlräumen, Rissen u. s. w. Platz gemacht. Die Eisenbestandtheile selbst zeigen höchstens den Eindruck eines schwachen Moirées, wenn man den Schliff ohne Vergrößerungsglas betrachtet. Auch unter dem Mikroskop wird das Bild noch nicht deutlich genug. Die gleichartigen Farbentöne der verschieden angegriffenen Eisenbe=standtheile verhindern oft die Unterscheidung.

Deshalb erfolgt nunmehr das Anlassen der Schliffe in einem ganz gleichmäßig auf eine bestimmte Temperatur, der Regel nach 210° C., erhitzten Luftbade unter ge=regeltem Luftzutritt. Die verschiedenen Eisenbestandtheile erhalten hierbei verschiedene Anlauffarben. Untersuchungen gleicher Schliffe mit abweichenden Anlauffarben haben ausreichend bewiesen, daß die Farbe an sich zwar nicht charakteristisch ist, wohl aber die Reihenfolge der Farben. So sind z. B. bei schwachem Anlaufenlassen zwei Bestand=theile, welche neben einander liegen, gelb und grün, während dieselben Bestandtheile bei starkem Anlaufenlassen blau und violett erscheinen. Hierdurch erlangt der Schliff die geeignete Beschaffenheit zur mikroskopischen Untersuchung des Kleingefüges.

Diese Schliffe, welche zur Erhaltung des klaren Bildes nicht mit einem deckenden Firniß, höchstens nur mit einer unmerklichen Fettschicht überzogen werden dürfen, sind trotz aller Vorsichtsmaßregeln (Aufbewahrung in Glaskästen neben gebranntem Kalk u. s. w.) dem Rosten um so mehr ausgesetzt, je kohlenstoffärmer und je manganreicher das Eisen ist.

Deßhalb wird die bildliche Darstellung erforderlich. Das Zeichnen gewährt zwar den Vortheil, nur das Charakteristische des Schliffes wiedergeben zu können, ist indessen doch sehr abhängig von dem Geschick und der Uebung des Zeichners.

Aus diesem Grunde lag der Gedanke nahe, die Photographie anzuwenden. Da die Farben Unterscheidungsmerkmale abgeben, so konnte erst von der Zeit an, zu der Professor Vogel an der technischen Hochschule die farbenempfindlichen Trockenplatten erfand, Aussicht auf Erfolg entstehen. Thatsächlich zeigten sich auch die mit Erythrosin=silber getränkten Platten vollständig geeignet.

Eine weitere Schwierigkeit entstand indessen durch die Nothwendigkeit, den Schliff unter reflektirtem Lichte, und zwar unter dem mit einem ganz bestimmten Winkel auf=fallenden Lichte zu beobachten und zu photographiren.

Wird ein angelassener Schliff unter dem Mikroskop bei senkrechter Lage zur Axe des letzteren betrachtet, so entsteht nur ein Bild Grau in Grau; erst wenn der Schliff mehr und mehr geneigt wird, beginnen die Farben aufzutreten und erreichen das Maximum ihrer Intensität, wenn der Schliff eine Neigung von 38 bis 40° besitzt, der Reflexionswinkel also 50 bis 52° beträgt. Bei einer solchen Stellung kann man indessen nur einen ganz schmalen Streifen gleichzeitig beobachten und muß, um den ganzen Schliff zu erkennen, das Mikroskop beständig stellen. Auch dies erschwert das Zeichnen ungemein.

Wiederum war es das Verdienst des Herrn Professors Vogel den Verfasser auf die Möglichkeit aufmerksam zu machen, durch Schrägstellung der Bildfläche im photo=graphischen Apparat dem Uebelstande zu begegnen. So entstand der nachfolgend be=schriebene

Mikrophotographische Apparat,

welcher auf Seite 14 und 15 in zwei Ansichten dargestellt ist.

Derselbe ist in seinen wesentlichsten Theilen nach den Angaben des Verfassers von A. Stegemann (Berlin S. Oranienstraße 151) angefertigt worden. Das Mikroskop ist von Seibert in Wetzlar, der Spiegelapparat von Schmidt und Hänsch (Berlin S. Stall=schreiberstraße 4), die Magnesiumlampe von Ney (Berlin SW. Wilhelmstraße 34).

Der ganze Apparat befindet sich auf einem sehr fest zusammengefügten vierfüßigen, auf Rollen laufenden Tische A, welcher eine leichte Veränderung des Standortes ge=stattet, ohne daß dabei eine Verrückung der eingestellten Vorrichtungen zu fürchten wäre.

An demselben ist mit einem kräftigen eisernen Arme, welcher um ein Scharnier B drehbar ist, der als Träger der Lichtquelle bestimmte Tisch C befestigt. Die Platte des Tisches ist durch Drehung der Getriebewelle mittelst des Handrades a parallel auf- und abwärts stellbar. Die abgeschrägten Kanten der Platte gestatten einen möglichst großen Ausschlag bei der Drehung. Für besondere Stellungen der Lichtquelle kann noch eine zweite Platte mittelst der Flügelschrauben b b befestigt werden. Der ganze Beleuchtungs-

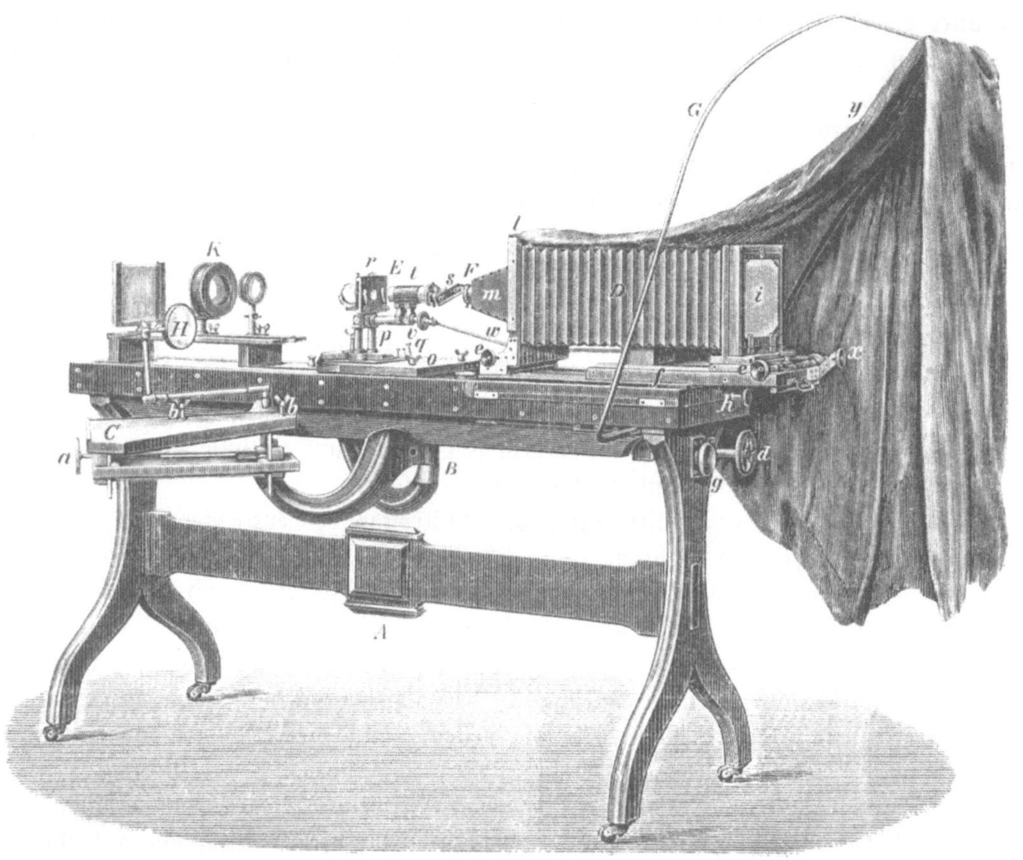

tisch läßt sich durch das Handrad d bequem vom Platze des Beobachters aus um das Scharnier B drehen.

Auf dem Apparatentische ist zuvörderst die Kammer D angebracht. Sie ist so eingerichtet, daß die Falten des Leders in keiner Stellung den inneren Raum verengen und etwa den durchgehenden Lichtkegel unterbrechen können. Stellbar ist an demselben sowohl die Vorder- wie die Hinterplatte in der Längsrichtung parallel zu sich selber. Hierzu dienen die Handrädchen e und e'. Eine Ausziehplatte f gestattet die weitere Verlängerung der Kammer. Ferner ist die ganze Kammer senkrecht auf- und abstellbar. Hierzu dient das Handrädchen g. Sodann kann sie parallel zu ihrer Längsaxe seitwärts verschoben werden. Diese Bewegung wird durch Drehung des Handrädchens h vermittelt. Endlich ist die matte Platte i, welche im Uebrigen, wie bei jedem photographischen Apparat, mit dem Rahmen für die Aufnahme der lichtempfindlichen Platte verbunden, und im Scharniere aufklappbar ist, um ihre vertikale Axe drehbar. Diese Schrägstellung wird durch Drehung des Rädchens k vermittelt.

An der Vorderplatte der Kammer l wird entweder das an einem pyramidal zu=laufenden Kasten m befindliche Objektiv oder das in nachstehender Ansicht gleichzeitig lose mit abgebildete konische Faltenstück n ohne Linse angebracht.

Der zweite auf dem Apparatentische befindliche Theil ist der Objekt= und Mikroskop=

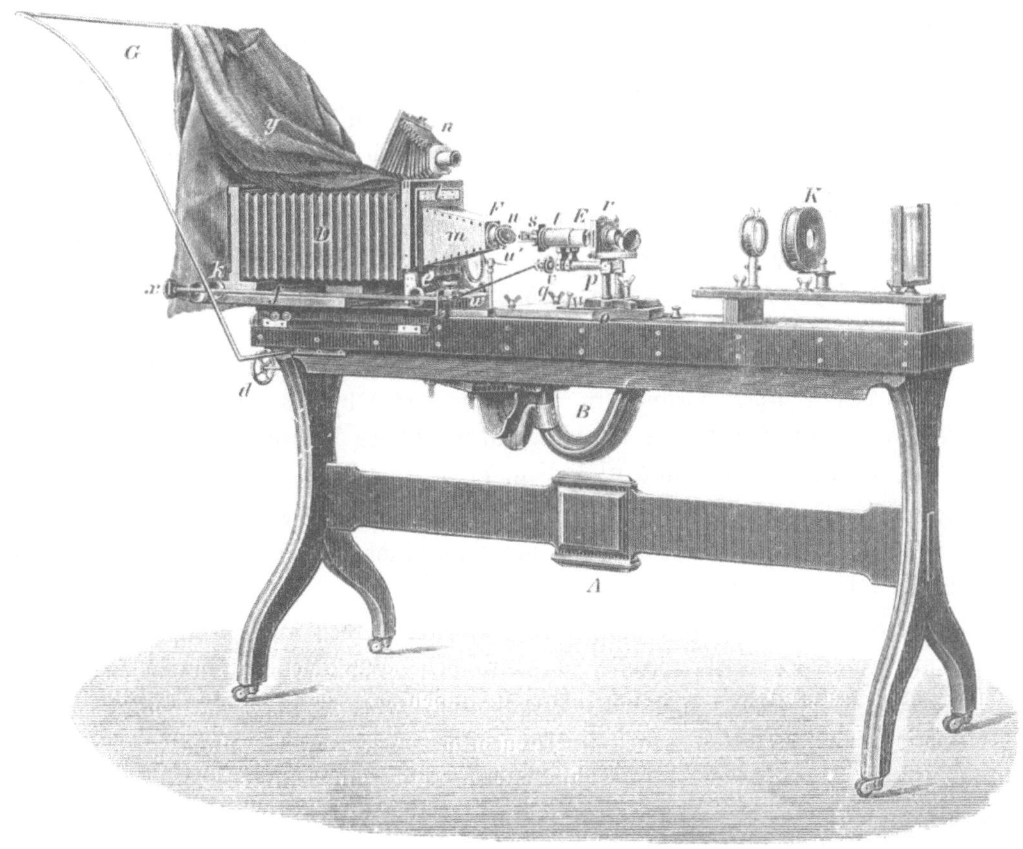

träger E. Die Grundplatte o desselben ist in verschiedenen Entfernungen von der Kammer durch Flügelschrauben zu befestigen. Mit ihr ist unverrückbar der Ständer p verbunden. Einige Oeffnungen in derselben gestatten noch die bequeme und handliche Aufbewahrung der zur Drehung und Feststellung der Objekte nöthigen Schrauben, Halter und Schlüssel (q).

Der Ständer trägt den Mikroskoptisch r. Dieser besteht aus zwei quadratischen Platten, deren eine um ein vertikales Scharnier drehbar ist und sich mittelst eines getheilten Bügels in genau bestimmbare Winkel bringen läßt. Er dient dazu, die für die beste Beleuchtung und Farbenspiegelung günstigsten Winkel zu ermitteln. Diese Platte wird entfernt und durch den Stellapparat s ersetzt, wenn mit dem Mikroskop gearbeitet werden soll. Dieses letztere, ein Klappmikroskop, welches nach Einstellung in vertikaler Richtung ohne Aenderung der Sehweite eine Umstellung in horizontaler

Richtung gestattet, wird dann in die Hülse t, welche mit dem Ständer p durch horizontale Scharniere verbunden ist, eingelegt, das zur vorhergehenden Einstellung benutzte Okular wird entfernt und die Mündung des Faltenconus n in das Mikroskoprohr eingeschoben, um eine dem Tageslicht unzugängliche Verbindung mit der Kammer herzustellen..

Wird dagegen mit dem Steinheilobjektiv aufgenommen, so bleibt der Mikroskoptisch unbenutzt. Es wird dann die einfache Mikroskoprohrhülse t als Halter für den Stellapparat benutzt.

Dieser letztere gestattet erstens eine Drehung des Objekttischchens, an welches das Objekt mit Schrauben und Klemmen befestigt wird, um seine Horizontalachse, zweitens eine Schrägstellung des Tischchens um die Vertikale, drittens eine Drehung um die mittlere Horizontale, viertens eine vertikale Auf= und Abstellung. Eine Horizontalverschiebung, welche man noch vermissen könnte, war im vorliegenden Falle nicht nöthig, da sich die Kammer seitlich verschieben läßt.

Die Feinstellung des Objekts geschieht in der Horizontalachse durch eine feine Schraube v, welche vom Sitze des Beobachters aus mittelst des durch Universalgelenk w mit ihr verbundenen Handrädchens x bewegt werden kann.

An der Objektivhülse oder an dem Mikroskopobjektiv ist der Spiegelapparat F angebracht. Der Spiegel, welcher in der Achse des Objektes unbelegt ist, läßt sich vermittelst eines die Objekthülse umschließenden Ringes drehen und ferner um zwei Zapfen, die in den Armen u und u¹ laufen, in beliebigem Winkel einstellen.

Schließlich ist der Apparatentisch mit dem Gestell G ausgerüstet, welcher das Decktuch y trägt, unter dem der Beobachter, vor Tageslicht geschützt, mit beiden Händen frei arbeiten kann.

Wenn mit Lichtkonzentrationslinse H gearbeitet werden soll — der Regel nach ist dieselbe mit der Lampe verbunden —, so wird diese am Beleuchtungstisch C, an dem sie nach allen Richtungen hin verschiebbar ist, angebracht.

Der der Vollständigkeit wegen mit abgebildete Theil K des Apparates dient zur Aufnahme von Dünnschliffen bei durchfallendem Licht und kommt für die Eisenschliffe nicht zur Anwendung.

Die

Benutzung des Apparates

bedarf noch einiger Erläuterungen. Der Vorschlag des Herrn Professors Vogel, das Bild des ganzen schräg eingestellten Schliffes durch umgekehrte Schrägstellung der lichtempfindlichen Platte klar zu bekommen, ließ sich wegen des viel zu großen Winkels nicht in dem erhofften Maße verwirklichen.

Dagegen wurde mit vollständigem Erfolge dieser Gedanke mit einem Vorschlage des Herrn Haensch vereinigt, das Objekt zwar im Wesentlichen in vertikaler Richtung zur Objektivlinsenaxe zu lassen, die Beleuchtung aber durch Spiegelreflex unter dem erforderlichen Winkel vorzunehmen.

Da indessen ganz geringe Abweichungen von dem günstigsten Beleuchtungswinkel sehr erhebliche Verringerung der Farbenwirkung im Gefolge haben, so läßt sich auch mit dieser, jetzt stets gebrauchten Einrichtung nicht ohne äußerst feine Einstellung des Winkels arbeiten. Zu diesem Zwecke sind auch dann die zahlreichen Stellvorrichtungen nicht entbehrlich. Nach der Grobeinstellung erfolgt die Feineinstellung für Beleuchtung und Klarheit des Bildes auf der Mattplatte lediglich durch den Beobachter selbst von dessen Platze aus.

Eine große Schwierigkeit liegt indessen noch in der Beleuchtung selbst. Petroleumlicht ist unzureichend, elektrisches Licht steht nicht zu Gebote, es blieb daher nur Magnesium= licht übrig. Die an sich vorzügliche Lampe von Ney hat selbst bei Anwendung des besten Magnesiumflachdrahtes kein genügend gleichmäßiges Licht; erstens schwankt der Ort, an welchem die Verbrennung vor sich geht in der Horizontalen und Vertikalen, zweitens brennt je nach dem Abzuge des Magnesiarauches das Licht weißer oder gelber, und endlich sind plötzliche und unerwartete Erlöschungen, theils infolge von Enden, theils infolge oft unwesentlicher Störungen im Triebwerke der Lampe unvermeidlich.

Aus diesem Grunde ist der von glücklichem Erfolge gekrönte Versuch der Herren Schmidt und Hänsch, zu gleichem Zwecke durch Leuchtknallgas glühend gemachte Zirkonerde anzuwenden und einen unbelegten Spiegel zu benutzen, als erheblicher Fortschritt zu begrüßen. Die nöthigen Vorkehrungen für den beschriebenen Apparat zur Anwendung dieser Beleuchtungsart sind bereits getroffen.*)

Die Ergebnisse

der mikroskopischen Untersuchung sind im vorliegenden Falle folgende gewesen:

1. Je feinkörniger das Kleingefüge des Eisens ist, um so höher liegt seine Leitungsgüte.

2. Bei gleichkörnigem Kleingefüge wächst die Leitungsfähigkeit mit der Gleich= mäßigkeit des Gefüges.

3. Gleichmäßig vertheilte kleine Unterbrechungen des Gefüges (Blasen, Schlacken= löcher, Schweißfugen) haben keinen erheblichen Einfluß auf Verminderung der Leitungsgüte.

4. Große Blasen und Schweißfugen üben nur geringen Einfluß auf Ver= minderung der Leitungsgüte, wenn sie vereinzelt auftreten.

5. Zahlreiche und auf längerem Verlauf der Längsrichtung auftretende Schlacken= risse und Schweißfugen vermindern die Leitungsgüte erheblich.

6. Durchgehende Querrisse vermindern die Leitungsgüte am meisten.

Die vier letzteren Grundsätze dürfen nur bedingungsweise aufgefaßt werden. Der Widerstand wird allgemein im Verhältnisse zu der Verminderung der Metallmasse im Querschnitt stehen. Eine große Blase muß daher bei gleichem Drahtquerschnitte genau so wirken, wie zahlreiche kleine Blasen von gleichem Gesammtquerschnitte. Wahrscheinlich vermindert sich aber beim Ziehen der Querschnitt nach dem Durchgange durch das Zieheisen da, wo ein großer Hohlraum eingeschlossen war, der sich dann bei der Abkühlung zusammenzieht. Hierauf deuten wenigstens mikroskopische Messungen.

Nicht in unmittelbaren Einklang lassen sich diese Regeln mit Versuchen von Tomlinçon (Proc. Royal Soc. 1881) und Mousson (Neue Schweiz. Zeitschrift 1855)

---

* Der Beleuchtungsapparat steht jetzt (Mitte Januar) in Anwendung.

bringen, nach denen der Widerstand des Eisens bei der Dehnung überhaupt zunimmt, und zwar bei der Belastung mit 1 g pro qcm um $2111 \cdot 10^{-12}$, womit dann auch Mousson's Angabe stimmt, daß der spez. Widerstand der Eisendrähte durch das Ziehen vermehrt wird, während doch die Dichtigkeit und Feinkörnigkeit durch wiederholtes Ziehen wächst.

Mousson fand bei einer Querschnittsverminderung von 1,9158 bis 0,6668 einen von 1,61718 auf 1,7329, also um 7 Prozent steigenden Widerstand. Dem entsprechend ist auch in der Elektrotechnik allgemein bekannt, daß der spezifische Widerstand der Eisendrähte durch Hämmern und Aufwickeln vermehrt werden kann. Alle diese Vorgänge werden aber voraussichtlich auf Verkleinerung der Hohlräume und auf feinkörniges Gefüge wirken. Hier bleibt also ein Widerspruch durch weitere Versuche aufzuklären.*)

Die Ergebnisse im Einzelnen

sind in der folgenden Tabelle 9 zusammengestellt. Die in der ersten Vertikalspalte aufgeführten Zahlen sind wieder die gleichen wie bei Tabelle 6 und 7.

*) Ber. der Kgl. techn. Deput. f. Gewerbe.

Tabelle 9.

Laufende Nr.	Ursprung	Eisenart	Mikroskopisches Bild des Längsschnitts	Photogramm des Längsschnitts
1	S	S	Sehr feinkörnig, sehr gleichmäßig. Schweißfugen ganz parallel, sehr schwach.	Sehr gleichmäßig. Die Schweißfugen sind nur durch Streifung angedeutet. Die Zeichnung a ist Folge einer Verletzung der Oxydationshaut.
2	S	S	Sehr feinkörnig, sehr gleichmäßig Schweißfugen parallel, sehr schwach. Einige rosenartige Absonderungen am Rande.	Sehr gleichmäßig. Die Schweißfugen sind nur durch Streifung, aber stärker als bei 1, angedeutet. Die rosenartige Absonderung bei b ist dem Eisen eigenthümlich.
3	S	F	Weniger feinkörnig, kleine weiße Schlackenflecke. Schweißfugen fehlen.	Gleichmäßig, Schweißfugen fehlen. Im Gefüge zahlreiche kleine Löcher.
4	S	F	Wie 3, jedoch reichlichere Schlackenflecke.	Wie 3, häufigere Löcher.
5	D	F	Durch Grobkörnigkeit erheblich von 1—4 unterschieden. Deutliches Flußeisengefüge, zahlreiche Löcher von sehr kurzer Längserstreckung.	Dem mikroskopischen Bilde entsprechend.
6	D	F	Korn wie bei 5, aber ungleichförmiger. Hier treten zum ersten Male längere Gefügeunterbrechungen als langgestreckte Spalten auf.	Dem mikroskopischen Bilde entsprechend. Die Spalten und Löcher bilden deutliche fortlaufende Reihen in der Längsrichtung.
7	D	F	Wie Nr. 6, einige stärkere Spalten, in der Mitte einen Streifen, der aus rundlichen Körnern zusammengesetzt ist, und in 7a als Riß erscheint.	Spalten wenig, Längsstreifen deutlich sichtbar, in 7a an Stelle desselben ein deutlicher Spalt.
8	D	F	Verhältnißmäßig gleichförmig in 8, dagegen mit Längsreihen von Vertiefungen in 8a.	Gleichförmig, einige größere Schlacken oder Blasenräume, die in 8a reihenförmig auftreten.

In der zweiten Spalte ist durch S die schwedische, durch D die deutsche Herkunft des Drahts gekennzeichnet.

Spalte 3 giebt die Art des Eisens (Fluß= F oder Schweißeisen S) und Spalte 8 nochmals die Leitungsgüte an.

Spalte 4 und 5 enthalten den mikroskopischen Befund am Längsschnitt, und zwar 4 nach dem Augenschein, 5 unter Bezugnahme auf die Photogramme Taf. 2 bis 8. Ebenso sind Spalte 6 und 7 in Bezug auf den Querschnitt angeordnet. In Spalte 9 ist auf diejenigen Abweichungen aufmerksam gemacht, welche die einzelnen Schliffe von den vorher aufgestellten Regeln ergeben haben. Diese Abweichungen können nicht auffallen, da die Zahl der untersuchten Drähte eine sehr geringe ist. In der 10. Spalte sind die Nummern der Tafeln angegeben.

Die mikroskopische Beobachtung wurde bei fünfzigfacher Vergrößerung vorgenommen, während die Photographie unter nur elffacher Vergrößerung ausgeführt wurde, um die ganze Breite des Drahts in das Gesichtsfeld zu bekommen. Die Besichtigung der Photogramme durch die Lupe bietet ungefähr das Bild der verstärkten Vergrößerung durch das Mikroskop.

Tabelle 9.

Mikroskopisches Bild des Querschnitts	Photogramm des Querschnitts	Leitungsgüte	Abweichungen von der Regel und andere Bemerkungen	Tafel Nr.
Sehr feinkörnig, sehr gleichmäßig, einige kleine kreisförmige Schlackeneinschlüsse, keinerlei Unterbrechung des Gefüges.	Sehr gleichmäßig. Der Querschnitt der Schweißfugen zeigt sich in Form von Punkten.	10,11		2
Nicht so gleichmäßig und feinkörnig wie 1, keine Unterbrechung des Gefüges.	Weniger gleichmäßig als 1. Die Schweißschlackenpunkte, welche bei 1 vereinzelt auftreten, reihen sich hier zu Linien aneinander, z. B. bei c.	9,96		2
Grobkörniger als 2, keine Gefügeunterbrechungen. Schwarze und weiße Schlackenpunkte und fleckenartige Einschlüsse.	Weniger gleichmäßig als 2. Zahlreiche kleine Punkte (Löcher). d ist ein Schleifriß.	9,85		2
Wie 3.	Ungleichmäßiger als 3, und größere Löcher.	9,70	Das Eisen erscheint ungleichmäßiger, als es die hohe Leitungsfähigkeit erwarten lassen sollte.	2
Grobkörniger als 4, indessen freier von Einschlüssen. Sehr deutliches Flußeisengefüge (Kristalleisen von Homogeneisennetz eingeschlossen).	Dem mikroskopischen Bilde entsprechend. Die Flecke f sind Aetzfehler.	9,32	Der geglühte Draht 5a unterscheidet sich nicht merklich von dem ungeglühten.	3
Recht ungleichförmig. Das Krystalleisen tritt zerstreut und ungleichförmig vertheilt in Homogeneisen auf. Einige große Blasenräume.	Dem mikroskopischen Bilde entsprechend. Eine halb kreisförmige Gruppe von Blasenräumen.	9,23		3
Gleichmäßiger als 6, aber noch großlöchriger, Mittelader auch hier sichtbar.	Einige Risse, namentlich am Rande sichtbar; Mittelader deutlich. 7a schlechtes Photogramm.	9,00	Der geglühte Draht 7a zeigt an Stelle der Mittelader einen deutlichen, sehr starken Riß.	4
Gleichförmig, aber löcherig in 8, mit vielen fleckenartigen Aussonderungen in 8a.	Gleichförmig in 8, grobkörnig und fleckig in 8a.	8,96	Die gegen die vorhergehenden Proben geringere Leitungsgüte erscheint durch das Gefüge nicht gerechtfertigt. Der geglühte Draht 8a ist lockerer im Gefüge.	4

Tabelle 9.

Laufende Nr.	Ur-sprung	Eisen-art	Mikroskopisches Bild des Längsschnitts	Photogramm des Längsschnitts
9	D	F	Grobes Korn, aber ziemlich gleichförmig, dagegen durch mächtige Spalten unterbrochen.	Die Spalten treten sehr deutlich hervor.
10	D	S	Streifig, längsrissig, Löcher langgezogen.	Dem mikroskopischen Bilde entsprechend, Struktur indessen undeutlich, neben runden (k) längliche Blasenräume.
11	D	F	Zahlreiche, auch größere Löcher, aber ohne bestimmte Anordnung oder Zusammenhang.	Undeutliches Photogramm durch Mangel an Licht (m Schatten der unbelegten Spiegelstelle).
12	D	S	Streifig, mit vielen Schweißfugen, längsrissig.	Längsrisse deutlich.
13	D	S	Anscheinend etwas weniger Schweißfugen als 12.	Deutliche Längsanordnung der Schweißstellen. Ungleichmäßige Struktur.
14	D	F	Viele tiefe Längsstreifen und Löcher, gewährt fast den Eindruck von Schweißeisen.	Streifig, indessen in dem Photogramm deutlicher, als in dem mikroskopischen Bilde als Flußeisen zu erkennen.
15	D	S	Anscheinend etwas weniger unterbrochenes Gefüge, als Nr. 14, aber dennoch viele streifenförmig angeordnete Schweißfugen.	Dem mikroskopischen Bilde entsprechend.
16	D	F	Ziemlich gleichmäßiges Korn, indessen einige lang ausgedehnte Risse.	Aehnlich Nr. 14, aber unregelmäßiger gestreift.
17	D	F	Gleichmäßig im Gefüge, indessen ungleich große Körner.	Wenig deutlich angelassen.
18	D	F	Einzelne große Längsrisse, sonst gleichmäßig.	Die Risse sind kaum sichtbar.
19	D	F	Ungleichmäßig und von sehr grobem Korne, aber sonst nicht wesentlich unterbrochen.	Gefüge deutlich erkennbar.
20	D	F	Sehr ungleichförmig, aber ohne tiefe durchlaufende Risse.	Undeutliches Photogramm (matter Schliff).
21	D	F	Ungleichförmig, mit tiefen, durchgehenden Rissen von großer Feinheit.	Die Risse sind kaum erkennbar.

Zusammenhang zwischen Kleingefüge, chemischer Zusammensetzung und Leitungsfähigkeit.

Obwohl die mikroskopischen Ergebnisse ebensowenig für sich allein, wie die chemischen, einen hinreichenden Aufschluß über die Leitungsgüte des Drahtes geben, so läßt sich schon ein vollkommeneres Bild des Zusammenhangs durch die Verbindung beider erhalten. Der Sprung zwischen Gruppe I, Nr. 1 bis 4 und den folgenden Nummern liegt

Tabelle 9.

Mikroskopisches Bild des Querschnitts	Photogramm des Querschnitts	Leitungsgüte	Abweichungen von der Regel und andere Bemerkungen	Tafel Nr.
Ungleichförmig, starke Risse und Spalten.	Schlackentheile in Reihen h und starke Spalten, besonders am Rande i.	8,80	Das Eisen gehörte nach seinem Aussehen zu einer weit niedrigeren Leitungsgüte.	5
Grobkörnig, ungleichförmig, wenig Risse, aber viel Blasenräume.	Struktur scheinbar feinkörniger, als im Längsschliff. Zahlreiche Blasenräume.	8,70		5
Streifig, vereinzelte große Löcher.	Undeutliches Photogramm; nur die Blasenräume sind kenntlich.	8,58		5
Grob. Große Löcher zwischen den Körnern.	Dem mikroskopischen Bilde entsprechend.	8,17		5
Grob. Einzelne große Löcher, weniger als Nr. 12.	Viele Schlackeneinmengungen.	8,02	Sollte dem Aussehen nach in der Leitungsgüte über Nr. 12 stehen.	6
Sehr löchrig, oft große Löcher.	Undeutliches Photogramm wegen Lichtmangel (matter Schliff).	7,97		6
Löchrig, dabei einzelne sehr große Löcher.	Dem mikroskopischen Bilde entsprechend; sehr großes Loch n.	7,77		6
Mehrfache große Unterbrechungen des Gefüges, hauptsächlich in einem Querstreifen angeordnet.	Dem mikroskopischen Bilde entsprechend, indessen ist die Anordnung des Querstreifens nicht erkennbar.	7,60	Die Schliffe von 16a waren zu weich, um sich glänzend poliren zu lassen, daher sind die zugehörigen Photogramme undeutlich.	7
Ziemlich gleichmäßig, wenn auch grobkörnig. Wenige Löcher, einzelne Schlackeneinschlüsse	Dem mikroskopischen Bilde entsprechend, indessen anscheinend ungleichförmigeres Korn zeigend.	7,05	Dem Aussehen nach gehört der Draht in eine höhere Stufe der Leitungsgüte.	7
Stellenweis ungleichförmig, an anderen Stellen gleichförmiger.	Die Ungleichförmigkeit zeigt sich besonders an der Stelle r.	6,57	Auch dieses Eisen sollte dem Aussehen nach höher stehen.	7
Grobkörnig, aber ziemlich gleichförmig.	Undeutliches Photogramm (matter Schliff).	6,46	Dem Aussehen nach einer höheren Leitungsgüte entsprechend.	8
Sehr ungleichförmig, aber ohne besondere Unterbrechungen.	Undeutliches Photogramm (die dunklen Linienzeichnungen sind Schleiffehler).	5,63	Das Aussehen ist zwar schlechter als von 17, 18 und 19, jedoch nicht so erheblich, um daraus die geringe Leitungsgüte schließen zu können.	8
Mehrfache durchgehende Störungen.	Namentlich eine gabelförmige Störung deutlich (s), sonst wegen Mattigkeit des Schliffs kein gutes Photogramm.	5,20		8

nicht nur in der chemischen Zusammensetzung, sondern auch in dem Kleingefüge begründet. Die chemische Zusammensetzung von Nr. 4 erklärt die hohe Leitungsgüte trotz des ungleichmäßigen Kleingefüges.

Nr. 5 steht chemisch viel tiefer, als es der Leitungsreihe nach zu finden ist, dagegen zeigt es mikroskopisch zwar eine tiefere Stellung als Nr. 4, würde aber doch seiner Freiheit von Einschlüssen und der Kleinheit der Hohlräume wegen eine günstigere Beurtheilung finden, als die meisten in der Leitungsgüte tiefer stehenden Drahtarten.

Die Grenze zwischen Gruppe II und III ist klar durch das Kleingefüge gekenn=
zeichnet, aber auch der oben angegebene Sprung zwischen Nr. 11 und 12 in Gruppe II
ist deutlich aus dem Kleingefüge abzuleiten.

Die Nr. 20 und 21 sind der chemischen Zusammensetzung entsprechend so er=
heblich schlechter im Kleingefüge, daß ihre Abtrennung als Gruppe IV schon hierdurch
gerechtfertigt erscheint. Der Sprung zwischen Nr. 17 und 18 innerhalb der Gruppe III
erklärt sich durch die wesentlich größere Ungleichförmigkeit von Nr. 18.

Schlußfolgerungen über die Anforderungen, welche an einen Draht von bestimmter Leitungsgüte bezüglich seiner Festigkeit, seiner chemischen Zusammensetzung und seines Kleingefüges zu stellen sind.

Obwohl wiederholt hervorgehoben ist, daß die Anzahl der untersuchten Telegraphen=
drähte nicht genügt, um endgültige Schlußfolgerungen über die Abhängigkeit der Leitungs=
güte von den Festigkeitseigenschaften, der chemischen Zusammensetzung und dem Klein=
gefüge zu ziehen, so werden doch schon die gewonnenen Grundlagen, wenn sie auch
der Ergänzung bedürfen und der Verbesserung fähig sind, für Fortschritte in der
Darstellung von Drähten hoher Leitungsgüte aus deutschem Materiale nicht ohne
Werth für Drahtfabrikanten sein.

In der folgenden Tabelle 10 sind daher die anscheinend wichtigsten Eigenschaften
zusammengetragen und zwar nur für die Drähte im Anlieferungszustande.

Tabelle 9.

Lau=fende Nr.	Leitungs=güte	Bruch=spannung $\frac{kg}{qmm}$	Dehnung beim Bruche $\%$	Summe aller fremden Elemente $\frac{1}{1000}$	Summe von Mangan und Phosphor $\frac{1}{1000}$	Kleingefüge	Gruppe
1	10,11	33,7	12,1	89	19	Sehr feinkörnig und sehr gleichmäßig	I
2	9,96	32,7	21,2	44	44	„ „ „ „ „	„
3	9,85	37,2	25,0	143	123	Mittelkörnig, gleichmäßig	„
4	9,70	35,9	13,4	32	22	„ „	„
5	9,32	45,1	10,7	711	631	Grobkörnig, kleinlöchrig	II
6	9,23	36,6	17,2	363	363	„ spaltig	„
7	9,00	40,8	12,3	383	333	„ „	„
8	8,96	39,2	13,5	443	393	„ „ und löchrig	„
9	8,80	36,3	16,4	408	318	„ „ ungleichförmig	„
10	8,70	35,8	13,8	318	208	„ „ „	„
11	8,58	38,3	14,5	398	338	„ groblöchrig	„
12	8,17	41,2	9,6	376	266	„ „	„
13	8,02	40,7	8,8	348	258	„ „	„
14	7,97	38,3	16,5	347	267	„ „	„
15	7,77	41,0	9,6	319	229	„ „	„
16	7,60	41,9	11,9	575	515	„ querrissig	III
17	7,05	44,5	13,7	731	691	„ ungleichförmig	„
18	6,57	46,1	13,6	806	786	„ „	„
19	6,49	42,2	12,7	585	555	Sehr grobkörnig, ungleichförmig	„
20	5,63	96,9	5,7	1341	1321	„ „ sehr ungleichförmig	IV
21	5,20	102,8	4,3	1327	1297	„ „ durchgehende Störungen	„

Diese Tabelle giebt zu folgenden Schlußfolgerungen Veranlassung, welche bei Vergleichen mit anderen Drähten an der Hand der vorhergehenden Tabellen ins Einzelne zu verfolgen sind.

1. Ein Draht erster Leitungsgüte (9,70 und mehr) darf keine höhere Bruch= spannung als 36, keine geringere Dehnung als 12 haben, die Summe aller fremden Elemente darf nicht 150, die Summe von Mangan und Phosphor nicht 125 über= steigen, das Kleingefüge muß gleichmäßig, feinkörnig, ohne Spalten, Risse und Löcher sein.

2. Ein Draht zweiter Leitungsgüte (7,77 bis 9,32) darf keine höhere Bruch= spannung als 45,1, keine geringere Dehnung als 17,2 haben, darf zwar im Kleingefüge grobkörnig sein, muß aber gleichzeitig gleichmäßig erscheinen. Die chemische Zusammen= setzung darf nicht über 450 in der Summe aller fremden Elemente und 400 in der Summe von Mangan und Phosphor aufweisen.

3. Ein Draht gehört in die dritte Gruppe der Leitungsgüte, wenn, trotzdem er eine der zweiten Gruppe entsprechende Bruchspannung und Dehnung hat, er bei grobkörnigem Kleingefüge ungleichförmig oder querrissig ist.

4. Eine Bruchspannung über 50, eine Dehnung unter 8, die Summe aller Elemente, oder von Mangan und Phosphor allein über 1000, ein sehr grobkörniges und dabei sehr ungleichförmiges Kleingefüge machen einen Draht zur elektrischen Leitung überhaupt ungeeignet (Gruppe IV).

Nicht zu erklären ist die Ausnahmestellung des Drahtes Nr. 5, welcher mindestens in Gruppe III gehören sollte. Sein Verhalten bedarf daher besonderer Berücksichtigung bei späteren Vergleichen.

Additional material from *Mitthelungen aus den Königlichen Technischen Dersuchsanstalten zu Berlin,*

ISBN 978-3-662-42844-3 (978-3-662-42844-3_OSFO4),
is available at http://extras.springer.com

Ergebnisse von Festigkeits-Versuchen mit gelötheten Drahtseilen und Drähten.

Im Auftrage des Herrn Ministers der öffentlichen Arbeiten von

A. Martens,

Vorsteher der mechanisch-technischen Versuchsanstalt.

Die Untersuchungen des im Jahre 1882 auf der Zeche Fürst Hardenberg bei Dortmund (Mittheilungen aus den technischen Versuchsanstalten 1884 S. 2) zu Bruche gegangenen Drahtseiles sind Veranlassung geworden, den besonderen Einfluß der Löthstellen in einem Förderseile auf die Bruchfestigkeit weiter zu verfolgen.

Nachdem die Firma Felten & Guilleaume in Mülheim am Rhein sich bereit erklärt hatte, das für diese Untersuchungen erforderliche Material zur Verfügung zu stellen, wurde von dem Herrn Minister der öffentlichen Arbeiten der Auftrag zur Aufnahme der Untersuchungen ertheilt. Nach einem mit der genannten Firma für die Untersuchungen vereinbarten Programm hat dieselbe die nachfolgend aufgeführten Seil= proben zur Verfügung gestellt, bei welchen die Löthstelle eines Drahtes als „Löthung", die Anhäufung mehrerer Löthungen in einem Seilquerschnitt als „Löthstelle" bezeichnet werden soll.

A. Versuchsmaterial.

a) Ein Seil in verschiedenen Stücken aus 6 Litzen mit je 6 Drähten, mit Haupthanfseele und Hanfeinlage in den Litzen, Gußstahldraht von 2,5 mm Durchmesser von etwa $130\,\frac{\text{kg}}{\text{qmm}}$ Festigkeit.

Diese Seilenden haben die folgenden Versuchsstücke ergeben.

Nr. 1—5. Seile ohne Löthstellen.

Nr. 6—9. Seile mit je einem zweimal gelötheten Draht in jeder Litze; die Löthungen der Drähte sind so angeordnet, daß je 6 Löthungen zusammen fallen, wobei die gegenseitige Entfernung der beiden Löthstellen im Seil etwa 460 mm beträgt.

Nr. 10—13. Seile mit je einem einmal gelötheten Draht in jeder Litze.

Nr. 14—17. Seile mit drei Löthstellen in etwa 500 mm Entfernung von einander und je einem dreimal gelötheten Draht in jeder Litze.

Nr. 18 und 19. Seile mit einer Löthstelle, in welcher alle 36 Drähte gelöthet sind.

b) zwei Seile und 1 Litze verschiedener Konstruktion, welche die folgenden Versuchsstücke ergaben.

Nr. 20. Seil mit 6 Löthstellen in je 1 m Entfernung; jede Litze enthält einen einmal gelötheten Draht. Seilkonstruktion: 6 Litzen mit je 7 Drähten, von denen einer als Seele dient, Haupthanfseele getheert; Eisendraht von 3,2 mm Durchmesser.

Nr. 21. Seil mit 6 Löthstellen in je 1 m Entfernung; jede Litze enthält einen einmal gelötheten Draht. Seilkonstruktion wie bei Nr 20, aber Stahldraht von 2,5 mm Durchmesser.

Nr 22. Litze, 6 Drähte von 2,6 mm Durchmesser mit je einer Löthung auf 6 Löthstellen in je 1 m Entfernung vertheilt, mit einem siebenten ungelötheten Draht als Seele.

Nr 24. 10 Drähte von 2,9 mm Durchmesser, von denen 2 ungelöthet, 2 stumpf, 2 unter etwa $l = d$, 2 unter etwa $l = 2\,d$ und 2 unter etwa $l = 4\,d$ zusammen gelöthet sind. Patent-Tiegelgußstahl, $126\ \frac{\text{kg}}{\text{qmm}}$ Festigkeit.

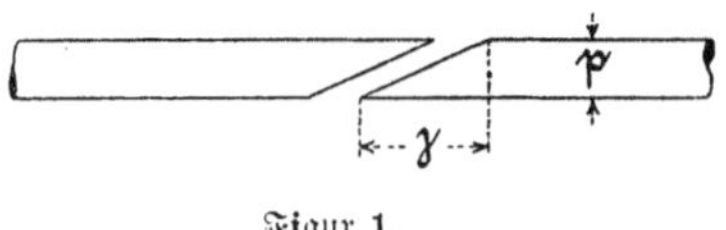

Figur 1.

Nr. 25. 10 Drähte von 2,9 mm Durchmesser, gelöthet wie bei Nr. 24; Flußeisen mit $82\ \frac{\text{kg}}{\text{qmm}}$ Festigkeit.

Nr. 26. 10 Drähte von 2,95 mm Durchmesser, gelöthet wie bei Nr. 24; Flußeisen mit $64\ \frac{\text{kg}}{\text{qmm}}$ Festigkeit.

Nr. 27. 10 Drähte von 4,0 mm Durchmesser, gelöthet wie bei Nr. 24; Flußeisen mit $39\ \frac{\text{kg}}{\text{qmm}}$ Festigkeit.

Nr. 23. 6 Drähte, welche aus dem ungeprüften Seilstück Nr. 5 herausgelöst wurden und von denen einige mit, andere ohne vorheriges Geraderichten sowie ohne Löthung geprüft worden sind, während noch andere mit $l = 4\,d$ gelöthet wurden.

Nr. 24—27 entstammen einer früheren Prüfung (vergl. „Mittheilungen Ergänzungsheft II, 1887. Untersuchungen über Festigkeitseigenschaften und Leitungsfähigkeit an deutschem und schwedischem Drahtmateriale"), wobei sie die vorhin genannten Festigkeiten ergaben.

Da das zur Verfügung gestellte Material ein sehr sorgfältig ausgewähltes und im Hüttenwerk jeder einzelne Draht geprüft war, somit diese Versuche auch für die Lösung anderer Fragen wissenschaftlichen oder praktischen Interesses von einem gewissen Werth werden dürften, so erschien es nothwendig, die Prüfungen etwas umfangreicher und ausführlicher zu gestalten, als es für die Lösung der Frage nach dem Festigkeitsverlust der Seile infolge des Löthens der Drähte erforderlich gewesen wäre. Besonders die Ergebnisse der Untersuchungen vom Professor Bach in Stuttgart (Zeitschrift des Vereines deutscher Ingenieure. 1887. Seite 221 u. f.) haben die Anregung zur Aufstellung des nachfolgenden Programmes für die Prüfungen ergeben.

B. Vorschriften für die Versuchsausführung.

1. Die Seile sind in ihrer ganzen Länge unter Zuhülfenahme der Kortüm'schen Einspannvorrichtungen*) zu prüfen. Sobald der Bruch zu erwarten ist, sollen Vorkehrungen gegen das Fortfliegen von Drahtstücken getroffen werden.

---

*) Ueber die Konstruktion der in der Versuchsanstalt benutzten Einspannvorrichtungen wird in den „Mittheilungen aus den technischen Versuchsanstalten" ausführlicher berichtet werden.

Dieſe Verſuchsvorkehrungen wurden durch Einbinden von Holzklötzen unter die oberen Steifen der Laternen der Werder-Maſchine erzielt, ſo daß das Seil ringsum umſchloſſen war, aber dennoch gut beobachtet werden konnte.

Da ſich bei dem erſten Verſuch herausſtellte, daß die Beilageteile des Seilſchloſſes durch ihre Zähne das Seil zu ſehr beſchädigten und zu vorzeitigem Bruch Veranlaſſung gaben, ſo wurden an den Einſpannſtellen die Zwiſchenräume zwiſchen den Litzen durch dünne Drahtſeile (Bändſel) ausgelegt, worauf die Einſpannvorrichtungen tadellos wirkten.

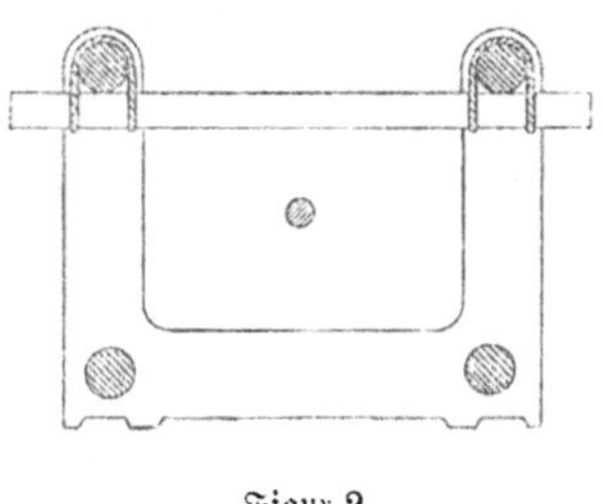

Figur. 2.

2. **Belaſtungsſtufen.** Für die Seile 1 bis 19 ſollen folgende Belaſtungen angewendet werden.

Anfangslaſt 1,0 t. Belaſtungsſtufen nahezu 5 $\frac{kg}{qmm}$, bezogen auf den Querſchnitt ſämmtlicher Drähte, aber abgerundet auf 0,5 t.

Es waren 6 Litzen zu je 6 Drähten von 2,5 mm Durchmeſſer vorhanden; Geſammtdrahtquerſchnitt $36 \times 4,9 = 176$ qmm, daher wurden Belaſtungsſtufen von $5 \times 176 = 880$ kg abgerundet $= 1$ t angewendet. In der Fabrik hatten die Drähte eine mittlere Feſtigkeit von 632,5 kg ergeben, mithin betrug die zu erwartende Bruchlaſt etwa 22 t.

3. **Belaſtungsweiſe.**

a) **Ungelöthete Seile 1 und 2.** Bei ſtufenweiſem Vorgehen mit je 1 t iſt jedesmal zwiſchen den Belaſtungen 4 und 5, 8 und 9, 11 und 12, 14 und 15 und 17 und 18 dreimal zu wechſeln, wenn nicht die in den Verlängerungen etwa auftretenden Unterſchiede eine öftere Wiederholung als wünſchenswerth erſcheinen laſſen. Nach dieſen Belaſtungswechſeln iſt von 5, 9, 12, 15 und 18 t jedesmal auf 1 t zu entlaſten und von 1 t aus jedesmal mit Stufen von 1 t auf die vorerreichte größte Laſt vorzugehen.

b) **Ungelöthete Seile 3 bis 5.** Die Seile ſind mit Stufen von 1 t zu prüfen. Bei 5, 9, 12, 15 und 18 t ſind Entlaſtungen auf 1 t vorzunehmen; nach den Entlaſtungen iſt jedesmal ſofort auf die letzte Laſt zurückzugehen.

c) **Gelöthete Seile 6 bis 17.** Je zwei der gelötheten Seile einer Gattung ſind nach dem ausführlichen Verfahren, wie unter a angegeben, die beiden andern aber nach dem abgekürzten Verfahren zu prüfen, wie unter b angegeben.

d) **Gelöthete Seile 18 und 19.** Beide Seile ſind nach dem abgekürzten Verfahren zu prüfen, wie unter **b** angegeben.

e) **Seilſtücke 20 und 21.** Beide Seile ſind nach dem abgekürzten Verfahren zu prüfen, wie unter b angegeben.

f) **Gelöthete Litze Nr. 22.** Die Litze wird mit Stufen von 0,25 t nach dem abgekürzten Verfahren geprüft; hierbei finden die Entlaſtungen bei 1,5, 2,5, und 3,5 t ſtatt.

g) Von dem Seil 5 iſt vor dem Verſuch ein Ende von 1 m Länge abzuſchneiden. Daſſelbe ſoll aufgelöſt werden, damit an den Drähten feſtgeſtellt werden kann, ob an denſelben ſchon Druck- und Abnutzungsſtellen zu bemerken ſind, welche infolge der Herſtellungsvorgänge entſtanden. Alsdann iſt eine größere Anzahl der Drähte auf Feſtigkeit zu prüfen, um den Nachweis zu erbringen, ob die Drahtfeſtigkeit infolge der Verarbeitung zum Seil gelitten hat. Einzelne Drähte endlich ſind zu löthen, um die Feſtigkeit der Verbindung zu unterſuchen.

h) Bei dem abgekürzten Verfahren soll jede Last, welche das Seil vorher noch nicht getragen hatte, 2 Minuten im Einspielen erhalten werden, ehe die Ablesungen stattfinden.

4. **Ausmessung des Seiles.** Das Gewicht der Seilstücke und das Gewicht für den laufenden Meter sind vor den Versuchen festzustellen. Der Seilumfang ist an mehreren Stellen zu messen; an beiden Seilenden sind die Drahtdurchmesser an mindestens 10 Drähten zu ermitteln.

5. **Dehnungsmessungen.** Die Dehnungsmessungen sind thunlichst so auszuführen, daß sowohl die Dehnung eines Seilstückes, welches nicht gelöthet ist, als auch eines oder mehrerer solcher, welche Löthstellen enthalten, bestimmt wird.

Diese Messungen sind nach drei verschiedenen Methoden ausgeführt worden.

a) In Abständen von mehr als 3 m wurden zwei Endmarken festgelegt, zwischen welchen die Verlängerungen des ganzen Seiles gemessen werden sollten. Zu dem Zwecke wurde ein feiner Kratzendraht von 0,2 mm Durchmesser in der nebenbezeichneten Weise (Fig. 3) bei c (Fig. 4) um das Seil gelegt. Dieser Draht wurde durch Gewichte gespannt und war durch die Oese eines gleichen Drahtes gezogen, welcher parallel mit dem Seil und über eine Rolle geführt durch ein Gewicht straff gehalten war. Bei a (Fig. 4) waren am Seil, bei b am Draht Marken festgelegt, deren gegenseitige Verschiebungen gemessen wurden. Die auf diese Weise festgelegte Meßlänge ist in den Tabellen jedesmal mit L bezeichnet.

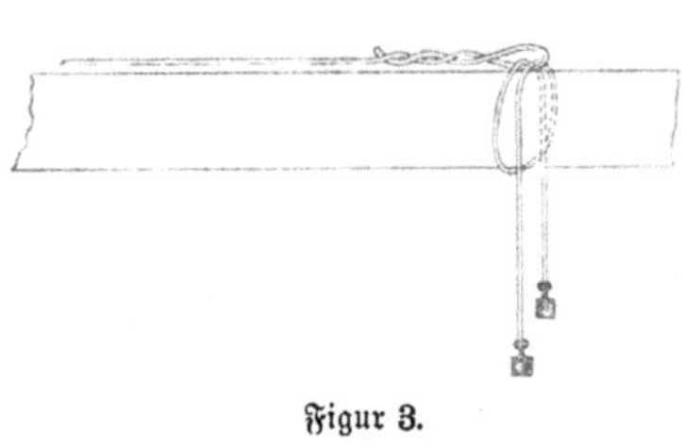

Figur 3.

b) Um die Dehnungen mit größerer Empfindlichkeit messen zu können, wurde der Bauschinger'sche Rollenapparat (bezeichnet als App. V)*) am Seil befestigt, indem man zwischen den Füßen desselben und dem Seil je einen dicken Draht r einlegte und die Festspannung durch Bügelschrauben so vollzog, daß der Hauptdruck auf den übergelegten Draht ausgeübt und das andere Ende des Fußes nur verhältnißmäßig lose an das Seil angepreßt wurde. Hierdurch wurde zugleich eine gute Abgrenzung einer bestimmten Meßlänge und eine recht sichere Befestigung der Vorrichtung am Seil erreicht. Die so gewonnene Meßlänge ist in den Tabellen mit l bezeichnet.

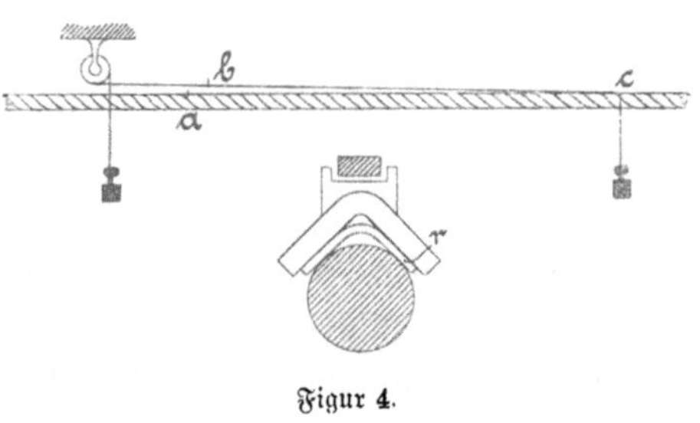

Figur 4.

c) Um den etwaigen Einfluß der Löthstellen auf die Dehnung des Seiles feststellen zu können, wurden Maßstäbe von 500 mm Länge verwendet, welche aus einem starken Draht hergestellt waren, dessen eines Ende a fein durchgebohrt und mittelst eines feinen Drahtes, wie früher beschrieben, am Seil befestigt war, während an das andere Ende ein nach dem Seilhalbmesser gebogenes Messingblech angelöthet war, welches an der Kante eine Theilung trug, die über eine durch den sehr feinen Silberdraht b gebildete Strichmarke fortglitt. Die Lage der Drähte a und b wurde außer durch die Gewichte auch noch durch etwas Wachs, w am Seil gesichert. Die so erhaltenen Meßlängen sind in den Tabellen mit l_1 bis l_x bezeichnet.

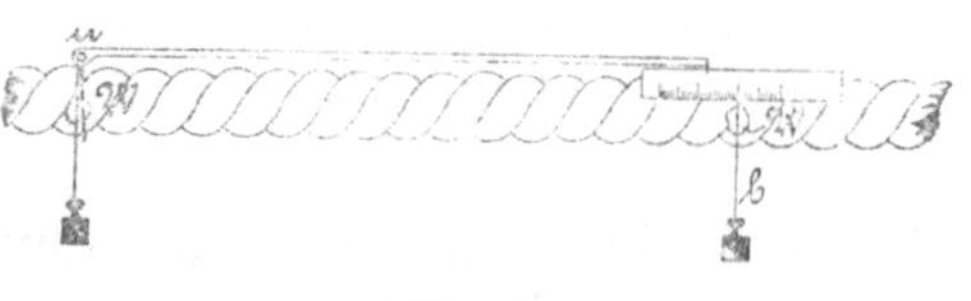

Figur 5.

---

*) Beschrieben in Heft I der „Mittheilungen aus dem mechanisch-technischen Laboratorium zu München".

C. Verſuchsergebniſſe.

Zur Feſtſtellung der Urſprungsfeſtigkeit der zu den Seilen verwendeten Drähte ſind im Carlswerk der Firma Felten & Guilleaume die Feſtigkeiten der einzelnen Drähte ermittelt worden. Die Ergebniſſe dieſer Verſuche ſind in Tabelle 1 niedergelegt.

Tabelle 1.

Ergebniſſe der Feſtigkeitsverſuche mit den einzelnen Drähten
(auf dem Carlswerk ausgeführt.)

Zu den 15 Seilſtücken ſind 12 Drahtringe verwendet; aus jedem Ringe ſind an 4 verſchiedenen Stellen Proben entnommen, welche folgende Ergebniſſe lieferten:

Ring Nr.	Verſuch				Summe	Durchschnitt für den Ring
	a	b	c	d		
	kg	kg	kg	kg	kg	kg
1	625	625	625	635	2510	627,5
2	635	635	625	635	2530	632,5
3	625	625	635	625	2510	627,5
4	635	635	650	635	2555	638,8
5	635	635	625	625	2520	630,0
6	635	635	635	635	2540	635,0
7	635	650	635	650	2570	642,5
8	635	635	635	635	2540	635,0
9	635	635	625	635	2530	632,5
10	625	625	625	625	2500	625,0
11	635	635	635	650	2555	638,8
12	625	625	625	625	2500	625,0

Summe: 30360
Mittel: 632,5 kg

Der Zuſammenſtellung der Ergebniſſe ſeien die allgemeinen Bemerkungen vorausgeſchickt, welche der Beobachter, Aſſiſtent Kirſch, bei den Verſuchen gemacht hat.

1. Die Löthungen der Drähte ſind ſtark befeilt und zwar iſt in einzelnen Fällen der Querſchnitt der Löthungen größer als der Drahtquerſchnitt, während er in andern Fällen ſtark vermindert iſt.

2. Zu beiden Seiten der Löthung ſind die Spuren der Erhitzung als Anlauffarben zu ſehen.

3. Die Brüche der gelötheten Drähte liegen meiſtens dicht neben der Löthung. Wenn ein Bruch nicht eintritt, ſo zeigen ſich neben den Löthungen in der Regel Einſchnürungen, bisweilen zu beiden Seiten.

4. Außer an den Löthungen findet man die Einſchnürungen auch an den Druckſtellen, welche durch die Berührung zweier benachbarter Litzen an den Drähten erzeugt werden. Dieſe Druckſtellen, von denen jedesmal zwei neben einander liegen, ſind häufig

die Veranlassung zum Bruch der ungelötheten Drähte gewesen.   Zwei Fälle verdienen einer besonderen Erwähnung:

    a) ein Draht (Seil 10) zeigte zwei Bruchstellen im Abstand einer Litzenwindung, d. h. im Abstand zweier solcher Druckstellen;

    b) sämmtliche Drähte einer Litze (Seil 21) rissen in den auf einander folgenden Druckstellen der Litze.

5. Der Bruch trat meist mit einem einzigen Krach auf, nur manchmal, wenn Drähte an der Löthstelle rissen, hörte man vor dem eigentlichen Bruch das Knacken des einzelnen Drahtes.

6. Die reißenden Litzen bogen sich durch Zurückschnellen derselben an einer Stelle aus. Litzen mit mehr als einer Löthstelle, welche an einer derselben zum Bruch kamen, bogen sich immer an einer der andern Löthstellen aus; der gelöthete Draht bog sich dann nicht wie die andern Drähte gleichmäßig, sondern knickte dicht an der Löthung.

7. Die Untersuchung der einzelnen Drähte am Seil 5 ergab, daß an dem un= geprüften Seil keine Druckstellen gefunden werden konnten. Sie sind also eine Folge der gegenseitigen Pressungen der einzelnen Drähte während des Versuches.

Diese Druckstellen haben durchaus das gleiche Aussehen und die Anordnung, wie sie in dem Bericht über die Untersuchung des Hardenberg=Seiles gezeichnet und beschrieben sind (vergl. „Mittheilungen" 1884 S. 26 u. f.), nur sind sie nicht so tief wie dort. Die dort erwähnten schraubenförmig um den Draht verlaufenden Längsriefeln können nicht nachgewiesen werden; ein weiterer Beweis dafür, daß sie durch die Bewegungen der Drähte gegen einander während der Betriebsbeanspruchung erst entstehen.

Die besonderen Erscheinungen sind bei den einzelnen Seilen in Tabellen 2 und 4 besprochen. Tabellen 2 und 4 enthalten die Versuchsergebnisse nach dem ausführlichen und dem abgekürzten Verfahren getrennt. In Tabellen 3 und 5 sind die Endergebnisse übersichtlich wiederholt, während Tabelle 6 die Schlußzusammenstellungen enthält. In Tabelle 7 sind die Dehnungen für die Belastungswiederholungen getrennt aufgeführt und die Ergebnisse der gelötheten Drähte sind in Tabellen 8 und 9 niedergelegt.

D. Besprechung der Versuchsergebnisse.

1. Prüfungen nach dem ausführlichen Verfahren.

Die Ergebnisse, welche mit den nach dem ausführlichen Verfahren geprüften Seilen erzielt wurden, sind in Tabelle 2 (S. 17 u. f.) niedergelegt. Diese Tabelle enthält in der zweiten senkrechten Spalte die Verlängerungen, welche das Seil in dem durch Apparat V gemessenen Theil unter den einzelnen Belastungen erfahren hat, ausgedrückt in Prozenten der ursprünglichen Länge l. Die Ergebnisse an den übrigen Meßlängen L l_1 l_2 u. s. w. sind jedesmal in Verhältnißzahlen, bezogen auf die Angaben von Spalte 2 hinzugefügt, um einen unmittelbaren Vergleich über das Verhalten der übrigen Seiltheile zu ge= statten. Im Allgemeinen ist die Messung mit Apparat V (Meßlänge l) die empfind= lichere und darum zur Beurtheilung des Verhaltens des Seiles am meisten geeignete; es muß aber doch bemerkt werden, daß die erreichte Genauigkeit der Längenmessungen trotz der angewendeten Sorgfalt keine sehr große gewesen ist. Bei Apparat V macht die genaue Ermittelung der thatsächlichen Meßlänge mehr Schwierigkeiten als bei den übrigen Meßvorrichtungen. Bei letzteren ist die Genauigkeit der Ablesungen eine ge= ringere. Bei Meßlänge L ist die Messung wegen der nicht zu vermeidenden Dehnungen des messenden Drahtes mit Unsicherheiten behaftet. Eine Verschiebung der Befestigungen mittelft des umgelegten feinen Drahtes ift nicht bemerkt worden. Die Tabellen find fo angeordnet worden, daß die Zahlenwerthe durch wagerechte Linien in Gruppen getheilt find. Einzelne Gruppen zeigen die auf einander folgenden „Belaftungswechfel", während die zwifchen liegenden die „Belaftungsfolgen" umfaffen. Innerhalb diefer Gruppen find in den letzten Spalten die Dehnungsunterfchiede für je 1 t Belaftung gezogen worden. Aus den den Belaftungswechfeln entfprechenden Zahlenwerthen der Dehnungsunterfchiede konnten Mittelwerthe gezogen werden, da die Werthe nur einer geringfügigen gefetz= mäßigen Beeinfluffung unterliegen. Das Gleiche gilt von dem erften Theil der Be= laftungsfolgen, welcher jedesmal einer Verfuchswiederholung innerhalb derjenigen Be= laftungsftufen entfpricht, welche bei der voraufgehenden Prüfung bereits erreicht waren. Auch innerhalb diefes Theiles des Verfuches läßt fich aus den einzelnen Verfuchsreihen eine merkliche gefetzmäßige Beeinfluffung nicht feftftellen und es war deswegen die Mittelbildung zuläffig. Diefer Theil der betreffenden Gruppen ift durch einen kurzen wagerechten Strich vom übrigen gefchieden. Die letzten Zahlen der Dehnungsunterfchiede in den Gruppen der Belaftungsfolgen laffen ein deutliches Wachsthum mit wachfender Belaftung erkennen. Das Gefetz diefer Vorgänge fcheint ein für Drahtfeile der vor= liegenden Konftruktion allgemein gültiges zu fein; es wiederholt fich bei allen Verfuchen. Um es klarer zum Ausdruck zu bringen, find in Tabelle 3 die maßgebenden Zahlen in kürzerer und überfichtlicher Form aus allen Verfuchen zufammen gefchrieben und die erlangten Mittelwerthe durch die Hinzufügung von (fett gedruckten) Verhältniß= zahlen in Vergleich geftellt.

2. Prüfung nach dem abgekürzten Verfahren.

Die bei dem abgekürzten Verfahren gewonnenen Ergebniffe find im Wefentlichen eine Beftätigung der vorbefprochenen; fie find in Tabelle 4 niedergelegt. Die Ein= richtung der Tabelle ift, foweit thunlich, genau diefelbe, wie diejenige von Tabelle 2 und wohl ohne Weiteres verftändlich. Zu bemerken ift nur, daß die Verfuche 20 bis 22 von der vergleichenden Befprechung ausgefchloffen werden müffen, da die Seilkonftruktion eine andere ift und unmittelbare Vergleiche deswegen nicht zuläffig find.

3. Allgemeine Befprechung der Verfuchsergebniffe von Seil 1 bis 19.

Um über das Verhalten des Drahtfeiles einen Ueberblick zu geben und zugleich die Begründung für die in den Tabellen gebrauchten Kürzungen zu liefern, wurde in Fig. 1 Taf. A das Schaubild für das nach dem ausführlichen Verfahren geprüfte Seil 2 wiedergegeben. Die ftark ausgezogene mehrfach unterbrochene Linie a ftellt die den verfchiedenen Belaftungen entfprechenden Gefammtdehnungen, Liniengruppe b die Dehnungsunterfchiede für je 1 t fteigender Belaftung, Linie c das Wachsthum der bleibenden und d dasjenige der elaftifchen Dehnung mit fteigender Belaftung dar. Man erkennt an a leicht die Belaftungswechfel und ihre Wirkungen an den kurzen Zickzacklinien, fowie der Entlaftungen und Belaftungswiederholungen an den fein punktirten und fein ausgezogenen Linien, welche am Fuße mit e_5 e_9 u. f. w. be= zeichnet find.

Aus einer eingehenderen Betrachtung der Schaulinie a ergiebt fich als allgemeine Schlußfolgerung, daß durch jeden Belaftungswechfel eine kleine bleibende

Verlängerung erzeugt worden ist, die um so größer wurde, je höher die Gesammtbelastung war; die Zunahme derselben mit steigender Belastung scheint eine stetige zu sein. Die einzelnen Abschnitte der stark ausgezogenen Schaulinie a würden sich durch einen stetigen Linienzug ersetzen lassen, was beweist, daß man auch bei stetiger Ausführung des Versuches, ohne die Unterbrechungen durch Belastungs= wechsel und Entlastungen nahezu die gleichen Dehnungen erhalten haben würde wie jetzt; man wird also behaupten dürfen, daß die stark ausgezogene Linie a gewissermaßen das Verhalten eines neuen Seiles bei seiner erstmaligen Belastung dar= stellt. Die stetige Krümmung der Linie a beweist, daß das Seil bei der erst= maligen Inanspruchnahme sich nicht proportional der Belastung aus= dehnt, daß also eine Proportionalitätsgrenze nicht vorhanden sein kann.

Ganz anders wird aber das Verhalten des Seiles bei einer Wiederbelastung innerhalb der Grenzen der bereits angewendeten erstmaligen Belastung. Man ersieht dies ohne Weiteres aus den am Fuße mit e x bezeichneten Entlastungslinien. Bei einer Wiederholung der bereits angewendeten Belastung zeigt das Seil jedesmal eine fast vollkommene Proportionalität der Dehnungen mit der Belastung. Die fein ausgezogenen Schaulinien für die jeweiligen Wiederbelastungen haben im Allgemeinen einen fast parallelen Verlauf und es wird auf den ersten Blick auffallen, daß sie auch nahezu parallel zu der Linie d sind. Auch die letztere ist nahezu eine Gerade und läßt erkennen, daß die elastischen Dehnungen bei der erst= maligen Belastung des Seiles ebenfalls fast vollkommen proportional den Belastungen sind. Die Abweichung der Schaulinie a von der Geraden ist also vorwiegend durch die bleibende Verlängerung des Seiles veranlaßt, deren Wachsthum mit steigender Belastung durch die Linie c gegeben ist.

Es wird einleuchten, daß an der Größe der bleibenden Dehnungen bei der erst= maligen Belastung zu Anfang weniger das Seilmaterial an sich, als vielmehr die besondere Konstruktion des Seiles Antheil nimmt. Die Drähte werden bei der erst= maligen Beanspruchung Lagenänderungen und gegenseitige Verschiebungen erfahren, welche bei der folgenden Entlastung um so weniger ganz rückgängig gemacht werden, als die Entlastung keine ganz vollständige gewesen ist, vielmehr nur bis auf 1 t erfolgte. Bei höheren Belastungen wird schließlich das Drahtmaterial selbst eine Streckung erfahren und das Seil wird sich immer mehr wie ein homogener Körper verhalten.

Die weniger deutlich ausgeprägten Vorgänge bei der Beanspruchung des Seiles kann man aus dem Schaubilde Fig. 1 allein nicht klar genug erkennen, weil die angewendeten Meßmethoden hierfür noch zu roh und mit großen Fehlern behaftet gewesen sind. Einen etwas besseren Einblick vermag man schon aus einer zeichnerischen Darstellung der Dehnungsunterschiede, Linienzüge b und b₁ Fig. 1, zu gewinnen. Aber die bezüglichen Gesetze würden sich mit größerer Bestimmtheit ergeben, wenn man die Zahl der Beobachtungen häufen und die erhaltenen Mittelwerthe einer weiteren Untersuchung unterziehen könnte. Dies ist im vorliegenden Falle erreichbar; denn wie später dargelegt werden wird und wie aus den Tabellen 6 und 7 ersehen werden kann, sind die mit den einzelnen Seilstücken erhaltenen Ergebnisse einander ähnlich und durch die Löthungen so wenig beeinflußt, daß man aus den erhaltenen Zahlen ohne Weiteres Mittelwerthe bilden und im vorbezeichneten Sinne verwerthen darf. Dies ist für die acht nach dem ausführlichen Verfahren geprüften Seile (Tabelle 2) und für die entsprechenden acht nach dem abgekürzten Verfahren untersuchten Seile (Tabelle 4) geschehen; man hat hiernach die Schaulinien für die mittleren Dehnungsunterschiede (Fig. 2) entworfen.

Die stark ausgezogenen Linien der Gruppe A Fig. 2 und die schwach gezogenen Linien der Gruppe B gehören zusammen und stellen die mittleren Dehnungsunterschiede für die nach dem ausführlichen Verfahren gewonnenen Ergebnisse dar, während die gleichen nach dem abgekürzten Verfahren erhaltenen Werthe durch stark beziehentlich schwach punktirte Linien bezeichnet sind. Gruppe B entspricht den wiederholten Belastungen. Man sieht, daß bei der wiederholten Belastung die Dehnungs= unterschiede für die einzelnen Wiederholungen sich kaum merklich von einander unterscheiden; die Linien fallen fast zusammen. Um die einzelnen Linien besser verfolgen zu können, sind sie an ihren Uebergängen nach der Gruppe A mit Zahlen gezeichnet, welche zugleich angeben, der wievielten Wiederbelastung die betreffende Linie entspricht.

Die fast zusammenfallenden Linien der Gruppe B deuten an, daß die Zahl der Wiederholungen innerhalb der Grenzen der erstmaligen Belastung kaum einen Einfluß auf das fernere Verhalten eines Seiles von der vorliegen= den Konstruktion ausüben dürfte; dieser Einfluß wird sich erst unter den höheren Belastungen, am besten durch Dauerversuche, nachweisen lassen.

Ueberschreitet die Belastung die vorher bereits zur Anwendung gebrachte größte Last, so tritt sofort eine erhebliche bleibende Dehnung ein und die Linienzüge der Gruppe B gehen nunmehr in die zugehörigen der Gruppe A über, was durch die feinen mit Zahlen bezeichneten Verbindungslinien angedeutet ist.

Die einzelnen zusammengehörigen Linienzüge in Gruppe A zeigen zwar keinen unmittelbaren Anschluß an einander, aber ihre Zusammengehörigkeit ist durch kurze punktirte Verbindungslinien gekennzeichnet. Hierdurch entsteht für die Darstellung der Dehnungsunterschiede bei jeweilig erstmaliger Beanspruchung unter Anwendung des ausführlichen Verfahrens eine ausgesprochene Zickzacklinie (stark ausgezogen), während unter gleichen Umständen unter Anwendung des abgekürzten Verfahrens eine mehr stetige Linie (stark punktirt) erhalten wird. Aus diesem Grunde wird man, ohne einen erheblichen Fehler befürchten zu müssen, schließen dürfen, daß bei einer stetig vor= schreitenden Versuchsausführung die Dehnungsunterschiede bei erstmaliger Belastung durch die eingezeichneten stetigen Züge der Ausgleichslinien darstellbar sein würden. Die beiden Ausgleichslinien für die Mittelwerthe der nach beiden Verfahren gewonnenen Versuchsreihen weichen in der That nur unerheblich von einander ab. Man kann aus ihrem Verlauf schließen, daß die Dehnungsunterschiede für die erstmalige Belastung im Allgemeinen anfangs mit steigender Belastung abnehmen; hier ist eben die Lagenänderung der Drähte vorwiegend von Einfluß. Bei etwa 6 t Be= lastung erreichen die Dehnungsunterschiede ihren kleinsten Werth, um dann, erst langsam, bis zum eintretenden Bruche zu wachsen. Da die mittleren Dehnungs= unterschiede, wie gesagt, bei 6 t ein Minimum haben, so muß die aus ihnen abgeleitete mittlere Schaulinie in diesem Punkte eine Wendetangente besitzen.

Die Thatsache, daß das noch nicht beanspruchte Seil sich wesentlich anders verhält als das bereits gebrauchte, ist ja bekanntermaßen außer durch seine besondere Kon=

struktion auch durch das allgemeine Verhalten von Stahl und Eisen zu erklären, wonach ein Probekörper durch voraufgängige Beanspruchungen seine Festigkeitseigen= schaften in ganz ähnlichem Sinne ändert*), wie es vom Seil nachgewiesen wurde.

Um die vorbesprochenen Gesetze nunmehr für die einzelnen Seile auch zahlenmäßig zum Ausdruck zu bringen, sind in Tabelle 7 die erhaltenen Versuchsergebnisse nochmals in der Weise zusammengestellt, daß das Verhalten der Seile während der einzelnen auf einander folgenden Belastungswiederholungen und getrennt von den voraufgehenden Veränderungen deutlich hervortritt.

Zu Tabelle 7 ist zu bemerken, daß die Werthe durch Summirung der Dehnungs= unterschiede aus Tabelle 2 erhalten sind. Die Werthe in der jeweiligen Spalte 1 schließen, streng genommen, nicht unmittelbar aneinander an, und deswegen sind die einzelnen Gruppen (zwischen denen die Belastungswechsel und Belastungsfolgen fort= gelassen sind) durch| Striche von einander getrennt. Man sieht auf den ersten Blick, daß bei allen Versuchsreihen die den einzelnen Belastungen entsprechenden Dehnungen bei der wiederholten Inanspruchnahme (Spalte 2 bis 6) sich nicht wesentlich von ein= ander unterscheiden. Daß in der That auch bei den einzelnen Seilen die Dehnungen bei wiederholter Inanspruchnahme nahezu proportional der Belastung ausfallen, erkennt man aus den gleichbleibenden Dehnungsunterschieden für die Belastungsfolgen aus Tabelle 2, 3 und 6. Abtheilung C der Tabelle 7 enthält die durch die Belastungs= wechsel erzeugten bleibenden Verlängerungen. Man erkennt, daß sie wie die bleibende Gesammtverlängerung (Abtheilung B — Tabelle 7) überall mit steigender Belastung wächst, mit alleiniger Ausnahme von Seil 11, wo durch den Wechsel zwischen 17 und 18 t nur ein Zuwachs von 0,004 pCt. erzeugt wurde. Die durch die Wechsel erzeugten bleibenden Dehnungen sind gegenüber den gesammten bleibenden Dehnungen sehr klein, sie schwanken bei den verschiedenen Seilen, sind am größten bei Seil 1 und am kleinsten bei Seil 11. Es ist wohl einigermaßen zweifelhaft, ob es zulässig ist, den ganzen hier zum Ausdruck kommenden Betrag als bleibende Dehnung aufzufassen, da das Seil ohne Zweifel den sogenannten „Nachwirkungen" in ähnlicher Weise unterworfen sein wird, wie andere Körper**). Leider konnten die vorliegenden Versuche wegen fehlenden Materials auf diese Fragen nicht erstreckt werden. Aus einer zufälligen Beobachtung am Seil 6 (Tabelle 2) geht aber hervor, daß in der That die nach der Entlastung eintretenden „Nachwirkungsverkürzungen" meßbare Beträge erlangen können. Der für Seil 6 angegebene Betrag von 0,014 pCt. für 17 Stunden Ruhe kann allerdings nicht als der reine Betrag der Nachwirkungsverkürzung angesehen werden, weil der angewendete Holzmaßstab (Apparat V) während der nächtlichen Ab= kühlung eine andere Verkürzung erfahren haben wird, als das Seil. Da die Prüfung Ende April stattgefunden hat, wo eine starke nächtliche Abkühlung nicht wahrscheinlich ist, so wird die maßgebende Wärmeschwankung kaum 10° C erreicht haben; dem würde eine Verkürzung entsprechen von: (0,000012—0,000007) 100 . 10 = 0,005 pCt. Für die Nachwirkungsverkürzung würden also auch unter diesen Umständen noch 0,009 pCt. verbleiben. Der angewendete Meßapparat gestattete Ablesungen bis auf 0,007 pCt., wovon Zehntel noch geschätzt werden können.

---

*) Bauschinger, Civilingenieur 1881 S. 289 und Dingler, P.-Journ. Bd. 224 S. 5.
**) „Mittheilungen" 1887. Ergänzungsheft I. Ueber die Festigkeitseigenschaften von Magnesium.

Nachdem über das allgemeine Verhalten der unterſuchten Seile die beachtens=
wertheſten Punkte erläutert ſein dürften, ſollen nunmehr die Veränderungen beſprochen
werden, welche das Seil durch die Löthung der Drähte erfahren hat.

4. Ueber den Einfluß der Löthungen auf die Feſtigkeitseigenſchaften der Seile 1 bis 19.

In dem Voraufgehenden iſt bereits die Zuläſſigkeit der Mittelbildung aus mehreren
nach den beiden Verfahrungsarten ausgeführten Verſuchsreihen nachgewieſen worden.
Um aber dem Leſer Gelegenheit zu geben, auch über die Größe der immerhin vor=
handenen Unterſchiede der Ergebniſſe beider Prüfungsformen ſich ſelbſt ein Urtheil zu
bilden, ſind die Zahlenwerthe in den mehrfach erwähnten Tabellen 3 und 5 ſo zuſammen=
geſtellt, daß aus den gleichwerthigen Reihen die Mittel gezogen werden konnten. Dieſe
Mittelwerthe ſind dann durch Verhältnißzahlen (kleiner gedruckt) in Beziehung zu ein=
ander geſetzt, ſo daß die Mittelwerthe für das Seil mit ungelötheten Drähten = 100
genommen wurden. Man kann aus dieſen Zahlen ohne Umſchweif den Einfluß der
Löthungen auf Bruchfeſtigkeit und Dehnbarkeit des Seiles in allen einzelnen Fällen
erkennen.

Um aber die Zahlen für den ſchließlichen Vergleich noch überſichtlicher geſtalten
zu können, ſind in Tabelle 6 nochmals die für die einzelnen Löthungsweiſen ſowohl
nach dem ausführlichen, als auch nach dem abgekürzten Verfahren gewonnenen Mittel=
werthe zuſammengezogen und in gleicher Weiſe durch Verhältnißzahlen einander gegen=
über geſtellt. An der Hand von Tabelle 6 erkennt man, daß die Bruchfeſtigkeit bei
den Seilen 1 bis 17 durch die Löthungen nicht in merklicher Weiſe beein=
flußt iſt. Auch das Vorhandenſein mehrerer Löthſtellen in einer gegen=
ſeitigen Entfernung von etwa 500 mm (etwa dem 22fachen Seildurchmeſſer)
bedingt keine merkbare Verminderung der Bruchfeſtigkeit, ſelbſt wenn in
jeder Löthſtelle $\frac{1}{6}$ aller Drähte gelöthet iſt. Der etwa eintretende Feſtigkeits=
verluſt iſt jedenfalls ſo gering, daß er mit Sicherheit auch bei einer Beſtimmung mit
kleineren Belaſtungsſtufen wohl nicht nachgewieſen werden könnte. Die gelötheten
Drähte müſſen ſomit in den Löthſtellen immerhin noch eine beträchtliche Feſtigkeit ent=
wickelt haben. Die in allen Drähten an einer Stelle gelötheten Seile 18 und 19
zeigen eine erhebliche Abnahme der Feſtigkeit um 33 pCt. von derjenigen
des ungelötheten Seiles. Die Feſtigkeit der Löthungen kann demnach
durchſchnittlich auf etwas über 60 pCt. von derjenigen des Drahtes ge=
ſchätzt werden, wenn man annimmt, daß ein geringer Betrag der betreffenden Bruch=
belaſtung auf die Ueberwindung der Reibung zu rechnen iſt, da die Löthungen der
Drähte nicht genau in den gleichen Seilquerſchnitt fallen und die beiden äußerſten
Löthungen um etwa den $1\frac{1}{2}$ bis 2fachen Seildurchmeſſer auseinander gelegen haben
werden. Die Bruchdehnung hat wegen der mit der Beobachtung verbundenen Gefahr
für Beobachter und Inſtrumente nur in einem Falle feſtgeſtellt werden können; ſie
betrug bei dem Seil ohne Löthſtellen 2,85 pCt. der urſprünglichen Länge.

Um über das Geſammtverhalten der gelötheten Seile bezüglich der Dehnung
während des ganzen Verſuches einen ſchnellen Ueberblick zu gewähren, ſind nach den
Mittelwerthen aus Tabelle 6 die Schaulinien in Figur 3 verzeichnet. Man erkennt

aus den Linienzügen der Gruppe a, daß die Seile mit Löthstellen sämmtlich eine geringere Dehnbarkeit haben als die Seile ohne Löthstellen, daß das Seil mit einer Löthstelle am wenigsten Dehnung zeigt und dann die Seile mit 2 und 3 Stellen folgen.

5. Ueber den Einfluß der Art der Löthung auf die Festigkeit der Drähte.

Da für diese Versuche leider keine Probestücke aus dem gleichen Material, wie es für die Seile 1 bis 19 verwendet wurde, im ursprünglichen Zustande vorhanden waren, die bezüglichen Versuche mit einzelnen gelötheten Drähten aber eine höchst wünschenswerthe Erweiterung der bisherigen Erfahrungen versprachen, so wurden mit verschiedenen Drähten, welche theils aus dem ungeprüften Seil Nr. 3, theils aus den geprüften Seilen Nr. 6 bis 21 und theils aus den von früheren Versuchen verbliebenen Proberesten entnommen waren, die unter 23 bis 27 in Tabelle 8 bis 10 zusammengestellten Versuchsreihen ausgeführt.

Die Löthungen wurden mit Schlagloth, welches von der Firma Felten & Guilleaume (in Mülheim a. Rh.) bezogen war, in einem Gasgebläse auf untergelegten Holzkohlen von einem Schlosser der Versuchsanstalt ausgeführt. Es ist zu bemerken, daß der Arbeiter, wenn auch sonst geschickt, doch in der Drahtlötherei nicht die Gewandtheit haben konnte, wie sie ohne Zweifel den ausschließlich hiermit beschäftigten Arbeitern einer Drahtseilerei zukommt. Die Güte der Löthungen dürfte daher hinter den in den Fabriken erzielten etwas zurückstehen. Ueber die Anordnung der Löthungen ist bereits früher das Wissenswerthe mitgetheilt.

Betrachtet man zunächst die Zahlen der Tabelle 8, so ersieht man aus den kleiner gedruckten Verhältnißzahlen, daß die Form der Löthung, wie zu erwarten war, einen wesentlichen Einfluß auf die Zugfestigkeit ausübt. Je länger die Löthung im Verhältniß zum Durchmesser ist, desto größer ist im Allgemeinen die Festigkeit der Verbindung. Sie kann schon bei dem Verhältniß $\frac{l}{d} = 2$ die Drahtfestigkeit erreichen (vergl. Draht 27). Man wird aber aus den angeführten Zahlen zugleich ableiten können, daß die Art des Drahtmateriales einen erheblichen Einfluß auf die verhältnißmäßige Festigkeit der Verbindung hat, wenn man unter „verhältnißmäßiger Festigkeit der Verbindung" das Verhältniß der Festigkeit der Verbindung in einer der vier Verbindungsformen zu der Festigkeit des Drahtes in seinem ursprünglichen Zustande versteht. Man muß aus den Zahlen folgern, daß bei Drähten von hoher Festigkeit eine wesentlich längere Löthung anzuwenden sein wird, wenn man für die Verbindung durch Löthung die gleiche verhältnißmäßige Festigkeit erzielen will. Es scheint in der That, als wenn das Material als solches auch einen gewissen Einfluß auf die Festigkeit habe, mit welcher das Loth an den gelötheten Flächen haftet, jedoch treten die vorhandenen Vorgänge in ein besseres Licht, wenn man die spezifischen Festigkeiten der Drahtmaterialien und der Löthungen unmittelbar neben einander schreibt und vergleicht, wie dies in Tabelle 9 geschehen ist. Aus Spalte 2 derselben geht hervor, daß die spezifische Festigkeit bei stumpfer Löthung nahezu bei allen vier Drahtsorten, 24 bis 27, die gleiche ist. Wenn man annehmen darf, daß das angewendete Loth in allen Fällen gleiche Beschaffenheit hatte, so würde man mit Rücksicht darauf, daß Draht 27 bei der stumpfen Löthung eine spezifische

Verbindungsfeſtigkeit von 30,6 $\frac{\text{kg}}{\text{qmm}}$ gegenüber im Mittel von 22,6 $\frac{\text{kg}}{\text{qmm}}$ für die Drähte 24 bis 26 — d. h. 36 pCt. mehr — ergeben hat, wohl ſchließen müſſen, daß man es in den erhaltenen Zahlen noch nicht mit der Bruchfeſtigkeit des Lothmateriales an ſich zu thun hatte, ſondern daß die erhaltenen Zahlen vielmehr die ſpezifiſche Feſtigkeit darſtellen, mit welcher das Loth an den gelötheten Flächen haftet. Die Löthung iſt alſo im Falle des Drahtes 27 eine innigere geweſen, als bei den Drähten 24 bis 26. Der Bruch iſt mit Ausnahme derjenigen Fälle, in welchen die Zahlen eingeklammert ſind, in der Löthung ſelbſt erfolgt, indem in der Regel die Lothflächen ſich trennten. Die Steigerung der ſpezifiſchen Feſtigkeit der Löthung (be=zogen auf den Kreisquerſchnitt des Drahtes) mit der Länge der Löthfuge iſt unter der Bezeichnung „Wachsthum der Feſtigkeit der Verbindung" durch die kleiner gedruckten Verhältnißzahlen angegeben. Es iſt hier darauf aufmerkſam zu machen, daß dieſe Steigerung eine weſentlich geringere iſt, als man nach den Flächenverhältniſſen der elliptiſchen Löthflächen hätte erwarten ſollen, welche durch die Zahlen 1; 1,41; 2,24 und 4,12 gegeben ſind, wenn man die Kreisfläche als 1 ſetzt.

Für die Beurtheilung der vorliegenden Verhältniſſe iſt übrigens noch zu beachten, daß die Veränderung der Feſtigkeitseigenſchaften des Drahtmateriales infolge des beim Löthen nicht zu vermeidenden Ausglühens eine ſehr hervorragende Rolle ſpielt. Die Feſtigkeit des gelötheten Drahtes kann weder durch eine größere Loth=länge noch durch Anwendung eines Lothes von größerer Verbindungs=feſtigkeit über jene Feſtigkeit hinaus gehoben werden, welche dem geglühten Draht an ſich eigenthümlich iſt. Beſonders klar erhellt dies aus dem Verhalten des Drahtes 27, bei welchem ſchon bei dem Längenverhältniß der Löthung $\frac{l}{d} = 1$ die urſprüngliche Drahtfeſtigkeit nahezu wieder erreicht worden iſt. Draht 27, ein Tele=graphendraht, iſt an ſich ſchon ſo weich, daß das Glühen wenig Einfluß auf ſeine Feſtigkeit gehabt haben würde; außerdem dürfte aber ein Ausglühen nach ſeiner Her=ſtellung ziemlich ſicher ſtattgefunden haben. Bei Löthung eines weichen Drahtes würde man alſo entweder mit einem weicheren, womöglich zäheren Loth löthen können, oder man könnte ſich mit einem geringeren Längenver=hältniß der Löthung begnügen, als man es bei harten Drähten anwenden darf, wenn man in beiden Fällen die Feſtigkeit der Verbindung gleich derjenigen machen will, welche dem geglühten Drahte zukommt.

Für die Praxis dürfte es von Wichtigkeit ſein, auch die folgenden Geſichtspunkte noch zu berückſichtigen. Es kommt bei der Löthung für die Zwecke der Seilfabrikation augenſcheinlich nicht ausſchließlich darauf an, die abſolute Feſtigkeit der Verbindung ſo groß wie möglich zu machen, ſondern man will doch ohne Zweifel auch ſolche Loth=materialien oder Längenverhältniſſe der Löthungen anwenden, welche zugleich eine möglichſt große Biegſamkeit und Verwindungsfähigkeit des Drahtes erzielen laſſen, ohne dabei erhebliche Erſchwerung der Fabrikation mit ſich zu bringen. Daß die hier unterſuchten härteren Drähte namentlich bei ſtumpfer Löthung und bei dem Verhältniß $\frac{l}{d} = 1$ dem Abbrechen nur geringen Widerſtand entgegenſetzten, kann man leicht aus Tabelle 9 erſehen. Aus Tabelle 9 ergiebt ſich, daß die Feſtigkeit der Verbindung bei den aus den geprüften Seilen ausgelöſten gelötheten Drähten (Nr. 23) durchſchnittlich

59 pCt. beträgt. Ferner scheint aus Tabelle 8 hervorzugehen, daß die Drähte durch das Seilschlagen etwas an Festigkeit einbüßen, und zwar scheint es, daß die bereits geprüften Seile eine weitere Verminderung der Drahtfestigkeit erfahren haben. Diese Verminderung ist namentlich auf das Entstehen der vielfach besprochenen Druckstellen zurückzuführen, denn man bemerkte an den meisten der betreffenden Drähte an jenen Druckstellen Einschnürungen. Auch durch das Geraderichten der Drähte vor dem Versuch scheint eine weitere Verminderung der Drahtfestigkeit nicht ausgeschlossen zu sein, wenigstens zeigen die Hauptmittel aus allen Versuchen eine derartige Abnahme von 607 auf 600 kg. Indessen ist zu bemerken, daß die Art der Versuchsausführung, namentlich die unmittelbar vor dem Eintritt des Bruches angewendete Streckgeschwindigkeit und die Art der Einspannung einen nicht zu vernachlässigenden Einfluß auf die Festigkeitsergebnisse hat. Um dem Leser hierüber Auskunft zu geben,

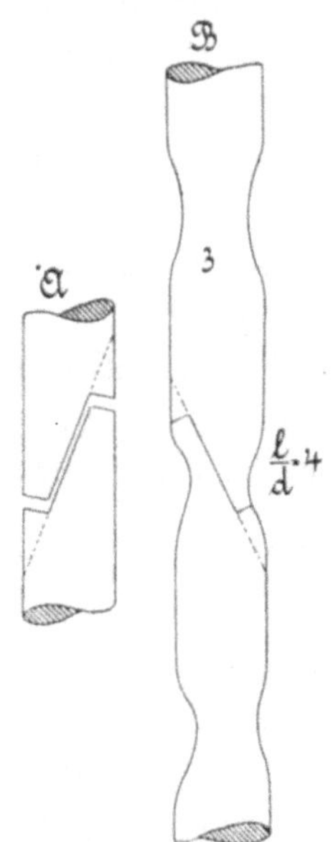

sind in Tabelle 8 die von verschiedenen Beobachtern und mit veränderten Einspannkeilen ausgeführten Versuche zusammengestellt. Die Ergebnisse dürften ohne weitere Erklärung verständlich sein. Für weitere Untersuchungen ist, wie man sieht, ein großer Spielraum gegeben.

Von Interesse dürfte noch eine Besprechung der Brucherscheinungen an einzelnen Drähten sein, weil sie die Vorkommnisse an den Brüchen von Drahtseilen erläutern. Fig. A der nebenstehenden Skizze zeigt eine mehrfach vorgekommene Bruchform, bei welcher der Bruch zum Theil in der Löthfuge und zum Theil durch die auslaufenden Enden des Drahtmateriales erfolgt ist. Fig. B stellt den Bruch eines Stückes 26 mit dem Löthlängenverhältniß $\frac{l}{d} = 4$ dar, welcher in der Löthstelle auf die vorbeschriebene Weise zerrissen ist, wobei sich sowohl in als neben der Bruchstelle (zusammen drei) Einschnürungen bildeten, als Zeichen dessen, daß die Festigkeit der Verbindung hier gerade die Festigkeit des geglühten Drahtes erreichte. Aehnliche Erscheinungen sind bekanntlich bei den früher beschriebenen Versuchen mehrfach beobachtet worden.

E. Schlußbemerkungen.

Aus den mitgetheilten Versuchsergebnissen geht hervor, daß durch die Löthung selbst dann, wenn alle Drähte in demselben Seilquerschnitt gelöthet sind, die Festigkeit eines Seiles aus harten Drähten gegen ruhige Zugbelastung noch 60 bis 70 pCt. der eigentlichen Seilfestigkeit betragen kann. Die größte erreichbare Festigkeit eines gelötheten Seiles kann nur bis zu derjenigen Festigkeit gesteigert werden, welche den beim Löthen ausgeglühten Drähten entspricht. Bei Seilen mit an sich schon weichen Drähten läßt sich voraussichtlich selbst bei der Löthung aller Drähte die ursprüngliche Seilfestigkeit wieder erreichen.

Wenn nur ein Theil der Drähte (bis zu ⅙ der ganzen Zahl) in demselben Seilquerschnitt gelöthet ist, so ist bei ruhiger Zugbeanspruchung der Festigkeitsverlust ein so geringer, daß er nur durch zahlreiche und sehr sorgfältig ausgeführte Versuche würde nachgewiesen werden können. Auch wenn dieselben Drähte in kurzer Folge (bis zu etwa 500 mm Entfernung der Löthungen) mehrfach gelöthet sind und die Löthungen (jeweils bis zu ⅙ sämmtlicher Drähte) in die gleichen Seilquerschnitte fallen, wird die Bruchfestigkeit des Seiles gegen ruhigen Zug nicht merkbar vermindert. Die Schwächung eines Seiles durch zahlreiche Löthungen in demselben Seilquerschnitt (bis zu ⅙ sämmt= licher Drähte) ist jedenfalls nicht wesentlich größer als die Schwächung, welche das Seil infolge der gegenseitigen Eindrückungen der Drähte benachbarter Litzen erfährt. Auch die Brüche gelötheter Seile finden häufig nicht in den Löthungen, sondern in den vorerwähnten Druckstellen statt. Vielfach findet man die dem Bruch vorhergehenden Einschnürungen neben den Bruchstellen auch in den nicht gebrochenen Drähten, welche alsdann fast immer neben den Löthungen an den Grenzen der Erhitzungsstellen des Drahtes oder an den durch die Nachbardrähte erzeugten Druckstellen liegen. Auch hieraus geht hervor, daß man im Stande ist, die Löthung mindestens so fest zu machen, daß die aus andern Gründen verminderte Seilfestigkeit erreicht wird.

Die Druckstellen der Drähte entstehen erst während der Prüfung; sie konnten an den neuen Seilen noch nicht entdeckt werden. Sie sind, wie es scheint, eine Gefahr, die größer ist, als die durch die Löthungen bedingte, weil in der Praxis die Löthungen im Seil stets vereinzelt vorkommen werden und man leicht die immerhin empfehlenswerthe Vorsicht gebrauchen kann, die Löthstellen im Seil so zu vertheilen, daß zwischen den einzelnen in Frage kommenden Seilquerschnitten ein geringster Abstand (etwa der 15 bis 20fache Seildurchmesser) nicht unterschritten wird. Die Druckstellen aber werden sich ganz regelmäßig und gesetzmäßig bilden müssen, sobald das Seil starken Zugbeanspruchungen oder oft wiederholten Biegungen ausgesetzt wird. Unter der Wirkung der gegenseitigen Reibung der Drähte, wird sich alsdann die Druckstelle immer mehr vertiefen; da die spezifische Beanspruchung des stehenbleibenden Materials gegenüber derjenigen des vollen Drahtquerschnittes immer mehr wächst, so wird die Dehnung des Drahtes sich schließlich vorwiegend auf den geschwächten Querschnitt erstrecken und es wird nicht ausgeschlossen sein, daß bei Erreichung der dem Material eigenthümlichen Bruchdehnung der eine und der andere Draht zum Bruche kommt. In meinem Berichte über den mikroskopischen Befund des Hardenberger Seiles („Mittheilungen 1884", Seite 24) habe ich nachgewiesen, wie während des laufenden Förderbetriebes solche Druckstellen infolge äußerer und innerer Einwirkungen sich so sehr vertiefen können, daß das Aussehen der Drähte im Innern eines alten Seiles oft hohe Bedenken gegen seine Betriebssicherheit hervorrufen würde, wenn eben das Innere immer klar zu Tage läge.

Aus dem Voraufgehenden dürfte einleuchten, daß die Entstehung einzelner Draht= brüche im Innern eines Seiles durchaus nicht ausgeschlossen ist und da sie im Betriebe thatsächlich eintreten, so dürfte die Frage von praktischer Bedeutung sein, wie groß die Schwächung eines Seiles infolge mehrerer in einiger Entfernung auf einander folgen= der Drahtbrüche sein mag, oder bis auf welche gegenseitige Entfernung die Draht= brüche zusammengerückt werden dürfen, ohne eine größere Schwächung im Seil zu erzeugen, als dem Ausfall des betreffenden Drahtquerschnittes an der Bruchstelle entspricht.

Ferner ist wohl zu beachten, daß sich die vorbesprochenen Untersuchungen nur auf diejenigen Vorgänge erstreckt haben, welche in einem Seile bei ruhiger Zugbeanspruchung auftreten, daß also die Schlußfolgerungen sich nur auf diesen Zustand beziehen können. Es kann keinem Zweifel unterliegen, daß die Verhältnisse sich etwas ändern, wenn die Versuche unter solchen Bedingungen wiederholt werden, wie sie im Betriebe vorkommen.

Tabelle 2.

(Tabelle 1 befindet sich auf Seite 5).

Zusammenstellung der bei dem ausführlichen Verfahren gewonnenen Versuchsergebnisse.

Nach dem ausführlichen Verfahren sind geprüft:

Seil Nr. 1 und 2 — ohne Löthstellen,

Seil Nr. 6 und 7 — mit 2 Löthstellen in 460 mm Entfernung, mit je einem gelötheten Draht in jeder Litze,

Seil Nr. 10 und 11 — mit 1 Löthstelle, mit je einem gelötheten Draht in jeder Litze,

Seil Nr. 14 und 15 — mit 3 Löthstellen, mit je einem gelötheten Draht in jeder Litze.

Seil Nr. 1, ohne Löthstellen.

Seilkonstruktion: 6 Litzen mit je 6 Drähten, Haupthanfseele und Hanfeinlage in den Litzen; 5 Windungen einer Litze auf 1 m; mittlerer Seilumfang U = 73 mm; hieraus Durchmesser D = 23,2 mm; und mittlerer Seilquerschnitt F = 423 qmm; mittlere Drahtdicke (20 Messungen) d = 2,53 mm; hieraus Gesammt-Drahtquerschnitt f = 182 qmm; Querschnittsverhältniß f/F = 0,43; Gewicht für 1 m, g = 1,65 kg; freie Einspannlänge = 5,51 m.

Belastung in Tonnen	Dehnungen an den Meßstellen					Dehnungen an Meßstelle V		Bemerkungen über den Verlauf des Versuches
	App. V 1	I L	II l₁	III l₁	IV l₁	Unterschied für je 1 t Belastung	Bleibende Dehnung nach Entlastung	
	gemessen über n Löthstellen						Mittel im Abschnitt	
	% von 1	Verhältnißzahlen (V = 100)				% von 1		
Meßlänge.	840	4000	800	800	—			
Zahl der Löthstellen n =	0	0	0	0	—			
1	0,000	—	—	—				
2	79	80	95	63		0,079		
3	157	88	79	64		78		
4	223	84	84	67		66		
5	288	82	87	78		65		
Mittel		83,5	86,3	68,0				
4	252	85	89	69		36		
5	295	81	89	72		43		Das Seil wurde an der Einspannstelle nicht mit Bändseln ausgelegt.
4	255	84	88	69		40	0,039	
5	296	84	89	72		41		
4	260	82	87	72		36		
5	298	84	88	71		38		
Mittel		83,3	88,3	70,8				
1	—					—		
2	—					—		
3	—					—		
4	—					—		
5	298	84	88	71		—		
6	350	86	86	75		52		
7	411	85	85	79		61		
8	473	87	92	85		62		
9	540	88	93	86		67		
Mittel		86,0	88,8	79,2				

Belastung in Tonnen	Dehnungen an den Meßstellen					Dehnungen an Meßstelle V		Bleibende Dehnung nach Entlastung	Bemerkungen über den Verlauf des Versuches
	App.V l	I L	II l_1	III l_1	IV l_1	Unterschied für je 1 t Belastung	Mittel im Abschnitt		
	gemessen über n Löthstellen								
	% von l	Verhältnißzahlen ($V = 100$)				% von l			
8	511	86	90	86		29			
9	555	88	90	86		44			
8	523	84	91	86		32	0,035		
9	559	87	94	87		36			
8	526	88	92	86		33			
9	564	86	93	86		38			
Mittel		86,5	91,7	86,2					
1	225	72	--	—		—		0,225	
2	275	73	—	—		50			
3	319	75	—	—		44			
4	359	80	—	—		40			
5	402	78	—	—		43	0,044		
6	445	82	—	—		43			
7	486	85	--	—		41			
8	529	85	—	—		43			
9	576	87	91	82		47			
10	633	87	91	83		57			
11	701	87	93	86		68			
12	782	89	93	86		81			
Mittel		81,7	92,0	84,3					
11	759	89	—	—		23			
12	801	91	—	—		42			
11	773	89	—	—		28			
12	809	90	—	—		36	0,033		
11	778	89	—	—		31			
12	815	91	—	—		37			
Mittel		89,8	—	—					
1	330	76	87	79		—		0,330	
2	380	76	—	—		50			$U_2 = 71{,}5$ mm.
3	426	79	—	—		46			
4	470	83	—	—		44			
5	511	83	—	—		41			
6	551	84	—	—		40			
7	590	87	—	—		39	0,043		
8	633	89	—	—		43			
9	676	87	—	—		43			
10	716	89	—	—		40			
11	761	89	—	—		45			
12	807	90	93	87		46			
13	863	91	96	91		56			
14	946	94	99	94		83			
15	1047	94	100	97		101			$U_{15} = 70$ mm.
Mittel		86,1	97,0	92,3					

Belastung in Tonnen	Dehnungen an den Meßstellen					Dehnungen an Meßstelle V			Bemerkungen über den Verlauf des Versuches
	App.V l / L	I L	II l_1	III l_1	IV l_1	Unterschied für je 1 t Belastung		Bleibende Dehnung nach Ent-lastung	
	gemessen über n Löthstellen					% von 1	Mittel im Abschnitt		
	% von 1	Verhältnißzahlen (V = 100)							
14	1005	97	—	—		42			
15	1073	97	—	—		68			
14	1045	95	—	—		28			
15	1083	96	—	—		38	0,041		
14	1051	96	—	—		32			
15	1089	98	—	—		38			
Mittel		96,5	—	—					
1	488	90	97	84		—		0,488	
2	538	91	—	—		50			
3	585	92	—	—		47			
4	628	90	—	—		43			
5	669	92	—	—		41			
6	714	89	—	—		45			
7	757	91	—	—		43			
8	797	91	—	—		40			
9	838	92	—	—		41	0,043		
10	880	92	—	—		42			
11	919	94	—	—		39			
12	958	94	—	—		39			
13	1000	95	—	—		42			
14	1041	96	—	—		41			
15	1089	96	101	98		48			
16	1178	97	102	100		89			
17	1333	98	102	98		155			
18	1508	100	103	103		175			
Mittel		93,3	102,0	99,8					
17	1488	100	—	—		20			
18	1541	104	—	—		53			
17	1511	101	—	—		70			
18	1559	101	—	—		48	0,042		
17	1535	102	—	—		24			
18	1571	102	—	—		36			
Mittel		101,7	—	—					
1	851	101	109	103		—		0,851	Apparat V wird entfernt.
2	—	—	—	—		—			
3	—	—	—	—		—			
4	—	—	—	—		—			
5	—	—	—	—		—			
6	—	—	—	—		—			
7	—	—	—	—		—			
8	—	—	—	—		—			
9	—	—	—	—		—			
10	—	—	—	—		—			
11	—	—	—	—		—			
12	—	—	—	—		—			
13	—	—	—	—		—			
14	—	—	—	—		—			

Belastung in Tonnen	Dehnungen an den Meßstellen					Dehnungen an Meßstelle V		Bleibende Dehnung nach Ent-lastung	Bemerkungen über den Verlauf des Versuches
	App. V l	I L	II l_1	III l_1	IV l_1	Unterschied für je 1 t Belastung	Mittel im Abschnitt		
	gemessen über n Löthstellen								
	% von l	Verhältnißzahlen (V = 100)				% von l			
15	—	—	—	—		—			
16	—	—	—	—		—			
17	—	—	—	—		—			$U_{17} = 69$ mm.
18	—	—	—	—		—			
19 [1]	—	—	—	—		—			[1] 19 und 20 t wurden 2 Min. lang im Einspielen erhalten, dann abgelesen.
20 [1]	—	—	—	—		—			
21 [2]	Bruch								[2] 21 t hatten etwa 1 Min. einge-spielt, dann leichtes Knacken zwischen den Keilen, gleich darauf Reißen durch den ganzen Querschnitt unter lautem Krach und Funken-sprühen.
22									
23									
Mittel		101,0	109,0	103,0					

<h3 style="text-align:center">Seil Nr. 2, ohne Löthstellen.</h3>

Seilkonstruktion: wie bei Nr. 1.   Mittlerer Seilumfang $U = 72$ mm; hieraus Durchmesser $D = 22,9$ mm und mittlerer Seilquerschnitt $F = 412$ qmm; mittlere Drahtdicke (20 Messungen) $d = 2,46$ mm; hieraus Gesammt-Drahtquerschnitt $f = 171$ qmm; Querschnittsverhältniß $f/F = 0,42$; Gewicht für 1 m, $g = 1,65$ kg; freie Einspannlänge $= 5,51$ m.

	App. V l % von l	I L Verhältnißzahlen (V = 100)	II l_1	III l_1	IV l_1	Unterschied für je 1 t Belastung % von l	Mittel im Abschnitt	Bleibende Dehnung nach Ent-lastung	Bemerkungen über den Verlauf des Versuches
Meßlänge.	1000	4000	—	—	—				
Zahl der Löthstellen n =	0	0	—	—	—				
1	0,000	—	—	—	—				
2	40	100				0,040			
3	100	102				60			
4	159	101				59			
5	218	100				59			
Mittel		100,8							
4	185	105				33			
5	219	99				34			
4	184	104				35			Das Seil wurde an der Ein-spannstelle mit Bändseln ausgelegt.
5	220	100				36	0,034		
4	187	102				33			
5	222	100				35			
Mittel		101,7							
1	—	139				—		0,036	
2	—	108				49			
3	—	104				47	0,047		
4	177	102				45			
5	223	99				46			
6	277	99				54			
7	337	98				60			
8	398	101				61			
9	468	100				70			
Mittel		105,6							

Belastung in Tonnen	App.V 1 (% von 1)	I L	II l_1	III l_1	IV l_1	Unterschied für je 1 t Belastung (% von 1)	Mittel im Abschnitt	Bleibende Dehnung nach Entlastung	Bemerkungen über den Verlauf des Versuches
		gemessen über n Löthstellen, Verhältnißzahlen ($V = 100$)							
8	433	102				35			
9	472	100				39			
8	439	101				33			
9	474	101				35	0,035		
8	441	101				33			
9	476	100				35			
Mittel		100,8							
1	123	122				—		0,123	
2	169	108				46			
3	213	106				44			
4	258	103				45			
5	300	102				42			
6	345	101				45	0,044		
7	388	102				43			
8	432	102				44			
9	476	101				44			
10	542	101				66			
11	618	100				76			
12	701	99				83			
Mittel		103,9							$U_{10} = 71$ mm.
11	671	100				30			
12	709	100				38			
11	677	100				32			
12	712	101				35	0,033		
11	682	101				30			
12	715	100				33			
Mittel		100,3							
1	239	107				—		0,239	
2	286	102				47			
3	327	101				41			
4	370	100				43			
5	411	101				41			
6	456	100				45			
7	499	100				43	0,043		
8	541	101				42			
9	583	101				42			
10	630	100				47			
11	670	101				40			
12	714	101				44			
13	795	101				81			
14	893	101				98			
15	1013	101				120			
Mittel		101,2							
14	983	102				30			
15	1029	102				46			
14	997	102				32			
15	1036	101				39	0,034		
14	1003	102				33			
15	1038	102				35			$U_{15} = 71$ mm.
Mittel		101,8							

Belastung in Tonnen	App.V 1 / L (% von 1)	I l_1	II l_1	III l_1	IV l_1	Unterschied für je 1 t Belastung (% von 1)	Mittel im Abschnitt	Bleibende Dehnung nach Entlastung	Bemerkungen über den Verlauf des Versuches
		gemessen über n Löthstellen — Verhältnißzahlen (V = 100)							
1	433	105				—		0,433	
2	479	102				46			
3	523	102				44			
4	564	102				41			
5	608	101				44			
6	652	101				44			
7	692	101				40			
8	735	101				43	0,044		
9	777	101				42			
10	818	101				41			
11	861	102				43			
12	905	101				44			
13	949	101				44			
14	995	101				46			
15	1046	101				51			
16	1161	100				115			
17	1335	102				174			
18	1578	101				243			
Mittel		101,4							
17	1551	102				27			
18	1588	101				37			
17	1563	101				25			
18	1600	101				37	0,032		
17	1570	102				30			
18	1608	101				38			
Mittel		101,3							
1	860	105				—		0,860	
2	908	103				48			
3	951	103				43			
4	990	104				39			
5	1030	104				40			
6	1072	104				42			
7	1113	103				41			
8	1154	103				41			
9	1198	103				44			
10	1240	102				42	0,044		
11	1279	103				39			
12	1320	102				41			
13	1366	102				46			
14	1407	102				41			
15	1450	103				43			
16	1495	102				45			
17	1550	102				55			$U_{17} = 70$ mm.
18	1610	102				60			Apparat V abgenommen; er war im ganzen etwa 10° geneigt.
19	—	—							
20	—	—							
21	Bruch								Der Bruch erfolgte plötzlich durch 3 Litzen und die Haupthanfseele.
Mittel		102,9							

Seil Nr. 6,

2 Löthstellen in 460 mm Entfernung mit je einem zweimal gelötheten Draht in jeder Litze.

Seilkonstruktion und Einspannung wie bei 2.

Mittlerer Seilumfang $U = 71$ mm; hieraus Durchmesser $D = 22{,}6$ mm und mittlerer Seilquerschnitt $F = 401$ qmm; mittlere Drahtdicke (20 Messungen) $d = 2{,}50$ mm; hieraus Gesammt-Drahtquerschnitt $f = 177$ qmm; Querschnittsverhältniß $f/F = 0{,}44$; Gewicht für 1 m, $g = 1{,}64$ kg; freie Einspann-länge $= 3{,}69$ m.

Belastung in Tonnen	App. V 1 (% von 1)	I L	II l_1	III l_1	IV l_1	Unterschied für je 1 t Belastung (% von 1)	Mittel im Abschnitt	Bleibende Dehnung nach Entlastung	Bemerkungen über den Verlauf des Versuches
Meßlänge.	1500	3000	500	500	500				
Zahl der Löthstellen n =	2	2	1	1	0				
1	0,000	—	—	—	—				
2	53	98	113	113	113	0,053			
3	107	84	94	94	94	54			
4	157	89	96	89	102	50	0,053		
5	213	91	94	85	94	56			
Mittel		90,5	99,3	95,3	100,8				
4	179	89	101	85	89	34			
5	213	91	94	85	94	34			
4	180	89	100	89	100	33			
5	213	92	94	85	94	33	0,034		
4	180	91	100	89	100	33			
5	219	91	91	91	91	39			
Mittel		90,5	96,7	87,3	94,7				
1	47	100	128	85	128	—		0,047	
2	96	73	104	83	104	49			
3	140	84	100	86	100	44	0,043		
4	177	86	90	79	90	37			
5	217	95	92	83	92	40			
6	260	96	96	92	100	43			
7	320	95	94	88	94	60			
8	373	97	97	86	97	53			
9	433	95	97	88	97	60			
Mittel		91,2	99,8	85,6	100,2				
8	403	94	94	89	94	30			
9	440	95	91	86	91	37			
8	407	96	93	88	93	33			
9	443	95	95	90	95	36	0,034		
8	410	96	93	88	93	33			
9	443	96	95	90	95	33			
Mittel		95,3	93,5	88,5	93,5				

Belastung in Tonnen	Dehnungen an den Meßstellen					Dehnungen an Meßstelle V		Bleibende Dehnung nach Entlastung	Bemerkungen über den Verlauf des Versuches
	App. V l	I L	II l_1	III l_1	IV l_1	Unterschied für je 1 t Belastung			
	gemessen über n Löthstellen					% von l	Mittel im Abschnitt		
	% von l	Verhältnißzahlen (V = 100)							
1*)	113	92	78	63	78	—		0,127	*) Versuch mußte unterbrochen und am andern Tage nach 17 Stunden fortgesetzt werden:
2	162	86	90	74	90	49			Ablesungen am 26./4. 0,127 %
3	205	84	88	68	88	43			„ 27./4. 0,113 %
4	245	87	90	73	82	40			mith. Verkürzung
5	287	90	84	77	91	42	0,042		in 17 Stunden 0,014 %
6	325	90	92	80	92	38			
7	367	91	93	82	93	42			
8	406	92	94	84	94	39			
9	445	91	94	85	94	39			
10	499	94	92	84	96	54			
11	561	93	93	86	93	62			
12	633	93	92	88	92	72			
Mittel		90,3	90,0	78,7	90,3				
11	603	94	93	90	93	30			
12	638	94	91	88	94	35			
11	610	93	95	89	95	28			
12	644	93	90	87	93	34	0,031		
11	615	93	91	89	91	29			
12	647	93	93	90	93	32			
Mittel		93,3	92,2	88,8	93,2				
1	202	88	79	69	79	—		0,202	
2	250	84	80	72	80	48			
3	293	84	82	75	82	43			
4	332	86	84	78	84	39			
5	373	89	80	75	80	41			
6	411	89	83	78	83	38			
7	452	90	84	84	84	41	0,041		
8	490	89	86	86	86	38			
9	529	91	91	87	91	39			
10	570	91	88	84	88	41			
11	612	93	92	88	92	42			
12	651	92	89	86	89	39			
13	723	92	91	91	91	72			
14	812	92	91	91	91	89			
15	911	91	90	88	90	99			
Mittel		89,4	86,0	82,1	86,0				
14	884	92	90	88	90	27			
15	917	92	92	89	92	33			
14	888	92	90	90	90	29			
15	923	92	91	91	91	35	0,0310		
14	893	93	90	90	90	30			
15	925	93	91	91	91	32			$U_{15} = 69$ mm.
Mittel		92,3	90,7	89,8	90,7				

Belastung in Tonnen	Dehnungen an den Meßstellen					Dehnungen an Meßstelle V		Bemerkungen über den Verlauf des Versuches
	App. V l	I L l₁	II l₁	III l₁	IV l₁	Unterschied für je 1 t Belastung	Bleibende Dehnung nach Entlastung	
	gemessen über n Löthstellen							
	% von l	Verhältnißzahlen (V = 100)				% von l — Mittel im Abschnitt		
1	353	85	79	79	79	—	0,353	
2	403	83	79	74	74	50		
3	447	82	81	76	76	44		
4	490	84	82	82	82	43		
5	528	85	83	80	83	38		
6	565	86	81	81	85	37		
7	607	88	82	82	82	42		
8	647	88	87	87	87	40	0,041	
9	687	89	84	84	84	40		
10	723	90	89	86	83	36		
11	764	90	89	89	92	41		
12	807	91	89	87	89	43		
13	844	91	90	88	90	37		
14	885	92	90	88	90	41		
15	930	92	90	90	90	45		
16	1010	92	91	91	91	80		
17	1120	94	93	91	91	110		
18	1267	95	93	93	93	147		
Mittel		88,7	86,2	84,9	85,6			
17	1241	94	92	92	92	26		
18	1279	94	92	92	92	38		
17	1253	94	93	93	93	26		
18	1289	94	93	93	93	36	0,031	
17	1263	94	93	93	93	26		
18	1299	94	94	94	94	36		
Mittel		94,0	92,8	92,8	92,8			
1	610	90	85	85	85	—	0,610	
2	660	88	88	85	85	50		
3	701	88	86	86	86	41		
4	743	88	86	86	83	42		
5	781	90	87	87	85	38		
6	820	89	88	88	85	39		
7	860	90	88	88	88	40		
8	897	91	89	87	87	37		
9	933	91	88	88	88	36		
10	973	92	90	90	90	40	0,041	U₁₇ = 69 mm. Apparate abgenommen.
11	1012	92	91	89	89	39		
12	1051	92	91	91	90	39	
13	1087	93	92	92	90	36		
14	1127	93	92	92	91	40		
15	1168	93	92	92	92	41		
16	1213	94	92	92	91	45		
17	1255	94	92	92	92	42		
18	1304	95	92	92	92	49		
21	Bruch							
Mittel		91,3	89,4	88,9	88,3			

$U_{17} = 69$ mm. Apparate abgenommen.

3 Litzen an einer Löthstelle gerissen, die gelötheten Drähte dicht neben der Löthung. Von den übrigen Litzen zeigt eine zwei Drahtbrüche, und zwar ist in derselben der gelöthete Draht durch die Löthung gerissen. Die übrigen Drähte zeigen Druckstellen und Einschnürungen an denselben.

Seil Nr. 7,

2 Löthstellen in 460 mm Entfernung mit je einem zweimal gelötheten Draht in jeder Litze.

Konstruktion und Einspannung wie bei 2.

Mittlerer Seilumfang $U = 70$ mm; hieraus Durchmesser $D = 22,3$ mm und mittlerer Seilquerschnitt $F = 390$ qmm; mittlere Drahtdicke (20 Messungen) $d = 2,50$ mm; hieraus Gesammtdrahtquerschnitt $f = 177$ qmm; Querschnittsverhältniß $f/F = 0,45$. Gewicht für 1 m, $g = 1,67$ kg; freie Einspannlänge 3,49 m.

Belastung in Tonnen	App. V 1 % von 1	I L	II l_1	III l_1	IV l_1	Unterschied für je 1 t Belastung % von 1	Mittel im Abschnitt	Bleibende Dehnung nach Entlastung	Bemerkungen über den Verlauf des Versuches
		gemessen über n Löthstellen							
		Verhältnißzahlen ($V = 100$)							
Meßlänge	1500	3000	500	500	500				
Zahl der Löthstellen n =	2	2	1	1	0				
1	0,000	—	—	—	—				
2	63	75	63	32	63	0,063			
3	125	80	80	64	64	62			
4	185	87	87	65	76	60			
5	241	86	83	75	83	56			
Mittel		82,0	78,3	59,0	71,5				
4	210	86	76	67	76	31			
5	249	86	80	72	80	39			
4	213	86	85	66	75	36			
5	253	85	79	63	79	40	0,035		
4	220	87	82	64	82	33			
5	253	86	79	63	79	33			
Mittel		86,0	80,2	65,8	78,5				
1	71	80	85	56	56	—		0,071	
2	121	78	83	66	66	50			
3	167	80	84	72	72	46	0,045		
4	211	82	85	76	85	44			
5	252	86	87	71	79	41			
6	307	87	85	72	78	55			
7	367	84	79	71	82	60			
8	427	86	84	75	89	60			
9	490	87	86	82	90	63			
Mittel		83,3	84,2	71,2	77,4				
8	460	87	87	78	87	30			
9	507	85	83	79	83	47			
8	473	85	85	80	80	34			
9	513	85	82	78	82	40	0,036		
8	481	87	83	79	79	32			
9	513	86	82	78	78	32			
Mittel		85,8	83,7	78,7	81,5				

| Belastung in Tonnen | Dehnungen an den Meßstellen | | | | | Dehnungen an Meßstelle V | | Bemerkungen über den Verlauf des Versuches |
| | App. V 1 | I L | II l₁ | III l₁ | IV l₁ | Unterschied für je 1 t Belastung | Bleibende Dehnung nach Entlastung | |
	% von 1 gemessen über n Löthstellen	Verhältnißzahlen (V = 100)				% von 1	Mittel im Abschnitt	
1	170	75	82	71	59	—		0,170
2	220	70	82	64	64	50		
3	265	75	83	60	68	45		
4	307	76	85	65	65	42		
5	347	79	86	63	70	40	0,044	
6	390	80	87	67	72	43		
7	429	82	89	70	75	39		
8	479	84	88	75	75	50		
9	518	84	85	73	73	39		
10	543	86	87	73	73	55		
11	645	86	90	71	74	72		
12	713	87	87	79	76	68		
Mittel		80,2	85,9	69,3	70,3			
11	687	88	88	79	76	26		
12	728	87	88	82	74	41		
11	697	86	89	83	77	31		
12	732	86	90	85	77	35	0,034	
11	701	87	91	86	77	31		
12	738	87	89	89	76	37		
Mittel		86,8	89,2	84,0	76,2			
1	265	75	98	98	53	—		0,265
2	317	73	88	88	57	52		
3	361	76	94	89	61	44		
4	404	76	94	89	64	43		
5	445	79	99	94	67	41		
6	485	81	95	91	70	40		
7	527	81	95	87	72	42	0,043	
8	568	83	95	88	74	41		
9	608	83	95	89	72	40		
10	650	85	95	86	77	42		
11	693	86	92	81	78	43		
12	733	86	93	82	79	40		
13	807	88	92	82	79	74		
14	900	89	93	82	76	93		
15	991	89	91	85	79	91		
Mittel		82,0	93,9	87,4	70,5			
14	969	90	91	87	80	22		
15	1012	89	89	89	79	43		
14	985	88	91	89	77	27		
15	1020	89	90	88	80	35	0,032	
14	989	90	93	87	79	31		
15	1025	88	92	88	80	36		U₁₅ = 69 mm.
Mittel		89,0	91,0	88,0	79,2			

Belastung in Tonnen	Dehnungen an den Meßstellen					Dehnungen an Meßstelle V		Bemerkungen über den Verlauf des Versuches
	App.V 1 L	I l₁	II l₁	III l₁	IV l₁	Unterschied für je 1 t Belastung	Bleibende Dehnung nach Entlastung	
	gemessen über n Löthstellen					% von 1 · Mittel im Abschnitt		
	% von l	Verhältnißzahlen (V = 100)						
1	443	79	81	90	68	—	0,443	
2	487	77	82	86	70	44		
3	532	79	86	86	71	45		
4	573	80	87	87	70	41		
5	615	80	88	88	68	42		
6	656	82	85	88	73	41		
7	696	82	89	92	78	40		
8	735	84	87	90	76	39	0,042	
9	776	85	85	90	75	41		
10	817	85	86	88	78	41		
11	858	85	86	89	77	41		
12	903	87	86	91	80	45		
13	945	87	87	89	78	42		
14	987	88	87	87	79	42		
15	1035	88	85	83	81	48		
16	1125	89	85	87	82	90		
17	1254	90	86	88	81	129		
18	1449	90	85	88	84	195		
Mittel		84,3	85,7	88,2	76,1			
17	1420	92	86	89	83	29		
18	1467	90	86	90	85	47		
17	1435	91	86	91	84	32		
18	1470	90	87	91	84	35	0,035	
17	1441	91	86	90	83	29		
18	1477	90	87	91	84	36		
Mittel		90,7	86,3	90,3	83,8			
1	759	87	79	97	84	—	0,759	
2	808	83	77	94	82	49		
3	850	84	78	96	82	42		
4	892	84	78	96	83	42		
5	933	85	79	96	79	41		
6	973	85	78	95	80	40		
7	1013	86	81	97	81	40		
8	1055	86	80	95	80	42		
9	1095	87	82	93	82	40		U₁₈ = 68 mm.
10	1132	87	81	93	83	37	0,043	An der einen Löthstelle sind 3 Litzen gerissen; von den gelötheten Drähten sind 2 dicht neben der Löthung und einer durch dieselbe gerissen; in einer der übrigen Litzen ist der gelöthete Draht dicht neben der Löthung gerissen. An der andern Löthstelle zeigen besonders zwei gelöthete Drähte neben der Löthung Einschnürungen und geringe Ausknickung des Drahtes.
11	1175	87	82	94	82	42		
12	1213	88	84	92	82	38		
13	1255	88	84	92	83	42		
14	1297	88	85	91	83	42		
15	1338	89	87	93	84	41		
16	1383	89	87	91	82	45		
17	1428	90	85	92	84	45		
18	1485	90	88	92	84	57		
21	Bruch							
Mittel		86,8	81,9	94,1	82,2			

Seil Nr. 10,

1 Löthstelle mit je einem gelötheten Draht in jeder Litze.

Konstruktion und Einspannung wie bei 2.

Mittlerer Seilumfang $U = 72$ mm; hieraus Durchmesser $D = 22{,}9$ mm und mittlerer Seilquerschnitt $F = 412$ qmm; mittlere Drahtdicke (20 Messungen) $d = 2{,}53$ mm; hieraus Gesammtdrahtquerschnitt $f = 182$ qmm; Querschnittsverhältniß $f/F = 0{,}44$; Gewicht für 1 m, $g = 1{,}61$ kg; freie Einspannlänge 7,53 m.

Belastung in Tonnen	Dehnungen an den Meßstellen					Dehnungen an Meßstelle V			Bemerkungen über den Verlauf des Versuches
	App. V l	I L	II l_1	III l_1	IV l_1	Unterschied für je 1 t Belastung	Bleibende Dehnung nach Entlastung		
	gemessen über n Löthstellen						Mittel im Abschnitt		
	% von 1	Verhältnißzahlen (V = 100)				% von 1			
Meßlänge	1000	3500	500	500					
Zahl der Löthstellen n =	1	1	1	0					
1	0,000	—	—	—					
2	72	71	69	83		0,072			
3	130	72	77	77		58			
4	182	79	88	77		52			
5	235	80	77	85		53			
Mittel		75,5	77,8	80,5					
4	205	81	73	68		30			
5	237	80	84	76		32			
4	206	81	73	68		31	0,032		
5	240	80	75	75		34			
4	207	80	77	68		33			
5	240	81	83	83		33			
Mittel		80,5	77,5	73,0					
1	54	69	37	37		—		0,054	
2	110	67	55	55		46			
3	160	73	75	75		50	0,044		
4	200	76	80	80		40			
5	240	81	75	83		40			
6	290	82	83	83		50			
7	342	82	82	88		52			
8	397	83	86	91		55			
9	458	86	87	100		61			
Mittel		77,7	73,3	76,9					
8	430	86	88	102		28			
9	460	87	87	104		30			
8	433	86	88	102		27			
9	468	86	85	107		35	0,031		
8	435	86	87	110		33			
9	470	86	85	106		35			
Mittel		86,2	86,7	105,2					

Belastung in Tonnen	Dehnungen an den Meßstellen					Dehnungen an Meßstelle V		Bleibende Dehnung nach Entlastung	Bemerkungen über den Verlauf des Versuches
	App.V $\frac{1}{L}$	I L	II l_1	III l_1	IV l_1	Unterschied für je 1 t Belastung % von l	Mittel im Abschnitt		
	gemessen über n Löthstellen								
	% von l	Verhältnißzahlen (V = 100)							
1	128	70	63	109		—		0,128	
2	180	73	78	100		52			
3	222	75	72	109		42			
4	265	78	76	106		43			
5	307	80	78	98		42	0,042		
6	350	82	86	103		43			
7	387	83	88	103		37			
8	430	100	84	102		43			
9	465	98	86	103		35			
10	527	97	87	106		62			
11	596	95	91	104		69			
12	675	94	95	104		79			
Mittel		85,4	82,0	103,9					
11	648	95	93	105		27			
12	690	94	93	101		42			
11	660	94	91	103		30	0,032		
12	695	94	92	104		35			
11	668	93	90	105		27			
12	698	94	92	103		30			
Mittel		94,0	91,8	103,5					
1	238	92	84	101		—		0,238	
2	290	89	83	97		52			
3	333	87	78	96		43			
4	374	90	86	96		41			
5	415	90	87	101		41			
6	456	92	88	96		41			
7	498	92	88	100		42	0,042		
8	535	92	90	97		37			
9	575	92	94	101		40			
10	615	93	91	104		40			
11	655	93	95	101		40			
12	698	94	92	100		43			
13	765	93	92	99		67			Die Apparate werden abgenommen; der Versuch wird ohne die Dehnungsbestimmungen fortgesetzt.
14	—	—	—						
15									
Mittel		91,5	88,3	99,2					
14									
15									
14									
15									
14									
15									$U_{15} = 71$ mm.
Mittel									

Belastung in Tonnen	Dehnungen an den Meßstellen					Dehnungen an Meßstelle V		Bleibende Dehnung nach Entlastung	Bemerkungen über den Verlauf des Versuches
	App.V l	I L	II l₁	III l₁	IV l₁	Unterschied für je 1 t Belastung			
	gemessen über n Löthstellen						Mittel im Abschnitt		
	% von l	Verhältnißzahlen (V = 100)				% von l			
1									
2									
3									
4									
5									
6									
7									
8									
9									
10									
11									
12									
13									
14									
15									
16									
17				*)					*) Knistern an der Löthstelle.
18									
Mittel									
17									
18									
17									
18									
17									
18									
Mittel									
1									
2									
3									
4									
5									
6									
7									
8									$U_{18} = 70$ mm.
9									Der Bruch erfolgte durch 4 Litzen und die Haupthanfseele. Die Löthungen sind
10									unversehrt; der Bruch der
11									Drähte ist unmittelbar am
12									Ende der Löthung erfolgt;
13									am anderen Ende der
14									Löthung zeigte jeder Draht
15									eine Einschnürung. Ein
16									Stück ist in zwei Druck
17									stellen eingeschnürt und her
18									ausgerissen. Es wurde nach
19									träglich am Boden gefun
20	Bruch								den. Im Uebrigen zeigen
Mittel									die Drähte Druckstellen und geringe Einschnürungen.

Seil Nr. 11,

1 Löthstelle mit je einem gelötheten Draht in jeder Litze.

Konstruktion und Einspannung wie bei 2.

Mittlerer Seilumfang U = 71 mm; hieraus Durchmesser D = 22,6 mm und mittlerer Seilquerschnitt F = 401 qmm; mittlere Drahtdicke (20 Messungen) d = 2,52 mm; hieraus Gesammtdrahtquerschnitt f = 180 qmm; Querschnittsverhältniß f/F = 0,45; Gewicht für 1 m, g = 1,56 kg; freie Einspannlänge 4,46 m.

Belastung in Tonnen	Dehnungen an den Meßstellen					Dehnungen an Meßstelle V			Bemerkungen über den Verlauf des Versuches
	App V l	I L	II l_1	III l_1	IV l_1	Unterschied für je 1 t Belastung	Mittel im Abschnitt	Bleibende Dehnung nach Entlastung	
	% von 1	gemessen über n Löthstellen — Verhältnißzahlen (V = 100)				% von 1			
Meßlänge	1000	3500	500	500					
Zahl der Löthstellen n =	1	1	1	0					
1	0,000	—	—	—					
2	45	76	89	89		0,045			
3	97	79	102	102		52			
4	142	85	113	106		45			
5	198	82	111	101		56			
Mittel		80,5	103,8	99,5					
4	166	81	108	96		32			
5	208	82	115	96		42			
4	174	79	115	92		34	0,033		
5	206	83	112	97		32			
4	177	81	113	90		29			
5	208	82	111	96		31			
Mittel		81,3	113,2	94,5					
1	45	31	133	89		—		0,045	App. V neigt sich nach der Seite, jedoch entgegengesetzt wie bei den bisherigen Versuchen.
2	90	54	133	89		45			
3	131	69	122	107		41	0,041		
4	171	77	117	94		40			
5	207	83	116	97		36			
6	253	83	111	95		46			
7	308	81	110	97		55			
8	362	84	110	99		54			
9	418	85	110	96		56			
Mittel		71,9	118,0	95,9					
8	392	84	112	92		26			
9	421	85	109	95		29			
8	390	84	113	92		31			
9	423	84	109	95		33	0,030		
8	393	84	112	92		30			
9	426	85	108	94		33			
Mittel		84,3	110,5	93,3					

Belastung in Tonnen	Dehnungen an den Meßstellen					Dehnungen an Meßstelle V		Bleibende Dehnung nach Entlastung	Bemerkungen über den Verlauf des Versuches
	App.V l / L	I l₁	II l₁	III l₁	IV l₁	Unterschied für je 1 t Belastung % von l	Mittel im Abschnitt		
	% von l	Verhältnißzahlen (V = 100)							
1	113	50	142	88		—		0,113	
2	158	58	126	101		45			
3	200	65	120	90		42			
4	238	69	118	84		38			
5	274	74	117	95		36	0,039		
6	312	78	109	96		38			
7	350	82	114	97		38			
8	385	82	109	94		35			
9	427	82	108	94		42			
10	470	85	115	98		43			
11	533	86	113	101		63			
12	610	87	108	102		77			
Mittel		74,8	116,4	95,0					
11	580	87	110	103		30			
12	629	85	111	99		49			
11	599	85	110	93		30			
12	628	86	111	99		29	0,033		
11	600	85	110	97		28			
12	630	87	111	95		30			
Mittel		85,8	110,5	97,7					
1	188	64	138	96		—		0,188	
2	238	63	126	84		50			
3	280	68	121	100		42			
4	319	70	119	100		39			
5	356	74	118	101		37			
6	392	77	112	102		36			
7	431	80	116	102		39	0,039		
8	465	81	116	108		34			
9	502	83	119	115		37			
10	542	85	118	111		40			
11	578	86	118	107		36			
12	615	87	114	104		37			
13	670	89	116	104		55			
14	740	91	114	105		70			
15	830	91	116	111		90			
Mittel		79,3	118,7	103,3					
14	810	92	116	109		20			
15	853	92	117	108		43			
14	822	92	117	109		31			
15	858	92	117	110		36	0,032		
14	828	92	118	109		30			
15	860	92	116	109		32			$U_{15} = 70 \text{ mm.}$
Mittel		92,0	116,8	109,0					

Belastung in Tonnen	App. V / l	I / L	II / l_1	III / l_1	IV / l_1	Unterschied für je 1 t Belastung	Mittel im Abschnitt	Bleibende Dehnung nach Entlastung	Bemerkungen über den Verlauf des Versuches
	% von 1		Verhältnißzahlen (V = 100)			% von 1			
1	306	83	150	124		—		0,306	
2	356	78	140	112		50			
3	398	80	136	116		42			
4	435	83	130	110		37			
5	473	84	127	110		38			
6	513	85	129	109		40			
7	546	86	129	106		33			
8	582	88	127	106		36			
9	618	89	123	107		36	0,039		
10	652	90	123	110		34			
11	688	91	125	110		36			
12	729	91	123	110		41			
13	760	92	126	113		31			
14	799	96	123	110		39			
15	847	99	123	113		48			
16	912	98	125	112		65			
17	1018	100	124	114		106			
18	1116	103	125	116		98			
Mittel		89,8	128,2	111,6					
17	1088	104	127	118		28			
18	1110	105	128	119		22			
17	1080	106	130	120		30			
18	1115	106	129	118		35	0,029		
17	1088	106	131	121		27			
18	1120	106	132	121		32			
Mittel		105,5	129,5	119,5					
1	399	130	190	170		—		0,399	
2	450	124	187	160		51			
3	490	121	176	151		40			
4	528	119	170	144		38			
5	565	118	163	142		37			
6	600	118	160	143		35			
7	640	116	156	141		40			
8	670	116	158	140		30			$U_{18} = 69$ mm.
9	708	115	153	136		38			
10	742	115	151	135		34	0,039		21 t spielten $\frac{1}{4}$ Min. ein; dann Bruch durch 3 Litzen an der Löthstelle. Die Löthungen sind unversehrt; der Bruch der Drähte ist unmittelbar am Ende der Löthung erfolgt.
11	780	114	149	133		38			
12	815	114	147	133		35			
13	850	114	146	132		35			
14	890	113	144	128		40			
15	927	113	145	129		37			
16	963	113	141	131		36			Alle Drähte haben Druckstellen mit geringen Einschnürungen.
17	1006	113	139	127		43			
18	1057	112	136	127		51			In einer der übrigen Litzen ist ein Draht zerrissen.
19	—	—	—	—					
21	Bruch								
Mittel		116,6	156,2	139,0					

Seil Nr. 14,

3 Löthstellen in 500 mm Entfernung mit je einem dreimal gelötheten Draht in jeder Litze.

Seilkonstruktion und Einspannung wie bei 2.

Mittlerer Seilumfang $U = 71$ mm; hieraus Durchmesser $D = 22{,}6$ mm und mittlerer Seilquerschnitt $F = 401$ qmm; mittlere Drahtdicke (20 Messungen) $d = 2{,}53$ mm; hieraus Gesammt-Drahtquerschnitt $f = 182$ qmm; Querschnittsverhältniß $f/F = 0{,}45$; Gewicht für 1 m, $g = 1{,}64$ kg; freie Einspannlänge $= 3{,}99$ m.

Belastung in Tonnen	Dehnungen an den Meßstellen					Dehnungen an Meßstelle V		Bleibende Dehnung nach Entlastung	Bemerkungen über den Verlauf des Versuches
	App.V l	I L	II l_1	III l_1	IV l_1	Unterschied für je 1 t Belastung			
		gemessen über n Löthstellen				% von l	Mittel im Abschnitt		
	% von l	Verhältnißzahlen ($V = 100$)							
Meßlänge.	2000	3500	500	500	500				
Zahl der Löthstellen n $=$	3	3	1	1	1				
1	0,000	—	—	—	—				
2	73	67	82	82	82	0,073			
3	130	82	108	108	108	57			
4	188	85	106	85	85	58			
5	245	90	98	90	90	57			
Mittel		81,0	98,5	91,3	91,3				
4	211	91	104	85	85	34			
5	254	91	102	94	94	43			
4	215	94	102	84	84	39			
5	253	91	103	95	95	38	0,037		
4	220	94	109	91	91	33			
5	253	92	102	94	94	35			
Mittel		92,2	103,7	90,5	90,5				
1	66	108	152	121	91	—		0,066	
2	125	91	112	96	96	59			
3	165	90	109	97	97	40	0,047		
4	210	91	114	95	95	45			
5	253	92	103	95	95	43			
6	307	95	104	98	98	54			
7	366	94	104	93	93	59			
8	425	95	104	89	94	59			
9	487	95	99	90	94	62			
Mittel		94,6	111,2	97,1	94,8				
8	452	95	102	97	97	35			
9	494	97	101	93	93	42			
8	464	97	99	95	95	30			
9	498	96	100	92	92	34	0,035		
8	465	97	99	95	95	33			
9	499	96	100	100	96	34			
Mittel		96,3	100,2	95,3	94,7				

Belastung in Tonnen	Dehnungen an den Meßstellen					Dehnungen an Meßstelle V		Bleibende Dehnung nach Entlastung	Bemerkungen über den Verlauf des Versuches
	App. V l	I L	II l_1	III l_1	IV l_1	Unterschied für je 1 t Belastung			
	gemessen über n Löthstellen					% von l	Mittel im Abschnitt		
	% von l	Verhältnißzahlen ($V = 100$)							
1	153	103	157	131	92	—		0,153	
2	203	93	128	118	89	50			
3	250	94	120	120	96	47			
4	292	93	116	110	96	42			
5	335	94	113	107	90	43	0,043		
6	377	95	106	101	90	42			
7	418	94	110	105	96	41			
8	460	96	109	104	96	42			
9	496	96	105	101	93	36			
10	554	97	108	105	94	58			
11	611	98	108	101	98	57			
12	692	98	107	101	92	81			
Mittel		95,9	115,6	108,7	93,5				
11	660	100	109	103	94	32			
12	698	98	106	100	95	38			
11	669	98	108	102	96	28			
12	710	97	107	101	99	41	0,034		
11	677	97	109	103	95	33			
12	710	97	107	101	99	33			
Mittel		97,8	107,7	102,3	96,3				
1	253	97	134	119	95	—		0,253	
2	304	91	125	112	86	51			
3	344	96	122	110	87	40			
4	385	93	119	104	88	41			
5	427	94	117	108	94	42			
6	465	95	116	108	95	38			
7	506	96	111	107	95	41	0,042		
8	547	97	110	102	91	41			
9	587	98	112	102	95	40			
10	629	98	111	102	95	42			
11	671	98	110	98	95	42			
12	714	98	106	98	95	43			
13	789	98	106	99	96	75			
14	870	99	103	99	97	81			
15	968	99	103	99	97	98			
Mittel		96,5	113,7	104,5	93,4				
14	943	100	104	100	98	25			
15	984	99	104	98	96	41			
14	957	99	102	98	96	27			
15	994	99	105	99	97	37	0,031		
14	967	100	103	99	97	27			
15	998	100	104	98	96	31			$U_{15} = 70$ mm.
Mittel		99,5	103,7	98,7	96,7				

Belaſtung in Tonnen	Dehnungen an den Meßſtellen					Dehnungen an Meßſtelle V		Bleibende Dehnung nach Ent- laſtung	Bemerkungen über den Verlauf des Verſuches
	App. V 1	I L	II l_1	III l_1	IV l_1	Unterſchied für je 1 t Belaſtung			
	gemeſſen über n Löthſtellen					% von 1	Mittel im Abſchnitt		
	% von 1	Verhältnißzahlen (V = 100)							
1	415	100	120	111	92	—		0,415	
2	467	95	111	107	94	52			
3	510	95	110	106	94	43			
4	552	96	109	101	94	42			
5	592	96	111	101	95	40			
6	634	97	107	101	95	42			
7	675	97	107	104	95	41			
8	715	97	106	101	98	40			
9	754	97	106	101	95	39	0,042		
10	794	97	106	101	96	40			
11	835	97	105	101	96	41			
12	873	98	103	99	94	38			
13	917	99	105	100	96	44			
14	958	98	104	100	98	41			
15	1001	99	104	100	96	43			
16	1095	100	104	100	99	94			
17	1233	99	102	99	97	138			
18	1418	101	100	99	99	185			
Mittel		97,7	106,7	101,8	95,7				
17	1392	101	102	101	101	26			
18	1448	99	99	99	98	56			
17	1425	100	100	100	98	23			
18	1475	99	99	99	99	50	0,037		
17	1445	100	100	100	100	30			
18	1480	99	100	100	99	35			
Mittel		99,7	100,0	99,8	99,2				
1	779	99	103	103	98	—		0,779	
2	827	97	104	102	97	48			
3	873	97	103	103	96	46			
4	913	97	103	101	96	40			
5	955	97	101	101	96	42			
6	993	98	101	99	97	38			
7	1033	98	103	101	97	40			$U_{18} = 69{,}5$ mm.
8	1070	97	101	99	97	37			Bruchlaſt (nahe 21 t, Hebel ſpielte bereits frei von der Unterlage).
9	1110	98	101	101	99	40	0,042		An der erſten Löthſtelle iſt kein Bruch erfolgt.
10	1149	98	101	101	97	39			An der mittleren Löth- ſtelle ſind 5 Litzen geriſſen;
11	1189	98	101	99	96	40			die gelötheten Drähte ſind dicht an den Löthungen ge-
12	1228	98	101	101	98	39			riſſen; in der unverſehrten Litze iſt der gelöthete Draht
13	1267	98	101	99	98	39			nahe der Löthung ſehr ſtark eingeſchnürt.
14	1306	98	100	100	100	39			An der dritten Löthſtelle iſt der gelöthete Draht einer
15	1350	98	101	101	101	44			Litze dicht an der Löthung zerriſſen.
16	1389	99	101	101	99	39			
17	1444	99	100	100	98	55			
18	1489	99	101	101	98	45			
20	Bruch								
Mittel		97,9	101,5	100,7	97,7				

Seil Nr. 15.

3 Löthstellen in 500 mm Entfernung mit je einem dreimal gelötheten Draht in jeder Litze.

Seilkonstruktion und Einspannung wie bei 2.

Mittlerer Seilumfang U = 72 mm; hieraus Durchmesser D = 22,9 mm und mittlerer Seilquerschnitt F = 412 qmm; hieraus Gesammt-Drahtquerschnitt f = 178 qmm; Querschnittsverhältniß f/F = 0,43; Gewicht für 1 m, g = 1,63 kg; freie Einspannlänge = 4,01 m.

Belastung in Tonnen	Dehnungen an den Meßstellen					Dehnungen an Meßstelle V		Bemerkungen über den Verlauf des Versuches
	App.V l % von 1	I L	II l_1	III l_1	IV l_1	Unterschied für je 1 t Belastung % von 1	Bleibende Dehnung nach Ent-lastung	
		gemessen über n Löthstellen / Verhältnißzahlen (V = 100)					Mittel im Abschnitt	
Meßlänge.	2000	3500	500	500	500			
Zahl der Löthstellen n =	3	3	1	1	1			
1	0,000	—	—	—	—			
2	74	66	81	68	81	0,074		
3	132	80	91	91	91	58		
4	188	87	85	85	85	56		
5	243	92	91	91	107	55		
Mittel		81,3	87,0	83,8	91,0			
4	211	95	95	95	95	32		
5	245	93	90	90	98	34		
4	212	94	94	94	104	33		
5	246	93	89	89	106	34	0,033	
4	213	94	94	94	103	33		
5	247	93	89	89	97	34		
Mittel		93,7	91,8	91,8	100,5			
1	63	100	95	95	95	—		0,063
2	117	85	103	85	103	54		
3	162	88	86	86	99	45	0,046	
4	206	90	87	87	97	44		
5	246	93	89	89	98	40		
6	296	94	95	95	95	50		
7	352	98	97	97	97	56		
8	408	97	98	98	98	56		
9	476	97	92	92	97	68		
Mittel		93,6	93,6	91,6	97,7			
8	445	100	90	90	99	31		
9	480	98	96	96	104	35		
8	449	99	94	94	102	31		
9	484	97	95	95	103	35	0,034	
8	450	98	93	93	102	34		
9	485	97	95	95	103	35		
Mittel		98,2	93,8	93,8	102,2			

Belastung in Tonnen	App.V 1 (% von 1)	I L	II l_1	III l_1	IV l_1	Unterschied für je 1 t Belastung (% von 1)	Mittel im Abschnitt	Bleibende Dehnung nach Entlastung	Bemerkungen über den Verlauf des Versuches
1	146	108	96	96	110	—		0,146	
2	192	97	94	94	104	46			
3	235	94	94	94	102	43			
4	279	94	93	93	100	44			
5	320	95	94	94	100	41	0,043		
6	360	95	94	94	100	40			
7	401	96	90	90	100	41			
8	444	97	95	95	99	43			
9	488	97	94	94	102	44			
10	546	98	95	95	103	58			
11	619	97	94	94	97	73			
12	698	96	95	95	100	79			
Mittel		97,0	94,0	94,0	101,4				
11	668	97	96	96	102	30			
12	715	95	92	92	98	47			
11	687	96	93	93	99	28			
12	720	96	94	74	100	33	0,034		
11	690	96	93	93	99	30			
12	724	95	94	94	99	34			
Mittel		95,8	93,7	93,7	99,5				
1	258*)	97	93	93	101	—		0,258	*) Vermuthlich liegt hier ein Ablesungsfehler vor; derselbe kann aus den Protokollen jedoch nicht nachgewiesen werden. Für die Folge ist die Ablesung 278 als richtig angenommen; dann gelten die bei **) und ***) eingeklammerten Zahlen.
2	326	85	86	86	92	68**)			
3	371	86	86	86	92	45			
4	415	86	87	87	87	44			
5	459	87	87	87	87	44			
6	500	88	88	88	92	41			
7	545	89	88	88	92	45	0,045***)		
8	584	91	86	89	92	39			
9	625	91	88	90	96	41			
10	668	91	90	90	96	43			
11	711	91	90	90	98	43			**) (48).
12	755	92	93	93	98	44			***) (0,043).
13	825	92	90	92	97	70			
14	911	93	92	92	99	86			
15	1029	94	91	93	97	118			
Mittel		90,2	89,0	89,6	94,3				
14	1000	94	92	92	96	29			
15	1043	93	92	92	96	43			
14	1013	94	93	93	97	30			
15	1050	93	91	91	97	37	0,033		
14	1022	93	92	92	98	28			
15	1055	94	91	91	97	33			
Mittel		93,5	91,8	91,8	96,8				

Belastung in Tonnen	Dehnungen an den Meßstellen					Dehnungen an Meßstelle V		Bleibende Dehnung nach Entlastung	Bemerkungen über den Verlauf des Versuches
	App.V 1	I L	II l_1	III l_1	IV l_1	Unterschied für je 1 t Belastung	Mittel im Abschnitt		
	gemessen über n Löthstellen					% von 1			
	% von 1	Verhältnißzahlen (V = 100)							
1	469	91	90	90	94	—		0,469	
2	509	86	86	86	90	40			
3	550	87	84	84	91	41			
4	594	88	84	84	91	44			
5	635	88	85	85	91	41			
6	678	88	88	88	94	43			
7	716	89	89	89	92	38			
8	758	89	90	90	95	42	0,042		
9	799	90	90	90	93	41			
10	840	92	92	92	96	41			
11	881	91	91	91	95	41			
12	923	91	91	91	98	42			
13	967	92	91	93	97	44			
14	1009	93	93	93	95	42			
15	1055	94	91	91	97	46			$U_{15} = 70$ mm.
16	1156	93	92	93	97	101			
17	1285	94	93	93	95	129			
18	1475	95	92	94	95	190			
Mittel		90,6	89,6	89,8	94,2				
17	1449	96	94	94	97	26			
18	1500	94	93	95	96	51			
17	1473	95	94	95	96	27			
18	1512	95	93	94	97	39	0,034		
17	1487	95	93	94	97	25			
18	1523	94	92	95	97	36			
Mittel		94,8	93,2	94,5	96,7				
1	796	92	90	90	98	—		0,796	
2	847	91	92	92	94	51			
3	892	90	90	90	92	45			
4	934	89	90	90	94	42			
5	975	90	90	90	92	41			
6	1017	90	90	90	94	42			
7	1055	91	91	91	95	38			
8	1097	91	91	91	95	42			
9	1136	92	92	92	95	39			
10	1176	92	92	92	95	40	0,043		
11	1218	92	92	92	95	42			
12	1258	93	92	92	95	40			
13	1299	93	92	92	95	41			
14	1340	94	93	93	96	41			
15	1383	93	93	94	95	43			$U_{18} = 70$ mm.
16	1427	93	93	94	95	44			
17	1475	94	92	94	96	48			4 Litzen gerissen und zwar die 4 gelötheten Drähte neben der Löthung. Alle andern
18	1531	94	93	94	95	56			Löthstellen unversehrt, bis auf Einschnürungen zu einer oder beiden Seiten der
21	Bruch								Löthung.
Mittel		91,9	91,6	91,8	94,8				

Gegenüberstellung der Versuchsergebnisse.   Tabelle 3.

Alle Seile mit gleicher Konstruktion und aus den gleichen Drähten hergestellt: 6 Litzen mit je 6 Drähten, Haupthanfseele und Hanfeinlage in den Litzen. Aus allen Versuchen Nr. 1—19: mittleres Gewicht für 1 m, $g = 1{,}638$ kg; mittlerer Seilumfang $U = 71{,}5$ mm; mittlerer Durchmesser $D = 22{,}69$ mm; mittlerer Seilquerschnitt $F = 407{,}3$ qmm; mittlere Drahtdicke $d = 2{,}516$ mm; mittlerer Gesammt-Drahtquerschnitt $f = 178{,}9$ qmm; mittleres Querschnittsverhältniß $f/F = 0{,}437$; mittlere Drahtfestigkeit (nach Tabelle 1) $P = 632{,}5$ kg; mittlere Bruchspannung der Drähte $p = 127{,}5$ kg/qmm.

Seil Nr.	Angaben über die Zahl der Löthstellen	Dehnungen in 0,001% der Meßlänge 1 gemessen mit Apparat V für die jeweilig erstmalige Belastung in Tonnen																		Bruch- last t	Dehnung 0,001%	Gesamtmittel der Verhältnißzahlen bezogen auf App. V. (Vergl. Tabelle 2) I	II	III	IV
		1	2	3	4	5	6	7	8	9	10	11	12	13	14	15	16	17	18			I	II	III	IV
1	Ohne Löthstellen . . .	0	79	157	223	288	350	411	473	540	633	701	782	863	946	1047	1178	1333	1508	21	—	88,8	94,4	85,5	—
2	. . . do.	0	40	100	159	218	277	337	398	468	542	618	701	795	893	1013	1161	1335	1578	21	—	102,0	—	—	—
	a Mittel . . .		60	129	191	253	318	374	436	504	588	660	742	829	920	1030	1170	1334	1543	21	—	95,4	94,4	85,5	—
10	1 Löthstelle	0	72	130	182	235	290	342	397	458	527	596	675	765	—	—	—	—	—	—	—	84,4	82,5	91,7	—
11	. . do.	0	45	97	142	198	253	308	362	418	470	533	610	670	740	830	912	1018	1116	21	—	87,4	120,2	105,3	—
	b Mittel . . .		59	114	162	217	272	325	380	438	499	565	643	718	(740)	(830)	(912)	(1018)	(1116)	21	—	85,9	101,4	98,5	—
	b bezogen auf a = 100		98	88	85	86	86	87	87	87	85	86	87	87	(80)	(81)	(78)	(76)	(72)	100	—	—	—	—	—
6	2 Löthstellen	0	53	107	157	213	260	320	373	433	499	561	633	723	812	911	1010	1120	1267	21	—	91,5	92,4	87,5	92,4
7	. . do	0	63	125	185	241	307	367	427	490	573	645	713	807	900	991	1125	1254	1449	21	—	85,2	80,9	79,6	77,0
	c Mittel . . .		58	116	171	227	284	344	400	462	536	603	673	765	856	951	1068	1187	1358	21	—	88,4	86,7	83,6	84,7
	c bezogen auf a = 100		97	96	90	90	89	92	92	92	91	91	91	92	93	92	91	89	88	100	—	—	—	—	—
14	3 Löthstellen	0	73	130	188	245	307	366	425	487	554	611	692	789	870	968	1095	1233	1418	20	—	95,4	105,7	99,2	94,9
15	. . do.	0	74	132	188	243	296	352	408	476	546	619	698	825	911	1029	1156	1285	1475	21	—	92,8	91,7	91,5	97,1
	d Mittel . . .		74	131	188	244	302	359	417	482	550	615	695	807	891	999	1126	1259	1447	21	—	94,1	98,7	95,4	96,0
	d bezogen auf a = 100		123	102	98	96	95	96	96	96	94	93	94	97	97	97	96	94	94	100	—	—	—	—	—

Seil Nr.	Angaben über die Zahl der Löthstellen	Dehnungsunterschiede für je 1 t Belastungszuwachs in 0,001% von L, gemessen mit Apparat V (jeweilige erstmalige Belastung) 2	3	4	5	6	7	8	9	10	11	12	13	14	15	16	17	18	Bleibende Dehnung in 0,001% nach der Entlastung von 5	9	12	15	18	Mittlerer Dehnungsunterschied für die Belastungswechsel zwischen Tonnen 4/5	8/9	11/12	14/15	17/18	Hauptmittel 0,001%	Belastungsfolgen zwischen 1 und (wiederholte Belastung) 5	9	12	15	18	Hauptmittel 0,001%
1	Ohne Löthstellen . . .	79	78	66	65	52	61	62	67	57	68	81	56	83	101	89	155	175	—	225	330	488	851	39	35	33	41	42	38,0	—	44	43	43	—	43,3
2	. . . do.	40	60	59	59	54	60	61	70	66	76	83	81	98	120	115	174	243	36	123	239	433	860	34	35	33	34	32	33,6	47	44	43	44	44	44,4
	a Mittel . . .	60	69	63	62	51	61	62	69	62	72	82	69	91	111	102	165	209	36	174	285	461	856	37	35	33	38	37	35,8	(47)	44	43	44	44	43,9
10	1 Löthstelle	72	58	52	53	50	52	55	61	62	69	79	67	—	—	—	—	—	54	128	238	—	—	32	31	32	—	—	31,7	47	42	42	—	—	43,7
11	. . do.	45	52	45	56	46	55	54	56	43	63	77	55	70	90	65	106	98	45	113	188	306	399	33	30	33	32	29	31,4	41	39	39	39	39	39,4
	b Mittel . . .	59	55	49	55	48	54	55	59	53	66	78	61	(70)	(90)	(65)	(106)	(98)	50	121	213	(306)	(399)	33	31	33	(32)	29	31,6	44	41	41	(39)	(39)	41,6
	b bezogen auf a = 100	98	80	78	89	94	89	88	86	85	92	95	88	(77)	(81)	(64)	(64)	(47)	139	70	75	(66)	(47)	89	89	100	(84)	(105)	88	(94)	93	98	(89)	(89)	95
6	2 Löthstellen	53	54	50	56	43	60	53	60	54	62	72	72	89	99	80	110	147	47	127	202	353	610	34	34	31	31	31	32,2	43	42	41	41	41	41,6
7	. . do.	63	62	60	56	55	60	60	63	55	72	68	74	93	91	90	129	195	71	170	265	443	759	35	36	34	32	35	34,4	45	44	43	42	43	43,4
	c Mittel . . .	58	58	55	56	49	60	57	62	55	67	70	73	91	95	85	120	171	59	149	234	488	685	35	35	33	32	33	33,3	44	43	42	42	42	42,5
	c bezogen auf a = 100	97	84	87	90	96	98	92	90	89	93	86	106	100	86	83	73	82	164	86	82	106	80	95	100	100	84	89	93	(94)	95	98	95	95	96
14	3 Löthstellen	73	57	58	57	54	59	59	62	58	57	81	75	81	98	94	138	185	66	153	253	415	779	37	35	34	31	37	34,8	47	43	42	42	42	43,2
15	. . do.	74	58	56	55	50	56	56	68	58	73	79	70	86	118	101	129	190	63	146	258	469	796	33	34	34	33	34	33,6	46	43	43	42	43	43,4
	d Mittel . . .	74	58	57	56	52	58	58	65	58	65	80	73	84	108	98	134	188	65	150	256	442	788	35	35	34	32	36	34,2	47	43	43	42	43	43,3
	d bezogen auf a = 100	123	84	83	90	102	95	94	94	94	90	98	106	92	97	96	81	90	181	86	90	96	92	95	100	103	84	97	95	(100)	98	102	95	98	99

Tabelle 4.

Zusammenstellung der bei dem abgekürzten Verfahren gewonnenen Versuchsergebnisse.

Nach dem abgekürzten Verfahren sind geprüft:

Seil Nr. 3 und 4 — ohne Löthstellen (Nr. 5 ist noch nicht geprüft),

Seil Nr. 8 und 9 — mit 2 Löthstellen in 460 mm Entfernung, mit je einem gelötheten Draht in jeder Litze,

Seil Nr. 12 und 13 — mit 1 Löthstelle, mit je einem gelötheten Draht in jeder Litze,

Seil Nr. 16 und 17 — mit 3 Löthstellen, mit je einem gelötheten Draht in jeder Litze,

Seil Nr. 18 und 19 — alle Drähte an einer Stelle gelöthet,

Seil Nr. 20 und 21 — in jeder Litze ein Draht gelöthet, Löthstellen 1 m auseinander,

Litze Nr. 22 — 7 Drähte, davon 6 Stück mit Löthstellen in je 1 m Entfernung.

Seil Nr. 3, ohne Löthstellen.

Seilkonstruktion (wie bei Nr. 1): 6 Litzen mit je 6 Drähten, Haupthanffeele und Hanfeinlage in den Litzen; 5 Windungen einer Litze auf 1 m.

Ursprünglicher mittlerer Seilumfang $U = 72$ mm; daraus Durchmesser $D = 22,9$ mm und Seilquerschnitt $F = 412$ qmm; mittlerer Drahtdurchmesser (20 Messungen) $d = 2,47$ mm; Gesammt-Drahtquerschnitt $f = 172$ qmm; Durchschnittsverhältniß $f/F = 0,42$; Gewicht für 1 m, $g = -$ kg.

Ganze Seillänge 6,6 m; freie Länge 5,54 m.

Belastung in Tonnen	Dehnungen an den Meßstellen					Dehnungen an Meßstelle V			Bemerkungen über den Verlauf des Versuches
	App. V $l=1000$	I $L=1000$	—	—	—	Unterschied für je 1 Tonne Belastung	Bleibende Dehnung nach Entlastung auf 1 Tonne	Elastische Dehnung für Stufe 1 bis x Tonnen	
	\%von 1 $n=0$	Verhältnißzahlen ($V=100$) $n=0$	—	—	—				
1	0,000	—							
2	62	61				0,062			
3	116	76				54			
4	169	82				53			
5	221	83				52			
Mittel		75,5							
1	— 17	(61)					—0,017		
5	226	81						0,243	
6	281	86				55			
7	339	86				58			
8	400	83				61			
9	468	84				68			
Mittel		· 84,0							
1	51	(73)					51		
9	473	83						422	
10	547	85				74			
11	626	87				79			
12	710	86				84			
Mittel		85,3							

Belastung in Tonnen	Dehnungen an den Meßstellen					Dehnungen an Meßstelle V			Bemerkungen über den Verlauf des Versuches
	App. V 1=1000	I L=1000	—	—	—	Unterschied für je 1 Tonne Belastung	Bleibende Dehnung nach Entlastung auf 1 Tonne	Elastische Dehnung für Stufe 1 bis x Tonnen	
	gemessen über n Löthstellen								
	n = 0	n = 0	—	—	—				
	% von 1	Verhältnißzahlen (V = 100)							
1	174	(75)						174	
12	720	88							546
13	815	90				95			
14	925	91				110			
15	1054	90				129			
Mittel		89,8							
1	384	(90)						384	
15	1066	89							682
16	1201	93				135			
17	1386	97				185			
18	1646	97				260			$U_{18} = 70$ mm.
Mittel		94,0							
1	873	(93)						873	
18	—								
19	—								
20	—								
21	Bruch								Der Bruch erfolgte in einer Litze innerhalb der Versuchslänge; 22t waren nicht zum Einspielen gekommen.
Mittel		—							
Gesammtmittel		85,7							

Seil Nr. 4, ohne Löthstellen.

Seilkonstruktion wie bei Nr. 3.

Ursprünglicher mittlerer Seilumfang U = 72 mm; daraus Durchmesser D = 22,9 mm und Seilquerschnitt F = 412 qmm; mittlerer Drahtdurchmesser (20 Messungen) d = 2,50 mm; Gesammt-Drahtquerschnitt f = 177 qmm; Querschnittsverhältniß f/F = 0,43; Gewicht für 1 m, g = — kg.
Ganze Seillänge 6,6 m; freie Länge 5,54 m.

Belastung in Tonnen	Dehnungen an den Meßstellen					Dehnungen an Meßstelle V			Bemerkungen über den Verlauf des Versuches
	App. V 1=1000	I L=4000	—	—	—	Unterschied für je 1 Tonne Belastung	Bleibende Dehnung nach Entlastung auf 1 Tonne	Elastische Dehnung für Stufe 1 bis x Tonnen	
	gemessen über n Löthstellen								
	n = 0	n = 0	—	—	—				
	% von 1	Verhältnißzahlen (V = 100)							
1	0,000	—							
2	85	73				0,085			
3	138	88				53			
4	190	89				52			
5	241	94				51			
Mittel		86,0							

6*

Belastung in Tonnen	Dehnungen an den Meßstellen					Dehnungen an Meßstelle V			Bemerkungen über den Verlauf des Versuches
	App. V $l = 1000$	I $L = 4000$	—	—	—	Unterschied für je 1 Tonne Belastung	Bleibende Dehnung nach Entlastung auf 1 Tonne	Elastische Dehnung für Stufe 1 bis x Tonnen	
	gemessen über n Löthstellen								
	$n = 0$	$n = 0$	—	—	—				
	% von l	Verhältnißzahlen (V = 100)							
1	— 14	(77)					—0,014		
5	247	92						0,261	
6	296	93				49			
7	350	96				54			
8	408	96				58			
9	468	98				60			
Mittel		95,0							
1	57	(88)					57		
9	478	97						421	
10	545	98				67			
11	620	98				75			
12	710	100				90			
Mittel		98,3							
1	171	(96)					171		
12	718	98						547	
13	810	100				92			
14	910	101				100			
15	1025	101				115			
Mittel		100,0							
1	360	(117)					360		
15	1035	101						675	
16	1152	101				117			
17	1313	102				161			
18	1521	102				208			$U_{18} = 70$ mm.
Mittel		101,5							
1	745	(100)					745		
18	—								
19	—								
20	—								
21	Bruch								Der Bruch erfolgte in einer Litze innerhalb der Versuchslänge.
Mittel									
Gesammtmittel		96,2							

Seil Nr. 8,

2 Löthstellen in 460 mm Entfernung mit je einem zweimal gelötheten Draht in jeder Litze.
Seilkonstruktion wie bei Nr. 3.

Ursprünglicher mittlerer Seilumfang U = 71 mm; daraus Durchmesser D = 22,6 mm und Querschnitt F = 401 qmm; mittlerer Drahtdurchmesser (20 Messungen) d = 2,50 mm; Gesammt-Drahtquerschnitt f = 177 qmm; Querschnittsverhältniß f/F = 0,44; Gewicht für 1 m, g = 1,62 kg.
Ganze Seillänge 6,4 m; freie Länge 5,22 m.

Belastung in Tonnen	Dehnungen an den Meßstellen					Dehnungen an Meßstelle V			Bemerkungen über den Verlauf des Versuches
	App. V $l=1500$	I $L=3500$	II $l_1=500$	III $l_1=500$	IV $l_1=500$	Unterschied für je 1 Tonne Belastung	Bleibende Dehnung nach Entlastung auf 1 Tonne	Elastische Dehnung für Stufe 1 bis x Tonnen	
		gemessen über n Löthstellen							
	$n=2$	$n=2$	$n=1$	$n=1$	$n=0$				
	% von 1	Verhältnißzahlen (V = 100)							
1	0,000								
2	53	53	75	113	94	0,053			
3	106	58	94	94	94	53			
4	153	75	118	105	92	47			
5	200	79	100	100	100	47			
Mittel		66,3	96,8	103,0	95,0	— 0,010			
1	— 10	(79)	(186)	(140)	(93)			224	
5	214	80	103	93	93				
6	260	82	108	92	92	46			
7	309	85	110	91	91	49			
8	360	87	111	94	94	51			
9	413	86	106	97	97	53			
Mittel		84,0	107,6	93,4	93,4				
1	51	(63)	(135)	(96)	(77)		51		
9	431	86	102	93	93			380	
10	492	87	102	93	93	61			
11	550	88	102	91	98	58			
12	612	89	101	95	101	62			
Mittel		87,5	101,8	93,0	96,3				
1	140	(74)	(93)	(83)	(83)		140		
12	626	89	99	93	99			486	
13	691	89	101	93	101	65			
14	760	91	103	92	103	69			
15	856	91	100	93	100	96			
Mittel		90,0	101,8	92,8	101,8				
1	268	(84)	(100)	(87)	(93)		268		Umfang 69 mm.
15	873	90	99	94	101			605	
16	960	91	100	98	102	87			*) Umfang 69 mm.
17	1,075	92	99	95	102	115			**) Eine Litze ganz zerrissen; der
18	1,226	92	100	95	101	151			gelöthete Draht durch die Löthung. In der gleichen
Mittel		101,3	99,5	95,5	101,5				Löthstelle sind in 2 Litzen die gelötheten Drähte dicht
1	0,516	(83)	(91)	(88)	(91)		516		an der Löthung zerrissen. In der zweiten Löthstelle ist
18*)	1,245	92	98	93	100			729	in 2 der nicht zerrissenen Litzen der gelöthete Draht
21**)	Bruch								dicht neben der Löthung gebrochen.
Mittel		92,0	98,0	93,0	100,0				
Gesammtmittel		86,9	100,9	95,1	98,0				

Seil Nr. 9,

2 Löthstellen in 460 mm Entfernung mit je einem zweimal gelötheten Draht in jeder Litze.

Seilkonstruktion wie bei Nr. 3.

Ursprünglicher mittlerer Seilumfang $U = 71$ mm; daraus Durchmesser $D = 22{,}6$ mm und Seilquerschnitt $F = 401$ qmm; mittlerer Drahtdurchmesser (20 Messungen) $d = 2{,}50$ mm; Gesammt-Drahtquerschnitt $f = 177$ qmm; Querschnittsverhältniß $f/F = 0{,}44$; Gewicht für 1 m, $g = 1{,}59$ kg.

Ganze Seillänge 6,4 m; freie Länge 5,22 m.

Belastung in Tonnen	Dehnungen an den Meßstellen					Dehnungen an Meßstelle V			Bemerkungen über den Verlauf des Versuches
	App.V $l=1500$	I $L=4000$	II $l_1=500$	III $l_1=500$	IV $l_1=500$	Unterschied für je 1 Tonne Belastung	Bleibende Dehnung nach Entlastung auf 1 Tonne	Elastische Dehnung für Stufe 1 bis x Tonnen	
	$n=2$	$n=2$	$n=1$	$n=1$	$n=0$				
	gemessen über n Löthstellen								
	% von 1	Verhältnißzahlen (V = 100)							
1	0,000								
2	63	59	95	95	95	0,063			
3	120	75	100	100	100	57			
4	176	82	91	102	102	56			
5	233	96	103	103	103	57			
Mittel		78,0	97,3	100	100				
1	— 5	(107)	(138)	(103)	(138)		—0,005		
5	238	101	101	101	101			0,243	
6	290	89	97	97	97	52			
7	344	96	99	99	99	54			
8	401	92	100	100	100	57			
9	464	92	99	99	99	63			
Mittel		94,0	99,2	99,2	99,2				
1	57	(93)	(117)	(100)	(117)		57		
9	464	87	99	99	99			407	
10	525	78	95	95	95	61			
11	592	94	98	98	101	67			
12	648	100	99	99	102	56			
Mittel		89,8	97,8	97,8	99,3				
1	108	(25)	116	(116)	(116)		108		
12	649	100	99	99	102			541	
13	732	98	101	101	101	83			
14	814	98	103	103	103	82			
15	914	98	101	101	101	100			
Mittel		98,5	101,0	101,0	101,8				
1	271	(114)	(102)	(108)	(108)		271		U$_{15}$ = 69 mm.
15	933	98	101	101	101			662	2 Drähte rissen, als 18 t wieder zum Einspielen gekommen. 3 Litzen gerissen; die 3 gelötheten Drähte neben der Löthung; in den übrigen Litzen ein Draht in der Löthung gerissen. An der zweiten Löthstelle ist ein Draht einer gerissenen Litze zum zweitenmal dicht neben der Löthung gebrochen.
16	1,045	91	100	100	100	112			
17	1,186	97	100	100	100	141			
18	1,360	98	100	100	99	174			
Mittel		96,0	100,3	100,3	100,0				
1	573	(100)	(104)	(101)	(94)		573		
18	—	—	—	—	—				
21	Bruch								
Mittel		—	—	—	—				
Gesammtmittel		91,3	99,1	99,7	100,1				

Seil Nr. 12,

1 Löthstelle mit je einem gelötheten Draht in jeder Litze.

Seilkonstruktion wie bei Nr. 3.

Ursprünglicher mittlerer Seilumfang $U = 72$ mm; daraus Durchmesser $D = 22,9$ mm und Seilquerschnitt $F = 412$ qmm; mittlerer Drahtdurchmesser (20 Messungen) $d = 2,57$ mm; Gesammt-Drahtquerschnitt $f = 186$ qmm; Querschnittsverhältniß $f/F = 0,45$; Gewicht für 1 m, $g = 1,67$ kg.
Ganze Seillänge 5,6 m; freie Länge 4,56 m.

Belastung in Tonnen	Dehnungen an den Meßstellen				Dehnungen an Meßstelle V			Bemerkungen über den Verlauf des Versuches
	App. V $1=1000$	I $L=3500$	II $l_1=500$	III $l_1=500$	Unterschied für je 1 Tonne Belastung	Bleibende Dehnung nach Entlastung auf 1 Tonne	Elastische Dehnung für Stufe 1 bis x Tonnen	
	gemessen über 100 Löthstellen							
	$n=1$	$n=1$	$n=1$	$n=0$				
	% von 1	Verhältnißzahlen ($V=100$)						
1	0,000	—	—	—				
2	53	79	113	113	0,053			
3	100	84	120	120	47			
4	143	99	105	105	43			
5	190	99	105	105	47			
Mittel		90,3	110,8	110,8				
1	— 13	(120)	(150)	(150)		— 0,013	0,210	
5	197	97	102	102				
6	243	94	99	107	46			
7	300	93	93	100	57			
8	362	92	94	99	62			
9	420	92	95	100	58			
Mittel		93,6	96,6	101,6				
1	58	(97)	(90)	(108)		58	377	
9	435	90	92	97				
10	496	92	89	99	61			
11	567	92	92	99	71			
12	648	89	93	96	81			
Mittel		90,8	91,5	97,8				
1	168	(73)	(100)	(100)		168	490	
12	658	90	91	94				
13	728	92	91	96	70			
14	818	91	93	98	90			
15	928	91	97	97	110			
Mittel		91,0	93,0	96,3				
1	340	(78)	(92)	(92)		340	610	$U_{15} = 70$ mm.
15	950	93	95	95				*) Knistern an der Löthstelle.
16	1,015	93	102	99	65			**) 21 t spielten ein, als der Bruch durch 3 Litzen in der Löthstelle erfolgte; die gelötheten Drähte sind dicht neben der Löthung gerissen; in einer unversehrten Litze ist ein Draht gerissen. Die übrigen Drähte zeigen deutliche Druckstellen zum Theil mit geringen Einschnürungen.
17	1,123	93	103	99	108			
18 *)	1,270	94	101	96	174			
Mittel		93,3	100,3	97,3				
1								
18								
19								
21 **)	Bruch							
Gesammtmittel		91,8	98,4	100,8				

Seil Nr. 13,

1 Löthstelle mit je einem gelötheten Draht in jeder Litze.

Seilkonstruktion wie bei Nr. 3.

Ursprünglicher mittlerer Seilumfang $U = 72$ mm; daraus Durchmesser $D = 22{,}9$ mm und Seilquerschnitt $F = 412$ qmm; mittlerer Drahtdurchmesser (20 Messungen) $d = 2{,}55$ mm; Gesammt-Drahtquerschnitt $f = 184$ qmm; Querschnittsverhältniß $f/F = 0{,}45$; Gewicht für 1 m, $g = 1{,}67$ kg.
Ganze Seillänge 5,2 m; freie Länge 4,02 m.

Belastung in Tonnen	Dehnungen an den Meßstellen				Dehnungen an Meßstelle V			Bemerkungen über den Verlauf des Versuches
	App. V $l = 1000$	I $L = 3000$	II $l_1 = 500$	III $l_1 = 500$	Unterschied für je 1 Tonne Belastung	Bleibende Dehnung nach Entlastung auf 1 Tonne	Elastische Dehnung für Stufe 1 bis x Tonnen	
	gemessen über n Löthstellen							
	$n = 1$	$n = 1$	$n = 1$	$n = 0$				
	% von l	Verhältnißzahlen ($V = 100$)						
1	0,000	—	—	—				
2	65	86	92	92	0,065			
3	118	87	85	85	53			
4	164	89	85	85	46			
5	212	92	85	85	48			
Mittel		88,5	86,8	86,8				
1	— 30	(114,3)	(100)	(100)	— 0,30			
5	212	92	85	85			242	
6	260	93	85	85	48			
7	310	95	85	85	50			
8	368	94	87	87	58			
9	425	94	89	89	57			
Mittel		93,6	86,2	86,2				
1	50	(90)	(70)	(70)		50		
9	438	94	87	87			388	
10	480	95	92	92	42			
11	540	96	93	93	60			
12	614	85	91	91	74			
Mittel		92,5	90,8	90,8				
1	119	(94)	(76)	(76)		119		
12	630	95	89	89			511	
13	710	94	87	90	80			
14	787	93	89	91	77			
15	872	95	92	94	85			
Mittel		94,3	89,3	91,0				
1	295	(93)	(83)	(83)		295		
15	890	96	90	92			595	$U_{15} = 70$ mm.
16	998	94	90	92	108			
17	1,104	94	91	92	106			
18	1,250	95	93	94	146			
Mittel		94,8	91,0	92,5				
1	545	(90)	(85)	(85)		545		$U_{18} = 69$ mm.
18	1,280	94	94	94			735	Bruch in der Löthstelle durch 3 Litzen; die gelötheten Drähte sind dicht neben der Löthung gebrochen; sämmtliche Drähte zeigen Druckstellen und theilweise geringe Einschnürungen an denselben.
21	Bruch	—	—	—				
Mittel		94,0	94,0	94,0				
Gesammtmittel		93,0	89,7	90,2				

Seil Nr. 16,

3 Löthstellen in je 500 mm Entfernung mit je einem dreimal gelötheten Draht in jeder Litze.

Seilkonstruktion wie bei Nr. 3.

Ursprünglicher mittlerer Seilumfang $U = 72$ mm; daraus Durchmesser $D = 22{,}9$ mm und Seilquerschnitt $F = 412$ qmm; mittlerer Drahtdurchmesser (20 Messungen) $d = 2{,}54$ mm; Gesammt-Drahtquerschnitt $f = 182$ qmm; Querschnittsverhältniß $f/F = 0{,}44$; Gewicht für 1 m, $g = 1{,}65$ kg.

Ganze Seillänge 6,0 m; freie Länge 4,78 m.

Belastung in Tonnen	Dehnungen an den Meßstellen					Dehnungen an Meßstelle V			Bemerkungen über den Verlauf des Versuches
	App. V $l=2000$	I $L=4000$	II $l_1=500$	III $l_1=500$	IV $l_1=500$	Unterschied für je 1 Tonne Belastung	Bleibende Dehnung nach Entlastung auf 1 Tonne	Elastische Dehnung für Stufe 1 bis x Tonnen	
	$n=3$	$n=3$	$n=1$	$n=1$	$n=1$				
	% von 1	Verhältnißzahlen ($V=100$)							
1	0,000	—	—	—	—				
2	75	83	80	80	80	0,075			
3	158	80	89	89	101	83			
4	230	89	78	96	104	72			
5	295	96	88	108	115	65			
Mittel		87,0	83,8	93,3	100,0				
1	51	(89)	(95)	(111)	(111)		0,051		
5	319	88	82	100	107			268	
6	381	92	89	100	110	62			
7	431	96	95	102	111	50			
8	483	97	99	108	112	52			
9	541	98	96	104	111	58			
Mittel		94,2	92,2	102,8	110,2				
1	137	(102)	(113)	(113)	(132)		137		
9	543	99	99	103	114			406	
10	604	99	99	106	109	61			
11	660	100	97	106	112	56			
12	725	101	99	108	110	65			
Mittel		99,8	98,5	105,8	111,3				
1	212	(106)	(97)	(113)	(127)		212		
12	739	100	95	103	108			527	
13	811	100	94	104	109	72			*) $U_{15} = 71$ mm.
14	907	99	93	104	106	96			**) $U = 70$ mm.
15	1,011	100	85	103	107	104			
Mittel		99,8	91,8	103,5	107,5				***) 22 t spielt ½ Min. lang ein. 4 Litzen der äußersten Löthstelle gerissen, die gelötheten Drähte dicht neben der Löthung; in einer unversehrten Litze ist an derselben Löthstelle ein Draht neben der Löthung gerissen.
1	401	(96)	(84)	(92)	(105)		401		
15 *)	1,051	96	89	99	103			650	
16	1,150	98	89	97	104	99			
17	1,282	98	92	100	101	132			
18 **)	1,459	95	89	96	99	177			In der mittleren Löthstelle ist ein gelötheter Draht neben der Löthung gerissen.
Mittel		96,8	89,8	98,0	101,8				In der dritten Löthstelle sind die Litzen sehr ausgebogen und die gelötheten Drähte in der Nähe der Löthung ausgeknickt.
1	690	(93)	(84)	(92)	(99)		690		
18	1,510	95	90	97	99			820	
22 ***)	Bruch								
Mittel		95,0	90,0	97,0	99,0				
Gesammtmittel		95,4	91,0	100,1	105,0				

Seil Nr. 17,

3 Löthstellen mit je 500 mm Entfernung mit je einem dreimal gelötheten Draht in jeder Litze.

Seilkonstruktion wie bei Nr. 3.

Ursprünglicher mittlerer Seilumfang U = 71 mm; daraus Drahtdurchmesser D = 22,6 mm und Seilquerschnitt F = 401 qmm; mittlerer Drahtdurchmesser (20 Messungen) d = 2,50 mm; Gesammt-Drahtquerschnitt f = 177 qmm; Querschnittsverhältniß f/F = 0,44; Gewicht für 1 m, g = 1,66 kg.

Ganze Seillänge 6,0 m; freie Länge 4,78 m.

Belastung in Tonnen	Dehnungen an den Meßstellen					Dehnungen an Meßstelle V			Bemerkungen über den Verlauf des Versuches
	App. V $l=2000$	I $L=4000$	II $l_1=500$	III $l_1=500$	IV $l_1=500$	Unterschied für je 1 Tonne Belastung	Bleibende Dehnung nach Entlastung auf 1 Tonne	Elastische Dehnung für Stufe 1 bis x Tonnen	
	gemessen über n Löthstellen								
	$n=3$	$n=3$	$n=1$	$n=1$	$n=1$				
	% von l	Verhältnißzahlen (V = 100)							
1	0,000	—	—	—	—				
2	33	76	121	121	121	0,033			
3	85	76	118	94	118	50			
4	143	91	126	84	98	58			
5	199	94	121	101	101	56			
Mittel		84,3	121,5	100,0	109,5				
1	−0,005	(114)	—	(143)	(143)		−0,005		
5	204	104	118	98	98			209	
6	260	101	123	92	100	56			
7	305	102	118	92	105	45			
8	358	100	112	89	101	53			
9	417	103	115	91	101	59			
Mittel		102,0	117,2	92,4	101,0				
1	61	(119)	(191)	(85)	(106)		61		
9	422	104	118	85	104			361	
10	480	103	113	117	104	58			
11	542	104	111	92	103	62			
12	609	103	108	92	105	67			
Mittel		103,5	112,5	96,5	104,0				
1	139	(120)	(151)	(93)	(105)		139		
12	625	102	109	93	102			486	
13	700	102	106	91	103	75			
14	794	102	103	96	101	94			
15	900	101	102	91	100	106			$U_{15} = 70$ mm.
Mittel		101,8	105,0	92,8	101,5				
1	302	(104)	(137)	(90)	(107)		302		
15	925	99	110	93	102			623	
16	1,032	99	107	93	101	107			
17	1,175	97	106	94	102	143			
18	1,396	98	103	93	102	221			
Mittel		98,3	106,5	93,3	101,8				
1	667	(100)	(109)	(94)	(106)		667		
18 *)	1,417	97	103	96	102			750	
21 **)	Bruch								
Mittel		97,0	103,0	96,0	102,0				
Gesammtmittel		97,8	111,0	95,2	103,3				

*) $U_{18} = 69$ mm.

**) 21 t spielen ¼ Min. ein; es reißt ein Draht durch die Löthung; nach ½ Min. reißt ein zweiter Draht; nach nahezu 2 Min. reißen 3 Litzen, die gelötheten Drähte in denselben sind dicht neben der Löthung gerissen; in einer unversehrten Litze ist ein gelötheter Draht neben der Löthung gebrochen; sonst alles unversehrt.

Seil Nr. 18,

eine Löthstelle, etwa 50 mm lang; alle 36 Drähte sind hier gelöthet.

Seilkonstruktion wie bei Nr. 3.

Ursprünglicher mittlerer Seilumfang U = 72 mm; daraus Durchmesser D = 22,9 mm und Seilquerschnitt F = 412 qmm; mittlerer Drahtdurchmesser (20 Messungen) d = 2,56 mm; Gesammt-Drahtquerschnitt f = 185 qmm; Querschnittsverhältniß f/F = 0,45; Gewicht für 1 m, g = 1,65 kg.
Ganze Seillänge 5,20 m. freie Länge 4,06 m.

Belastung in Tonnen	Dehnungen an den Meßstellen				Dehnungen an Meßstelle V			Bemerkungen über den Verlauf des Versuches
	App. V $l=1000$	I $L=3500$	II $l_1=500$	III $l_1=500$	Unterschied für je 1 Tonne Belastung	Bleibende Dehnung nach Entlastung auf 1 Tonne	Elastische Dehnung für Stufe 1 bis x Tonnen	
	gemessen über n Löthstellen							
	$n=1$	$n=1$	$n=1$	$n=0$				
	% von 1	Verhältnißzahlen (V = 100)						
1	0,000	—	—	—				
2	80	64	75	100	0,080			
3	148	77	94	94	68			
4	215	81	93	93	67			
5	280	85	100	100	65			
Mittel		76,8	90,5	96,8				
1	7	(72)	(69)	(115)		0,007		
5	288	84	97	97			0,281	
6	348	85	103	98	60			
7	425	85	94	104	77			
8	520	81	88	104	95			
9	606	80	89	106	86			
Mittel		83,0	94,2	101,8				
1	168	(60)	(65)	(113)		168		
9	645	76	84	99			477	
10	730	78	82	99	85			
11	813	78	84	103	83			
12	913	78	83	103	100			
Mittel		77,5	83,3	101,0				
1	350	(60)	(65)	(112)		350		
12	392	77	82	103			582	
13	1,100	75	78	105	168			
14	Bruch							14 t spielten $1\frac{1}{2}$ Min. lang ein, dann Bruch in 2 Litzen. Alle Drähte sind neben den Löthungen gerissen; ein Draht riß unmittelbar vor dem Seilbruch durch die Löthung; in den unzerrissenen Litzen sind alle Drähte unversehrt.
Mittel		76,0	80,0	104,0				
Gesammtmittel		78,3	87,0	100,9				

Seil Nr. 19,

eine Löthstelle, etwa 50 mm lang; alle 36 Drähte sind hier gelöthet.

Seilkonstruktion wie bei Nr. 3.

Ursprünglicher mittlerer Seilumfang U = 72 mm; daraus Durchmesser D = 22,9 mm und Seilquerschnitt F = 412 qmm; mittlerer Drahtdurchmesser (20 Messungen) d = 2,54 mm; Gesammt-Drahtquerschnitt f = 182 qmm; Querschnittsverhältniß f/F = 0,44; Gewicht für 1 m, g = 1,68 kg.

Ganze Seillänge 5,55 m; freie Länge 4,43 m.

Belastung in Tonnen	Dehnungen an den Meßstellen				Dehnungen an Meßstelle V			Bemerkungen über den Verlauf des Versuches
	App. V $l=1000$	I $L=3500$	II $l_1=500$	III $l_1=500$	Unterschied für je 1 Tonne Belastung	Bleibende Dehnung nach Entlastung auf 1 Tonne	Elastische Dehnung für Stufe 1 bis x Tonnen	
	gemessen über n Löthstellen							
	$n=1$	$n=1$	$n=1$	$n=0$				
	% von l	Verhältnißzahlen (V = 100)						
1	0,000	—	—	—				
2	68	72	118	88	0,068			
3	141	86	113	99	73			
4	217	92	101	92	76			
5	278	97	108	101	61			
Mittel		86,8	110,0	95,0				
1	20	(117)	(136)	(114)		0,020		
5	283	98	106	100			0,263	
6	348	97	103	97	65			
7	402	97	100	100	54			
8	472	97	102	102	70			
9	540	96	100	104	68			
Mittel		97,0	102,2	100,6				
1	122	(105)	(105)	(116)		122		
9	555	94	97	101			433	
10	637	93	97	104	82			
11	713	91	95	104	76			
12	815	89	91	103	102			$U_{12} = 71$ mm.
Mittel		91,8	95,0	103,0				
1	282	(87)	(80)	(109)		282		2 Drähte sind vor dem Seilbruch gerissen. Beim Bruch sind 3 Litzen ganz durchgerissen, bei den vierten 4 Drähte; zwei gelöthete Drähte sind in der Löthung gebrochen, die andern neben derselben.
12	850	87	89	101			568	
14	Bruch							
Mittel		87,0	89,0	101,0				
Gesammtmittel		91,7	99,1	99,9				

Seil Nr. 20,

6 Löthstellen in je 1000 mm Entfernung; in jeder Litze ist nur ein Draht gelöthet.

Seilkonstruktion: 6 Litzen mit je 7 Drähten, von denen einer als Seele dient.
Haupthanfseele getheert; Eisendrähte.

Ursprünglicher mittlerer Seilumfang $U = 88$ mm; daraus Durchmesser $D = 28$ mm und Seilquerschnitt $F = 615$ qmm; mittlerer Drahtdurchmesser (20 Messungen) $d = 3{,}17$ mm; Gesammt-Drahtquerschnitt $f = 332$ qmm; Querschnittsverhältniß $f/F = 0{,}54$; Gewicht für 1 m, $g = 2{,}83$ kg.
Ganze Seillänge 8,20 m; freie Länge 6,95 m.

Belastung in Tonnen	Dehnungen an den Meßstellen					Dehnungen an Meßstelle V			Bemerkungen über den Verlauf des Versuches
	App. V $1=1000$	I $L=6000$	II $l_1=500$	III $l_1=500$	IV $l_1=500$	Unterschied für je 1 Tonne Belastung	Bleibende Dehnung nach Entlastung auf 1 Tonne	Elastische Dehnung für Stufe 1 bis x Tonnen	
	$n=3$	$n=3$	$n=1$	$n=1$	$n=1$				
	% von 1	Verhältnißzahlen ($V=100$)							
1	0,000	—	—	—	—				
2	50	100	280	200	80	0,050			
3	90	86	178	44	67	40			
4	122	89	148	16	66	32			
5	161	88	137	12	87	39			
Mittel		90,8	185,8	68,0	75,0				
1	—0,028	(23)	(64)	(45)	(36)		—0,028	0,198	
5	170	85	141	12	94				
6	204	85	118	20	88	34			
7	245	85	106	24	82	41			
8	288	85	104	35	83	43			
9	340	85	100	41	82	52			
Mittel		85,0	113,8	26,4	85,8				
1	62	(105)	(143)	(18)	(125)		62		$U_9 = 87{,}5$ mm; Ruck im Seil.
9	350	86	103	46	80			288	
10	abgenommen								
11			abgenommen						
12									
16	Bruch								Bruch einer Litze in der Löthstelle, welche ihren gelötheten Draht enthielt.
Mittel		86,0	103,0	46,0	80,0				
Gesammtmittel		87,6	134,2	46,8	80,3				

Seil Nr. 21,

6 Löthstellen in je 1000 mm Entfernung; in jeder Litze ist nur ein Draht gelöthet.

Seilkonstruktion wie bei Nr. 20, aber Stahldraht.

Ursprünglicher mittlerer Seilumfang $U = 71$ mm; daraus Durchmesser $D = 22{,}6$ mm und Seilquerschnitt $F = 401$ qmm; mittlerer Drahtdurchmesser (20 Messungen) $d = 2{,}53$ mm; Gesammt-Drahtquerschnitt $f = 182$ qmm; Querschnittsverhältniß $f/F = 0{,}45$; Gewicht für 1 m, $g = 1{,}87$ kg.

Ganze Seillänge 7,93 m; freie Länge 6,83 m.

Belastung in Tonnen	Dehnungen an den Meßstellen					Dehnungen an Meßstelle V			Bemerkungen über den Verlauf des Versuches
	App. V $l=1000$	I $L=6000$	II $l_1=500$	III $l_1=500$	IV $l_1=500$	Unterschied für je 1 Tonne Belastung	Bleibende Dehnung nach Entlastung auf 1 Tonne	Elastische Dehnung für Stufe 1 bis x Tonnen	
	$n=1$	$n=2$	$n=1$	$n=1$	$n=1$				
	% von l	Verhältnißzahlen (V = 100)							
1	0,000	—	—	—	—				
2	36	47	139	139	111	0,036			
3	76	70	79	105	105	40			
4	120	75	100	117	100	44			
5	152	88	92	105	92	32			
Mittel		70,0	102,5	116,5	102,0				
1	−0,011	(40)	(80)	(160)	(80)		−0,011		
5	152	88	92	105	92			0,163	
6	194	84	82	103	93	42			
7	249	84	80	96	88	55			
8	291	84	89	110	96	42			
9	345	83	81	99	99	54			
Mittel		84,6	84,8	102,6	93,6				
1	1	(68)	(162)	(270)	(162)		1		
9	353	85	79	102	96			352	Apparat hat sich verstellt.
10	320	106	106	125	119	33			
11	399	100	100	120	115	79			
12	499	88	88	104	104	100			
Mittel		94,8	93,3	112,8	108,5				
1	64	(78)	(140)	(160)	(120)		64		
12	533	86	86	101	94			469	Ruck im Seil.
13	591	85	85	98	91	58			Ruck im Seil.
14	692	84	84	95	90	101			
15	777	84	82	93	88	85			
Mittel		84,8	84,3	96,8	90,8				
1	244	(64)	(71)	(93)	(64)		244		
15	794	82	81	93	81			550	$U_{15} = 70$ mm.
16	868	82	81	92	83	74			
17	970	84	80	93	82	102			
18	1,088	84	83	90	85	118			$U_{18} = 70$ mm.
Mittel		83,0	81,3	92,0	82,8				
1	454	(69)	(73)	(90)	(69)		454		
18	1,117	83	82	90	86			663	Eine Litze gerissen; die einzelnen Drähte sind an den Druckstellen gerissen. Alle Löthstellen sind unversehrt.
23	Bruch								
Mittel		83,0	82,0	90,0	86,0				
Gesammtmittel		83,4	88,0	101,8	94,0				

Seil Nr. 22,

Litze mit 6 gelötheten Drähten; der als Seele benutzte Draht ungelöthet; 6 Löthstellen in je 1000 mm Entfernung.

Konstruktion: 6 Drähte mit 1 Draht als Seele.

Durchmesser D = 7,8 mm; daraus Litzenquerschnitt F = 47,8 qmm; mittlerer Drahtdurchmesser d = 2,6 mm;
Gesammt-Drahtquerschnitt f = 37,2 qmm; Querschnittsverhältniß f/F = 0,78; Gewicht für 1 m, g = 0,30 kg.
Ganze Litzenlänge 9,00 m; freie Länge 8,79 m.

Belastung in Tonnen	Dehnungen an den Meßstellen				Dehnungen an Meßstelle V			Bemerkungen über den Verlauf des Versuches
	App. V $1 = 7000$	I $L = 500$	II $l_1 = 500$	III $l_1 = 500$	Unterschied für je 1 Tonne Belastung	Bleibende Dehnung nach Entlastung auf 1 Tonne	Elastische Dehnung für Stufe 1 bis x Tonnen	
	gemessen über n Löthstellen							
	$n = 6$	$n = 1$	$n = 1$	$n = 1$				
	% von l	Verhältnißzahlen (V = 100)						
0,5	0,000	—	—	—				
0,75	9	222	222	222	0,009			
1,00	16	250	250	375	7			
1,25	40	200	200	200	24			
1,50	79	152	152	152	39			
Mittel		206,0	206,0	237,3				
0,5	0,003	(167)	(167)	(167)		0,003		
1,50	79	152	152	152			0,076	
1,75	125	120	120	128	46			
2,00	153	131	131	131	28			
2,25	208	111	111	125	55			
2,50	250	120	120	128	42			
Mittel		126,8	126,8	132,8				
0,5	—0,009	(222)	(0)	(222)		— 0,009		
2,50	246	114	114	130				
2,75	296	115	115	122	50			Leises Knistern, deshalb schon jetzt entlastet.
3,00	359	111	111	123	63			
3,25	436	115	115	119	77			
Mittel		113,8	113,8	123,5				
0,5	0,013	(455)	(455)	(550)		0,013		
3,25	440	114	118	123			0,027	Zuerst riß ein Draht neben der Löthstelle, danach trug die Litze nur noch 3,25 t und riß an der Einspannung bei 3,75 t. Der zuerst gerissene Draht ist an der Haupt-bruchstelle der Litze zum zweiten Mal infolge von Torsionsbeanspruchung ge-rissen, nachdem sich das Ende um 40 cm heraus-gezogen hatte; hierbei muß der Draht um etwa 4 Um-drehungen verwunden wor-den sein.
4,25	Bruch							
Mittel		114,0	118,0	123,0				
Gesammtmittel	140,2	141,2	154,2					

Gegenüberstellung der bei dem abgekürzten Verfahren gewonnenen Versuchsergebnisse.   Tabelle 5.

Alle Seile sind gleicher Konstruktion und aus den gleichen Drähten hergestellt: 6 Litzen mit je 6 Drähten, Haupthanfseele und Hanfeinlage in den Litzen. Aus allen Versuchen: mittleres Gewicht für 1 m, $g = 1{,}65$ kg; mittlerer Seilumfang $U = 71{,}7$ mm; mittlerer Durchmesser $D = 22{,}8$ mm; mittlerer Seilquerschnitt $F = 408{,}7$ qmm; mittlerer Gesammt-Drahtquerschnitt $f = 180$ qmm; mittleres Querschnittsverhältniß $f/F = 0{,}44$; mittlere Drahtfestigkeit nach Tabelle 1 $= 632{,}5$ kg.

Dehnungen in 0,001 % der Meßlänge 1 gemessen mit Apparat V für die Belastungen in Tonnen (Spalten 1–18); Bruch (last t, Dehnung 0,001 %); Gesammtmittel der Verhältnißzahlen bezogen auf App. V (Vergl. Tabelle 2): I, II, III, IV.

Seil Nr.	Angaben über die Art der Löthung	1	2	3	4	5	6	7	8	9	10	11	12	13	14	15	16	17	18	Bruchlast t	Bruch-Dehnung 0,001%	I	II	III	IV
3	Ohne Löthstellen	0	62	116	169	221	281	339	400	468	547	626	710	815	925	1054	1201	1386	1646	21	3 158	85,7	—	—	—
4	. . . do.	0	85	138	190	241	296	350	408	468	545	620	710	810	910	1025	1152	1313	1521	21	2 557	96,2	—	—	—
	a Mittel	0	74	127	180	231	289	345	404	468	546	623	710	813	918	1040	1177	1350	1584	21	2 858	91,0	—	—	—
12	1 Löthstelle	0	53	100	143	190	243	300	362	420	496	567	648	728	818	928	1015	1123	1270	21	—	91,8	98,4	100,8	—
13	. . do.	0	65	118	164	212	260	310	368	425	480	540	614	710	787	872	998	1104	1250	21	—	93,0	89,7	90,2	—
	b Mittel	0	59	109	154	201	252	305	365	423	488	554	631	719	803	900	1007	1114	1260	21	—	92,4	94,1	95,5	—
	b bezogen auf a = 100 . . .	0	80	86	86	87	87	88	90	90	89	89	89	88	87	87	86	83	79	100	—	102	—	—	—
8	2 Löthstellen in 460 mm Entfernung	0	53	106	153	200	260	309	360	413	492	550	612	691	760	856	960	1075	1226	21	—	86,9	100,9	95,1	98,
9	. . . . . . do.	0	63	120	176	233	290	344	401	464	525	592	648	732	814	914	1045	1186	1360	21	—	91,3	99,1	99,7	100,
	c Mittel	0	58	113	165	217	275	327	381	439	509	571	630	710	787	885	1003	1131	1293	21	—	89,1	100,0	97,4	99,
	c bezogen auf a = 100 . . .	0	78	89	92	94	95	95	94	94	93	92	89	87	86	85	85	84	82	100	—	98	—	—	—
16	3 Löthstellen in je 500 mm Entfernung	0	75	158	230	295	381	431	483	541	604	660	725	811	907	1011	1150	1282	1459	22	—	95,4	91,0	100,1	105,
17	. . . . . . do.	0	33	85	143	199	260	305	358	417	480	542	609	700	794	900	1032	1175	1396	20	—	97,8	111,0	95,2	103,
	d Mittel	0	54	122	187	247	321	368	421	479	542	601	667	756	851	956	1091	1229	1428	21	—	96,6	101,0	97,7	104,
	d bezogen auf a = 100 . . .	0	73	96	104	107	111	107	104	102	99	97	94	93	93	92	93	91	90	100	—	107	—	—	—
18	1 Löthstelle mit 36 gelötheten Drähten	0	80	148	215	280	348	425	520	606	730	813	913	1100	—	—	—	—	—	14	—	78,3	87,0	100,9	—
19	. . . . . . do.	0	68	141	217	278	348	402	472	540	637	713	815	—	—	—	—	—	—	14	—	91,7	99,1	99,9	—
	e Mittel	0	74	145	216	279	348	414	496	573	684	763	864	—	—	—	—	—	—	14	—	85,0	93,1	100,4	—
	e bezogen auf a = 100 . . .	0	100	114	120	120	120	120	123	122	125	122	122	—	—	—	—	—	—	67	—	93	—	—	—

Dehnungsunterschiede für je 1 Tonne Belastungszuwachs in 0,001 % von L, gemessen mit Apparat V (Spalten 2–18); Bleibende Dehnung in 0,001 % von L nach der Entlastung von 5, 9, 12, 15, 18 Tonnen; Elastische Dehnung in 0,001 % von L für Stufe 1 bis x Tonnen (5, 9, 12, 15, 18).

Seil Nr.	Angaben über die Art der Löthung	2	3	4	5	6	7	8	9	10	11	12	13	14	15	16	17	18	Bleib. 5	Bleib. 9	Bleib. 12	Bleib. 15	Bleib. 18	Elast. 5	Elast. 9	Elast. 12	Elast. 15	Elast. 18
3	Ohne Löthstellen	62	54	53	52	55	58	61	68	74	79	84	95	110	129	135	185	260	−17	51	174	384	873	243	422	546	682	—
4	. . . do.	85	53	52	51	49	54	58	60	67	75	90	92	100	115	117	161	208	−14	57	171	360	745	261	421	547	675	—
	a Mittel	74	54	53	52	52	56	60	64	71	77	87	94	105	122	126	173	234	−16	54	173	372	809	252	422	547	679	—
12	1 Löthstelle	53	47	43	47	46	57	62	58	61	71	81	70	90	110	65	108	147	−10	58	168	340	—	210	377	490	610	—
13	. . do.	65	53	46	48	48	50	58	57	42	60	74	80	77	85	108	106	146	−30	50	119	295	545	242	388	511	595	735
	b Mittel	59	50	45	48	47	54	60	58	52	66	78	75	84	98	87	107	147	−20	54	144	318	545	226	383	501	603	(735)
	b bezogen auf a = 100 . . .	80	93	85	92	90	96	100	91	73	86	90	80	80	80	61	62	63	125	100	83	85	67	90	91	92	89	—
8	2 Löthstellen in 460 mm Entfernung	53	53	47	47	46	49	51	53	61	58	62	65	69	96	87	115	151	−10	51	140	268	516	224	380	486	605	729
9	. . . . . . do.	63	57	56	57	52	54	57	63	61	67	56	83	82	100	112	141	174	−5	57	108	271	573	243	407	541	662	—
	c Mittel	58	55	52	52	49	52	54	58	61	63	59	74	76	98	100	128	163	−8	54	124	270	545	234	394	514	634	(729)
	c bezogen auf a = 100 . . .	78	102	98	100	94	93	90	91	86	82	68	79	72	80	79	74	70	50	100	72	73	67	93	93	94	93	—
16	3 Löthstellen in je 500 mm Entfernung	75	83	72	65	62	50	52	58	61	56	65	72	96	104	99	132	177	51	137	212	401	690	268	406	527	650	820
17	. . . . . . do.	33	50	58	56	56	45	53	59	58	62	67	75	94	106	107	143	221	−5	61	139	302	667	209	361	486	623	750
	d Mittel	54	67	65	61	59	53	53	59	60	59	66	74	95	105	103	138	199	23	99	176	352	679	239	384	507	637	785
	d bezogen auf a = 100 . . .	73	124	123	117	113	95	88	92	85	77	76	79	90	86	82	80	85	144	183	102	95	84	95	91	93	94	—
18	1 Löthstelle mit 36 gelötheten Drähten	80	68	67	65	60	77	95	86	85	83	100	168	—	—	—	—	—	7	168	350	—	—	281	477	582	—	—
19	. . . . . . do.	68	73	76	61	65	54	70	68	82	76	102	—	—	—	—	—	—	20	122	282	—	—	263	433	568	—	—
	e Mittel	74	71	72	63	63	66	83	77	84	80	101	(168)	—	—	—	—	—	14	145	316	—	—	272	455	575	—	—
	e bezogen auf a = 100 . . .	100	131	136	121	121	118	138	120	118	104	116	(179)	—	—	—	—	—	88	268	183	—	—	108	108	105	—	—

Gegenüberstellung der Versuchsergebnisse.   Tabelle 6.

Alle Seile mit gleicher Konstruktion und aus den gleichen Drähten hergestellt: 6 Litzen mit je 6 Drähten, Haupthanfseele und Hanfeinlage in den Litzen. Aus allen Versuchen Nr. 1—19: mittleres Gewicht für 1 m, =1,688 kg; mittlerer Seilumfang $U=71{,}5$ mm; mittlerer Durchmesser $D=22{,}69$ mm; mittlerer Seilquerschnitt $F=407{,}8$ qmm; mittlere Drahtdicke $d=2{,}516$ mm; mittlerer Gesammtdrahtquerschnitt $f=178{,}9$ qmm; mittleres Querschnittsverhältniß $f/F=0{,}437$; mittlere Drahtfestigkeit (nach Tabelle 1) $P=632{,}5$ kg; mittlere Bruchspannung der Drähte $p=127{,}5$ kg/qmm.

Dehnungen in 0,001% der Meßlänge l gemessen mit Apparat V für die jeweilig erstmalige Belastung in Tonnen (Spalten 1–18); Bruch- (last t, Dehnung 0,001%); Gesammtmittel der Verhältnißzahlen bezogen auf App. V (Vergl. Tabelle 2) (I, II, III, IV).

Seil Nr.	Angaben über die Zahl der Löthstellen	1	2	3	4	5	6	7	8	9	10	11	12	13	14	15	16	17	18	last t	Dehnung 0,001%	I	II	III	IV
u. 2	Ohne Löthstellen a) ausführlich	0	60	129	191	253	318	374	436	504	588	660	742	829	920	1030	1170	1334	1543	21	—	95,4	94,4	85,5	—
u. 4	. . . do. . . . b) abgekürzt	0	74	127	180	231	289	345	404	468	546	623	710	813	918	1040	1177	1350	1584	21	2858	91,0	—	—	—
	Mittel $\frac{a+b}{2}$	0	67	128	186	242	304	360	420	486	567	642	726	821	919	1035	1174	1342	1564	21		93,2	—	—	—
u.11	1 Löthstelle a) ausführlich	0	59	114	162	217	272	325	380	438	499	565	643	718	(740)	(830)	(912)	(1018)	(1116)	21	—	85,9	101,4	98,5	—
u.13	. . do. . . b) abgekürzt	0	59	109	154	201	252	305	365	423	488	554	631	719	(803)	(900)	(1007)	1114	1260	21	—	92,4	94,1	95,5	—
	Mittel $\frac{a+b}{2}$	0	59	117	158	209	262	315	373	431	494	560	637	719	(772)	(865)	(960)	(1066)	(1188)	21	—	89,2	97,8	97,0	—
	Verhältnißzahl (ohne Löthst.=100)		88	91	85	87	86	88	89	89	87	87	88	88	(84)	(84)	(82)	(79)	(76)	100					
u. 7	2 Löthstellen a) ausführlich	0	58	116	171	227	284	344	400	462	536	603	673	765	856	951	1068	1187	1358	21	—	88,4	86,7	83,6	84,7
u. 9	. . do. . . b) abgekürzt	0	58	113	165	217	275	327	381	439	509	571	630	710	787	885	1003	1131	1293	21	—	89,1	100,0	97,4	99,1
	Mittel $\frac{a+b}{2}$	0	58	115	168	222	280	336	391	451	523	587	652	738	822	918	1036	1159	1326	21	—	88,8	93,4	90,5	91,9
			87	90	90	92	92	93	93	93	92	91	90	90	89	89	88	86	85	100					
u.15	3 Löthstellen a) ausführlich	0	74	131	188	244	302	359	417	482	550	615	695	807	891	999	1126	1259	1447	21	—	94,1	98,7	95,4	96,0
u.17	. . do. . . b) abgekürzt	0	54	122	187	247	321	368	421	479	542	601	667	756	851	956	1091	1229	1428	21	—	96,6	101,0	97,7	104,2
	Mittel $\frac{a+b}{2}$	0	64	127	188	246	312	364	419	481	546	608	681	782	871	978	1104	1244	1438	21	—	95,4	99,9	96,6	100,1
			96	99	101	102	103	101	100	99	96	95	94	95	95	95	94	93	92	100					
u.19	1 Löthstelle, alle Drähte gelöthet	0	74	145	216	279	348	414	496	573	684	763	864	—	—	—	—	—	—	14	—	85,0	93,1	100,4	—
		—	111	113	116	116	114	115	118	118	121	120	119	—	—	—	—	—	—	67					

Dehnungsunterschiede für je 1 t Belastungszuwachs in 0,001% von L, gemessen mit Apparat V (jeweilige erstmalige Belastung) (Spalten 2–18); Bleibende Dehnung in 0,001% nach der Entlastung von (5, 9, 12, 15, 18); Mittlerer Dehnungsunterschied für die Belastungswechsel zwischen Tonnen (4/5, 8/9, 11/12, 14/15, 17/18), Hauptmittel 0,001%, und Belastungsfolgen zwischen 1 und (wiederholte Belastung) (5, 9, 12, 15, 18), Hauptmittel 0,001%.

Seil Nr.	Angaben über die Zahl der Löthstellen	2	3	4	5	6	7	8	9	10	11	12	13	14	15	16	17	18	5	9	12	15	18	4/5	8/9	11/12	14/15	17/18	Hauptmittel	5	9	12	15	18	Hauptmittel
u 2	Ohne Löthstellen a) ausführlich	60	69	63	62	51	61	62	69	62	72	82	69	91	111	102	165	209	36	174	285	461	856	37	35	33	38	37	35,8	47	44	43	44	44	43,9
u. 4	. . . do. . . . b) abgekürzt	74	54	53	52	52	56	60	64	71	77	87	94	105	122	126	173	234	-16	54	173	372	809												
	Mittel $\frac{a+b}{2}$	67	62	58	57	52	59	61	67	67	75	85	82	98	117	114	169	222	10	114	229	417	833												
u.11	1 Löthstelle a) ausführlich	59	55	49	55	48	54	55	59	53	66	78	61	(70)	(90)	(65)	(106)	(98)	50	121	213	(306)	(399)	33	31	33	(32)	(29)	31,6	44	41	41	(39)	(39)	41,6
u.13	. . do. . . b) abgekürzt	59	50	45	48	47	54	60	58	52	66	78	75	84	98	87	107	147	-20	54	144	318	545												
	Mittel $\frac{a+b}{2}$	59	53	47	52	48	54	58	59	53	66	78	68	(77)	(94)	(76)	(107)	(123)	15	88	174	(312)	(423)												
	Verhältnißzahl (ohne Löthst.=100)	88	85	81	91	92	92	95	88	79	88	92	83	(79)	(80)	(67)	(63)	(55)	—	77	76	(75)	(51)						88						95
u. 7	2 Löthstellen a) ausführlich	58	58	55	56	49	60	57	62	55	67	70	73	91	95	85	120	171	59	149	234	488	685	35	35	33	32	33	33,3	44	43	42	42	42	42,5
u. 9	. . do. . . b) abgekürzt	58	55	52	52	49	52	54	58	61	63	59	74	76	98	100	128	163	-8	54	124	270	545												
	Mittel $\frac{a+b}{2}$	58	57	54	54	49	56	56	60	58	65	65	74	89	97	93	124	167	26	102	179	379	615												
		87	92	93	95	94	95	92	90	87	87	76	90	91	83	82	73	75	—	89	78	91	74						93						96
u.15	3 Löthstellen a) ausführlich	74	58	57	56	52	58	58	65	58	65	80	73	84	108	98	134	188	65	150	256	442	788	35	35	34	32	36	33,6	47	43	44	42	43	43,3
u.17	. . do. . . b) abgekürzt	54	67	65	61	59	53	53	59	60	59	66	74	95	105	103	138	199	23	99	176	352	679												
	Mittel $\frac{a+b}{2}$	64	63	61	59	56	56	56	62	59	62	73	74	90	107	101	136	194	44	175	216	397	734												
		96	102	105	104	108	95	92	93	88	83	86	90	92	92	89	80	87	—	154	94	95	88						95						99
u.19	1 Löthstelle, alle Drähte gelöthet	74	71	72	63	63	66	83	77	84	80	101	168	—	—	—	—	—	14	145	316	—	—												
		111	115	124	111	121	112	136	115	125	107	119	205	—	—	—	—	—	—	127	138	—	—												

Tabelle 7.   **Wirkung der mehrfach wiederholten**

A. Dehnungen in 0,001 % von 1

Belastungen t	ohne Löthstellen											mit einer Löthstelle											
	Seil Nr. 1					Seil Nr. 2						Seil Nr. 10						Seil Nr. 11					
	1	2	3	4	5	1	2	3	4	5	6	1	2	3	4	5	6	1	2	3	4	5	6
1	0		0	0	0	0	0	0	0	0	0	0	0	0	0			0	0	0	0	0	0
2	79		50	50	50	40	49	46	47	46	48	72	56	52	52			45	45	45	50	50	51
3	157		94	96	97	100	96	90	88	90	91	130	106	94	95			97	86	87	92	92	91
4	223		134	140	140	159	141	135	131	131	130	182	146	137	136			142	126	125	131	129	129
5	288		177	181	181	218	187	177	172	175	170	235	186	179	177			198	162	161	168	167	166
6	340		220	221	226	272		222	217	219	212	285		222	218			244		199	204	207	201
7	401		261	260	269	332		265	260	259	253	337		259	260			299		237	243	240	241
8	463		304	303	309	393		309	302	302	294	392		302	297			353		272	277	276	271
9	530	nicht bestimmt	351	346	350	463		353	344	344	338	453		337	337	nicht bestimmt	nicht bestimmt	409		314	314	312	309
10	587			386	392	529			391	385	380	515			377			452			354	346	343
11	655			431	431	605			431	428	419	584			417			515			390	382	381
12	736			477	470	688			475	472	460	663			460			592			427	423	416
13	792				512	769				516	506	730						647				454	451
14	875				553	867				562	547	—						717				493	491
15	976				601	987				613	590	—						807				541	528
16	1065					1102					635	—						872					564
17	1220					1276					690	—						978					607
18	1395					1519					750	—						1076					658

B. Bleibende Verlängerungen bei

von ton	Seil Nr. 1					Seil Nr. 2						Seil Nr. 10						Seil Nr. 11					
5 auf 1	—					36						54						45					
9 auf 1		225					123						128						113				
12 auf 1			330					239						238						188			
15 auf 1				448					433						—						306		
18 auf 1					851					860						—						399	
Unterschiede	—	225	105	118	403	36	87	116	194	427		54	74	110	—	—	—	45	68	75	118	93	

C. Bleibende Verlängerungen bei den

zwischen ton	Seil Nr. 1					Seil Nr. 2						Seil Nr. 10						Seil Nr. 11					
4 u. 5	10					4						5						10					
8 u. 9	24					8						12						8					
11 u. 12	33					14						23						20					
14 u. 15	42					25						—						30					
17 u. 18	64					30						—						4					
Summe	173					81						40						72					

Belastungen auf die Dehnbarkeit der Seile.

bei Beanspruchung Nr.

mit zwei Löthstellen												mit drei Löthstellen											
Seil Nr. 6						Seil Nr. 7						Seil Nr. 14						Seil Nr. 15					
1	2	3	4	5	6	1	2	3	4	5	6	1	2	3	4	5	6	1	2	3	4	5	6
0	0	0	0	0	0	0	0	0	0	0	0	0	0	0	0	0	0	0	0	0	0	0	0
53	49	49	48	50	50	63	50	50	52	44	49	73	59	50	51	52	48	74	54	46	48	40	51
107	93	92	91	94	91	125	96	95	96	89	91	130	99	97	91	95	94	132	99	89	93	81	96
157	130	132	130	137	133	185	140	137	139	130	133	188	144	139	132	137	134	188	143	133	137	125	138
213	170	174	171	175	171	241	181	177	180	172	174	245	187	182	174	177	176	243	183	174	181	166	179
256		212	209	212	210	296		220	220	213	210	299		224	212	219	214	293		214	222	209	221
316		254	250	254	250	356		259	262	253	250	358		265	253	260	254	349		255	267	247	259
369		293	288	294	287	416		309	303	292	292	417		307	294	300	291	405		298	306	289	301
429		332	327	334	323	479		348	343	333	332	479		343	334	339	331	473		342	347	330	340
481			368	370	363	534			385	374	369	537			376	379	370	531			390	371	380
543			410	411	402	606			428	415	411	594			418	420	410	604			433	412	422
615			449	454	441	674			468	460	449	675			461	458	449	683			477	454	462
687				491	477	748				502	491	750				502	488	753				498	503
776				532	517	841				544	533	831				543	527	839				540	544
875				577	558	932				592	574	929				586	571	957				586	587
955					603	1022					619	1023					610	1058					631
1065					645	1151					664	1161					665	1187					679
1212					694	1346					721	1346					710	1377					735

der Entlastung in 0,001 %/0 von 1.

Seil Nr. 6					Seil Nr. 7					Seil Nr. 14					Seil Nr. 15				
47					71					66					63				
	113					170					153					146			
		202					265					253					278		
			353					443					415					469	
				610					759					779					796
47	66	89	151	257	71	99	95	178	316	66	87	100	162	364	63	83	132	191	327

Belastungswechseln in 0,001 %/0 von 1.

Seil Nr. 6	Seil Nr. 7	Seil Nr. 14	Seil Nr. 15
6	12	10	4
10	23	12	9
14	25	18	26
14	34	30	26
32	26	62	48
76	120	132	113

Tabelle 8.

Bruchlast der aus den Seilen ausgelösten Drähte.

Die Versuche sind auf der Maschine G mit verschiedenen Probenlängen ausgeführt.
Die eingeklammerten Zahlen sind von der Mittelbildung ausgeschlossen.

Art der Zurichtung und des Bruches. Bemerkungen.	Draht aus Seil Nr.	Bruchlast kg	Art der Zurichtung und des Bruches. Bemerkungen.	Draht aus Seil Nr.	Bruchlast kg
a) Vor dem Versuch nicht gerichtet.			**b) Vor dem Versuch mit dem Holzhammer gerichtet.**		
Beobachter: Aschner.					
(Drähte aus den bereits geprüften Seilen.)					
1. In der Einspannstelle gebrochen.	6	640	**1. In der Einspannstelle gebrochen.**	14	590
	—	630		—	590
Der Draht hatte bereits 620 kg getragen, zog sich aus der Klemme und brach später bei 550 kg.	7	(550)		17	590
	8	620		—	600
	15	650			
	—	630			
	19	620			
	—	600			
Der Draht hatte vielfach Druckstellen.	20	(420)			
	21	610			
Summe	8	5000	Summe	4	2370
Mittel		625	Mittel		593
2. In der Versuchslänge gebrochen.	7	600	**2. In der Versuchslänge gebrochen.**	8	620
	16	630		9	610
	—	620		—	600
Der Draht hatte vielfach Druckstellen.	20	(420)			
	21	640			
Summe	4	2490	Summe	3	1830
Mittel		623	Mittel		610

Gelöthete Drähte aus den Seilen 6—21.

Art der Zurichtung und des Bruches. Bemerkungen.	Draht aus Seil Nr.	Bruchlast kg
2 Drähte gebrochen in der Löthung bei		400
1 " " " " " "		390
2 " " " " " "		380
4 " " " " " "		370
4 " " " " " "		360
5 " " " " " "		350
2 " " " " " "		340
1 " " " " " "		330
1 " " " " " "		320
22	Summe	7950
	Mittel	361

Beobachter: Fellinger.

Art der Zurichtung und des Bruches. Bemerkungen.	Drahtzahl	Bruchlast kg	Art der Zurichtung und des Bruches. Bemerkungen.	Drahtzahl	Bruchlast kg
(Drähte aus dem nicht geprüften Seil Nr. 5.)					
In der Einspannstelle gebrochen.	1	600	**In der Einspannstelle gebrochen.**	3	610
	1	590		3	600
	1	580			
	3	570			
Summe	6	3480	Summe	6	3630
Mittel		580	Mittel		605

Art der Zurichtung und des Bruches. Bemerkungen.	Draht aus Seil Nr.	Bruch- last kg	Art der Zurichtung und des Bruches. Bemerkungen.	Draht aus Seil Nr.	Bruch- last kg
a) Vor dem Versuch nicht gerichtet.			**b) Vor dem Versuch mit dem Holzhammer gerichtet.**		
Beobachter: Martens.					
(Drähte aus dem nicht geprüften Seil Nr. 5; Einspannklemmen geändert.)					
1. In der Einspannstelle gebrochen.	1	625	1. In der Einspannstelle gebrochen.		
	1	614			
Summe	2	1239			
Mittel		620	keine		
2. In der Versuchslänge gebrochen.	1	623	2. In der Versuchslänge gebrochen.	1	626
	1	614		1	618
				1	608
				1	605
				1	596
				1	593
Summe	2	1237	Summe	6	3646
Mittel		618	Mittel		608

Schlußzusammenstellung.

Mittelwerthe.

Beobachter: A. 1 in Einspannstelle gebr.	8	625	} Im Seil bereits geprüft . . . . {	4	593
2. „ Versuchslänge „	4	623		3	610
„ F. 1. „ Einspannstelle „	6	580		6	605
„ M. 1. „ Einspannstelle „	2	620		keine	—
2. „ Versuchslänge „	2	618		6	608
Summe	22	13446	Summe	19	11 476
Mittel		611	Mittel		604
1. In der Einspannstelle gebrochen.			**1. In der Einspannstelle gebrochen.**		
A.	8	625	A.	4	593
F.	6	580	F.	6	605
M.	2	620	M.	keine	—
Summe	16	9719	Summe	10	6000
Mittel		607	Mittel		600
2. In der Versuchslänge gebrochen.			**2. In der Versuchslänge gebrochen.**		
A.	4	623	A.	3	610
M.	2	618	M.	6	608
Summe	6	3727	Summe	9	5476
Mittel		621	Mittel		608

Einfluß der Art der Löthung auf die Drahtfestigkeit. Tabelle 9.

Die Versuche sind auf der Maschine G mit Probenlängen von etwa 700 mm ausgeführt.

Bruchlasten bei der Löthweise

Draht Nr., Material	(ohne) o — kg	(ohne) o — Bemerkungen	stumpf — kg	stumpf — Bemerkungen	$\frac{1}{d}=1$ — kg	$\frac{1}{d}=1$ — Bemerkungen	$\frac{1}{d}=2$ — kg	$\frac{1}{d}=2$ — Bemerkungen	$\frac{1}{d}=4$ — kg	$\frac{1}{d}=4$ — Bemerkungen	Bemerkungen
23. Drähte aus den Seilen Nr. 6—21. Durchmesser 2,5 mm.	8 × 625 4 × 623 4 × 593 3 × 610										Nach den Werthen aus Tabelle 8 berechnet.
Mittel ...... Verhältnißzahlen ..	615 **100**	—	—	—	—	—	—	—	—	361 59	Br. Lth.	
24. Patent-Tiegelstahl (13) Durchmesser 2,9 mm.	840 860	in Einspng. in Einspng.	150 —	Br. Lth. Br. beim Einspannen	240 200	Br. Lth. —	270 300	Br. Lth. —	140 240	Br. Lth. —	
Mittel ...... Verhältnißzahlen ..	850 **100**		150 **17,6**		220 **25,8**		285 **33,6**		190 **22,3**		
25. Flußeisen (11) Durchmesser 2,9 mm.	510 510	Br. i. Einspg. Br. d. Draht	140 —	Br. Lth. Br. beim Einspannen	170 —	Br. Lth. Br. beim Einspannen	— 230	Br. beim Einspannen Br. Lth.	410 —	Br. i.Draht*) Br. beim Einspannen	*) Schwache Einschnürung an den Enden der Erhitzung.
Mittel ...... Verhältnißzahlen ..	510 **100**		140 **27,5**		170 **33,3**		230 **45,1**		410 **80,5**		
26. Flußeisen (10) Durchmesser 2,95 mm.	420 440	Br. d.Draht —	— 160	Br. beim Einspannen Br. Lth.	160 220	Br. Lth. —	260 250	Br. Lth. —	310 310	Br. Lth.*) — **)	*) Drei Einschnürungen, davon eine in Löthung. **) Einschnürung soweit als Draht erhitzt war.
Mittel ...... Verhältnißzahlen ..	430 **100**		160 **37,2**		190 **44,2**		255 **59,3**		310 **72,1**		
27. Flußeisen (6) Durchmesser 4,0 mm.	410 460	— —	390 380	Br. Lth. —	430 430	Br. Lth. —	450 420	Br.d.Draht*) — **)	450 420	Br. d. Draht —	*) 20 cm. **) 35 cm vom Lth. entfernt.
Mittel ...... Verhältnißzahlen ..	435 **100**		385 **88,5**		430 **99,0**		435 **100**		435 **100**		

Tabelle 10.

Gegenüberstellung der spezifischen Festigkeiten der gelötheten Drähte.

Die eingeklammerten Zahlen deuten an, daß die Drähte neben der Löthung im geglühten Theil des Drahtes gerissen sind.

Draht Nr.	Durch= messer mm	Mittlere spezifische Bruchfestigkeiten bei der Löthweise					Bemerkungen.
		Ohne Löthung kg/qmm	stumpf kg/qmm	$\frac{1}{d}=1$ kg/qmm	$\frac{1}{d}=2$ kg/qmm	$\frac{1}{d}=4$ kg/qmm	
23	2,5		—	—	—		
24	2,9	128	22,7	33,3	43,1	28,7 *)	*) dürfte wohl schlecht gelöthet haben.
25	2,9	77	21,2	26,1	35,3	(62,0)	
26	2,95	63	23,8	27,7	37,9	45,4	
Mittel			22,6	25,7	38,8	45,4	
Wachsthum der Festigkeit der Ver= bindung			1	1,14	1,72	2,01	
27	4,0	34,5	30,6	34,2	(34,5)	(34,5)	
Wachsthum der Festigkeit der Ver= bindung			1	1,12	—	—	

Verantwortlicher Redacteur: Dr. Hermann Wedding. — Verlag von Julius Springer in Berlin.

Additional material from *Mitthelungen aus den Königlichen Technischen Dersuchsanstalten zu Berlin,*
ISBN 978-3-662-42844-3 (978-3-662-42844-3_OSFO5),
is available at http://extras.springer.com

Mittheilungen
aus den
Königlichen technischen Versuchsanstalten
zu Berlin.
Herausgegeben im Auftrage der Königlichen Aufsichts-Kommission.

Redacteur: Geheimer Bergrath Dr. **Wedding**.
Mitglied der Königl. Aufsichts-Kommission.

Ergänzungsheft III.   1888.

Schmieröluntersuchungen

ausgeführt im Auftrage des Herrn Ministers für Handel und Gewerbe

von

A. Martens,
Vorsteher der mechanisch-technischen Versuchsanstalt.

Mit vier lithographirten Tafeln.

Springer-Verlag Berlin Heidelberg GmbH

1888.

ISBN 978-3-662-42844-3   ISBN 978-3-662-43127-6 (eBook)
DOI 10.1007/978-3-662-43127-6
Softcover reprint of the hardcover 1st edition 1888

Durch Erlaß des Herrn Ministers für Handel und Gewerbe vom 11. Mai 1884 wurde eine Untersuchung von deutschen Rübölen auf ihre Schmierfähigkeit und eine Vergleichung derselben mit Mineralölsorten verschiedener Herkunft angeordnet.

Bei Beginn der Versuche mit Rübölsorten, welche vom Verbande deutscher Müller der Versuchs-Anstalt übermittelt worden waren, stellte sich jedoch die Nothwendigkeit heraus, die eigentlichen Untersuchungen bis zur Vervollständigung und Verbesserung der Hülfsmittel der Anstalt zu verschieben. Indessen konnten, den Bestimmungen entsprechend, Voruntersuchungen mit den vorhandenen Hülfsmitteln angestellt werden, über deren Ergebnisse hier berichtet werden soll.

I. Einleitung. Aufgabe des Schmiermittels.

Es ist bekannt, daß die Schmiermittel in erster Linie zur Verminderung der Reibungsarbeit dienen sollen; bekannt ist aber auch, daß sie diese Hauptaufgabe nicht alle in gleichem Maße erfüllen und daß es eine Reihe von scheinbaren Nebeneigenschaften giebt, welche bei der Werthschätzung beachtet werden müssen.

Der Vorgang beim Schmieren würde sich etwa wie folgt schildern lassen: Zwischen zwei Flächen gleichen Abstandes, welche gegen einander gleiten können, wird ein luftförmiger, flüssiger oder pulverförmiger Körper gebracht, welcher im Stande ist, die beiden Flächen vor direkter Berührung zu schützen und dessen innere Reibung geringer ist als die Reibung bei unmittelbarer Berührung der Flächen der festen Körper.

Um diese Eigenschaften entwickeln zu können, müssen folgende Bedingungen erfüllt sein. Der innere Zusammenhalt der Schmierschicht muß ein derartiger sein, daß während der Bewegung der Flächen auch dann, wenn sich dieselben mit erheblicher Kraft zu nähern streben, stets eine so dicke Schicht des Schmiermittels erhalten bleibt, daß wirksam eine gegenseitige Berührung der beiden gleitenden Körperflächen ausgeschlossen ist. Es muß also entweder die Schicht in sich die erforderlichen Eigenschaften haben, um eine genügende Dicke bilden zu können, oder die Erhaltung der Schichtendicke muß auf künstlichem Wege besorgt werden. Damit das Schmiermittel aus sich selbst heraus eine genügende Schichtendicke bildet und dieselbe während des Schmiervorganges erhält, ist es erforderlich, daß es die beiden Flächen sehr innig berührt und fest an denselben haftet. Diese Eigenschaft haben namentlich die fetten Körper; sie dringen mit großer Begierde in die Poren fester Körper ein und sind schwer von den von ihnen benetzten Flächen zu entfernen. Bei ihnen überwiegt zugleich auch die Anziehungskraft zwiſchen den feſten Körpern und den Flüſſigkeitstheilchen den inneren Zuſammenhalt. Dies iſt der Grund, weswegen die fetten Körper zwiſchen den Fingern das Gefühl der Schlüpfrigkeit in ſehr hohem Maße zeigen. Durch die Eigenſchaft des feſten Anhaftens an der geſchmierten Fläche iſt das Schmiermittel beſonders geeignet, die vorhandenen Rauhigkeiten, eine weſentliche Urſache der Reibung zwiſchen feſten Körpern, wirkſam auszufüllen und hierdurch die Reibung zwiſchen den gleitenden Flächen auch dann noch erheblich zu verringern, wenn die eigentliche Schmierſchicht aus irgend einer Urſache ſo ſehr an Dicke abgenommen haben ſollte, daß die Flächen ſich zu berühren beginnen.

Solange die Schichtendicke genügend groß iſt, findet bei der Bewegung der beiden Flächen gegeneinander nur ein Gleiten zwiſchen den einzelnen Flüſſigkeitstheilchen ſtatt. Die Verſchiebung der an den feſten Körpern haftenden Schicht gegen die letzteren wird verſchwindend klein ſein und der ganze zur Erſcheinung kommende Reibungswiderſtand iſt auf die innere Reibung der zum Schmieren benutzten Flüſſigkeit zu rechnen. Die Beſtimmung der Größe der inneren Reibung des Schmiermittels, ſowie die Unterſuchung aller Umſtände, welche auf dieſelbe von Einfluß ſind, iſt daher als eine der Hauptaufgaben bei der Feſtſtellung des Nutzungswerthes von Schmiermaterialien anzuſehen.

Da in der Literatur für die Bezeichnung der „inneren Reibung" einer Flüſſigkeit häufig auch die Ausdrücke „Kohäſion" und „Zähigkeit" gebraucht werden und man beim Vergleich zweier Flüſſigkeiten, namentlich mit Bezug auf Waſſer als Einheit, von der „ſpezifiſchen Zähigkeit" derſelben zu ſprechen pflegt, da ferner durch die in den praktiſchen Gebrauch eingeführten Apparate die Zähigkeit oder ſpezifiſche Zähigkeit nicht in völlig ſtrengem Sinne und unter allen Umſtänden gleichwerthig beſtimmt werden kann, ſo iſt es nothwendig, eine beſtimmte Unterſcheidung in der Ausdrucksweiſe anzuwenden. In Nachfolgendem ſollen unter Vermeidung der Bezeichnungen Kohäſion und Zähigkeit die Begriffe „innere Reibung" und „Flüſſigkeitsgrad" getrennt von einander gebraucht werden, und zwar wird von der inneren Reibung ſtets in dem Sinne geſprochen, daß man an eine völlig ſcharfe Beſtimmung derſelben nach dem abſoluten Maße, alſo in dem Gramm-, Centimeter- und Sekunden-Maßſyſtem denkt. Als den „Flüſſigkeitsgrad" bezeichnet man (entſprechend der oben erwähnten „ſpezifiſchen Zähigkeit") das Verhältniß der beiden Koeffizienten der inneren Reibung, alſo etwa „Rüböl zu Waſſer". Mit Rückſicht darauf, daß die in der Praxis benutzten Apparate nicht immer ſtreng richtig das vorgenannte Verhältniß ergeben, dennoch aber in Folgendem auch in dieſem Falle der Ausdruck „Flüſſigkeitsgrad" beim Vergleich zweier Flüſſigkeiten benutzt wird, iſt hier beſonders darauf aufmerkſam zu machen, daß man ſich an einen wiſſenſchaftlich beſtimmten Begriff und an den gewöhnlichen Sprachgebrauch nicht gebunden hat; um letzterem zu genügen, würde man den reziproken Werth des Verhältniſſes einzuſetzen haben.

Wie bereits geſagt und ſpäter näher zu entwickeln ſein wird, ſind die meiſten bis jetzt für die Beſtimmung des Flüſſigkeitsgrades benutzten Apparate nicht geeignet, das Verhältniß der inneren Reibungen zweier Flüſſigkeiten ſtreng zu ermitteln.

Dieſe Apparate dienen mehr den Zwecken einer praktiſchen Materialprüfung und unterſcheiden die verſchiedenen Schmiermittel nach ihrem Flüſſigkeitszuſtande. Für die richtige Erkennung des Reibungsvorganges iſt freilich die ſtrenge Beſtimmung des Koeffizienten der inneren Reibung nothwendig, und man wird deswegen bei wiſſenſchaftlichen Unterſuchungen immermehr dazu übergehen müſſen, die Apparate ſo einzurichten, daß ſie allen ſtrengen Anforderungen genügen, aber man wird hierneben die zu den Zwecken der praktiſchen Materialunterſuchung einmal eingebürgerte einfachere Beſtimmung des Flüſſigkeitsgrades ſchwerlich aufgeben wollen.

Wäre der Vorgang der Reibung in einer Schmierſchicht nicht durch die äußeren Verhältniſſe, unter denen der Verſuch vor ſich geht, beeinflußt, ſo würde man in der That mit der Feſtſtellung des Koeffizienten der inneren Reibung des Schmiermittels ausreichen, um hieraus einen Maßſtab für den Nutzwerth zu gewinnen. Als Grundlagen für die Beſtimmung der inneren Reibung dürften allgemein die Arbeiten Poifeuille's (Recherches expérimentales sur le mouvement des liquides dans les tubes de très-petit diamètres — Mémoires de divers savants. Tome IX p. 433) dienen. Für Waffer fand Poifeuille folgende Werthe für den Koeffizienten der inneren Reibung in Grammen für einen Quadratmeter und die Geschwindigkeit von 1 cm in der Sekunde, bei:

$$0°\ C. = 1{,}8142$$
$$10°\ " = 1{,}3351$$
$$20°\ " = 1{,}0296$$
$$30°\ " = 0{,}8212$$
$$40°\ " = 0{,}6718$$

Man erkennt aus den Zahlen das Abhängigkeitsverhältniß der inneren Reibung von der Wärme, welches bei den Schmierölen in noch weit beträchtlicherem Maße hervortritt, als beim Waffer.

Folgt man den Vorgängen bei der gleitenden Bewegung zweier geschmierter Flächen, so wird man erkennen, daß von der bewegten Fläche aus die Geschwindigkeit zunächst ohne Geschwindigkeitsverluft auf die ihr anhaftende Schicht des Schmiermittels übertragen werden muß. Die nächftfolgende Flüffigkeitsfchicht wird eine Beschleunigung erfahren; ihre Geschwindigkeit wird gegen diejenige der bewegten Körperfläche zurück-ftehen. Alle folgenden Flüffigkeitsfchichten werden sich im Sinne der Bewegung mit immer abnehmender Geschwindigkeit gegen die ruhende Körperfläche verschieben, je näher sie derselben liegen.

Bedenkt man ferner noch, daß die Tragweite der Molekular-Anziehungskräfte zwischen festen Körpern und der Schmierschicht abhängig gedacht werden muß von der Eigenart der Körpermoleküle, so muß einleuchten, daß die Beschaffenheit der beiden Reibungsflächen nicht ganz ohne Einfluß auf die Geschwindigkeitsverhältniffe der Schmierschicht bleiben kann. Als Beweis hierfür kann der Quinke'fche Verfuch über die Kapillarwirkungen zweier paralleler, nahe zusammen geftellter Glasplatten dienen, deren wirkende Flächen mit keilförmig auslaufenden Silberfchichten bedeckt sind. An den dünneren Stellen der Silberfchicht muß immer mehr die Molekularwirkung des Glafes zur Erscheinung kommen und die Folge ift, daß an Stelle einer wagerechten Oberfläche der gehobenen Wafferschicht eine gekrümmte erscheint. Diefe verschiedene Tragweite der Molekularwirkung bei verschiedenen Körpern kann an sich schon mit als Urfache angegeben werden, weshalb bei vollkommener Schmierung die Art des verwendeten Lagermetalles selbst dann von Einfluß auf die Reibungsvorgänge sein muß, wenn man sich diefelben ganz in die Schmierschicht verlegt denkt. Freilich dürfte die hier befprochene Urfache kaum einen starken Einfluß üben.

Das Wärmeaufnahme- und Abgabevermögen der begrenzenden festen Körper kommt in weit höherem Maße in Betracht, wie später erläutert werden wird.

Denkt man sich die beiden Körperflächen, zwischen denen die Schmiermittelfchicht sich befindet, ohne gleitende Bewegung, aber so, daß sie durch eine äußere Kraft einander genähert werden, und betrachtet man irgend einen abgegrenzten Theil der schmierenden Schicht, so wird, da das Volumen des abgegrenzten Theiles das gleiche bleiben muß, das Schmiermittel unter dem äußeren Druck in Bewegung gerathen. Diefer Bewegung widerfteht die Schicht aus mehrfachen Gründen. Zuerst wird eine

Verschiebung der Flüssigkeitstheilchen gegeneinander verursacht, deren Geschwindigkeit in der Mittelebene zwischen den beiden Körperflächen am größten ist. Dieser Bewegung wirkt die innere Reibung der Flüssigkeit entgegen, welche mit der Geschwindigkeit wächst. Die Folge wird sein, daß die Abnahme der Dicke der Schmierschicht zwischen den beiden Körperflächen schließlich so langsam vor sich geht, daß die Aenderung praktisch gleich Null gesetzt werden kann. Es wird sich also unter einer Belastung zwischen ebenen Flächen eine Schicht von bestimmter Dicke bilden, die erst in sehr langer Zeit oder durch Veränderung des Druckes oder des Wärmezustandes sich ändern wird. Die Annäherung der Flächen kann nicht bis auf den Abstand Null fortgeführt gedacht werden, weil die unter dem Einfluß der Molekularwirkung der festen Körper stehenden Schichten nur äußerst schwer verdrängt werden können. Beim Schmiervorgang wird durch die bewegten Theile selbst immer wieder neues Material zwischen die Flächen gebracht und auch hierdurch kann die Dicke der Schicht erhalten werden.

Da man in der Wirklichkeit einerseits in Bezug auf die Auswahl der Schmier= mittel beschränkt ist, andererseits es aber nicht immer in der Gewalt hat, die Verhält= nisse und Abmessungen der Theile so zu wählen, daß der spezifische Flächendruck klein genug bleibt, um eine genügend dicke Schicht zu sichern, so muß man oft künstliche Mittel anwenden, um trotz des unzureichenden Schmiermittels und trotz der zu hohen Belastungen zum Ziele zu kommen. Ein solches Mittel bietet sich, indem man die Schmiere unter hohem Druck zwischen die Flächen preßt (Schmierpumpen). Hierbei wird die Schmiermittelmenge, welche in der Zeiteinheit unter dem Einfluß des Flächen= (Lager=) Druckes ausfließt, durch den zugeführten Schmiermittelstrom beständig ersetzt. Die Schicht erhält auch auf diese Weise eine bestimmte Dicke.

Die zur Ueberwindung des Reibungswiderstandes aufzuwendende Arbeit wird zum größten Theil in Wärme umgesetzt, welche von ihrem Entstehungsorte in der Schmier= mittelschicht durch dieselbe zu den geschmierten Körpern geleitet, durch die berührenden Flächen aufgenommen, durch den Körper unter Erwärmung desselben fortgeführt und endlich von seinen Oberflächen durch Berührungs= und Strahlungsübertragung an die Umgebung abgegeben wird.

Je nach dem Verhältniß der Wärmeerzeugung zum Wärmeaufnahme= und Ab= gabevermögen wird der Wärmegrad der Schmierschicht im Beharrungszustande des Ver= suches ein verschiedener sein. Man wird also beispielsweise ohne Veränderung irgend einer anderen Versuchsbedingung nur durch Veränderung des Ausstrahlungskoeffizienten des einen Körpers (etwa durch Anstrich der Lagerschalen) den Reibungskoeffizienten ver= ändern können.

Die Erwärmung bewirkt zunächst einen Einfluß auf die Schichtendicke; dieselbe wird bei wachsender Wärme geringer. Ferner wird die innere Reibung des Schmier= mittels verändert; auch sie wird mit wachsender Wärme geringer. Endlich können Aende= rungen im chemischen Zustande eintreten, wenn das Schmiermittel ein solches ist, welches schon bei verhältnißmäßig niedrigen Wärmegraden, namentlich in Berührung mit den die Schmierflächen bildenden festen Körpern, Zersetzungen und Umwandlungen erfährt. Alle diese Zustandsänderungen haben einen Einfluß auf die Größe des Reibungs= koeffizienten; sie kommen meistens gleichzeitig vor und man wird bei den Versuchen in der Praxis schwerlich die Einzelvorgänge soweit trennen können, daß man jeden für sich festzustellen vermag.

Schmiert man ein Lager unter den gewöhnlichen Verhältniffen bei gleichbleibender Geschwindigkeit und Belaftung mit einer abgemeffenen Schmiermittelmenge (ohne alfo das Verbrauchte zu erfeßen), fo wird Folgendes eintreten: Sofort mit Beginn der Bewegung wird Arbeit in Wärme umgewandelt; diefe wird folange zur Erhöhung der Eigenwärme der Wellen= und Lagertheile verwendet, bis die Wärmeerzeugung gleich der Wärmeabgabe an die Umgebung geworden ift. Alsdann tritt ein Beharrungs= zuftand ein. Bis dahin nahm in der Regel die innere Reibung und die Schichten= dicke ab, und dem entfprechend wurde der Reibungskoeffizient ein anderer, bis er im Beharrungszuftande ebenfalls Beftändigkeit zeigt. Bei weiterem Verlauf des Verfuches wird auch der chemifche Zuftand des Schmiermittels verändert und hiermit wiederum der Reibungskoeffizient, wobei der Wärmezuftand des ganzen Apparates gleichfalls ein anderer wird. Der Beharrungszuftand kann alfo unter diefen Umftänden kein be= ftändiger fein; alle gemeffenen Größen werden einer langfamen Aenderung unterliegen, welche nach einiger Zeit fchneller und fchneller vor fich geht, wenn die (nicht erneuerte oder durch Zufuhr ergänzte) Schmierölfchicht foweit erfchöpft wurde, daß wegen der zu geringen Schichtendicke die feften Lagertheile in Berührung mit dem Zapfen kommen.

In Wirklichkeit wird bei der Lager=Schmierung allerdings den gefchmierten Flächen fortwährend neues Oel zugeführt, von dem ein Theil nach gefchehener Dienftleiftung in verändertem Zuftande wieder abzufließen pflegt, während der andere Theil auf= gezehrt, verbraucht wird. Um bei diefem Vorgange den wirthfchaftlich günftigften Be= harrungszuftand herbeizuführen, muß die zugeführte Schmiermittelmenge genau den bedingenden Umftänden angepaßt fein.

Aus der ganzen Schilderung des Reibungsvorganges, wie fie bisher gegeben worden ift, geht hervor, daß fowohl die Konftruktion und die Art des Materiales der Mafchinentheile als auch die Natur des Schmiermittels von Bedeutung find für den Schmiervorgang. Beide Theile beeinfluffen in hohem Grade die wirthfchaftlichen Leiftungen unferer Schmiervorrichtungen und unferer Schmiermittel.

Wenn auch in dem gegenwärtigen Berichte dem Schmiermittel an fich in hervor= ragendem Maße Aufmerkfamkeit gefchenkt werden foll, fo ergiebt fich doch, daß es ganz unmöglich ift, die Eigenfchaften deffelben zu unterfuchen, der wirthfchaftlichen Bedeutung nach feftzuftellen und zu vergleichen, ohne auch den Schmiermethoden, den benußten Apparaten und den Prüfungsmafchinen Raum bei der Befprechung zu widmen.

A. Anforderungen an gute Schmiermittel.

Entwickelt man auf Grund des früher Gefagten zunächft die Anforderungen, welchen ein gutes Schmiermittel zu genügen hat, fo erkennt man, daß die guten technifchen Eigenfchaften deffelben zu fuchen find:

    a) in einer möglichft geringen inneren Reibung,

    b) in der Bildung einer möglichft dicken tragfähigen Schmierfchicht,

    c) in einer möglichft langen Ausdauer, d. h. in einer möglichft geringen Veränderlichkeit feines günftigften Zuftandes.

Hierbei wird zunächft abgefehen vom Koftenpunkt und den Eigenfchaften, welche den wirthfchaftlichen Werth herabfeßen könnten.

B. Anforderung an Lagerkonstruktion und Schmiervorrichtung.

Die Anforderungen, welche man an eine gute Konstruktion der zu schmierenden Theile und an die Schmiervorrichtung stellen muß, werden sich nach dem bisher Besprochenen zusammenfassen lassen in:

d) Sicherung einer möglichst geringen Reibung zwischen den etwa sich berührenden Flächen,

e) Sicherung der Erhaltung von Dicke und Zustand der Schmiermittelschicht und im Zusammenhang hiermit,

f) möglichst günstige Abführung der erzeugten Wärmemenge.

Auch hier ist mehr die technische Seite der Frage ohne besondere Rücksichtnahme auf die wirthschaftliche in Betracht gezogen worden.

Die technische Werthschätzung eines Schmieröles wird sich auf die Ermittelung derjenigen Eigenschaften desselben gründen müssen, welche unter a bis c aufgezählt worden sind. Die wirthschaftliche hingegen hat sowohl die Preisfrage bei der Beschaffung des Materiales als auch die Kostenfrage des dauernden Betriebes zu berücksichtigen. Im allgemeinen wird man aber den letztgenannten Punkt bei der Vergleichung vieler Schmiermittel von sehr verschiedener Natur wegen der mannigfachen und meist unübersehbaren örtlichen Verhältnisse außer Acht lassen müssen und wird bei der Beurtheilung des Nutzwerthes für den Vergleich nur den mittleren Marktpreis sowie mittlere Betriebsverhältnisse in Rücksicht ziehen können.

Mit Bezug auf den letzten Punkt sei bemerkt, daß die besonderen Verhältnisse es beispielsweise bedingen können, daß auf den Punkt a (möglichst geringe innere Reibung) ein größeres Gewicht gelegt werden muß, als auf den Punkt b (möglichst tragfähige Schicht) oder umgekehrt, und ferner, daß eine lange Ausdauerfähigkeit (Punkt c) in der Regel erwünscht ist. Bei Uhren, Instrumenten, feinen schnelllaufenden Maschinentheilen wird vorwiegend ein Oel mit möglichst geringer innerer Reibung erwünscht sein; bei schwer belasteten Maschinentheilen wird man unter Inkaufnahme des größeren Arbeitsverlustes ein Oel mit größerer innerer Reibung verwenden, wenn letzteres nur eine hinreichend tragfähige Schicht bildet, um mit Sicherheit das Heißlaufen zu verhüten.

II. Untersuchungsmethoden.

A. Bestimmung der inneren Reibung.

Die innere Reibung des Oeles kann, wie diejenige jeder anderen Flüssigkeit, auf verschiedene Weise bestimmt werden.

Dr. Hagenbach führt in seiner Arbeit*) über diesen Gegenstand drei Methoden an (S. 388):

1. Schwingung von Platten in der Flüssigkeit,
2. Schwingung der Flüssigkeit in U-förmigen Röhren und
3. Ausfluß durch Röhren.

---

*) Hagenbach: Ueber die Bestimmung der Zähigkeit einer Flüssigkeit durch den Ausfluß aus Röhren. Poggendorfs Annalen 1860, S. 385.

Der letzteren Methode giebt er den Vorzug und hat dieselbe auch bei seinen Untersuchungen benutzt.

Von Jähns und von C. Schall (Berichte der Deutsch. Chem. Ges. Band XVII S. 2555) ist eine vierte Methode benutzt worden, bei welcher

    4. die innere Reibung durch Abreißen einer Platte von bestimmter Größe von der Oberfläche einer Schmierölmasse bestimmt wird.

Am meisten gebräuchlich ist die dritte Methode; die vierte würde viel für sich haben, falls es gelingt, hinreichend sichere und einfache Apparate zu ersinnen.

Die meisten der Apparate zur Bestimmung der inneren Reibung, meistens „Zähig= keitsmesser" oder „Viskosimeter" benannt, bestehen im wesentlichen aus einem Gefäß mit unten angesetztem verschließbaren Ausflußrohr. Das Ganze ist vielfach von einem zweiten Gefäß umgeben, welches als Wärmespeicher zur Erzielung einer bestimmten gleichmäßigen Wärme der Schmierölmasse dient. Es sind mehrere Konstruktionen be= kannt z. B. von

    A. Vogel (Dingler 1863 Bd. 168 S. 267),

    Coleman (Dingler 1873 Bd. 210 S. 204),

    F. Fischer (Dingler 1880 Bd. 236 S. 495),

    Lamansky (Dingler 1883 Bd 248 S. 29),

    C. Engler (Chemiker Ztg. 1885 Nr. 11 und Zeitschr. d. V. d. Ing. 1885 S. 882).

    M. Albrecht (Post. Chem. techn. Analyse S. 167),

    Lepenau D. R. P. 23672 u. a. m.

Alle diese Apparate gestatten aus den später aufzuführenden Gründen keine genügend einfache Bestimmung des Koeffizienten der inneren Reibung, sie werden in der Regel benutzt, um den „Zähigkeitsgrad", die „Viskosität" oder die „spezifische Zähigkeit" zu bestimmen, also das, was hier nach Früherem mit dem Namen Flüssig= keitsgrad bezeichnet werden soll. Die Erfinder der neueren der genannten Apparate haben sich zum Theil auf das Poiseuille'sche Gesetz berufen, welches lautet:

$$\mu_i = \frac{\pi}{8} \frac{\mathrm{p}\ \mathrm{r}^4}{\mathrm{v}\ \mathrm{l}}\ \mathrm{t},\ \text{worin}$$

    μ_i den Koeffizient der inneren Reibung (oder die Zähigkeit),

    p den Druck für die Flächeneinheit der Ausflußöffnung,

    r den Radius des Querschnittes $\Big\}$ des Ausflußrohres,

    l die Länge

    v die in der Zeit t ausgeflossene Flüssigkeitsmenge bedeutet.

Die obige Formel gilt aber nur so lange, als das Rohr noch als kapillar auf= gefaßt werden kann und das Verhältniß $\frac{\mathrm{l}}{2\,\mathrm{r}}$ einen gewissen Werth erreicht, der für verschiedene r und für verschiedene Flüssigkeiten und Wärmegrade verschieden ist. Hagenbach hat in dem oben angezogenen Aufsatze die Poiseuille'schen Versuche mitgetheilt und durch theoretische Entwickelung den Nachweis geliefert, daß bei Nicht= innehaltung der Grenzwerthe für das Poiseuille'sche Gesetz der obigen Formel Be= richtigungs=Glieder angehängt werden müssen, durch welche die Formel für die Ver= suchsausführung unbequem wird. Der Grund, weswegen das Poiseuille'sche Gesetz nur beschränkte Gültigkeit hat, wird von Hagenbach und neuerdings auch von Petroff darin gefunden, daß nur in sehr engen Röhren die Bewegung der Flüssigkeiten in der Weise erfolgt, daß die einzelnen konzentrisch zu denkenden Schichten mit gegen die Rohrmitte wachsender Geschwindigkeit sich bewegen, ohne daß ihre zylindrische Gestaltung durch Wirbel= oder Schwingungsbewegung eine Aenderung erfährt. Die Bahn jedes Flüssigkeitstheilchens ist also streng eine gerade Linie. Unter diesen Bedingungen läßt sich, wie beide Autoren zeigen, das Poiseuille'sche Gesetz auf theoretischem Wege ableiten. Wegen der sehr werthvollen Bemerkungen und der ausführlichen Vergleichung verschiedener Versuchsergebnisse sei hier ganz besonders auf die neuere Arbeit von N. Petroff verwiesen: Neue Theorie der Reibung, übersetzt von L. Wurzel-Hamburg, Leopold Voß 1887. — Dieses Werk dürfte für die ferneren Reibungsversuche und somit auch für die Schmieröluntersuchung von grundlegender Bedeutung werden. Aus demselben seien hier die Grenzwerthe $\frac{1}{2\,r}$ mitgetheilt, für welche das Poiseuille'sche Gesetz seine Gültigkeit verliert. Da eine scharfe Grenze nicht vorhanden, so sind die Zahlen nur Annäherungswerthe; das Verhältniß $\frac{1}{2\,r}$ muß größere Werthe haben, als in der Tabelle gegeben, wenn das Gesetz gültig sein soll.

mittlerer Röhrendurchmesser	Verhältniß $\frac{1}{2\,r}$
0,03 mm	70
0,04 „	80
0,09 „	120
0,11 „	270 (? Druckfehler) 170
0,14 „	180
0,65 „	310

Das in diesen Zahlen liegende Gesetz läßt sich aus der nebenstehenden Fig. 1 unschwer erkennen; man bemerkt, daß ein Ausflußrohr von 0,6 mm Durchmesser schon eine Länge von $300 \cdot 0,6 = 180$ mm haben muß, damit es für Wasser von niedrigem Wärmegrade die Bestimmung von μ_i aus der oben angeführten Formel gestattet. Da aber bei allen oben angeführten Apparaten die Durchmesser der Ausflußröhren wesentlich

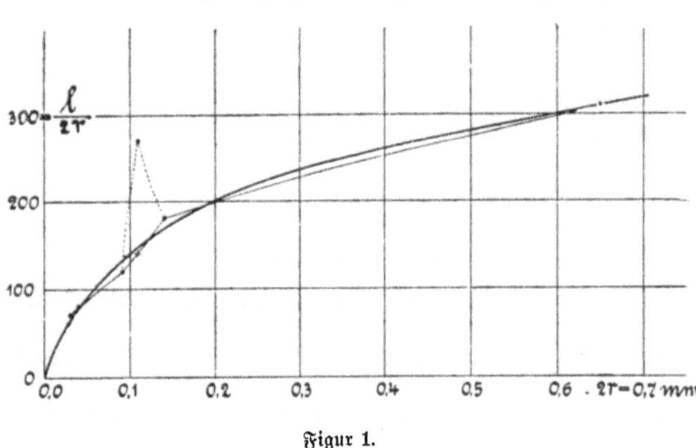

Figur 1.

größer als 0,6 mm und die Längen derselben sehr erheblich kleiner als 180 mm sind, so ist ohne Weiteres klar, daß die Anwendbarkeit der Poiseuille'schen Formel auf alle diese Apparate unzulässig ist. Dies ist denn auch die Folge, weshalb man, entgegen den Voraussetzungen mancher Autoren, mit den genannten Apparaten die „spezifische Zähigkeit" d. h. wie man meinte, das Verhältniß der inneren Reibung eines Schmiermittels

zu derjenigen des Waffers, nicht beftimmen kann und weshalb man mit den ver=
fchiedenen Apparaten unter fonft durchaus gleichen Verhältniffen ganz verfchiedene
Werthe für die fogenannte „fpezififche Zähigkeit" erhält. Da hiernach der mit den vor=
genannten Apparaten erhaltenen fpezififchen Zähigkeit kein reeller Werth beigemeffen
werden kann, die diefen Apparaten zu Grunde liegende Methode aber für die Material=
unterfuchung für die Folge noch große Bedeutung behalten dürfte, fo fah ich mich ver=
anlaßt, weiter oben für das Ergebniß der Unterfuchung mit derartigen auf Empirie
gegründeten Verfuchsapparaten die Bezeichnung „Flüffigkeitsgrad" vorzufchlagen,
um durch Vermeidung des in der Wiffenfchaft mit der Bezeichnung „innere Reibung"
vielfach als gleichwerthig benutzten Ausdruckes „Zähigkeit" von vornherein den Glauben
zu benehmen, als könne man mit Hilfe der obigen Apparate irgend einen das Ver=
hältniß der Koeffizienten der inneren Reibung zweier Flüffigkeiten ausdrückenden Werth
beftimmen.

Durch Verfuche, welche im Anhange unter Anlage C Seite 66 näher befchrieben
werden follen, find übrigens in der Verfuchs=Anftalt bei der Prüfung verfchiedener
Apparate die oben angedeuteten Unzulänglichkeiten hinreichend erwiefen. Als das prak=
tifche Endergebniß diefer Verfuche, durch welche man zugleich die für den Gebrauch in
der Verfuchs=Anftalt vortheilhaftefte Einrichtung der Apparate ermitteln wollte, kann
der erbrachte Nachweis angefehen werden, **daß es zur Erzielung vergleichbarer Ver=
fuchsergebniffe für den Flüffigkeitsgrad nothwendig ift, einen Apparat von ganz be=
ftimmter Konftruktionsform und ganz beftimmt gegebenen Abmeffungen, fowie ein
in allen Einzelheiten beftimmt vorgefchriebenes Prüfungsverfahren einzuführen.** Um
namentlich auch den Nachweis für die Nothwendigkeit eines einheitlichen Prüfungsver=
fahrens zu erbringen, fei Folgendes erwähnt:

Für alle bisher namentlich aufgeführten Ausflußapparate ift die Druckhöhe h eine
veränderliche Größe, deren Einfluß nur dann klein wird, wenn die Flüffigkeitsoberfläche
bei Beginn des Verfuches und am Ende deffelben auf eine beftimmte Marke einfpielt.
Die Ausflußmenge muß alfo beim Vergleich des Flüffigkeitsgrades zweier Flüffigkeiten
mit Hilfe irgend eines der bekannten Ausflußapparate für beide Flüffigkeiten annähernd
die gleiche fein.

Die Meßgefäße der meiften der vorgenannten Zähigkeitsmeffer find mit Rückficht=
nahme auf eine möglichft fchnelle und gleichmäßige Uebertragung der Wärme des
Wafferbades auf die zu unterfuchende Flüffigkeit Metall=Zylinder, deren Durchmeffer in
der Regel kleiner ift als die halbe Höhe. Nur Engler hat dem Gefäße feines Appa=
rates einen verhältnißmäßig großen Durchmeffer gegeben, um den Einfluß der Be=
netzung der Zylinderwandungen und den Einfluß der Verfchiedenheiten im fpezififchen
Gewicht der Flüffigkeiten zu vermindern. Der erftgenannte Einfluß muß fich namentlich
bei fehr zähflüffigen Oelen wegen der größeren Dicke der an den Wänden anhaftenden
Schicht in der Weife geltend machen, daß der Verfuch gewiffermaßen fo verläuft, als
ob für die Beftimmung des am wenigften zähflüffigen Körpers (Waffer) ein weiteres
Gefäß und für diejenige des zähflüffigften ein engeres bei gleicher urfprünglicher Druck=
höhe benutzt worden wäre. Dem entfprechend würde die Wirkung die fein, daß der
Ausfluß für Waffer in den einzelnen Zeitabfchnitten des Verfuches unter vergleichsweife
größeren Druckhöhen ftattgefunden hat als derjenige des zu unterfuchenden Oeles.

Hierdurch muß ein Vergleichsfehler entstehen, wenn auch deffen Größe verschwindend klein sein dürfte. Engler, Fischer und Lamansky legen ihren Rechnungen die von Poiseuille aufgestellte Formel zu Grunde und ziehen bei derselben das verschiedene spezifische Gewicht der unterfuchten Flüffigkeit nicht in Betracht, da sie für die Versuche eine jedesmalige Ermittelung oder Jnrechnungstellung des Druckes p nicht vornehmen, vielmehr lediglich darauf halten, daß die urfprüngliche Druckhöhe stets die gleiche bleibe. Will man die Fehler vermeiden, welche infolge dieser Vernachläffigung entstehen würden, so würde man die Poiseuille'sche Formel in folgender Gestalt zu benutzen haben:

$$\mu_i = \alpha \frac{s}{v}, \text{ worin}$$

μ_i und v die gleiche Bedeutung wie früher haben,

α die Konstante des Apparates und

s das spezifische Gewicht der unterfuchten, also zugleich der Druckflüffigkeit ist;

s und v sind selbstverständlich für jenen Wärmegrad festzustellen, für welchen μ_i bestimmt werden soll.

Nimmt man Waffer von $4°$ C. als Einheit an, so würde man die spezifische innere Reibung einer zweiten Flüffigkeit von irgend einem Wärmegrade t ausdrücken können durch:

$$\frac{1}{\mu_i{}^1} = \frac{v^1 \cdot s}{v \cdot s^1} \text{ oder } \mu_i = s^1 \frac{v}{v^1}$$

Will man die Rauminhaltsmeffung vermeiden und die Ausflußmengen durch Gewicht feststellen, so würde die letztere Formel lauten:

$$\mu_i = s^{1^2} \frac{g}{g^1}$$

Bei Anwendung dieser Berechnungsweise würde der zweite von Engler für sein weites Gefäß geltend gemachte Vorzug in Wegfall kommen und man würde für die Anwendung eines engeren Gefäßes den Vorzug in Anspruch nehmen können, daß der Einstellungsfehler auf die Anfangsmarke ein geringerer ist als bei dem weiten Gefäß. Es muß übrigens bemerkt werden, daß die Berückfichtigung des spezifischen Gewichtes für die praktische Schmierölunterfuchung als völlig gegenstandslos zu erachten ist, da nachgewiesen wurde, daß den genannten Apparaten das Poiseuille'sche Gefetz überhaupt gar nicht zu Grunde gelegt werden darf. Wenn man sich auf die Anwendung einheitlicher empirischer Methoden vereinigt, so kann die Rückfichtnahme auf das spezifische Gewicht erst recht unterbleiben.

Bezüglich der Bestimmung der Anfangsdruckhöhe scheint bei den einzelnen Forschern keine völlige Uebereinstimmung zu herrschen, wenigstens geht aus den meisten Beschreibungen nicht klar hervor, in welchem Zustande des Apparates, beziehentlich in welchem Zeitpunkte die Einstellung auf die Marke für den Flüffigkeitsspiegel vorgenommen wird. Da zweifellos eine Fehlerquelle entsteht, wenn der eine bei seinen Versuchen in höheren Wärmegraden die Einstellung bei der gewöhnlichen Zimmerwärme vornimmt und erst dann die Erwärmung eintreten läßt, während der andere erst erwärmt und nun die Einstellung vornimmt, so ist zu wünschen, daß dieser Punkt klargestellt wird. Bei den später mitgetheilten Versuchen in der Versuchs-Anstalt geschah die Einstellung stets unmittelbar vor Beginn des Ausfließens.

Bei den beiden Apparaten von Coleman und Lepenau kann die Ausflußöffnung durch einen Hahn verschlossen werden; bei beiden Apparaten liegen die Ausflußröhren außerhalb des Wärmespeichers. Der Apparat von Coleman (die älteste Vorrichtung mit Wärmespeicher) ist aus diesem Grunde zur Zeit nicht mehr brauchbar. Der neuere Apparat von Lepenau sucht die Meßbarkeit des Wärmezustandes in der Ausflußröhre durch ein Thermometer zu erreichen, welches vom ausfließenden Strahl umspült wird. Der Apparat ist jedoch so kompliziert, daß er bei dem Vorhandensein einfacherer und weit einwandfreierer älterer Formen hier nicht weiter in Betracht kommen kann. Bei den übrigen Apparaten ist die Bedingung, daß die Wärme des Ausflußröhrchens gleich derjenigen der zu untersuchenden Flüssigkeit ist, dadurch gewahrt worden, daß das Metallröhrchen innerhalb des wärmenden Bades liegt.

Bezüglich der Form der Röhrchen, ihrer Weite und Länge, sowie bezüglich des Verschlusses der Ausflußöffnung weichen die einzelnen Apparate sehr wesentlich von einander ab. Lamansky wendet ein Rohr von 1 mm Durchmesser (ohne Längenangabe) und Fischer 1,2 mm bei 5 mm Länge an. Engler nimmt den Durchmesser = 3 mm und die Länge = 20 mm und begründet diese Annahme damit, daß bei den engen Röhren die Prüfung eines dickflüssigen Oeles mehrere Stunden beanspruchen würde. Die Form der Ausflußröhren ist im allgemeinen eine zylindrische. Streng an diese Form halten sich Engler und Lamansky, bei deren Apparat das Röhrchen beiderseits in senkrecht zur Rohraxe stehende Flächen ausmündet. Die Ein- und Ausmündung ist beim Apparat von Fischer kegelförmig. Der obere kegelförmige Uebergang dient zur Aufnahme des Abschlußventils. Engler sieht in dieser konischen Abflußöffnung eine Fehlerquelle. Es kann nicht bestritten werden, daß die Form der Einmündungs- und Ausflußöffnungen von (wenn auch nur geringem) Einfluß auf das Ergebniß sein werden.

Der Abschluß des Ausflußröhrchens geschieht bei dem Lamansky'schen Apparat durch eine Drehscheibe, in welcher eine Oeffnung angebracht ist, welche zu Beginn des Versuches unter die Oeffnung des Röhrchens gedreht wird. Diese Oeffnung bildet gewissermaßen eine Erweiterung des Röhrchens, welche ähnlich wirken wird, wie die konische Ausflußmündung des Fischer'schen Apparates. Von Engler wird dem Lamansky'schen Verschluß mit Recht vorgeworfen, daß die Reinigung schwierig sei. Bei den Apparaten von Fischer und Engler geschieht der Abschluß des Röhrchens an der oberen Einmündung durch ein Ventil, dessen Stange bei dem Fischer'schen Apparat aus dem oberen Deckel hervorragt. Man kann also das Ventil von außen her öffnen und schließen, während man bei dem Engler'schen Apparat den Deckel abheben muß, um das Ventil bewegen zu können. Die Ventilverschlüsse haben unzweifelhaft größere Einfachheit für sich; die Theile lassen sich leicht und vollkommen reinigen. Für den Engler'schen Apparat würde es zu wünschen sein, daß der Ventilstift durch den Deckel hindurch geht, damit man ihn von außen abziehen kann, ohne den Deckel abheben zu müssen.

Es ist noch zu untersuchen, welche Form für die untere Ausflußöffnung am zweckmäßigsten erscheint. Würde man, wie Engler vorschlug, das Röhrchen einfach in die untere Fläche des Apparates ausmünden lassen, so würde man in den Kauf nehmen müssen, daß die auslaufende Flüssigkeit die untere Fläche benetzt. Hierbei würde der Abfluß des Flüssigkeitsstrahles nicht stets genau in der Mitte des Röhrchens erfolgen, fondern fich je nach der Aufftellung des Apparates mehr oder minder feitlich verfchieben und der Strahl würde womöglich während des Verfuches wandern und feine Geftalt ändern. Hiermit würde eine Beeinfluffung des Ergebniffes verbunden fein. Die fchwach konifche Form des Bodens vom Wärmefpeicher des Engler'fchen Apparates wird diefen Fehler etwas vermindern, vorausfichtlich aber nicht befeitigen können. Engler fcheint denn auch fpäter zur Vermeidung diefer Unzuträglichkeiten angeordnet zu haben, daß der untere Rand des Röhrchens um etwa 0,5 mm aus dem Boden hervorragt. Auch Fifcher und Lamansky fcheinen den vorberegten Umftand in gewiffem Grade berück- fichtigt zu haben, wenigftens zeichnen beide bei ihren Apparaten einen kleinen vor- fpringenden Rand, der eine direkt für die Ausflußmündung des Röhrchens, der andere für diejenige der Drehfcheibe.

Da fehr geringe Veränderungen der chemifchen Befchaffenheit des Oeles fchon von Einfluß auf die Ausflußgefchwindigkeit fein werden, fo ift es nothwendig, die Gefäße aus folchen Materialien zu machen, daß fie vom Oel möglichft wenig gelöft werden. Aus diefem Grunde würden Glasgefäße am vortheilhafteften fein, wenn fie nicht wegen ihres leichten Zerfpringens u. f. w. unpraktifch wären. In der Regel macht man die Gefäße aus Meffing oder Kupfer; man follte fie innen ftark vergolden, um das Oel dem Einfluffe des Metalles möglichft zu entziehen. Die Ausflußröhrchen follten ftets aus Platin beftehen, fowie möglichft glattwandig und zylindrifch ausgefchliffen fein, da fie den beftimmenden Theil des Apparates bilden.

Der Körperinhalt der Gefäße ift bei den einzelnen Apparaten verfchieden. Fifcher füllt den Apparat mit 65 ccm und läßt 50 ccm ablaufen, während Lamansky 100 ccm ausfließen läßt. Engler benutzt eine Füllung von 240 ccm und arbeitet mit einer Ausflußmenge von 200 ccm. Alle Forfcher verfahren in der Weife, daß fie die Zahl der Sekunden zählen, welche die oben angegebenen Mengen zum Ausfluß aus ihren Apparaten brauchen. Das Verhältniß der Ausflußzeit gegen diejenige des Waffers nennen fie die „fpezififche Zähigkeit" der unterfuchten Flüffigkeit. Vogel benutzte zur Zeitbeftimmung eine Sanduhr, die auf 30 Sekunden berichtigt war und maß die Ausflußmenge für diefe Zeit an dem getheilten Glaszylinder feines Apparates.

Die Art der Verfuchsausführung bietet ficherlich eine Reihe von Fehlerquellen und man muß fich daher überlegen, wie man die Fehler auf ein möglichft geringes Maß zurückzuführen vermag. Arbeitet man nach der Vorfchrift von Fifcher, Lamansky und Engler, fo ift zu bedenken, daß für die Zeitbeftimmung der Anfangs= und End= punkt des Verfuches in Frage kommen. Die Fehler der Beftimmung find abhängig von den verwendeten Zeitmeffern und von der Gefchicklichkeit des Beobachters. Da der Anfangspunkt beliebig ift, fo kann man bei Anwendung der gewöhnlichen Sekundenuhr das Ventil mit einem Fehler von einigen Zehntel=Sekunden in dem Augenblicke öffnen, in welchem der Zeiger eine volle Minute anzeigt. Schwierig ift es aber jedenfalls, den Endpunkt des Verfuches genau zu beftimmen, weil man hierbei auf drei Punkte zu achten hat, nämlich auf den Zeitpunkt, in welchem die Marke für die richtige Ausfluß= menge 50, 100, 200 ccm gerade erreicht wurde, auf die zu gleicher Zeit abgelaufene Sekundenzahl und etwa auf den gleichzeitigen Schluß des Ventils. Die vorgenannten Forfcher fagen freilich in ihren Befchreibungen nicht, daß das Ventil, wie hier voraus= gefetzt, gefchloffen wird. Da aber bei Beftimmungen in höheren Wärmegraden der ausfließende Strahl eine ftarke Abkühlung erfährt und in ein kaltes Gefäß ausftrömt,

so kann ftreng genommen der gemeffene Rauminhalt nicht als ein richtiges Maß für
die Ausflußmenge bei der Verfuchswärme erachtet werden; man muß nothwendiger
Weife eine Umrechnung des Körperinhaltes auf diefe Wärme oder auf den Wärme-
nullpunkt eintreten laffen, wenn man genaue Zahlen erhalten will. Dies wird aber
nur möglich fein, wenn man die ausgefloffene Menge bei einem beftimmten Wärmegrade mißt, oder fie durch das Gewicht feftftellt. In diefem Falle würde man fein
Augenmerk auf den Schluß des Ventils und das gleichzeitige Ablefen der Sekundenuhr
richten können, alfo ficherer arbeiten. Wollte man von dem Schließen des Ventils
Abftand nehmen, fo würde die gleichzeitige Ermittelung des Erreichens der Endmarke
und der Uhrablefung Schwierigkeiten bieten, da bei beiden Beftimmungen gleichzeitig
das Auge benutzt werden muß. Das Fortnehmen des Auffangeglafes mit Ablauf der
Beobachtungszeit dürfte namentlich bei Verfuchen in höheren Wärmegraden andere Unzuträglichkeiten mit fich bringen. Bei einem folchen Vorgange dürften Fehler von
mehreren Zehntel-Sekunden ganz ficher eintreten.

Die innere Reibung der Schmieröle ändert fich mit wachfender Wärme in fehr
erheblichem Grade. Diefe Aenderungen fallen bei den einzelnen Oelen fehr verfchieden
aus, fo zwar, daß nach Lamansky: „Der einzige fcharfe Unterfchied, der fich
bis jetzt bei den Unterfuchungen der phyfikalifchen Eigenfchaften der Oele
verfchiedenen Urfprunges herausgeftellt hat, die innere Reibung (Zähigkeit) und das Verhalten derfelben zur Temperatur" ift. Aus den in der Einleitung entwickelten Gründen wird es einleuchten, wie fehr wichtig es ift, die innere
Reibung, fowie auch den Flüffigkeitsgrad wenigftens für alle diejenigen Wärmegrade
zu beftimmen, welche während der Schmierung vorkommen können. Lamansky fchlägt
vor, den Flüffigkeitsgrad mindeftens bei den Temperaturen 10°, 30° und 50° zu ermitteln, Engler will dagegen bis auf 150° gehen. Jedenfalls ift es vorzuziehen, fünf
Beftimmungen vorzunehmen, bei welchen die Wärmegrade fo vertheilt find, daß man
mit einiger Zuverläffigkeit die Zwifchenwerthe aus der Schaulinie ermitteln kann.

Nachdem im Voraufgehenden der bereits vor längerer Frift erftattete Bericht etwas ausführlicher
gegeben wurde, um, wie gefagt, die Nothwendigkeit einheitlicher Methoden
zu erweifen, follen in Nachftehendem kurz die Gründe angeführt werden, weshalb die Verfuchs-Anftalt dazu übergegangen ift, ihren ferneren Prüfungen
den Engler'fchen Apparat zu Grunde zu legen. Zugleich follen hier die
Fehlergrenzen ermittelt werden, welche dem Engler'fchen Apparat anhaften.
Endlich foll noch ein neuer Apparat befprochen werden, welcher inzwifchen
auftauchte, von der Verfuchs-Anftalt befchafft ift und von Bedeutung für
die Materialunterfuchung werden dürfte.

Nach Voraufgehendem wird man in der Folge die Feftftellung des
Flüffigkeitsgrades lediglich als eine Art empirifche Materialunterfuchung zu
behandeln haben. Es kann alfo nur darauf ankommen, einen Apparat von
ganz beftimmter Konftruktion und ftets gleichen Abmeffungen einzuführen.
Am meiften Ausficht für eine möglichft allgemeine Einführung hat in letzter
Zeit unzweifelhaft der Engler'fche Apparat gewonnen, weil er von Seiten
der Eifenbahnverwaltungen als Grundlage für die tarifarifchen Beftimmungen
angenommen worden ift, und weil er nach feften Abmeffungen unter Aufficht

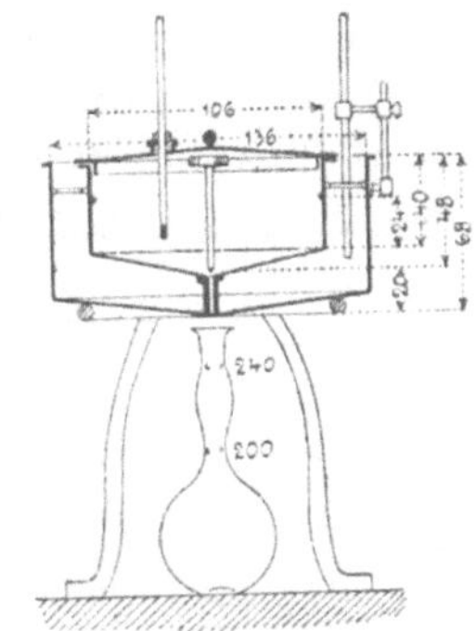

Figur 2.

hergeftellt und von der Großherzoglich Badifchen Verfuchs-Anftalt in Karlsruhe geprüft und
beglaubigt wird. Der Apparat hat die nebenftehend in Fig. 2 dargeftellten Einrichtungen und Abmeffungen.
Die Zeichnung wird aus dem Voraufgehenden ohne Weiteres verftändlich fein; es ift nur hinzuzufügen, daß
das Ausflußrohr aus Platin und das innere Gefäß ftark vergoldet ift. Der Apparat trägt die Nr. 212
und follte nach den Verfuchen in Karlsruhe für deftillirtes Waffer von 20° C. 200 ccm in 54 Sekunden
auslaufen laffen. Bei der Unterfuchung in der hiefigen Anftalt wurden folgende Zahlenwerthe gefunden:

Tabelle 1.
Waffer von 20° C. Uhr II.

Versuch Nr.	Ausflußzeiten in Sekunden		
	Ablefung	$\triangle$ m	$\triangle$ m²
1	53,0	+ 0,14	196
2	53,2	+ 34	1156
3	52,8	— 6	36
4	52,6	— 26	676
5	52,6	— 26	676
6	52,4	— 46	2116
7	53,6	+ 74	5476
8	53,4	+ 54	2916
9	52,6	— 26	676
10	52,4	— 46	2116
Summe	528,6		1,6040
Mittel	52,86 $\pm$ 0,09 (b. i. = $\pm$ 0,17%)		

$$\text{wahrfcheinlicher Fehler des Mittels} = 0,674 \cdot \sqrt{\frac{1,6040}{10 \cdot 9}} = \pm 0,09 \text{ Sefunden}$$

$$\text{mittlerer Fehler einer Beftimmung} = \sqrt{\frac{1,6040}{9}} = \pm 0,42 \text{ Sefunden}$$

Daß die in Karlsruhe gefundenen Werthe mit den hier ermittelten nicht übereinstimmen, darf nicht weiter auffallen, weil der Apparat inzwischen vergoldet und zuvor ein vorstehender Grad vom Rande der Ausflußöffnung entfernt worden ist; auch kann ein geringer Unterschied im Gange der hier und dort benutzten Uhren vorgelegen haben. Jedenfalls muß aber an diefer Stelle auf die Nothwendigkeit einer wiederholten forgfältigen Prüfung und Aichung der Apparate aufmerkfam gemacht werden.

Um über die Größe der zu erwartenden Fehler ein anfchauliches Bild zu geben, feien hier die Ergebniffe einiger Verfuche mitgetheilt, bei denen die Verfuchsbedingungen entfprechend geändert wurden.

Tabelle 2.
Ausflußzeiten in Sec.

Verfuch Nr.	Waffer von 20°		Normalrüböl von 18,8° (Uhr I)				Normalöl v. 20° (Uhr II)	
	Rohr forg-fältig gereinigt	Rohr mit Oel benetzt	Unter ge-wöhnlichen Bedingungen	Während des Ausfließens häufig bewegt	Gefäß fchief aufgeftellt	Meßkolben hat nur ½ Min. ausgetropft	Unter ge-wöhnlichen Bedingungen	Meßkolben hat nur 1 Min. ausgetropft
	a	b	c	d	e	f	g	h
1	52,28	52,36	843,0	848,4	856,3	824,6	819,4	795,0
2	51,67	54,38	840,7	853,7	864,0	820,0	811,0	797,0
3	51,64	56,76	839,3	850,8	—	—	820,4	—
4	51,44	—	—	—	—	—	—	—
Mittel	51,76	54,50	841,00	850,97	860,15	822,30	816,93	796,0
$\triangle$	—	+ 2,74	—	+ 9,70	+ 18,88	— 18,97	—	— 20,93
in %	—	+ 5,30	—	+ 1,15	+ 2,25	— 2,26	—	— 2,57

Die beiden Verfuchsreihen a und b find nur unter fich vergleichbar, weil der Apparat fpäter ver-goldet und verändert wurde. Man erkennt aus Reihe b, daß eine forgfältige Reinigung unerläßlich ift. Die Ausflußzeit ift durch die an den Rohrwandungen haftende Oelfchicht erhöht; der Widerftand fcheint, wie aus den Zahlen in Reihe b hervorgeht, bei mehrmaliger Wiederholung beftändig zu wachfen. Die Verfuche c—h find mit einem reinen Rüböl angeftellt, welches als Normalöl für die Prüfung der Apparate und als Vergleichsgrundlage für alle fpäteren Verfuche dienen foll. Man erkennt aus den Reihen d—f, daß die Flüffigkeit während des Verfuches nicht in Bewegung fein darf, daß der Apparat ſehr ſorgfältig eingeſtellt ſein muß und erſieht vor allen Dingen, daß ein weſentlicher Fehler begangen wird, wenn man den Kolben vor dem Verſuch nicht gehörig austropfen läßt.

Nachdem durch die Verſuchsreihen f und h erkannt war, daß durch die Wiederbenutzung des ausgetropften Kolbens ein merklicher Fehler begangen wird, lag es nahe, den Einfluß der Austropfzeit durch den Verſuch feſtzuſtellen. Man erhielt die folgenden Werthe.

Tabelle 3.
Normalöl 20° C.

Austropfzeit	Kolbengewicht	Rückſtand (ſpec. Gew. 0,915)		Einfluß auf die Auslaufzeit (816,85)	
Min.	gr	gr	ccm	%	Sec.
leer	50,260	—	—	—	—
0,5	53,115	2,855	2,67	1,34	11,0
1	52,908	2,648	2,33	1,17	9,6
3	52,118	1,858	1,70	0,85	7,0
5	51,658	1,398	1,28	0,64	5,2
10	51,315	1,055	0,97	0,49	4,0
20	50,875	0,615	0,56	0,28	2,3

Entwirft man aus dieſen Werthen die nebengezeichnete Schaulinie Fig. 3, ſo erkennt man, daß es für genaue Verſuche nicht wohl zuläſſig ſein würde, die Kolben ohne jedesmalige vorherige Reinigung wieder zu benutzen, auch wenn man die Austropfzeit über 5 Min. bemeſſen wollte.

Eine ungenaue Beſtimmung des Wärmezuſtandes des unterſuchten Oeles würde eine erhebliche Trübung des Ergebniſſes verurſachen. Hierüber giebt Tab. 4 Aufſchluß.

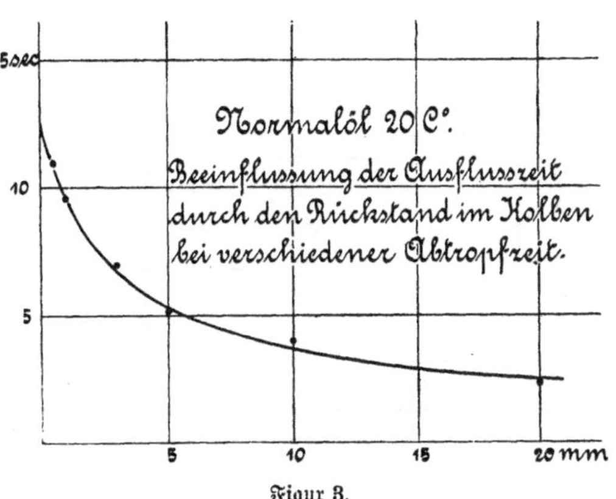

Figur 3.

Tabelle 4.
Normalöl (Uhr II).

Oelwärme			Ausflußzeit	Unterſchiede		$\dfrac{\triangle z}{\triangle t''m}$
vor dem Verſuch $t''_1 = °$ C	nach dem Verſuch $t''_2 = °$ C	Mittel $t''m = °$ C	$z =$ Sec.	$\triangle t''m = °$ C	$\triangle z =$ Sec.	
16,5	17,0	16,8	939,0	—	—	—
17,3	17,5	17,4	920,0	0,6	19,0	31,7
17,8	18,0	17,9	890,8	0,5	29,2	58,4
18,2	18,2	18,2	872,8	0,3	18,0	60,0
18,8	18,8	18,8	841,9	0,6	30,9	51,5
19,5	19,5	19,5	828,8	0,7	13,1	18,7
20,5	20,5	20,5	795,1	1,0	33,7	33,7
20,8	20,8	20,8	780,2	0,3	14,9	49,7
21,0	21,0	21,0	766,3	0,2	13,9	69,5
21,2	21,2	21,2	760,8	0,2	5,5	27,5
21,8	21,8	21,8	739,5	0,6	21,3	35,5
22,0	22,0	22,0	730,4	0,2	9,1	45,5
22,3	22,3	22,3	713,0	0,3	17,4	58,0

Summa 539,7
Mittel = 44,98

Da man innerhalb der Wärmegrenzen der Tabelle den Verlauf der Schaulinie für die Ausflußzeiten als geradlinig ansehen darf, so würde nach Maßgabe der Tab. 4 einem Fehler in der Wärmebestimmung von nur 0,1° C eine falsche Bestimmung der Ausflußzeit von etwa 4,5 Sec. entsprechen. Da für 20° C die Auslaufzeit etwa 812 Sec. betragen haben würde, so ist eine Genauigkeit der Zeitbestimmung von 0,55 % erforderlich, wenn der Fehler nicht größer werden soll als derjenige, welcher bei der Wärmemessung zu erwarten ist. Nachstehend sind einige Beobachtungen mitgetheilt, welche zu verschiedenen Zeiten mit verschiedenen Oelen angestellt sind, um einen Ueberblick über die Größe der bei den laufenden Untersuchungen nicht zu vermeidenden Fehler zu geben.

Tabelle 5.

Versuch Nr.	Rüböl 19,8° (Uhr II) Auslaufzeiten in Sec.			Normalöl 20,5° (Uhr 1) Auslaufzeiten in Sec.			Normalöl 21,0° (Uhr I) Auslaufzeiten in Sec.		
	Ablesung	$\triangle$m	$\triangle$m^2	Ablesung	$\triangle$m	$\triangle$m^2	Ablesung	$\triangle$m	$\triangle$m^2
1	798,6	− 0,75	0,5625	793,6	— 1,50	2,2500	768,4	+ 2,05	4,2025
2	797,0	— 2,35	5 5225	795,0	— 0,10	100	764,3	— 2,05	4 2025
3	802,2	+ 2,65	7 0225	796,7	+ 1,60	2 5600			
4	799,6	+ 0,25	625						
Mittel	799,35			795,10			766,35		
	Normalöl 18,8°			Normalöl 20,0° (II)			Normalöl 20° (II)		
1	843,0	+ 2,00	4 0000	819,4	+ 2,47	6 1009	821,2	+ 4,44	19 7136
2	840,7	— 0,30	900	811,0	— 5,93	35 1649	811,8	— 4,96	24 6016
3	839,3	— 1,70	2 8900	820,4	+ 3,47	12 0409	811,0	— 5,76	33 1776
4							819,4	+ 2,64	6 9696
5							820,4	+ 3,64	13 2496
Mittel	841,00			816,93			816,76		

Summa $\triangle$m^2 20 1500   58 1267   106 1170
58 1267
20 1500

n = 20   Summa $\triangle$m^2 = 184,3937

$$\text{mittlerer Fehler einer Bestimmung} = \pm \sqrt{\frac{184,3937}{19}} = \pm \mathbf{3,12} \text{ Sec.}$$

$$\text{wahrscheinlicher Fehler derselben} = \pm 0,674 \cdot 3,12 = \pm 2,10 \text{ Sec.}$$

Demnach ist die bei der Zeitbestimmung angewendete Sorgfalt völlig ausreichend. Diese Bestimmung geschah mittelst zweier Chronoskope I und II, von denen I Hundertel-Sekunden, II Fünftel-Sekunden anzeigt. Die Angaben von II reichen vollkommen aus, da aber die Chronoskope zuweilen Störungen erleiden, so muß man ihre Angabe öfter mit einer guten Pendeluhr vergleichen, wozu die Pendelschläge eines lautgehenden Regulators allerorten Gelegenheit geben dürften.

Die voraufgezählten Erfahrungen haben dazu geführt, für die Arbeiten mit dem Engler'schen Apparat Vorschriften aufzustellen, welche weiter unten mitgetheilt werden, um den Interessenten Gelegenheit zu geben, ihre etwaigen eigenen Untersuchungen genau in gleicher Weise auszuführen, wie es in der Versuchs-Anstalt geschieht. Es kann nicht dringend genug empfohlen werden, die zu benutzenden Vorsichtsmaßregeln und das einzuschlagende Prüfungsverfahren öffentlich zu besprechen, **damit eine Einheitlichkeit der Versuchsausführung erreicht werde** und die jetzt bestehenden Unsicherheiten bei der Materialbeurtheilung verschwinden.

Vorschriften für die Bestimmung des Flüssigkeitsgrades mittelst des Engler'schen Apparates.

1. **Wärmeregulirung.** Zur Wärmeregulirung wird ein Oelbad verwendet, welches bei den Hauptbestimmungen durch Zugießen warmen oder kalten Oeles thunlichst genau auf 20° C zu erhalten ist; die Wärme im Innenraum soll vor dem Versuch bereits 3 Min. lang 20° C betragen haben. Bei Bestimmungen in höheren Wärmegraden ist das Oelbad so hoch über die beabsichtigte Versuchswärme zu erhitzen, daß die Wärme im inneren Oelbehälter sich während des Versuches möglichst wenig von dem gewünschten Wärmegrade entfernt.

2. **Wärmemessung.** Das Thermometer im Oelbade verbleibt während des ganzen Versuches im Bade; es ist fortgesetzt zu beobachten. Die Angaben unmittelbar vor Beginn und nach Beendigung des Versuches sind niederzuschreiben. Der Wärmegrad des zu untersuchenden Oeles wird kurz vor dem Versuch im Oelbehälter und sofort nach beendetem Auslaufen im Meßkolben bestimmt. Als Bezeich-nungen sind stets zu benutzen und in die Protokolle einzutragen:

$t =$ Zimmerwärme.
t'_1 u. $t'_2 =$ Wärme des Oelbades vor und nach dem Versuch.
t''_1 u. $t''_2 =$ Wärme des untersuchten Oeles vor und nach dem Versuch.

3. **Einstellung und Vorbereitung zum Versuch.** Unmittelbar vor Beginn des Ausfließens ist die Einstellung der Oeloberfläche auf die Marken zu berichtigen. Der Kolben ist etwas über den Wärmegrad des Oelbades vorzuwärmen und so unter das Ausflußrohr zu stellen, daß der ausfließende Strahl die Wandungen nicht berührt, damit das von den Wänden etwa nachfließende Oel die Einstellung auf die Endmarke nicht fälscht. Vor jeder neuen Bestimmung soll der Meßkolben mit Alkohol und Aether gereinigt werden. Während des Versuches ist der Deckel auf den Oelbehälter zu setzen, um das Oel vor Abkühlung und Staub zu schützen. Erschütterungen des Apparates sind zu vermeiden. Oele, welche Bodensatz oder mechanische Beimengungen enthalten, sind vor dem Versuch durch Filtriren oder Dekantiren zu reinigen; dieser Umstand ist im Protokolle zu vermerken.

Gefäß und Ausflußrohr sind jedesmal vor und nach der Untersuchung eines Schmieröles sehr sorg-fältig mit Alkohol und Aether (und Petroleum) zu reinigen, wobei ganz besonders darauf zu achten ist, daß in das Ausflußrohr sich keine Staubtheilchen setzen; vor der Untersuchung ist das Gefäß mit einer Probe des zu untersuchenden Oeles auszuspülen. Vor Beginn eines Versuches ist das Ausflußrohr durch Ausfließenlassen einiger Tropfen zu füllen; das unten am Rohr oder am Boden des Gefäßes anhaftende Oel ist unmittelbar vor dem Herausziehen des Verschlußstiftes zu entfernen.

4. **Zeitmessung.** Das Uhrwerk ist zugleich mit dem Ausheben des Verschlußstiftes auszulösen und zu stoppen, wenn der obere Rand der Oeloberfläche mit der Marke am Kolben abschneidet. Alle Zeitangaben sollen in Sec. geschehen. Das benutzte Chronoskop ist kurz zu bezeichnen und zwar durch:

I $=$ großes Chronoskop,
II $=$ Taschen-Chronoskop.

Die Uhrwerke sind von Zeit zu Zeit mit der Normaluhr zu vergleichen und die gefundenen Unter-schiede in Buch . . . . . einzutragen.

5. **Aichung des Apparates.** Die Aichung des Apparates mit destillirtem Wasser von 20 C° ist von Zeit zu Zeit zu wiederholen. Die gefundenen Werthe (mindestens je 10 Bestimmungen) sind in das Buch . . . . . einzutragen. Solange der Wasserwerth keine Aenderungen erfährt, welche über die Fehlergrenzen hinausgehen, ist der Aichungswerth nach jeder neuen Aichung als Mittel aus allen vorauf-gehenden Aichungen zu bilden.

6. **Protokolle.** Alle Ablesungen und Niederschriften sind in ein besonderes Buch . . . . . nach dem gegebenen Vorbilde einzutragen. Bei den Uebertragungen in das Hauptbuch ist Buchzeichen und Seitenzahl anzugeben.

7. Aus den Ergebnissen der Untersuchung in hohen Wärmegraden ist eine Schaulinie zu ent-werfen, aus welcher die Flüssigkeitsgrade für die im Antrage vorgeschriebenen Wärmegrade ermittelt werden. Bei den Versuchen kommt es demnach nur auf eine ungefähre Innehaltung der vorgeschriebenen Wärme an. Die Versuchswärme soll sich aber während des Versuchs möglichst wenig ändern.

Wie bereits aus der Einleitung sich ergeben hat und wie in neuester Zeit besonders durch die theoretischen Arbeiten von Petroff (Neue Theorie der Reibung), sowie durch die Versuche von

Lamansky u. A. nachgewieſen wurde, iſt die Größe des Reibungskoeffizienten bei der Schmierung in erſter Reihe von der Größe der inneren Reibung des angewendeten Schmiermittels abhängig. Es iſt deswegen in hohem Grade wünſchenswerth, den Koeffizienten der inneren Reibung in abſolutem Maße für alle jene Wärmegrade zu beſtimmen, welche bei der Verwendung des betreffenden Schmiermittels vorkommen können. Unter den bekannten Apparaten bietet hierzu der auf Grund einer Anregung von meiner Seite von Dr. Traube in Hannover konſtruirte Apparat am meiſten Ausſicht, welcher ſolche Einrichtungen und Abmeſſungen erhielt, daß die Poiſeuille'ſche Formel Gültigkeit hat. Da der Apparat und ſeine Benutzung in der allgemein zugänglichen „Zeitſchrift des Vereins deutſcher Ingenieure" 1887 S. 251 beſchrieben

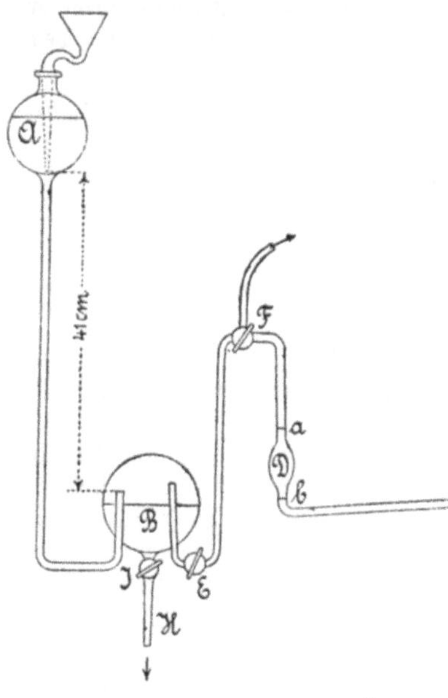

Figur 4.

worden iſt, ſo ſei hier unter Hinweis auf das nebenſtehend gegebene Schema Fig. 4 nur ganz kurz Folgendes erwähnt: Der Koeffizient der inneren Reibung wird aus der in der Zeiteinheit durch ein Kapillarrohr von hinreichender Länge unter einem beſtändigen Druck ausſtrömenden Flüſſigkeitsmenge nach der Poiſeuille'ſchen Formel

$$\mu_i = \frac{\pi\,\mathrm{p}\,\mathrm{r}^4}{8\,\mathrm{v}\,\mathrm{l}}\,\mathrm{t} \quad \text{berechnet, worin}$$

die Zeichen die früher auf Seite 9 gegebene Bedeutung haben. Der Druck p wird durch das Gewicht einer Waſſerſäule von 41 cm wirkſamer Druckhöhe in dem Druckerzeuger A B hergeſtellt, deſſen oberes Gefäß mit einer Mariotte'ſchen Flaſche verſehen iſt. Die im Gefäß B befindliche Luft ſteht alſo unter dem Druck einer Waſſerſäule von 41 cm und wirkt auf das zu unterſuchende Oel, welches vorher durch Vermittelung einer Saugeflaſche in das Auslaufgefäß D eingeſaugt wurde (hierbei iſt ſelbſtredend Hahn E geſchloſſen während F geöffnet wird). Die Zeit, welche nothwendig iſt, um aus D die zwiſchen den Marken a b eingeſchloſſene Oelmenge, etwa 8—9 ccm, ausfließen zu laſſen, wird beobachtet. Das Gefäß D iſt von einem heizbaren Luftbade G umgeben, deſſen Wärme durch Gasflammen regulirt werden kann, um den Verſuch bei verſchiedenen Wärmegraden ausführen zu können. Das in das Gefäß B eingedrungene Waſſer muß von Zeit zu Zeit entfernt werden, damit ſtets die Waſſeroberfläche unterhalb des Einflußrohres ſteht; dies geſchieht durch das Rohr H, welches durch Hahn J geſchloſſen iſt.

Traube ſchlägt vor, ſeinen Apparat nach Art des Engler'ſchen Apparates zur Beſtimmung der ſpezifiſchen inneren Reibung, von ihm „Zähigkeitsgrad" genannt, zu benutzen, wie es bisher bei der Schmierölunterſuchung üblich geweſen iſt. Alsdann würde nach einer Aichung des Apparates mit Waſſer, wie ſie für den Engler'ſchen bereits beſprochen iſt, das Verhältniß der beiden Auslaufzeiten, nämlich derjenigen des unterſuchten Oeles bei der Verſuchswärme zu derjenigen des Waſſers bei 20° C die ſogenannte „ſpezifiſche Zähigkeit", oder in unſerm Sinne den Flüſſigkeitsgrad ergeben. Wollte man für den Verſuch mit zähen Oelen daſſelbe Rohr anwenden, wie für den Verſuch mit Waſſer oder leichtflüſſigen Oelen, ſo würde man entweder ebenſo wie bei dem Engler'ſchen Apparat, keine ſtreng richtigen Werthe erhalten oder aber der Verſuch würde ſo langwierig, daß die Methode praktiſch unbrauchbar ſein würde. Um ſowohl ſtreng richtige Werthe als auch ſchnelle Ausführbarkeit des Verſuches zu erzielen, benutzt Traube folgenden ſinnreichen Kunſtgriff. Er verwendet drei Röhren A B u. C von verſchiedener Weite aber nahezu gleicher Länge: letzteres aus dem praktiſchen Grunde, um die Auslaufgefäße leicht im Luftbad unterbringen zu können. Von dieſen Röhren wird die engſte (Röhre A) für die dünnflüſſigen, die weiteſte für die zähflüſſigen Oele benutzt. Wählt man nun das Verhältniß der Länge der engſten Röhre zum Durchmeſſer $\frac{l}{2\,r}$ ſo, daß für Waſſer die Poiſeuille'ſche Formel noch Gültigkeit hat, und beſtimmt nun erſt die Ausflußzeit für Waſſer und dann diejenige für eine zähere Flüſſigkeit I (Glyzerinlöſung oder dünnflüſſiges Oel), ſo kann man offenbar den Waſſerwerth der zweiten, weiteren Röhre B berechnen, wenn deren Abmeſſungen $\frac{l}{2\,r}$ ſo gewählt werden, daß für daſſelbe bei Benutzung der zweiten Flüſſigkeit das Poiſeuille'ſche Geſetz noch ſeine Gültigkeit hat; man würde zu dem Zwecke die Auslaufzeit für die Flüſſigkeit I beſtimmen und aus dem mit Röhre B gefundenen Flüſſigkeitsgrade den Waſſerwerth für letztere berechnen, d. h. die Zeit, welche erforderlich ſein würde, um unter Vorausſetzung der Gültigkeit des Poiseuille'schen Gesetzes eine zwischen den Marken a u. b enthaltene Wassermenge zum Ausfluß zu bringen. Mit Hülfe einer dritten noch zäheren Flüssigkeit II (starke Glyzerinlösung oder dickflüssiges Oel) kann man in gleicher Weise die Aichung von Röhre C vornehmen.

Mit dem Apparat der Versuchs-Anstalt sind die nachstehenden Versuche ausgeführt:

Tabelle 6.

Rohr A. Versuchswärme 19,1° C.*)

Versuch Nr.	Destillirtes Wasser			Glyzerinlösung I			Normalöl		
	Ausfluß-zeit	Abweichung vom Mittel		Ausfluß-zeit	Abweichung vom Mittel		Ausfluß-zeit	Abweichung vom Mittel	
	Sec.	$\triangle$ Sec.	$\triangle^2$ Sec.	Sec.	$\triangle$ Sec.	$\triangle^2$ Sec.	Sec.	$\triangle$ Sec.	$\triangle^2$ Sec.
1	44,6	— 0,18	324	335,2	— 0,13	169	4088	—	—
2	5,2	+ 42	1764	8,2	+ 2,87	82 369			
3	3,8	— 98	9604	3,0	— 2,33	54 289			
4	5,0	+ 22	484	3,6	— 1,73	29 929			
5	5,2	+ 42	1764	6,6	+ 1,27	16 129			
6	5,0	+ 22	484						
7	5,0	+ 22	484						
8	4,8	+ 2	4						
9	4,6	— 18	324						
10	4,6	— 18	324						
Summa ..	447,8		1,5560	1676,6		18,2885			
Mittel....	44,78 ± 0,089 Sec. (± 0,20%			335,33 ± 0655 Sec. (± 0,20 %)			4088 Sec.		

NB. Versuch 1—6 mit Wasser ist am 20 /9., Nr. 7—10 am 27./9.87 ausgeführt worden.

mittlerer Fehler einer Bestimmung } = ± 0,416 Sec. (± 0,93 %)   ± 2,14 Sec. (± 0,64 %)

Rohr B. Versuchswärme 19,1° C.

Versuch Nr.	Glyzerinlösung I			Glyzerinlösung II (nahezu 90 %)			Normalöl		
	Ausfluß-zeit	Abweichung vom Mittel		Ausfluß-zeit	Abweichung vom Mittel		Ausfluß-zeit	Abweichung vom Mittel	
	Sec.	$\triangle$ Sec.	$\triangle^2$ Sec.	Sec.	$\triangle$ Sec.	$\triangle^2$ Sec.	Sec.	$\triangle$ Sec.	$\triangle^2$ Sec.
1	26,6	— 0,08	64	179,8	— 3,55	126025	334,2	— 1,73	2 9929
2	6,6	— 8	64	83,2	+ 15	225	6,8	+ 87	7569
3	7,0	+ 32	1024	(69,8)†)			6,8	+ 87	7569
4	6,6	— 8	64	85,2	+ 1,85	34225			
5	6,6	— 8	64	85,2	+ 1,85	34225			
Summe ...	133,4	—	0,1280	733,4	—	19,4700	1007,8	—	4,5067
	26,68 ± 0,171 Sec. (± 0,64 %)			183,35 ± 0,859 Sec. (± 0,47 %)			335,93 ± 0,584 Sec. (± 0,17 %)		

mittlerer Fehler einer Bestimmung } = ± 0,568 Sec. (± 2,13 %)   ± 4,04 Sec. (± 2,21 %)   ± 1,50 Sec. (± 0,45 %)

*) Diese auffallende Zahl ist dadurch entstanden, daß das benutzte Thermometer später beim Vergleich mit dem Normalthermometer 20° statt 19,1 anzeigte.

†) Dürfte wohl ein Ablesungsfehler sein; es muß heißen 179,8 — dann erhält man 182,64 ± 0,817 Sec. (± 0,44 %) und mittleren Fehler = ± 2,72 Sec. (± 1,48 %).

Rohr C. Versuchswärme 19,1° C.

		Glyzerinlösung II (nahezu 90%)			Normalöl		
1		35,6	+ 0,44	1936	65,8	+ 0,07	49
2		5,4	+ 24	576	8	7	49
3		4,8	— 36	1296	6	13	169
4		4,8	— 36	1296			
5		5,2	+ 4	16			
Summe ..		175,8	—	0,5120	197,2	—	0,0267
Mittel ...		35,16 ± 0,011 Sec. (± 0,03%)			65,73 ± 0,045 Sec. (± 0,68%)		
mittlerer Fehler einer Bestimmung		± 0,36 Sec. (± 1,02%)			± 0,12 Sec. (± 0,18%)		

Aus den Beobachtungen mit Rohr A ergeben sich die Flüssigkeitsgrade für:

$$\text{Glyzerinlösung I: } \frac{335,33}{44,78} = 7,47$$

$$\text{Normalöl: } \frac{4088}{44,78} = \mathbf{91,29}*).$$

Mit Rohr B erhält man die Auslaufzeit für Glyzerinlösung I = 26,68 Sec., und hieraus berechnet sich der Wasserwerth

$$\frac{26,68}{7,47} = 3,56 \text{ Sec.}$$

und man erhält hiernach die Flüssigkeitsgrade für:

$$\text{Glyzerinlösung II: } \frac{182,64}{3,56} = 51,26$$

$$\text{Normalöl: } \frac{335,93}{3,56} = \mathbf{94,29}.$$

Aus den Beobachtungen mit Rohr C ergiebt sich die Auslaufzeit für die Glyzerinlösung II zu 35,16 Sec., hieraus der Wasserwerth:

$$\frac{35,16}{51,26} = 0,686 \text{ Sec.}$$

und demnach der Flüssigkeitsgrad für:

$$\text{Normalöl: } \frac{65,73}{0,686} = \mathbf{95,83}.$$

Berechnet man auch aus den Ermittelungen mit dem Engler'schen Apparat den Flüssigkeitsgrad so hat man folgende Gegenüberstellung:

Flüssigkeitsgrad von Normalöl ermittelt mit dem
a) Traube'schen } Apparat { 91,3; 94,3 bezw. 95,8
b) Engler'schen } 15,3.

Man sieht, wie erheblich die Abweichungen zwischen a und b sind. Die Abweichungen innerhalb der Reihe a lassen sich zum Theil durch die unvermeidlichen Beobachtungsfehler erklären, zum Theil finden sie ihre Begründung in dem Umstande, daß sowohl an den Gefäß- als auch an den Rohrwänden sich eine unbewegliche Schmierölschicht bildet, welche den Gefäßinhalt und den Rohrdurchmesser verkleinert und deswegen von Einfluß auf das mit verschiedenen Rohrweiten erzielte Ergebniß ist. Ohne diesen Umstand würde der Traube'sche Apparat geeignet sein, auf leichte Weise den Koeffizienten der inneren Reibung nach absolutem Maß zu bestimmen. Die Nothwendigkeit der Berücksichtigung dieser Verhältnisse macht diese Bestimmung etwas umständlich und zeitraubend, wie in einem späteren Aufsatze in den „Mittheilungen" nachgewiesen werden soll. Ebendaselbst wird auch der Nachweis erbracht werden, daß der Traube'sche Apparat den Flüssigkeitsgrad streng richtig zu bestimmen gestattet.

*) Wie man aus einer später zu veröffentlichenden Arbeit ersehen wird, ist der Wasserwerth für A nicht ganz richtig. Reduzirt man ihn auf Grund der Hagenbach'schen Korrektion, so erhält man t = 44,78 · $\frac{0,00001101}{0,000011419}$ = 43,18 Sec., und rechnet man hiermit weiter, so ergiebt sich der Flüssigkeits-grad für Normalöl von 19,1° C mit Rohr A = 94,68
B = 97,79
C = 99,39

B. Bestimmung der Schichtendicke.

Die zweite der früher aufgezählten Eigenschaften, welche ein gutes Schmiermittel entwickeln muß,

die Bildung einer möglichst dicken tragfähigen Schmierschicht,

ist bisher meines Wissens nur von Jähns untersucht worden. Wie man aus der Einleitung ersehen hat, ist diese Eigenschaft von so großer Wichtigkeit, daß man auch von anderer Seite die Auffindung geeigneter Apparate und Meßmethoden betreiben sollte.

Jähns hat vor einiger Zeit der Versuchs-Anstalt die Konstruktionszeichnung seines Apparates, sowie die graphischen Darstellungen einiger seiner Versuchsergebnisse vorgelegt, aus welchen hervorging, daß die Schichtendicke eine sehr kleine Größe ist und mit dem Wärmegrade schwankt. Der Konstruktionsgrundsatz seines Apparates ist folgender: Zwischen die ebenen Endflächen zweier Körper, welche auf einen bestimmten Wärmegrad gebracht sind, werden wenige Tropfen des zu untersuchenden Schmiermittels gegeben. Die beiden Flächen werden durch meßbare Hebelkraft gegeneinander gepreßt. Der Abstand der beiden Flächen von einander unter verschiedenen spezifischen Drucken wird mittelst eines Fühlhebelwerkes unter Zuhülfenahme eines elektrischen Berührungsanzeigers gemessen. Der Fühlhebel wird mit Hülfe einer durch Räderwerk angetriebenen Mikrometerschraube so lange gesenkt, bis durch Berührung seines Tasterpunktes mit der Meßmarke an dem oberen, die bewegliche Versuchsfläche enthaltenden Stück der elektrische Strom geschlossen wird und die Galvanometer-Nadel ausschlägt, wobei zugleich das Räderwerk der Mikrometerschraube gesperrt wird. Da gegen den angewendeten Meßapparat Bedenken erhoben werden können, so habe ich versucht, unter Anwendung der Spiegelablesung die Aufgabe zu lösen, ohne indeß bisher zum Ziele gekommen zu sein. Es wird deswegen genügen, hier zur weiteren Anregung nur kurz mitzutheilen, daß der Abstand der beiden fraglichen Flächen nach Maßgabe der nebenstehenden schematischen Zeichnung (Fig. 5) mit Hülfe eines Ablesefernrohres und Maßstabes durch einen Spiegel S gemessen wird, dessen Bewegungen durch die Schneiden a und b der Achse A hervorgerufen werden. Schneide a und b liegen in kleinen Aus

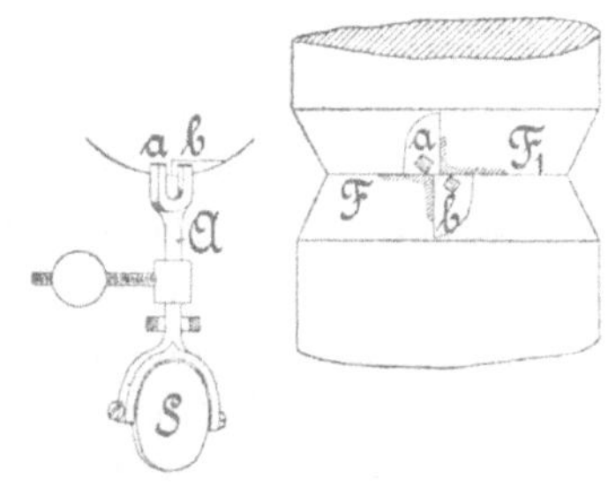

Figur 5.

schnitten an den Druckstempeln, so daß a sich gegen die Fläche F und b gegen die Fläche F_1 stützt. Bei der Wichtigkeit des Gegenstandes für die richtige Erkenntniß der Reibungsvorgänge wäre es sehr zu wünschen, daß auch von anderer Seite Anstrengungen gemacht werden, die schwierige Aufgabe zu lösen. Petroff betont das theoretische Interesse ganz besonders, welches die direkte Messung der Schichtendicke zwischen den arbeitenden Flächen hat. Es kann aber nicht verkannt werden, daß diese Bestimmungsweise für die Materialprüfung von unmittelbarem praktischen Werthe sein würde, wenn es gelingt, hinreichend einfache und zuverlässige Apparate zu erfinden. Die Literatur enthält meines Wissens noch keine Angaben über Schichtendickenmessungen, da die vorerwähnten Jähns'schen Reihen leider noch nicht veröffentlicht worden sind. Großmann betont in seinem Werke über die Schmiermittel und Lagermetalle (Wiesbaden, Kreidel's Verlag) ebenfalls die Nothwendigkeit der Dickenbestimmungen.

C. Bestimmung der Ausdauerfähigkeit.

Die dritte Eigenschaft, welche ein gutes Schmiermittel besitzen muß, nämlich

die Entwickelung einer möglichst langen Ausdauer, d. h. einer möglichst geringen Veränderlichkeit seines günstigsten Zustandes,

hängt, wie schon in der Einleitung angedeutet worden ist, wesentlich von seiner chemischen Natur ab. Wenn man daher die Gründe kennen lernen will, weshalb das eine Oel ausdauerfähiger ist als das andere, so wird man eine Reihe von Untersuchungen aus= zuführen haben, die mehr chemischer Natur sind. Will man sich hingegen nur von dem thatsächlichen Vorhandensein einer größeren oder geringeren Dauerhaftigkeit überzeugen, oder will man nur den Grad derselben feststellen, so wird man mit einer mechanischen Untersuchungsform zum Ziele kommen. Letztere soll hier vorwiegend zur Besprechung gelangen.

a) Mechanische Untersuchung der Schmieröle.

Man wird die Ausdauerfähigkeit des Schmiermittels am besten unter den in der Einleitung bei Beschreibung des Reibungsvorganges zwischen geschmierten Flächen er= örterten Umständen ermitteln können und wird hierbei naturgemäß zwei Formen unterscheiden:

Die Untersuchung geschieht zwischen zwei unter Druck befindlichen bewegten Flächen.

a) unter Hinzufügung einer bestimmten Menge des Schmiermittels,
b) unter fortwährender Erneuerung desselben.

Beide Formen lassen eine vollständige und erschöpfende Untersuchung zu; beide Formen sind bei den zahlreichen bereits bestehenden Prüfungsmaschinen (denn um solche handelt es sich bei Ausführung der gegenwärtig zu besprechenden Untersuchungen) benutzt worden und beide Formen lassen sich in der Regel bei jeder der einzelnen Maschinen zur Anwendung bringen, sodaß eigentlich eine grundsätzliche Gruppenscheidung unter den Konstruktionen derselben sich nach den obigen Voraussetzungen nicht vor= nehmen läßt. Verfolgt man aber die einzelnen Veröffentlichungen, so erkennt man, daß die Konstrukteure zwei Hauptrichtungen eingeschlagen haben. Die einen wollten die Prüfung der Schmieröle rein unter den Bedingungen ausgeführt wissen, unter denen sie in der Praxis zu arbeiten haben; sie behaupteten, daß man sich nur unter diesen Umständen ein Bild von dem Werthe und der Leistungsfähigkeit eines Oeles machen könne; die anderen wollten die Prüfung mehr als eine nackte Materialprüfung aufgefaßt wissen, bei der nur die Leistungsfähigkeit des Schmiermittels festgestellt wird; ihnen lag daran, die Prüfung unter solchen Umständen auszuführen, daß mehr die physikalischen Eigenschaften der Schmiermittel klar zum Ausdruck kommen, möglichst frei von den Beeinflussungen durch die nebensächlichen Versuchsbedingungen.

Unter Auslassung einer Darstellung der bisher bekannten Oelprobirmaschinen sollen hier nur die Gesichtspunkte und die zum allgemeinen Verständniß nothwendigen Grundzüge eines Entwurfes für die Konstruktion der für die Versuchsanstalt be= stimmten Maschine gegeben werden. Die Konstruktion der Maschine wird in einem

fpäteren Hefte der „Mittheilungen" nebft den Zeichnungen ausführlich veröffent=
licht werden.

b) Gefichtspunkte für die Konftruktion der neuen Delprobirmafchine.

Die Anforderungen, welche an die Mafchine geftellt find, laffen fich wie folgt
zufammenfaffen:

1. Das Reibungsmoment muß mechanifch gemeffen werden.
2. Die Meffung muß felbftthätig verzeichnet werden.
3. Der Weg der reibenden Flächen muß gemeffen und verzeichnet werden.
4. Die Erwärmung der reibenden Körper muß möglichft nahe an der Schmier=
   fchicht gemeffen werden.
5. Der Beharrungszuftand der Wärme muß verändert werden können und zwar:
   a) durch Veränderung der Wärmeerzeugung in Folge der Veränderung der
      Flächenbelaftung und der Gefchwindigkeit,
   b) durch Veränderung der Wärmeabfuhr.
6. Die Gefchwindigkeit muß möglichft genau geregelt und kontrolirt werden können.
7. Die Mafchine muß es geftatten, daß die eigentlichen Verfuchsflächen und
   Schmiervorrichtungen leicht ausgewechfelt werden können, um auch vergleichende
   Unterfuchungen über verfchiedene Zapfen und Lagermaterialien, fowie über den
   Werth von Schmiervorrichtungen anftellen zu können.

Bei der neu aufgeftellten Mafchine wird das Reibungsmoment an dem glasharten
wagerechten Stahlzapfen mit Hülfe eines Pendels gemeffen, deffen Ausfchlag auf den
Schreibftift übertragen wird, welcher auf das endlofe Papierband die Reibungsfchaulinie
aufzeichnet. Es find drei gleichmäßig auf den Zapfenumfang vertheilte fchmale Lager=
fchalen vorhanden, welche durch eine hydraulifche Vorrichtung mit meßbarem Druck an=
gepreßt werden können. Die Zapfenabmeffungen können bis auf 150 mm Durchmeffer
gefteigert werden, die normalen Abmeffungen find 100 mm Durchmeffer und 70 mm
Länge. Der Antrieb der Mafchine erfolgt mittelft eines Vorgeleges, welches dem Ver=
fuchszapfen 100—1000 Umdrehungen in der Minute ertheilen kann. Die Gefchwindig=
keiten werden durch Schwungrad und Regulator gleichmäßig erhalten. In jeder Lager=
fchale ift ganz dicht an der reibenden Fläche ein Thermometer angebracht. Um Unter=
fuchungen bei beftändigen Wärmegraden vornehmen zu können, find hohle Zapfen mit
Wafferfpülung vorgefehen. Die Schmierung gefchieht von unten mittelft Schmierkiffen
oder Tauchbad. Die oben genannten Punkte find fomit durchweg erfüllt.

c) Beftimmung der Ausdauerfähigkeit.

Zur Beftimmung der Ausdauerfähigkeit der Schmiermittel mit Hülfe der Delprobir=
mafchine können zwei Wege eingefchlagen werden. Bei dem erften wird der Verfuchs=
zapfen einmal mit einer geringen Menge Schmieröl verfehen und der Verfuch fo lange
durchgeführt, bis das rafche Wachfen des Reibungsmomentes oder der Erwärmung an=
zeigt, daß das Del verbraucht ift. Bei dem zweiten Verfahren wird der Zapfen während
des Verfuches beftändig gefchmiert, und man ermittelt aus dem Delverbrauch die Aus=
dauerfähigkeit.

Das erſte Verfahren hat vor dem zweiten unſtreitig den Vorzug, daß der Verſuch in kürzerer Zeit durchgeführt werden kann; aber es hat auch einige Nachtheile. Man ſetzt die werthvollſten Maſchinentheile gar leicht dem Verderben aus; denn jede Veränderung in dem Zuſtande der geſchmierten Fläche kann ſehr leicht einen weſentlichen Einfluß auf das Ergebniß nehmen. Tower hat bei ſeinen Unterſuchungen nachgewieſen, daß ſchon beim Laufen des Zapfens in umgekehrter Richtung der Reibungskoeffizient für einige Zeit verändert wird. Die Meſſung der zugeführten Oelmenge muß eine ſehr viel ſorgſamere ſein, als die meiſten Autoren ſie angewendet oder wenigſtens beſchrieben haben. Man wird dies bei folgender Ueberlegung einſehen:

Die Größe der Ausdauerfähigkeit wird bei der erſten Beſtimmungsmethode gemeſſen durch den unter einem beſtimmten Druck bis zur völligen Erſchöpfung des Oels zurückgelegten Weg des Zapfenumfanges. Es muß vorausgeſetzt werden, daß eine größere Menge eines Schmiermittels unter Umſtänden eine größere, wenn auch nicht proportionale Ausdauer haben wird, als eine geringere. Dieſe Vorausſetzung gilt eben nur mit einer gewiſſen Beſchränkung, weil man (zunächſt einen völlig umſchloſſenen Zapfen vorausgeſetzt) unter einem gewiſſen Druck überhaupt nur eine beſtimmte Schmiermittelmenge zwiſchen die Flächen bringen kann. Das Ueberſchüſſige wird herausgepreßt und man muß es entfernen, wenn es nicht das Verſuchsergebniß trüben ſoll. Braucht man dieſe Vorſicht, ſo iſt zu erſehen, daß man eigentlich nur zu wenig, aber nie zu viel Oel bei einmaliger Schmierung aufthun könnte, wenn nicht bei dem Herauspreſſen die Zeit und die im Verlauf des Verſuches auftretende Wärme eine Rolle ſpielte. Wie man wahrnimmt, iſt die Frage nach der aufzugebenden Menge keine einfache. Dieſelbe ſollte ſtreng genommen dem jedesmaligen Verſuchsapparat und dem jeweilig verwendeten Schmiermittel angepaßt ſein, wenn man bei der hier beſprochenen Verſuchsmethode nicht Gefahr laufen will, die wahre Ausdauerfähigkeit eines Oeles nicht zu erhalten. Da es aber, wie geſagt, ſchwer iſt, das richtige Maß zu treffen, ſo empfiehlt es ſich, mit einer in Kubikzentimetern gemeſſenen Menge zu arbeiten. Das Aufzählen von Tropfen würde nur dann zu empfehlen ſein, wenn man die Tropfen ſtets von demſelben Glasſtabe ablaufen laſſen wollte. Da in dieſem Falle die Tropfengröße bekanntermaßen von der inneren Reibung des Oeles abhängig iſt, die Schichtendicke aber wiederum mit derſelben in Zuſammenhang ſteht, ſo iſt es vielleicht möglich, durch Tropfenzählen in vorbeſprochenem Sinne die aufzugebende Menge noch zweckmäßiger zu beſtimmen als durch Abmeſſen. Beſondere Unterſuchungsreihen würden aber immer erforderlich ſein, um die Zuverläſſigkeit der einen oder der anderen Meſſungsart zu prüfen. Es iſt eigentlich zu verwundern, daß von den Autoren, welche nach der Methode der einmaligen Schmierung gearbeitet haben, dieſe Grundlage noch keiner Prüfung unterzogen iſt; veröffentlicht ſcheint hierüber wenigſtens nichts zu ſein.

Das zweite Verfahren zur Beſtimmung der Ausdauerfähigkeit hat allerdings den Uebelſtand, daß der Verſuch längere Zeit in Anſpruch nimmt, weil immer erſt eine größere Menge des Schmieröles erſchöpft ſein muß, bevor man hinreichend ſicher durch Inhalts- oder Gewichtsmeſſung den Verbrauch feſtſtellen kann. Auch bei dieſer Methode bedarf es einer Reihe von Vorſichtsmaßregeln, wenn man zuverläſſige Ergebniſſe erzielen will.

Die Art der Schmiervorrichtung iſt hier von großem Einfluß und es ſcheint geboten, daß man einen ſolchen Apparat anwendet, welcher bezüglich ſeiner Leiſtungsfähigkeit keinen Veränderungen unterworfen iſt. Ein ſolcher Apparat ſcheint bis jetzt nur das Tauchbad zu ſein. Unter allen Umſtänden hat man dafür Sorge zu tragen, daß Fehlerquellen durch andere Verluſte als durch Erſchöpfung vermieden werden. Man wird jedesmal, wenn man ein neues Oel anwendet, zuvor den Zapfen mit demſelben eine kurze Zeit einlaufen laſſen und dann erſt das Anfangsgewicht des Bades feſtſtellen müſſen. Man kann dann durch Abziehen des Endgewichtes ohne Weiteres den Verluſt ermitteln und wird hierbei keinen weſentlichen Fehler begehen, wenn man bei Entnahme des Bades zu Anfang und Ende des Verſuches mit gleicher Vorſicht verfährt.

D. Phyſikaliſche und chemiſche Prüfungsmethoden.

Wie bereits früher hervorgehoben, begründet ſich die Ausdauerfähigkeit eines Schmiermittels auf ſeinen phyſikaliſchen und chemiſchen Zuſtand, und man wird nunmehr auch diejenigen Methoden in Betracht zu ziehen haben, welche zur Feſtſtellung dieſes Zuſtandes dienen. Man findet hierüber Mittheilungen in den nachfolgend verzeichneten Arbeiten und größeren Werken:

Poſt: Chemiſch-techniſche Analyſe 1881.

Schädler: Die Technologie der Fette und Oele des Pflanzen- und Thierreiches. — Berlin, A. Seydel 1883.

Schädler: Die Technologie der Fette und Oele der Foſſilien, ſowie der Harzöle und Schmiermittel. — Leipzig, Baumgärtner 1885.

Großmann: Die Schmiermittel und Lagermetalle. — Wiesbaden, Kreidel 1885.

Donath: Prüfung von Schmiermaterialien; 1880.

Thurſton: Friction and Lubrication.

Fiſcher: Ueber Unterſuchung von Schmierölen. Dingl. 1880 B. 236. S. 487.

Lamansky: Unterſuchungen über Schmieröl. Dingl. 1883. B. 248. S. 29—188. B. 256. S. 176.

Lamansky: Sichere Schmieröle. Techniker 1884. Nr. 24.

Belleroche: Die Kohlenwaſſerſtoffe als Schmiermittel. Rev. univers 1883. Nr. 2.

Thurſton: Journal Am. Asc. 1877 S. 61. — Civilingenieur 1879 S. 489.

Hirn: Bullet. Mulhouse 1855.

Woodbury: Engng. 1884 S. 532. — Z. d. V. d. Ing. 1885 S. 450.

Tower: Reibung der Schmiermittel. Proc. Inst. Mech. Engs. 1883. S. 632. — Engng. 1883. S. 451. — Eng. 1884. S. 180. — Z. d V d. Ing. 1885. S. 834.

Bühlmann: Ueber den Werth der bisher angeſtellten Zapfenreibungsverſuche, ſowie über die Schmiermittel zur Verminderung dieſer Reibung. Hann. Gewbbl. 1886. S. 194.

Kirchweger: Verſuche über Zapfenreibung an Eiſenbahnwagenachſen; Hann. Gewbbl. 1862. S. 230.

J. A. Ortolan: Ueber Mineralöle. Bullet. Soc. Acad. de Brest. VII.

R. Petroff: Neue Theorie der Reibung. Hamburg, Leopold Voß. 1887.

Engler: Die deutſchen Erdöle.

Krämer und Böttcher: Ueber deutſche Rohpetrole, deren Unterſuchung und Verarbeitung. } Verhandl. d. Ver. z. Bef. d. Gewerbfleiß. 1887. IX. S. 549.

Schlüpfrigkeit.

Unter den Eigenſchaften, welche die Dauerhaftigkeit eines Schmiermittels be=
gründen, iſt zunächſt die in der Einleitung bereits beſprochene Fähigkeit zu erwähnen,
unmittelbar an der geſchmierten Fläche eine ſehr feſt anhaftende Schicht zu bilden.
Man bezeichnet diese Eigenſchaft auch wohl als die Adhäſion oder die Kapillarität.
Von dieſer Eigenſchaft iſt die Fähigkeit, eine Schmierſchicht von hinreichender Trag=
fähigkeit zu bilden, abhängig.

Großmann benutzt für die gleiche Erſcheinung die deutſche Bezeichnung „Schlüpfrig=
keit der Schmiermittel", deren Berechtigung er mit dem Auftreten des eigenthümlichen
Gefühles begründet, welches fette Körper beim Reiben zwiſchen den Fingerſpitzen ver=
urſachen. Er empfiehlt, den Grad der Schlüpfrigkeit auf folgende Weiſe zu beſtimmen:

Auf zwei ebene Platten bringt man das zu unterſuchende Oel und läßt es dann
in lothrechter Stellung abtropfen. Die Platten werden nun auf einander gelegt und
belaſtet. Die unter den verſchiedenen Belaſtungen ausgepreßte Oelmenge würde ein
Maß für die Schlüpfrigkeit geben können.

Die Ausdauerfähigkeit des Schmieröles iſt bedingt durch ſeine Schlüpfrigkeit; je
größer dieſe iſt, um ſo beſſer haftet das Oel an den Gleitflächen, und um ſo länger,
beziehentlich um ſo energiſcher müſſen die verdrängenden Kräfte wirken, bevor ſie die
Schichtendicke ſoweit zu vermindern vermögen, daß die feſten Flächen in Berührung
mit einander kommen. Aber nicht die Schlüpfrigkeit allein reicht hin, um eine große
Ausdauerfähigkeit zu erzielen; hierfür kommen vielmehr ferner noch in Betracht: Der
Entflammungspunkt, der Siedepunkt und die Verdunſtungsfähigkeit bei verſchiedenen
Wärmegraden. Je höher der Entflammungspunkt und der Siedepunkt liegen, deſto
geringer wird im allgemeinen die Verdunſtungsfähigkeit ſein und deſto beſſer iſt das
Schmiermittel, vorausgeſetzt, daß Zähigkeit und Schichtendicke den Anforderungen ent=
ſprechen. Die Ausdauerfähigkeit wächſt in gleichem Maße. Bei den Mineralölen iſt
es ganz beſonders von Wichtigkeit, die genannten drei Eigenſchaften dem Maße nach
zu beſtimmen, weil bei ihnen die betreffenden Punkte verhältnißmäßig tief liegen können.

Entflammungspunkt.

Den Entflammungspunkt wird man am zuverläſſigſten mit den Apparaten von
Abel oder Bailey beſtimmen können. Bei dem Abel'ſchen Apparat wird in einem
geſchloſſenen Gefäß von beſtimmtem Inhalt die zu unterſuchende Maſſe allmählich er=
wärmt und in das ſich bildende Gemiſch von Luft und Dämpfen ein kleines Flämmchen
von beſtimmter Größe auf gewiſſe Zeitdauer eingetaucht. Das Eintauchen wiederholt
man bei den einzelnen Thermometerableſungen, bis eine Entzündung des Gemiſches
erfolgt; die Wärmeableſung ergiebt alsdann den Entflammungspunkt.

Bei dem Apparat von Bailey wird das zu unterſuchende Schmiermittel in einem
geſchloſſenen Gefäß erwärmt, die entſtehenden Dämpfe umſtrömen die Kugel des
Thermometers und entweichen durch eine feine Oeffnung, wobei ſie durch eine Flamme
entzündet werden. Die Wärmeableſung im Augenblick der Entzündung giebt den Ent=
flammungspunkt.

Die Angaben beider Apparate werden bei demſelben Oel wahrſcheinlich abweichende
Ergebniſſe zeigen, da bei dem Abel'ſchen die Entzündung eines Gemiſches von Luft

und Dämpfen erfolgt, bei dem Bailey'ſchen aber mehr oder weniger die reinen Dämpfe entzündet werden. Es läßt ſich aber erwarten, daß die Unterſchiede keine erheblichen ſein werden. Auch bei der vielfach gebräuchlichen Beſtimmung im offenen Tiegel wird man etwas andere Ergebniſſe erhalten, ſo daß es ſehr wünſchenswerth wäre, auch bezüglich dieſer Beſtimmungsmethoden eine Einheitlichkeit zu erzielen. Für die Verſuchs=Anſtalt iſt ein Abel=Penſky'ſcher Apparat beſchafft worden.

Verdunſtungsfähigkeit.

Der Siedepunkt und die Verdunſtungsfähigkeit können beide auf leichte, hinreichend bekannte Weiſe feſtgeſtellt werden. Zur Beſtimmung der letzteren wird es für die Zwecke der Schmierölunterſuchung genügen, wenn man die fraktionirte Deſtillation bei ſolchen Wärmegraden vornimmt, wie ſie in der Regel während der Schmierung vor= kommen, oder wie ſie in außergewöhnlichen Fällen während des Heißlaufens eintreten können, denn gerade unter letzterem Umſtande kommt eine hohe Verdampfungswärme dem Oele bei ſeiner Arbeitsleiſtung ganz beſonders zu ſtatten. Belleroche ſtellt die Menge der Deſtillate bei 290° C. feſt und beſtimmt auch noch die zur Schaumbildung nöthige Wärme. Engler beſtimmt die Menge der Deſtillationsprodukte bei verſchiedenen Wärmegraden; der von ihm benutzte Apparat iſt für die Verſuchs=Anſtalt beſchafft worden. Ueber die nach Abfaſſung dieſes Berichtes gewonnenen Erfahrungen wird ſpäter eine Veröffentlichung folgen.

Chemiſche Unterſuchung.

Die Ausdauerfähigkeit eines Schmieröles iſt aber noch durch eine Reihe von Um= ſtänden bedingt, welche mehr chemiſcher Natur ſind. Dabei kommt zuerſt in Betracht, ob das Oel Säuren enthält oder während der Arbeit erzeugt, welche das Metall an= greifen oder ſich mit ihm zu Metallſeifen verbinden, ob es zum Verharzen geneigt iſt, ob es üble Gerüche verbreitet oder geſundheitsſchädlich wirkt. Die Zerſetzung des Oeles darf erſt in hoher Wärme mit nennenswerther Geſchwindigkeit vor ſich gehen, wenn es als Schmieröl gute Eigenſchaften entwickeln ſoll. Hieraus ergiebt ſich die Nothwendig= keit, ein unbekanntes Oel auch chemiſch zu prüfen, wenn man ſeine Eigenſchaften im ganzen Umfange kennen lernen will. An dieſer Stelle ſoll aber auf die chemiſchen Unterſuchungen nicht eingegangen werden; ſie ſind in den weiter oben als Quellen an= geführten Werken und Arbeiten ausführlich behandelt. Bemerkt ſei nur, daß dieſe Unterſuchung zunächſt die ſoeben erwähnten Eigenſchaften:

1. Einwirkung auf die Lagermetalle,
2. Verharzungsfähigkeit,
3. Beſtändigkeit der chemiſchen Natur bei hoher Wärme,

dem Grade nach feſtzuſtellen hat, und daß die Schmiermittel namentlich auf minder= werthige Beimengungen und Fälſchungen zu unterſuchen ſind.

III. Ergebniſſe der im Jahre 1885 ausgeführten Vorunterſuchungen.

In Nachfolgendem ſollen die Ergebniſſe der im Jahre 1885 angeſtellten Vorunter= ſuchungen mitgetheilt werden, ſoweit dieſelben von allgemeinem Intereſſe ſein können. Die Verſuche hatten den Zweck, das Perſonal der Anſtalt mit den Unterſuchungsmethoden genauer bekannt zu machen und namentlich einen Ueberblick über die Brauchbarkeit und Zuverläffigkeit der benutzten Apparate zu gewinnen. Sie wurden mit Rübölen ausgeführt, welche zu dem Zwecke vom „Verbande deutfcher Müller" geliefert worden waren und über welche Anlage A (S. 38) die näheren Angaben enthält.

Mit diefen Oelen wurden mechanifche, phyfikalifche und chemifche Unterfuchungen angeftellt.

Von den mechanifchen Prüfungsmethoden dürften vornehmlich die mit dem Herr= mann'fchen Oelprüfungsapparat gewonnenen Verfuchsergebniffe intereffiren.

A. Unterfuchungen mit dem Herrmann'fchen Apparat.*)

Der Herrmann'fche Apparat ift in ganz vorzüglicher Ausführung nach meinen Angaben von dem mechanifchen Inftitut von Karl Bamberg, Berlin N, nach der nebenftehenden Zeichnung, Fig. 6 geliefert worden

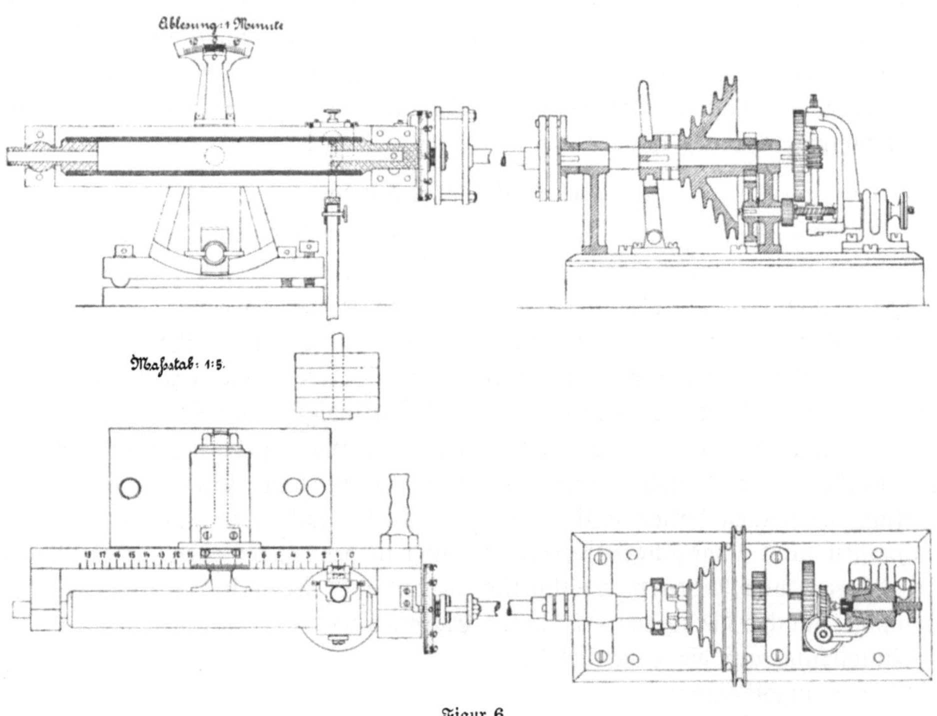

Figur 6.

Der Apparat befteht aus einer zylindrifchen Spindel, welcher man eine beftimmte Neigung gegen die Wagerechte geben kann. Auf der Spindel reitet eine durch Gewicht belaftete Lagerfchale, welche fie halb umfaßt. Wird die Spindel in Umdrehung verfetzt, fo gleitet das Lager in der Richtung der Längsachfe über die Spindel. Aus der Spindelneigung, der Umdrehungszahl und der Größe der Gleitung wird der Reibungs= koeffizient berechnet.

---

*) Zeitfchrift d. Vereins deutfcher Ingenieure 1883 S. 1.

Die dem Apparate zu Grunde liegende Theorie führt zu der nachstehenden Gleichung:

$$\mu = \frac{\operatorname{tg}\alpha}{\sin\beta},\ \text{in welcher}$$

μ = Reibungskoeffizient,

α = Neigungswinkel der Versuchsspindel gegen die Wagerechte,

β = Neigungswinkel der von irgend einem Punkte der Lagerschale auf dem Spindelumfang beschriebenen Schraubenlinie gegen die Querschnittsebene ist.

Da der Winkel β bei der geringen Spindelneigung, welche hier in Anwendung kommt, klein ist, so kann man setzen:

$$\sin\beta = \operatorname{tg}\beta = \frac{s}{\pi\,d} = \frac{l}{n\,\pi\,d},\ \text{worin}$$

d = Durchmesser der Spindel,

s = die Verschiebung des Lagers in der Axenrichtung der Spindel, d. h. gleich der Steigung der Schraubenlinie und

$n = \dfrac{l}{s}$ die Zahl der erforderlichen Spindelumdrehungen ist, um die Lager-

schale in der Axenrichtung um die Größe

l zu verschieben.

Führt man diese Werthe ein, so ist der Reibungskoeffizient:

$$\mu = \frac{\pi\,d\,\operatorname{tg}\alpha}{e}\,n.$$

Bezogen auf Millimeter und auf den am vorliegenden Apparate vorhandenen und durch mehrfache Messungen festgestellten Spindeldurchmesser $d = 25{,}50$ mm ergiebt sich:

$$\mu = 80{,}11\ \operatorname{tg}\alpha\ \frac{n}{l}$$

$$\log 80{,}11 = 1{,}9036901$$

Gleich bei den ersten Versuchen, welche mit dem Apparate angestellt wurden, ergab sich, daß der Einfluß der Geschwindigkeit, mit welcher die Spindel gedreht wurde, sehr groß war. Dem entsprechend ist noch ein besonderes Vorgelege (Fig. 6) beschafft worden, welches von der vorhandenen Wellenleitung aus angetrieben wurde und die Benutzung von 15 verschiedenen Uebersetzungen gestattete, sodaß man imstande war, sowohl sehr langsame, als auch ziemlich schnelle Umdrehungsbewegungen zu erzeugen. Die Uebertragung der Drehbewegung auf die Spindel geschah mittelst des Hook'schen Gelenkes. Da der Apparat in Bezug auf seine Aufstellung sehr empfindlich ist, so war man genöthigt, ihn auf einem in die Wand des Gebäudes vermauerten Konsol zu befestigen, welches ohne Verbindung mit dem das Vorgelege tragenden angebracht ist. Auf das Konsol wurde dann zugleich mit dem Vorgelege ein größeres Wassergefäß gestellt, welches durch eine Gasflamme erhitzt werden konnte. Dieses Gefäß stand durch ein Gummirohr mit dem ringförmigen Hohlraum des oberen zylindrischen Lagers der Spindel in Verbindung. Von hier aus gelangte der durch den Schlauch zugeführte Strom erhitzten Wassers (beziehentlich Dampfes) durch zwei in dem Lagerhals des Zapfens angebrachte Löcher in den Hohlraum der Spindel, um dann am anderen Ende derselben austreten zu können. Die Wärme des austretenden Stromes und diejenige des Wasserbades wurde gemessen. Die Spindel ist am linken Ende in einer

Kugelfläche gelagert, um jede Verschiebbarkeit in der Axenrichtung zu vermeiden, während die zylindrische Lagerung am andern Ende der Spindel bei der Erwärmung eine freie Ausdehnung gestattet. Hierdurch ist bei sicherer Lagerung jedes Klemmen vermieden.

Die Empfindlichkeit des Apparates ist so groß, daß man bei seiner genauen Aus=richtung einer Wasserwage entbehren kann; man kann vielmehr die richtige Lage des Nullpunktes der Kreistheilung zur Bestimmung des Winkels α dadurch herbeiführen, daß man die Einstellschrauben in der Fußplatte so lange benutzt, bis der Nullpunkt des Nonius und der Kreistheilung zusammenfallen, wobei die Spindel so gestellt ist, daß die gut geschmierte Lagerschale bei bewegter Spindel weder nach links noch nach rechts abgleitet. Die geringste Spindelneigung gegen die Wagerechte würde sofort ein Abgleiten des Lagers zur Folge haben. Die große Empfindlichkeit zeigte sich auch darin, daß, obwohl man nicht imstande war, durch Nachmessen Abweichungen im Spindeldurchmesser zu entdecken, bei Ingangsetzung der Vorrichtung dennoch Ungleich=förmigkeiten in der Bewegung sich herausstellten, die erst verschwanden, als Lager und Spindel mittelst Polirroth gehörig eingeschliffen waren.

Da bei Gelegenheit der Feststellung dieser Ungleichförmigkeiten der Spindel=fläche einige weitere Einblicke in die Wirkungsweise des Apparates gewonnen worden sind, so ist es nothwendig, an dieser Stelle über die einschlägigen Versuche näher zu be=richten. Die Ergebnisse derselben finden sich in Anlage B (S. 39) unter Versuchs=Nr. 18 bis 36 niedergeschrieben und die Schaubilder derselben auf Taf. 1 unter Nr. 18 bis 36 gegeben. Die Versuche 1 bis 17 sind in etwas anderer Form ausgeführt worden und hatten lediglich den Zweck, die Wirkung des Schleifprozesses zu beobachten.

Alle Versuche sind mit dem Rüböl V_3 und bei Zimmerwärme ausgeführt.

Bei den Versuchen wurden aus dem sorgfältig vor Staub geschützten Vorraths=gläschen mit einem Glasstabe einige Tropfen Oel entnommen und mit Hülfe der Lagerschale ganz gleichmäßig auf der Spindel vertheilt, bevor der eigentliche Versuch begann. Da die geringste Unreinigkeit, ebenso wie jede Veränderung der Spindelober=fläche eine Fehlerquelle ist, so muß sehr sorgfältig auf Reinheit und gute Behandlung des Apparates gehalten werden.

Bei den Versuchen Nr. 18 bis 36 ist durchweg mit einer Spindelneigung $\alpha = 3$ Min. nach rechts oder nach links gearbeitet worden.

Da sich bald herausstellte (Nr. 18—22), daß ein geringfügiger Fehler in der Spindelneigung einen beträchtlichen Einfluß auf das Versuchsergebniß hatte, so wurde später die Spindelneigung nur dann verändert, wenn die Versuche mit verschiedenen Geschwindigkeiten durchgeführt waren. Obwohl die Nonienablesung am Kreise bis auf 1 Min. geht, so war es doch nicht möglich, die Einstellungen so genau zu bewirken, daß bei Linksneigung unter sonst gleichen Umständen die gleichen Ergebnisse erzielt wurden, wie bei Rechtsneigung. Dieser Umstand könnte allerdings auch in der Ober=flächenbeschaffenheit der Spindel begründet sein, allein diese Vermuthung hat bei der angewendeten Sorgfalt und bei dem stattgehabten sorgsamen Einschleifen von Spindel und Lagerschale wenig Wahrscheinlichkeit für sich; er hätte sich auch wohl durch erheb=lichere Ungleichförmigkeiten in den Schaulinien kenntlich machen müssen.

Die Ausführung der Versuche erfolgte nach der in Anlage B (Seite 39) angegebenen

Weise, indem für verschiedene Werthe von α und für verschiedene Umfangsgeschwindig=
keiten die Zahl der Umdrehungen festgestellt wurde, welche zum Abgleiten der Lager=
schale um je 10 mm erforderlich waren.

Aus den Schaulinien Taf. 1 erfieht man, daß die Werthe beim Beginn und zu
Ende der Bewegung meiftens gewiffe Unregelmäßigkeiten erkennen laffen. Diefelben
dürften daher rühren, daß es schwer ift, das mit der linken Hand festgehaltene Lager
genau in dem Augenblick loszulaffen, in welchem man den Stoß des Triebwerk=
mitnehmers am Finger der rechten Hand verspürt; auch kann es kaum vermieden
werden, unabsichtlich dem Lager in dem einen oder dem anderen Sinne eine gewiffe
Beschleunigung zu ertheilen. Ferner ist es nicht ausgeschloffen, daß in der That an
den Enden der Spindel ein geringfügiger Unterschied des Flächenzuftandes gegen
den der Mitte besteht; namentlich scheinen die Schaulinien 22 bis 25 hierauf hinzu=
deuten. Im allgemeinen darf man bei der angewendeten rohen Beobachtungsmethode
mit der Uebereinstimmung der unmittelbar hinter einander gewonnenen Versuchsergeb=
niffe wohl zufrieden sein.

Die Uebereinstimmung der Versuche bei gleicher Spindelneigung und gleicher Um=
drehungsgeschwindigkeit ist nicht so groß. Aber auch dieser Umftand findet seine Er=
klärung in der großen Empfindlichkeit des Apparates. Will man daher mit demselben
feinere wiffenschaftliche Beobachtungen anstellen (wozu er ganz gut geeignet sein dürfte,
wenn man sich auf die Anwendung geringer Belaftungen und Geschwindigkeiten
beschränken kann), so wird es unumgänglich nothwendig werden, besondere Vorkehrungen
für scharfe Ermittelung der zurückgelegten Wege und der zugehörigen Umdrehungs=
zahlen anzubringen. Hierzu würde am einfachften eine elektrische Selbftaufzeichnung
dienen können.

Betrachtet man den allgemeinen Charakter der erhaltenen Linienzüge (Taf. 1), so
erkennt man auf den erften Blick, daß eine Beschleunigung der Bewegung der Schale
in der Richtung der Spindelaxe stattfindet. Die Höhenordinate, d. h. die Umdrehungs=
zahlen, nehmen in allen Liniengruppen gesetzmäßig ab. Es liegt nahe, in dieser Er=
scheinung eine Wirkung der Schwerkraft zu vermuthen, da die Geschwindigkeitskurve
für das reibungsfreie Gleiten des Lagers auf der Spindel einen ähnlichen Verlauf
zeigen muß, wie die die Versuchsergebniffe darstellenden Linien (vergl. Taf. 3). Aus=
geführte Berechnungen haben zwar einen Einfluß in dieser Richtung nachgewiesen, aber
das ermittelte Verbefferungsglied war von solcher Kleinheit, daß nach der Anbringung
deffelben immer noch eine beträchtliche Abweichung von dem bei nicht beschleunigter
Bewegung stattfindenden Verlauf der Kurven verblieb.

Leider sind, wie schon zu Anfang dieses Berichtes dargethan worden ist, die Ver=
hältniffe bei der Reibung zwischen geschmierten Flächen so verwickelter Natur, daß es
bisher trotz vielfacher Bemühung noch nicht gelungen ist, einen klaren Einblick in die
Ursachen dieser bei den Verfuchen zum Ausdruck gekommenen Beschleunigung zu ge=
winnen. Es scheint, als ob durch die innere Arbeit der Schmierschicht schon bei so
geringen Geschwindigkeiten, wie sie zur Anwendung gekommen, eine Veränderung der
inneren Reibung des Oeles erzeugt wird.

Bemerkt sei an dieser Stelle noch, daß man davon Abftand genommen hat, die

etwas mühfelige Umrechnung der Verfuchsergebniffe auf den Reibungskoeffizienten durchzuführen, daß man vielmehr fich damit begnügte, die ermittelten Umdrehungszahlen
felbft, welche ja direkt proportional den Reibungskoeffizienten find, unmittelbar zur
Auftragung zu bringen.

Es ließ fich vermuthen, daß die Menge des jeweilig aufgegebenen Schmiermate-
riales von einigem Einfluß auf die Bewegungsgeschwindigkeit fein würde. Verfuche,
welche zur Ermittelung diefes etwaigen Einfluffes angeftellt wurden, haben jedoch
ergeben, daß die aufgegebene Schmierölmenge innerhalb der in Anlage B (Seite 48)
gegebenen Grenzen jedenfalls nur einen vernachläffigbaren Einfluß ausübt. Man
erkennt aus den Mittelwerthen fofort, daß bei der Anwendung von 4 bis 6 Tropfen
Oel eine gefetzmäßige Aenderung der Gleitungsgeschwindigkeit nicht gefunden worden
ift. Die erzielte Schichtendicke war alfo unter den hier benutzten Verhältniffen immer
ausreichend groß, fo daß nur die innere Reibung der Schicht zum Ausdruck kam.

Aus dem Vorbesprochenen geht für die weiteren Unterfuchungen mit dem
Herrmann'fchen Apparat die Nutzanwendung hervor, daß man beim Gebrauch ähnlicher Einrichtungen an verfchiedenen Orten gut thun würde, ftets Apparate von
gleichen Abmeffungen zu benutzen und die Verfuche ganz gleichartig durchzuführen,
weil man nur unter diefen Bedingungen gleichwerthige Ergebniffe erzielen kann, die
ohne weiteres mit einander verglichen werden können. Da man zur Vereinfachung
der Arbeit bei der eigentlichen Materialprüfung von einer Ablefung von 10 zu 10 mm
Gleitungsweg Abftand nehmen wird, fo ift es nicht gleichgültig, welche Wegelänge man
dem Verfuche zu Grunde legt und welche Spindelftelle man für die Ermittelungen
benutzt. Bei den nachfolgend befchriebenen Verfuchen wurde ftets die Spindellänge
zwifchen den Theilftrecken 0 und 170, beziehentlich umgekehrt, benutzt, und in die verzeichneten Schaulinien ift die entfprechende Gefammtumdrehungszahl eingetragen. Es
wäre unzweifelhaft beffer gewefen, den erften Theil der Skala und vielleicht auch den
letzten von dem Verfuche auszufchließen, um die früher befprochenen Fehler in der An-
fangsbewegung zu vermeiden. Man würde alfo zweckmäßig die Bewegung des Lagers
vom Theilftrich 0 oder 170 aus beginnen laffen, aber erft die Umdrehungen für die
Strecke 40 bis 160 oder 130 bis 10 zählen. Man würde hierbei außer dem vorgenannten Vortheile auch noch denjenigen gewinnen, daß man mit größerem Rechte die
mittlere Geschwindigkeit für die Berechnung des Reibungskoeffizienten nehmen darf,
da der entfprechende Theil der Kurve mit großer Annäherung durch eine Gerade erfetzt
werden kann. Eine Erfchwerung der Beobachtung würde man freilich mit in den Kauf
nehmen müffen, die die gewonnenen Vortheile vorausfichtlich vollftändig hinfällig machen
würde, wenn nicht durch Vervollkommnung des Apparates eine beffere Ablefung ermög-
licht wird.

Eine folche Verbefferung wird an dem Apparat der Verfuchs-Anftalt noch angebracht werden, weil die nachfolgend mitzutheilenden Verfuchsergebniffe es lohnend
erfcheinen laffen, gelegentlich die dort nur näherungsweife ermittelten Gefetze durch
feinere Beobachtungsmethoden genauer zu erfaffen. Man denkt bei diefer Einrichtung
den überfpringenden elektrifchen Funken für die Selbftaufzeichnung nach Art der Fig. 7
zu benutzen.

Mit dem Kondenſator k ſteht durch die Spindel das Lager L in Verbindung. Sobald der Taſter T niedergedrückt wird, iſt auch die Verbindung nach einer iſolirt am Mitnehmer befeſtigten Spitze S hergeſtellt; demgemäß wird der Entladungsfunke von S nach R überſpringen, ſobald der Mitnehmer eine volle Umdrehung gemacht hat. Das Ueberſpringen erfolgt gleichzeitig auch zwiſchen der Spitze U nach dem auf dem Maßſtabe angebrachten empfindlichen Papier M, wodurch auf letzterem ein Fleck hinterlaſſen wird.

Nun wird der Taſter losgelaſſen und erſt kurz vorher geſchloſſen, bevor das Lager an dem unteren Ende ſeines Laufes angekommen iſt. Die Folge iſt, daß bei der nächſten vollen Um= drehung jetzt wiederum ein Funke überſpringt. Man kann dann nach=

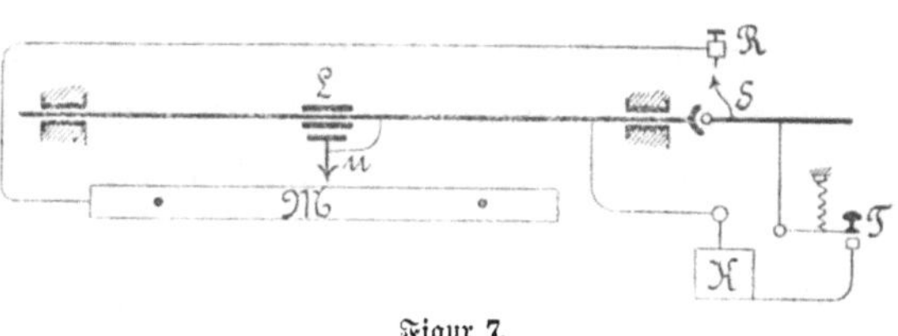

Figur 7.

träglich den Weg ausmeſſen, welcher zu einer vollen Anzahl von n=Umdrehungen gehört.

Wie man aus dem früher Geſagten erkannt haben wird, hat eine große Zahl von Umſtänden Einfluß auf den Reibungsvorgang und es kam darauf an, dieſe Einwir= kungen und die Größe derſelben durch eine Reihe von Verſuchen feſtzulegen. Die Er= gebniſſe dieſer Unterſuchungen ſind in Anlage B, Tabelle III und in den Schaubildern Blatt Nr. 4 bis 9, Taf. 2 und 3 niedergelegt worden. Es muß vor der Beſprechung an dieſer Stelle jedoch bemerkt werden, daß die nachbeſchriebenen Verſuche, wie die ganzen in dieſem Berichte beſprochenen Arbeiten, den Charakter des Anfanges einer Forſchung tragen, daß man von ihnen daher eine endgültige und erſchöpfende Löſung der Aufgabe nicht erwarten darf. Vielmehr haben erſt die bei dem Zuſammentragen und Studiren erhaltenen Ergebniſſe beſſere Geſichtspunkte für die ſpätere Verſuchsausführung gewinnen laſſen.

Bei den Verſuchen 37 bis 86 wurden bei den Spindelneigungen $\alpha = 3$, 20 und 40 Minuten verſchiedene Umfangsgeſchwindigkeiten V und verſchiedene Belaſtungen zwiſchen 400 und 1200 g angewendet. Bei den Belaſtungen unter 800 g zeigten ſich noch vielfach Unzuträglichkeiten, die ſich namentlich durch Pendeln des Lagers u. ſ. w. bemerkbar machten. Leider iſt es verſäumt worden, die ſchon früher beſprochene Vor= ſicht zu gebrauchen, den Neigungswinkel α nur dann zu verändern, wenn die ganzen Verſuchsreihen für einen beſtimmten Neigungswinkel durchgeführt waren. Ebenſo ergiebt ſich die Nothwendigkeit, bei einer Wiederholung der Verſuche mit dem noch weiter ver= beſſerten Apparat die Fehlergröße infolge des ungenauen Einſtellens durch eine beſon= dere Verſuchsreihe zu ermitteln. Die Abweichungen, welche ſich in den Ergebniſſen der beiden Parallelreihen, Verſuche Nr. 37—65 und Nr. 66—86, zeigen, müſſen außer auf der letztgenannten Fehlerquelle noch auf anderen Urſachen beruhen, da in der Schau= linie Blatt 4, Taf. 2 durchweg die punktirten Linien höher liegen, als die gleichwerthigen und gleichbezeichneten ausgezogenen.

Die allgemeinen Schlußfolgerungen, welche man aus der bildlichen Darſtellung der Verſuchsergebniſſe zu ziehen vermag, laſſen ſich aus Blatt 4 wie folgt ableiten. Die Umdrehungszahlen nehmen, wie ſelbſtverſtändlich iſt, mit dem wachſenden Neigungs= winkel ab, wie man aus den drei Liniengruppen für $\alpha = 3$, 20 und 40 Minuten erkennt, von denen diejenigen für $\alpha = 3$ Minuten bezüglich der ſenkrechten Ordinaten (Um=

drehungen) im Einzehntel-Maßſtab gegen die beiden anderen Gruppen gezeichnet iſt. Innerhalb der drei Beobachtungsgruppen nehmen die ſenkrechten Ordinaten (alſo die Umdrehungszahlen) für die gleichen Geſchwindigkeiten mit wachſender Belaſtung ziemlich erheblich ab, d. h. der Reibungskoeffizient wird unter ſonſt gleichen Bedingungen mit wachſender Belaſtung abnehmen. Da aber die Linien, wie es ſcheint, bei noch größeren Belaſtungen, als ſie aus anderen Gründen bei dem vorhandenen Apparat angewendet werden können, ſich der Nulllinie aſymptotiſch zu nähern ſcheinen, ſo dürfte für ſtärkere Belaſtungen der Reibungskoeffizient konſtant werden. Vergleicht man die Linienzüge einer Gruppe mit einander, ſo erkennt man leicht, daß auch die Geſchwindigkeit einen großen Einfluß auf die Umdrehungszahl, d. h. auf den Reibungskoeffizienten hat. Die Reibungskoeffizienten nehmen mit abnehmender Geſchwindigkeit ab.

Will man die Geſetze der Zapfenreibung, wie ſie der Herrmann'ſche Apparat innerhalb der Grenzen der Verſuchsbedingungen ergiebt, noch genauer kennen lernen, ſo wird man die zeichneriſche Behandlung der Verſuchsergebniſſe weiter ausdehnen müſſen, wie dies auf Blatt 5—9 (Taf. 2 und 3) geſchehen iſt. Man wird ſich zunächſt zu vergegenwärtigen haben, daß im Grunde genommen die Linienzüge auf Blatt 4 (Taf. 2) nichts anderes ſind, als die ſenkrechten Durchſchnitte durch eine Schar von gekrümmten Flächen, wobei dieſe Schnitte parallel zu der durch die x-, y- und z-Axen gelegten Nullebene geführt ſind. In der Richtung der x-Axe hat man ſich die Belaſtungen, in der Richtung der y-Axe die Geſchwindigkeiten und in der Richtung der z-Axe die zugehörigen Umdrehungszahlen aufgetragen zu denken. Durch eine krumme Oberfläche würde alſo das Abhängigkeitsgeſetz zwiſchen Belaſtung, Geſchwindigkeit und Reibungskoeffizienten für eine beſtimmte Spindelneigung α und für eine beſtimmte gleichbleibende Wärme gegeben ſein. Durch ebene Schnitte parallel zur z-Axe (ſenkrechte Schnitte) kann man auf zeichneriſchem Wege das Geſetz nach ſeinem ganzen Umfange darſtellen.

Blatt 5 (Taf. 2) ſtellt eine Reihe ſolcher Schnitte parallel zu der vorbezeichneten y—z-Ebene dar. Man erkennt aus den ſtark ausgezogenen Ausgleichslinien für 400, 600 und 800 g Belaſtung, wie der Reibungskoeffizient (die Umdrehungszahl) bei allen angewendeten Belaſtungen anfangs nahezu proportional mit der Umfangsgeſchwindigkeit der Spindel wächſt. Alle Kurven laſſen aber eine ſchwache Krümmung nach der y-Axe für den ferneren Verlauf als wahrſcheinlich annehmen.

Um das vorhin entwickelte zeichneriſche Verfahren zur Anwendung zu bringen, zugleich aber die wünſchenswerthe Ueberſichtlichkeit zu wahren, ſind für Blatt 6—9 (Taf. 3) nur diejenigen Werthe der Ausgleichslinien von Blatt 4 (Taf. 2) übernommen, welche durch die punktirten Linien gekennzeichnet ſind. Bezüglich dieſer Werthe iſt auf Blatt 6 (Taf. 3) zunächſt der Einfluß des Neigungswinkels α, der Lagerbelaſtung P und der Umfangsgeſchwindigkeit V auf die Umdrehungszahlen U ermittelt worden. Hierbei muß noch darauf verwieſen werden, daß nunmehr nicht mehr die Umdrehungszahlen proportional den Reibungskoeffizienten zu ſetzen ſind, weil dieſelben von der jetzt als veränderlich eingeführten Neigung α abhängig ſind. Demgemäß können die auf die einzelnen Blätter niedergeſchriebenen Schlußfolgerungen nicht ohne Weiteres auf den Reibungskoeffizienten übertragen werden.

Da die auf Blatt 6—9 (Taf. 3) gegebenen Erklärungen und Schlußfolgerungen ausreichend ſein dürften, um einen genügenden Ueberblick zu gewähren, ſo iſt hier mit

Rückficht auf Raumerfparniß von einer Wiederholung der dort aufgeftellten Sätze ab=
gefehen worden. Es wird vielmehr gebeten, in diefer Beziehung die Notizen auf den
Blättern felbft nachlefen zu wollen.

Tabelle IV Anlage B enthält die Unterfuchungen über den Einfluß der Wärme
auf die Ergebniffe des Herrmann'fchen Apparates. Die erhaltenen Werthe find auf
Blatt 10 und 12 (Taf. 4) dargeftellt und auf Blatt 11 findet man wiederum die Schluß=
folgerungen niedergefchrieben. Man erkennt, daß der Einfluß der Wärme auf den
Reibungskoeffizienten von gleichem Grade ift, wie der Einfluß der Gefchwindigkeiten,
fo daß die Vermuthung nahe liegt, daß die Urfache in beiden Fällen die gleiche ift.
Es wird fchwer fein, diefen Zufammenhang durch den Verfuch zu erweifen, weil es, wie
im Anfang diefes Berichtes dargelegt, fehr fchwierig ift, den wahren Wärmezuftand der
Schmierfchicht feftzuftellen.

Aus den voraufgehenden Darlegungen wird man die Ueberzeugung gewonnen
haben, daß der Herrmann'fche Apparat nach der Anbringung der früher befprochenen
Verbefferung fehr wohl im Stande fein wird, über die phyfikalifchen Eigenfchaften ver=
fchiedener Oele hinreichend ficher feftzuftellende Vergleichswerthe zu liefern, daß er aber
niemals dazu dienen kann, den eigentlichen Schmierwerth der unterfuchten Materialien
zu ermitteln. Innerhalb der Grenzen feiner Wirkfamkeit vermag er einen fehr klaren
Einblick in die Vorgänge bei der Reibung zwifchen gefchmierten Flächen zu geben, aber
diefe Ergebniffe find weit davon entfernt, für die Praxis direkt verwerthbar zu fein.
Mit Rückficht auf feine guten Eigenfchaften wird man ihn bei den ferneren Unter=
fuchungen benutzen können, um eine Kontrole für die Ergebniffe mit der Oelprobir=
mafchine zu haben. Wenn nämlich der Verfuchszapfen diefer Mafchine mit der Zeit
feinen Flächenzuftand ändert, fo würden hiervon die Verfuchsergebniffe betroffen werden.
Durch Benutzung eines Normalöles könnte man fich über das Maß jener Zuftands=
änderungen jeder Zeit Gewißheit verfchaffen, wenn das Normalöl feine Eigenfchaften
im Laufe der Zeit nicht gleichfalls ändert. Da der Herrmann'fche Apparat wenig
benutzt wird und leicht in gutem Zuftand erhalten werden kann, fo hat man in ihm
ein Mittel, das Normalöl von Zeit zu Zeit einer Prüfung zu unterziehen; er kann alfo
auf diefe Weife zur Kontrole der großen Oelprobirmafchine verwendet werden.

Um einen Ueberblick über das Verhalten verfchiedener Oele zum Herrmann'fchen
Apparat zu gewinnen, wurden einige der vom Verbande deutfcher Müller
vorgelegten Rübölproben einer gleichartigen Unterfuchung unterworfen und die
Ergebniffe in Tabelle V Anlage B niedergelegt. Diefe Ergebniffe follen fpäter noch
eine Befprechung erfahren.

Zusammenstellung der statistischen Angaben über die untersuchten Oele.

(Fabrizirt im Jahre 1884.)

Bezeich-nung	Art des Oeles	Angaben über den Fabrikationsprozeß	Angeb-liche Qualität	Art der in Aus-sicht genommenen Verwendung	Angebliche Erfahrungen über das Verhalten im Betriebe
V. 3	Rüböl.	Aus diesjährigem schlesischem und ungarischem Winter-Raps; 38—40 % Oel nach zweimaligem Pressen.	Handels-waare.	Theils Speise-, theils Schmieröl für gröbere Maschinen-theile.	—
V. 4	Entfäuertes Rüböl — Maschinenöl.	Aus diesjährigem schlesischem und ungarischem Winter-Raps; 38—40 % Oel nach zweimaligem Pressen.	—	Schmieröl für feinere Maschinen-theile.	—
V. 5	Rüböl-Vorpressung.	$\frac{5}{6}$ des gewonnenen Oeles ist Vorgut-Oel.	—	Als Handelswaare mit $\frac{1}{6}$ Nachgut-Oel vermischt.	—
V. 6	Rüböl-Nachpressung.	$\frac{1}{6}$ des gewonnenen Oeles. (Dürfte wohl als Reft ohne Bodensatz von V. 5 aufzu-faffen sein.)	—	Mit $\frac{5}{6}$ Vorgut-Oel als Handelswaare vermischt.	—
V. 7	Rüböl-Vorpressung.	Aus halb inländischer Saat, Raps und Rübsen (aus Pom-mern und Mecklenburg) und halb indischem Raps gepreßt.	—	Wird nur mit Nach-pressung vermischt verwendet.	—
V. 8	Rüböl-Nachpressung.	Aus halb inländischer Saat, Raps und Rübsen (aus Pom-mern und Mecklenburg) und halb indischem Raps gepreßt.	—	Wird nur mit Vor-pressung vermischt verwendet.	—
V. 10	Rüböl, raffinirt von Vor- und Nachpressung.	Aus halb inländischer Saat, Raps und Rübsen (aus Pom-mern und Mecklenburg) und halb indischem Raps gepreßt.	—	Zum Schmieren feinerer Maschinen-theile und zum Brennen.	Beffer und billiger wie Baum- und Mineral-Oel.

Ergebniffe der Unterfuchungen mit dem Herrmann'fchen Oelprobir-Apparat.

Vorbemerkungen. Der Apparat wird von dem Vorgelege der Jähns'fchen Oelprobirmafchine aus durch Schnurlauf angetrieben. Die benutzten Vorgelegeftufen find in den Tabellen mit I, II und III bezeichnet, das kleine Vorgelege für den Antrieb des Apparates (Fig. 7, S. 35) hat 15 Gefchwindig-keitsftufen, welche mit den Zahlen 1—15 bezeichnet wurden. Meffungen am 24. Oktober 1885 haben folgende Verhältniffe ergeben.

| Stufen-scheibe | Vorge-lege | Umdrehungszahl für | | Sekunden für | Umfangsgefchwindigkeit |
| | | 1 Minute | 1 Sekunde | 1 Umdrehung | der Spindel |
Nr.	Nr.	U	u	z	v = m/sec.
II	1	172	2,87	0,348	0,230
"	2	116	1,94	0,515	0,155
"	3	90	1,50	0,667	0,120
"	4	67	1,12	0,893	0,089
"	5	53	0,88	1,136	0,071
"	6	30	0,50	2,000	0,040
"	7	21	0,35	2,857	0,028
"	8	16	0,27	3,704	0,021
"	9	12	0,20	5,000	0,016
"	10	9	0,11	11,111	0,012

Die vorhandenen Lagerfchalen find wie folgt bezeichnet:

$$A = \text{Meffingfchale,}$$
$$B = \text{Stahlfchale,}$$
$$C = \text{Gußeifenfchale.}$$

Mit t ift die Luftwärme bezeichnet, mit T diejenige der Spindel.

Die Unterfuchungen find in der Zeit vom 1. Juli bis 15. Auguft 1885 durch den Affiftenten, Ingenieur Rubert, ausgeführt. Für alle Verfuche ift das Rüböl V_3 benutzt worden.

I. Unterfuchungen über den Gleichförmigkeitsgrad der Spindeloberfläche und den Einfluß der Gefchwindigkeit auf die Ergebniffe des Apparates.

Bei der unter Nr. 1 verzeichneten Verfuchsreihe wurde das Lager bei jedem Verfuch um 10 Theilftriche (Millimeter) tiefer eingefetzt, fodaß der zurückgelegte Weg jedesmal um 10 mm kürzer wurde; für letzteren wurden anfangs die erforderlichen Umdrehungen gezählt. Da fich hierbei die Ungleichförmigkeiten nicht genügend ficher erkennen ließen, wurde unter Verminderung des Neigungswinkels α das Lager jedesmal vom oberen Spindelende laufen gelaffen, wobei vom Beobachter die gezählten Umdrehungszahlen aufgerufen wurden, fobald der Nullpunkt des Nonius einem Zentimeterftriche gegenüberftand. Die Zahlen wurden von einer zweiten Perfon niedergefchrieben; es konnten jedesmal nur ganze Umdrehungen gezählt werden, indem man einen an dem Mitnehmer angebrachten Vorfprung gegen einen Finger der rechten Hand ftoßen ließ und die Berührungen zählte.

Vergleiche die Schaulinien auf Taf. 1.

Laufende Nr. Versuchs-Nr. Datum	Umdrehungsgeschwindigkeit der Spindel. Wärme	Lagerschalen und Belastungen. g	Zurückgelegter Weg vom Skalenpunkt n bis n_1	I U	I ΔU	II U	II ΔU	III U	III ΔU	IV U	IV ΔU	Differenzen in Summe	Differenzen in Mittel	Bemerkungen.
1 (18) 2 VII	II 10 $v=0{,}012$ $t=T=24^0$	A 800	170	39	—	39	—	39	—			—	—	Spindelneigung $\alpha=20^1$ Lagerlauf nach rechts.
			160	37	2	37	2	37	2			6	2,0	
			150	34	3	34	3	34	3			9	3,0	
			140	30	4	30	4	30	4			12	4,0	
			130	27	3	27	3	28	2			8	2,7	
			120	25	2	25	2	25	3			7	2,3	
			110	22,5	2,5	23	2	23	2			6,5	2,2	
			100	21	1,5	21	2	21	2			5,5	1,8	
			90	19	2	18	3	19	2			7	2,3	
			80	17	2	17	1	17	2			5	1,7	
			70	14	3	14	3	14	3			9	3,0	
			60	13	1	12	2	13	1			4	1,3	
			50	11	2	10	2	11	2			6	2,0	
			40	9	2	8	2	8	3			7	2,3	
			30	6	3	6	2	6	2			7	2,3	
			20	4,5	1,5	4	2	4,5	1,5			5	1,7	
			10	2,5	2	2,5	1,5	2,5	2			5,5	1,8	
			0	—	2,5	—	2,5	—	2,5			7,5	2,5	
2 (19) 2 VII	II 10 $v=0{,}012$ $t=T=24^0$	A 800	170	0	—	0	—	0	—	0	—	—	—	Spindelneigung $\alpha=3^1$ Lagerlauf nach rechts.
			160	6	6	5,5	5,5	6	6	6	6	23,50	5,88	
			150	11	5	10,5	5	11	5,25	10,5	4,5	19,75	4,94	
			140	15,5	4,5	14,25	3,75	15	4	15	4,5	16,75	4,19	
			130	19,5	4,0	17,5	3,25	19	4	18	3	14,25	3,56	
			120	22	2,5	19,5	2	22	3	21	3	10,50	2,62	
			110	25,5	3,5	23	3,5	25,25	3,25	24,5	3,5	13,75	3,44	
			100	28	2,5	26	3	28	2,75	27	2,5	10,75	2,69	
			90	30,5	2,5	28,5	2,5	31	3	30	3	11,00	2,85	
			80	33	2,5	31	2,5	33	2	32	2	9,00	2,25	
			70	35	2	32,5	1,5	35	2	34	2	7,50	1,88	
			60	37	2	35	2,5	37,5	2,5	36	2	9,00	2,25	
			50	39	2	36,5	1,5	39	1,5	38,5	2,5	7,50	1,88	
			40	41,5	2,5	39	2,5	41,5	2,5	41	2,5	10,00	2,50	
			30	44	2,5	41,5	2,5	44	2,5	43,5	2,5	10,00	2,50	
			20	46,5	2,5	44	2,5	47	3	45,5	2	10,00	2,50	
			10	49	2,5	46	2	49	2	47,5	2	8,50	2,12	
			0	52	3	48,5	2,5	51,5	2,5	50	2,5	10,50	2,62	
3 (20) VII	II 10 $v=0{,}012$ $t=T=24^0$	A 800	0	0	—	0	—	0	—	0	—	—	—	Spindelneigung $\alpha=3^1$ Lagerlauf nach links.
			10	4	4	4	4	4	4	4,5	4,5	16,5	4,12	
			20	7,5	3,5	7	3	7,5	3,5	8	3,5	13,5	3,38	
			30	10,5	3	10	3	10	2,5	11	3	11,5	2,88	
			40	13	2,5	13	3	12,5	2,5	14	3	11,0	2,75	
			50	15	2	15	2	15	2,5	16	2	8,5	2,12	
			60	18	3	17,5	2,5	17	2	18	2	9,5	2,38	
			70	20	2	20	2,5	20	3	21	3	10,5	2,62	
			80	22	2	23	3	22	2	24	3	10,0	2,50	
			90	25,5	3,5	26	3	25	3	27	3	12,5	3,12	
			100	29	3,5	29	3	28,5	3,5	30	3	13,0	3,25	
			110	31,5	2,5	32	3	31	2,5	33	3	11,0	2,75	

| Laufende Nr. Versuchs-Nr. Datum | Umdrehungsgeschwindigkeit der Spindel. Wärme | Lagerschalen und Belastungen. g | Zurückgelegter Weg vom Skalenpunkt n bis n_1 | Beobachtungsreihen | | | | | | | | Differenzen | | Bemerkungen. |
| | | | | I | | II | | III | | IV | | | | |
				U	$\triangle$U	U	$\triangle$U	U	$\triangle$U	U	$\triangle$U	in Summe	in Mittel	
			120	34,5	3	34,5	2,5	33,5	2,5	35,5	2,5	10,5	2,62	
			130	37	2,5	37,5	3	36,5	3	38,5	3	11,5	2,88	
			140	40	3	40	2,5	39,5	3	41,5	3	11,5	2,88	
			150	43	3	43	3	42	2,5	44	2,5	11,0	2,75	
			160	45	2	45	2	44	2	46	2	8,0	2,00	
			170	47	2	47	2	46	2	48,5	2,5	8,5	2,12	
4 (21) VII	II 7 $v=0,028$ $t=T=24^0$	A 800	170	0	—	0	—	0	—	0	—	—	—	Spindelneigung $\alpha = 3'$ Lagerlauf nach rechts.
			160	7,5	7,5	6	6	6	6	7,5	7,5	27,0	6,75	
			150	14	6,5	13	7	13	7	14	6,5	27,0	6,75	
			140	19,5	5,5	18	5	18	5	19	5	20,5	5,12	
			130	24,5	5,0	22	4	24	6	23,5	4,5	19,5	4,88	
			120	30	5,5	28	6	28,5	4,5	30	6,5	22,5	5,63	
			110	35	5	32	4	33	4,5	35	5	18,5	4,62	
			100	40,5	4,5	37	5	38	5	40	5	19,5	4,88	
			90	45	4,5	41	4	42	4	44,5	4,5	17,0	4,25	
			80	49	4	46	5	46,5	4,5	48,5	4	17,5	4,38	
			70	52	3	48	2	49	2,5	51,5	3	10,5	2,62	
			60	56	4	53	5	53,2	4,5	56	4,5	18,0	4,50	
			50	60	4	56	3	57,5	4	60	4	15,0	3,75	
			40	64	4,0	60	4,0	63	5,5	65	5,0	18,5	4,62	
			30	68	4,0	64	4,0	66,5	3,5	69	4,0	15,5	3,88	
			20	7,25	4,5	68	4,0	70,5	4,0	73,5	4,5	17,0	4,25	
			10	76	3,5	71	3,0	74	3,5	78	4,5	14,5	3,62	
			0	80	4,0	75	4,0	78	4,0	82	4,0	16,0	4,00	
5 (22) VII	II 7 $v=0,028$ $t=T=24^0$	A 800	0	0	—	0	—	0	—	0	—	—	—	Spindelneigung $\alpha = 3'$ Lagerlauf nach links.
			10	8	8,0	6	6,0	6	6,0	5	5,0	25,0	6,25	
			20	16	8,0	12	6,0	11,5	5,5	12	7,0	26,5	6,62	
			30	21	5,0	18	6,0	16	4,5	16	4,0	19,5	4,88	
			40	25	4,0	21	3,0	20,5	4,5	20	4,0	15,5	3,88	
			50	29,5	4,5	25	4,0	24,5	4,0	24	4,0	16,5	4,12	
			60	34	4,5	29	4,0	28	3,5	28	4,0	16,0	4,00	
			70	39	5,0	33,5	4,5	33	5,0	33	5,0	19,5	4,88	
			80	44	5,0	38,5	5,0	38	5,0	37	4,0	19,0	4,75	
			90	49	5,0	43	4,5	42,5	4,5	43	6,0	20,0	5,00	
			100	54	5,0	48	5,0	47	4,5	48	5,0	19,5	4,88	
			110	60	6,0	53,5	5,5	52	5,0	52	4,0	20,5	5,01	
			120	65	5,0	57	3,5	56	4,0	57,5	5,5	18,0	4,50	
			130	70	5,0	61,5	4,5	61	5,0	62	4,5	19,0	4,75	
			140	74,5	4,5	65,5	4,0	65	4,0	67	5,0	17,5	4,38	
			150	79,5	5,0	70	4,5	69	4,0	71	4,0	17,5	4,38	
			160	83	3,5	74	4,0	73	4,0	74	3,0	14,5	3,63	
			170	86	3,0	77	3,0	76	3,0	79	5,0	14,0	3,50	

Die bei den Versuchen 19 bis 22 erhaltenen Werthe lassen erkennen, daß die Ungleichförmigkeiten der Spindeloberfläche immer noch nicht behoben sind. Um einen gleichmäßigeren Gang zu erzielen, wird das Messinglager nochmals mit Polirroth auf der Spindel eingeschliffen. Alsdann werden die Versuche in gleicher Weise durchgeführt wie unter 19 bis 22. Für jede Beobachtungsreihe werden 5 Tropfen Oel frisch aufgegeben. Die in der Oelschicht sich bildende Spur der Lagerschale zeigt einen regelmäßigeren Verlauf als früher. Die Schalenfläche ist fast vollständig aufgeschliffen.

Laufende Nr. Versuchs- Nr. Datum	Umdrehungs- geschwindig- keit der Spindel. Wärme	Lager- ſchalen und Be- laſtun- gen. g	Zurück- gelegter Weg vom Skalen- punkt n bis n₁	Beobachtungsreihen I: U	I: △U	II: U	II: △U	III: U	III: △U	IV: U	IV: △U	Differenzen in Summe	in Mittel	Bemerkungen.
6 (23) VII	II 1 v = 0,230 t = T = 24°	A 800	0	0		0		0						Spindelneigung $\alpha = 3^1$ Lagerlauf nach links.
			10	18	18	18	18	18	18			54	18,0	
			20	43	25	44	26	43	25			76	25,3	
			30	64	21	66	22	65	22			65	21,7	Geringes Pendeln des Lagers.
			40	81	17	83	17	82	17			51	17,0	
			50	98	17	100	17	98	16			50	16,7	
			60	113	15	116	16	113	15			46	15,3	
			70	127	14	131	15	130	17			46	15,3	
			80	145	18	147	16	147	17			51	17,0	
			90	163	18	165	18	163	16			52	17,3	
			100	180	17	183	18	180	17			52	17,3	
			110	200	20	198	15	197	17			52	17,3	
			120	216	16	214	16	212	15			47	15,7	
			130	233	17	230	16	228	16			49	16,3	
			140	249	16	247	17	243	15			48	16,0	
			150	266	17	263	16	258	15			48	16,0	
			160	280	14	277	14	272	14			42	14,0	
			170	293	13	291	14	284	12			39	13,0	
7 (24) VII	II 2 v = 0,155 t = T = 24°	A 800	0	0		0		0						Spindelneigung $\alpha = 3^1$ Lagerlauf nach links.
			10	14	14	15	15	14	14			43	14,3	
			20	30	16	33	18	33	19			52	17,3	
			30	47	17	52	19	53	20			56	18,7	Geringes Pendeln des Lagers.
			40	60	13	66	14	67	14			41	13,7	
			50	74	14	79	13	80	13			40	13,7	
			60	86	12	90	11	93	13			36	12,0	
			70	100	14	103	13	107	14			41	13,7	
			80	111	11	117	14	120	13			38	12,7	
			90	126	15	130	13	133	13			41	13,7	
			100	140	14	143	13	147	14			41	13,7	
			110	153	13	157	14	160	13			40	13,3	
			120	167	14	172	15	173	13			42	14,0	
			130	182	15	185	13	187	14			42	14,0	
			140	197	15	200	15	203	16			46	15,3	
			150	210	13	213	13	217	14			40	13,3	
			160	221	11	227	14	230	13			38	12,7	
			170	234	13	237	10	240	10			33	11,0	
8 (25) VII	II 3 v = 0,120 t = T = 24°	A 800	0	0		0		0						Spindelneigung $\alpha = 3^1$ Lagerlauf nach links.
			10	11	11	12	12	13	13			36	12,0	
			20	24	13	26	14	27	14			44	13,7	
			30	38	14	37	11	40	13			38	12,7	Geringes Pendeln des Lagers.
			40	48	10	48	11	49	9			30	10,0	
			50	55	7	57	9	60	11			27	9,0	
			60	65	10	67	10	70	10			30	10,0	
			70	74	9	76	9	80	10			28	9,3	
			80	83	9	86	10	91	11			30	10,0	

Laufende Nr. Versuchs. Nr. Datum	Umdrehungsgeschwindigkeit der Spindel. Wärme	Lagerschalen und Belastungen. g	Zurückgelegter Weg vom Skalenpunkt n bis n_1	I U	I $\triangle$U	II U	II $\triangle$U	III U	III $\triangle$U	IV U	IV $\triangle$U	Differenzen in Summe	Differenzen in Mittel	Bemerkungen.
			90	95	12	97	11	102	11			34	11,3	
			100	105	10	107	10	113	11			31	10,3	
			110	115	10	117	10	123	10			30	10,0	
			120	128	13	130	13	135	12			38	12,7	
			130	138	10	142	12	146	11			33	11,0	
			140	150	12	153	11	157	11			34	11,3	
			150	162	12	163	10	169	12			34	11,3	
			160	172	10	173	10	178	9			29	9,7	
			170	181	9	182	9	188	10			28	9,3	
9 (26) VII	II 4 $v = 0{,}089$ $t = T = 24^0$	A 800	0	0		0		0						Spindelneigung $\alpha = 3^1$ Lagerlauf nach links.
			10	9	9	9	9	9	9			27	9,0	
			20	20	11	20	11	20	11			33	11,0	
			30	30	10	30	10	30	10			30	10,0	
			40	40	10	40	10	40	10			30	10,0	
			50	48	8	49	9	49	9			26	8,7	
			60	56	8	55	6	56	7			21	7,0	
			70	63	7	63	8	64	8			23	7,7	
			80	72	9	72	9	73	9			27	9,0	
			90	80	8	81	9	81	8			25	8,3	
			100	87	7	90	9	90	9			25	8,3	
			110	97	10	99	9	100	10			29	9,7	
			120	105	8	107	8	107	7			23	7,7	
			130	114	9	115	8	117	10			27	9,0	
			140	121	7	124	9	125	8			24	8,0	
			150	130	9	132	8	134	9			26	8,7	
			160	137	7	139	7	140	6			20	6,7	
			170	143	6	147	8	147	7			21	7,0	
10 (27) VII	II 5 $v = 0{,}071$ $t = T = 24^0$	A 800	0	0		0		0						Spindelneigung $\alpha = 3^1$ Lagerlauf nach links.
			10	7	7	6	6	7	7			20	6,7	
			20	15	8	15	9	14	7			24	8,0	
			30	23	8	22	7	21	7			22	7,3	
			40	30	7	29	7	28	7			21	7,0	
			50	35	5	35	6	34	6			17	5,7	
			60	41	6	41	6	41	7			19	6,3	
			70	47	6	48	7	47	6			19	6,3	
			80	54	7	54	6	53	6			19	6,3	
			90	60	6	60	6	60	7			19	6,3	
			100	65	5	65	5	60	6			16	5,3	
			110	72	7	73	8	73	7			22	7,3	
			120	80	8	79	6	79	6			20	6,7	
			130	85	5	85	6	85	6			17	5,7	
			140	90	5	91	6	92	7			18	6,0	
			150	98	8	97	6	97	5			19	6,3	
			160	103	5	103	6	103	6			17	5,7	
			170	109	6	108	5	109	6			17	5,7	

Laufende Nr. Versuchs- Nr. Datum	Umdrehungs- geschwindigkeit der Spindel. Wärme	Lager- schalen und Be- lastun- gen. g	Zurück- gelegter Weg vom Skalen- punkt n bis n₁	I		II		III		IV		Differenzen		Bemerkungen.
				U	△U	U	△U	U	△U	U	△U	in Summe	in Mittel	
11 (28) VII	II 6 v = 0,040 t = T = 25°	A 800	0	0		0		0						Spindelneigung $\alpha = 3^1$ Lagerlauf nach links.
			10	3	3	3,5	3,5	3	3			9,5	3,2	
			20	8	5	8	4,5	8	5			14,5	4,8	
			30	12	4	13	5	13	5			14	4,7	
			40	15	3	16	3	17	4			10	3,8	
			50	19	4	20	4	21	4			12	4,0	
			60	23	4	23	4	23	2			9	3,0	
			70	26	3	27	4	28	5			12	4,0	
			80	29	3	30	3	31	3			9	3,0	
			90	33	4	34	4	35	4			12	4,0	
			100	36	3	38	4	38	3			10	3,3	
			110	40	4	41	3	43	5			12	4,0	
			120	44	4	45	4	46	3			11	3,7	
			130	47	3	48	3	50	4			10	3,3	
			140	51	4	52	4	54	4			12	4,0	
			150	54	3	55	3	58	4			10	3,3	
			160	58	4	59	4	60	2			10	3,3	
			170	60	2	61	2	64	4			8	2,7	
12 (29) VII	II 7 v = 0,028 t = T = 25°	A 800	0	0		0		0						Spindelneigung $\alpha = 3^1$ Lagerlauf nach links.
			10	3,5	3,5	4	4	4	4			11,5	3,8	
			20	8	4,5	9	5	8,5	4,5			14	4,7	
			30	13	5	13,5	4,5	13	4,5			14	4,7	
			40	17	4	17,5	4	16,5	3,5			11,5	3,8	
			50	20	3	20,5	3	19,5	3			9	3,0	
			60	23,5	3,5	23,5	3	23	3,5			10	3,3	
			70	26,5	3	27	3,5	26	3			9,5	3,2	
			80	29,5	3	30	3	29	3			9	3,0	
			90	32,5	3	32,5	2,5	32	3			8,5	2,8	
			100	35	2,5	35,5	3	34,5	2,5			8	2,7	
			110	38	3	38	2,5	37,5	3			8,5	2,8	
			120	41	3	41	3	40	2,5			8,5	2,8	
			130	43	2	44	3	43	3			8	2,7	
			140	46,5	3,5	47	3	45,5	2,5			9	3,0	
			150	50	3,5	50	3	49,5	4			10,5	3,5	
			160	52,5	2,5	52,5	2,5	51	1,5			6,5	2,2	
			170	55	2,5	55	2,5	53,5	2,5			7,5	2,5	
13 (30) VII	II 4 v = 0,089 t = T = 25°	A 800	170	0		0		0						Spindelneigung $\alpha = 3^1$ Lagerlauf nach rechts.
			160	12	12	11	11	9	9			32	10,7	
			150	27	15	23	12	21	12			39	13,0	
			140	38	11	33	10	32	11			32	10,7	
			130	48	10	43	10	42	10			30	10,0	
			120	58	10	53	10	52	10			30	10,0	
			110	67	9	63	10	62	10			29	9,7	
			100	76	9	73	10	72	10			29	9,7	
			90	84	8	81	8	80	8			24	8,0	

Laufende Nr. Versuchs-Nr. Datum	Umdrehungsgeschwindigkeit der Spindel. Wärme	Lagerschalen und Belastungen. g	Zurückgelegter Weg vom Skalenpunkt n bis n₁	I U	I △U	II U	II △U	III U	III △U	IV U	IV △U	Differenzen in Summe	Differenzen in Mittel	Bemerkungen.
			80	93	9	90	9	88	8			26	8,7	
			70	101	8	97	7	95	7			22	7,3	
			60	107	6	104	7	103	8			21	7,0	
			50	117	10	112	8	110	7			25	8,3	
			40	124	7	120	8	117	7			22	7,3	
			30	133	9	128	8	126	9			26	8,7	
			20	142	9	136	8	135	9			28	8,7	
			10	148	6	142	6	142	7			19	6,3	
			0	157	9	150	8	150	8			25	8,3	
14 (31) VII	II 5 v = 0,071 t = T = 25°	A 800	170	0		0		0						Spindelneigung $\alpha = 3^1$ Lagerlauf nach rechts.
			160	7	7	8	8	8	8			23	7,7	
			150	17	10	19	11	21	13			34	11,3	
			140	28	11	29	10	31	10			31	10,3	
			130	36	8	38	9	40	9			26	8,7	
			120	43	7	46	8	48	8			23	7,7	
			110	53	10	54	8	58	10			28	9,3	
			100	61	8	63	9	64	6			23	7,7	
			90	70	9	70	7	73	9			25	8,3	
			80	76	6	76	6	78	5			17	5,7	
			70	83	7	83	7	85	7			21	7,0	
			60	89	6	89	6	93	8			20	6,7	
			50	95	6	95	6	100	7			19	6,3	
			40	100	5	102	7	107	7			19	6,3	
			30	107	7	107	5	115	8			20	6,7	
			20	113	6	115	8	121	6			20	6,7	
			10	120	7	121	6	127	6			19	6,3	
			0	126	6	127	6	135	8			20	6,7	
15 (32) VII	II 6 v = 0,040 t = T = 25°	A 800	170	0		0		0						Spindelneigung $\alpha = 3$ Lagerlauf nach rechts.
			160	5	5	5,5	5,5	5	5			15,5	5,2	
			150	12	7	12	6,5	11	6			19,5	6,5	
			140	19	7	18	6	17	6			19	6,3	
			130	25	6	23	5	23	6			17	5,7	
			120	30	5	27	4	28	5			14	4,7	
			110	35	5	32	5	33	5			15	5,0	
			100	40	5	37	5	38	5			15	5,0	
			90	44	4	41	4	43	5			13	4,3	
			80	48	4	45	4	47	4			12	4,0	
			70	52	4	49	4	51	4			12	4,0	
			60	54	2	53	4	55	4			10	3,3	
			50	59	5	57	4	59	4			13	4,3	
			40	62	3	60	3	63	4			10	3,3	
			30	66	4	64	4	67	4			12	4,0	
			20	68	2	68	4	71	4			10	3,3	
			10	74	6	72	4	75	4			14	4,7	
			0	77	3	75	3	78	3			9	3,0	

Laufende Nr. Verſuchs-Nr. Datum	Umdrehungsgeschwindigkeit der Spindel. Wärme	Lagerschalen und Belaſtungen. g	Zurückgelegter Weg vom Skalenpunkt n bis n₁	Beobachtungsreihen								Differenzen		Bemerkungen.
				I		II		III		IV		in Summe	in Mittel	
				U	△U	U	△U	U	△U	U	△U			
16 (33) VII	II 7 $v = 0{,}028$ $t = T = 25^0$	A 800	170	0		0		0						Spindelneigung $\alpha = 3^1$ Lagerlauf nach rechts.
			160	3,5	3,5	4	4	4	4			11,5	3,8	
			150	9	5,5	9	5	8	4			14,5	4,8	
			140	13,5	4,5	13,5	4,5	12	4			13	4,3	
			130	18	4,5	17,5	4	16	4			12,5	4,2	
			120	21	3	21,5	4	20	4			11	3,7	
			110	25	4	25	3,5	23	3			10,5	3,5	
			100	28,5	3,5	29	4	27	4			11,5	3,8	
			90	32	3,5	33	4	30	3			10,5	3,5	
			80	35	3	36	3	33	3			9	3,0	
			70	37,5	2,5	39	3	35	2			7,5	2,8	
			60	40	2,5	41	2	38	3			7,5	2,8	
			50	43	3	44	3	41	3			9	3,0	
			40	45	2	47	3	44	3			8	2,7	
			30	48	3	50	3	47	3			9	3,0	
			20	51	3	53	3	50	3			9	3,0	
			10	53,5	2,5	56	3	52	2			7,5	2,8	
			0	56	2,5	58	2	54,5	2,5			7,0	2,7	
17 (34) VII	II 8 $v = 0{,}021$ $t = T = 25^0$	A 800	170	0		0		0						Spindelneigung $\alpha = 3^1$ Lagerlauf nach rechts.
			160	2,5	2,5	3	3	3	3			8,5	2,8	
			150	6	3,5	6	3	7	4			10,5	3,5	
			140	9	3	10	4	10,5	3,5			10,5	3,5	
			130	13	4	13	3	13,5	3			10	3,3	
			120	15	2	15	2	16	2,5			6,5	2,2	
			110	18	3	18	3	19	3			9	3,0	
			100	21	3	21	3	22	3			9	3,0	
			90	23	2	23	2	24	2			6	2,0	
			80	25	2	25	2	26,5	2,5			6,5	2,2	
			70	28	3	28	3	28,5	2			8	2,7	
			60	30	2	30	2	30,5	2			6	2,0	
			50	32	2	32	2	33	2,5			6,5	2,2	
			40	34,5	2,5	34	2	35	2			6,5	2,2	
			30	36	1,5	36	2	37	2			5,5	1,8	
			20	38,5	2,5	38	2	39	2			6,5	2,2	
			10	40	1,5	40	2	41	2			5,5	1,8	
			0	42	2	41	3	43	2			7	2,3	
18 (35) VII	II 9 $v = 0{,}016$ $t = T = 25^0$	A 800	170	0		0		0						Spindelneigung $\alpha = 3^1$ Lagerlauf nach rechts.
			160	2,5	2,5	2	2	3	3			7,5	2,5	
			150	5	2,5	5	3	6	3			8,5	2,8	
			140	7,5	2,5	7	2	7,5	1,5			6	2,0	
			130	10	2,5	10	3	11	3,5			9	3,0	
			120	12	2	12	2	13,5	2,5			6,5	2,2	
			110	14	2	14	2	15	1,5			5,5	1,8	
			100	16	2	16	2	17,5	2,5			6,5	2,2	
			90	17,5	1,5	17	1	19,5	2			4,5	1,5	

Laufende Nr. Verſuchs Nr. Datum	Umdrehungsgeſchwindigkeit der Spindel. Wärme	Lagerſchalen und Belaſtungen. g	Zurückgelegter Weg vom Skalenpunkt n bis n_1	Beobachtungsreihen								Differenzen		Bemerkungen.
				I		II		III		IV		in Summe	in Mittel	
				U	△U	U	△U	U	△U	U	△U			
			80	19	1,5	19	2	21,5	2			5,5	1,8	
			70	21	2	20	1	23	1,5			4,5	1,5	
			60	23	2	22	2	25	2			6	2,0	
			50	24	1,5	23	1	26	1			3,5	1,2	
			40	25	1	25	2	29	3			6	2,0	
			30	26,5	1,5	26	1	30,5	1,5			4	1,3	
			20	28	1,5	28	2	32	1,5			5	1,7	
			10	30	2	29	1	33	1			4	1,3	
			0	31	1	30,5	1,5	34	1			3,5	1,2	
19 (36) VII	II 10 $v = 0{,}012$ $t = T = 25^0$	A 800	170	0		0		0						Spindelneigung $\alpha = 3^1$ Lagerlauf nach rechts.
			160	2	2	1,5	1,5	2	2			5,5	1,8	
			150	4	2	3,5	2	3,5	1,5			5,5	1,8	
			140	6	2	6	2,5	5,5	2			6,5	2,2	
			130	8	2	8	2	7,5	2			6	2,0	
			120	10	2	10	2	9	1,5			5,5	1,8	
			110	12	2	12	2	10,5	1,5			5,5	1,8	
			100	14	2	13,5	1,5	12	1,5			5	1,7	
			90	16	2	15	1,5	13,5	1,5			5	1,7	
			80	17,5	1,5	16,5	1,5	15	1,5			4,5	1,5	
			70	19	1,5	18	1,5	16	1			4	1,3	
			60	20,5	1,5	19,5	1,5	17	1			4	1,3	
			50	21,5	1	21	1,5	18	1			3,5	1,2	
			40	23	1,5	22,5	1,5	20	2			5	1,7	
			30	24,5	1,5	23,5	1	21	1			3,5	1,2	
			20	26	1,5	25	1,5	22	1			4	1,3	
			10	27	1	26	1	23,5	1,5			3,5	1,2	
			0	28,5	1,5	27	1	24,5	1			3,5	1,2	

Bei den Geſchwindigkeitsſtufen 8, 9 und 10, Lagerlauf nach links, tritt Gleiten und Stehenbleiben des Lagers ein. Bei den Geſchwindigkeitsſtufen 1, 2 und 3, Lagerlauf nach rechts, wird der Verſuch wegen des Pendelns des Lagers unausführbar.

II. Untersuchung über den Einfluß der Oelmenge auf die Versuchsergebnisse.

Versuchsausführung. Für jede Versuchsreihe zu je 3 Beobachtungen wurde die Spindel gereinigt und von Neuem mit n Tropfen Oel versorgt.

Versuchsergebnisse.

1. Neigungswinkel $\alpha = 20$, Lagerlauf nach rechts $\frac{\text{II}}{3} \frac{\text{A}}{800}$ v = 0,120 t = T = 25°

Reihe 1 je 4 Tropfen 35; 35; 34 Umdrehungen
„ 2 „ 4 „ 33; 33; 33 „ } im Mittel 33,8
„ 3 „ 4 „ 34; 34; 33 „
„ 4 „ 5 „ 34; 34; 35 „
„ 5 „ 5 „ 34; 34; 33 „ } im Mittel 34,4
„ 6 „ 5 „ 35; 35; 35 „
„ 7 „ 6 „ 34; 33; 33 „
„ 8 „ 6 „ 34; 33; 33 „ } im Mittel 33,4.
„ 9 „ 6 „ 34; 34; 33 „

2. Neigungswinkel $\alpha = 1°$, Lagerlauf nach rechts $\frac{\text{II}}{3} \frac{\text{A}}{800}$ v = 0,120 t = T = 25°

Reihe 1 je 4 Tropfen 10,5; 10,5; 10,5 Umdrehungen
„ 2 „ 4 „ 11,5; 11,0; 11,0 „ } im Mittel 11,0
„ 3 „ 4 „ 11,0; 11,5; 11,25 „
„ 4 „ 5 „ 11,5; 11,5; 11,5 „
„ 5 „ 5 „ 11,25; 11,25; 11,25 „ } im Mittel 11,2
„ 6 „ 5 „ 10,0; 10,75; 10,75 „
„ 7 „ 6 „ 11,0; 10,75; 10,75 „
„ 8 „ 6 „ 11,25; 11,25; 11,0 „ } im Mittel 11,1.
„ 9 „ 6 „ 11,5; 11,25; 11,5 „

III. Untersuchung über den Einfluß der Belastung bei verschiedenen Geschwindigkeiten und Neigungswinkeln.

Versuchsausführung. Bei den nachstehend aufgeführten Versuchen wurde die Zahl der Umdrehungen gezählt, welche nöthig war, um das Lager von dem Theilstrich 0 bis zum Theilstrich 170 zu verschieben oder umgekehrt.

Vergleiche die Schaulinien auf Blatt Nr. 4, 5, 7 bis 10, Taf. 2—4.

Laufende Nr. Versuchs-Nr. Datum	Umdrehungsgeschwindigkeit der Spindel. Wärme	Lagerschale und Belastungen g		Zahl der Umdrehungen der Spindel zwischen den Theilstrichen 0 und 170 bei einer Spindelneigung nach										Bemerkungen
				links um					rechts um					
				3^1	20^1	40^1			3^1	20^1	40^1			
20 (37) VII	II 1—10 $v = 0{,}230$ $v\,10 = 0{,}012$	A 200				Belastung zu gering								
21 (38) VII	II 1 $v = 0{,}230$ $t = T = 24^0$	A 400			schlägt					schlägt				
22 (39) VII	II 2 $v = 0{,}155$ $t = T = 24^0$	A 400		356* 376* 354*	schlägt gering									* schlägt gering
			Summe Mittel	1086 362										
23 (40) VII	II 3 $v = 0{,}120$ $t = T = 24'$	A 400		280* 300 300	39** 39 39	20** 19 19								* besser als bei 22 ** gleichmäßig
			Summe Mittel	880 293,3	87 39	58 19,3								
24 (41) VII	II 4 $v = 0{,}089$ $t = T = 24^0$	A 400		220 220 230	32* 31 32	13* 15 15								* gleichmäßig
			Summe Mittel	670 223,3	95 31,7	43 14,3								
25 (42) VII	II 5 $v = 0{,}071$ $t = T = 24^0$	A 400		195* 182 192	27* 25 26	12* 12 11								* sehr gleichmäßig
			Summe Mittel	569 189,7	78 26	35 11,7								
26 (43) VII	II 6 $v = 0{,}040$ $t = T = 24^0$	A 400		105* 110 114	15* 15 15	8** 7 7								* sehr gleichmäßig ** gleichmäßig
			Summe Mittel	329 109,7	45 15	22 7,3								
27 (44) VII	II 7 $v = 0{,}028$ $t = T = 25^0$	A 400		80 68 69	10 10 10	un-gleich-mäßig								
			Summe Mittel	217 72,3	30 10									
28 (45) VII	II 8 $v = 0{,}021$ $t = T = 25^0$	A 400		*	**									* bleibt an einzelnen Stellen stehen ** gleitet und bleibt stehen

Laufende Nr. Versuchs-Nr. Datum	Umdrehungsgeschwindigkeit der Spindel. Wärme	Lagerschale und Belastungen g		Zahl der Umdrehungen der Spindel zwischen den Theilstrichen 0 und 170 bei einer Spindelneigung nach										Bemerkungen
				links um					rechts um					
				3^1	20^1	40^1			3^1	20^1	40^1			
29 (46) VII	II 9 $v = 0{,}016$ $t = T = 25^0$	A 400		—	—	—								wie bei 28
30 (47) VII	II 10 $v = 0{,}012$ $t = T = 25^0$	A 400		—	—	—								wie bei 28
31 (48) VII	II 1 $v = 0{,}230$ $t = T = 25^0$	A 600		*	42** 43 43	ungleichmäßig								* schlägt ** schlägt gering
			Summe	—	128	—								
			Mittel	—	42,7	—								
32 (49) VII	II 2 $v = 0{,}155$ $t = T = 25^0$	A 600		*	37** 37 37	ungleichmäßig								* schlägt ** gleichmäßig
			Summe	—	81	—								
			Mittel	—	37	—								
33 (50) VII	II 3 $v = 0{,}120$ $t = T = 25^0$	A 600		*	31 30 30	15* 14 14								* schlägt gering
			Summe	—	91	43								
			Mittel	—	30,3	14,3								
34 (51) VII	II 4 $v = 0{,}089$ $t = T = 25^0$	A 600		168* 161 165	24** 24 23	11 12 11								* schlägt gering ** sehr gleichmäßig
			Summe	494	71	34								
			Mittel	164,7	23,7	11,3								
35 (52) VII	II 5 $v = 0{,}071$	A 600		130* 131 138	19** 19 19	9 9 9								* u. ** sehr gleichmäßig
			Summe	399	57	27								
			Mittel	133	19	9								
36 (53) VII	II 6 $v = 0{,}040$	A 600		82 82 82	12 11 11	6 6 6								wie bei 35
			Summe	246	34	18								
			Mittel	82	11,3	6								
37 (54) VII	II 7 $v = 0{,}028$	A 600		55 54 54	—* — —	ungleichmäßig								* gleitet
			Summe	163										
			Mittel	54,3										
38 (55) VII	II 8, 9, 10	A 600		wegen ungleichmäßigen Ganges und Gleitens sind keine Ergebnisse erzielt.										

Laufende Nr. Verfuchs-Nr. Datum	Umdrehungsgeschwindigkeit der Spindel. Wärme	Lagerschale und Belastungen g		Zahl der Umbrehungen der Spindel zwischen den Theilftrichen 0 und 170 bei einer Spindelneigung nach						Bemerkungen
				links um			rechts um			
				3¹	20¹	40¹	3¹	20¹	40¹	
39 (56) VII	II 1 $v = 0{,}280$	A 800		293*	42**	16**	} schlägt ftark	38**	16**	* schlägt
				291	42	17		37	17	** schlägt gering
				284	42	17	—	36	16	
			Summe	868	126	50	—	111	49	
			Mittel	289,3	42	16,7	—	37	16,3	
40 (57) VII	II 2 $v = 0{,}155$	A 800		234	36	14*	} schlägt ftark	32	14	* schlägt gering
				237	35	15		31	15	
				240	35	14,5	—	31	14	
			Summe	711	106	43,5		94	43	
			Mittel	237	35,3	14,5		31,3	14,3	
41 (58) VII	II 3 $v = 0{,}120$	A 800		181*	27**	12**	schlägt	24**	11,5	* schlägt gering
				182	28	12	—	25	11,5	** schlägt gleichmäßig
				188	28	11,5	—	25	11,5	
			Summe	551	83	35,5	—	74	34,5	
			Mittel	183,7	27,7	11,8	—	24,7	11,5	
42 (59) VII	II 4 $v = 0{,}089$	A 800		143	21*	9,5*	157	20*	9,5*	* fehr gleichmäßig
				147	21	9	150	19,5	9	
				147	22	9	150	20	9	
			Summe	437	64	27,5	457	59,5	27,5	
			Mittel	145,7	21,3	9,2	152,3	19,8	9,2	
43 (60) VII	II 5 $v = 0{,}071$	A 800		109	18*	7*	126	16*	7,5*	* fehr gleichmäßig
				108	18	7	127	16	7,5	
				109	18	7	135	16	7,5	
			Summe	326	54	21	388	48	22,5	
			Mittel	108,7	18	7	129,3	16	7,5	
44 (61) VII	II 6 $v = 0{,}046$	A 800		60	11*	6*	77	9,5*	6	* fehr gleichmäßig
				61	11	5	75	9,5	4	
				64	11	5	78	9,5	5	
			Summe	185	33	16	230	28,5	15	
			Mittel	61,7	11	5,3	76,7	9,5	5	
45 (62) VII	II 7 $v = 0{,}028$	A 800		55	7,5	} un-gleich-mäßig	56	7,5	} un-gleich-mäßig	
				55	7,5		58	7,0		
				53,5	7,5	—	54,5	7,0	—	
			Summe	163,5	22,5	—	168,5	21,5	—	
			Mittel	54,5	7,5	—	56,2	7,2	—	
46 (63) VII	II 8 $v = 0{,}021$	A 800		Gleiten mit Stillftand	6	un-gleich-mäßig	42*	5	un-gleich-mäßig	* gleichmäßiges Gleiten
					6		41	5		
					6		42	5		
			Summe	—	18	—	125	15		
			Mittel	—	6	—	41,7	5		

Laufende Nr. Versuchs-Nr. Datum	Umdrehungs-geschwindig-keit der Spindel. Wärme	Lager-schale und Be-lastungen g		Zahl der Umbrehungen der Spindel zwischen den Theilstrichen 0 und 170 bei einer Spindelneigung nach										Bemerkungen
				links um					rechts um					
				3^1	20^1	40^1			3^1	20^1	40^1			
47 (64) VII	II 9 v = 0,016	A 800		Gleiten mit Still-stand	5 5 5	un-gleich-mäßig			31 30,5 34	4 4 4	un-gleich-mäßig			
			Summe	—	15	—			95,5	12	—			
			Mittel	—	5	—			31,8	4	—			
48 (65) VII	II 10 v = 0,012	A 800		Gleiten mit Still-stand	4 4 4	un-gleich-mäßig			28,25 27 24,5	3 3,5 3	un-gleich-mäßig			
			Summe	—	12	--			79,75	9,5				
			Mittel	—	4	—			26,6	3,2				
49 (66) VII	II 4 v = 0,089 t = T = 21°	A 600		257 259 251	27 26 27	13 13 13								
			Summe	767	80	39								
			Mittel	255,7	26,7	13								
50 (67) VII	II 5 v = 0,071 t = T = 21°	A 600		198 195 182	23 22 22	10 11 11								
			Summe	575	67	32								
			Mittel	191,7	22,3	10,7								
51 (68) VII	II 6 v = 0,040 t = T = 21°	A 600		109 120 115	14 14 14	7 7 7								
			Summe	344	42	21								
			Mittel	114,7	14	7								
52 (69) VII	II 4 v = 0,089 t = T = 21°	A 700		210 197 202	25 24 24	12 12 12								
			Summe	609	73	36								
			Mittel	203	24,3	12								
53 (70) VII	II 5 v = 0,071 t = T = 21°	A 700		173 186 192	21 20 21	10 10 10								
			Summe	551	62	30								
			Mittel	183,7	20,7	10								
54 (71) VII	II 6 v = 0,040 t = T = 21°	A 700		88 104 96	12 12 13	6 6 6								
			Summe	288	37	18								
			Mittel	96	12,3	6								

Laufende Nr. Versuchs-Nr. Datum	Umdrehungsgeschwindigkeit der Spindel. Wärme	Lagerschale und Belastungen g		Zahl der Umbrehungen der Spindel zwischen den Theilstrichen 0 und 170 bei einer Spindelneigung nach										Bemerkungen
				links um					rechts um					
				3^1	20^1	40^1			3^1	20^1	40^1			
55 (72) VII	II 4 $v=0{,}089$ $t=T=21^0$	A 800		224 209 198	21 21 21	11 11 11								
			Summe	631	63	33								
			Mittel	210,3	21	11								
56 (73) VII	II 5 $v=0{,}071$ $t=T=21^0$	A 800		172 176 171	18 18 18	9 9,5 9								
			Summe	519	54	27,5								
			Mittel	173	18	9,2								
57 (74) VII	II 6 $v=0{,}040$ $t=T=21''$	A 800		96 89 96	11 11 11	5,5 5,5 5,5								
			Summe	281	33	16,5								
			Mittel	93,7	11	5,5								
58 (75) VII	II 4 $v=0{,}089$ $t=T=21^0$	A 900		212 200 188	20 20 19	10 10 10								
			Summe	600	59	30								
			Mittel	200	19,7	10								
59 (76) VII	II 5 $v=0{,}071$ $t=T=21^0$	A 900		159 155 145	16 15 16	8,5 9 8,5								
			Summe	459	47	26								
			Mittel	153	15,7	8,7								
60 (77) VII	II 6 $v=0{,}040$ $t=T=21''$	A 900		87 86 84	10 10 11	5 5 5								
			Summe	257	31	15								
			Mittel	85,7	10,3	5								
61 (78) VII	II 4 $v=0{,}089$ $t=T=21^0$	A 1000		149 149 149	17 17 17	10 10 9,5								
			Summe	447	51	29,5								
			Mittel	149	17	9,8								
62 (79) VII	II 5 $v=0{,}071$ $t=T=21^0$	A 1000		122 127 127	15 15 15	8 8 8								
			Summe	376	45	24								
			Mittel	125,3	15	8								

Laufende Nr. VerſuchsNr. Datum	Umdrehungsgeſchwindigkeit der Spindel. Wärme	Lagerſchale und Belaſtungen g		Zahl der Umdrehungen der Spindel zwiſchen den Theilſtrichen 0 und 170 bei einer Spindelneigung nach										Bemerkungen
				links um					rechts um					
				3^l	20^l	40^l			3^l	20^l	40^l			
63 (80) VII	II 6 $v = 0{,}040$ $t = T = 21^0$	A 1000		84	9	6								
				75	9	5								
				82	10	5								
			Summe	241	28	16								
			Mittel	80,3	9,3	5,3								
64 (81) VII	II 4 $v = 0{,}089$	A 1100		136	16,5	8,5								
				134	16	7,5								
				137	15,5	9								
			Summe	407	48	25								
			Mittel	135,7	16	8,3								
65 (82) VII	II 5 $v = 0{,}071$	A 1100		112	14	7,5								
				127	14,5	8								
				122	14	7,5								
			Summe	361	42,5	23								
			Mittel	120,3	14,2	7,7								
66 (83) VII	II 6 $v = 0{,}040$ $t = T = 21^0$	A 1100		69	8	5								
				67	8	5								
				69	8	5,5								
			Summe	205	24	15,5								
			Mittel	68,5	8	5,2								
67 (84) VII	II 4 $v = 0{,}089$	A 1200		138	15	8								
				138	15	8,5								
				137	14	8								
			Summe	413	44	24,5								
			Mittel	137,7	14,7	8,2								
68 (85) VII	II 5 $v = 0{,}071$ $t = T = 21^0$	A 1200		113	12	6,5								
				105	12	7,5								
				112	12	7,5								
			Summe	330	36	21,5								
			Mittel	110	12	7,2								
69 (86) VII	II 6 $v = 0{,}040$ $t = T = 21^0$	A 1200		60	8	4								
				58	7,5	5								
				60	7,5	4								
			Summe	178	23	13								
			Mittel	59,3	7,7	4,3								

IV. Untersuchungen über den Einfluß der Wärme.

Versuchsausführung. Die Versuche sind in ähnlicher Weise wie die voraufgehenden bei einer Spindelneigung $\alpha = 3'$ unter 800 g Belastung und bei verschiedenen Geschwindigkeiten ausgeführt, wobei durch einen durch die Spindel geschickten Wasserstrom die Wärme geregelt wurde.

Laufende Nr. (Versuchs-Nr.) Datum	Vorgelege der Transmission. Wärme	Lagerschale und Belastungen g		Zahl der Umbrehungen der Spindel zwischen den Theilstrichen 0 und 170 bei einer Spindelneigung von 3'						Bemerkungen
				nach links			nach rechts			
				Vorgelege						
				$v^4 = 0{,}089$	$v^5 = 0{,}071$	$v^6 = 0{,}040$	$v^4 = 0{,}089$	$v^5 = 0{,}071$	$v^6 = 0{,}040$	
70—72 (87—89) VII	II $t = 20^0$ $T = 16{,}9^0$	A 800		100 102 99	83 84 84	46 46 46				
			Summe	301	251	138				
			Mittel	100,3	83,7	46				
73—75 (90—92) VII	II $t = 20^0$ *) $T = 100^0$	A 800		12,5 13 12,5	10,5 10,5 10	7 7 7,5				*) Dampfwärme.
			Summe	38	31	21,5				
			Mittel	12,7	10,3	7,2				
76—78 (93—95) VII	II $t = 20^0$ $T = 155^0$	A 800		123 127 123	112 114 114	67 63 66				
			Summe	373	340	196				
			Mittel	124,3	113,3	65,3				
79—81 (96—98) VII	II $t = 20^0$ $T = 20^0$	A 800		97 95 96	76 79 76	45 45 45				
			Summe	288	231	135				
			Mittel	96	77	45				
82—84 (99—101) VII	II $t = 20^0$ $T = 43{,}75^0$	A 800		34,5 32,5 33	28 27 29	15,5 16,5 15,5				
			Summe	100	84	47,5				
			Mittel	33,3	28	15,8				
85—87 (102—104) VII	II $t = 20^0$ $T = 62{,}5^0$	A 800		15 14,5 14,5	13 13 13	8 8,5 8				
			Summe	44	39	24,5				
			Mittel	14,7	13	8,2				

V. Vergleichende Unterfuchungen über das Verhalten verfchiedener Rüböle.

Verfuchsausführung. Die Verfuche fanden bei einer Spindelneigung $\alpha = 10'$ ftatt, ferner wurden die Belaftungen 800 und 1200 g, die Gefchwindigkeiten II/4 und II/6 oder v = 0,089 und 0,040 $\frac{\mathrm{m}}{\mathrm{sec.}}$ die Wärmegrade 20, 40 und 60° C angewendet. Bei Wärmegraden, welche unterhalb des Thaupunktes der Luft lagen, befchlug entweder die Spindel und nahm kein Oel an, oder es bildete fich mit dem aus der Luft niedergefchlagenen Wafferdampf eine Emulfion. Aus diefem Grunde wurde 20° als der niedrigfte Wärmegrad für den Verfuch angenommen. Die Wärmegrade 20, 40 oder 60 wurden durch einen durch die Spindel fließenden Wafferftrom von gleichbleibender Wärme erzeugt und erhalten. Sie wurden an einem unmittelbar vor der Ausflußöffnung angebrachten Thermometer abgelefen. Zu Anfang einer jeden Verfuchsreihe von 12 Einzelverfuchen wurden jedesmal 5 Tropfen Oel frifch aufgegeben.

Eine fehlerhafte Beftimmung der Umdrehungszahl um 1 Umdrehung würde einer fehlerhaften Beftimmung des Reibungskoeffizienten um $\mu = 0{,}00137$ entfprechen.

Laufende Nr. Verfuchs- Nr. Datum	Be- zeich- nung des Rüb- öls	Wärme- grad der Spindel	Gefchwindigkeiten				Gefchwindigkeiten				Bemerkungen
			II/4; v = 0,089 Belaftungen		II/6; v = 0,040 Belaftungen		II/4; v = 0,089 Belaftungen		II/6; v = 0,040 Belaftungen		
			800 g	1200 g	800 g	1200 g	800 g	1200 g	800 g	1200 g	
			Umdrehungen		Umdrehungen		Reibungs- koeffizienten		Reibungs- koeffizienten		
88—91 (109—112) (3 VIII)	v 3	16,9 °	46	32	24	16					
			47	32	23	16					
			45	32	22	16					
		Summe	138,0	96,0	69,0	48,0					
		Mittel	46,0	32,0	23,0	16,0	0,0632	0,0440	0,0316	0,0220	
92—95 (189—192) (11 VIII)	v 3	20 °	43	32	23	16,5					
			42,5	31,5	22,5	16					
			42,5	31	23	16					
		Summe	128,0	94,5	68,5	48,5					
		Mittel	42,7	31,5	22,8	16,2	0,0587	0,0433	0,0313	0,0223	
96—99 (105—108) (3 VIII)	v 3	21 °	34	26	16	12					
			32	26	16	12					
			30	26	16	12					
		Summe	96,0	78,0	48,0	36,0					
		Mittel	32,0	26,0	16,0	12,0	0,0440	0,0357	0,0220	0,0165	
100—103 (193—196) (11 VIII)	v 3	40 °	17	12,5	9,5	6,5					
			17,5	12,5	9	7					
			17,5	12,5	9,5	6					
		Summe	52,0	37,5	28,0	19,5					
		Mittel	17,3	12,5	9,3	6,5	0,0237	0,0172	0,0128	0,0089	
104—107 (113—116) (3 VIII)	v 3	50 °	11	7	5	4,5					
			11	7	5	4,5					
			11	7	5	4,5					
		Summe	33,0	21,0	15,0	13,5					
		Mittel	11,0	7,0	5,0	4,5	0,0151	0,0096	0,0096	0,0062	

Laufende Nr. Verfuchs-Nr. Datum	Be-zeich-nung des Rüb-öls	Wärme-grad der Spindel	Geschwindigkeiten II/4; v = 0,089 Belaftungen		Geschwindigkeiten II/6; v = 0,040 Belaftungen		Geschwindigkeiten II/4; v = 0,089 Belaftungen		Geschwindigkeiten II/6; v = 0,040 Belaftungen		Bemerkungen
			800 g	1200 g	800 g	1200 g	800 g	1200 g	800 g	1200 g	
			Umdrehungen		Umdrehungen		Reibungs-koeffizienten		Reibungs-koeffizienten		
108—111 (197—200) (11 VIII)	v 3	60°	9,5	7	6	5					
			9	7	6	4,5					
			9,5	7,5	6	5					
		Summe	28,0	21,5	18,0	14,5					
		Mittel	9,3	7,2	6,0	4,8	0,0128	0,0098	0,0082	0,0066	
112—115 (121—124) (4 VIII)	v 4	16,9°	48	36	24	18					
			48	37	23,5	17					
			48	36	23	18					
		Summe	144,0	109,0	70,5	53,0					
		Mittel	48,0	36,3	23,5	17,7	0,0659	0,0499	0,0323	0,0244	
116—119 (201—204) (11 VIII)	v 4	20°	41	31	22	16					
			40,5	30,5	22	16					
			40,5	30,5	22,5	16					
		Summe	122,0	92,0	66,5	48,0					
		Mittel	40,7	30,7	22,2	16,0	0,0560	0,0422	0,0305	0,0220	
120—123 (117—120) (4 VIII)	v 4	21,5°	37	26	18	13					
			35	26	18	13					
			36	27	17	13					
		Summe	108,0	79,0	53,0	39,0					
		Mittel	36,0	26,3	17,7	13,0	0,0495	0,0361	0,0244	0,0179	
124—127 (205—208) (11 VIII)	v 4	40°	17	12	9,5	7,5					
			17,5	12	9,5	7					
			17,5	12,5	10	7					
		Summe	52,0	36,5	29,0	21,5					
		Mittel	17,3	12,2	9,7	7,2	0,0238	0,0168	0,0134	0,0099	
128—131 (125—128) (4 VIII)	v 4	50°	12	9	6	5					
			12	8,5	6	5					
			12	8,5	6	5					
		Summe	36,0	26,0	18,0	15,0					
		Mittel	12,0	8,7	6,0	5,0	0,0165	0,0120	0,0082	0,0069	
132—135 (209—212) (11 VIII)	v 4	60°	9,5	7,5	5,5	5					
			10	8	5,5	4,5					
			10	8	5,5	4,5					
		Summe	29,5	23,5	16,5	14,0					
		Mittel	9,8	7,8	5,5	4,7	0,0135	0,0107	0,0076	0,0065	
136—139 (133—136) (5 VIII)	v 5	16,9°	48,5	37	22	16,5					
			49,5	37	22	16,5					
			50	38*	22	16,5					* Das Oel trübte fich. (Thaupunkt erreicht.)
		Summe	148,0	112,0	66,0	49,5					
		Mittel	49,3	37,3	22,0	16,5	0,0677	0,0512	0,0302	0,0227	

Laufende Nr. Versuchs-Nr. Datum	Bezeichnung des Rüböls	Wärmegrad der Spindel	Geschwindigkeiten II/4; v = 0,089 Belastungen 800 g	1200 g	II/6; v = 0,040 Belastungen 800 g	1200 g	Geschwindigkeiten II/4; v = 0,089 Belastungen 800 g	1200 g	II/6; v = 0,040 Belastungen 800 g	1200 g	Bemerkungen
			Umdrehungen		Umdrehungen		Reibungskoeffizienten		Reibungskoeffizienten		
140—143 (213—216) (12 VIII)	v 5	20 °	44,5	30,5	22,5	16					
			43,5	31	22,5	16,5					
			41	30,5	22	16,5					
		Summe	129,0	92,0	67,0	49,0					
		Mittel	43,0	30,7	22,3	16,3	0,0591	0,0422	0,0306	0,0224	
144—147 (129—132) (5 VIII)	v 5	23,5 °	31	22,5	15,5	12					
			30	22,5	15,5	12					
			31	22,5	15,5	12					
		Summe	92,0	67,5	46,5	36,0					
		Mittel	30,7	22,5	15,5	12,0	0,0422	0,0309	0,0213	0,0165	
148—151 (217—220) (12 VIII)	v 5	40 °	16	11,5	9	7					
			16	11	9	7					
			16	11,5	9	7					
		Summe	48,0	34,0	27,0	21,0					
		Mittel	16,0	11,3	9,0	7,0	0,0220	0,0154	0,0124	0,0096	
152—155 (137—140) (5 VIII)	v 5	45 °	13	9,5	8,5	7					
			13	10	8	7,5					
			13	10,5	9	8					
		Summe	39,0	30,0	25,5	22,5					
		Mittel	13,0	10,0	8,5	7,5	0,0179	0,0137	0,0117	0,0103	
156—159 (221—224) (12 VIII)	v 5	60 °	9	7,5	6	4					* Gleiten des Lagers mit Stillstand verbunden.
			9	7	5,5	4					
			8,5	7	5,5	4*					
		Summe	26,5	21,5	17,0	12,0					
		Mittel	8,8	7,2	5,7	4,0	0,0121	0,0099	0,0079	0,0055	
160—163 (145—148) (6 VIII)	v 6	17,5 °	42	31	21	15,5					
			43	32,5	21	16					
			43,5	32,5	20,5	16					
		Summe	128,5	96,0	62,5	47,5					
		Mittel	42,8	32,0	20,8	15,8	0,0588	0,0440	0,0286	0,0217	
164—167 (225—228) (12 VIII)	v 6	20 °	42,5	31	22,5	16,5					
			41	29	22	16,5					
			43	31	22,5	16					
		Summe	126,5	91,0	67,0	49,0					
		Mittel	42,2	30,3	22,3	16,3	0,0584	0,0416	0,0306	0,0224	
168—171 (141—144) (6 VIII)	v 6	24,5 °	36	26	16,5	12,5					
			37	27	16,5	12					
			35	26	17	12,5					
		Summe	108,0	79,0	50,0	37,0					
		Mittel	36,0	26,3	16,7	12,3	0,0495	0,0361	0,0230	0,0169	

Laufende Nr. Versuchs- Nr. Datum	Bezeichnung des Rüböls	Wärmegrad der Spindel	Geschwindigkeiten II/4; v = 0,089 Belastungen 800 g	1200 g	II/6; v = 0,040 Belastungen 800 g	1200 g	Geschwindigkeiten II/4; v = 0,089 Belastungen 800 g	1200 g	II/6; v = 0,040 Belastungen 800 g	1200 g	Bemerkungen
			Umdrehungen				Reibungskoeffizienten		Reibungskoeffizienten		
172—175 (229—232) (12 VIII)	v 6	40°	16	13	9	7					
			16,5	13	9	7,5					
			15,5	12,5	9	7					
		Summe	48,0	38,5	27,0	21,5					
		Mittel	16,0	12,8	9,0	7,2	0,0220	0,0176	0,0124	0,0100	
176—179 (149—152) (6 VIII)	v 6	50°	11	9	5,5	4,5					
			11	9	5,5	4,5					
			11	9	5	4,5					
		Summe	33,0	27,0	16,0	13,5					
		Mittel	11,0	9,0	5,3	4,5	0,0151	0,0124	0,0073	0,0062	
180—183 (233—236) (12 VIII)	v 6	60°	8,5	6,5	6	4					
			8,5	7	6	4					
			8	6,5	6,5	4*					* Gleiten des Lagers mit Stillstand verbunden.
		Summe	25,0	20,0	18,5	12,0					
		Mittel	8,3	6,7	6,2	4,0	0,0114	0,0092	0,0080	0,0055	
184—187 (157—160) (6 VIII)	v 7	17,5°	44	31	21	15,5					
			45	31	21	15					
			46	31	21	15,5					
		Summe	135,0	93,0	63,0	46,0					
		Mittel	45,0	31,0	21,0	15,3	0,0618	0,0426	0,0288	0,0210	
188—191 (237—240) (12 VIII)	v 7	20°	40,5	29,5	22	16,5					
			40,5	29	22	16					
			40,5	29,5	22	16,5					
		Summe	121,5	88,0	66,0	49,5					
		Mittel	40,5	29,3	22,0	16,3	0,0556	0,0404	0,0302	0,0224	
192—195 (157—160) (6 VIII)	v 7	24,5°	32,5	24,5	16,5	11,5					
			34,5	25	16	11,5					
			34	25,5	16	11,5					
		Summe	101,0	75,0	48,5	34,5					
		Mittel	33,7	25,0	16,2	11,5	0,0463	0,0344	0,0223	0,0158	
196—199 (241—244) (12 VIII)	v 7	40°	18	12,5	9	7					
			17,5	12,5	9	7					
			17	12,5	8,5	7					
		Summe	52,5	37,5	20,5	21,0					
		Mittel	17,5	12,5	8,8	7,0	0,0241	0,0172	0,0121	0,0096	
200—203 (161—164) (6 VIII)	v 7	50°	10,5	7,5	5	4					
			10	7,5	5,5	4,5					
			10,5	7,5	5	4					
		Summe	31,0	22,5	15,5	12,5					
		Mittel	10,3	7,5	5,2	4,2	0,0141	0,0103	0,0072	0,0058	

Laufende Nr. Verfuchs-Nr. Datum	Bezeichnung des Rüböls	Wärmegrad der Spindel	Geschwindigkeiten II/4; v = 0,089 Belaftungen		Geschwindigkeiten II/6; v = 0,040 Belaftungen		Geschwindigkeiten II/4; v = 0,089 Belaftungen		Geschwindigkeiten II/6; v = 0,040 Belaftungen		Bemerkungen
			800 g	1200 g	800 g	1200 g	800 g	1200 g	800 g	1200 g	
			Umdrehungen		Umdrehungen		Reibungskoeffizienten		Reibungskoeffizienten		
204–207 (245–248) (12 VIII)	v 7	60°	9	7,5	5,5	4,5					
			9	7,5	5,5	4					
			9	7,5	5,5	4,5					
		Summe	27,0	22,5	16,5	13,0					
		Mittel	9,0	7,5	5,5	4,3	0,0124	0,0103	0,0076	0,0059	
208–211 (169–172) (7 VIII)	v 8	19,4°	51	36	22,5	15,5					
			51	37	22,5	16					
			51	37	22	16,5					
		Summe	153,0	110,0	67,0	48,0					
		Mittel	51,0	36,7	22,3	16,0	0,0701	0,0505	0,0306	0,0220	
212–215 (249–252) (12 VIII)	v 8	20°	46	35	24	16,5					
			45,5	35	23	17					
			45,5	34	23	16,5					
		Summe	137,0	104,0	70,0	50,0					
		Mittel	45,7	34,7	23,3	16,7	0,0628	0,0477	0,0320	0,0230	
216–219 (165–168) (7 VIII)	v 8	24°	36	27	17	13					
			38	27	17	13					
			37	27	17	13					
		Summe	111,0	81,0	51,0	39,0					
		Mittel	37,0	27,0	17,0	13,0	0,0518	0,0371	0,0234	0,0179	
220–223 (253–256) (12 VIII)	v 8	40°	16,5	12	9	7					
			16,5	11,5	9,5	7,5					
			16	12	10	7,5					
		Summe	49,0	35,5	28,5	22,0					
		Mittel	16,3	11,8	9,5	7,3	0,0224	0,0162	0,0131	0,0100	
224–227 (173–176) (7 VIII)	v 8	50°	16	12	7,5	5,5					
			16,5	12,5	7	6					
			15,5	12	7,5	5,5					
		Summe	48,0	36,5	22,0	17,0					
		Mittel	16,0	12,2	7,7	5,7	0,0220	0,0168	0,0106	0,0079	
228–231 (245–248) (12 VIII)	v 8	60°	9,5	7	5,5	4,5					
			9	7	5,5	4					
			9,5	7,5	5,5	4					
		Summe	28,0	21,5	16,5	12,5					
		Mittel	9,3	7,2	5,5	4,2	0,0124	0,0103	0,0076	0,0058	
232–235 (181–184) (7 VIII)	v 9	19,4°	49	36	22,5	16,5					
			48	34,5	22,5	16					
			47	35	22,5	15,5					
		Summe	144,0	105,5	67,5	48,0					
		Mittel	48,0	35,2	22,5	16,0	0,0659	0,0484	0,0309	0,0220	

Laufende Nr. Verſuchs-Nr. Datum	Be-zeich-nung des Rüb-öls	Wärme-grad der Spindel	Geschwindigkeiten II/4; v = 0,089 Belaſtungen 800 g Umdrehungen	Geschwindigkeiten II/4; v = 0,089 Belaſtungen 1200 g Umdrehungen	Geschwindigkeiten II/6; v = 0,040 Belaſtungen 800 g Umdrehungen	Geschwindigkeiten II/6; v = 0,040 Belaſtungen 1200 g Umdrehungen	Geschwindigkeiten II/4; v = 0,089 Belaſtungen 800 g Reibungs-koeffizienten	Geschwindigkeiten II/4; v = 0,089 Belaſtungen 1200 g Reibungs-koeffizienten	Geschwindigkeiten II/6; v = 0,040 Belaſtungen 800 g Reibungs-koeffizienten	Geschwindigkeiten II/6; v = 0,040 Belaſtungen 1200 g Reibungs-koeffizienten	Bemerkungen
236—239 (261—264) (13 VIII)	v 9	20 °	42,5	32	23	17					
			43,5	33	23,5	17					
			43	33	23,5	17					
		Summe	129,0	98,0	70,0	51,0					
		Mittel	43,0	32,7	23,3	17,0	0,0591	0,0450	0,0320	0,0234	
240—243 (177—180) (17 VIII)	v 9	24 °	34	25,5	17	13,5					
			35,5	25,5	17	12					
			34	25	16,5	12,5					
		Summe	103,5	76,0	50,5	38,0					
		Mittel	34,5	25,3	16,8	12,7	0,0474	0,0348	0,0231	0,0175	
244—247 (265—268) (13 VIII)	v 9	40 °	15,5	12	9	7					
			15,5	12	9	7					
			15,5	12	9	7					
		Summe	46,5	36,0	27,0	21,0					
		Mittel	15,5	12,0	9,0	7,0	0,0213	0,0165	0,0124	0,0096	
248—251 (185—188) (7 VIII)	v 9	50 °	16	11,5	8	6,5					
			17	13	9	6					
			17,5	13	9	6					
		Summe	50,5	37,5	26,0	18,5					
		Mittel	16,8	12,5	8,7	6,2	0,0231	0,0172	0,0120	0,0085	
252—255 (269—272) (13 VIII)	v 9	60 °	7	6	5	4					
			7	6	5	4					
			7	6	5	4					
		Summe	21,0	18,0	15,0	12,0					
		Mittel	7,0	6,0	5,0	4,0	0,0096	0,0082	0,0069	0,0055	
256—259 (273—276) (13 VIII)	v 10	20 °	38,5	29,5	21	15,5					
			39	29,5	21	15,5					
			39,5	28,5	22	15,5					
		Summe	117,0	87,5	64,0	46,5					
		Mittel	39,0	29,2	21,3	15,5	0,0536	0,0403	0,0292	0,0213	
260—263 (277—280) (13 VIII)	v 10	40 °	15,5	11	9,5	7					
			15,5	11	9	7					
			15,5	11	9	7					
		Summe	46,5	33,0	27,5	21,0					
		Mittel	15,5	11,0	9,2	7,0	0,0213	0,0151	0,0127	0,0096	
264—267 (281—284) (13 VIII)	v 10	60 °	7,5	6,5	5	4					
			8	6	5	4					
			7,5	6	5	4					
		Summe	23,0	18,5	15,0	12,0					
		Mittel	7,7	6,2	5,0	4,0	0,0106	0,0085	0,0069	0,0055	

Laufende Nr. Versuchs-Nr. Datum	Be-zeich-nung des Rüb-öls	Wärme-grad der Spindel	Geschwindigkeiten II/4; v = 0,089 800 g (Umdrehungen)	1200 g	Geschwindigkeiten II/6; v = 0,040 800 g (Umdrehungen)	1200 g	Geschwindigkeiten II/4; v = 0,089 800 g (Reibungskoeffizienten)	1200 g	Geschwindigkeiten II/6; v = 0,040 800 g (Reibungskoeffizienten)	1200 g	Bemerkungen
268—271 (285—288) (13 VIII)	v 11ᵃ	20 °	39,5	29,5	21,5	15,5					
			38,5	29	20,5	15,5					
			38	29	21	15,5					
		Summe	116,0	87,5	63,0	46,5					
		Mittel	38,7	29,2	21,0	15,5	0,0532	0,0403	0,0288	0,0213	
272—275 (289—292) (13 VIII)	v 11a	40 °	15	11	8	6,5					
			14,5	11	8	6,5					
			14,5	11	8	6,5					
		Summe	44,5	33,0	24,0	19,5					
		Mittel	14,8	11,0	8,0	6,5	0,0203	0,0151	0,0110	0,0089	
276—279 (293—296) (14 VIII)	v 11a	60 °	8,5	7	5,5	4,5					
			8	6,5	5,5	4,5					
			8,0	6,5	5,0	4,5					
		Summe	24,5	20,0	16,0	13,5					
		Mittel	8,2	6,7	5,3	4,5	0,0113	0,0092	0,0073	0,0062	
280—283 (297—300) (14 VIII)	v 11b	20 °	38,5	28	21	15,5					
			38,5	27	21	15,5					
			39	27,5	21	16					
		Summe	116,0	82,5	63,0	47,0					
		Mittel	38,7	27,5	21,0	15,7	0,0532	0,0378	0,0288	0,0216	
284—287 (301—304) (14 VIII)	v 11b	40 °	14	11	8,5	6,5					
			15	10,5	8,5	6,5					
			14,5	11	8	6,5					
		Summe	43,5	32,5	25,0	19,5					
		Mittel	14,5	10,8	8,3	6,5	0,0199	0,0148	0,0114	0,0089	
288—291 (305—308) (14 VIII)	v 11b	60 °	8,5	7	5,5	4					
			8,5	7	5,5	4,5					
			8,5	7	5,5	4,5					
		Summe	25,5	21,0	16,5	13,0					
		Mittel	8,5	7,0	5,5	4,3	0,0117	0,0096	0,0076	0,0059	
292—295 (309—312) (10 IX)	v 12a	20 °	39	26	18	12					
			36	27	17	12					
			37	27	17	12					
			37	24	18	13					
			39	26	16	13					
			36	26	18	13					
		Summe	224,0	156,0	104,0	75,0					
		Mittel	37,3	26,0	17,3	12,5	0,0512	0,0357	0,0238	0,0172	

Laufende Nr. Verfuchs- Nr. Datum	Be- zeich- nung des Rüb- öls	Wärme- grad der Spindel	Geschwindigkeiten II/4; v = 0,089 Belaftungen		Geschwindigkeiten II/6; v = 0,040 Belaftungen		Geschwindigkeiten II/4; v = 0,089 Belaftungen		Geschwindigkeiten II/6; v = 0,040 Belaftungen		Bemerkungen
			800 g Umdrehungen	1200 g	800 g Umdrehungen	1200 g	800 g Reibungs- koeffizienten	1200 g	800 g Reibungs- koeffizienten	1200 g	
296—299 (313—316) (10 IX)	v 12a	40 °	16	11	7,5	6,5					
			15	11	8	6,5					
			15	11	8	6,5					
		Summe	46,0	33,0	23,5	19,5					
		Mittel	15,3	11,0	7,8	6.5	0,0210	0,0151	0,0107	0,0089	
300—303 (317—320) (10 IX)	v 12a	60 °	12	9	6	5					
			11	9	6,5	5,5					
			12	9	6,5	5					
		Summe	34,0	27,0	19,0	15,5					
		Mittel	11,3	9,0	6,3	5,2	0,0155	0,0124	0,0086	0,0072	
304—307 (321—324) (11 IX)	v 12b	20 °	36	26	18	13					
			35	26	19	13					
			35	27	19	14					
			35	27	18	13					
			36	27	18	13					
			36	27	18	13					
		Summe	213,0	160,0	110,0	79,0					
		Mittel	35,5	26,7	18,3	13,1	0,0488	0,0367	0,0251	0,0180	
308—311 (325—328) (11 IX)	v 12b	40 °	16	11	7,5	6,5					
			14	11	8	6,5					
			16	11	8	6,5					
		Summe	46,0	33,0	23,5	19,5					
		Mittel	15,3	11,0	7,8	6,5	0,0210	0,0151	0,0107	0,0089	
312—315 (329—332) (11 IX)	v 12b	60 °	12	9	6,5	5,5					
			11	8,5	6,5	5,5					
			11	9	6,5	5,5					
		Summe	34,0	26,5	19,5	16,5					
		Mittel	11,3	8,8	6,5	5,5	0,0155	0,0121	0,0089	0,0076	

VI. Schlußzuſammenſtellung der Ergebniſſe aus Tabelle V und der Zähigkeitsbeſtimmungen.

Bezeichnung des Oeles	Reibungskoeffizienten. Spindelneigung $\alpha = 10'$ und												Spezifiſche Zähigkeit, beſtimmt mit dem Gefäß g_1 bei		
	Geſchwindigkeit 4; $v = 0,089$ m bei Belaſtungen von						Geſchwindigkeit 6; $v = 0,040$ m bei Belaſtungen von								
	800 g und			1 200 g und			800 g und			1 200 g und					
	20°	40°	60°	20°	40°	60°	20°	40°	60°	20°	40°	60°	20°	40°	60°
	104	109	102	105	108	98	107	106	105	104	95	108	130	106	103
v 3	0,0585	0,0237	0,0128	0,0433	0,0172	0,0098	0,0313	0,0128	0,0082	0,0223	0,0089	0,0066	6,63	2,61	1,73
	99	109	108	103	105	107	104	111	97	102	105	106	90	92	100
v 4	0,0560	0,0238	0,0135	0,0422	0,0168	0,0107	0,0305	0,0134	0,0076	0,0220	0,0099	0,0065	4,57	2,25	1,68
	105	101	97	103	96	99	104	102	101	104	102	90	97	100	98
v 5	0,0591	0,0220	0,0121	0,0422	0,0154	0,0099	0,0306	0,0124	0,0079	0,0224	0,0096	0,0055	4,97	2,46	1,65
	104	101	91	101	110	92	104	102	103	104	106	90	107	100	102
v 6	0,0584	0,0220	0,0114	0,0416	0,0176	0,0092	0,0306	0,0124	0,0080	0,0224	0,0100	0,0055	5,49	2,46	1,72
	98	110	99	98	108	103	103	100	97	104	102	97	94	102	96
v 7	0,0556	0,0241	0,0124	0,0404	0,0172	0,0103	0,0302	0,0121	0,0076	0,0224	0,0096	0,0059	4,77	2,50	1,61
	111	103	102	115	101	99	109	108	97	108	106	95	95	100	102
v 8	0,0628	0,0224	0,0128	0,0471	0,0162	0,0099	0,0320	0,0131	0,0076	0,0231	0,0100	0,0058	4,83	2,47	1,71
	105	98	77	109	103	82	109	102	89	109	102	90	—	—	—
v 9	0,0591	0,0213	0,0096	0,0448	0,0165	0,0082	0,0320	0,0124	0,0069	0,0234	0,0096	0,0055	—	—	—
	95	98	85	98	94	85	99	105	89	100	102	90	87	100	99
v 10	0,0536	0,0213	0,0106	0,0403	0,0151	0,0085	0,0292	0,0127	0,0069	0,0213	0,0096	0,0055	4,45	2,45	1,66
	94	93	90	98	94	92	98	91	93	100	95	102	—	—	—
v 11 a	0,0532	0,0202	0,0113	0,0403	0,0151	0,0092	0,0288	0,0110	0,0073	0,0213	0,0089	0,0062	—	—	—
	94	90	94	92	93	96	98	94	97	100	95	97	—	—	—
v 11 b	0,0532	0,0197	0,0117	0,0378	0,0148	0,0096	0,0288	0,0114	0,0076	0,0214	0,0089	0,0059	—	—	—
	91	96	129	89	94	124	81	88	110	77	95	118	—	—	—
v 12 a	0,0512	0,0210	0,0161	0,0367	0,0151	0,0124	0,0238	0,0107	0,0086	0,0165	0,0089	0,0072	—	—	—
	104	93	124	88	94	121	87	91	114	85	95	125	—	—	—
v 12 b	0,0584	0,0202	0,0155	0,0361	0,0151	0,0121	0,0255	0,0110	0,0089	0,0183	0,0089	0,0076	—	—	—
Σ	0,6791	0,2617	0,1498	0,4928	0,1921	0,1198	0,3533	0,1454	0,0931	0,2568	0,1128	0,0737	35,71	17,20	11,76
Mittel	0,0564	0,0218	0,0125	0,0411	0,0160	0,0100	0,0294	0,0121	0,0078	0,0214	0,0094	0,0061	5,10	2,46	1,68

Schlußzuſammenſtellung der Ergebniſſe aus Tabelle V und der Zähigkeitsbeſtimmungen.

Be-zeich-nung des Oeles	Reibungskoeffizienten (bei 20° = 100 geſetzt) Spindelneigung $\alpha = 10'$ und								Spezifiſche Zähigkeit (bei 20° = 100 geſetzt) beſtimmt mit dem Gefäß g_1 bei	
	Geſchwindigkeit 4; v = 0,089 m bei Belaſtungen von				Geſchwindigkeit 6; v = 0,040 m bei Belaſtungen von					
	800 g und		1800 g und		800 g und		1800 g und			
	40° in % von 20°	60° in % von 20°	40° in % von 20°	60° in % von 20°	40° in % von 20°	60° in % von 20°	40° in % von 20°	60° in % von 20°	40° in % von 20°	60° in % von 20°
v 3	41	22	40	23	41	26	40	30	39	26
v 4	42	24	40	25	44	25	45	30	49	37
v 5	37	20	36	23	40	26	43	25	49	33
v 6	38	20	42	22	40	26	45	25	45	31
v 7	43	22	43	26	40	25	43	26	52	34
v 8	36	20	34	21	41	24	43	25	51	35
v 9	36	16	37	18	39	22	41	24	—	—
v 10	40	20	37	21	43	24	45	26	55	37
v 11 a	38	21	37	23	38	25	42	29	—	—
v 11 b	37	22	39	25	40	26	42	28	—	—
v 12 a	41	31	41	34	45	36	54	44	—	—
v 12 b	35	27	42	34	43	35	49	42	—	—
Σv$_3$–v11b	388	207	385	227	406	249	429	268	340	233
Mittel	39	21	39	23	41	25	43	27	49	33
Σv$_3$–v12b	464	265	468	295	494	320	532	354	—	—
Mittel	39	22	39	25	41	27	44	30	—	—

Ergebniffe der Unterfuchungen über den Flüffigkeitsgrad.

Nachdem bereits auf Seite 15 bis 22 diejenigen Apparate besprochen worden sind, welche nunmehr von der Versuchs = Anstalt zur Bestimmung des Flüffigkeits= grades benutzt werden sollen und bei dieser Gelegenheit zugleich die Fehlerquellen aufgezählt sind, darf ein etwas ausführlicherer älterer Bericht an dieser Stelle in wesentlich kürzerer Form gegeben werden. Auch von den Ergebniffen der Vor= versuche sollen nur diejenigen mitgetheilt werden, welche den Vergleich verschiedener Oele untereinander zum Gegenstande haben.

Ueber den Gang der Voruntersuchungen ist hier zusammenfassend zu berichten, daß bei Beginn der Vorversuche in der Literatur eigentlich keine eingehende Abhandlung über die bei Flüffigkeitsgradbestimmungen zu befolgenden praktischen Maßnahmen vor=

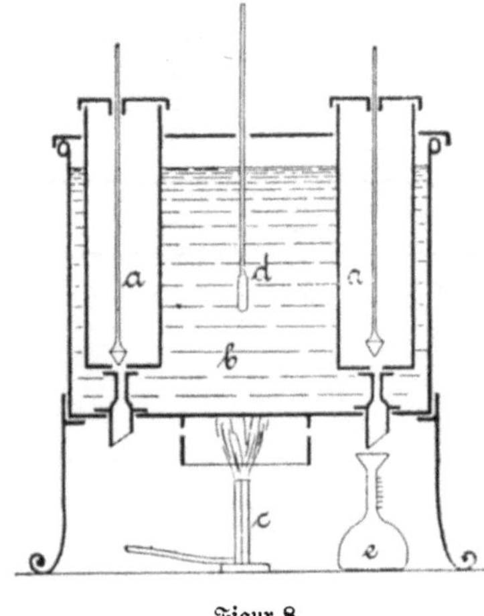

Figur 8.

handen war. Die Hagenbach'sche Arbeit u. a. waren theoretischer Natur und die übrigen Veröffentlichungen beschränkten sich zumeist auf eine einfache Mittheilung der Konstruktion von Viscosimetern oder von einigen mit ihnen erhaltenen Ergebniffen, während sie auf eine Besprechung der Fehlerquellen und der zu beobachtenden Vorsichtsmaßregeln nur wenig ein= gingen. Deswegen war die Versuchs=Anstalt ge= zwungen, aus sich selbst heraus zu arbeiten.

Weil die Schmieröle mit Erhöhung der Wärme ganz erheblich leichtflüffiger werden, wurde ein Apparat mit fünf gleichartig konstruirten Auslauf= gefäßen benutzt, welche in einem gemeinsamen Waffer= bade untergebracht waren. Diese Gefäße waren mit Auslaufröhren von verschiedener Weite versehen, so daß man zur möglichsten Abkürzung der Versuchsdauer für die dickflüffigeren und die kalten Oele die Gefäße mit den weiten Röhren zu benutzen beabsichtigte, während für die dünnflüffigen und die warmen Oele die engen Röhren angewendet werden sollten. Zugleich war die Möglichkeit gegeben, den Einfluß der Rohrweite auf die Bestimmung des Flüffigkeitsgrades zu ermitteln. Hierdurch wurde zuerst erkannt, in wie hohem Maße die Ergebniffe von den Ab= meffungen der Apparate und der Art der Versuchsausführung abhängig sind. Die Konstruktion des zu den Vorversuchen benutzten Apparates ergiebt sich aus Folgendem:

Der Apparat hatte nach mehrfachen Veränderungen schließlich die in Fig. 8 gegebene Form erhalten. Die 5 Gefäße a waren mit ihren unteren Ansatzstücken in das Waffer= bad festgeschraubt, welches durch einen Bunsenbrenner c erhitzt werden konnte. Ther=

mometer d zeigte den Wärmegrad des Bades an. Außerdem konnte aber auch in jedes Gefäß ein Thermometer eingeſenkt werden. Durch einen Rührer wurde die Wärme des Bades gleichmäßig vertheilt. In den unteren Anſatzſtücken der Gefäße a waren die Ausflußröhren aus Platin ſo angebracht, daß die Röhrchen auf ihre ganze Länge dieſelbe Wärme annehmen mußten wie das Bad; ſie waren durch Ventile gedichtet, welche von oben her geöffnet und geſchloſſen werden konnten. Die Oberfläche des Oeles wurde durch Abſaugen mittelſt eines Heberrohres von der in Fig. 9 gezeichneten Form in eine beſtimmte Einſtellung gebracht, nachdem das Thermometer längere Zeit auf der gewählten Aus= laufwärme geſtanden hatte. Das Glasrohr a war mit einem feſtgekitteten Stück Gummiſchlauch ver= ſehen, deſſen unterer Rand ſich auf den Deckel c des Gefäßes auflegte; das Oel wurde dann bis an die Spitze des Hebers durch den Gummiſchlauch b ab= geſaugt und floß nach dem Oeffnen des Ventils in den untergeſtellten Meßkolben e, deſſen enger Hals mit einer Theilung verſehen war, die von 47 bis

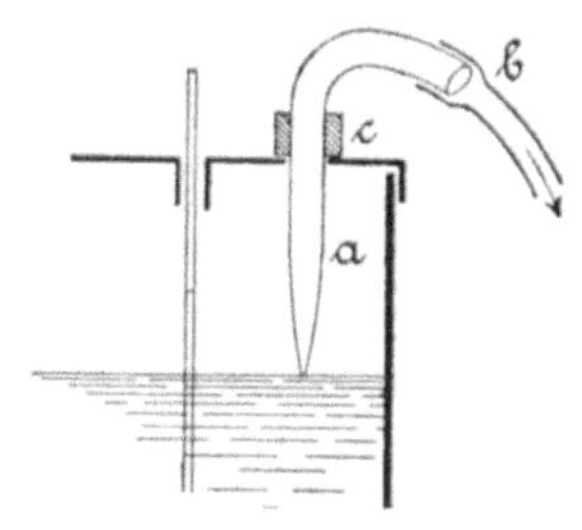

Figur 9.

50 ccm reichte. Man ließ jedesmal nahezu 50 ccm auslaufen, beſtimmte aber die Auslaufmenge nach dem Abkühlen durch das Gewicht und berechnete nach dem gleich= falls für die Ausflußwärme ermittelten ſpezifiſchen Gewicht des Oeles den Flüſſigkeits= grad deſſelben bezogen auf Waſſer. Die Zeitmeſſungen geſchahen mit einem ausrück= baren Sekundenzählwerk, welches 0,01 Sekunden anzeigte.

Die hier intereſſirenden Beobachtungsmittelwerthe ſind in abgekürzter Form in den nachſtehenden Tabellen mitgetheilt.

Tabelle 1.

Ermittelung der Waſſerwerthe der für die Beſtimmung des Flüſſigkeitsgrades benutzten Apparate.

a) der vorbeſchriebenen Metallgefäße.

Verſuchswärme ° C	Auslaßmenge für 1 Sekunde und Gefäß-Nr.					
	1	2	3	4	5	
	g	g	g	g	g	
18	—	—	4,09	3,36	2,78	
20	6,82	6,12	4,80	3,54	2,93	
40	7,01	6,37	4,61	3,89	3,09	
50	—	—	4,70	3,67	2,74	
60	7,33	6,36	4,86	3,66	2,96	
80	7,29	6,30	4,46	4,00	2,92	

Hieraus ergeben ſich die Flüſſigkeitsgrade bezogen auf 20° C

| Wärmegrad | Für Gefäß-Nr. | | | | | Mittel ohne Nr. 3 | Nach Poiſeuille |
	1	2	3	4	5		
10	—	—	—	—	—	—	1,30
20	1,00	1,00	1,00	1,00	1,00	1,00	1,00
40	0,96	0,95	1,03	0,90	0,94	0,94	0,65
60	0,90	0,93	0,96	0,94	0,96	0,93	—
80	0,89	0,92	1,02	0,84	0,95	0,90	—
Abmeſſungen der Ausflußröhren in mm*)							
r = Radius	1,15	1,05	0,95	0,85	0,70		
l = Länge	5,9	5,9	5,5	5,6	2,0		

*) Die eingetragenen Abmeſſungen ſind nur roh mit einem Dorn und der Schublehre gemeſſen. Sie ſollten zur überſchläglichen Kontrole der Ergebniſſe dienen.

b) der zuerſt benutzten Glaspipetten bei 15°C.

Pipette	1	2	3	4	5
Ausflußmenge in g/sec.	4,69	3,00	4,07	3,72	2,08
Mittel aus n-Verſuchen	3	3	6	3	3

Tabelle 2.

Zuſammenſtellung der Flüſſigkeitsgrade verſchiedener Oele, geordnet nach wachſenden Waſſerwerthen der Ausflußgefäße.

Die älteren Glasgefäße ſind mit P, die neueren Metallgefäße mit G bezeichnet.

| Auslaufgefäße | Flüſſigkeitsgrad, erhalten mit | | | | | | | | | | Wärmegrad °C | |
	G 1	G 2	G 3	P 1	P 3	P 4	G 4	P 2	G 5	P 5		
Waſſerw. g/sec. =	6,82	6,12	4,80	4,69	4,07	3,72	3,54	3,00	2,93	2,08		
Vorgut v 1	—	—	—	10,51	—	11,00	—	—	—	17,25	17°	
Nachgut v 2	—	—	—	11,44	10,98	11,87	—	17,22	—	—	16°	XII 1884
desgl. v 2	6,51	7,48	7,53	—	—	—	6,84	—	—	—	19,4°	VII 1885
Entſäuert. Oel v 4	—	—	6,33	—	—	—	5,23	—	6,41	—	20°	
Vorgut v 5	4,97	—	—	—	—	—	5,83	—	—	—	20°	

| Art des Rüböls | | | Flüssigkeitsgrade, erhalten mit Gefäß | | | | | | | | | | | |
| | | | G 1 | | | G 3 | | | G 4 | | | G 5 | | |
			20°	40°	60°	20°	40°	60°	20°	40°	60°	20°	40°	60°
Handelswaare ⎰ gleicher		v 3	6,63	2,61	1,73									
besgl. entsäuert ⎱ Herkunft		v 4	4,57	2,25	1,68	6,33	2,94	1,98	5,23	2,82	—	6,41	3,19	1,84
Vorgut ⎰ gleicher		v 5	4,97	2,46	1,65				5,83	2,63	1,63			
Nachgut ⎱ Herkunft		v 6	5,49	2,46	1,72									
Handelswaare	gleicher	v 7	4,77	2,50	1,61									
Nachgut	Her=	v 8	4,83	2,47	1,71									
Handelswaare raffinirt	kunft	v 10	4,45	2,45	1,66									

Aus der Tab. 1 unter **a** erkennt man leicht, daß die für Waſſer bei verſchiedenen Wärmegraden und mit verſchiedenen Apparaten ermittelten Flüſſigkeitsgrade bezogen auf 20° C. durchaus nicht mit den Werthen übereinſtimmen, welche man aus der von Poiſeuille ermittelten Reihe ableiten kann. Hieraus geht an ſich ſchon die Unanwendbarkeit des Poiſeuille'ſchen Geſetzes auf die benutzten Apparate hervor. Aus der Tab. 2 erſieht man noch klarer, wie groß die Abweichungen der Flüſſigkeitsgrade von Rübölen bei Apparaten werden können, bei denen die Einrichtungen die gleichen und die Unterſchiede in den Abmeſſungen der Ausflußröhren durchaus nicht groß ſind. Vergleicht man die erhaltenen Werthe gar mit den Flüſſigkeitsgraden, wie ſie mit den Glaspipetten, dem Engler'ſchen und Traube'ſchen Apparat erhalten wurden, ſo hat man etwa: Metallgefäße $G_1 = 4{,}5$ bis $6{,}5$; Glaspipetten $= 11$ bis 17; Engler $= 15$ und Traube $= 100$, Werthe, welche gewiß die Nothwendigkeit der Einführung eines einheitlichen Apparates und einheitlichen Prüfungsverfahrens darthun.

Welchen Werth man dem Flüſſigkeitsgrade für die Materialbeurtheilung zumeſſen muß, wird man leicht erſehen, wenn man in Tab. 6 der Anlage B die Gegenüberſtellung der Reibungskoeffizienten und der mit dem älteren Apparate beſtimmten Flüſſigkeitsgrade vergleicht. Die Abnahmen der Reibungskoeffizienten bei wachſender Wärme ſind in befriedigender Weiſe proportional den unter gleichem Wärmewachsthum gefundenen Flüſſigkeitsgraden. Auch aus dieſem Umſtande kann man entnehmen, wie wichtig die Beſtimmung des Flüſſigkeitsgrades für die Schmierölunterſuchung iſt; man wolle ſich dieſe Ueberzeugung durch eigenen Vergleich der Schlußzeilen von Tab. 6, Anlage B, verſchaffen.

Die vorbeſchriebenen Verſuche ſind von dem Aſſiſtenten, Ingenieur Rudert und den Chemikern Predari und Schild ausgeführt worden.

Beftimmung des fpezififchen Gewichtes und des Ausdehnungsvermögens durch die Wärme.

Bezüglich der in der Verfuchsanftalt benutzten Methoden zur Beftimmung des fpezififchen Gewichtes und der Wärmeausdehnung des Oeles ift hier kurz Folgendes zu berichten:

Die fpezififchen Gewichte bei Zimmerwärme wurden in der Regel mit dem Pykno- meter oder mit der Greiner'fchen Oelwage beftimmt. Für die Beftimmung der Aus- dehnungskoeffizienten bei höheren Wärmegraden wurden anfangs verfchieden konftruirte Gefäße mit angefügten Meßröhren angewendet. Man kam aber hiervon wegen mannig- facher praktifcher Schwierigkeiten zurück und zuletzt wurden kleine beiderfeits kapillar ausgezogene Gefäße aus dünnwandigem Glas (Fig. 10) von etwa 1,5 ccm Inhalt benutzt, welche ausgewogen, mit dem zu unterfuchenden Oel durch Einfaugen gefüllt und fodann an einem Ende zugefchmolzen wurden. Das andere Kapillarröhrchen war hakenförmig gebogen, fo daß es bequem an die Wage gehängt werden konnte. Nach Feftftellung des Gewichtes des gefüllten Gläschen wurden eine Anzahl verfchiedener Proben gemeinfam in das Wafferbad gehängt und langfam bis auf einen beftimmten

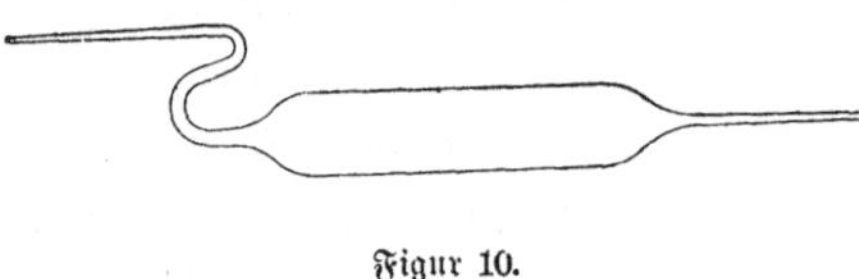

Figur 10.

Grad erwärmt. Bei der geringen Oelmenge und dem kleinen Durchmeffer der dünnen Glasgefäße war man ficher, daß das Oel durchweg diefelbe Wärme annahm, wie das Waffer. Dies konnte bei den älteren Apparaten wegen der fchlechten Wärmeleitung und der großen Zähigkeit des Oeles nur bei fehr langfamem Erwärmen erreicht und überdies die Innehaltung eines beftimmten Wärmegrades nur mit ver- hältnißmäßig großer Unficherheit erzielt werden. Die Gläschen wurden, nachdem fie den gewünfchten Wärmegrad erreicht hatten, aus dem Waffer entfernt und forgfältig gereinigt, um alsdann den Gewichtsverluft ermitteln zu können. Da das austretende Oel fofort an die Wafferoberfläche fteigt, fo war die Reinigung leicht ausführbar.

Mit diefer Methode erhielt man die folgenden Ergebniffe: Setzt man das Gewicht des Oelinhalts, welches den Glaskörper bei der Wärme t füllt, = G, und das Gewicht des Oelinhalts, welches nach der Erwärmung auf den Grad t^1 und Wiederabkühlung auf t im Glaskörper zurückgeblieben ift, = g, fo ift das Gewicht des durch die Aus- dehnung in Folge der Wärmefteigerung ausgefloffenen Oeles = G—g. Diefe Menge würde aber größer fein, wenn der Glaskörper nicht durch die Erwärmung eine Inhalts- vergrößerung erfahren würde. Setzt man den kubifchen Ausdehnungskoeffizienten des Glafes = c (= 0,000025), fo ift das der Inhaltsvergrößerung des Glaskörpers ent- fprechende Oelgewicht = $(t^1 - t)$ c G. Eine Wärmeerhöhung von t auf t^1 bewirkt demnach insgefammt eine dem Gewichte G + $(t^1 - t)$ c G — g entfprechende Inhaltsver- größerung. Für eine Wärmeerhöhung von 1° ift diefelbe daher = $\dfrac{G + (t^1 - t)\, c\, G - g}{t^1 - t}$

für die Inhaltseinheit, d. h. der Ausdehnungskoeffizient C = $\dfrac{G + (t^1 - t)\, c\, G - g}{G\,(t^1 - t)}$

Die Werthe für C aus den durch die Versuche gefundenen Zahlen sind in nachstehender Tabelle zusammengestellt.

Oel-bezeich-nung Nr.	Wärmegrad		Versuch		Mittel-werthe	Mittel aus den Mittel-werthen
	von	bis	I C =	II C =		
v 4	27,5	40	0,00073	0,00075	0,00074	0,00076
	27,5	60	0,00074	0,00077	0,00075	
	27,5	80	0,00082	0,00076	0,00079	
	27,5	100	0,00077	0,00077	0,00077	
v 3	23	40	0,00080	0,00064	0,00072	0,00073
	23	60	0,00075	0,00070	0,00073	
	23	80	0,00075	0,00070	0,00073	
	23	100	0,00078	0,00069	0,00074	
v 5	21	40	0,00062	0,00069	0,00065	0,00070
	21	60	0,00069	0,00068	0,00068	
	21	80	0,00067	0,00070	0,00068	
	21	100	0,00084	0,00075	0,00079	

Ist nun das spezifische Gewicht des Oels bei 15° C (wie man es durch die Greiner'sche Oelwage und die Schädler'schen Tabellen erhält) = s, sein Volumen bei dieser Wärme also $= \dfrac{G}{s}$, und nennt man ferner die Zahl, um welche sich das spezifische Gewicht in den Grenzen von 20—100° für 1° Wärmeerhöhung verändert = x, so ist

$$\left(\frac{(t-15)\,G\,C}{s} + \frac{G}{s} \right)(s + [t-15]\,x) = G$$

$$\frac{G(t-15)\,C+1}{s}(s + [t-15]\,x) = G$$

$$G\,([t-15]\,C+1) = \frac{G\,([t-15]\,C+1)\,(t-15)\,x}{s} = G$$

$$x = \frac{G\,s\,(t-15)\,C}{G\,([t-15]\,C+1)\,(t-15)} \quad x = \frac{G\,s\,C}{G\,([t-15]\,C+1)}$$

$$x = \frac{s\,C}{(t-15)\,C+1}$$

In diese Formel die Werthe für v 4 eingesetzt (s = 0,9153), ergiebt 0,00068; Lefèvre giebt an 0,0007.

Die Bestimmungen nach dieser Methode sind bei der Siedewärme am genauesten. Es wird daher gut sein, mit Flüssigkeiten zu arbeiten, welche bei der Wärme, bei welcher der Coeffizient bestimmt werden soll, sieden.

Die Mehrzahl der Versuche ist vom Assistenten, Chemiker Schild ausgeführt.

Anlage E.

Ergebnisse der chemischen Prüfungen.

Bezeich-nung	Art des Oeles	Farbe	Greiner-sche Oel-waage %	Specifisches Ge-wicht bei t=C°	sp. Gew.	Flüssigkeitsgrad bei t=C°	F.	Ergebnisse der chemischen Untersuchung auf Thrangehalt	Freie Säure	Sonstige Beobachtungen.
V. 3	Rüböl.	Dunkel-braun.	38	20 40 60	0,910 0,890 0,885	20 40 60	6,63 2,61 1,73	Mit syrupartiger Phosphorsäure konnte kein Thrangehalt nachgewiesen werden. Es trat grüne Färbung ein.	Freie Schwefelsäure ist nicht vorhanden, da der alkoholische Auszug mit Chlorbarium keinen weißen Niederschlag von schwefelsaurem Barium lieferte. Dagegen wurde die Anwesenheit von Oelsäure nachgewiesen und mit dem Burstyn'schen Oelsäuremesser 0,78% freie Oelsäure gefunden.	Mit 2% Schwefelsäure (spec. Gewicht = 1,53) versetzt, färbte sich das Oel grün (spec. Reaktion auf Rüböl), während sodann theilweise Verkohlung eintrat und ein brauner Bodensatz sich bildete.
V. 4	Entsäuertes Rüböl.	Hell grüngelb.	38	20 40 60	0,910 0,890 0,880	20 40 60	4,57 2,25 1,68	Thran ist nicht vorhanden. Weiße, schmutzige Trübung.	Freie Schwefelsäure ist vorhanden. Mit dem Burstyn'schen Säuremesser wurde gefunden 0,28%. Maßanalytisch bei Versuch 1 0,092, " " 2 0,090, " " 3 0,090	—
V. 5	Rüböl-Vorgut.	Dunkel-gelbbraun.	38	20 40 60	0,910 0,900 0,885	20 40 60	4,97 2,46 1,65	Thran ist nicht vorhanden. Grüne Färbung.	Freie Schwefelsäure ist nicht vorhanden. Oelsäure in geringen Mengen konnte mit dem Burstyn'schen Oelsäuremesser nicht nachgewiesen werden. Dagegen maßanalytisch: 0,168%.	—
V. 6	Rüböl-Nachgut.	Gelbbraun.	38	20 40 60	0,907 0,890 0,880	20 40 60	5,49 2,46 1,72	Thran ist nicht vorhanden. Dunkelgrüne Färbung.	Mit dem Burstyn'schen Oelsäuremesser wurde gefund.: 0,56%. Maßanalytisch: 0,265%.	—
V. 7	Rüböl-Vorgut.	Weingelb.	38	20 40 60	0,905 0,890 0,880	20 40 60	4,77 2,50 1,61	Thran ist nicht vorhanden. Grüne Färbung.	Mit dem Burstyn'schen Oelsäuremesser wurde gefund.: 0,22%. Maßanalytisch: Versuch 1 0,246, " 2 0,246, " 3 0,235	—
V. 8	Rüböl-Nachgut.	Schmutzig dunkel-braun.	38	20 40 60	0,910 0,900 0,885	20 40 60	4,83 2,47 1,71	Thran ist nicht vorhanden. Grüne Färbung.	Mit dem Oelsäuremesser von Burstyn gefunden: 0,616%. Maßanalytisch: 0,48%.	Mit kohlensaurem Kali tritt Emulsion ein.
V. 10	Raffinirtes Vor- u. Nachgut-Oel.	Weingelb.	38	20 40 60	0,903 0,889 0,880	20 40 60	4,45 2,45 1,66	Thran ist nicht vorhanden. Schmutzigweiße Färbung.	Der größte Theil der freien Säure ist Schwefelsäure, welche infolge mangelhafter Raffinerie im Oel zurückgeblieben ist. Mit dem Oelsäuremesser von Burstyn gefunden: Versuch 1 3,08%, " 2 2,46%. Maßanalytisch: Versuch 1 0,982%, " 2 0,991%, " 3 1,080%	—

Verantwortlicher Redacteur: Dr. Hermann Wedding. — Verlag von Julius Springer in Berlin.

Additional material from *Mitthelungen aus den Königlichen Technischen Dersuchsanstalten zu Berlin,*
ISBN 978-3-662-42844-3 (978-3-662-42844-3_OSFO6),
is available at http://extras.springer.com

Mittheilungen

aus den

Königlichen technischen Versuchsanstalten

zu Berlin.

Herausgegeben im Auftrage der Königlichen Aufsichts-Kommission.

Redacteur: Geheimer Bergrath Dr. **Wedding,**

Mitglied der Königl. Aufsichts-Kommission.

Ergänzungsheft V. **1888.**

Bericht

über die im Auftrage des Herrn Ministers für Handel und Gewerbe ausgeführten vergleichenden Untersuchungen

von

Seilverbindungen

für

Fahrstuhlbetrieb

Theil I. Ergebniß der Untersuchungen für ruhende Belastung

erstattet von

A. Martens

Vorsteher der mechanisch-technischen Versuchsanstalt

Springer-Verlag Berlin Heidelberg GmbH

1888.

ISBN 978-3-662-42844-3   ISBN 978-3-662-43127-6 (eBook)
DOI 10.1007/978-3-662-43127-6
Softcover reprint of the hardcover 1st edition 1888

Auf Grund der Ergebnisse einer mit dem Kortüm'schen Seilschloß angestellten Untersuchung auf Festigkeit der Verbindung mit dem Seile ordnete der Herr Minister für Handel und Gewerbe eine entsprechende Untersuchung mit anderweitigen beim Fahrstuhlbetrieb benutzten Seilverbindungen an. Hierbei sollten besonders diejenigen Konstruktionen berücksichtigt werden, welche von der Königlichen technischen Deputation für Gewerbe in einem Bericht vom 12. Februar 1886 namhaft gemacht waren, und zwar sollten die Versuche sowohl auf Festigkeitsprüfungen mit ruhender als auch auf solche mit stoßweis angreifender Last ausgedehnt werden.

Der erste Theil dieser Aufgabe, die Prüfung mit ruhender Belastung, ist nunmehr mit einer großen Zahl von Seilverbindungen vollendet worden. Ueber die hierbei gewonnenen Erfahrungen soll schon jetzt berichtet werden, obwohl der zweite Theil des Auftrages, die Prüfung mit stoßweiser Beanspruchung, noch nicht in Angriff genommen worden ist.

Da ein Vergleich der bei den Voruntersuchungen mit dem Kortüm'schen Seilschloß gewonnenen Ergebnisse mit denen aus der jetzt abgeschlossenen Reihe von Interesse ist, so werden die ersteren vorausgeschickt.

A. Vorversuche mit dem Kortüm'schen Seilschloß.

Die Veranlassung zu diesen Untersuchungen gab das Versagen eines Kortüm'schen Seilschlosses, welches zur Verbindung eines Fahrstuhles mit dem Seile diente. Das Seil war aus dem Schloß herausgeglitten und mit dem fallenden Stuhl war ein Mensch verunglückt. An die Versuchs-Anstalt gelangte der Auftrag, die Festigkeit der Verbindung an demjenigen Schlosse festzustellen, welches das Unglück veranlaßt hatte, ferner an einem aus dem Betriebe entnommenen und endlich an neuen Schlössern. Die Versuche haben die folgenden Ergebnisse geliefert.

a. Untersuchung einer ohne Beanstandung im praktischen Gebrauch gewesenen Kortüm'schen Seilverbindung.

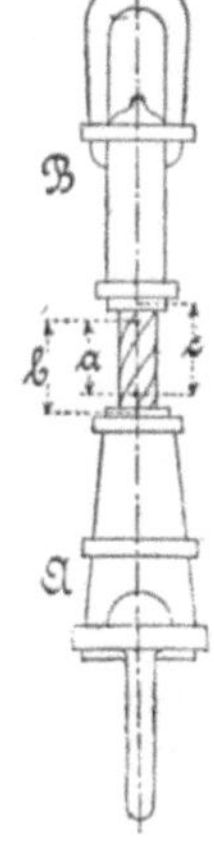

Fig. 1.

Material. Das Schloß A nebenstehender Skizze wurde mit dem darin befestigten Förderseilende von 40 cm Länge am 29. Juni 1886 durch das Königliche Polizei-Präsidium zu Berlin beschafft und von demselben über den Ursprung dieses Probestückes Folgendes ermittelt:

Das Seil wurde von der Firma Felten & Guilleaume zu Mülheim a. Rh. geliefert, am 1. November 1884 durch einen Monteur des Fabrikanten Kortüm zu Berlin mit dem Schloß verbunden und stand seit diesem Tage in Gebrauch. Die größte Belastung betrug 500 kg. Die Auswechselung erfolgte lediglich zum Zweck der Untersuchung.

Zur Befestigung des freien Seilendes des Probestückes wurde dasselbe am 13. Juli 1886 in der Versuchs-Anstalt und in Gegenwart des Vorstehers

durch einen Monteur des Fabrikanten Kortüm mit einem Seilschloß B (Fabrik=
benennung X 14) versehen, wobei den Vorschriften „Ueber das Montiren der Kortüm'schen
Seilschlösser" entsprechend ein Dorn in den Kopf des Seiles eingetrieben wurde. Diese
Vorschriften lauten:

„Ist das Seil etwas zu dünn, oder hat dasselbe auch in den Litzen Hanfseelen,
so treibt man, nachdem die Keile eingesetzt worden sind, einen oder einige Dorne
(Nagelspitzen) in den Kopf des Seiles. Diese Dorne dürfen aber nicht tiefer
hineingetrieben werden, als die Keile. Ist nämlich der innere Raum des Gehäuses
nicht gut ausgefüllt, so können die Keile bei der Belastung so tief hineingleiten,
daß die Spitzen derselben aus dem Gehäuse hervorlugen und nach und nach eine
Zerstörung des Seils herbeiführen."

Das Seil von 13 mm Durchmesser besteht aus einer Hanfseele und 6 Litzen mit
je 14 Drähten. In der einen Litze hatten die Drähte sich verschoben, sodaß dieselben
um etwa 2 mm klafften.

Die Prüfung wurde auf der Werder=Maschine ausgeführt. Alle hierbei nothwendig
gewordenen Aenderungen an der Seilbefestigung sind durch den Gehülfen der Versuchs=
Anstalt ausgeführt worden.

Versuchsergebnisse. Zur Bestimmung der Größe der Verschiebung des Seiles,
beziehentlich der Keile in den Schlössern wurden an der Probe vier Marken nach vor=
stehender Skizze festgelegt und die Längenänderungen an denselben mit Hülfe eines
Zirkels bestimmt.

| | Be= lastung kg | Längen=Abmessungen in mm | | | | | | Bemerkungen |
| | | a | | b | | c | | |
		absolut	Differenz	absolut	Differenz	absolut	Differenz	
	100	30,2	—	37,0	—	36,0	—	
	500	30,3	0,1	37,5	0,5	36,8	0,8	
a	1000	30,5	0,2	38,6	1,1	44,5	8,5	Das Seilende im Schloß B zieht sich durch, ohne die Keile mit vorzuziehen.
	100	30,2	0,0	37,8	0,8	44,0	8,0	Nachdem die Probe aus der Maschine herausgenommen, werden die Keile im Schloß B nachgetrieben.
	100	30,2	—	37,8	—	44,3	—	
	1000	30,5	0,3	39,0	1,2	45,1	0,8	
	1500	30,7	·0,2	40,5	1,5	46,7	1,6	
b	2000	—	—	—	—	—	—	Das Seilende im Schloß A zieht sich durch.
	100	31,0	0,8	55,0	17,2	47,8	3,5	Entlastet und die Keile im Schloß A nach= getrieben.
	100	31,0	—	54,6	—	47,5	—	
	2000	31,8	0,8	56,3	1,7	47,7	0,2	
c	2500	—	—	—	—	—	—	Das Seilende im Schloß B zieht sich durch.
	100	31,2	0,2	55,7	1,1	53,2	5,7	Entlastet und die Keile im Schloß B nach= getrieben.
	100	31,2	—	55,8	—	53,5	—	

| | Belastung | Längen-Abmessungen in mm | | | | | | Bemerkungen |
| | | a | | b | | c | | |
	kg	absolut	Differenz	absolut	Differenz	absolut	Differenz	
c	2500	—	—	—	—	—	—	Das Seilende im Schloß B wurde vollkommen durchgezogen. Es zeigte sich, daß die Rücken der Keile verrostet waren, so daß sie nicht frei im Schloß gleiten konnten. Die Rücken der Keile und die Wandungen des Schlosses wurden mit einer Schlichtfeile vom Rost gesäubert und eingeölt, darauf wurde das Seilende mit Hülfe derselben Keile, deren Zähne beim Durchziehen des Seiles abgeschliffen waren, nochmals befestigt und von Neuem geprüft.
	100	32,0	—	38,8	—	37,8	—	Die Marken sind in gleicher Weise, wie vorher, von Neuem festgelegt.
	500	32,2	0,2	39,3	0,5	38,1	0,3	
	1000	32,2	0,0	39,5	0,2	39,0	0,9	
	1500	32,1	— 0,1	39,8	0,3	46,0	7,0	Gleiten des Seilendes im Schloß B.
	100	32,0	± 0,0	39,0	0,2	45,8	8,0	Entlastet. Bei Schloß B in den Kopf des Seiles ein Dorn eingetrieben und die Keile festgeschlagen.
	100	31,8	—	38,7	—	45,8	—	
	1500	32,0	0,2	39,8	1,1	46,2	0,4	
	2000	32,0	0,0	40,0	0,2	46,8	0,6	
d	2500	32,0	0,0	41,0	1,0	48,2	1,4	
e	3000	—	—	—	—	—	—	Gleiten des Seilendes im Schloß B. Das Seilende wird vollkommen durchgezogen und unter Anwendung eines Dornes und der alten Keile nochmals befestigt.
	100	—	—	6,4	—	6,4	—	Der geringen Länge des freiliegenden Seiles wegen wurde eine neue Marke nach nebenstehender Skizze festgelegt und deren Entfernung vom Ende der Schlösser mit einem Taster gemessen.
	500	—	—	7,0	0,6	6,8	0,4	
	1000	—	—	7,0	0,0	6,8	0,0	
	1500	—	—	7,2	0,2	8,2	1,4	
	2000	—	—	—	—	—	—	Gleiten des Seilendes im Schloß B; die Keile haben sich schief gestellt und bleiben stecken. Dieselben werden zurück getrieben, und es zeigt sich, daß der in den Kopf des Seiles eingetriebene Dorn seitlich hervorgetreten ist, so daß die Zähne des einen Keiles nicht in das Seil haben eingreifen können.

Besprechung der Ergebnisse. Aus den Versuchen ergiebt sich, daß in der alten Seilbefestigung A das erste wesentliche Gleiten *b**) bei einer Beanspruchung mit 2000 kg = der 4 fachen Nutzbelastung eingetreten ist; daß die Belastung aber nach

---

*) Die Cursiv-Buchstaben dienen als Hinweis auf die betreffenden Stellen im vorstehenden Versuchs-Protokoll.

Anziehen der Keile ohne Gefahr für die Haltbarkeit der Befestigung bis auf 3000 kg *e* oder bis auf die 6 fache Nutzbelastung hat gesteigert werden können.

Dagegen zeigt die neu hergestellte Seilbefestigung anfänglich nur eine Festigkeit von 1000 kg *a* = der doppelten Nutzlast; durch Nachziehen der Keile wurde dieselbe auf etwa 4—5 fache Nutzlast gebracht *c* und durch Eintreiben eines Dornes in den Kopf des Seiles zwischen die Keile bis auf mindestens 5 fache Nutzlast gesteigert. *d.*

Zeigen schon diese Ergebnisse, daß die Güte der Befestigung von wesentlichem Einfluß auf die Sicherheit dieser Seilverbindung ist, so tritt dies besonders bei dem letzten Theil der Versuche zutage, bei dem die Verbindungsfestigkeit infolge mangelhaften Einspannens (schiefes Eintreiben des Dornes und Behinderung der Keilwirkung) auf eine höhere Sicherheit als die kaum 4 fache Nutzlast nicht gebracht werden konnte.

Da das kurze Seilende ein nochmaliges Einspannen nicht mehr gestattete, so mußte der Versuch abgebrochen werden, ohne daß die Bruchfestigkeit der alten Seilbefestigung im Schloß A, beziehentlich die Maximal-Tragkraft des Seiles ermittelt werden konnte.

B. Untersuchung der Festigkeit einer Kortüm'schen Seilbefestigung unter Verwendung alter Keile mit abgeschliffenen Zähnen.

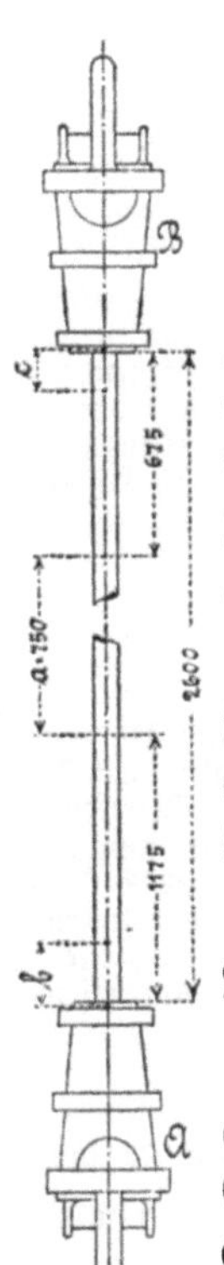

Material. Das Schloß A nebenstehender Skizze, dessen Versagen das Unglück bei Benutzung eines Fahrstuhles auf dem Grundstück Zehdenickerstraße Nr. 12b am 6. Januar 1886 veranlaßt hatte, wurde durch die Königliche Kommission zur Beaufsichtigung der technischen Versuchs-Anstalten mit Verfügung vom 25. März 1886 zur Prüfung vorgelegt.

Um die Festigkeit einer mit diesen alten Keilen hergestellten Seilverbindung zu ermitteln, wurde von der Firma C. Kortüm in Berlin ein neues gewöhnliches Transmissionsseil aus geglühtem Bessemer-Stahl-Draht, sowie ein zweites Seilschloß B gleicher Größe bezogen. Der Durchmesser dieses Seiles betrug 16 mm; derselbe ist von dem Monteur des Lieferanten als zu dem Schloß, dessen Fabrikbenennung X 16 sein soll, passend bezeichnet.

Beide Schlösser wurden von dem Monteur des Fabrikanten Kortüm in Gegenwart eines Beamten der Anstalt am Seil befestigt und zwar das alte Schloß A, wie ursprünglich, unter Verwendung eines Dornes, der zwischen die Keile in den Kopf des Seilendes eingetrieben wurde.

Das Seil bestand aus einer Seele und sieben Litzen mit je sieben Drähten; die Seele lag an mehreren Stellen bloß.

Versuchsergebnisse. Die Prüfungen sind auf der Werder-Maschine ausgeführt. Die Verschiebungen des Seiles, beziehentlich der Keile in den Schlössern, sowie die Dehnung des Seiles wurden an Marken gemessen, die auf dem Seile und den Schlössern angebracht waren. Die Messung erfolgte bei Bestimmung der Dehnung durch direktes Anlegen eines Maßstabes, im Uebrigen mit Hülfe eines Zirkels.

Fig. 2.

| Be-lastung kg | Längen-Abmessungen in mm | | | | | | Bemerkungen |
| | a | | b | | c | | |
	absolut	Differenz	absolut	Differenz	absolut	Differenz	
100	750,0	—	45,5	—	45,7	—	
500	751,5	1,5	46,2	0,7	46,8	1,1	
1000	753,0	1,5	49,0	2,8	50,0	3,2	
1500	754,0	1,0	53,0	4,0	53,8	3,8	
2000	755,5	1,5	56,5	3,5	61,3	7,5	
2500	761,0	5,5	60,8	4,3	68,0	6,7	
3000	782,0	21,0	68,5	7,7	72,8	4,8	
3500	803,0	21,0	74,7	6,2	78,0	5,2	
4000	837,0	34,0	82,0	7,3	84,0	6,0	Der Kolben der hydraul. Presse ist am Ende seines Weges angelangt, daher wird entlastet.
100	832,5	82,5	81,8	36,3	83,2	37,5	Bleibende Längen-Aenderungen. — Nachdem vollkommen entlastet und der Kolben zurückgeführt war, wurde ein neues Zwischenstück (Laterne) in die Maschine eingebaut und der Versuch fortgesetzt.
100	832,5	—	81,8	—	83,2	—	
4000	—	—	—	—	—	—	Bevor diese Belastung wieder erreicht war, erfolgte der Bruch des Seiles. Es rissen 5 Litzen im Schloß B etwa auf halber Keillänge. Der eine Keil war stecken geblieben. Nach beendigtem Versuch wurde die Verbindung bei B gelöst, wobei der andere (der mit dem Seil vorgeschobene) Keil zerbrach. Die Zähne beider Keile zeigten keine wesentlichen Beschädigungen.

C. Fortſetzung zum Verſuche B.

Material. Von dem beim Versuche B zerrissenen Seil wurde das beschädigte Ende abgehauen und das Seil nochmals in das Schloß B eingelegt, wobei 2 neue Keile mit je zwei Reihen größerer Zähne verwendet wurden. Ein Dorn wurde hierbei in den Kopf des Seiles nicht eingetrieben.

Versuchsergebnisse. Nur die Verschiebungen des Seiles oder der Keile in den Schlössern wurden nach Maßgabe der Fig. 2 gemessen.

| Be-lastung kg | Längen-Abmessungen in mm | | | | | | Bemerkungen |
| | a | | b | | c | | |
	absolut	Differenz	absolut	Differenz	absolut	Differenz	
100	—	—	34,3	—	38,5	—	
500	—	—	34,3	0,0	38,7	0,2	
1000	—	—	34,5	0,2	38,8	0,1	
1500	—	—	34,6	0,1	39,0	0,2	
2000	—	—	34,8	0,2	40,2	1,2	

Be-lastung kg	Längen-Abmessungen in mm						Bemerkungen
	a		b		c		
	absolut	Differenz	absolut	Differenz	absolut	Differenz	
2500	—	—	34,6	—0,2	41,6	1,4	
3000	—	—	34,7	0,1	43,0	1,4	
3500	—	—	35,0	0,3	46,5	3,5	
4000	—	—	—	—	—	—	Bevor diese Belastung erreicht war, riß im Schloß B zunächst eine Litze und bei weiterem Vorgehen mit dem Preßkolben rissen noch 2 Litzen.

Besprechung der Ergebnisse der Versuche B und C. Ein Durchziehen des Seiles wurde bei diesen Versuchen nicht beobachtet, dagegen schienen die Seilbrüche durch das Abkneifen einzelner Drähte verursacht zu sein. Um den Einfluß einer derartigen Seilbeschädigung auf die Bruchfestigkeit des Seiles festzustellen, wurde ein zweites Probestück desselben Seiles mit Hülfe der Einspannvorrichtungen der Versuchs-Anstalt — System Kortüm — geprüft. Der Bruch erfolgte auch hier am Keil und zwar bei 3800 kg Belastung. Weiter wurden Zerreißversuche mit den einzelnen Drähten aus einer dritten Probe desselben Seiles angestellt, und hierbei wurde die Festigkeit der Drähte auf etwa 71 kg ermittelt. Hieraus berechnet sich die Festigkeit sämmtlicher im Seil enthaltenen 49 Drähte auf $49 \times 71 = 3479$ kg. Eine wesentliche Herabminderung der Bruchfestigkeit des Seiles scheint demnach durch das Eingreifen der Zähne nicht stattgehabt zu haben.

Da das Material des zu den vorbeschriebenen Versuchen B und C verwendeten Seiles demjenigen des bei dem Unfall los gewordenen Seiles an Härte bedeutend nachstand, so erschien es von Werth, den Versuch mit einem Seil aus hartgezogenem Stahldraht zu wiederholen. Um ferner gleichzeitig festzustellen, ob das oben mit A bezeichnete alte Schloß nur für Seile von 16 mm Durchmesser, sondern auch für Seile von 18 mm verwendbar sei, deren eines nach dem Bericht des Königlichen Bauraths Soenderop vom 7. Januar 1886 an dem Ort des Unfalles mit dem Schloß verbunden gewesen ist, wurde der Firma C. Kortüm-Berlin die Lieferung eines Gußstahldrahtseiles von 18 mm Durchmesser in Auftrag gegeben. Der Durchmesser der gelieferten Probe betrug jedoch im Mittel 19 mm, und das Seil konnte daher nicht in das Schloß hinein-gebracht werden. Von einer nochmaligen Einforderung neuen Probematerials wurde Abstand genommen, um die Erledigung des Auftrages nicht noch weiter hinausschieben zu müssen.

Diese Vorversuche hatten gezeigt, daß die Sicherheit des Kortüm'schen Schlosses in besonders erheblichem Grade von der beim Zusammenfügen desselben beobachteten Sorgfalt abhängt, da durch wiederholtes Nachziehen der Keile und Eintreiben eines Dornes die Festigkeit der Verbindung von der doppelten Nutzbelastung auf den fünffachen Betrag gesteigert werden konnte. Das Abkneifen einzelner Drähte durch die Keilzähne ließ vermuthen, daß auch die Festigkeit des Seiles von Einfluß auf die Sicherheit der Verbindung sein würde.

Prüfung von Seilverbindungen verschiedener Konstruktion unter ruhig wirkender Belastung.

I. Arbeitsplan.

Die Aufgabe lautete:

1. Bezüglich des Kortüm'schen Seilschlosses sind die Versuche über den Einfluß der Festigkeit des Seilmaterials auf die Festigkeit der Verbindung (Abkneifen einzelner Drähte durch die Keile) zu vervollständigen.

2. Die Versuche sind auf die Anwendung plötzlicher, stoßartig wirkender Belastung auszudehnen.

3. Es sollen verschiedene Formen der üblichen Seilverbindungen bezüglich ihrer Sicherheit verglichen werden.

Zur Lösung der vorstehenden Aufgaben wurde es als genügend erachtet, die Versuche auf Seile von 18 mm Durchmesser zu beschränken, da diese Seile nach den eingezogenen Erkundigungen bei dem Fahrstuhlbetrieb am häufigsten in Anwendung kommen.

Zu 1. Um den Einfluß der Festigkeit des Seilmateriales auf die Betriebssicherheit des Kortüm'schen Seilschlosses erschöpfend zu erweisen, wurde die Anwendung von drei Seilen gleicher Konstruktion in drei Festigkeitsstufen für das Drahtmaterial als ausreichend angenommen. Es sollten demgemäß Seile aus

a) Holzkohleneisen,

b) Stahldraht,

c) bestem Tiegelgußstahldraht und

d) Schlösser aus der laufenden Fabrikation

zu den Versuchen verwendet und die Kortüm'schen Schlösser mit allen drei Seilarten a—c geprüft werden.

Zu 2. Die Versuche mit stoßweis wirkender Belastung sind aus den im Anfang des Berichtes erwähnten Gründen einstweilen verschoben worden.

Zu 3. Die Versuche zur Vergleichung der Schlösser verschiedener Konstruktion sollten mit dem Seil b aus Stahldraht ausgeführt werden.

Ueber die Versuchsausführung wurde bestimmt, daß im allgemeinen der Vorgang der Prüfung ähnlich, wie bei den unter I mitgetheilten Voruntersuchungen mit dem Kortüm'schen Seilschloß, sein sollte. Hierbei sollten thunlichst solche Verhältnisse der Seilbefestigung gewählt werden, daß alle Einzelheiten und Umstände, welche für die Beurtheilung der Betriebssicherheit von Werth sein konnten, im Ergebniß zum Ausdruck kämen. Alle besonders wichtigen Handhabungen und Erscheinungen beim Einfügen der Seile in die Verbindungstheile, sowie alle Beobachtungen, welche beim Herausnehmen der Seile nach geschehenem Versuch gemacht wurden, sollten aufgezeichnet und in das Protokoll eingetragen werden. In der Regel sollten zwei der zu untersuchenden Seilverbindungen an ein Seilende befestigt und unmittelbar mit einander verglichen werden; hierbei sollte, wenn eine Lösung der Verbindung ohne Zerstörung des Seilen oder der Konstruktion einträte, so lange versucht werden, ob eine bessere Befestigung zu erreichen sein würde, bis die Unmöglichkeit erwiesen wäre, oder ein Bruch stattfände.

Dieser Plan hat indessen nicht immer streng inne gehalten werden können.

II. Versuchsmaterial.

Das Material zu den Versuchen ist größtentheils käuflich erworben, zum Theil aber auch in dankenswerther Weise von den Fabrikanten unentgeltlich zur Verfügung gestellt worden.

a) Die Drahtseile.

Wegen der zweckmäßigsten Konstruktionsform für die den Versuchen zu Grunde zu legenden Drahtseile wurden Verhandlungen mit Fabrikanten von Aufzugseilen gepflogen.

Der Seildurchmesser von 18 mm stand fest. Man hatte von einer Seite wegen der zu erreichenden größeren Seilfestigkeit die Herstellung aus 6 Litzen mit je 7 Drähten von 2 mm Durchmesser mit Hanfseele vorgeschlagen. Da zu befürchten war, daß diese dicken Drähte eine wesentlich geringere Biegsamkeit des Seiles ergeben würden als dünnere, unter den Seilverbindungsstücken aber solche waren, deren Konstruktion eine Biegsamkeit des Seilmateriales wünschenswerth erscheinen ließ, so wurde auch mit Rücksicht darauf, daß das zu der ganzen Untersuchung Anlaß gebende Seil aus dünneren Drähten hergestellt war, die Anwendung von dünnen Drähten in Aussicht genommen und es wurden demgemäß bei der Firma Felten & Guilleaume in Mülheim a/Rh. die in Tab. 1 u. 3 mit a. b. c bezeichneten Seile bezogen. Die Firma hat bereitwilligst diese Seile aus Drähten anfertigen lassen, welche von ihr vor der Verwendung auf Zugfestigkeit geprüft waren, und hat die in Tab. 2 zusammengestellten Werthe mitgetheilt.

Außer den genannten drei Seilen sind noch die Seile e bis f mit den später namhaft zu machenden Seilverbindungen gemeinsam eingeliefert worden. Wo irgend angänglich, sind die Seilfestigkeiten und die Dehnbarkeit in gesonderten Versuchen bestimmt, deren Ergebnisse in Tab. 3 enthalten sind.

Bei der Prüfung der Seile wurde in der in der Versuchs-Anstalt üblichen Weise verfahren. Die Enden der Seilstücke wurden soweit mit dünnen Seilen (Bändseln von 3 bis 3,5 mm Durchmesser) ausgelegt, als sie in die zur Einspannung benutzten großen Einspannvorrichtungen hineinragen. Die Bändsel füllen den zwischen den Litzen verbleibenden Raum so aus, daß die Keilzähne des Schlosses die Drähte nicht beschädigen können. Die Dehnung wird mit dem Anlegemaßstab auf 1 m Meßlänge gemessen. Bei den Seilen d bis f war eine ausführliche Prüfung des Seilmateriales wegen der zu Gebote stehenden geringen Längen der Probestücke nicht möglich.

In den Protokollen und den folgenden Besprechungen sind als Bezeichnung für die einzelnen zur Verwendung gekommenen Seile die Buchstaben a bis f der Tabelle 1 benutzt worden.

Tabelle 1.

Konstruktion der benutzten Seile.

Seile a. b. c.   von **Felten & Guilleaume** in **Mülheim a/Rh.**

			a	b	c
a. Holzkohleneisendraht.					
b. Stahldraht.					
c. Tiegelgußstahldraht.					

Jedes Seil besteht aus:

6 Litzen	1 getheerte Hanfseele	ist rechts geschlagen	Drall von n Litzen	auf 1 m Länge	n =	45	42	43

Jede Litze besteht aus:

10 Drähten	1 Drahtseele	ist links geschlagen	Drall von n_1 Drähten	auf 1 m Länge	n_1 =	150	140	140

Jede Litzenseele besteht aus:

4 Drähten	—	ist links geschlagen	Drall von n_2 Drähten	auf 1 m Länge	n_2 =	210	170	170

Jeder Draht hat einen mittleren Durchmesser von 1,3 mm.

Seil d.   von der **Amerikanischen Aufzugbau-Gesellschaft Otis Brothers & Co., New-York.**

Das Seil besteht aus:

6 Litzen um	1 ungetheerte Hanfseele	rechts geschlagen	Drall von n Litzen	auf 1 m Länge	n =	42 Litzen

Jede Litze besteht aus:

12 Drähten um	1 Drahtseele	links geschlagen	Drall von n_1 Drähten	auf 1 m Länge	n_1 =	160 Drähte

Jede Litzenseele besteht aus:

6 Drähten um	1 Draht als Seele	links geschlagen	Drall von n_2 Drähten	auf 1 m Länge	n_2 =	160 Drähte

Jeder Draht hat einen mittleren Durchmesser von: 1,3 mm

Seil e.   von der **Amerikanischen Aufzugbau-Gesellschaft Otis Brothers & Co., New-York.**

Das Seil besteht aus: Material unbekannt

6 Litzen um	1 getheerte Hanfseele	rechts geschlagen	Drall von n Litzen	auf 1 m Länge	n =	56 Litzen

Jede Litze besteht aus:

12 Drähten um	1 Drahtseele	links geschlagen	Drall von n_1 Drähten	auf 1 m Länge	n_1 =	200 Drähte

Jede Litzenseele besteht aus:

6 Drähten um	1 Draht als Seele	links geschlagen	Drall von n_2 Drähten	auf 1 m Länge	n_2 =	110 Drähte

Jeder Draht hat einen mittleren Durchmesser von   1,0 mm

Seil f.   **von E. Becker, Berlin N.**

Das Seil besteht aus:						Material unbekannt
7 Litzen um	1 schwach getheerte Hanffeele	rechts geschlagen	Drall von n Litzen	auf 1 m Länge	$n =$	60 Litzen
Jede Litze besteht aus:						
12 Drähten um	1 schwach getheerte Hanffeele	links geschlagen	Drall von n_1 Drähten	auf 1 m Länge	$n_1 =$	210 Drähte
Jeder Draht hat einen mittleren Durchmesser von:						1,0 mm

Tabelle 2.

Festigkeiten der zu den Seilen a—c verwendeten Drähte.

Nach den Versuchen auf dem Karlswerk Mülheim a. Rh. haben die Drähte folgende Festigkeiten ergeben.

Seil a. Geglühter Holzkohleneisendraht.				**Seil b.** Extra zäher Stahldraht.				**Seil c.** Bester Patent-Tiegelgußstahldraht.			
58 Drähte à 45 kg	=	2610		7 Drähte à 110 kg	=	770		1 Drähte à 160 kg	=	160	
23 „ 46	=	1058		3 „ 111	=	333		2 „ 161	=	322	
3 „ 47	=	141		4 „ 112	=	448		6 „ 162	=	972	
				9 „ 113	=	1017		2 „ 163	=	326	
				18 „ 115	=	2070		8 „ 164	=	1312	
				4 „ 116	=	464		7 „ 165	=	1155	
				6 „ 117	=	702		4 „ 166	=	664	
				8 „ 118	=	944		8 „ 167	=	1336	
				6 „ 119	=	714		4 „ 168	=	672	
				19 „ 120	=	2280		7 „ 169	=	1183	
								8 „ 170	=	1360	
								2 „ 171	=	342	
								5 „ 172	=	860	
								3 „ 173	=	519	
								7 „ 174	=	1218	
								4 „ 175	=	700	
								3 „ 176	=	528	
								3 „ 178	=	534	
84 Drähte zuf. kg = 3809				84 Drähte zuf. kg = 9742				84 Drähte zuf. kg = 14163			

Tabelle 3.

Ermittelung der Seilfestigkeiten.

Seil-zeichen	Seil- Ge-wicht kg/m g	Seil- Um-fang mm U	Seil- Durch-messer mm D	Seil- Quer-schnitt qmm F	Draht- Zahl z	Draht- Durch-messer mm d	Draht- Ge-sammt-Quer-schnitt qmm f	Quer-schnitts-Ver-hältniß f/F	Ermittelte Bruchlast sämmt-licher Drähte kg	Ver-suchs-No.	der Seile kg	Bruch-dehnung %	Bemerkungen
Seil a	0,99	54	17,2	232	84	1,3	112	0,485	3 809	1	3 700	12,0	Bruch innerhalb der Versuchslänge.
										2	3 600	5,7	" " " " in einer Litze.
									Mittel =		3 650		**32,6 kg/qmm Drahtquerschnitt.**
Seil b	0,98	55	17,5	241	84	1,3	112	0,465	9 742	1	8 750	5,8	Bruch in der Einspannung. 5 Litzen gleichzeitig.
										2	9 000	5,6	" in der Versuchslänge. 3 " "
										3	9 000	5,3	" an der Einspannung. 3 " "
										4	9 000	5,4	" in der Versuchslänge. 4 " "
									Mittel =		8 940		**79,7 kg/qmm Drahtquerschnitt.**
Seil c	1,06	57	18,2	260	84	1,3	112	0,430	14 136	1	12 000	(1,4)	Bruch in der Versuchslänge. 2 Litzen gleichzeitig
										2	12 000	(1,7)	" " " 4 " "
									Mittel =		12 000		**107,0 kg/qmm Drahtquerschnitt.**
Seil d	1,23	61	19,4	296	114	1,3	152	0,514	—	1	9 000	—	Bruch in der Versuchslänge. 1 Litze.
										2	9 250	—	" "
									Mittel =		9 125		**60,0 kg/qmm Drahtquerschnitt.**
Seil e	0,91	51	16,2	206	114	1,0	90	0,436	—	1	5 500	—	Bruch in der Einspannung. 3 Litzen gleichzeitig.
										2	5 250	—	" " Versuchslänge. 2 " "
										3	5 250	—	" an der Einspannung. 3 " "
										4	5 250	—	" " " 2 " "
										5	5 500	—	" in der " 3 " "
									Mittel =		5 350		**59,4 kg/qmm Drahtquerschnitt.**
Seil f	0,66	52	16,6	216	84	1,0	66	0,305	—	1	11 000	—	Bruch an der Einspannung. Das zur Verfügung stehende Seilende war nur sehr kurz.
													166,0 kg/qmm Drahtquerschnitt.

Anmerkung. Die Schaulinien für die Seile a—c sind in untenstehender Fig. 3 dargestellt.

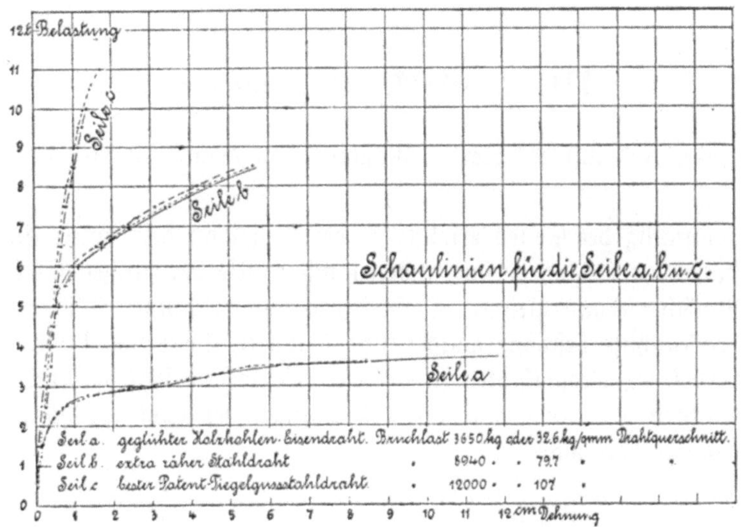

Fig. 3.

b) Die Seilverbindungen.

In Tabelle 4 werden die zur Prüfung gelangten Seil-Verbindungen namentlich aufgeführt. Von einer eingehenden Beschreibung soll an dieser Stelle abgesehen werden, dieselbe soll zur Erhöhung der Uebersichtlichkeit vielmehr in den einzelnen Versuchsprotokollen vorausgeschickt werden. Auch die Einzelskizzen werden soviel wie möglich daselbst untergebracht werden.

Tabelle 4.

Zusammenstellung der geprüften Seilverbindungen.

Be-zeichnung	Geliefert von	Art und Benennung der Probestücke	Zahl der Stücke
A	C. Kortüm, Berlin N.	Kortüm'sche Seilschlösser älterer Konstruktion .	10
		do. do. mit Keilen (Paar) . .	10
B	Derselbe	do. do. neuer Konstruktion . .	6
C	Felten & Guilleaume, Mülheim a. Rh.	Reibungs-Seilgehänge	4
		do. mit Schellen (Paar) . .	4
D	Dieselben	Konische Seilbüchsen mit Ring	3
E	Dieselben	do. do. zum Vergießen, mit eingeschraubtem Kopf	3
F	Dieselben	Kauschen mit Schellen dazu (4 Paar)	2
G	Otis Brothers & Co., New-York	Gehänge für Seile von 18 mm Durchmesser .	4
H	Dieselben	do. do. von 16 mm Durchmesser .	4
I	C. Kortüm, Berlin N.	Schwanenhälse (auf Bestellung)	5
K	C. F. Wischeropp, Berlin N.	do. englischen Ursprungs	3
L	Dingler'sche Masch.-Fabrik in Zweibrücken	Baumann'sche Seilklemme (2theilig)	1
M	Dieselbe	do. Seilklemme (3theilig)	1
N	E. Becker, Berlin N.	Becker'sche Seilverbindungen	2

III. Ergebnisse der Zugversuche.

Alle Versuche sind auf der Werder-Maschine von dem Assistenten Kirsch ausgeführt worden.

Die Einspannung des Seiles erfolgte in der Regel an dem einen Ende mit Hülfe des zu untersuchenden Schlosses, am anderen mit Hülfe der großen Seileinspann-Vorrichtung Kortüm'scher Konstruktion. Diese Einspannvorrichtung ist bereits vor Jahren für die Werder-Maschine beschafft worden und gestattet, Seile von 50 mm Durchmesser und bis zu 100 000 kg Tragfähigkeit zu prüfen. Es wurde stets dafür Sorge getragen, daß die Beweglichkeit der Probe nach allen Richtungen senkrecht zur Richtung der Zugachse hinreichend gesichert war.

A. Kortüm'sche Seilschlösser alter Konstruktion.

Es sind 10 Probestücke mit 10 Paar Einlegekeilen vom Fabrikanten C. Kortüm in Berlin geliefert worden. Die Stücke sind mit den Buchstaben a—k bezeichnet.

Konstruktion und Abmessungen der Schlösser ergeben sich aus Fig. 4—7.

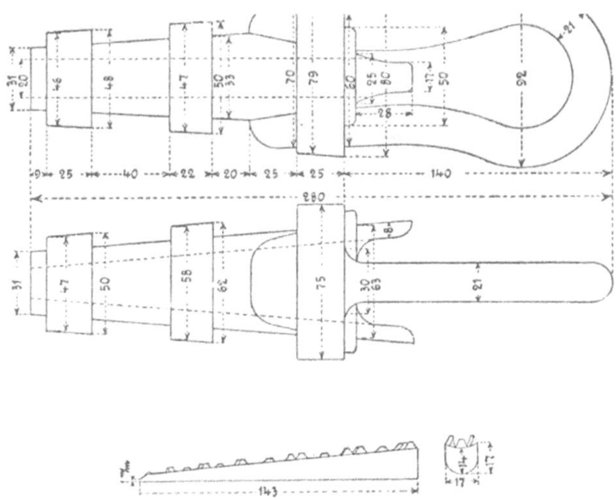

Das Schloß besteht aus einem mit übergezogenen Ringen versehenen Gehäuse von schmiedbarem Guß, welches durch den oberen Ring mit dem Gehängebügel verbunden ist. Die Befestigung des Seiles geschieht durch 2 Beilegekeile, welche an den Greifflächen mit Zähnen versehen wurden, die in Reihen so geordnet sind, daß sie in die Rillen zwischen den Litzen des Seiles eingreifen können. Die Höhe der Zähne nimmt von der Keilspitze aus nach hinten zu, und zwar von 2,5 bis 4,5 mm. Um Sicherheit für eine gute Wirkung der Keile zu haben, war dem Lieferanten ein Probestück vom Seil über= wiesen worden. Die Keile sollten sich beim Anspannen des Seiles immer fester in das Gehäuse hineinziehen.

Die Einspannung erfolgte nach Angabe des Lieferanten so, daß das kurz vor dem 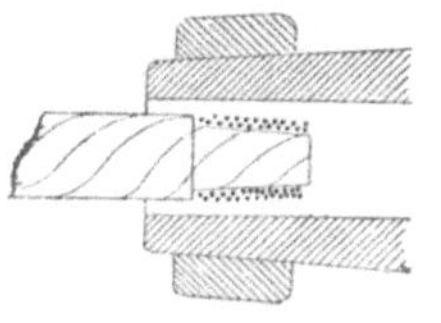 Ende umbundene Seilende mit der Feile nach Maßgabe von Fig. 8 etwas angespitzt und nach Umwicklung mit Draht in das Schloß eingeführt wurde, nachdem man die erste Umwicklung ent= fernt hatte. Die sorgfältig nach den Seilwindungen angelegten Keile wurden dann kräftig durch Hammerschläge eingetrieben, bis sie nicht mehr zogen. Das hinten über die Keilenden vorstehende

Fig. 8.

Seilende wurde aufgelöst und die einzelnen Drähte wurden umgebogen. Das Gehäuse ist am hinteren Ende mit 2 Lappen versehen, durch deren Öesen ein Keil getrieben werden muß, wenn das Schloß stoßweiser Beanspruchung ausgesetzt, also ein Schlottern der Keile zu befürchten ist.

Während des Versuchs wurde an der Seilbefestigung nichts geändert; die Keile wurden nicht nachgeschlagen und mußten sich von selbst festziehen. Um das Gleiten der Keile auf ihren Anlageflächen im Gehäuse zu erleichtern, wurden die Keilrücken gehörig geölt.

Versuchs-Ergebnisse.

Tabelle 5.

Seil b aus besonders zähem Stahldraht.

Be-lastung t	Verschiebungen am Schloß		Bemerkungen
	a	b	
0,5	0	0	**Versuch 1.** Schloß a zeigt schon vor dem Versuch am engsten über-gezogenen Ringe eine Schweißnaht.
1,0	0	0	
1,5	1,0	1,0	
2,0	2,0	2,0	
2,5	3,5	2,5	
3,0	5,0	4,0	
3,5	6,5	5,0	
4,0	8,0	7,0	
4,5	9,5	8,5	
5,0	11,0	9,5	
5,5	13,0	11,0	
6,0	14,5	12,5	Knacken im Schloß a.
6,5	17,5	14,0	Desgl.
7,0	Bruchlast		spielten eben ein. Bruch des Schlosses. Seil vollkommen unverletzt. Bruchstelle zeigt sehr bedeutende Fehlstellen, ist weißstrahlig und fast gar nicht getempert.

Be-lastung t	am Schloß		Bemerkungen
	c	b	
0,5	0	14,0	**Versuch 2.** An Stelle von Schloß a wird Schloß c eingespannt.
1,0	1,0	—	
1,5	2,0	—	
2,0	2,5	—	
2,5	4,0	—	
3,0	6,0	—	
3,5	7,5	—	
4,0	8,5	—	
4,5	10,0	—	
5,0	11,0	—	
5,5	12,0	—	
6,0	13,5	—	
6,5	14,5	—	
7,0	—	—	Knistern.
9,0	Bruchlast		Bruch des Seils an Schloß b; 3 Litzen rissen gleichzeitig. Das Seil wird wegen des Zusammenschnellens der Litzen locker und für weitere Versuche unbrauchbar. Die Keile sind ganz unversehrt geblieben, obwohl sie nur mit großer Mühe und durch langes und kräftiges Schlagen mit einem schweren Hammer sich lösen lassen. Die Zähne zeigen geringe Schürfungen. Sie haben nicht genau in den Rillen gesessen, was an den Schürfungen am Seil bemerkbar ist.

Be-lastungen t	Verschiebungen am Schloß		Bemerkungen
	c	b	
0,5	0	0	**Versuch 3.** Ein neues Seilstück wird mit Schloß b und c und denselben Keilen, wie bei Versuch 2 verbunden.
1,0	1,0	1,0	
1,5	2,0	2,0	
2,0	4,0	4,0	
2,5	5,5	5,5	
3,0	7,0	7,0	
3,5	9,0	8,5	
4,0	10,5	10,5	
4,5	13,5	12,0	
5,0	14,0	13,5	
5,5	15,0	14,0	
6,0	17,0	16,0	
6,5	18,0	17,5	
7,0	20,0	19,0	*) (9,25 t spielen nicht mehr ein.) Alle Litzen reißen zugleich innerhalb Schloß b, nur drei Drähte hängen noch zusammen. Beide Schlösser unversehrt, nur die Keile sind durch das Herausschlagen nach dem Versuch beschädigt.
7,5	22,0	21,0	
9,0	Bruchlast*)		

Tabelle 6. ## Seile a aus geglühtem Holzkohlen-Eisendraht.

Be-lastungen t	Verschiebungen am Schloß		Bemerkungen
	a	b	
0,5	0	0	**Versuch 4.** Schloß b und c vom Versuch 3. Schloß b mit neuen Keilen, da die alten beim Herausschlagen beschädigt sind.
1,0	1,0	2,0	
1,5	3,0	4,0	
2,0	5,5	6,5	
2,5	8,5	9,5	
2,75	9,5	11,5	
3,00	12,0	14,0	
3,25	14,0	17,0	
3,50	17,0	19,0	ein Draht reißt.
3,70	Bruchlast		Bruch des Seiles innerhalb der Versuchslänge, zwei Litzen nahe am Schloß c.

Be-lastungen t	am Schloß		Bemerkungen
	b	c	
0,5	0	0	**Versuch 5.** Schlösser und Keile wie beim Versuch 4.
0,75	0,5	0,5	
1,00	1,5	1,5	
1,25	2,0	2,0	
1,50	3,0	3,5	
1,75	4,5	5,5	
2,00	5,5	6,5	
2,25	6,5	7,5	
2,50	8,0	9,5	
2,75	10,0	11,0	
3,00	12,0	13,5	
3,25	15,0	16,0	
3,50	17,0	18,0	
3,60	Bruchlast		2 Litzen reißen in der Versuchslänge, an anderer Stelle reißt kurz vorher ein Draht.

Be-lastungen t	Verschiebungen am Schloß		Bemerkungen
	b	c	
0,5	0	0	**Versuch 6.** Schlösser und Keile wie bei Versuch 4.
1,0	1,0	1,0	
1,5	2,5	2,5	
2,0	5,0	5,0	
2,5	7,0	7,0	
3,0	11,0	10,5	
3,25	13,5	12,5	
3,50	16,0	15,0	*) Bruch mit leichtem, dumpfem Ruck; zuerst reißt eine Litze, gleich darauf
3,60	Bruchlast*)		die zweite in Mitte der Versuchslänge.

Tabelle 7.   **Seile c aus Patent-Tiegelgußstahldraht.**

Be-lastungen t	Verschiebungen am Schloß		Bemerkungen
	d	e	
0,5	0	0	**Versuch 7.** Zwei neue Schlösser d und e mit neuen Keilen.
1,0	1,0	0	
1,5	1,0	2,0	
2,0	3,0	5,0	Knistern; die hinter dem Schloß umgebogenen Drähte biegen sich zurück.
2,5	4,5	8,0	
3,0	6,0	9,0	
3,5	7,0	11,0	
4,0	9,0	12,0	
4,5	10,5	14,0	
5,0	12,0	15,0	
5,5	13,0	16,0	
6,0	15,0	17,0	
6,5	16,0	18,0	Knacken.
7,0	17,0	19,0	
7,5	18,0	20,5	
8,0	19,0	21,0	
8,5	20,5	22,0	*) Schloß d zerreißt im Gehäuse, die Wandung zeigt starke Fehlstellen;
10,0	Bruchlast *)		schlecht getempert.

Be-lastungen t	am Schloß		Bemerkungen
	f	e	
0,5	0	0	**Versuch 8.** Das Seilende mit Schloß d des vorigen Versuches wird abgehauen und mit Schloß f verbunden, zu Schloß f werden neue Keile verwendet. Schloß f zeigt in der Wandung zwischen den beiden größeren Ringen eine Fehlstelle.
1,0	0,5	—	In Schloß e tritt keine Verschiebung ein, weil es bereits in Versuch 7 mit 10 t belastet war.
1,5	1,0	—	
2,0	2,0	—	
2,5	3,0	—	
3,0	5,0	—	
3,5	6,5	—	
4,0	7,8	—	
4,5	9,2	—	
5,0	10,5	—	
5,5	12,0	—	
6,0	13,0	—	
6,5	14,5	—	
7,0	16,0	—	
7,5	17,0	—	
8,0	18,0	—	
8,5	19,0	—	
9,0	—	—	
11,5	Bruchlast		3 Litzen in Schloß e reißen; Schloß f an der Fehlstelle ein Stück aufgerissen.

Additional material from *Mitthelungen aus den Königlichen Technischen Dersuchsanstalten zu Berlin,*
ISBN 978-3-662-42844-3 (978-3-662-42844-3_OSFO7),
is available at http://extras.springer.com

Zu den Versuchsergebnissen ist allgemein zu bemerken, daß die Konstruktion der Keileinlagen vom Fabrikanten in letzter Zeit geändert worden ist. Früher waren die Zähne ohne Rücksicht auf den Drall des Seiles vertheilt, während sie jetzt, wie schon zu Anfang hervorgehoben, dem Drall entsprechend so angeordnet sind, daß die Zähne in die Zwischenräume zwischen den Litzen eingreifen. Die durch die Zähne herbeigeführten Beschädigungen der Seildrähte sind nunmehr nicht so groß, als bei der älteren Konstruktion und man konnte vornehmlich wohl aus diesem Grunde bei der Anwendung verschieden harten Seilmateriales keine bemerkenswerthen Unterschiede bezüglich der schädlichen Wirkung der Keile finden. Die gefundenen Schürfungen und Beschädigungen der Drähte können sehr wohl auch beim Herausschlagen der Keile zum Zwecke des Lösens der Verbindung erzeugt sein. Das Lösen geht oft so schwer von statten, daß man gezwungen ist, das Seil kurz vor dem Schloß abzuschneiden und den Kopf sammt Keilen unter Anwendung eines Vorsatzdornes durch kräftige Hammerschläge zurück zu treiben.

B. Kortüm'sche Seilschlösser neuer Konstruktion.

6 Probeschlösser mit 6 Paar Einlege=Keilen wurden vom Fabrikanten C. Kortüm geliefert. Die Stücke sind mit den Buchstaben a—f bezeichnet:

Konstruktion und Abmessungen ergeben sich aus Fig. 9—14.

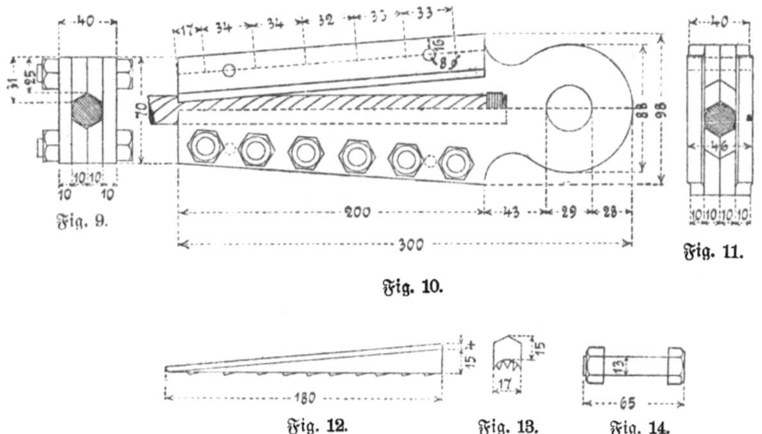

Fig. 9.

Fig. 10.

Fig. 11.

Fig. 12.   Fig. 13.   Fig. 14.

Der Grundgedanke der Konstruktion ist der gleiche, wie bei dem älteren Schloß. Man hat jedoch das Schloß aus Schmiedeisen und zum Auseinandernehmen hergestellt. Die Keile haben abgeschrägte Rücken; man kann sie nach Entfernung der einen Schloß= hälfte gemeinsam mit dem Seil von der Seite her einlegen und alsdann durch Anziehen der Schrauben fest an das Seil andrücken. Nach dem erstmaligen Andrücken werden die Schrauben wieder gelöst, das Seil wird mit den Keilen gemeinsam im Schloß nach vorn verschoben und hierauf werden die Keile durch die Schrauben wider fester an das Seil angepreßt. Die Widerlager für die Keilrücken sind durch schmale Blechstücke ge= bildet, welche durch die Schrauben und außerdem durch je zwei zwischen den äußersten Schraubenpaaren angebrachte Dorne mit den Seitenwangen des Schlosses verbunden sind.

Beim Einlegen des Seiles wurden die Keile zunächst genau passend in die Seilrillen eingelegt und dann auf vorbeschriebene Weise dreimal fest angezogen, nachdem ihre Rücken· zur Erleichterung dieser Arbeit gehörig eingefettet waren. Nach dem dritten Anziehen hatten die Keile das Bolzenloch freigegeben, so daß der Verbindungs= bolzen zur Einspannung in die Maschine durchgeschoben werden konnte.

Bei diesen Schlössern wird das Seil beim Einlegen weniger leicht beschädigt, als es bei der vorbeschriebenen Konstruktion durch das Eintreiben der Keile mit dem Hammer der Fall ist. Auch das Herausnehmen geht wesentlich besser von statten.

Versuchs=Ergebnisse.

Vorbemerkungen: Zur Prüfung wurde Seil b benutzt. Das eine Ende des Probeseiles war mit einem der Schlösser B, das andere mit der gewöhnlichen Seil= einspann=Vorrichtung der Versuchs=Anstalt (Kortüm'scher Konstruktion) verbunden. Das Schloß B a war von einem Arbeiter der Firma C. Kortüm, Berlin, am Seil befestigt. In der Seileinspann=Vorrichtung waren die Seilenden mit Bändseln ausgelegt.

Tabelle 8.

Versuchs=Nr.	9	10	11	Bemerkungen
Be= lastungen t	Verschiebungen am Schloß			
	a	b	c	
0,5	0	0	0	**Versuch 9.** Bruchlast 9,1 t. 3 Litzen rissen am Schloß a.
1,0	0,5	1,0	1,0	Beim Herausnehmen zeigte sich, daß das Seil
1,5	1,0	2,0	7,0	zwischen den Keilen an den Stellen zerstört war,
2,0	3,0	6,5	11,0	wo die ersten Zähne gepackt hatten. Auch einzelne
2,5	6,0	9,0	14,0	Drähte der nicht völlig zerrissenen Litzen waren
3,0	9,0	11,0	17,0	eingeschnürt, zerrissen und zerdrückt.
3,5	12,0	14,0	19,0	
4,0	14,2	15,5	22,0	**Versuch 10.** Bruchlast 9,0 t. 4 Litzen rissen wie beim Versuch 9.
4,5	16,0	17,5	24,0	
5,0	18,0	19,0	26,0	**Versuch 11.** Bruchlast 9,0 t. 4 Litzen rissen wie beim Versuch 9.
5,5	20,0	21,0	27,0	
6,0	21,5	23,0	28,5*)	*) Knistern.
6,5	24,0	25,0	31,0	
7,0	26,5	27,0	33,0	
7,5	29,5	29,0	36,0	
8,0	32,5	32,0	38,5	
8,5	34,56**)	34,0	41,0	**) Bevor 8,75 t zum Einspielen kamen, zog sich das Seil aus
9,0	—	Bruchlast	Bruchlast	dem großen Schloß unmäßig heraus. Nachdem die Keile
9,1	Bruchlast			durch Schläge fest angezogen sind, wurde der Versuch fortgesetzt.

Besonders zu bemerken ist, daß alle Seile an der Eintrittsstelle des Seiles in das Schloß reißen.

C. Reibungs-Seilgehänge.

4 Gehänge nebst 4 Paar Schellen wurden von der Firma Felten & Guilleaume in Mülheim a. Rh. geliefert. Die Stücke sind mit den Buchstaben a—d bezeichnet. Konstruktion und Abmessungen ergeben sich aus Fig. 15—18.

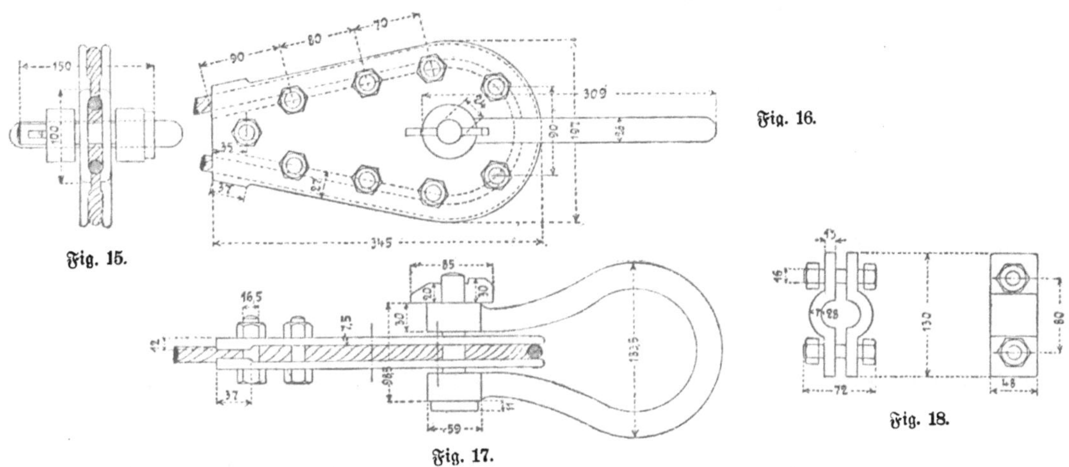

Fig. 15. Fig. 16. Fig. 17. Fig. 18.

Das Reibungsgehänge besteht aus zwei Blechwangen, welche durch eine Reihe von Schrauben gegen das außen um letztere geschlungene Drahtseil gepreßt werden. Die beiden Wangen sind durch Bolzen und Bügel mit dem Fördergeräth verbunden. Sowohl die Reibung des Seilendes zwischen den Wangen als auch diejenige zwischen den beiden zur größeren Sicherheit angebrachten Schellen ist das bei dieser Seilverbindung wirksame Mittel.

Um den Einfluß der einzelnen Theile dieser Seilverbindung genau zur Darstellung zu bringen, sollte zunächst ein Seil ohne Schellen eingespannt und die Belastung bis zum Gleiten oder bis zum Bruch gesteigert werden. Als Gleiten des Seiles sollte hierbei der Zustand bezeichnet werden, in welchem am Seile neben Schraube Nr. 9 Fig. 19 eine sichtbare Verschiebung bemerkbar wurde. An den übrigen Schrauben müssen, wenn die Reibung auf der ganzen Schleifenlänge zur Wirkung kommen soll, schon vorher Verschiebungen stattfinden. In dem Augenblick, wo auch an der letzten

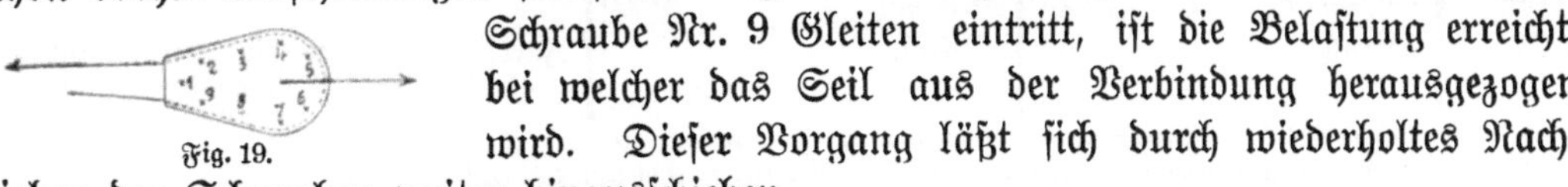

Fig. 19.

Schraube Nr. 9 Gleiten eintritt, ist die Belastung erreicht, bei welcher das Seil aus der Verbindung herausgezogen wird. Dieser Vorgang läßt sich durch wiederholtes Nach= ziehen der Schrauben weiter hinausschieben.

Die Vorschrift des Fabrikanten lautet daher:

„Beim Anbringen der Reibungs=Seilgehänge sind die Muttern fest anzuziehen und nach kurzem Gebrauche, wie auch später von Zeit zu Zeit nachzuziehen".

Die Einspannung geschah so, daß das Seilende zunächst lose um die Schrauben geschlungen und die Schleife vor dem Schloß vorläufig durch ein Paar Schellen geschlossen wurde. Nachdem nun das Seil durch eine Belastung von 0,5 t in der Maschine stramm um die Schloßschrauben gezogen war, wurden letztere so fest als möglich angezogen und hierauf die Schellen wieder entfernt.

Um die Verschiebungen des Seiles zwischen den Wangen und die Formänderungen des Schlosses messen zu können, wurden vor dem Versuch neben den Schrauben Nr. 2 und 9 Strichmarken a und b auf den Wangen und am Seil angebracht; ferner wurden die Dicken c und d zwischen den Wangenaußenflächen unmittelbar neben denselben Schrauben gemessen und endlich wurde das Weitenmaß e für den Gehängebügel niedergeschrieben.   (Vergl. Fig. 20 und 21.)

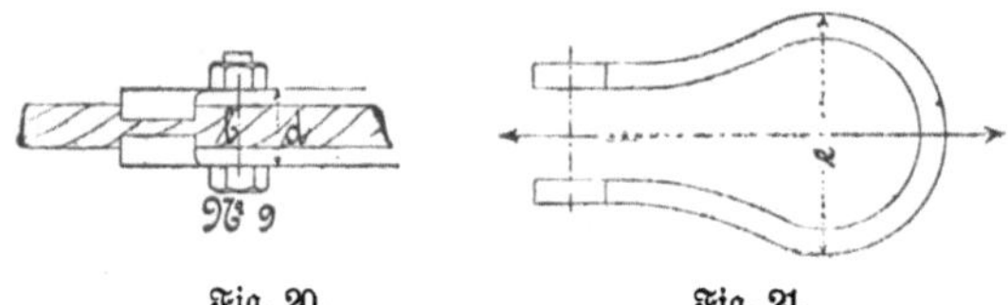

Fig. 20.   Fig. 21.

Bei den Versuchen wurde der Einspannbolzen der Maschine (70 mm Durchmesser) direkt durch den Bügel gesteckt; es war also die freie Beweglichkeit genügend gesichert.

Versuchs-Ergebnisse.

Vorbemerkungen: Zu den Prüfungen wurde Seil b benutzt.

Versuch 12. Die Schlösser a und b werden benutzt.   Die Belastungen werden um Vierteltonnen gesteigert und jedesmal im Einspielen erhalten, bis die Messungen erledigt sind.

Tabelle 9.

Be-lastungen t	Schloß a Abmessungen an den Marken					Schloß b Abmessungen an den Marken					Bemerkungen
	a	b	c	d	e	a	b	c	d	e	
0,5	0	0	28,3	29,3	188,5	0	0	28,7	29,3	180,0	Bei 1 t haben sich die Schlösser in die Zug-richtung eingestellt.
2,75	1,0	—			188,0	—	—			179,0	
3,00	2,0	—			179,0	2,0	—			177,0	
4,00	3,0	—			174,0	3,0	—			174,0	
5,00	5,5	—			170,0	5,0	—			171,0	
5,75	7,5	0,5			169,0	8,0	0,5			169,0	Nach 5 Min. gemessen, da Verschiebungen b noch zu gering sind.
6,00*)	7,5	0,5			167,0	8,0	0,5			165,0	Die Gehängebolzen biegen sich in Schloß a und b; Seil sitzt noch fest.
7,00	9,5	1,0			162,0	10,5	1,0			162,0	
7,75	Bruch					Bruch					Zuerst reißt eine Litze an Schloß a, gleich darauf 3 Litzen an Schloß b.

*) Bei 6 t sind die Wangenbleche noch unverändert. Es wird entlastet und alles genau untersucht. Außer den bereits beobachteten sind keine Veränderungen nachweislich. Das Seil wird wieder eingelegt und weiter belastet.

Als Veranlassung zur Zerstörung muß der Zwischenraum angesehen werden, welcher zwischen den Lappen a (Fig. 22 u. 23) der Wangenbleche verblieb. In diesen 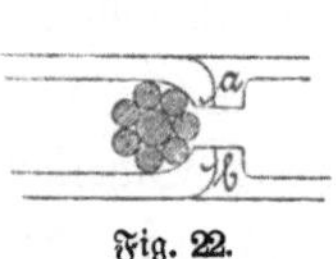 Spalt ist eine der Litzen hineingedrängt und beschädigt worden. Beim Herausnehmen des zerrissenen Seiles zeigte sich, daß das Herausgleiten des Seiles auch bei stärkerer Belastung kaum erwartet werden darf, weil sich das Seil zwischen den Schraubenschäften gerade gestreckt hat und polygonartig die Schäfte umschließt.

Fig. 22.   Fig. 23.

Hierbei sind sogar einzelne Drähte vollkommen zerdrückt.

Versuch 13. Dieselben Schlösser a und b werden auf gleiche Weise, wie bei Versuch 12, mit einem neuen Seile verbunden. Außerdem werden Schellen aufgesetzt nach Maßgabe von Fig. 24. In ähnlicher Weise, wie bei Versuch 12, werden Marken angebracht, an welchen die Seilverschiebungen gemessen werden. (Fig. 24.)

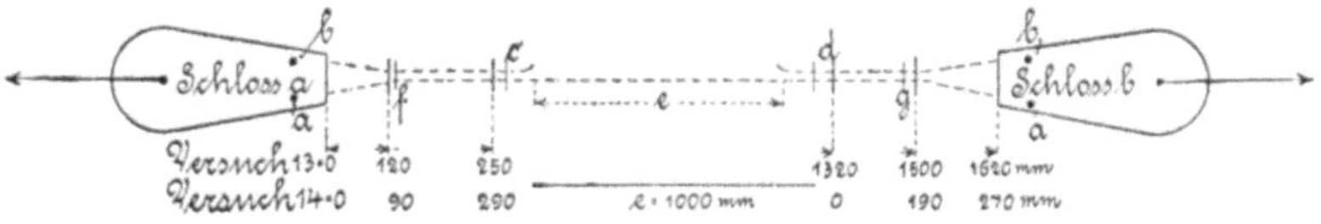

Fig. 24.

Tabelle 10.

Belastungen	Verschiebungen in Millimetern bei								Bemerkungen
	Schloß a			Schloß b			Marke		
t	a	b	e	a	b	e	c	d	
0,5	0	0	162	0	0	162	0	0	Erst bei 4 t zeigt eine Verschiebung an allen Marken den Beginn des Herausziehens an. Das Ventil der Maschine muß 5 Min. lang aufbleiben, ehe ein festes Einspielen stattfindet. Das erste Schellenpaar bei c und d wird fester angezogen.
1,0	—	—	—	—	—	—	—	—	
1,5	—	—	—	—	—	—	—	—	
2,0	—	—	—	—	—	—	—	—	
2,5	—	—	—	—	—	—	—	—	
3,0	—	—	—	—	—	—	—	—	
3,5	—	—	—	—	—	—	—	—	
4,0	1,5	0,5	161	1,0	0	161	4,0	4,0	
4,5	2,0	0,5		2,0	0		7,0	6,5	Schellen bei c und d nachgezogen.
5,0	2,0	0,5	159,5	2,0	0	159	7,5	7,0	
5,5	5,0	0,5		3,5	0		10,0	9,0	
6,0	6,0	0,5	159,5	4,5	0	159	15,5	12,0	
6,5	6,0	0,5		4,5	0		16,0	13,5	Sämmtliche Schrauben nachgezogen.
7,0	7,0	0,5	159,5	5,5	0	159	23,0	17,0	Die Schlösser verschieben sich mehr und mehr (s. Skizze).
7,5	11,0	0,5		8,0	0		35,0	24,0	Die Schellen haben sich im Sinne der Seilaufdrehung gedreht.
8,0	11,0	0,5	159,5	8,0	0	159	36,0	26,0	Wegen Gefahr mit den Messungen aufgehört.
8,75	Bruchlast								Zuerst reißt an der Schelle d 1 Litze, dann 2 andere und die Hanfseele.
Nach dem Bruche			157,5			156,5			

Das Seil ist, abgesehen von den Druckstellen, an den Schraubenbolzen des Schlosses unversehrt. Die Schlösser sind bis auf die oben angeführten Verbiegungen der Bügel und die Verbiegungen der Wangenbleche infolge des Anziehens der Schraube Nr. 1 unverändert geblieben.

Versuch 14. Die Schlösser c und d werden auf gleiche Weise, wie bei Versuch 13, mit einem neuen Seile verbunden. Schellen werden nach Maßgabe von Fig. 24 aufgesetzt. Die Verschiebungen werden an den Marken (vergl. Fig. 24) gemessen.

Tabelle 11.

Be-laftungen t	Verschiebungen in Millimetern									Ver-längerung des Seiles e	Bemerkungen
	Schloß c			Schloß d			Schellen					
t	a	b	e	a	b	e	c	f	d	g	e	
0,5	0	0	183,5	0	0	179	0	0	0	0	0	
1,0	—	—	—	—	—	—	—	—	—	—	—	
1,5	—	—	—	—	—	—	—	—	—	—	—	
2,0	—	—	—	—	—	—	—	—	—	—	0,5	
2,5	—	—	183	—	—	179	—	—	—	—	1,0	Gehängebolzen biegt sich.
3,0	—	—	—	—	—	—	—	—	1,0	—	1,5	Gehängebolzen wird krumm.
3,5	—	—	183	—	—	178	—	—	2,0*)	—	2,0	*) Schelle d angezogen.
4,0	—	—	—	—	—	—	1,0	—	2,0	—	2,0	
4,5	0,5	—	180	—	—	176	1,5	1,0	2,0	—	2,5	
5,0	0,5	—	—	0,5	—	—	2,0	1,5	2,0	—	3,0	
5,5	1,0	—	173	1,0	—	170	5,0	3,0*)	3,0	1,0	5,0	*) Schelle f angezogen.
6,0	2,0	—	—	1,0	—	—	6,0	4,0	5,0	2,5	9,0	
6,5	2,0	0,5	165	2,0	0,5	164	7,0	5,0	7,5	5,0	15,0	
7,0	4,0	0,5	—	3,0	0,5	—	15,0	10,0	nicht meßbar	16,0	23,0	Schlösser stellen sich zur Zugrichtung ein, wie bei Versuch 13; Knistern im Seil.
8,75	Bruchlast											Zuerst reißt an Schelle d 1 Litze, dann 2 andere.

Nach dem Bruche ist das Maß e beim Schlosse c = 153,5 und bei Schloß d = 153,0 mm. Einige Schloßschrauben sind im Gewinde zerdrückt, weil die Löcher in den beiden Wangenblechen nicht genau zu-einander passen und folglich beim Anziehen aller Schrauben die nicht passenden Bolzen seitliche Pressungen erhalten. Das Seil hat sich wieder polygonal um die Schraubenbolzen gelegt; besonders an den stärksten Knickpunkten bei den Schrauben 6 (Fig. 16) sind einige Drähte zerdrückt.

Im Allgemeinen ist zu den vorstehenden Versuchsergebnissen zu bemerken, daß sowohl Schloß, wie Schellen sich im Verlauf des Versuches schief einstellen — ersteres, weil die Austrittsstelle des Seiles aus dem Schloß nicht in die Zug-Mittellinie fällt und letztere, weil sich die beiden Seilenden gegen einander in entgegengesetzter Richtung verschieben. Durch das Schiefstellen wird die abkneifende Einwirkung der Schloß- und Schellenkanten vermehrt; der Bruch des Seiles tritt deswegen an diesen Stellen ein. Die Gehängebügel zeigen wegen ihres großen Radius erhebliche Verbiegungen. Der Gehängebolzen wird bei 3,0 t Belastung bereits krumm.

D. Konische Seilbüchsen mit eingelegtem Ring.

Drei Seilbüchsen mit Ringen wurden von der Firma Felten & Guilleaume geliefert. Die Stücke sind mit den Buchstaben a—c bezeichnet.

Konstruktion und Abmessungen ergeben sich aus Fig. 25 und 26.

Bei dieser Seilverbindung wird das Seilende in einem konischen Gehäuse befestigt, indem man es dem letzteren entsprechend konisch gestaltet. Zu dem Zwecke wird über das Seilende ein Ring von konischem Querschnitt geschoben, über welchen die aus dem Seil gelösten Drahtenden nach außen umgebogen werden. Hierbei schneidet man letztere verschieden lang ab und umwickelt schließlich das Ganze mit Bindedraht, so daß ein zum Schloß passender Konus entsteht. Bei Schloß a wurden von den 6×14 Drähten je 14 Stück um $\frac{5}{6}$, $\frac{4}{6}$, $\frac{3}{6}$, $\frac{2}{6}$ und $\frac{1}{6}$ der Schloßlänge (114 mm) gekürzt und über den Ring so umgebogen, daß die unverkürzten 14 Drähte bis vorn an die Schloßmündung reichten (Fig. 27). Bei Schloß b wurde das Maß der Verkürzung etwas kleiner gewählt.

Da bei dieser Art von Seilverbindungen die Güte der Zusammenfügung eine wesentliche Rolle spielt, so sollte dieser Umstand möglichst zum Ausdruck kommen und deswegen an Stelle des versagenden Schlosses jedesmal ein frisch eingespanntes gesetzt werden.

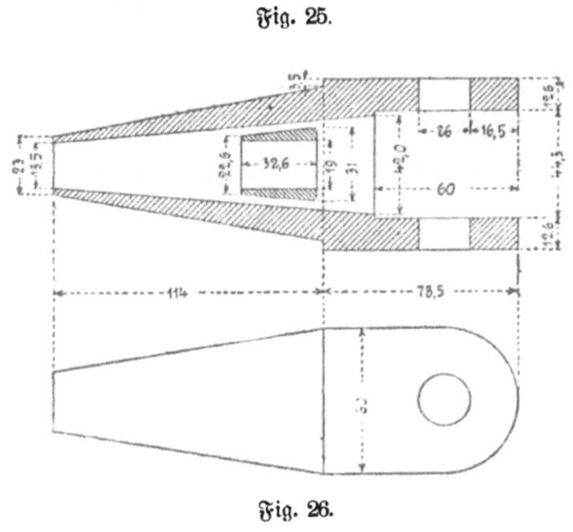

Fig. 25.

Fig. 26.

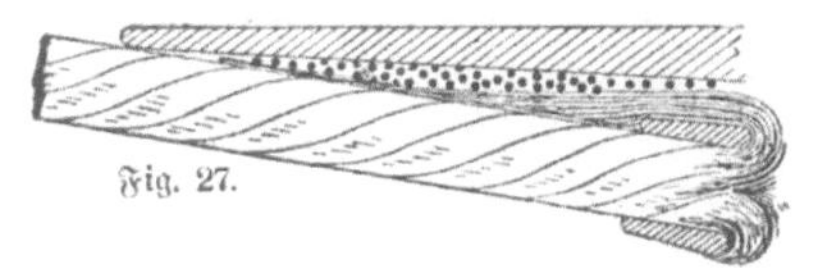

Fig. 27.

Versuchs-Ergebnisse.

Zu den Prüfungen wurde Seil b benutzt.

Tabelle 12.

Be-lastungen t	Verschiebungen am Schloß		Bemerkungen
	a	b	
0,5	0	0	**Versuch 15.** Seilbüchse a und b.
1,0	8	6	
1,5	16	11,5	
2,0	20	15	
2,5	23,5	18,5	
3,0	27	21	Knistern.
3,5	30	23	
4,0	33	25	**Erneutes Knistern.** Seil zieht sich aus Schloß **a** heraus. Alle Drähte sind gemäß Fig. 28 am oberen Rande des eingelegten Ringes abgerissen. Formänderungen an den Büchsen waren beim Wiederausmessen nicht nachweisbar.

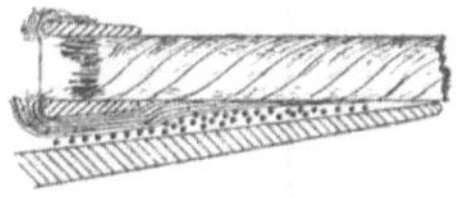

Fig. 28

Be-lastungen t	Verschiebungen am Schloß		Bemerkungen
	a	b	
0,5	0	0	**Versuch 16.** Schloß a wird nochmals genau so, wie vorher Schloß b
1,0	0	—	eingespannt.
1,5	4	—	
2,0	12	—	
2,5	19,5	—	Bei Schloß a zieht sich das Seil soweit heraus, daß die Umwickelungen
			sichtbar werden.
3,0	29	—	
3,5	36	—	
4,0	40	—	
4,5	43	0,5	
5,0	45,5	2	Bei 5,25 t Knistern im Schloß b.
5,5	47,5	5	
5,75	50	6	
6,0	51	7	*) Bruch im Schloß a, wie beim Versuch 15, untere Oeffnung der Büchse
6,25	Bruchlast *)		von 18,5 auf 19,5 mm vom Seil aufgerieben.
0,5	0	0	**Versuch 17.** Schloß a wird nochmals befestigt.
1,0	8	—	
1,5	18	—	
2,0	23	—	
2,5	29	—	
3,0	32	—	
3,5	37	—	Knistern im Schloß a.
4,0	45	0	
4,25	Bruchlast		Bruch im Schloß a, wie beim Versuch 15. Nach dem Herausnehmen zeigt sich auf der konischen Leibung im Innern des Schlosses a ein Vorsprung von etwa 1,5 mm Dicke, welcher wahrscheinlich das Festziehen verhinderte. Deswegen konnte der zur Erzielung einer ausreichenden Reibung nothwendige Seitendruck nicht erzeugt werden und das Seil hing nur an den Drähten am inneren Ring. Da sich die Unebenheit nicht abarbeiten läßt, so wird bei der weiteren Prüfung Schloß a durch Schloß c ersetzt. Die Einspannung geschieht wie bei Schloß b.
	c	b	
0,5	0	0	**Versuch 18.** Schloß c wird an Stelle von Schloß a befestigt.
1,0	6	—	
1,5	14	—	
2,0	21	—	
2,5	25	—	
3,0	28,5	—	
3,5	32	—	
4,0	35	—	
4,5	38	—	
5,0	41	—	
5,5	45	0,5	
6,0	48,5	0,5	Knistern.
6,5	51,5	1,0	Bruchlast. Bruch wie früher (bei Versuch 15) in Schloß c.

Belastungen t	Verschiebungen am Schloß		Bemerkungen
	c	b	
0,5	0	0	**Versuch 19.** Schloß c wird wiederum, wie Schloß b eingespannt.
1,0	7	—	
1,5	12	—	
2,0	17	—	
2,5	20	—	
3,0	22	—	
3,5	25	—	
4,0	27	—	
4,5	28	—	
5,0	30	—	
5,5	31	0,5	
6,0	33	0,5	Knistern.
6,5	34,5	0,5	Bruchlast. Bruch wie früher (bei Versuch 15) in Schloß c.
0,5	0	0	**Versuch 20.** Schloß c wird wiederum eingespannt, aber es wird an Stelle der Hanfseele ein cylindrischer eiserner Dorn von 7,3 mm Durchmesser auf etwa ⅔ der Anschlußlänge eingelegt.
1,0	7	—	
1,5	12	—	
2,0	15	—	
2,5	18,5	—	
3,0	21	—	
3,5	23	—	
4,0	25	—	
4,5	26,5	—	
5,0	28	0,5	
5,5	29,5	0,5	Knistern in Schloß c.
6,0	31	0,5	
6,5	33,5	1,0	Bruchlast. Bruch wie früher (bei Versuch 15) in Schloß c. Da der Dorn zu dünn gewesen sein mag, so wird beim nächsten Versuch ein dickerer eingelegt.
0,5	0	0	**Versuch 21.** Schloß c wird wiederum, aber mit einem Dorn von 10 mm Durchmesser eingespannt.
1,0	6	—	
1,5	10	—	
2,0	13,5	—	
2,5	16	—	
3,0	18	—	
3,5	20	—	
4,0	21,5	—	
4,5	23,5	—	
5,0	24,5	—	
5,5	26,5	—	
6,0	27,5	0,5	
6,5	29,0	0,5	
7,0	30,5	2,5	Knistern in Schloß b.
7,25	31,5	4,5	desgl. Bruch wie früher (bei Versuch 15), aber in Schloß b.

Be=lastungen t	Verschiebungen am Schloß		Bemerkungen
	c	b	
0,5	0	0	**Versuch 22.** Schloß b wird jetzt, wie vorher Schloß c, mit einem Dorn von 10 mm Durchmesser wieder eingespannt.
1,0	—	5	
1,5	—	10	
2,0	—	12	
2,5	—	14,5	
3,0	—	17	
3,5	—	18,5	
4,0	—	20	
4,5	—	21,5	
5,0	—	22,5	
5,5	—	25	
6,0	—	26,5	
6,5	—	27,5	
7,0	—	29,5	Knistern in Schloß b.
7,25	0,5	30,5	desgl.
7,50	0,5	33	desgl.
7,75	1,5	33	desgl. und in Schloß c.
8,00	Bruchlast		Bruch in Schloß b, wie früher bei Versuch 15.
0,5	0	0	**Versuch 23.** Das herausgezogene Seilende wird, wie vorher, mit Schloß b verbunden, nur noch etwas kräftiger umwickelt.
1,0	—	7	
1,5	—	13	
2,0	—	16	
2,5	—	19,5	
3,0	—	22	
3,5	—	23,5	
4,0	—	25	
4,5	—	27	
5,0	—	28	
5,5	—	30	
6,0	—	31	
6,5	—	32	Bei 6,75 t Knistern in Schloß b.
7,0	0,5	35	
7,5	0,5	37,5	Bruch wieder in Schloß b, wie früher bei Versuch 15.
0,5	0	0	**Versuch 24.** Das herausgezogene Seilende wird, wie vorher, nur noch stärker umwickelt, mit Schloß b verbunden.
1,0	—	6	
1,5	—	11	
2,0	—	15	
2,5	—	18,5	
3,0	—	20,5	
3,5	—	23	
4,0	—	26	
4,5	—	28,5	
5,0	—	30	
5,5	—	31	
6,0	—	33	
6,5	—	35	
7,0	—	36	
7,5	0	38	Knistern in Schloß b.
7,75	—	—	
8,00	Bruchlast		Bruch wieder in Schloß b wie früher bei Versuch 15. Durch das häufige Herausziehen des zu Bruche gegangenen Seilendes ist die vordere Schloßöffnung auf 19,8 mm aufgerieben.

Zu den Versuchsergebnissen ist zu bemerken, daß sie den Einfluß der bei der Zusammen=
fügung ausgeübten Sorgfalt auf die Festigkeit der Verbindung beweisen; denn man
konnte die Bruchfestigkeit von 4 t auf 8 t erhöhen. Die Ursache für die geringe Trag=
fähigkeit der Verbindung muß vor Allem darin gesucht werden, daß die Seilspannung
vorwiegend durch die über den Ring gebogenen und außen an demselben anliegenden
Drähte auf die Büchse übertragen wird. Der Ring nimmt den Haupttheil des durch
die konische Form der Büchse erzeugten Seitendruckes auf; das denselben enthaltende
Stück des Seilkopfes wird sich deswegen leichter festklemmen, als der in die Büchse
eintretende dünnere Theil des umwickelten Seiles. Das Seil wird deshalb verhindert,
gleich beim Eintritt einen gehörigen Betrag seiner Spannung durch Reibung an die
Büchse abzugeben, und die Folge ist, daß die Drähte an ihren gebogenen Enden am
Ringe noch mit großer Spannung hängen. Diese Spannung muß in den einzelnen
Drähten nothwendig sehr verschieden hoch sein, weil es ganz unmöglich ist, die Drähte
so gleichmäßig über den Ring zu biegen, daß alle gleichzeitig zur Anlage und damit
zur Wirkung kommen. Die Folge ist, daß ein Draht nach dem andern abreißt, daher
das Knistern während des Versuches und die ganz gleichmäßige Ausbildung des Bruch=
trichters an allen Drähten. Man erkennt an den letzten Versuchsergebnissen unschwer,
welchen Erfolg nach Einschiebung des Dorns an Stelle der Seele eine festere Umwickelung
namentlich des Eintrittsendes hat.

E. Konische Seilbüchsen zum Vergießen.

Drei Seilbüchsen zum Vergießen und das hierzu erforderliche Weißmetall wurde
von der Firma Felten & Guilleaume geliefert. Die Stücke sind mit den Buchstaben a—c
bezeichnet.

Konstruktion und Abmessungen ergeben sich aus Fig. 29 und 30.

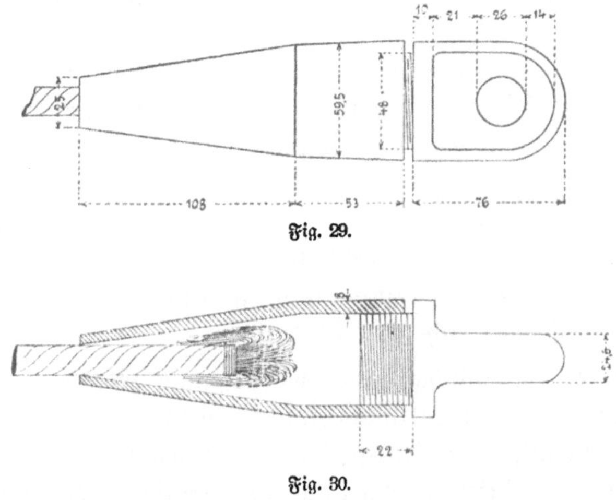

Fig. 29.

Fig. 30.

Bei dieser Seilverbindung wird das Seilende in seine Drähte aufgelöst. Die
Drahtenden werden verzinnt und umgebogen, so daß sie einen wirren, äußerlich konisch

geformten Kopf bilden, welcher in den konischen Hohlraum der Seilbüchse paßt. Letztere ist verzinnt und wird nach vorherigem Anwärmen mit dem Seilkopf durch Eingießen von Weißmetall verbunden. Die Gehängeöse wird durch Einschrauben mit der Büchse verbunden.

Versuchs=Ergebnisse.

Zu den Prüfungen wurde Seil b benutzt. Bei allen Versuchen ist das eine Seil= ende mit der konischen Seilbüchse, daß andere mit der großen Kortüm'schen Einspann= vorrichtung verbunden.

Tabelle 13.

Versuch 25.　　　　　　　　Seilbüchse a.

Bei 3,7 t Lautes Knacken in der Seilbüchse.

„ 6,5 t Das Seil hat sich um 1 mm herausgezogen.

„ 7,0 t Das Seil hat sich um 2 mm herausgezogen.

„ 8,8 t Bruch in der großen Einspannvorrichtung.

Das eingegossene Metall zeigt in der Büchse einen ringförmigen Riß, dessen Durchmesser etwa gleich dem Seildurchmesser ist.

Versuch 26.　　　　　　　　Seilbüchse b.

Das Seilende, welches in die große Einspannvorrichtung kommt, wird zuvor mit Bändseln ausgelegt.

Bei 6,5 t ist das Seil um 1 mm herausgezogen.

„ 8,8 t ist das Seil um 4 mm herausgezogen.

„ 9,0 t Bruch innerhalb der Versuchslänge — 4 Litzen zerrissen.

Versuch 27.　　　　　　　　Seilbüchse c.

Bei 8,9 t Bruch innerhalb der Versuchslänge — 3 Litzen zerrissen.

Diese Seilbefestigung läßt offenbar die ganze Seilfestigkeit zur Ausnutzung kommen, denn obwohl bei Versuch 25 in dem eingegossenen Metallkörper eine Trennung wahr= scheinlich schon bei 3,7 t eingetreten ist, erfolgte doch der Bruch in der großen Ein= spannung, weil die Vorsichtsmaßregel versäumt worden ist, das betreffende Seilende mit Bändseln auszulegen. Bei den beiden andern Versuchen erfolgte der Bruch im freien Theil des Seiles. Besonders zu bemerken ist noch, daß eine nennenswerthe Ver= schiebung des Seiles in seiner Befestigung nicht stattfindet. Das Herausnehmen des Seiles durch Erhitzen geht sehr leicht von statten.

Die Drähte waren vollständig unbeschädigt und zeigten namentlich an den Uebergangsstellen zum Metall keine Einschnürungen, was der Fall gewesen wäre, wenn beim Eingießen des Metalles ein Ausglühen erfolgt wäre. (Vergl. „Untersuchungen über gelöthete Drahtseile“ — Mittheilungen aus den technischen Versuchs=Anstalten 1888. Ergänzungsheft II.).

F. Kauschen mit Schellen.

Zwei Kauschen mit 4 Paar Schellen wurden von der Firma Felten & Guilleaume geliefert. Die Stücke sind mit den Buchstaben a und b bezeichnet.

Konstruktion und Abmessungen ergeben sich aus Fig. 31—35.

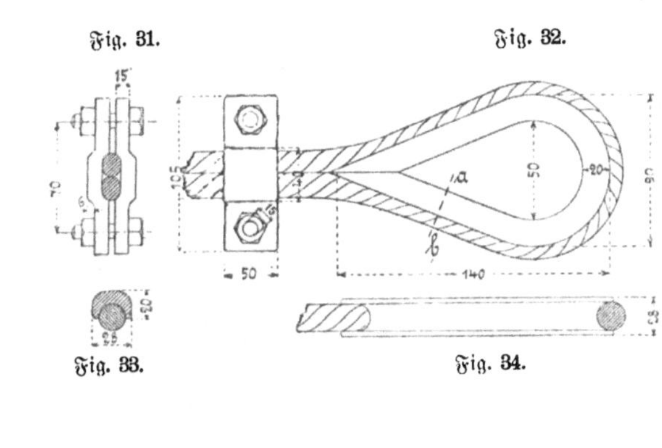

Fig. 31. Fig. 32.

Fig. 33. Fig. 34.

Die Kauschen bestehen aus einer schmiedeisernen herzförmigen Einlage, um welche sich die Seilschleife legt, deren Enden durch 2 Paar Schellen zusammen gehalten werden.

Entgegen den früher benutzten Schellen, welche die beiden Seilenden gegen einander preßten, klemmen die hier gebrauchten die beiden Seilenden von der Seite her fest, so daß sie nicht auf einander gepreßt werden.

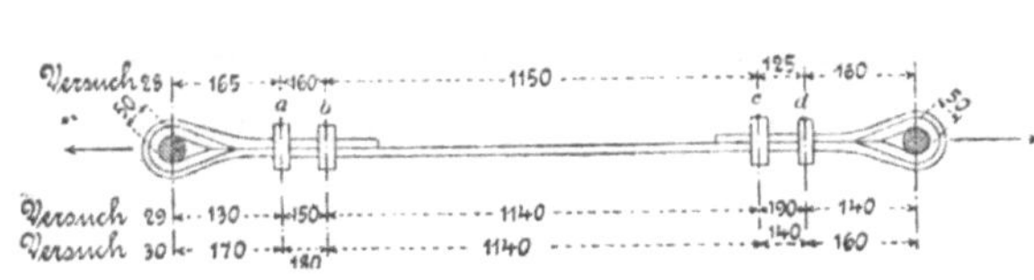

Fig. 35.

Versuchs-Ergebnisse.

Zu den Prüfungen wurde Seil b benutzt.

Tabelle 14.

Belastungen t	Verschiebungen bei Marken in mm				Bemerkungen
	a	b	c	d	
0,5	0	0	0	0	**Versuch 28.** Kauschen a und b werden eingelegt, die Schellen so fest wie möglich angezogen. Maße Fig. 35.
1,0	—	—	—	—	
1,5	—	—	—	—	
2,0	—	—	—	—	
2,5	—	—	—	—	
3,0	—	—	—	—	
3,5	0,5	—	—	1	
4,0	2			1,5	Die Schellen werden nachgezogen.
4,5					Die Kauschen stellen sich allmählich schief. Fig. 36.
5,0	—	—	—	—	Die Marken verschwinden zwischen den Schellen.
8,75		Bruchlast			Bruch zwischen den Schellen b, zuerst eine, gleich darauf 2 weitere Litzen gerissen. Die Kauschen sind wenig verbogen. Fig. 37.

Fig. 36. Fig. 37.

Be-lastungen t	Verschiebungen bei Marken in mm				Bemerkungen
	a	b	c	d	
0,5	0	0	0	0	**Versuch 29.** Kauschen a und b werden wieder benutzt. Maße Fig. 35. Die Marken werden diesmal in hinreichendem Abstande von den Schellen gemacht.
1,0	—	—	—	—	
1,5	—	—	—	—	
2,0	—	—	—	—	
2,5	—	—	—	1	
3,0	—	—	—	1,5	
3,5	—	—	—	2	Schellen angezogen.
4,0	1	—	—	2,5	
4,5	1,5	1	1,5	3	
5,0	2	2	2	4	
5,5	4	4	4	5	
6,0	6	6	—*	16	* Marke zwischen den Schellen verschwunden.
6,5	11	11	—	18	
7,0	12	12	—	27	Die Kauschen drehen sich beide sehr stark. Fig. 38.
8,75		Bruchlast			Bruch zwischen den Schellen b, zuerst eine, gleich darauf 2 weitere Litzen gerissen. Durch die Schiefstellung sind die Kauschen noch etwas mehr verbogen.
0,5	0	0	0	0	**Versuch 30.** Kauschen a u. b werden wieder benutzt. Maße Fig. 35.
1,0	—	—	—	—	
1,5	—	—	—	—	
2,0	—	—	—	—	
2,5	—	—	—	—	
3,0	—	—	—	—	
3,5	2	2	1	0	
4,0	5	5	1	0	
4,5	11	11	2	0	
5,0	15	15	3	1	
5,5	17	17	7	5	
6,0	30	30	12	10	Kauschen verbiegen sich stark. Fig. 39. Die Spitzen klaffen auseinander. 
6,5	34	34	15	14	
7,0	—	37	24	—	
7,5	—	42	30	—	Beide Kauschen haben die Form Fig. 40.
8,75					Das Seil zieht sich zwischen den Schellen b durch; dieselben können nicht mehr nachgezogen werden, da die Innenflächen bereits vollständig aufeinander liegen. Fig. 41.

Fig. 38.

Fig. 39.

Fig. 40.

Fig. 41.

Die Kausche dient dem Seil nur als Schutz — die eigentliche Verbindung erfolgt durch die Schellen.

Die Kauschen stellten sich stets schief ein und erfuhren entsprechende Verbiegung. Die Schellen kamen immer, wie beim Reibungs-Seilgehänge, in schiefe Lage und waren Ursache, daß das Seil abgekniffen wurde.

G. Otis-Gehänge für 18 mm-Seile.

Vier Gehänge, bereits mit Seilstücken von Seil d ausgerüstet, wurden von der Firma Otis Brothers & Co. - New-York geliefert. Die Stücke sind mit den Buchstaben a—d bezeichnet.

Konstruktion und Abmessungen ergeben sich aus Fig. 42—44.

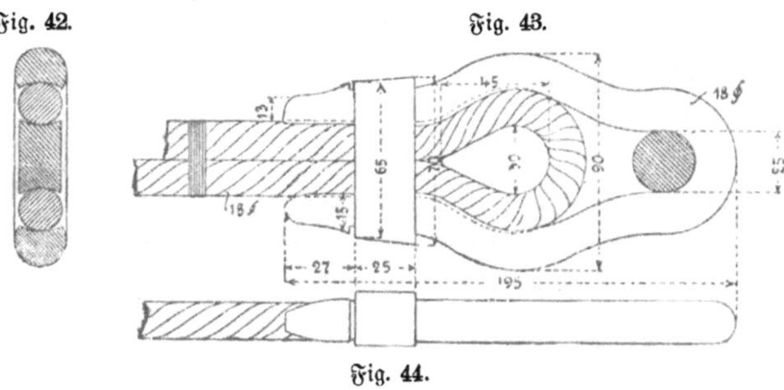

Fig. 42.   Fig. 43.

Fig. 44.

Das Seil wird zu einer sehr kleinen Schleife gebogen und in eine handförmige Klammer geschoben, deren innere Bearbeitungsfläche sich eng an die Seilform anschmiegt. Ueber die Klammerenden wird ein Ring geschoben, welcher alsdann von den Nasen an denselben vor dem Herunterrutschen bewahrt wird. In das Innere der Seilschleife wird ein herzförmiges Gußstück eingetrieben. Da die Firma die Versicherung abgab, daß ihre Gehänge stets nur mit Seilen von 16 mm Durchmesser für Aufzüge benutzt werden, so wurde zugestanden, daß die Gehänge mit solchen Seilen ausgerüstet geliefert werden konnten. Zugleich sandte aber die Firma auch Stücke mit Seilen von 18 mm Durchmesser ein, welche beim Versuch die nachstehenden Ergebnisse lieferten.

Versuchs-Ergebnisse.

Vorbemerkungen: Zu den Prüfungen wurden die von der Firma Otis Brothers & Co. gelieferten Seile d von 18 mm Durchmesser benutzt. Die Gehänge waren an dem einen Ende bereits befestigt, das andere Seilende ist in die große Einspannvorrichtung Kortüm'scher Konstruktion eingelegt.

Tabelle 15.

Belastungen t	Seilverschiebung am Ring in mm Marke b	Seildehnungen $l = 500$ mm	Bemerkungen
0,5	0	0	**Versuch 31.** Gehänge a. Marke wie in Fig. 45.
1,0	16	0,5	
1,5	23	1,0	
2,0	30	1,7	Keil in der Einspannvorrichtung nachgetrieben.
2,5	32	2,3	
3,0	34	2,5	
3,5	37	3,0	
4,0	42	3,3	
4,5	Bruchlast		Der Spannring reißt an der Seite auf. Schlechte Schweißung. Krystallinischer Bruch. Das Seil hat sich im Gehänge weit vorgezogen und einige Drähte sind bereits abgekniffen.

Fig. 45.

Be-lastungen t	Seilverschiebung am Ring in mm		Bemerkungen
	Marke a	Marke b	
0,5	0	0	**Versuch 32.** Gehänge b. Marken wie in Fig. 45.
1,0	—	5	
1,5	—	12	
2,0	—	16	
2,5	—	21	
3,0	2	25	
3,5	2	28	
4,0	2	32	
4,5	Bruchlast		Das Seil wird im Gehänge zerdrückt.
0,5	0	0	**Versuch 33.** Gehänge c. Marken wie in Fig. 45.
1,0	—	10	
1,5	—	16	
2,0	—	20	
2,5	—	24	
3,0	—	26	
3,5	—	30	
4,0	—	32	
4,5	—	34	
5,0	0	40	
5,75	Bruchlast		Das Seil wird im Gehänge zerdrückt.
0,5	0	0	**Versuch 34.** Gehänge d. Marken wie in Fig. 45.
1,0	7	21	
1,5	9	31	
2,0	10	37	
2,5	11	42	
3,0	12	48	
3,5	13	52	
4,0	17	59	Das Seil quillt hinter der Einlage seitlich heraus.
4,25	Bruchlast		Die an der Einlage anliegenden Litzen sind zerrissen.

H. Otis-Gehänge für 16 mm-Seile.

Vier Gehänge, bereits mit Seilstücken von Seil e ausgerüstet, wurden von der Firma Otis Brothers & Co. geliefert. Hiervon sind durch einen Beamten der Firma drei Stück in der Versuchs-Anstalt auseinander genommen. Die Stücke sind mit den Buchstaben a—d bezeichnet.

Konstruktion und Abmessungen ergeben sich aus Fig. 46.

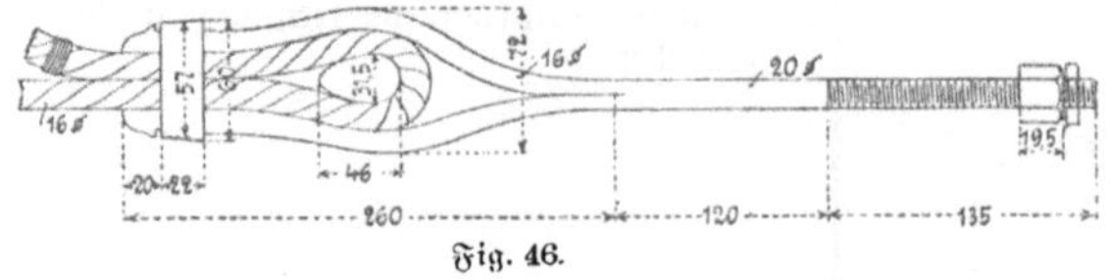

Fig. 46.

Die Wirkungsweise ist genau die gleiche, wie sie unter G beschrieben worden ist. Der Unterschied besteht nur darin, daß die Gehänge H in Schraubenbolzen endigen, welche zur Verbindung mit dem Fördergeräth dienen, während die Gehänge G eine Oese zur Aufnahme der Verbindungsglieder besitzen. Die Gehänge H sind übrigens mit Rücksicht auf die Zugwirkung einseitig konstruirt, sodaß Seil-Mittellinie und Gehängebolzen-Mitte in eine Linie fallen. In dieser Beziehung war beim ersten Versuch Gehänge b falsch eingespannt worden und mußte daher umgelegt werden. Gleichwohl blieb das Seil am Gehänge b unversehrt, während in Gehänge a, wie in allen bereits von der Firma eingespannten Seilenden, das Seil stark beschädigt war. Mehrere Drähte waren hier ganz abgekniffen, andere stark gedrückt und geschürft.

Versuchs-Ergebnisse.

Zu den Prüfungen wurde Seil e benutzt.

Tabelle 16.

Be-lastungen t	Verschiebungen am Gehänge		Seil-dehnung $l = 1000$ mm	Bemerkungen
	a mm	b mm		
0,5	0	0	0	**Versuch 35.** Gehänge a und b.
1,0	6	7	1	
1,5	14	11	1,5	
2,0	21	13	2,0	
2,5	28	16	2,7	
3,0	35	22	3,5	Bruch. Das Seil wird an der Einlage des Gehänges zerdrückt, und zwar da, wo sich die Litze in den Zwischenraum zwischen Einlage und Gehänge zwängte. Fig. 47 bei a.
	Gehänge			**Versuch 36.** Gehänge c und d, beide in der Versuchs-Anstalt eingespannt. Das bereits früher eingespannt gewesene Ende liegt im Gehänge d.
	c	d		
0,5	0	0		
1,0	8	2		
1,5	12	5		
2,0	15	7		
2,5	21	11		
3,0	25	14		Am Gehänge c drückt sich die Einlage seitlich heraus.
3,25	Bruchlast			Das Seil ist im Gehänge c, wie bei Versuch 35, abgedrückt.
0,5	0	0		**Versuch 37.** Gehänge c und d mit demselben Seilstück. Gehänge c ist frisch befestigt.
1,0	9	0		
1,5	13	1		
2,0	14	1		
2,5	19	2		
3,0	21	3		
3,25	Bruchlast			Bruch wie bei Versuch 35 und 36, im Gehänge d.

Bei fast allen Versuchen G und H zeigt sich eine sehr frühzeitige Zerstörung der Seile an den Einspannstellen, welche meistens durch Zerrungen der Litzen und Abkneifen von Drähten eingeleitet sind; schon bei Bildung der sehr kleinen Schleife dürfte das

Seil leiden. Es ist sehr schwer, beim Heraufschlagen des Sicherungsringes ein Berühren und Beschädigen der Seile mit dem Hammer zu vermeiden. Die Zusammenfügung ist überhaupt nicht so bequem, als es beim ersten Anblick der Konstruktion erscheint. Die Beschädigungen der von der Firma gelieferten Seilenden dürften vorwiegend die vorgenannte Ursache gehabt haben. Eine erhebliche örtliche Pressung erleidet das Seil beim Gehänge G durch die während des Versuches auftretende Verdrehung der herzförmigen Einlage bei a — Fig. 48 —; es dürfte vortheilhaft sein, diese Einlage so lang zu machen, daß die Spitze noch mit zwischen den Spannring tritt. Beim Gehänge H ist

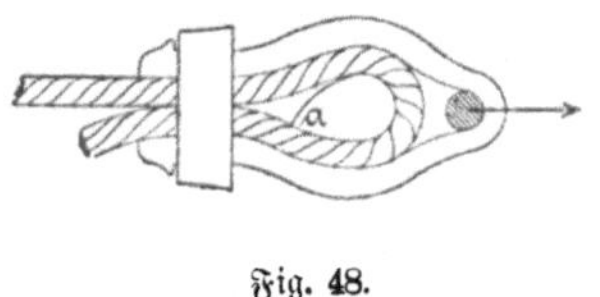

Fig. 48.

die Schiefstellung des Herzens nicht so sehr zu befürchten, weil dasselbe der Zugwirkung des Seiles überhaupt besser Rechnung trägt, indem es von vornherein schief ausgebildet ist. Hierdurch wird auch erreicht, daß die Gehängestange und das Seil in dieselbe Richtung fallen.

J. Schwanenhälse (deutsche).

Fünf Schwanenhälse wurden auf besondere Bestellung seitens des Fabrikanten C. Kortüm-Berlin angeblich nach den in der Praxis üblichen Abmessungen angefertigt. Die Stücke sind mit den Buchstaben a—e bezeichnet.

Konstruktion und Abmessungen ergeben sich aus Fig. 49—51.

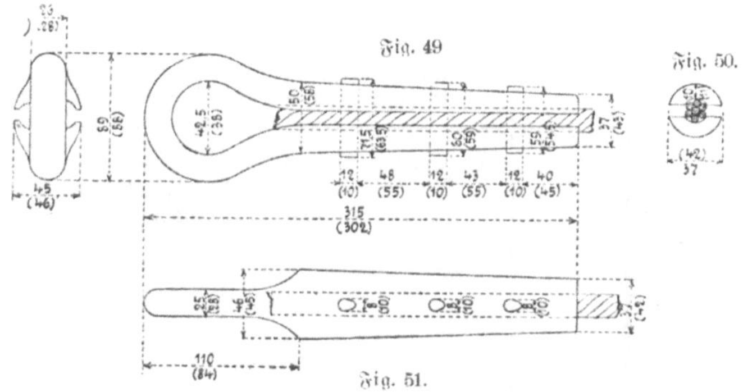

Das Seil wird von zwei Hülsentheilen umfaßt, welche mit der Gehängeöse aus einem Stück geschmiedet sind. Seil und Hülsenlappen sind mit einander durch drei durchgetriebene Niete verbunden. Die Niete haben bei der ersten Form eirunden Querschnitt (Schwanenhälse a, b und c), während sie bei der anderen rund sind (Schwanenhälse d und e). Beide Konstruktionsformen haben etwas abweichende Maße; für die zweite gelten die eingeklammerten Maße von Fig. 49—51.

Für die Vernietung des Seilendes mit dem Schwanenhals wurde durch das eingeschobene Seil und die Nietlöcher ein spitzer Stahldorn getrieben, der oben in die Nietform endete. Der Nietbolzen wurde auf das obere Ende dieses Dornes gesetzt und mit demselben gleichzeitig durch das Seil getrieben. Die Vernietung erfolgte kalt und mit Versenkköpfen.

Nach Vorschrift sollte die Prüfung so geschehen, daß das eine Ende des Seiles in die große Einspannvorrichtung gelegt und das andere mit dem Schwanenhals versehen war, um von vornherein eine Zerstörung in letzterem zu erzielen. Irrthümlicherweise waren an zwei Seilen je zwei Schwanenhälse befestigt. Als man je einen wieder entfernte, fand sich, daß die Dorne mit ovalem Querschnitt die Litze fast unverletzt gelassen, während die runden Dorne mehrfach Drähte zerstört hatten.

Versuchs=Ergebnisse.

Zu den Prüfungen wurde Seil b benutzt.

Tabelle 17.

Be= lastungen t	Ver= schiebungen mm	Bemerkungen
0,25	0	**Versuch 38.** Schwanenhals a; eiförmiger Nietenquerschnitt.
1,50	0,5	
2,25	1	
3,0	2	
3,5	3,5	
4,0	7	Knacken. — Die Waage sinkt beim Schließen des Ventils sofort.
4,5	12	Knacken. — Drähte reißen innerhalb des Schwanenhalses; nach dem Reißen einer Litze zieht sich das Seil unter Drehung heraus.
0,25	0	**Versuch 39.** Schwanenhals b; eiförmiger Nietenquerschnitt.
1,5	0,5	
2,5	1	
3,0	2	
3,5	3	
4,0	4	
4,5	5,5	
4,75	8	Knacken.
5,0	—	Bruchlast. Am ersten Niet reißt eine Litze, dann zieht sich das Seil heraus.
0,25	0	**Versuch 40.** Schwanenhals c; eiförmiger Nietenquerschnitt.
3,0	0,5	
3,5	1	
4,0	2	
4,5	3	
5,0	4	
5,5	6,5	
6,0	—	Bruchlast. Nach vorhergegangenem Knacken reißt eine Litze im Schwanenhals.
0,25	0	**Versuch 41.** Schwanenhals d; kreisförmiger Nietenquerschnitt.
1	0,5	
2	1	
2,5	1,5	
3	3	Knistern.
3,5	6	
4	9	
4,25	—	Bruchlast. Keine Litze ist völlig durchgerissen, das Seil zieht sich heraus.

Be= lastungen t	Ver= schiebungen mm	Bemerkungen
0,25	0	**Versuch 42.** Schwanenhals e; kreisförmiger Nietenquerschnitt.
2,0	0,5	
2,5	1	
3,0	1,5	
3,5	3	
3,75	—	Knistern.
4,0	5	
4,50	7	
4,75	—	Knacken. Bruch im Innern des Schwanenhalses.
0,25	0	**Versuch 43.** Schwanenhals e; kreisförmiger Nietenquerschnitt.
1,5	1	
2,0	2	
2,5	6	
2,75	—	Knistern.
3,0	9	
3,5	14	
3,75	—	Knacken.
4,0	—	Bruch innerhalb des Schwanenhalses.

Die Schwanenhälse mit Nieten von eiförmigem Querschnitt zerstören die Drähte weniger und scheinen eine etwas sicherere Verbindung abzugeben, als diejenigen mit kreisrunden Nieten.

K. Schwanenhälse (englische).

Drei Schwanenhälse wurden durch die Firma C. F. Wischeropp-Berlin aus England bezogen. Die Stücke sind mit den Buchstaben a—c bezeichnet.

Konstruktion und Abmessungen ergeben sich aus Fig. 52—54.

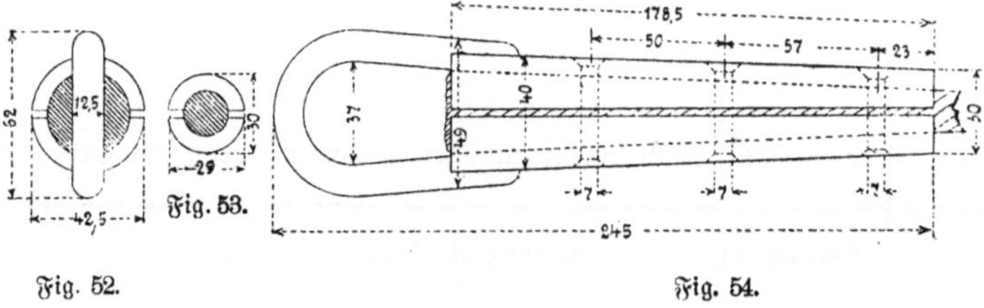

Fig. 52.   Fig. 53.   Fig. 54.

Die Konstruktion war wesentlich schwächer wie die deutsche, die Arbeit nicht so sauber, als bei letzterer. Hierbei ist ausdrücklich zu bemerken, daß der liefernden Firma die Seilstärke genau angegeben war. Da der Innenraum konisch war, so mußten die Seilenden aufgelöst und durch Umbiegen der Drähte und Umwickelung des so gebildeten Kopfes der Innenraum richtig ausgefüllt werden. Die Niete waren 7 mm stark und versenkt.

Versuchs-Ergebnisse.

Zu den Prüfungen wurde Seil b verwendet.

Tabelle 18.

Be-lastungen t	Ver-schiebungen mm	Bemerkungen
0,5	0	**Versuch 44.** Schwanenhals a. Runde Niete 7 mm Durchmesser.
2,0	—	
2,25	—	Die Gehängeöse reißt auf der einen Seite ab, die Bruchfläche zeigt eine Fehlstelle.
0,5	0	**Versuch 45.** Schwanenhals b wie bei Versuch 44.
2,5	1	
2,75	—	Die Gehängeöse reißt, wie bei Versuch 44, Bruch Fehlstellen.
0,5	0	**Versuch 46.** Schwanenhals c wie bei Versuch 44.
2,0	2	
3,0	3	
4,0	5	
4,5	—	Knistern. Die Gehängeöse reißt, wie bei Versuch 44.

L. Baumann'sche Seilklemme (zweitheilig).

Eine Seilklemme wurde von der Dingler'schen Maschinenfabrik in Zweibrücken geliefert.

Konstruktion und Abmessungen ergeben sich aus Fig. 55 und 56.

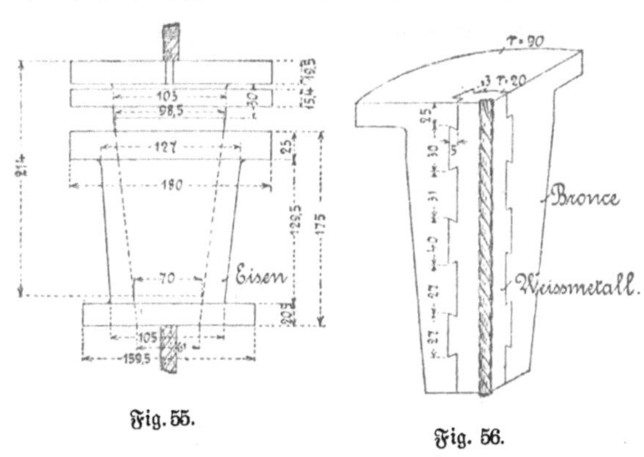

Fig. 55.

Fig. 56.

Bei der Baumann'schen Seilklemme wird das Seil von drei Keilen festgeklemmt, welche mit einem Ende des zu prüfenden Seiles als Einlage mit einer Legirung ausgegossen sind, so daß das Seil mit allen einzelnen Außendrähten in der Eingußmasse abgebildet ist. Die drei Keile sind zusammen außen kegelförmig abgedreht und stecken in einer kegelförmigen Hülse. Ein über die Keile gestreifter Ring soll dieselben beim Zusammenstellen zusammen halten.

Die Einspannung in die Maschine erfolgte nach Fig. 57 und 58.

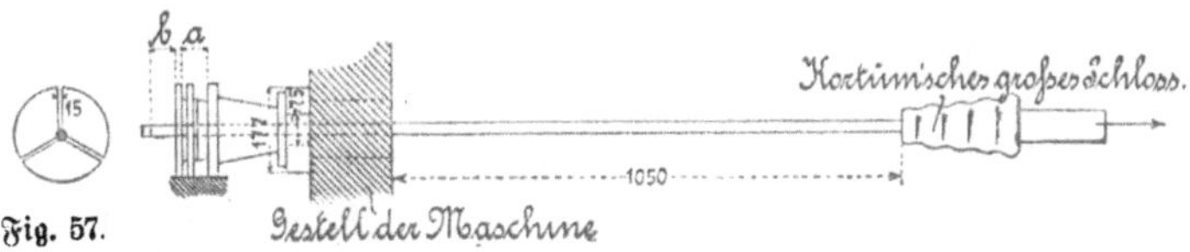

Fig. 57.

Fig. 58.

Versuchs-Ergebnisse.

Zu den Prüfungen ist Seil b benutzt worden.

Tabelle 19.

Be-lastungen t	Verschiebungen an Marken		Bemerkungen
	a	b	
0,5	0	0	**Versuch 47.** Marke a mißt die Verschiebungen der Keile gegen das Schloß; Marke b diejenigen des Seiles gegen die Keile.
1,0	1	—	
1,5	2	—	
2,0	3	—	
2,5	3,8	—	
3,0	4,6	—	
3,5	5,5	—	
4,0	6,0	—	
4,5	7,0	—	
5,0	7,5	—	
5,5	8,0	—	
6,0	8,5	—	
6,5	9,3	—	
7,0	10,3	—	
7,5	10,9	—	Verschiebungen des Seiles im Schloß fanden überhaupt nicht statt.
8,0	11,7	—	
8,5	12,0	—	
8,75	Bruchlast		4 Litzen brechen am Beginn der Einspannung in die Seilklemme. Die Klemme zeigt keine Beschädigungen, das Einspannende des Seiles nirgend Druckstellen.
0,5	0		**Versuch 48.** Mit der gleichen Klemme, wie bei Versuch 47.
1,0	1,3		
1,5	2,6		
2,0	3,8		
2,5	4,8		
3,0	6,4		
3,5	7,3		
4,0	7,8		
4,5	8,8		
5,0	9,3		
5,5	9,8		
6,0	10,6		
6,5	11,3		
7,0	11,8		
7,5	12,3		
8,0	13,3		
8,5	13,8		
9,0	Bruchlast		3 Litzen reißen zugleich an der Klemme. Die Klemme ist vollkommen unversehrt, ebenso das eingespannte Seilende.

Be-lastungen t	Verschiebungen an Marken		Bemerkungen
	a	b	
0,5	0		**Versuch 49.** Mit der gleichen Klemme, wie bei Versuch 47.
1,0	1,6		
1,5	2,6		
2,0	3,7		
2,5	4,8		
3,0	5,2		
3,5	6,0		
4,0	6,4		
4,5	7,2		
5,0	8,0		
5,5	8,4		
6,0	9,1		
6,5	9,8		
7,0	10,3		
7,5	11,2		
8,0	12,0		
8,5	12,3		
9,0	Bruchlast		3 Litzen reißen zugleich an der Klemme.

M. Baumann'sche Seilklemme (dreitheilig).

Eine Seilklemme wurde von der Dingler'schen Maschinenfabrik in Zweibrücken geliefert.

Konstruktion und Abmessungen ergeben sich aus Fig. 59 und 60.

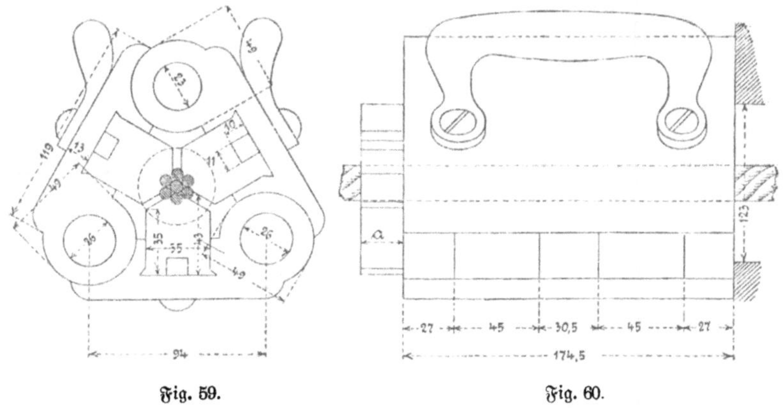

Fig. 59.   Fig. 60.

Bei dieser Form der Baumann'schen Klemme sind die Keile ebenso, wie bei der Form L, mit Weißmetall ausgegossen, die Keile selbst sitzen aber in einer um 2 Scharniere auseinanderklappbaren dreitheiligen Hülse, welche durch einen in das dritte Scharnier gesteckten Stahlbolzen zusammengehalten werden.

Die Befestigung in der Maschine erfolgt ebenso, wie bei Form L Fig. 57 und 58.

Versuchs-Ergebnisse.

Zu den Prüfungen wurde Seil b benutzt.

Tabelle 20.

Be-lastungen t	Verschiebungen an Marken		Bemerkungen
	a	b	
0,5	0	0	**Versuch 50.**
1,0	1,5	—	
1,5	3,0	—	
2,0	—	—	
2,5	4,0	—	
3,0	4,5	—	
3,5	6,0	—	
4,0	—	—	
4,5	6,5	—	
5,0	8,0	—	
5,5	9,0	—	
6,0	—	—	
6,5	—	—	
7,0	10,0	—	Die Keile gehen ruckweise vor.
7,5	10,5	—	
9,0	Bruchlast		4 Litzen reißen an der Klemme.
0,5	0		**Versuch 51.**
1	1,5		
2	4,0		
3	5,5		
4	7,0		
5	8,5		
6	10,0		Die Keile gehen ruckweise vor.
7	10,5		
8	12,5		
9	Bruchlast		5 Litzen reißen an der Klemme.
0,5	0		**Versuch 52.**
1	1,5		
2	3,5		
3	5,0		
4	7,0		
5	8,5		
6	10,0		
7	11,0		
9	Bruchlast		3 Litzen reißen an der Klemme. Die 4. Litze zeigt an der Seilbruchstelle mehrere eingeschnürte und auch gebrochene Drähte.

Zu bemerken ist, daß bei der Baumann'schen Klemme regelmäßig die Seile unmittelbar an der Eintrittsstelle in die Klemme gerissen sind. Dieser Fall tritt auch bei dem Kortüm'schen Schloß dann leicht ein, wenn die Keile gleich am Anfang zu stark pressen. Bei der konischen Seilbüchse mit Metalleinguß ist dies nicht beobachtet, jedoch ist die Zahl der Versuche sehr klein und es kann wohl erwartet werden, daß bei weiteren Versuchen ein Bruch an der Einspannung mehrfach gefunden sein würde. Die genannten Konstruktionen wirken gleichartig und man erreicht mit ihnen hohe Verbindungs=festigkeiten.

N. Becker'sche Seilverbindung.

Es sind zwei Verbindungen vom Fabrikanten E. Becker-Berlin, bereits mit dem Seil f verbunden, eingesandt worden. Die Stücke sind mit den Buchstaben a und b bezeichnet.

Konstruktion und Abmessungen ergeben sich aus den Fig. 61 und 62.

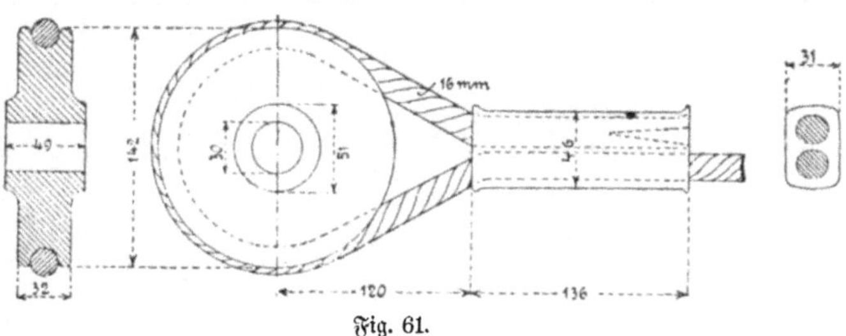

Fig. 61.

Das Seil ist um eine Rolle geschlungen und die Schleife durch eine übergeschobene Hülse geschlossen, in welcher es mit Blei vergossen worden ist. In das freie Seilende ist außerdem ein zugespitzter Dorn von 12 mm Durchmesser und 63 mm Länge eingezogen.

Bei den Versuchen sind die freien Seilenden in der großen Seil=Einspannvorrichtung befestigt.

Versuchs-Ergebnisse.

Zu den Prüfungen ist Seil f verwendet.

Tabelle 21.

Be=lastungen t	Ver=schiebungen a	Bemerkungen
0,5	0	**Versuch 53.** Markenlage f. Fig. 63.
3,0	1	
4,25	3	
4,50	9	
5,00	20	Bei c ist Verschiebung 4 mm.
8,75		Das Seilende c d zieht sich allmählich ganz heraus — das Seil ist vollkommen unversehrt.
0,5	0	**Versuch 54.** Markenlage f. Fig. 63.
3,5	—	Das Herausziehen beginnt.
5,5	—	Die Wage fällt plötzlich ab, das Ende gleitet mehrere Millimeter mit einem Ruck heraus.
9,75	—	Kommen nach langsamem Herausziehen des Endes wieder zum Einspielen. Gleich darauf reißen 3 Litzen des Seiles am Beginn des eingegossenen Metalls.

Schluß-Uebersicht über die Versuchs-Ergebnisse.

Tabelle 22.

Seilverbindung	Benutzt wurde Seil Nr.	Bruch der Verbindung oder der Seile in derselben. Bruchlasten in t, Versuch					Bruch der Seile						Verbindungsfestigkeit in t			Seilfestigkeit nach Tab. 3	Verhältniß der Verbindungsfestigkeit zur Seilfestigkeit			Bemerkungen.
							neben der Verbindung			im freien Theil										
		a	b	c	d	e	a	b	c	a	b	c	Mittel	größte	kleinste		Mittel	größte	kleinste	
A. Kortüm'sches Schloß (alte Konstr.)	a	—	—	—	—	—	3,7	—	—	3,6	3,6	—	3,70	3,7	3,7	3,65	101	—	—	
do.	b	7,0*)	—	—	—	—	9,0	9,0	—	—	—	—	8,33	9,0	7,0	8,94	93	100	78	*) Bruch des Schlosses.
do.	c	10,0*)	11,5	—	—	—	—	—	—	—	—	—	10,75	11,5	10,0	12,00	90	96	83	*) do.
B. Kortüm'sches Schloß (neue Konstr.)	b	—	—	—	—	—	9,1	9,0	9,0	—	—	—	9,03	9,1	9,0	8,94	101	102	100	
C. Reibungsseilgehänge ohne Schellen	b	—	—	—	—	—	7,75	—	—	—	—	—	7,75	—	—	8,94	78	—	—	
do. mit Schellen	b	—	—	—	—	—	8,75	8,75	—	—	—	—	8,75	8,75	8,75	8,94	98	98	98	
D. Konische Seilbüchse mit Ring	b	4,0	4,25	6,25	6,5	6,5	—	—	—	—	—	—	6,48	8,0	4,0	8,94	72	89	45	Alle Seile reißen gleichmäßig an den umgebogenen Drahtenden.
	b	6,5	7,25	7,5	8,0	8,0	—	—	—	—	—	—								
E. Konische Seilbüchse mit Einguß	b	—	—	—	—	—	—	—	—	8,8	9,0	8,9	—	—	—	—	100	—	—	
F. Rauschen mit Schellen	b	—	—	8,75*)	—	—	8,75	8,75	—	—	—	—	8,75	8,75	8,75	8,94	98	98	98	*) Schellen konnten nicht genügend nachgezogen werden.
G. Otis-Gehänge (18 mm Durchmesser)	d	4,25	4,5	4,5	5,75	—	—	—	—	—	—	—	4,75	5,75	4,25	9,13	52	63	47	
H. Otis-Gehänge (16 mm Durchmesser)	e	3,0	3,25	3,25	—	—	—	—	—	—	—	—	3,17	3,25	3,0	5,35	59	61	56	
I. Schwanenhälse, deutsche (eiförmiger Nietquerschnitt)	b	4,5	5,0	6,0	—	—	—	—	—	—	—	—	5,17	6,0	4,5	8,94	58	67	50	
Schwanenhälse, deutsche (runder Nietquerschnitt)	b	4,0	4,25	4,75	—	—	—	—	—	—	—	—	4,33	4,75	4,0	8,94	48	53	45	
K. Schwanenhälse, englische*)	b	2,25	2,75	4,5	—	—	—	—	—	—	—	—	3,17	4,5	2,25	8,94	35	50	25	*) Wegen zu schwacher Konstruktion alle am Bügel gerissen.
L. Baumann'sche Seilklemme (zweitheilig)	b	—	—	—	—	—	8,75	9,0	9,0	—	—	—	8,92	9,0	8,75	8,94	100	100	98	
M. Baumann'sche Seilklemme (dreitheilig)	d	—	—	—	—	—	9,0	9,0	9,0	—	—	—	9,00	9,0	9,0	8,94	100	100	100	
N. Becker'sche Verbindung	f	8,75	9,75	—	—	—	—	—	—	—	—	—	9,25	9,75	8,75	11,00	84	89	79	

III. Schluß-Uebersicht über die Versuchs-Ergebnisse.
(Hierzu Tabelle 22.)

Mit Bezug auf die Art der erfolgten Zerstörung kann man die im vorigen Abschnitt erhaltenen Versuchsergebnisse in folgende Ordnung bringen.

1. Die Verbindung wirkte so günstig, daß das Seil außerhalb des Körpers zum Bruch kam, und zwar:

   a) das Seil riß in der freien Versuchslänge,

   b) das Seil riß nahe an der Seilverbindung.

2. Die Verbindung wirkte ungünstig dadurch, daß sie

   a) das Seilende zerstörte,

   b) das Seil herausschlüpfen ließ und

   c) im eigenen Körper zu Bruche ging.

In die Gruppe 1 kann man die Mehrzahl der Kortüm'schen Schlösser, das Reibungsgehänge, die konischen Seilbüchsen mit Metalleinguß, die Kauschen mit Schellen und die Baumann'schen Seilklemmen rechnen, während in die Gruppe 2 die konischen Seilbüchsen mit Einlegering, die beiden Arten von Otis-Gehänge, die Schwanenhälse, die Becker'sche Verbindung und zwei der Kortüm'schen Schlösser fallen.

Gruppe 1. Von den hierher gehörigen Seilverbindungen sind unter a einzuordnen: die Kortüm'schen Schlösser alter Konstruktion und die konischen Seilbüchsen mit Einguß. Daß die Kortüm'schen Schlösser neuer Konstruktion nicht gleichfalls Brüche im freien Seil erzeugten, dürfte darin begründet sein, daß die Keile das Seil beim Eintritt in das Schloß schon zu stark gepreßt haben, wenigstens ist nach der früheren Erfahrung der Versuchs-Anstalt bei der alten Konstruktion der Bruch vor der Einspannung oder im Beginn derselben durch diesen Umstand bedingt. Man sieht hieraus, daß die Kortüm'schen Schlösser sich nicht ganz streng in die Gruppe 1a einordnen lassen. Ob dies mit den konischen Seilbüchsen streng der Fall ist, kann nach den wenigen Versuchen nicht wohl entschieden werden und anderweitige Erfahrungen liegen diesseits nicht vor. Es wird vermuthet, daß die Entscheidung, ob bei einer ähnlichen Seilverbindung der Bruch im freien Seil eintritt oder nicht, von der Art des zum Ausgießen benutzten Metalles abhängen wird. Ist dieses Metall sehr wenig dehnbar (bildsam), so ist der Fall denkbar, daß alle Drähte gleich beim Eintritt in das Metall ihre Zugspannung auf letzteres und auf die Büchse übertragen. Die Einspannung wird wie ein scharf abgesetzter Kopf an einem Probestabe wirken. Jede Biegung und seitliche Beanspruchung wird erhebliche Spannungserhöhungen im Uebergangsquerschnitt erzeugen und der Bruch tritt, wie beim Probestab mit scharf abgesetztem Kopf, leicht an der Einspannstelle ein. Ist das Eingußmaterial etwas weicher und bildsamer, so wird die Uebertragung der Seilspannung auf die Büchse mehr in das Innere des Schloßkörpers verlegt und geschieht allmählich. Die Biegungen an dem Eingange in das Schloß können gleichfalls nicht so scharf werden, das Seil wird also hier nicht ungünstiger beansprucht, als in der Mitte, und nun tritt der Bruch mit Wahrscheinlichkeit im freien Seil ein, weil hier die Querschnittsverminderung nicht wie im Schloß durch Verhinderung der Längenausdehnung beeinträchtigt ist, und weil an sich die Wahrscheinlichkeit, daß die schwächste Stelle im freien Seile liegt, größer ist, als daß sie gerade am Ende sich findet. Ist die Eingußmasse zu weich (wie bei der Becker'schen Verbindung), so zieht sich das Seil heraus. Man hat bei Auswahl des Metalles zum Ausgießen aber auch noch darauf zu achten, daß der Schmelzpunkt der Legirung an sich nicht so hoch liegt und ferner, daß das Metall nicht so heiß eingegossen oder das Schloß nicht so stark vorgewärmt wird, daß die Festigkeit der Drähte an der Einmündungsstelle etwa durch Ausglüh= wirkungen sich vermindert. Auch unter diesen Umständen tritt ein vorzeitiger Bruch des Seiles an der Einspannstelle ein.

Bei den vorstehend genannten Seilverbindungen tritt das Seil aus dem Schloß genau in der Zugrichtung heraus und erfährt durch Erzeugung von Biegungsmomenten infolge ungleicher Spannungsvertheilung keine vermehrte Beanspruchung. Bei Konstruk= tionen der Gruppe 1b ist das Gleiche der Fall wie bei der Baumann'schen Seilklemme. Bei beiden Konstruktionsformen derselben ist das Seil stets nahe der Einspannung gerissen und man wird die Begründung hierfür wohl in dem Voraufgeführten suchen müssen. Bei den beiden andern hierher gehörigen Konstruktionen, dem Reibungsseil= gehänge und den Kauschen mit Schellen tritt immer eine einseitige Beanspruchung der einzelnen Theile der Verbindung ein, die Seilachse geht nicht von Anfang an durch die Angriffspunkte der Kraft, die Theile der Verbindung stellen sich demgemäß nach und nach schief ein, was durch die Reibungswirkung und Spannungsunterschiede des Seiles zum Theil noch unterstützt wird. Ein Gleiches ist mit den Schellen der Fall und man findet durchweg, daß die Kanten, welche schließlich zum scharfen Anlegen an das Seil kommen, das letztere so stark auf Biegung beanspruchen oder gar einzelne Drähte ab= kneifen, daß nunmehr ein vorzeitiger Bruch an diesen überangestrengten Stellen ein= treten muß.

Hieraus erklären sich ganz gut die nachstehenden

Festigkeits=Verhältnisse der Gruppe 1.

Benennung der Verbindungen	Ab-theilung	Festigkeit der Ver-bindung in % der Seilfestigkeit
1. Kortüm'sches Schloß (wenn man von den beiden zerbrochenen fehler-haften Kortüm'schen Schlössern Abstand nimmt, welche nur 78 bez. 83 % der Seilfestigkeit erreichten)	1 a	100
2. Konische Büchse mit Metall-Einguß	1 a	100
3. Baumann'sche Seilklemme (2theilig)	1 b	100
4. Baumann'sche Seilklemme (3theilig)	1 b	100
5. Reibungs-Seilgehänge	1 b	98
6. Kauschen mit Schellen	1 b	98

Man kann also wohl schlechthin sagen, daß in Gruppe 1 die Seilfestigkeit nahezu erreicht werden kann, namentlich wenn das Seil in der Zugachse aus der Verbindung heraustritt. Da die Betriebssicherheit aber ganz wesentlich auch von der Zuverlässigkeit des Materiales abhängt, so ist die schlechte Beschaffenheit zweier Kortüm'scher Schlösser alter

Konstruktion immerhin ein Faktor, welcher zur Vorsicht bei ihrer Anwendung mahnt. Es dürfte wohl abzuwarten sein, ob die Prüfung mit stoßweiser Belastung dieses Urtheil bestätigen wird. Auch über die Betriebssicherheit der Baumann'schen Klemme wird man sich ein endgültiges Urtheil kaum vor Beendigung der Schlagversuche bilden können.

Gruppe 2. Unter a kann man die Schwanenhälse deutschen Ursprungs und die Otis-Gehänge rechnen, welche zugleich die ungünstigsten Ergebnisse geliefert haben. Man darf es wohl besonders hervorheben, daß auch hier vaterländische Erzeugnisse und Konstruktionen den ausländischen überlegen gewesen sind, ganz besonders aber zeigt sich dies beim Vergleich zwischen den Schwanenhälsen deutscher und englischer Konstruktion. Bei den Schwanenhälsen ist es beachtenswerth, daß man einen geringen Vortheil durch Anwendung von Nieten eiförmigen Querschnittes gewinnen kann, weil diese die Seil= drähte nicht in dem Maße beschädigen wie die runden Niete. Man hat aber bei allen Versuchen immerhin nahezu nur die halbe Seilfestigkeit erreichen können. Mit Rücksicht auf den Umstand, daß bei den Schwanenhälsen durchschnittlich ein Seilschlupf von nur etwa 10 mm eingetreten ist und das Seil vor dem Einklemmen, Abkneifen und seitlichen Herausschlüpfen einigermaßen geschützt ist, kann man — wenn nicht wider Voraussetzung die Versuche mit Schlagwirkung ein ungünstiges Ergebniß liefern sollten — erwarten, daß die Verbindungsfestigkeit von etwa 50 % auch noch ausreichende Betriebssicherheit gewähren wird. Die Otis-Gehänge versprechen in dieser Beziehung weit weniger günstige Ergebnisse, und trotz der größeren Verbindungsfestigkeit wird man ihnen keine so große Betriebssicherheit, wie den Schwanenhälsen zusprechen dürfen, weil die Theile sich bei weitem leichter lockern, die Seile sich seitlich festklemmen, abkneifen und leichter herausschlüpfen können, als beim Schwanenhals. Die Schlagversuche werden diese Vermuthung voraussichtlich bestätigen.

Zu Gruppe 2 b kann man die Becker'sche Verbindung und die konischen Seilbüchsen mit Einlegering rechnen. Die Becker'sche Seilverbindung hätte zweifelsohne mit den Konstruktionen unter Gruppe 1 wetteifern können, wenn zum Vergießen ein etwas weniger bildsames Metall verwendet worden wäre, als es das Blei ist. Bei Anwendung des Bleies beginnt der Seilschlupf bereits mit etwa 3 t Belastung, und obwohl die Festigkeit der Verbindung zu 84 % gefunden worden ist, so ist es doch sehr fraglich, ob man nicht dennoch eine verhältnißmäßig geringere Betriebssicherheit in Ansatz bringen muß, weil man weiß, daß das „Fließen" des Bleies schon bei sehr geringer specifischer Jnanspruchnahme (etwa 60—100 kg/qcm) beginnt und langsam aber beständig ver= läuft. Die Schlagversuche werden auch hierüber wohl Aufklärung geben. Noch weniger Vertrauen haben sich die konischen Seilbüchsen mit Einlegering zu erwerben vermocht. Bei ihnen ist man ganz unsicher, und jedenfalls wird man gut thun, den geringsten Werth der gefundenen Verbindungsfestigkeit, 45 % bei der Abschätzung ihrer Betriebs= sicherheit in Anschlag zu bringen, umsomehr, als keine Aussicht vorhanden ist, daß sich diese Konstruktion bei den Schlagversuchen in günstigeres Licht stellen wird.

Unter Gruppe 2 c fallen zwei Kortüm'sche Schlösser und alle drei englischen Schwanenhälse. Letztere waren augenscheinlich, abgesehen von der offenbaren Schwäch= lichkeit der Konstruktion, ein durchaus unsauberes und mittelmäßiges Fabrikat, bei welchem durchgängig die Gehängebügel abgerissen sind. Die Kortüm'schen Schlösser alter

Konstruktion waren wegen erheblicher Fehlstellen und mangelhafter Temperung zu Bruch gegangen. Der Bruch zeigte noch vollkommen das weißstrahlige Gefüge des rohen Tempergusses.

Die Festigkeitsverhältnisse der Gruppe 2 ergeben sich aus der folgenden Tabelle.

Festigkeits-Verhältnisse der Gruppe 2.

Benennung der Verbindungen	Ab-theilung	Festigkeit der Verbindung in % der Seilfestigkeit
a) Ohne Ablenkung des Seiles aus der Zugachse:		
7. Schwanenhälse deutschen Ursprungs	2 a	45—67
8. Schwanenhälse englischen Ursprungs	2 c	25—50
9. Konische Seilbüchse mit Einlegering	2 b	45—89
10. Kortüm'sche Seilschlösser (Versuch 1 und 7)	2 c	78 u. 83
b) Mit Ablenkung des Seiles aus der Zugachse:		
11. Otis-Gehänge	2 a	47—61
12. Becker's Verbindung	2 b	79 u. 89

Man erkennt, daß die Becker'sche Verbindung den übrigen dieser Gruppe über-legen ist und nach Verbesserung ihrer Konstruktion mit den Verbindungen aus Gruppe 1 würde wetteifern können. Läßt man auch noch die beiden Kortüm'schen Schlösser außer Acht, so zeigen alle übrigen Konstruktionen einen ganz erheblichen Fehlbetrag der Verbindungsfestigkeit gegenüber der Seilfestigkeit. Praktisch kann man aber auch mit diesem Ergebnisse zufrieden sein, wenn zugleich die Betriebssicherheit gewährleistet ist (wie es beim Schwanenhals vermuthet werden darf). Denn, da wohl das Seil erheblichen Abnutzungen ausgesetzt ist, nicht so sehr aber die Seilverbindung, so erscheint es gerechtfertigt, für das Seil eine etwa doppelt so hohe Betriebssicherheit zu verlangen, als für die Verbindung.

Verantwortlicher Redacteur: Dr. Hermann Wedding. — Verlag von Julius Springer in Berlin.

Mittheilungen
aus den
Königlichen technischen Versuchsanstalten
zu Berlin.
Herausgegeben im Auftrage der Königlichen Aufsichts-Kommission.

Redacteur: Geheimer Bergrath Dr. Wedding
Mitglied der Königl. Aufsichts-Kommission.

Ergänzungsheft IV.   1888.

Untersuchung japanischer Papiere

Im Auftrage des Herrn Ministers für Handel und Gewerbe

von

A. Martens
Vorsteher der mechanisch-technischen Versuchsanstalt

Mit drei Tafeln in Lichtdruck

Springer-Verlag Berlin Heidelberg GmbH
1888.

ISBN 978-3-662-42844-3   ISBN 978-3-662-43127-6 (eBook)
DOI 10.1007/978-3-662-43127-6
Softcover reprint of the hardcover 1st edition 1888

Dem Herrn Minister für Handel und Gewerbe ging zu Anfang vorigen Jahres eine von dem Kaiserlich deutschen Consul zu Hiogo-Osaka zusammengestellte Sammlung von Papiersorten zu, wie sie in verschiedenen Fabriken zu Kochi in Japan angefertigt werden, nebst dem zur Herstellung der Papiere verwendeten Rohmateriale.

Diese Proben wurden an das technologische Institut der Universität Berlin, die technischen Hochschulen zu Aachen und Hannover sowie an die mechanisch-technische Versuchs-Anstalt in Charlottenburg behufs Untersuchung vertheilt. Die Resultate der vorgenommenen Prüfungen des Herrn Dr. Ernst Müller in Hannover, sowie der Berichte der Herren Professor Herrmann in Aachen, Professor Dr. Wichelhaus in Berlin und Assistent W. Herzberg von der mechanisch-technischen Versuchs-Anstalt in Charlottenburg sind im Nachfolgenden zusammengestellt. Tabelle A enthält die Zusammenstellung der vorgelegten Papiere nebst den hierzu gemachten Angaben.

Bevor auf die Mittheilung der Prüfungsergebnisse selbst eingegangen wird, soll aus den angeführten Berichten und dem Werke von A. J. J. Rein „Japan nach Reisen und Studien" und C. Hofmann „Handbuch der Papierfabrikation, 1886" eine Zusammenstellung über diejenigen allgemeinen Verhältnisse der japanischen Papierindustrie gegeben werden, welche auch unsern inländischen Papier-Erzeugern und Vertreibern von Nutzen oder wissenswerth sein dürfte.

I. Rohstoffe der japanischen Papier-Industrie.

Als wichtigstes und fast ausschließliches Rohmaterial zur Herstellung von Papieren dient den Japanern der Bast von drei Pflanzenarten:

1. Wickströmia canescens
2. Edgeworthia papyrifera und
3. Broussonetia papyrifera,

welche in Japan die Bezeichnungen „Gampi, Mitsumata (Dsuiko) und Kodsu" tragen. Neben diesen drei Arten kommen gewiß auch noch andere Pflanzenfasern zur Verwendung, jedoch in geringerem Maßstabe. Auch die Verwendung alter Papiere, sowohl japanischen wie europäischen Ursprungs, ist hier zu erwähnen, wenngleich dieselbe keinen großen Umfang erreichen dürfte.

Die drei erwähnten Pflanzenarten, welche in ihren Stammländern China und Japan in ganz bedeutender Menge gebaut werden, besitzen in ihrem Bast feine, ge-

schmeidige Fasern von außerordentlicher Länge, welche dem daraus verfertigten Papier
eine bedeutende, bisher von keinem andern Papier erreichte Festigkeit verleihen.

Um eine ungefähre Anschauung von der Länge der japanischen Papier=Fasern
gegenüber den hier verwendeten zu geben, sind in Fig. 11 Taf. I Papierstücke japanischen
Ursprungs mit Rißstellen abgebildet, welche den bedeutenden Unterschied in der Faser=
länge sofort erkennen lassen.

Man hat versucht, in Deutschland aus dem eingeführten Rohmaterial ebenso gute
Papiere herzustellen, indessen ist dieser Versuch bisher nicht geglückt. Die Ursache hier=
von dürfte wohl in der großen Geschicklichkeit, welche sich die Japaner uns gegenüber
in der Handpapierfabrikation erworben haben, zu suchen sein.

Auch hat es nicht an Vorschlägen gefehlt, die Papierstoff gebenden Maulbeerpflanzen
bei uns zu kultiviren, um so das Rohmaterial selbst erzeugen und die Papiere um
vieles billiger herstellen zu können, jedoch ist über die Ausführung und den Erfolg
dieser Vorschläge wenig bekannt geworden. Die Anpflanzungen von Papiermaulbeer=
bäumen an den Eisenbahndämmen um Frankfurt a/M. haben keine befriedigenden Er=
folge gehabt.*)

II. Mikroskopische Merkmale der drei Faserarten.

Behufs Gewinnung eines vollkommen reinen Materials wurden Theile der gebleichten
Rinden in der in der Versuchs=Anstalt üblichen Weise mit verdünnter Natronlauge be=
handelt und darauf zu einem Brei geschabt. Die Fasern hafteten nach dem Kochen
kaum noch aneinander, sodaß ihre Trennung leicht zu bewerkstelligen war. Das Prä=
pariren der Fasern geschah in wässriger Jodlösung.**)

1. Wickströmia canescens — (Gampi).

Durch Jodlösung nimmt die Gampifaser eine schwach citronengelbe Färbung an;
die Faser ist walzenförmig, ziemlich kräftig gebaut und der Jutefaser sowohl im Bau
als auch in der Färbung nicht ganz unähnlich, nur ist die letztere von durch=
schnittlich größerem Durchmesser als die Gampifaser, und es fehlen dieser die bei der
Jute zu beobachtenden Bündel innig zusammenhängender Fasern. Auch mit der Bast=
faser der Strohcellulose hat die Gampifaser bezüglich ihres anatomischen Baues einige
Aehnlichkeit, jedoch ist die Farblosigkeit der ersteren gegenüber der gelblichen Färbung
der letzteren ein genügender Anhalt, um Verwechselungen zu vermeiden. Das Lumen
der Gampizelle ist im ganzen Verlauf derselben äußerst verschieden; oft nur als schmale,
dunkle Linie sichtbar, (die sogar stellenweise bei einer 350fachen Vergrößerung nicht
mehr wahrzunehmen ist) geht der Hohlkanal fast plötzlich in eine ziemlich große Breite
über, die oft die Hälfte der Zellbreite ausmacht; nicht selten kann man diese plötzlichen
Uebergänge auf der kurzen Strecke der Faser verfolgen, die man im Gesichtsfeld des
Mikroskops überblickt. (Fig. 1, Taf. II).

---

*) A. J. J. Rein „Japan nach Reisen und Studien." Band II. S. 470.
**) Mittheilungen aus den technischen Versuchs=Anstalten. 1887. Sonderheft III:
W. Herzberg, Mikroskopische Untersuchung des Papiers; bei der Angabe der Zusammensetzung
der Jodlösung ist in diesem Heft der Zusatz von 1 ccm Glycerin vergessen worden. Vergleiche hierüber
auch „Leitfaden für Papier-Prüfung" von W. Herzberg. S. 44.

Theilweise zeigt die Faser eine sehr deutlich hervortretende, starke Längsstreifung, ähnlich wie unsere Hanffaser. Knotenförmige Auftreibungen, wie sie unsere Leinenfasern aufweisen und die auch bei der Kodsufaser zahlreich vorhanden sind, zeigt die Gampifaser in geringer Menge; diese Auftreibungen heben sich durch eine dunklere Färbung sehr deutlich von der hellgelben Faser ab. (Fig. 1, Taf. III). Poren, vom Hohlkanal aus nach außen verlaufend, sind ziemlich zahlreich.

Die Enden der Fasern sind kolbenförmig und abgerundet; eine Neigung zur Verzweigung und Knospenbildung ist selten zu beobachten. Sehr charakteristisch ist das Verhalten der Faser zu einer Lösung von Kupferoxydammoniak. Die Faser quillt, bevor sie in Lösung übergeht, auf und nimmt hierbei ein sehr schön-perlschnurartiges Aussehen an. (Fig. 2—3, Taf. I und Fig. 2, Taf. II). Die Zellbreite, immer gemessen an der breitesten Stelle einer jeden Faser, schwankt nach den Messungen von E. Müller zwischen 7 und 20 μ (1 μ = 0,001 mm).

2. Edgeworthia papyrifera — (Mitsu-mata oder Dsuiko).

In Jodlösung nimmt die Mitsumatafaser, wie die soeben besprochene Gampifaser eine schwach citronengelbe Färbung an.

Die Fasern sind schlauchförmig, äußerst zart und dünnwandig, aus welchem Grunde sie häufig geknickt sind und sich, wie unsere Baumwollfaser, vielfach überschlagen. Infolge des außerordentlich zarten Baues der Zelle weist die Dsuikofaser nach ihrer Verarbeitung zu Papier Zerstörungserscheinungen auf, die bei den beiden andern, weit kräftigeren Fasern sehr selten zu beobachten sind (Fig. 7, Taf. II). In gewissen Abständen schnürt sich das Lumen der Zelle zusammen, so daß dasselbe zuweilen nur als eine schmale, dunkle Linie erscheint, zuweilen auch auf kurze Strecken ganz verschwindet. Die Zellwandung erscheint an den Stellen der Einschnürung etwas stärker als sonst und um ein Geringes dunkler gefärbt. Durch die zeitweiligen Einschnürungen erhält das Lumen der Zelle ein sehr unregelmäßiges, wechselndes Aussehen.

Die Enden der Fasern, die man sehr zahlreich und unversehrt vorfindet, sind meist etwas abgerundet, seltener spitz oder keulenförmig verdickt. (Fig. 4, Taf. II zeigt eine Anzahl verschiedenartig gestalteter Faserenden.) Eine eigenthümliche Erscheinung ist die Neigung der Faser, sich geweihartig zu gabeln. (Siehe Fig. 4, Taf. I.) Zuweilen kann man an einer Stelle die Abzweigung von 3—4 Zweigen beobachten. In Kupferoxydammoniak gebracht, quillt die Faser auf, jedoch tritt die Perlschnurbildung bei weitem nicht so deutlich auf, als bei der Gampifaser. Meist geht der erfolgenden Auflösung eine unregelmäßige, in verschiedenen Theilen der Faser verschieden schnell fortschreitende Aufquellung voraus. Der Durchmesser der Faser, gemessen an der breitesten Stelle, schwankt zwischen 7 und 24 μ.

3. Broussonetia papyrifera — (Kodsu).

Durch Jodlösung wird die Kodsufaser intensiv braun gefärbt, ist also schon durch diese Färbung mit keiner der vorher beschriebenen Faserarten zu verwechseln.

Die Faser, die kräftigste von den drei beschriebenen, ist walzenförmig und der Leinenfaser in Bezug auf Bau und Färbung nicht unähnlich; jedoch fehlen der Kodsu-

faser die bei der Leinenfaser auftretenden Zerstörungserscheinungen, und die Braun=
färbung spielt bei der ersteren ins Röthliche, während die Leinenfaser stets mehr oder
weniger intensiv, aber rein braun erscheint.

Der Hohlkanal ist ziemlich breit und verläuft verhältnißmäßig regelmäßig durch
die ganze Faser; nur selten treten die Einschnürungen auf, welche bei der Gampi= und
Mitsumatafaser zu beobachten sind.

Die Membrane zeigt vielfach, namentlich an den schmalen Stellen der Faser eine
deutlich hervortretende starke Längsstreifung, ähnlich wie die Hanffaser. Von Zeit zu
Zeit treten bei der Zellwandung Verdickungen auf, welche der Faser ein knotenartiges
Aussehen verleihen. Poren sind ziemlich häufig und namentlich dort, wo die Faser den
größten Durchmesser hat, sehr deutlich zu beobachten.

Zum Theil sind die Fasern von einem sehr zarten, farblosen Häutchen umgeben
(Fig. 6, Taf. II), das namentlich an den Enden der Faser deutlich zu beobachten
ist, indem es diese oft in bedeutender Länge und in mannigfaltiger Form überragt.
Zuweilen lösen sich diese feinen Häutchen von der Faser los und erscheinen dann,
schwach gelblich gefärbt, der Gampifaser nicht unähnlich.

Die Enden der Fasern sind meist abgerundet, nur selten keulenförmig verdickt
(Fig. 5, Taf. II). Eine Verzweigung der Kodsufaser, beziehungsweise eine Knospen=
bildung wird man verhältnißmäßig selten beobachten.

Kupferoxydammoniak wirkt auf diese Faser nicht so schnell und energisch ein, als
auf die Gampi= oder Mitsumatafaser; die Quellung erfolgt langsam und unregelmäßig
(Fig. 5 u. 7, Taf. I). Der Durchmesser der Faser schwankt zwischen 14 und 31 μ.

Wenn man den Verlauf der Fasern eine längere Strecke verfolgt, so wird man
beobachten, daß sich dieselben von Zeit zu Zeit etwas verbreitern; diese Ausbauchungen
(Fig. 3, Taf. III) sind nicht etwa Folgen der Bearbeitung, sondern in dem anatomischen
Bau der Zelle begründet. Unsere Hanf= und Leinenfasern hingegen verlaufen sehr regel=
mäßig, nach der Spitze zu sich allmählich verjüngend. Die Ausbauchungen der Kodsu=
faser in Verbindung mit dem umgebenden farblosen Häutchen und den natürlich abge=
rundeten Enden geben einen Anhalt, um einer Verwechslung mit Hanf oder Leinen
vorzubeugen.

III. Herstellung des Papiers.

Die Herstellung des Papiers erfolgt in Japan zum weitaus größten Theil mittelst
Handarbeit. Erst in den letzten Jahren hat man mit der Aufstellung von Papier=
maschinen begonnen. Daß die im vorliegenden Falle untersuchten Papiere nicht aus
Rohmaterial hergestellt sind, welches mit Maschinen zerkleinert worden ist, geht daraus
hervor, daß die Fasern im Papier sich von den aus der Rinde entnommenen nicht
wesentlich unterscheiden, mit Ausnahme des Mitsumatapapiers, dessen zarte Fasern, wie
oben bereits erwähnt, schon durch das Bearbeiten mit dem Klopfholz theilweise zerstört
werden.

Die Papiermacherei wird als eine Art Hausgewerbe ausgeübt zu einer Zeit, in
welcher es dem Japaner an Arbeit auf dem Felde fehlt; fast jede Familie besitzt die
Geräthe zur Herstellung von Papier.

Durch die vom Vater auf den Sohn übergehende Fabrikation erklärt sich auch die große Geschicklichkeit der japanischen Papierschöpfer. Sie sind unbestritten Meister in ihrem Fach.

Wenn wir sehen, daß Papierblätter von 1,8 m Länge und Breite mit Leichtigkeit gleichmäßig geschöpft werden, so kann man nicht umhin, dieser überaus großen Geschicklichkeit Anerkennung zu zollen. Der Versuch, bei uns aus eingeführtem japanischen Rohmaterial Papiere herzustellen, welche den japanischen an Qualität gleich kämen, dürfte an der minderen Uebung unserer Arbeiter bei Herstellung von Handpapier gescheitert sein.

Der Anbau der das Rohmaterial gebenden Maulbeerpflanzen geschieht in ähnlicher Weise, wie es bei uns mit der Weide zum Korbflechten der Fall ist. Der Baum treibt lange, gerade, astlose Schößlinge, welche nur an ihrem Ende ein Büschel Blätter tragen. Die Schößlinge werden gesammelt und sofort gekocht, um die Rinde von dem Holz zu trennen. Eine andere Art der Loslösung der Rinde von dem Holz ist die, daß man die Zweige auf einen Haufen wirft und längere Zeit sich selbst überläßt; der Pflanzensaft fängt an zu gähren, die ganze Masse erhitzt sich sehr bedeutend und die Rinde läßt hierbei vom Holze los. Die an der Sonne getrocknete und auf diese Weise mürbe gewordene Rinde wird dann verpackt und zu geeigneter Zeit für die Fabrikation verwendet oder dem Handel übergeben.

Um die äußere, grüne oder braune Rinde (epidermis) von der inneren, farblosen, den Papierstoff gebenden zu trennen, wird die ganze Masse einige Tage in reines Wasser gelegt und nunmehr die äußere Hülle abgeschabt. Die Arbeit des Abschälens ist eine sehr zeitraubende und mühsame; die abgeschabten Theile werden zur Herstellung geringwerthiger Papiere (chirogami) verwendet, welche als Packpapier oder zur Anfertigung von Taschentüchern für die ärmeren Volksklassen dienen. Nachdem die innere Rinde von der äußeren befreit ist, wird die erstere wieder, in Bündel geschnürt, zum Trocknen und Bleichen der Sonne ausgesetzt.

Es hat natürlich dieser Bleichprozeß unseren Bleichmethoden gegenüber sehr bedeutende Vortheile; ein Ueberbleichen der Fasern, welches bei der Anwendung von Chlorgas und Chlorkalk nur zu leicht platzgreifen kann und bei einem Theil der Fasern auch immer eintreten wird, vermeidet die japanische Bleiche vollkommen. Das erzielte Papier ist zwar infolge dessen nicht entschieden weiß, aber gerade wegen des gelblichen, dem Auge wohlthuenden Tones sehr begehrt.

Die zum Kochen der gebleichten Rinde erforderliche Lauge bereitet sich der Japaner durch Auslaugen von Pflanzenaschen selbst; auch Kalklauge findet unter Umständen Verwendung, wenn gebrannter Kalk in der Nähe und billig zu haben ist. Die gebleichte Rinde wird in der Lauge etwa 12 Stunden in einem offenen Kessel gekocht, so daß sie vollständig erweicht, und der Zusammenhang der einzelnen Fasern an einander völlig gelockert ist. Um die eingedrungene Lauge wieder zu entfernen, wird die Rinde einige Tage lang, in Körben verpackt, in fließendes Wasser gehängt, um dann auf einem Holzblock mit Hilfe von hölzernen Klöppeln zu Brei geschlagen zu werden. Nach Hofmann können in dieser Weise von einem kräftigen Manne etwa 80 Pfund Rinde in 10 Stunden zu Brei geschlagen werden.

Der letztere wird hierauf in geräumigen Bottichen mit Wasser angerührt, bis er die gewünschte, zum Schöpfen nöthige Dickigkeit besitzt und demselben darauf eine Pasta zugesetzt, die aus der gekochten Wurzel von Hibiscus-Manihot, beziehungs= weise aus dem Bast von Hydraugea paniculata oder aus gekochtem Reis herge= stellt wird. Die mit dem Pflanzenschleim geleimten Papiere nennt der Japaner Ki-gami, während die mit Reisstärke versetzten Nori-gami heißen.*) Um dem Papier ein schöneres Aussehen zu verschaffen, setzt man dem Papierbrei Reismehl zu, das zugleich eine Ausfüllung der Poren bewirkt. Beim Zerreißen eines solchen Papiers steigt das Reismehl als feine Staubwolke in die Höhe. Soll das Papier ein weißeres Aussehen erhalten, so werden dem Brei weiße mineralische Füllstoffe zugesetzt.

Die weitere Verarbeitung des Papierbreies geschieht nun in ganz ähnlicher Weise, wie in unseren Büttenpapierfabriken: der Stoff wird auf ein aus Bambusstäbchen, welche durch Seidenfäden zusammengehalten sind, bestehendes Sieb geschöpft, das Wasser läuft zum größten Theil ab und es bildet sich auf dem Schöpfrahmen durch Verfilzung der Fasern das Papierblatt; mehrere derselben werden übereinander gelegt, unter eine Presse gebracht und dann auf eine glatte Holzplatte aufgebürstet, um an der Sonne getrocknet zu werden.

IV. Verwendung des japanischen Papiers.

Die Verwendung des japanischen Papiers im Lande seiner Erzeugung ist eine so ungemein mannigfaltige, daß es in dieser Beziehung kaum von einem andern Fabrikate erreicht werden dürfte.

Man kann sich in der That nicht leicht eine Vorstellung machen, welche Vortheile der Japaner seinem geschmeidigen und festen Papier abzugewinnen versteht. Bindfaden erzeugt er aus einem Streifen Papier, welchen er auf den Knieen zusammenrollt. Maroquins, Wachsleinwand, Möbelplüsche und zahllose andere Handelsartikel werden aus Papier hergestellt. Wenn wir sehen, wie die Japaner ihr Papier zur Erzeugung von Geweben, Lederimitationen, Reisemänteln, Schirmen, Laternen, Fächern u. a. m. mit großer Geschicklichkeit und Kunstfertigkeit verwenden, so können wir dem intelli= genten Volke unsere Anerkennung nicht versagen. Die Benutzung des japanischen Papiers in Europa jedoch dürfte wohl lediglich für den Druck von Bedeutung sein; einer allgemeineren Verwendung steht zunächst schon der verhältnißmäßig hohe Preis der Waare hindernd im Wege, und da bei fortschreitender Civilisation in Japan die Hand= arbeit seltener und deshalb das Handpapier noch theurer werden wird als bisher, so ist nicht anzunehmen, daß die japanischen Papiere jemals eine große Verbreitung bei uns erlangen werden. Der Reiz des Fremdartigen hat auch sicher viel dazu beige= tragen, die japanischen Papiere so warm zu empfehlen.

Man hat die außerordentliche Festigkeit derselben in erster Linie betont; wozu aber gebraucht man ein so überaus festes Papier? So lange nicht nachgewiesen ist, daß die sehr große Festigkeit auch eine wesentlich vermehrte Dauerhaftigkeit des Papiers

---

*) Die japanische Bezeichnung für Papier ist k a m i , als Anhang an Eigennamen g a m i , wofür auch oft das chinesische Wort s h i Anwendung findet.

bedingt, iſt eine übermäßige Feſtigkeit vollkommen nutzlos. Alte, ehrwürdige Urkunden, die viele Jahrhunderte überdauert haben und in gutem Zuſtand auf uns gekommen ſind, haben oft eine viel geringere Reißlänge als die japaniſchen Papiere. Mehr als dieſe Papiere geleiſtet haben, verlangen wir von unſeren heutigen Urkunden auch nicht, und deshalb darf man auch zu den wichtigſten Urkunden Papiere gebrauchen, welche bei uns angefertigt ſind, und es giebt deren, welche in Bezug auf Feſtigkeit den japaniſchen Fabri= katen kaum etwas nachgeben. Zudem haben die letzteren eine unangenehme Eigenſchaft, die eine Verwendung der Papiere als wichtiges Aktenmaterial geradezu unmöglich macht, und welche bei den Lobeserhebungen über das japaniſche Papier nie hervorgehoben wird. Reibt man nämlich die Oberfläche des Papiers mit der Hand oder mit einem zweiten Bogen, ſo löſen ſich die Papierfaſern leicht ab und die geriebene Stelle wird nach kurzer Zeit rauh und wollig, wie auf Fig. 6, Taf. I zu erſehen iſt. Es liegt dieſer Uebelſtand wohl in der Art der Leimung, die, wie oben bemerkt, nur durch Pflanzen= ſchleim bewirkt wird und nicht, wie in der europäiſchen Fabrikation, durch Gelatine= beziehungsweiſe Harzleimung. Durch dieſe beiden letzterwähnten Arten der Leimung werden die Faſern des Papierfilzes ſo feſt mit einander verkittet, daß es nicht möglich iſt, das Papier durch Reiben mit der Hand aufzurauhen. Der Pflanzenleim der Japaner beſitzt dieſe Eigenſchaft des ſtarken Zuſammenkittens nicht, und die Folge hiervon iſt das leichte Loslöſen der Faſern von der Papierfläche.

Man erſieht hieraus, daß, ſo lange nicht eine beſſere Leimung angewendet wird, in allen Fällen, in denen das japaniſche Papier reibend mit anderen Körpern in Be= rührung kommt, ſowie für Schreibzwecke eine Verwendung weſentlich beſchränkt iſt. Für feinere Drucke, die ja zumeiſt durch eine dünne Papierdecke geſchützt ſind, mag es indeſſen wohl kaum ein beſſeres Material geben.

V. Prüfungsergebniſſe.

Die im Eingange erwähnten, vom deutſchen Conſul in Hiogo=Oſaka übermittelten, japaniſchen Papiere waren durch viele Hände gegangen, oftmals geknifft und befanden ſich leider in einem Zuſtand, der vergleichbare Feſtigkeitsverſuche vorzunehmen nicht erlaubte. Wegen der zahlreichen Kniffe konnte die Normalſtreifenlänge*) von 0,18 m nicht aus ihnen entnommen werden. E. Müller hat mit den Papieren trotzdem Feſtigkeitsverſuche ausgeführt, die in Folgendem (Tabelle B.) mitgetheilt werden ſollen, weil ſie wenigſtens eine ungefähre Ueberſicht über die Feſtigkeitseigenſchaften der Papiere ergeben.

---

*) „Mittheilungen aus den Königlichen techniſchen Verſuchs=Anſtalten zu Berlin", 1885, und Dingler's „Polytechniſches Journal", 1885. 139. 258. A. Martens. Ueber den Einfluß der Länge und Breite der Probeſtreifen auf die Ergebniſſe der Feſtigkeits=Unterſuchungen von Papier.

Tabelle

Unterſuchungen von E. Müller, Privat-Docent

über die Feſtigkeitseigenſchaften

Die Feſtigkeitsverſuche wurden mit dem Hartig-Reuſch'ſchen ſelbſtzeichnenden Feſtigkeitsapparat ausgeführt. Die Normallänge von 0,18 m konnte nicht immer verwendet werden, weil die Proben vielfach geknifft waren. Die Dickenmeſſungen erfolgten an den nicht zerriſſenen Streifen mit Hülfe eines Fiſcher'ſchen Dickenmeſſers.

Abkürzungen.

Farbe.
w = weiß,
g = gelb,
wg = weiß, ins Gelbliche ſpielend,
gbl = gelblich,
br = braun,
brlg = bräunlich gelb.

Glanz.
s = ſatinirt,
r = rauh (nicht ſatinirt),
gs = gering ſatinirt.

Durchſicht.
gl = gleichmäßig,
w = wolfig,
sw = ſchwach wolfig,
stw = ſtark wolfig,
str = ſtreifig,
gr = gerippt.

Reißlänge.
R_1 = Reißlänge ſenkrecht zur Hauptrichtung (bezw. ſenkrecht zum Maſchinenlauf),
R_1 kl = desgl. kleinſter Werth,
R_1 gr = desgl. größter Werth,
$R_{,,}$ = Reißlänge in der Hauptrichtung (,, dem Maſchinenlauf),
$R_{,,}$ kl = desgl. kleinſter Werth,
$R_{,,}$ gr = desgl. größter Werth,
R = Mittelwerth aus R_1 und $R_{,,}$.

Laufende Nr.	Papier-bezeichnung	Farbe	Durchſicht	Gewicht für 1 qm in gr	Dicke in 0,001 Millimeter	Volumengewicht	Feſtigkeits- Reißlänge in km							
							R_1 kl	R_1	R_1 gr	$R_{,,}$ kl	$R_{,,}$	$R_{,,}$ gr	$\frac{R_1}{R_{,,}}$	R
a	„Gampi"	gbl	sw	12,6	30 31 32	0,41	4,77	5,00	5,18	9,1	9,4	9,7	0,53	7,2
b	„Kodsu"	g	str	22,1	72 75 80	0,30	—	3,00	—	—	5,5	—	0,55	4,25
c	„Mitsu-mata"	g	w	18,4	55 63 70	0,29	—	2,72	—	—	5,43	—	0,50	4,08
1	Kopigami	wg	str	8,18	12 14 18	0,58	3,20	3,50	3,67	9,8	10,6	12,2	0,33	7,05
2	Ussuyossi	wg	sw	10,0	20 22 26	0,41	3,00	3,44	3,75	10,0	10,8	11,8	0,32	7,12
3	Usunedzumi Progami	wg	str	23,1	39 45 49	0,52	5,05	5,25	5,40	9,7	10,3	10,7	0,51	7,78
4	Hiro Suki Tengujo	w	str	9,62	36 43 48	0,22	—	0,78	—	1,9	2,1	2,15	0,37	1,44
5	Hiro Suki Murasaki Irogami	wg	gl	7,81	15 17 19	0,46	3,85	4,16	4,48	11,8	12,2	12,8	0,34	8,18
6	Atsu Hankirigami	g	sw	37,8	58 64 70	0,59	6,30	6,72	7,20	13,0	14,9	16,0	0,45	10,8
7	Usu Hankirigami	gbl	sw	23,9	35 39 43	0,61	6,30	6,55	6,90	14,2	14,9	15,8	0,44	10,7
8	Nami Usu Hankirigami	gbl	sw	11,3	18 24 30	0,47	3,10	3,35	3,50	7,80	8,91	9,50	0,38	6,13

B.

an der Technischen Hochschule in Hannover,

japanischer Papiere.

Das Gewicht pro Quadratmeter ist aus dem Gewicht der Streifen berechnet, welche zerrissen wurden. Die Aschen-Analysen sind Mittelwerthe aus je 2 Bestimmungen.

Abkürzungen.

Dehnung.

l_1 = Länge der Streifen, senkrecht zur Hauptrichtung herausgeschnitten,

$l_{,,}$ = Länge der Streifen, in der Hauptrichtung herausgeschnitten,

δ_1 = Bruchdehnung der Streifen senkrecht zur Hauptrichtung,

$\delta_{,,}$ = desgl. in der Hauptrichtung,

δ = Mittelwerth aus δ_1 und $\delta_{,,}$.

Arbeitsmodul.

A_1 = Arbeitswerthziffer f. die senkrecht z. Hauptrichtung herausgeschnittenen Streifen $\Big\}$ in $\frac{mkg}{gr}$

$A_{,,}$ = desgl. für die ,, (parallel) zur Hauptrichtung herausgeschnittenen Streifen,

A = Mittelwerth aus A_1 und $A_{,,}$.

Prüfungen										Anzahl der Festigkeitsversuche	Stoffzusammensetzung.	Aschengehalt %	Jodreaction	Temperatur °C	Feuchtigkeit %
Dehnung in %						Arbeitsmodul in $\frac{mkg}{gr}$									
l_1 m	$l_{,,}$ m	δ_1	$\delta_{,,}$	$\frac{\delta_1}{\delta_{,,}}$	δ	A_1	$A_{,,}$	$\frac{A_1}{A_{,,}}$	A						
44	140	4,3	1,6	2,65	2,9	0,115	0,08	1,44	0,10	4	Gampi	1,2	Jod bläut nicht	13,5	65
104	30	2,5	5,3	0,47	3,9	0,045	0,158	0,285	0,10	2	Kodsu	2,3	Jod bläut nicht	13,5	65
57	80	2,2	3,3	0,67	2,8	0,037	0,097	0,38	0,067	2	Mitsumata	1,4	Jod bläut nicht	13,3	66
135	83	1,9	2,4	0,79	2,15	0,04	0,14	0,29	0,09	7	Gampi	2,4	Jod bläut	14,0	57
133	85	1,9	2,5	0,75	2,2	0,042	0,144	0,294	0,093	9	$\frac{2}{3}$ Gampi $\frac{1}{3}$ Mitsumata	1,5	Jod bläut	14,2	57
85	222	3,4	2,9	1,18	3,2	0,108	0,163	0,66	0,135	9	0,8 Gampi 0,2 Seide	4,3	Jod bläut nicht	13,5	55
55	265	1,8	1,0	1,8	1,4	0,008	0,013	0,610	0,010	4	Kodsu	1,4	Jod bläut	13,6	55
164	111	2,5	2,7	0,91	2,6	0,07	0,182	0,38	0,126	8	Kodsu	1,9	Jod bläut	13,3	58
110	150	3,6	3,0	1,18	3,3	0,144	0,245	0,59	0,195	8	Gampi	1,8	Jod bläut	13,5	53
108	148	3,5	2,75	1,28	3,1	0,143	0,246	0,58	0,195	10	Gampi	1,8	Jod bläut	13,5	55
112	148	2,2	2,4	0,92	2,3	0,048	0,118	0,41	0,083	10	$\frac{1}{3}$ Gampi $\frac{2}{3}$ Mitsumata	2,5	Jod bläut nicht	13,5	53

Laufende Nr.	Papier-bezeichnung	Farbe	Durchsicht	Gewicht für 1 qm in gr	Dicke in 0,001 Millimeter	Volumengewicht	Festigkeits- Reißlänge in km							
							$\frac{R_{\prime}}{kl}$	$R_{\prime}$	$\frac{R_{\prime}}{gr}$	$\frac{R_{\prime\prime}}{kl}$	$R_{\prime\prime}$	$\frac{R_{\prime\prime}}{gr}$	$\frac{R_{\prime}}{R_{\prime\prime}}$	R
9	Fu Hiyoshi	gbl	sw	84,9	115 131 139	0,65	7,10	7,19	7,24	12,8	13,8	14,4	0,52	10,5
10	Suki Iregami	wg	w	17,3	26 32 40	0,54	3,75	4,12	4,33	11,0	11,0	11,0	0,38	7,56
11	Eri Dai Hanshi	gbl	str	25,4	48 54 70	0,47	3,63	3,74	3,94	9,0	9,32	9,65	0,40	7,03
12	Fuku Kobanshi	wg	str	21,5	51 60 70	0,36	1,04	1,09	1,16	2,90	2,91	2,92	0,38	2,00
13	Eri Kobanshi	gbl	w	20,8	45 52 62	0,40	1,55	1,66	1,74	5,00	5,39	6,45	0,31	3,53
14	Kasu Kobanshi	brlg	stw	30,7	50 70 82 (190)	0,44	1,43	1,50	1,62	2,27	2,87	3,25	0,52	2,19
15	Atsu Dai Hanshi	wg	w	37,9	85 92 108	0,41	5,00	5,18	5,40	7,30	8,11	8,55	0,64	6,65
16	Usuyo Gampi O Hiro Koshi	wg	str	6,44	10 11 12	0,58	3,45	3,57	3,88	9,20	9,32	9,50	0,38	6,45
17	Nami Dai Hanshi	wg	w str	17,6	32 39 42	0,45	1,85	2,05	2,40	6,05	6,10	6,15	0,34	4,08
18	Usuyo Kobanshi	wg	w str	16,7	31 35 41	0,48	3,60	3,72	4,12	7,60	8,53	9,00	0,43	6,12
19	Usuyo Dai Hanshi	wg	w str	14,6	23 27 33	0,54	3,40	3,55	3,75	7,20	7,59	8,30	0,47	5,57
20	Gampi Kobanshi	g	w str	30,1	54 62 72	0,49	4,15	4,27	4,55	7,90	7,97	8,05	0,53	6,12
21	Tengujo	wg	str	8,74	29 31 32	0,28	1,08	1,13	1,18	3,30	3,34	3,37	0,34	2,24
22	Usuyo Dsuhikigami	wg	w str	8,01	17 19 22	0,42	1,68	1,71	1,87	6,00	6,34	7,05	0,27	4,03
23	Shime utsu shigami	wg	str	8,12	11 14 16	0,58	3,70	4,13	4,43	10,5	10,7	11,1	0,39	7,41
24	Menshi	wg	str	30,4	65 77 96	0,40	1,42	1,79	2,13	4,35	4,46	4,60	0,40	3,13
25	Kirokugami	g	str	50,2	70 100 125	0,50	5,08	5,30	5,48	6,80	7,08	7,25	0,75	6,19
26	Koppu	gbl	w	8,40	7 9 10	0,93	3,45	4,48	6,00	8,30	10,0	11,0	0,45	7,24
—	Violettes Papier	violett	str	15,0	20 22 24	0,68	4,33	4,40	4,67	12,0	13,0	14,0	0,34	8,70

* Bemerkungen: Zu Nr. 9. Zwei Blätter auf einander geklebt. Zu Nr. 10. Wasserzeichen. Zu Nr. 14.

Prüfungen										Anzahl der Festigkeitsverſuche	Stoffzuſammenſetzung	Aſchengehalt	Jodreaction	Temperatur	Feuchtigkeit
Dehnung in %						Arbeitsmodul in $\frac{mkg}{gr}$									
l_1 m	$l_{\prime\prime}$ m	δ_1	$\delta_{\prime\prime}$	$\dfrac{\delta_1}{\delta_{\prime\prime}}$	δ	A_1	$A_{\prime\prime}$	$\dfrac{A_1}{A_{\prime\prime}}$	A			%		° C	%
72	87	4,85	3,85	1,26	4,35	0,210	0,307	0,69	0,258	10	Gampi	2,2	Jod bläut	17,5	54*
83	87	3,0	3,3	0,92	3,12	0,076	0,198	0,38	0,137	6	Gampi	6,3	Jod bläut	14,3	57*
274	256	2,33	2,49	0,93	2,41	0,057	0,140	0,41	0,098	10	Mitsumata	9,0	Jod bläut	17,3	52
197	220	1,55	2,18	0,71	1,86	0,011	0,040	0,28	0,025	10	0,5 altes europ. Papier 0,4 „ japan. „ 0,1 Kodsu	3,5	Jod bläut nicht	14,1	55
204	221	2,00	2,23	0,90	2,12	0,022	0,075	0,29	0,048	10	Kudso Mitsumata	2,4	Jod bläut nicht	10,6	61
191	214	1,42	1,32	1,08	1,37	0,013	0,022	0,59	0,018	10	Abfälle von Gampi, Kodsu Mitsumata	9,1	Jod bläut nicht	13,2	60*
272	252	2,88	2,83	1,02	2,85	0,100	0,145	0,69	0,123	10	0,2 Kodsu 0,3 Gampi 0,5 Mitsumata	2,1	Jod bläut nicht	11,7	63
89	246	2,30	2,03	1,13	2,17	0,051	0,112	0,45	0,082	10	Gampi	1,0	Jod bläut nicht	11,4	63
276	250	1,70	2,30	0,74	2,00	0,023	0,087	0,27	0,055	10	Kodsu	8,3	Jod bläut nicht	13,9	66
203	218	2,42	2,50	0,97	2,46	0,060	0,132	0,47	0,096	10	0,4 Kodsu 0,3 Gampi 0,3 Dsuiko	3,81	Jod bläut	14,8	68
268	201	2,37	2,33	1,02	2,35	0,057	0,101	0,56	0,079	8	0,4 Kodsu 0,3 Gampi 0,3 Dsuiko	4,3	Jod bläut nicht	12,7	72
207	217	2,55	2,63	0,97	2,59	0,068	0,124	0,54	0,096	10	Gampi	16,0	Jod bläut nicht	12,4	60
171	252	1,54	1,23	1,24	1,39	0,012	0,025	0,47	0,018	4	Kodsu	0,85	Jod bläut	14,0	50*
265	342	1,18	2,00	0,59	1,59	0,013	0,078	0,17	0,045	10	0,7 Kodsu 0,2 Gampi 0,1 Dsuiko	1,0	Jod bläut	16,5	55
249	273	2,10	2,05	1,02	2,08	0,058	0,134	0,43	0,096	10	Gampi	1,5	Jod bläut	14,0	58
291	370	1,62	1,86	0,87	1,74	0,018	0,052	0,35	0,035	10	Kodsu	0,84	Jod bläut	13,3	66
329	306	3,07	3,08	1,00	3,08	0,108	0,139	0,78	0,124	10	0,6 Gampi 0,3 Dsuiko 0,1 Kodsu	4,2	Jod bläut	12,8	66
225	215	1,56	1,35	1,16	1,45	0,042	0,076	0,56	0,059	10	Gampi, Zuſatz von Dsuiko	2,2	Jod bläut nicht	16,0	57
224	78	2,70	3,58	0,74	3,14	0,077	0,252	0,31	0,165	10	Gampi, Zuſatz von Dsuiko	2,5	—	14,7	70

Papier ſehr knotig. Zu **Nr. 21.** Zuſammengefaltet. Verſuchsſtreifen 100 mm breit.

Wenn man die für die japanischen Papiere gefundenen Zahlenwerthe überblickt, so erscheinen einzelne derselben geradezu erstaunenerregend. Einmal muß die Geschick=lichkeit der Arbeiter bewundert werden, welche so feine Papiere so gleichmäßig schöpfen können, und andererseits die sorgfältige und schonende Herstellung der Rohstoffe für die einzelnen Papiere, welche so hohe Festigkeitswerthe bedingt.

Das leichteste Papier Nr. 16 (Usujo Gampi O Hiro Koshi) z. B. wiegt nur 6,44 gr pro qm bei einer Dicke von 10 bis 12 μ und trotzdem schwankt die Festigkeit in der Querrichtung nur 8,7 % und in der Längsrichtung nur um 2,0 % von den Mittelwerthen.

Die Festigkeit steigt beim Papier Nr. 6 (Atsu Hankirigami) nach der Haupt=richtung im Mittel auf 14,9 km Reißlänge (in einem Falle sogar bis auf 16 km) während der Mittelwerth sich immer noch auf 10,8 km ergiebt.

Diese ausnehmend große Festigkeit verdankt das japanische Papier in erster Linie wohl der bedeutenden Länge seiner Fasern bei gleichzeitig großer Feinheit derselben. Es behalten die Bastfasern der Rohstoffe in Folge des sorgfältigen Zerkleinerungsver=fahrens, welches nur durch senkrechten Druck die Faserbündel in der Längsrichtung auseinanderspaltet, vielfach ihre ursprüngliche Länge bei.

So fanden sich nach E. Müller beispielsweise in dem Papiere Nr. 4 aus Kodsu „Hiro Suki Tengujo" (Tengujo entspricht ungefähr unserem „preisgekrönt") häufig Fasern von 11 mm, ja sogar von 15 mm Länge vor. Von günstigem Einfluß auf die Festigkeitseigenschaften ist ferner auch das langsame Trocknen der Blätter an der Luft, gegenüber dem gewöhnlich scharfen Trocknen auf geheizten Walzen bei unseren Maschinenpapieren. Eine höchst auffallende Erscheinung, im Gegensatz zu den vielfach außerordentlichen Zahlenwerthen für die Festigkeit, ist die verhältnißmäßig geringe Bruchdehnung. Während für die erste Festigkeitsklasse der „Grundsätze für amtliche Papierprüfungen" bei einer Reißlänge von 6 km schon eine Dehnung von 4,5 % ver=langt und dieser Werth bei Papieren solcher Festigkeit weit oft überschritten wird, zeigt beispielsweise das Papier Nr. 6 bei einer mittleren Reißlänge von 10,8 km nur eine mittlere Dehnung von 3,3 %; es würde dieses Papier also trotz seiner außerordent=lichen Festigkeit nur zur dritten Festigkeitsklasse gerechnet werden können. Die Ursachen dieser Erscheinung, welche bei einem von so außergewöhnlich langen Fasern hergestellten Papier sehr befremdet, ist wohl in der Fabrikation zu suchen; denn daß aus demselben Material auch Papiere von großer Dehnung herzustellen sind, beweist die in Tabelle C erfolgte Zusammenstellung von in der mechanisch=technischen Versuchs=Anstalt gewonnenen Untersuchungsergebnissen von 10 zur Herstellung des sogenannten Lederpapiers bestimmten Blättern.

Das geschöpfte Papierblatt wird zu dem Zwecke künstlich nachträglich mit Falten versehen, und die 10 erwähnten Papiersorten stellen 10 verschiedene Stadien der Zu=bereitung dar. Ein beträchtlicher Theil der gewonnenen Dehnung ist natürlich auf die dem Papier künstlich beigebrachten, narbigen Fältelungen zu verrechnen.

Tabelle C.

Lfde. Nr.	Bezeichnung des Papiers	Des Probeſtücks			Bruch-belaſtung	Feinheits-Nummer	Reiß-länge	Deh-nung	Aſchen-gehalt	Mikroſkopiſche Unterſuchung	Tempe-ratur	Feuch-tigkeit
		Länge	Breite	Gewicht							
		mm	mm	gr	kg		km	%	%		°C	%
1	Abſtufung a	180	15	0,455	6,10	0,396	2,42	3,3	3,8		21,0	64
				0,501	3,49	0,359	1,25	18,5				
						Mittel	1,84	10,9				
2	„ b	„	„	0,522	5,95	0,345	2,05	3,8			20,0	65
				0,453	2,90	0,397	1,15	15,4				
						Mittel	1,60	9,6				
3	„ c	„	„	0,413	3,80	0,436	1,66	4,3			20,0	61
				0,413	2,10	0,436	0,92	8,2				
						Mittel	1,29	6,3				
4	„ d	„	„	0,471	4,01	0,382	1,53	8,6			20,2	65
				0,533	2,38	0,338	0,80	16,5				
						Mittel	1,17	12,6				
5	„ e	„	„	0,550	4,39	0,327	1,44	6,7			20,8	71
				0,497	2,58	0,362	0,93	18,6				
						Mittel	1,19	12,7				
6	„ f	„	„	0,465	4,32	0,387	1,24	5,8			19,2	75
				0,416	2,79	0,433	1,21	11,6				
						Mittel	1,23	8,7				
7	„ g	„	„	0,489	2,63	0,368	0,97	6,4			20,6	74
				0,525	1,78	0,343	0,61	10,8				
						Mittel	0,79	8,6				
8	„ h	„	„	0,483	2,13	0,373	0,79	6,5			19,6	70
				0,489	1,50	0,368	0,55	11,1				
						Mittel	0,67	8,8				
9	„ i	„	„	0,419	2,22	0,430	0,95	3,6			20,2	68
				0,482	1,46	0,373	0,54	10,9				
						Mittel	0,75	7,3				
10	„ k	„	„	0,696	2,68	0,259	0,69	15,7			19,0	75
				0,634	1,57	0,284	0,45	20,7				
						Mittel	0,57	18,2				

In der Spalte „Aſchengehalt" steht quer: *Wegen zu wenigen Materiales konnten die übrigen Verſuche nicht ausgeführt werden.* — In der Spalte „Mikroſkopiſche Unterſuchung" steht quer: *Kohſu- und Gampifaſern.*

Auffallend iſt bei den Reſultaten der Tab. C die Abnahme der Feſtigkeit von Stufe **a** bis **k**; es ſcheint darnach, als ob die vorerwähnte Bearbeitung der Blätter die Feſtigkeit derſelben vermindert hat.

Zum Schluß mögen noch die Resultate der Prüfungen einiger Papiersorten mitgetheilt werden, welche von der Kunsthandlung von R. Wagner, Berlin, in den Handel gebracht worden und aus den Kaiserlich Japanischen Papierfabriken in Tokio (Jusetsu-Kioku) herrühren. (Tab. D.) Die Bezeichnungen der einzelnen Sorten sind mit den im Wagner'schen Musterverzeichniß aufgeführten übereinstimmend.

Tabelle A.

Zusammenstellung der vom Kaiserlich Deutschen Konsul zu Hiogo-Osaka eingesandten Papiersorten.

I. Fabrikate der Kochi-Seishijo (Kochi-Papierfabrik), ein Name, der nicht ganz richtig gewählt ist, da diese Anlage die größte, aber nicht die einzige ihrer Art ist.

Nr. 1. Kopigami verfertigt aus Gampi-Rinde. Die Pflanze (s. a. der beigeschlossenen Exemplare) wächst wild in den Bergen des Kochi-Ken. 10 Kuwamme Gampi (1 Kuwamme = 4,83 kg) werden mit 18 Sho Kalk (1 Sho = 2 kg) in Wasser abgekocht. Man legt die Masse darauf 24 Stunden in fließendes Wasser. Nachdem die unreinen Bestandtheile abgesondert sind, wird sie wiederum in Wasser gelegt. Sie wird sodann auf einem Brett zu Brei zerschlagen. Ein dünner, getrockneter Aufstrich desselben liefert das Papier. — Das Blatt kostet 6¹/₂ rin = 2,6 Pf.

Nr. 2. Ussuyossi verfertigt aus 2 Theilen Gampi-Rinde und einem Theil Dsuiko (Mitsumata). Die letztere Pflanze (s. b.) wird in den Bergen des Kochi-Ken angepflanzt. Das Verfahren ist das gleiche, wie das unter Nr. 1 angegebene. Bisweilen wird auch Soda anstatt Kalk angewendet. — Das Blatt kostet 6¹/₂ rin = 2,6 Pf.

Nr. 3. Usunedzumi Progami verfertigt aus 8 Theilen Gampi und 2 Theilen Kokons der Seidenraupe. Letztere werden gekocht, zu Brei zerquetscht und mit dem Gampi vermischt. — Das Blatt kostet 4 Sen = 16 Pf.

Nr. 4. Hiro Suki Tengujo, verfertigt aus dem besten Kodsu, einer Pflanze (s. c.), die in den Bergen von Kochi kultivirt wird. — Das Blatt kostet 1,05 Sen = 4,2 Pf.

Nr. 5. Hiro Suki Murasaki Irogami, verfertigt aus dem besten Kodsu. — Das Blatt kostet 4 Sen = 16 Pf.

Nr. 6. Atsu Hankirigami, verfertigt aus Gampi. — 10 Blätter kosten 2,7 Sen = 10,8 Pf.

Nr. 7. Usu Hankirigami, verfertigt aus Gampi. — 10 Blätter kosten 1,85 Sen = 7,4 Pf.

Nr. 8. Nami usu Hankirigami, verfertigt aus 1 Theil Gampi und 2 Theilen Dsuiko. — 10 Blätter kosten 1,15 Sen = 4,6 Pf.

Nr. 9. Fu Hiyoshi, verfertigt aus Gampi. — Das Blatt kostet 3 Sen = 12 Pf.

Nr. 10. Suki Iregami, verfertigt aus Gampi. — Das Blatt kostet 1 Sen = 4 Pf.

Nr. 11. Eri Dai Hanshi, verfertigt aus Dsuiko mit Soda gekocht. — 20 Blatt kosten 3 Sen = 12 Pf.

Nr. 12. Fuku Kobanshi, verfertigt aus 5 Theilen eingekochtem alten europäischen Papier, 4 Theilen eingekochtem alten japanischen Papier und 1 Theil Kodsu; auch beschriebene Papiere lassen sich verwenden. — 20 Blatt kosten 1,1 Sen = 4,4 Pf.

Nr. 13. Eri Kobanshi, verfertigt aus Kodsu und Dsuiko. — 20 Blatt kosten 1,5 Sen = 6 Pf.

Nr. 14. Kasu Kobanshi, verfertigt aus Abfällen von Gampi, Kodsu und Dsuiko. — 20 Blatt kosten 6 rin = 2,4 Pf.

II. Erzeugnisse aus anderen Papierfabriken Kochi's, übersandt durch den dortigen Vice-Gouverneur, Herrn Yamada.

Nr. 15. Atsu Dai Hanshi, verfertigt aus 2 Theilen Kodsu, 3 Theilen Gampi und 5 Theilen Dsuiko, gekocht mit Soda. — 20 Blatt kosten 4,5 Sen = 18 Pf.

Nr. 16. Usuyo Gampi O Hiro Koshi, verfertigt aus Gampi mit Soda gekocht. — 5 Blatt kosten 10 Sen = 40 Pf.

Nr. 17. Nami Dai Hanshi, verfertigt aus Kodsu mit Kalk gekocht. — 20 Blatt kosten 2 Sen = 8 Pf.

Nr. 18. Usuyo Kobanshi, verfertigt aus 4 Theilen Kodsu, 3 Theilen Gampi und 3 Theilen Dsuiko, mit Soda und Kalk gekocht. — 20 Blatt kosten 3 Sen = 12 Pf.

Nr. 19. Usuyo Dai Hanshi, verfertigt wie Nr. 18 mit Kalk und Soda gekocht. — 20 Blatt kosten 4 Sen = 16 Pf.

Nr. 20. Gampi Kobanshi, verfertigt aus Gampi mit Soda gekocht. — 20 Blatt kosten 4 Sen = 16 Pf.

Nr. 21. Tengujo, verfertigt aus Kodsu mit Soda gekocht. — 20 Blatt kosten 6 Sen = 24 Pf.

Nr. 22. Usuyo Dsuhikigami, verfertigt aus 7 Theilen Kodsu, 2 Theilen Gampi, 1 Theil Dsuiko, mit Soda gekocht. — 10 Blatt kosten 20 Sen = 80 Pf.

Nr. 23. Shime utsu shigami, verfertigt aus Gampi mit Soda gekocht. — 20 Blatt kosten 6,6 Sen 26,4 Pf.

Nr. 24. Menshi, verfertigt aus Kodsu mit Soda gekocht. — 20 Blatt kosten 8 Sen = 32 Pf.

Nr. 25. Kirokugami, verfertigt aus 6 Theilen Gampi, 3 Theilen Dsuiko, 1 Theil Kodsu, mit Soda gekocht. — 20 Blatt kosten 60 Sen = 2,40 Mk.

Nr. 26. Koppu. Angaben über die Bereitung fehlen. — 18 Blatt kosten 3,6 Sen = 14,4 Pf.

Den erhaltenen Mittheilungen zufolge würde nur bei sehr bedeutenden Bestellungen eine Preisermäßigung eintreten.

Tabelle D.

Lfd. Nr.	Bezeichnung des Papiers	Gewicht des qm gr	Dicke des Papiers mm	Reißlänge km	Mittlere Reißlänge km	Dehnung %	Mittlere Dehnung %	Widerstand gegen Zerknittern	Aschengehalt %	Mikroskopische Untersuchung	Temperatur ° C.	Feuchtigkeit %
1	A₁	63,41	0,065	5,81 4,48	5,15	2,2 2,2	2,2		2,03		19,0	80
2	B₁	82,20	0,103	8,92 6,07	7,50	4,0 3,4	3,7		2,44		22,0	66
3	C	97,00	0,103	7,65 5,90	6,78	4,0 3,8	3,9		2,24		20,8	81
4	D₁	97,09	0,113	8,46 6,85	7,66	3,7 4,0	3,9	Außerordentlich grob.	2,30	Gampi-Fasern.	20,0	70
5	H	115,38	0,131	7,17 5,90	6,54	4,7 5,4	5,1		1,99		20,8	80
6	J₁	120,80	0,138	8,14 6,62	7,38	3,2 3,8	3,5		2,08		19,0	80
7	G	132,09	0,152	7,28 6,15	6,72	3,8 3,9	3,9		2,17		23,4	74
8	E	138,38	0,154	6,35 5,44	5,90	3,9 4,3	4,1		2,14		23,4	74
9	F	138,82	0,155	7,03 6,42	6,73	3,5 3,7	3,6		2,21		23,4	74
10	K	146,10	0,159	7,30 6,19	6,75	3,6 3,4	3,5		2,48		23,4	74
11	L	188,78	0,204	7,78 6,04	6,91	4,2 4,0	4,1		2,65		21,8	78
12	M	197,30	0,200	9,10 7,80	8,45	4,4 5,2	4,8		2,01		21,8	78

Sämmtliche Papiere sind leimfest, frei von Säure und ohne Holzschliff.

Die Festigkeitsversuche wurden hier, wie auch bei den in Tab. C. aufgeführten Papiersorten mit dem Zerreißapparat von Hartig-Reusch, die Aschenbestimmungen mit der Reimann'schen Aschenwage ausgeführt.

Verantwortlicher Redacteur: Dr. Hermann Wedding. — Verlag von Julius Springer in Berlin.